CW00690960

FACHWÖRTERBUCH
Akustik
Englisch-Deutsch/Deutsch-Englisch

DICTIONARY
Acoustics
English-German/German-English

DICTIONARY

Acoustics

English-German
German-English

with about 10,000 entries in each part

By Dr.-Ing. Heinz Weißing

VERLAG ALEXANDRE HATIER BERLIN-PARIS

FACHWÖRTERBUCH

Akustik

Englisch-Deutsch
Deutsch-Englisch

Mit je etwa 10000 Wortstellen

Von Dr.-Ing. Heinz Weißing

VERLAG ALEXANDRE HATIER BERLIN-PARIS

Eingetragene (registrierte) Warenzeichen sowie Gebrauchsmuster und Patente sind in diesem Wörterbuch nicht ausdrücklich gekennzeichnet. Daraus kann nicht geschlossen werden, daß die betreffenden Bezeichnungen frei sind oder frei verwendet werden können.

Die Deutsche Bibliothek – CIP-Einheitsaufnahme

Weissing, Heinz:
Fachwörterbuch Akustik : Englisch-Deutsch, Deutsch-Englisch ; mit je etwa 10000 Wortstellen / von Heinz Weissing. - 1. Aufl. - Berlin ; Paris : Hatier, 1992
Parallelsacht.: Dictionary acoustics
ISBN 3-86117-044-2
NE: HST

ISBN-3-86117-044-2

1. Auflage

Printed in Germany
Satz: Verlag Alexandre Hatier/Satz-Rechen-Zentrum Berlin
Druck: „G.W. Leibniz“ GmbH, Gräfenhainichen
Lektor: Dipl. phil. *Gitta Koven*

Vorwort

In den letzten Jahren hat sich die Akustik zu einer umfangreichen Fachdisziplin mit vielfältigen Querverbindungen zu anderen Wissensgebieten entwickelt. Eine wesentliche Ursache hierfür ist die elementare Bedeutung des Schalls für den Menschen als Mittel der Kommunikation, als Kulturträger, aber auch als störendes Abprodukt der modernen Lebensweise. Darüber hinaus werden der Schall und die eng mit ihm verknüpften mechanischen Schwingungen immer häufiger zur Lösung bestimmter technischer Aufgaben eingesetzt.
Demzufolge steht die Akustik in enger Beziehung zur Mathematik, zur Physik und vor allem zur Elektrotechnik, die die Akustik ganz wesentlich beeinflußt hat. Über den Menschen als Sender und Empfänger akustischer Signale ergeben sich Berührungspunkte mit der Physiologie, der Medizin, der Hygiene, aber auch der Linguistik und der Musik. Durch die Probleme der Lärmbekämpfung entstehen enge Verflechtungen mit dem Maschinenbau, dem Fahrzeugbau, dem Verkehrs- und Transportwesen, dem Bauwesen und dem Städtebau. Hydroakustik, Schallemissionsanalyse und Oberflächenwellenakustik sind Beispiele für moderne Techniken, die sich in jüngerer Zeit zur Lösung spezieller Aufgaben herausgebildet haben. Selbst in der Wirtschaft, der Gesetzgebung und der Normung können akustische Themen auftreten.
Es ist offensichtlich, daß die Vielfalt an Aufgaben in der Akustik nur in internationaler Zusammenarbeit erfolgreich gelöst werden kann. Der dazu erforderliche Informationsaustausch erfolgt auf vielfältige Weise: durch Buch- und Zeitschriftenveröffentlichungen, durch Vorträge auf internationalen Konferenzen und durch direkte multinationale Zusammenarbeit in Forschung, Entwicklung, Produktion und Marketing. Das vorliegende Wörterbuch wendet sich an die Fachleute aus beiden Sprachgebieten, um sie beim Gedankenaustausch über Sprachgrenzen hinweg wirkungsvoll zu unterstützen. In gleichem Maße ist es für die große Gruppe von Dolmetschern und Übersetzern bestimmt, die bei den verschiedensten Gelegenheiten auf akustische Fachbegriffe stoßen können.
Quelle des Wortschatzes ist in beiden Sprachen ausschließlich anerkannte Fachliteratur in Originalsprache. Das beginnt mit dem Kapitel 801 „Akustik und Elektroakustik" des Internationalen Elektrotechnischen Wörterbuchs der IEC und schließt Fachbücher genauso wie Einzeldarstellungen aller Art ein. Durch die Berücksichtigung neuester Normentwürfe, Kongreßberichte und anderer Veröffentlichungen wurde Sorge getragen, daß das Wörterbuch den aktuellen Stand auf diesem Gebiet widerspiegelt.
Bei der Auswahl des Wortgutes hat es sich als zweckmäßig erwiesen, auch einige nichtakustische Begriffe tangierender Fachgebiete zu berücksichtigen, die für die Darstellung akustischer Sachverhalte von Bedeutung sind und deshalb häufig vorkommen.
Letzten Endes will das Wörterbuch Fachleute aller Bereiche wie Mediziner, Elektroniker, Maschinenbauer, Wirtschaftsexperten und Juristen in die Lage versetzen, übliche Texte der Akustik lesen und übersetzen zu können, ohne bei jeder Kleinigkeit auf Spezialwörterbücher angrenzender Fachgebiete angewiesen zu sein.
Zum Schluß möchte ich dem Verlag Alexandre Hatier Berlin-Paris herzlich dafür danken, daß er mir die Gelegenheit bietet, eine Arbeit zu vollenden, die ich bereits einige Zeit vor der großen Wende in Ostdeutschland begonnen hatte. Insbesondere danke ich Frau Koven für die jederzeit vertrauensvolle und vom Verständnis der Situation geprägte gute Zusammenarbeit. Schließlich gilt mein Dank im voraus allen Benutzern des Wörterbuchs, die es auf sich nehmen, unsere Bemühungen um hohe Qualität durch Hinweise auf Fehler und Verbesserungswünsche zu unterstützen, die Sie bitte an den Verlag Alexandre Hatier, Detmolder Str. 4, 1000 Berlin 31, richten.

Heinz Weißing

Preface

Acoustics has in recent years emerged as a complex subject with manifold links to other branches of knowledge. Primarily this can be attributed to the fact that sound is of fundamental significance for man as a means of communication and carrier of culture but also as an annoying by-product of today's way of life. Furthermore sound and mechanical vibration, a phenomenon closely related to sound, have more and more frequently been utilized for specific engineering tasks.

This is why acoustics has close relations to mathematics, physics, and above all electrotechnics which has had a strong influence on acoustics. Since man is the source and receiver of acoustical signals, acoustics is closely interconnected with physiology, medicine, hygienics, not to forget linguistics, and music. Due to the problems of noise control, acoustics is involved in machine building, the construction of vehicles, traffic and transportation, civil engineering, and city architecture. Hydroacoustics, sound emission analysis, and surface acoustic waves are examples of modern techniques which have evolved more recently. Even in economy, legislation, and standardization, acoustical problems may arise every now and then.

It is obvious that the wide variety of problems in acoustics can successfully be solved only by way of international cooperation. In this process, information is exchanged in many ways: by means of books and papers, lectures held at international conferences, and direct multinational cooperation in research, development, production, and marketing. One major objective of this dictionary is to bridge the language gap between experts of either language in order to facilitate their exchange of ideas. At the same time the dictionary is for use as a guidance by the great number of professional interpreters and translators who may come across acoustical terms on various occasions.

For compiling the stock of words, original literature in either language was exclusively used as a source starting with Chapter 801 "Acoustics and Electroacoustics" of the International Electrotechnical Vocabulary up to textbooks and monographs of all kinds. By taking into account the latest draft standards, conference proceedings, and other publications, care was taken that this dictionary was in line with the state of the art in this field.

In selecting the stock of words for this dictionary it has proved advantageous to include some non-acoustical terms of adjacent fields which are important for the description of acoustical phenomena and are likely to occur rather frequently. After all it is the aim of this dictionary to enable experts of all fields such as physicians, electrotechnical engineers, machine builders, economists, and lawyers to read and understand common texts on acoustics without having to consult special dictionaries of adjacent fields for each trifle.

Finally I feel very much obliged to thank "Alexandre Hatier Berlin-Paris" publishers for giving me the opportunity to complete my work which I had started some time before the great changes in East Germany occured. In particular I have to thank Mrs. Koven for cooperating with me in so trustful and understanding a way all the time. Last not least I want to thank in advance all those users of the dictionary who take on to support our efforts for good quality by pointing out errors and making suggestions for future improvements, which should be sent to Verlag Alexandre Hatier, Detmolder Str. 4, D-1000 Berlin 31.

Heinz Weißing

Benutzungshinweise • Directions for Use

1. Beispiele für die alphabetische Ordnung • Examples of Alphabetization

S-Dat
safe exposure
SC filter
scatter/to
~ back
scatter echo
scatterer
scattering
shake/to
shake table
shakeproof
sound/to
sound
~ absorption
~-absorptive
~-insulating material
~ velocity
sounder
soundless
speaker
~ terminal
speakerphone
speaking circuit
standby
• at ~

Gehgeräusch
Gehör
~/absolutes
Gehörschutz
Gehörschützer
Gehörschutzkappe
gekapselt/vollständig
Geräusch
~ an der Klebestelle
~/verdeckendes
geräuschdämpfend
Geräuschdämpfer
Geräuscheinwirkung
~/unerwünschte
Geräuschemission
Geräuschkulisse/musikalische
geschaltet/im Nebenschluß
~/in Brücke
Gleichgewicht
• aus dem ~
~/labiles
Gleichgewichtsbedingung
Grenzfrequenz
~ des Sperrbereichs
~/obere

2. Zeichen und Abkürzungen • Signs and Abbreviations

/ boom/to = to boom
Anemometer/akustisches = akustisches Anemometer

( ) attractive force (power) = attractive force *or* attractive power
Filter zur Deemphasis (Nachentzerrung) = Filter zur Deemphasis *oder* Filter zur Nachentzerrung

[ ] input selector [switch] = input selector *or* input selector switch
Brille mit [eingebauter] Hörhilfe = Brille mit Hörhilfe *oder* Brille mit eingebauter Hörhilfe

( ) These brackets contain explanations
Diese Klammern enthalten Erklärungen

f feminine noun/Femininum
m masculine noun/Maskulinum
n neuter noun/Neutrum
pl plural/Plural

s. *see/siehe*
s.a. see also/siehe auch
z.B. for example/zum Beispiel
sl slang/Slang

Englisch-Deutsch

A

A-level *s.* A-weighted sound level
A-network A-Filter *n*, Bewertungsfilter *n* für die A-Kurve
A-scope representation A-Bild *n*, Amplituden-Zeit-Darstellung *f*
A-weight/to A-bewerten, mit der A-Kurve bewerten
A-weighted A-bewertet
A-weighted sound level A-Schall[druck]pegel *m*, A-bewerteter Schallpegel *m*
A-weighting A-Bewertung *f*, Bewertung *f* mit der A-Kurve
A-weighting curve A-Kurve *f*, Bewertungskurve *f* A
ABC gehörrichtige Lautstärkeregelung *f*; Begleitautomatik *f*
abscissa [axis] Abszisse *f*, x-Achse *f*
absence of distortion Verzerrungsfreiheit *f*
~ **of noise** Rauschfreiheit *f*
~ **of vibration** Schwingungsfreiheit *f*, Vibrationsfreiheit *f*
absolute acceleration Absolutbeschleunigung *f*
~ **cumulative frequency** Summenhäufigkeit *f*
~ **humidity** absolute Luftfeuchte *f*
~ **level** Absolutpegel *m*
~ **pitch** absolute Tonhöhe *f*
~ **pressure** Absolutdruck *m*
~ **velocity** Absolutgeschwindigkeit *f*
absorb/to absorbieren, [ver]schlucken; abfangen *(Stöße)*
~ **shocks** abfedern, Schwingungen isolieren (schlucken)
absorbency Absorptionsvermögen *n*, Absorptionsfähigkeit *f*
absorbent absorbierend
~**-lined** absorbierend ausgekleidet; absorbierend ausgeführt
absorber Absorber *m*
absorbing absorbierend
~ **panel** Absorberplatte *f*, Schallschluckplatte *f*
~ **wall** Schallschluckwand *f*
absorption Absorption *f*, Schluckung *f*
~ **area** Absorptionsfläche *f*
~ **capacity** Absorptionsvermögen *n*, Absorptionsfähigkeit *f*
~ **coefficient** Absorptionsgrad *m*, Schluckgrad *m*
~ **factor** Absorptionsfaktor *m*
~ **loss** Absorptionsverlust *m*; Absorptionsdämpfung *f*
~ **of vibration** Schwingungsdämpfung *f*
~ **power** Absorptionsvermögen *n*, Absorptionsfähigkeit *f*
~**-type silencer** Absorptionsschalldämpfer *m*
absorptive absorptionsfähig, Absorptions...
~ **area** Absorptionsfläche *f*
~ **capacity (power)** Absorptionsvermögen *n*, Absorptionsfähigkeit *f*
~ **silencer** Absorptionsschalldämpfer *m*
absorptivity Absorptionsvermögen *n*, Absorptionsfähigkeit *f*
a.c. component Wechselstromanteil *m*, Wechselstromkomponente *f*; Wechselspannungsanteil *m*, Wechselspannungskomponente *f*
a.c. hum Netzbrummen *n*
a.c.-operated wechselstrombetrieben; wechselspannungsbetrieben
a.c.-powered wechselstromgespeist; wechselspannungsgespeist
a.c. source (supply) Wechselstromquelle *f*; Wechselspannungsquelle *f*
a.c. voltage Wechselspannung *f*
accelerance Akzeleranz *f*, Verhältnis *n* Beschleunigung zu Kraft
accelerate/to beschleunigen
accelerated motion beschleunigte Bewegung *f*
~ **testing** zeitgeraffte Prüfung *f*
acceleration Beschleunigung *f*
~ **due to gravity** Erdbeschleunigung *f*, Gravitationsbeschleunigung *f*
~ **level** Beschleunigungspegel *m*
~ **of gravity** Erdbeschleunigung *f*, Gravitationsbeschleunigung *f*
~ **pick-up** *s.* ~ sensor
~ **sensor** Beschleunigungsaufnehmer *m*, Beschleunigungsgeber *m*
accelerometer Beschleunigungsaufnehmer *m*, Beschleunigungsgeber *m*; Beschleunigungsmesser *m*
~ **calibrator** Kalibrator *m* für Beschleunigungsaufnehmer (Schwingungsaufnehmer)
accent Akzent *m*, Tonfall *m*; Betonung *f*
accentuate/to betonen, hervorheben; anheben
accentuation Betonung *f*, Hervorhebung *f*; Anhebung *f (von Tonfrequenzbereichen)*
accessories *pl* Zubehör *n*, Zubehörteile *npl*
accessory [unit] Zusatzgerät *n*, Zusatzeinheit *f*
accidental erasure versehentliches (unbeabsichtigtes) Löschen *n*
~ **printing** Kopiereffekt *m*, unerwünschtes Kopieren *n*
accompaniment [musikalische] Begleitung *f*
~ **pattern** Begleitmuster *n*
accordeon Akkordeon *n*
accuracy class (grade) Genauigkeitsklasse *f*
acetate disk Acetatschallplatte *f*
acoustic akustisch, Schall... *(s. a. unter* acoustical*)*
~**-absorbent silencer** Absorptionsschalldämpfer *m*
~ **absorber** Schallabsorber *m*, Schallschlucker *m*
~**-absorbing material** Schallabsorptionsmaterial *n*, Schallschluckmaterial *n*, Schallschluckstoff *m*

~ **absorption** Schallabsorption *f*, Schallschluckung *f*
~ **absorption coefficient** Schallabsorptionsgrad *m*, Schallschluckgrad *m*
~ **absorption factor** Schallabsorptionsgrad *m*, Schallschluckgrad *m*
~ **action** Schallereignis *n*
~ **admittance** akustische Admittanz *f*, Schalladmittanz *f*, akustischer Mitgang *m* (Scheinleitwert *m*)
~ **advisor** Akustikfachmann *m*, Berater *m* für Akustik
~ **anemometer** akustisches Anemometer *n*, akustischer Geschwindigkeitsmesser *m*
~ **baffle** Schallwand *f*
~ **beam** Schallstrahl *m*, Schallbündel *n*, Schallstrahlenbündel *m*
~ **booth** Schallschutzkabine *f*
~ **breakthrough** akustisches Übersprechen *n*, akustische Rückkopplung *f* [durch Mikrofonie]
~ **bridge** akustische Brücke *f*
~ **buoy** Heulboje *f*, Heultonne *f*
~ **calibrator** akustischer Kalibrator *m*, Schallpegelkalibrator *m*, Eichschallquelle *f*
~ **centre** akustisches Zentrum *n*
~ **compliance** akustische Nachgiebigkeit *f*
~ **conductance** akustischer Wirkleitwert *m*, Realteil *m* des akustischen Mitgangs, reeller akustischer Mitgang *m*
~ **construction** schalldichte Bauweise *f*
~ **consultant** Akustikfachmann *m*, Berater *m* für Akustik
~ **coupler** akustischer Koppler *m*
~ **damping** Schalldämpfung *f*; akustische Bedämpfung *f*
~ **delay line** akustische Verzögerungsleitung *f*
~ **delay-line memory** akustischer Laufzeitspeicher *m*
~ **detector** akustisches Ortungsgerät *n*, Schallortungsgerät *n*
~ **diffraction** Schallbeugung *f*
~ **direction finder** akustisches Peilgerät *n*, Schallortungsgerät *n*
~ **direction finding** akustische Peilung *f*
~ **dispersion** Dispersion *f* (Streuung *f*) von Schallwellen, akustische Dispersion *f*
~ **duct** Gehörgang *m*
~ **efficiency** akustischer Wirkungsgrad *m*
~ **emission** Schallemission *f*, SE, Schallabstrahlung *f*
~ **emission activity** Schallemissionsaktivität *f*, SE-Aktivität *f*
~ **emission analysis** Schallemissionsanalyse *f*, SEA
~ **emission count rate** Schallemissionsimpulsrate *f*, SE-Impulsrate *f*
~ **enclosure** 1. Lautsprecherbox *f*; 2. Lärmschutzkapsel *f*, Lärmschutzhaube *f*
~ **energy** Schallenergie *f*
~ **engineering** Akustik *f*, Schalltechnik *f*
~ **excitation** akustische Anregung *f*, Schallanregung *f*
~ **feedback** akustische Rückkopplung *f*
~ **figures** [Chladnische] Klangfiguren *fpl*, Schwingungsfiguren *fpl*
~ **film transducer** Filmschallwandler *m*
~ **focussing** Schallbündelung *f*
~ **frequency** Tonfrequenz *f*
~ **generator** Schallerzeuger *m*, Schallquelle *f*
~ **homing** akustische Zielsuche (Zielansteuerung) *f*
~ **homing device** akustisches Zielsuchgerät *n*
~ **homing torpedo** Torpedo *m* mit akustischer Zielsuche, durch Schall gelenkter Torpedo *m*
~ **horn** Schalltrichter *m*
~ **impedance** akustische Impedanz *f*, Schallimpedanz *f*, akustischer Standwert (Scheinwiderstand) *m*
~ **inertance (inertia)** Standwert *m* der akustischen Masse, akustischer Blindwiderstand *m* der Masse, akustische Trägheit *f*
~ **inlet** Sprechöffnung *f*, Einsprechöffnung *f*
~ **instrumentation** Schallmeßausrüstung *f*, Schallmeßgeräte *npl*
~ **intensity** Schallintensität *f*
~ **intensity meter** Schallintensitätsmeßgerät *n*, Schallintensitätsmesser *m*
~ **intensity per unit area** Schallintensität *f*
~ **leak** akustische Schwachstelle *f*, akustisches Leck *n*, Schalldurchtrittsstelle *f*
~ **lining** schallschluckende (schallabsorbierende) Verkleidung *f* (Auskleidung *f*)
~ **location finder** akustisches Ortungsgerät *n*
~ **mass** akustische Masse *f*
~ **meatus** Gehörgang *m*
~ **nerve** Hörnerv *m*
~ **noise** Luftschallärm *m*, Luftschall *m*
~ **oscillation** Schallschwingung *f*
~ **output** erzeugte Schalleistung *f*, akustische Ausgangsleistung *f*
~ **panelling** schallschluckende (schallabsorbierende) Verkleidung (Auskleidung) *f (mit Platten)*
~ **pattern** *s.* ~ figures
~ **plaster** schallabsorbierender (schallschluckender) Putz *m*
~ **power** Schalleistung *f*
~ **power concentration** Schallbündelungsgrad *m*
~ **power measurement** Schalleistungs[pegel]messung *f*
~ **power per unit area** Schallintensität *f*
~ **pressure** Schalldruck *m*
~ **probe** Schallsonde *f*, akustische Sonde *f*
~ **properties of a room** Hörsamkeit *f* eines Raumes, Akustik *f* eines Raumes
~ **pulse** Schallimpuls *m*
~ **radiation** Schall[ab]strahlung *f*
~ **radiation pressure** Schallstrahlungsdruck *m*

~ **radiometer** Schallstrahlungsdruckmesser *m*
~ **ranging** akustische Entfernungsmessung *f*, Schallortung *f*
~ **ray** Schallstrahl *m*
~ **reactance** akustische Reaktanz *f*, akustischer Blindwiderstand *m* (Blindstandswert *m*)
~ **reflection** Schallreflexion *f*, Schallrückwurf *m*
~ **refraction** Schallbrechung *f*, akustische Brechung *f*
~ **reproduction** Schallwiedergabe *f*, Tonwiedergabe *f*
~ **resistance** akustische Resistanz *f*, akustischer Wirkwiderstand *m* (Wirkstandwert *m*)
~ **scattering** Schallstreuung *f*
~ **screen** Schallschirm *m*
~ **sensitivity** Empfindlichkeit *f* für Schall, Schallempfindlichkeit *f*
~ **sensor** Schallaufnehmer *m*, akustischer Sensor *m*
~ **shadow** Schallschatten *m*
~ **shield** Schall[schutz]schirm *m*
~ **shielding** akustische Abschirmung *f*, Abschirmung *f* von Schall
~ **shock** Knall *m*; [lauter] Knack *m*
~ **shock reducer** Knackschutz *m*
~ **short circuit** akustischer Kurzschluß *m*
~ **signal** Schallsignal *n*; Schallzeichen *n*
~ **sounder** Echolot *n*, Echolotgerät *n*
~ **sounding** Echolotung *f*
~ **source** Schallquelle *f*
~ **spectrogram** Schallspektrogramm *n*
~ **spectrum** Schallspektrum *n*
~ **stiffness** akustische Steifigkeit *f* (Steife *f*)
~ **stimulus** Schallreiz *m*, akustischer Reiz *m*
~ **surface wave** akustische Oberflächenwelle *f*, AOW
~ **survey** orientierende Schallmessung *f*, akustische Übersichtsmessung *f*
~ **susceptance** akustischer Blindleitwert *m*, Imaginärteil *m* des akustischen Mitgangs
~ **termination** akustischer Abschluß *m*
~ **trauma** Hörschaden *m*, akustisches Trauma *n*
~ **trumpet** Schalltrichter *m*
~ **velocity** Schallschnelle *f*
~ **vibration** Schallschwingung *f*
~ **wave** Schallwelle *f*
~ **wave filter** akustisches Filter *n*
~ **wavelength** Schallwellenlänge *f*
acoustical akustisch, Schall... *(s. a. unter* acoustic*)*
~ **absorptivity** Schallabsorptionsgrad *m*, Schallschluckgrad *m*
~ **board** schallabsorbierende Platte *f*, schallschluckende Platte *f*, Absorberplatte *f*
~ **design** akustische Auslegung *f*, akustische Dimensionierung *f*
~ **filter** akustisches Filter *n*
~ **holography** akustische Holographie *f*, Schallholographie *f*
~ **insulation** Schalldämmung *f*, Schallisolation *f*
~ **insulation material** Schallisolationsmaterial *n*, Schalldämmstoff *m*
~ **irradiation** Beschallung *f*, Schalleinwirkung *f*
~ **liveness** Halligkeit *f*
~ **measurement** Schallmessung *f*, akustische Messung *f*
~ **ohm** akustisches Ohm *n (nicht mehr zu verwenden)*
~ **perception** Schallempfindung *f*, Schallwahrnehmung *f*
~ **plate** Schalldämmplatte *f*, Dämmplatte *f*
~ **propagation constant** Schallausbreitungskonstante *f*
~ **reflex** akustischer Reflex *m*, [akustisch ausgelöster] Mittelohrmuskelreflex *m*
~ **sensation** Schallempfindung *f*, Schallwahrnehmung *f*
~ **slab** Schalldämmplatte *f*, Dämmplatte *f*
~ **tile** schallabsorbierende (schallschluckende) Platte *f*, Absorberplatte *f*
~ **treatment** schallabsorbierende Auslegung *f* (Ausführung *f*), Anbringen *n* von Schallabsorbern
~ **volume current velocity** Schallfluß *m*
acoustically dead schalltot, [akustisch] trocken, reflexionsfrei, reflexionsarm, nachhallarm
~ **dead room** [akustisch] trockener Raum *m*, reflexionsarmer (reflexionsfreier) Raum *m*, schalltoter Raum *m*
~ **dead studio** schalltotes Studio *n*, Studio *n* mit [sehr] kurzer Nachhallzeit, Studio ohne Nachhall
~ **hard** schallreflektierend, schallhart
~ **inactive** schalltot, [akustisch] trocken, nachhallarm
~ **induced fatigue** Ermüdung *f* durch [starke] Schalleinwirkung
~ **inert** schalltot, [akustisch] trocken, nachhallarm
~ **live** hallig, hallend
~ **live room** halliger Raum *m*
~ **live studio** halliges Studio *n*, Studio *n* mit langer Nachhallzeit
~ **transparent** schalldurchlässig
acoustician Akustiker *m*
acousticophobia Akustophobie *f*, Geräuschangst *f*
acoustics 1. Akustik *f*, Lehre *f* vom Schall; 2. akustische Raumeigenschaften *fpl*
acoustoelectric akustoelektrisch
action 1. Aktion *f*, Bewegung *f*, Gang *m*; 2. Mechanismus *m*; Mechanik *f*, Traktur *f*, Spieleinrichtung *f*
~ **effect** Anschlagsdynamik *f*, Anschlagswirkung *f*
~ **level** kritischer Pegel *m (Pegel, bei dem gehandelt werden muß)*

active wirksam, aktiv; stromführend, spannungführend; reell, Wirk...
~ **component** Wirkanteil *m*, Wirkkomponente *f*, reelle Komponente *f*
~ **energy** Wirkenergie *f*
~ **filter** aktives Filter *n*
~ **power** Wirkleistung *f*
~ **sonar** Aktivsonar *n*
~ **sound field** Wirkschallfeld *n*
~ **strain gauge** aktiver Dehn[ungs]meßstreifen *m*
~ **transducer** aktiver Wandler *m*
acuity Schärfe *f (z. B. Hörschärfe)*
acute 1. gellend, schrill; 2. akut
acyclic process aperiodischer Vorgang *m*
adapt to/to anpassen an, adaptieren an
adaptability Adaptationsvermögen *n*, Anpassungsvermögen *n*
adaptable acoustics einstellbare Akustik *f (Raumakustik)*
adaptation Adaptation *f*, Anpassung *f*
adapter Adapter *m*, Übergangsstück *n*
~ **cable** Anpassungskabel *n*, Adapterkabel *n*
~ **plug** Anpaßstecker *m*, Adapterstecker *m*, Kopplungsstecker *m*
adaption *s.* adaptation
ADC *s.* analogue-to-digital converter
additional stop Nebenregister *n (Orgel)*
adiabatic adiabatisch, ohne Wärmeaustausch
~ **compression** adiabatische Kompression *f*
~ **expansion** adiabatische Expansion *f*
adjust/to einstellen, einregeln; abgleichen, justieren
~ **the level** einpegeln, den Pegel einregeln (einstellen)
adjustable einstellbar, regelbar, veränderlich
adjusted impact sound level Normtrittschallpegel *m*
adjustment Einstellung *f*, Einregulierung *f*; Abgleich *m*, Justage *f*
~ **factor** Wichtungsfaktor *m*
admittance Admittanz *f*, [komplexer] Leitwert *m*; Scheinleitwert *m*
AE *s.* acoustic emission
aerate/to belüften, Luftdruck ausgleichen
aerodynamically induced noise Windgeräusch *n*, Strömungsgeräusch *n*, Störgeräusch *n* durch Wind
aerophone Luftklinger *m*, Aerophon *n*
af, AF *s.* audio frequency
affricate Affrikata *f*, Affrikate *f (Verschlußlaut mit folgendem Reibelaut)*
after-touch function Ansprechen *n* auf [unterschiedlichen] Tastendruck nach Anschlagen
~-**touch sensitivity** Empfindlichkeit *f* für [unterschiedlichen] Tastendruck nach Anschlagen
AGC *s.* automatic gain control
age-related threshold level altersbedingter Schwellenpegel *m* (Hörschwellenpegel *m*)
AHD *s.* audio high density
AHT *s.* acoustic homing torpedo
air absorption Luftabsorption *f*, atmosphärische Absorption *f*
~ **baffle** Luftleitblech *n*
~ **blower** Lüfter *m*, Gebläse *n*
~-**bone gap** Differenz *f* der Schwellenverschiebung zwischen Luft- und Knochenleitung, Differenz *f* des Hörverlustes zwischen Luft- und Knochenleitung
~ **chamber** Luftkammer *f*; Windkessel *m*
~-**chamber loudspeaker** Druckkammerlautsprecher *m*
~ **column** Luftsäule *f*
~-**condenser microphone** Luftkondensatormikrofon *n*
~ **conditioner** Klimaanlage *f*
~ **conditioning** Klimatisierung *f*, Luftaufbereitung *f*
~ **conduction** Luftleitung *f*
~-**conduction audiometry** Luftleitungsaudiometrie *f*, Messung *f* der Luftleitungsschwelle
~-**conduction earphone** Luftleitungshörer *m*
~ **cushion** Luftkissen *n*, Luftpolster *n*
~ **damping** Luftdämpfung *f*
~ **density** [spezifische] Luftdichte *f*
~ **duct** Luftkanal *m*, Lüftungskanal *m*
~ **flow** Luftstrom *m*, Luftströmung *f*
~ **friction** Luftreibung *f*, Luftwiderstand *m*
~ **gap** Luftspalt *m*; Luftstrecke *f*, Luftzwischenraum *m*
~-**gap field** Feld *n* im Luftspalt
~-**gap flux density** Luftspaltinduktion *f*
~ **humidity** Luftfeuchtigkeit *f*, Luftfeuchte *f*
~ **inclusion** Lufteinschluß *m*, Luftblase *f*
~ **inlet** Lufteintritt *m*, Lufteinlaß *m*, Luftzutritt *m*, Lufteintrittsöffnung *f*, Ansaugöffnung *f*
~ **intake silencer** Ansauggeräuschdämpfer *m*, Ansaugschalldämpfer *m*, Luftansauggeräuschdämpfer *m*
~ **jet** Luftstrahl *m*, Luftstrom *m*; Luftdüse *f*
~ **moisture** Luftfeuchtigkeit *f*, Luftfeuchte *f*
~ **nozzle** Luftaustrittsöffnung *f*
~ **outlet** Luftauslaß *m*, Luftaustritt *m*; Luftaustrittsöffnung *f*
~ **pad** Luftkissen *n*, Luftpolster *n*
~ **passage** Luftkanal *m*, Luftdurchgang *m*, Luftschlitz *m*
~ **pocket** Lufteinschluß *m*, Luftblase *f*
~ **pressure** Luftdruck *m*, atmosphärischer Druck *m*
~-**raid siren** Luftschutzsirene *f*
~ **silencer** Ansauggeräuschdämpfer *m*, Ansaugschalldämpfer *m*
~ **space** Luftraum *m*, Luftzwischenraum *m*
~ **speed** Windgeschwindigkeit *f*
~ **spring** Luftfeder *f*
~ **vent** Luftkanal *m*, Lüftungskanal *m*
airborne Luft..., durch Luft übertragen

~ **acoustical noise** Luftschallärm *m*, Luftschall *m*
~ **insulation margin** Luftschallschutzmaß *n*
~ **noise** Luftschallärm *m*, Luftschall *m*
~-**noise control** Bekämpfung *f* von Luftschall
~-**noise insulation** Luftschallisolation *f*
~ **sound** Luftschall *m*
~ **sound attenuation** Luftschalldämpfung *f*
~ **sound insulation** Luftschalldämmung *f*
~ **sound-insulation index** bewertetes Schalldämmaß *n*
~ **sound-insulation margin** Luftschallschutzmaß *n*
~ **sound source** Luftschallquelle *f*
~ **transmission loss** Luftschalldämmung *f*, Luftschall-Ausbreitungsdämpfung *f*
aircraft flyover Überfliegen *n*, Überflug *m*
~ **noise** Fluglärm *m*
~ **propulsion unit** Flugzeugtriebwerk *n*
airflow Luftstrom *m*, Luftströmung *f*
airport noise Flughafenlärm *m*, Lärm *m* in Flughafennähe, Lärm im Flughafenbereich
~ **noise monitor** Fluglärmüberwachungsgerät *n*
~ **noise monitoring system** Fluglärmüberwachungsanlage *f*, Fluglärmüberwachungssystem *n*
airtight luftdicht
alias mehrdeutige Frequenzkomponente *f*
aliased frequency component rückgefaltete Frequenzkomponente *f*, [durch Unterabtastung] vorgetäuschte Frequenzkomponente *f*
~ **product** [durch Unterabtastung] vorgetäuschtes Signal *n*, Ergebnis *n* der Unterabtastung
aliasing Rückspiegelung *f*, Aliasing *n*, Rückfaltung *f*, Vortäuschen *n* von Spektralanteilen durch Rückfaltung
~ **error** Fehler *m* durch Rückfaltung (Rückspiegelung, Aliasing)
align/to eintaumeln *(Kopfspalt)*
alignment Eintaumeln *n (Kopfspalt)*
aliquot string Aliquotsaite *f*
all-in-the-ear hearing instrument IdO-Hörgerät *n*, im Ohr zu tragendes Hörgerät *n*
~-**pass [filter]** Allpaßfilter *n*, Allpaß *m*
~-**pass level** Gesamtpegel *m*, Pegel *m* im gesamten Frequenzbereich
~-**pass network** Allpaßfilter *n*
~-**weather microphone** wetterfestes (wettergeschütztes) Mikrofon *n*, Mikrofon *n* für Einsatz im Freien
alternating component Wechselanteil *m*, Wechselkomponente *f*
~ **current** Wechselstrom *m (Zusammensetzungen s. unter* a.c.*)*
~ **force** Wechselkraft *f*
~ **force level** Kraftpegel *m*, Pegel *m* der Wechselkraft
~ **motion** hin- und hergehende Bewegung *f*
~ **potential** Wechselpotential *n*
~ **quantity** Wechselgröße *f*
~ **voltage** Wechselspannung *f*
alternation 1. Stromwechsel *m*, Polwechsel *m*; Lastwechsel *m*; 2. Halbwelle *f*, Halbperiode *f*
~ **period** Halbperiodendauer *f*
altitude sonar Höhensonar *n*, Tiefensonar *n*, akustischer Höhenmesser *m* (Tiefenmesser *m*)
alto Alt *m*, Altstimme *f*; Altistin *f*
ambiance 1. Umgebung *f*; Umgebungseinfluß *m*; 2. [akustische] Raumwirkung *f*, Räumlichkeit *f*
ambient air Umgebungsluft *f*
~ **conditions** Umgebungsbedingungen *fpl*; Umweltbedingungen *fpl*
~ **influence** Umgebungseinfluß *m*; Umwelteinfluß *m*
~ **level** Umgebungslärmpegel *m*
~ **noise** Umgebungsgeräusch *n*, Störgeräusch *n*, Nebengeräusch *n*
~ **noise level** Umgebungsslärmpegel *m*
~ **pressure** Umgebungsdruck *m*, atmosphärischer Druck *m*
ambiophony Ambiophonie *f*
ambisonic Raumschall..., Umgebungsschall...
amplification Verstärkung *f*
~ **factor** Verstärkungsfaktor *m*, Verstärkungsgrad *m*, Verstärkung *f*
amplifier Verstärker *m*
~ **chain** Verstärkerkette *f*
~ **circuit** Verstärkerschaltung *f*
~ **gain** Verstärkungsfaktor *m*, Verstärkungsgrad *m*
~ **input** Verstärkereingang *m*
~ **noise** Verstärkerrauschen *n*
~ **output** Verstärkerausgang *m*
~ **response** Verstärkerfrequenzgang *m*
~ **stage** Verstärkerstufe *f*
amplify/to verstärken
amplifying stage Verstärkerstufe *f*
amplitude Amplitude *f*, Schwingungsweite *f*; Scheitelwert *m*
~ **characteristic** Amplitudenfrequenzgang *m*
~ **compressor** Amplitudenkompressor *m*, Dynamikpresser *m*
~ **distortion** Amplitudenverzerrung *f*
~ **distribution** Amplitudenverteilung *f*
~ **envelope** Amplitudenhüllkurve *f*
~ **factor** Scheitelfaktor *m*
~-**frequency characteristic (response)** Amplitudenfrequenzgang *m*
~-**limited** amplitudenbegrenzt
~ **limiter** Amplitudenbegrenzer *m*
~ **modulation** Amplitudenmodulation *f*; Amplitudenvibrato *n*
~ **resolution** Amplitudenauflösung *f*
~ **response** Amplituden[frequenz]gang *m*
~ **spectrum** Amplitudenspektrum *n*
~ **sweep** Amplitudendurchlauf *m*, [gleitende] Amplitudenveränderung *f*

anacrusis Auftakt *m*
anacusia, anacusis Anakusia *f*, völlige Taubheit *f*
analog *s.* analogue
analogous electric circuit elektrische Ersatzschaltung *f*
analogue analog
analogue Analogon *n*, Analogmodell *n*
~-digital conversion Analog-Digital-Umsetzung *f*, Analog-Digital-Wandlung *f*
~-digital converter Analog-Digital-Umsetzer *m*, Analog-Digital-Wandler *m*, ADU *m*
~ **filter** Analogfilter *n*
~ **recording** Analogaufzeichnung *f*
~ **signal** Analogsignal *n*
~-to-digital conversion Analog-Digital-Umsetzung *f*, Analog-Digital-Wandlung *f*
~-to-digital converter Analog-Digital-Umsetzer *m*, ADU *m*, Analog-Digital-Wandler *m*
~ **value** Analogwert *m*
analogy Analogie *f*
analysis Analyse *f*
~ **resolution** Analysierschärfe *f*
analyze/to analysieren; zerlegen
~ **the level distribution** den Pegel (Schallpegel) klassieren
analyzer Analysator *m*
anechoic schalltot, reflexionsfrei, reflexionsarm, [akustisch] trocken
~ **chamber** *s.* ~ room
~ **recording** trockene Aufzeichnung *f*, Aufzeichnung *f* in reflexionsfreier (schalltoter) Umgebung
~ **room** schalltoter (reflexionsfreier) Raum *m*, Freifeldraum *m*
~ **test chamber** schalltote (reflexionsfreie, reflexionsarme) Prüfkammer *f*
angle of beam spread Ausbreitungswinkel *m* (Ausbreitungsrichtung *f*) eines Strahls
~ **of emergence (emission)** Ausfallwinkel *m*, Austrittswinkel *m*
~ **of incidence** Einfallswinkel *m*
~ **of radiation** Abstrahlwinkel *m*
~ **of reflection** Reflexionswinkel *m*, Ausfallwinkel *m*
~ **of rotation** Drehwinkel *m*
~ **of scattering** Streuwinkel *m*
angular acceleration Drehbeschleunigung *f*, Winkelbeschleunigung *f*
~ **accelerometer** Drehbeschleunigungsmesser *m*, Winkelbeschleunigungsmesser *m*; Drehbeschleunigungsaufnehmer *m*
~ **deviation loss** Richtungsfaktor *m*, Richtfaktor *m*
~ **displacement** Verdrehung *f*, Winkeländerung *f*
~ **frequency** Kreisfrequenz *f*, Winkelfrequenz *f*
~ **momentum** Drehimpuls *m*, Drall *m*, Spin *m*
~ **rate** Winkelgeschwindigkeit *f*
~ **resonance frequency** Resonanzkreisfrequenz *f*
~ **speed (velocity)** Winkelgeschwindigkeit *f*
~ **vibration** Drehschwingung *f*, Torsionsschwingung *f*
anharmonic unharmonisch, nicht harmonisch
anisotropic anisotrop
anisotropism, anisotropy Anisotropie *f*
annotate/to beschriften, mit einer Skala versehen *(Koordinatenachse)*
annotation Achsenbeschriftung *f*, Koordinatenbeschriftung *f*
announce/to ansagen
announce loudspeaker system Beschallungsanlage *f*, Lautsprecheranlage *f*
announcer Ansager *m*
annoyance Lästigkeit *f*
annoying noise lästiger Lärm *m*, lästiges Geräusch *n*
annular shear pick-up Scherschwingungsaufnehmer *m* mit ringförmigem Wandlerelement
ANR *s.* audio noise reduction
ANRS *s.* automatic noise reduction system
answering set Anrufbeantworter *m*
anti-alias[ing] filter Anti-Aliasing-Filter *n*, Tiefpaß *m* (Tiefpaßfilter *n*) gegen Rückfaltung
~-birdspikes Vogelabweiser *m (z. B. auf Freiluftmeßstelle)*
~-noise schalldämmend, schalldämpfend, geräuschunterdrückend; rauschunterdrückend
~-noise code Lärmschutzbestimmung *f*, Lärmschutzverordnung *f*
~-noise microphone störschallunterdrückendes Mikrofon *n*, Mikrofon *n* mit Störschallunterdrückung
~-noise ordinance (regulation) Lärmschutzbestimmung *f*, Lärmschutzverordnung *f*
~-vibration schwingungsfrei, erschütterungsfrei; schwingungsisoliert
~-vibration foundation (support) schwingungsisolierendes Fundament *n*
anticlockwise rotation Drehung *f* gegen den Uhrzeigersinn
antifriction Reibungsarmut *f*
~ **bearing** Wälzlager *n*
antilog converter Delogarithmierer *m*, Delogarithmierschaltung *f*
antinode Wellenbauch *m*, Schwingungsbauch *m*, Bauch *m*
antiphase Gegenphase *f*
antireciprocal gyratorisch, gyratorisch umkehrbar
antiresonance Parallelresonanz *f*; Antiresonanz *f*, Resonanzeinbruch *m*
~ **circuit** Sperrkreis *m*
antiresonant circuit Sperrkreis *m*
antiskating Antiskatingeinrichtung *f*, Antiskatingvorrichtung *f*
~ **device** Anti-Skating-Einrichtung *f*, Einrichtung

f (Vorrichtung f) zur Kompensation der Skatingkraft
antivibration mounting schwingungsisolierte (erschütterungsfreie) Aufstellung *f*
anvil Amboß *m (Gehörknöchel)*
aperiodic aperiodisch, nicht periodisch
~ **damping** aperiodische Dämpfung *f*
~ **process** aperiodischer Vorgang *m*
aphasia Aphasie *f (Störung des Sprechens und des Sprachverständnisses)*
aphonia Aphonie *f*, Stimmlosigkeit *f*, Stimmverlust *m*
aphonic schalltot, trocken
aphony *s.* aphonia
apparent scheinbar, augenscheinlich; vorgetäuscht, simuliert
~ **mass** scheinbare Masse *f*
~ **sound-reduction index** Bauschalldämmaß *n*, bauübliches Schalldämmaß *n*
~ **sound width** [empfundene] Räumlichkeit *f*
~ **transmission loss** Bauschalldämmaß *n*, bauübliches Schalldämmaß *n*
apple-shaped diagram Kardioidcharakteristik *f*; Nierencharakteristik *f*
appliance sound level Armaturenschalldruckpegel *m*
application Anlegen *n*, Einspeisen *n (eines Signals)*
~ **module** [anwendungsspezifischer] Zusatzbaustein *m*, [anwendungspezifischer] Zusatzmodul *m*
applied acoustics angewandte Akustik *f*
~ **frequency** angelegte Frequenz *f*
~ **power** zugeführte Leistung *f*
apply/to anlegen, einspeisen
~ **to** anlegen an
APSS *s.* automatic program[me] search system
arbitrary waveform generator Funktionsgenerator *m*, freiprogrammierbarer Signalgenerator *m*
architectural acoustics Raumakustik *f*; Bauakustik *f*
area integral Flächenintegral *n*, Hüllintegral *n*
~ **monitor** stationäres (nicht an eine Person gebundenes) Überwachungsgerät *n*, Überwachungsgerät *n* für einen Abschnitt (Bereich)
~ **of audibility** Hörfläche *f*, Hörbereich *m*
~ **segment** Flächenelement *n*
~ **surface integral** Flächenintegral *n*, Hüllintegral *n*
~ **unit** Flächenelement *n*
argument Argument *n*, [unabhängige] Veränderliche *f*
arithmetic mean arithmetisches Mittel *n*, arithmetischer Mittelwert *m*
arm of the bridge Brückenzweig *m*
~ **resonance** Tonarmresonanz *f*
array Gruppierung *f*, Gruppe *f*, Anordnung *f*
articulate/to artikulieren, deutlich aussprechen
articulation Verständlichkeit *f (Logatome)*; deutliche Aussprache *f*
~ **index** Verständlichkeitsindex *m*, Verständlichkeitswert *m*, Verständlichkeit *f*
~ **loss (reduction)** Minderung *f* (Herabsetzung *f*) der Sprachverständlichkeit, Verständlichkeitsminderung *f*
~ **test** Verständlichkeitsprüfung *f* (Sprachverständlichkeitsprüfung *f*) [mit Einzelsilben]
artifact falscher (vorgetäuschter) Meßwert *m*
artifactual response scheinbares (vorgetäuschtes) Verhalten *n*, scheinbare (vorgetäuschte) Reaktion *f*
artificial ear künstliches Ohr *n*, Ohrnachbildung *f*
~ **echo** künstlicher Hall (Nachhall *m*)
~ **head** Kunstkopf *m*
~-**head recording** Kunstkopfaufzeichnung *f*, Kunstkopfaufnahme *f*
~ **larynx** künstlicher Kehlkopf *m*
~ **mastoid** künstliches Mastoid *n*
~ **mouth** künstlicher Mund *m*, Mundnachbildung *f*, Mundsimulator *m*
~ **voice** künstliche Stimme *f*
ARTL *s.* age-related threshold level
aspirate Hauchlaut *m*, Aspirata *f*
assign/to [funktionell] zuordnen
assisted resonance eletroakustische Nachhallverlängerung *f* (Nachhallzeitverlängerung *f*)
assonance Assonanz *f*, vokalischer Gleichklang *m*, Lautähnlichkeit *f*
asynchronous asynchron, nicht im Gleichlauf
atmosphere Atmosphäre *f*; Lufthülle *f*
atmospheric absorption atmosphärische Absorption *f*, Luftabsorption *f*
~ **attenuation** atmosphärische Dämpfung *f*, Luftdämpfung *f*
~ **conditions** atmosphärische Bedingungen *fpl*, Witterungsbedingungen *fpl*, Witterungsverhältnisse *npl*
~ **pressure** atmosphärischer Druck *m*, Luftdruck *m*
atonal atonal *(nicht auf eine Tonart bezogen)*
atonic 1. atonal; 2. unbetont
ATRS *s.* automatic tape response system
attack Ansprechen *n*, Anklingen *n*; Einsatz *m*, Toneinsatz *m*
~ **rate** Ansprechgeschwindigkeit *f*, Einsatzgeschwindigkeit *f*
attenuate/to dämpfen, abschwächen, vermindern
attenuation Dämpfung *f*, Abschwächung *f*, Verminderung *f*
~ **characteristic** Dämpfungskennlinie *f*, Dämpfungsverlauf *m*
~ **coefficient** Dämpfungskoeffizient *m*
~ **constant** Dämpfungsmaß *n*
~ **correction** Dämpfungsentzerrung *f*, Dämpfungsausgleich *m*

~ **curve** Dämpfungskurve *f*, Dämpfungsverlauf *m*
~ **equalization** Dämpfungsentzerrung *f*, Dämpfungsausgleich *m*
~ **factor** Dämpfungsmaß *n*
~-**frequency curve** Dämpfungsfrequenzgang *m*
~-**frequency response** Dämpfungsfrequenzgang *m*
~ **function** Dämpfungsfunktion *f*
~ **in suppressed band** Sperrdämpfung *f*, Dämpfung *f* im Sperrbereich
~ **in the pass-band** Durchlaßdämpfung *f*, Dämpfung *f* im Durchlaßbereich
~ **loss** Dämpfungsverlust *m*
~ **per unit length** [längenbezogene] Dämpfungskonstante *f*, Dämpfung *f* je Längeneinheit
~ **rate** Dämpfungsänderung *f*, Dämpfungsanstieg *m*, Dämpfungsabfall *m*
~ **ratio** Dämpfungsgrad *m*; Dämpfungsmaß *n*
~ **response** Dämpfungsfrequenzgang *m*
attenuator Dämpfungsglied *n*, Dämpfungsregler *m*; Spannungsteiler *m*; Lautstärkeregler *m*
~ **pad** Dämpfungsglied *n*
attract/to anziehen
attraction Anziehung *f*
attractive force (power) Anziehungskraft *f*
attune to/to abstimmen auf *(Frequenz)*
AU weighting AU-Bewertung *f*
audibility Hörbarkeit *f*; Hörvermögen *n*; Verständlichkeit *f*
~ **acuity** Hörschärfe *f*, Hörvermögen *n*
~ **limit** Hörbarkeitsgrenze *f*
~ **threshold** Hörbarkeitsschwelle *f*, Hörschwelle *f*
audible hörbar
~ **device** Gerät *n* mit akustischem Ausgangssignal
~ **frequency** Hörfrequenz *f*, Tonfrequenz *f*, Niederfrequenz *f*, NF
~ **frequency range** Hörfrequenzbereich *m*, hörbarer Frequenzbereich *m*, Niederfrequenzbereich *m*, NF-Bereich *m*
~ **range** Hörbereich *m*, Hörfläche *f*; akustische Reichweite *f*
~ **signal** Rufzeichen *n*, Hörzeichen *n*
~ **sound** Hörschall *m*
~ **spectrum** Tonfrequenzspektrum *n*, Hörfrequenzspektrum *n*, Niederfrequenzspektrum *n*, NF-Spektrum *n*
audience Zuhörer *mpl*, Zuschauer *mpl*, Zuhörerschaft *f*, Publikum *n*, Auditorium *n*
audio niederfrequent, tonfrequent, hörfrequent, Hör..., Ton...
~ **amplifier** Niederfrequenzverstärker *m*, Tonfrequenzverstärker *m*
~ **broadcasting** Hörfunk *m*, Hörrundfunk *m*
~ **cable** NF-Kabel *n*, NF-Signalkabel *n*
~ **carrier** Tonträger *m*
~ **channel** Tonkanal *m*
~-**control engineer** Toningenieur *m*, Tontechniker *m*
~-**control room** Tonregieraum *m*
~ **engineer** Toningenieur *m*, Tontechniker *m*
~ **engineering** Tontechnik *f*, Schalltechnik *f*, Hörschallakustik *f*
~ **equipment** elektroakustische (tontechnische) Ausrüstung *f*
~ **feedback** akustische Rückkopplung *f*
~ **flat panel** Flachmembran *f*; Flachlautsprecher *m*
~ **frequency** Hörfrequenz *f*, Tonfrequenz *f*, Niederfrequenz *f*, NF
~-**frequency amplification** NF-Verstärkung *f*, Niederfrequenzverstärkung *f*
~-**frequency amplifier** Niederfrequenzverstärker *m*, NF-Verstärker *m*
~-**frequency band** Niederfrequenzband *n*, Tonfrequenzband *n*, Tonfrequenzbereich *m*
~-**frequency engineering** Niederfrequenztechnik *f*, NF-Technik *f*
~-**frequency feedback amplifier** gegengekoppelter Niederfrequenzverstärker *m* (NF-Verstärker *m*)
~-**frequency heterodyne generator** Schwebungssummer *m*, NF-Generator *m* (Niederfrequenzgenerator *m*) nach dem Schwebungsprinzip
~-**frequency input amplifier** Niederfrequenzeingangsverstärker *m*
~-**frequency oscillator** Niederfrequenzgenerator *m*, NF-Generator *m*, Tongenerator *m*, Tonfrequenzgenerator *m*
~-**frequency power** Tonfrequenzleistung *f*, NF-Leistung *f*
~-**frequency preamplifier** Niederfrequenzvorverstärker *m*
~-**frequency range** Hörfrequenzbereich *m*, hörbarer Frequenzbereich *m*, Niederfrequenzbereich *m*, NF-Bereich *m*
~-**frequency response** Tonfrequenzgang *m*, NF-Frequenzgang *m*
~-**frequency spectrometer** Niederfrequenzspektrometer *n*, Tonfrequenzspektrometer *n*, Niederfrequenzanalysator *m*
~-**frequency spectrum** NF-Spektrum *n*, Niederfrequenzspektrum *n*, Tonfrequenzspektrum *n*
~-**frequency transformer** Niederfrequenztransformator *m*, NF-Transformator *m*, Tonfrequenzübertrager *m*
~ **generator** Niederfrequenzgenerator *m*, NF-Generator *m*, Tongenerator *m*, Tonfrequenzgenerator *m*
~ **high density** hochdichtes Audio *n*, AHD, digitales Schallplattensystem *n* mit kapazitiver Abtastung
~ **induction loop** Induktionsschleife *f* [für Hörgeräte]

~ **mixer** Mischpult *n*, Tonmischeinrichtung *f*
~ **monitor** Abhöreinrichtung *f*, Abhöreinheit *f*
~ **monitoring** Abhören *n* [zu Kontrollzwecken], Kontrollabhören *n*, Abhörkontrolle *f*
~ **noise reduction** NF-Rauschminderung *f*, Rauschminderung *f* im Hörfrequenzbereich
~ **range** Hörbereich *m*, Hörfläche *f*
~ **reproduction** akustische Wiedergabe *f*, Schallwiedergabe *f*
~-**response unit** Spracheingabeeinheit *f*, Eingabeeinheit *f* für akustische Signale
~ **retailer** Einzelhändler *m* (Einzelhandelsgeschäft *n*) für Phonotechnik
~ **set-up** Phonoanlage *f*
~ **signal** Hörzeichen *n*; NF-Signal *n*
~ **spectrum** Tonfrequenzspektrum *n*, Hörfrequenzspektrum *n*, Niederfrequenzspektrum *n*
~ **store** Geschäft *n* (Laden *m*) für Phonotechnik
~ **system** Audioanlage *f*, tonfrequente Anlage *f*
~ **tape** Tonband *n*, Magnetband *n* für Schallaufzeichnung
~ **test station** Audioprüfgerät *n*, NF-Prüfgerät *n*
~ **transducer** Schallwandler *m* [für Hörschall]
~ **trap** Tonsperrkreis *m*
~ **typist** Phonotypist *m*, Phonotypistin *f*
~ **vibration** Tonschwingung *f*
~ **workstation** rechnergekoppelter (rechnergestützter) Akustikmeßplatz *m*, Audio-Workstation *f*
audiogram Audiogramm *n*
~ **blank** Audiogrammvordruck *m*, Audiogrammformular *n*
audiologist Audiologe *m*, Hörgerätetechniker *m*
audiology Audiologie *f*, Hörgerätetechnik *f*
audiometer Audiometer *n*
~ **earphone** Audiometerhörer *m*, Meßkopfhörer *m*
audiometric booth Audiometerkabine *f*
~ **frequency** Audiometerfrequenz *f*
~ **technician** Audiometrieassistent *m*, Audiometrieassistentin *f*
~ **testing** Audiometrie *f*, Hörschwellenprüfung *f*, Hörschwellenmessung *f*
audiometrist Audiometrieassistent *m*, Audiometrieassistentin *f*
audiometry Audiometrie *f*, Hörschwellenprüfung *f*, Hörschwellenmessung *f*
audiophile Hi-Fi-Liebhaber *m*, anspruchsvoller Hörer *m*
audiovisual audiovisuell
audition/to [sich] einer Hörprobe unterziehen
audition Hörvermögen *n*, Gehör *n*; Hörprobe *f*
auditor Hörer *m*, Zuhörer *m*
auditorium Hörsaal *m*, Vortragsraum *m*, Auditorium *n*
~ **noise** Saalgeräusch *n*
auditory Zuhörer *mpl*, Zuschauer *mpl*, Zuhörerschaft *f*, Publikum *n*, Auditorium *n*
~ **ambiance** [akustische] Räumlichkeit *f*, [akustische] Raumwirkung *f*
~ **area** Hörfläche *f*, Hörbereich *m*
~ **canal** Gehörgang *m*
~ **critical band** Frequenzgruppe *f*
~ **direction finding** Peilung *f* mit Horchgerät
~ **fatigue** Gehörermüdung *f*
~ **impairment** Hörbeeinträchtigung *f*, Beeinträchtigung *f* des Hörvermögens
~ **impression** Höreindruck *m*
~ **localization** Ortung *f* nach Gehör
~ **location finder** akustisches Ortungsgerät *n*
~ **masking** Verdeckung *f*
~ **meatus** Gehörgang *m*
~ **monitoring** Abhören *n*, Abhörkontrolle *f*
~ **nerve** Hörnerv *m*
~ **organ** Hörorgan *n*
~ **perspective** [akustische] Räumlichkeit *f*, [akustische] Raumwirkung *f*
~ **sensation** Hörempfindung *f*
~ **sensation area** Hörfläche *f*
aural acoustic admittance Ohradmittanz *f*, Eingangsmitgang *m* des Ohres
~ **acoustic impedance** Ohrimpedanz *f*, Eingangsstandwert *m* des Ohres
~ **acuity** Hörschärfe *f*
~ **admittance** Ohradmittanz *f*, Eingangsmitgang *m* des Ohres
~ **alarm** akustisches Alarmsignal *n*
~ **critical band** Frequenzgruppe *f*
~ **detector** akustisches Ortungsgerät *n*
~ **harmonic** subjektive Harmonische *f*
~ **impedance** Ohrimpedanz *f*, Eingangsstandwert *m* des Ohres
~ **monitoring** Abhören *n*, Abhörkontrolle *f*
~ **reflex** akustischer Reflex *m*
~ **resolving power** Auflösungsvermögen *n* des Gehörs
~ **signal** Schallsignal *n*, Tonsignal *n*; Schallzeichen *n*
auricle äußeres Ohr *n*, Ohrmuschel *f*
aurist Otologe *m*, Ohrenarzt *m*
auscultate/to auskultieren, abhorchen, abhören
auscultation Auskultation *f*, Abhorchen *n*, Abhören *n*
~ **tube** Stethoskop *n*, Hörrohr *n*
auto-accompaniment Begleitautomatik *f*
~ **bass chord** Begleitautomatik *f*
~-**replay** Rückspielautomatik *f*
~-**return turntable** Plattenspieler *m* mit automatischer Endabschaltung
~ **reverse** automatische Laufrichtungsumkehr *f*, Endlosbetrieb *m*, Umkehrbetrieb *m*
~ **rewind** automatisches Rückspulen *n*
~-**scale** automatische Maßstabswahl *f*
~-**scan/to** automatisch durchstimmen (durchschalten, umschalten)
~ **scan** Anspielbetrieb *m*, kurzes Titelanspielen *n*

~-**sequence** automatischer Ablauf *m* einer Folge *(von Befehlen, Messungen)*
~ **space** automatisches Pausensetzen *n*
~ **stop** automatische Endabschaltung *f*
~ **tape tuning** automatisches Bandeinmessen *n*
autocalibration [automatische] Selbsteichung *f*, [automatische] Selbstkalibrierung *f*
autochanger [automatischer] Plattenwechsler *m*
autocorrelation Autokorrelation *f*
~ **function** Autokorrelationsfunktion *f*
automatic bass compensation gehörrichtige Lautstärkerregelung *f*
~ **gain control** automatische Verstärkungsregelung *f*
~ **gain-control amplifier** Regelverstärker *m*
~ **level control** automatische Pegelregelung *f*
~ **noise reduction system** [automatisches] Rauschminderungssystem *n*
~ **programme search system** automatische Titelsucheinrichtung *f*
~ **range selection** automatische Bereichswahl *f*, automatische Bereichsumschaltung *f* (Bereichseinstellung *f*)
~ **ranging** automatische Bereichswahl *f*, automatische Bereichsumschaltung *f* (Bereichseinstellung *f*)
~ **record level control** automatische Aussteuerung *f* (Aussteuerungsregelung *f*)
~ **recording audiometer** selbstschreibendes Audiometer *n*, Audiometer *n* mit automatischer Aufzeichnung, Békésy-Audiometer *n*
~ **speech recognition** automatische Spracherkennung *f*
~ **tape response search** automatisches Bandeinmessen *n*
~ **tape response system** System *n* zur automatischen Bandeinmessung
~ **volume control** automatische Aussteuerung *f*; Aussteuerungsautomatik *f*
~ **tracking** automatische Nachführung *f*
autorange/to automatisch den Bereich wählen
autoranging automatische Bereichswahl *f*, automatische Bereichsumschaltung *f* (Bereichseinstellung *f*)
autospectrum Autospektrum *n*
aux, AUX *s.* auxiliary input
aux in Eingang *m* vom [externen] Zusatzgerät
~ **out** Ausgang *m* zum [externen] Zusatzgerät
auxiliary input Zusatzeingang *m*
available power maximal verfügbare Leistung *f*
average/to mitteln, den Durchschnitt bilden
average Mittelwert *m*, Durchschnitt *m*
~ **level** Mittelungspegel *m*, Pegel *m* des Mittelwertes; mittlerer Pegel *m*
~ **transmission loss** mittleres Schalldämmaß *n*
averaging Mittelung *f*, Mittelwertbildung *f*
~ **sound level meter** integrierender Schallpegelmesser *m*
~ **time** Mittelungszeit *f*, Mittelwertbildungszeit *f*
~ **time period** Mittelungszeit *f*, Mittelwertbildungszeit *f*
axial axial, in Achsrichtung
~ **blower (fan)** Axialgebläse *n*, Axiallüfter *m*
~-**flow fan** Axiallüfter *m*
~ **force** Axialkraft *f*, Kraft *f* in Achsrichtung
~ **motion** axiale Bewegung *f*
~ **response (sensitivity)** Übertragungsfaktor *m* (Empfindlichkeit *f*) in Achsrichtung
~ **sensitivity level** Übertragungsmaß *n* in Achsrichtung
~ **source level** Sonarsendepegel *m* in Hauptachsrichtung
~ **vibration** Axialschwingung *f*
axis Achse *f*, Bezugsrichtung *f*
~ **of coordinates** Koordinatenachse *f*
~ **of inertia** Trägheitsachse *f*
~ **of zero** Nullinie *f*
azimuth angle Azimutwinkel *m*, Richtungswinkel *m* [in der Horizontalebene]

B

B Bel, B *(Pegeleinheit)*
B network B-Filter *n*, Bewertungsfilter *n* für die B-Kurve
B-scope representation B-Bild *n*, Laufzeit-Ort-Darstellung *f*
B-weighted B-bewertet
B-weighting B-Bewertung *f*, Bewertung *f* mit der B-Kurve
B-weighting curve B-Kurve *f*, Bewertungskurve *f* B
babble/to murmeln, undeutlich (unartikuliert) sprechen
baby grand Stutzflügel *m*
back electret Elektretgegenelektrode *f*
~-**face reflection** Rückwandecho *n*
~-**plate** Gegenelektrode *f (Kondensatormikrofon)*
~ **pressure** Gegendruck *m*; Staudruck *m*
~ **reset** rückwirkende Rückstellung *f*, Rückstellung *f* mit Löschung der letzten Werte
~-**to-back calibration** Rücken-an-Rücken-Kalibrierung *f*, Rücken-an-Rücken-Vergleichsmessung *f*
~-**up battery** Stützbatterie *f*
~-**vented** von hinten belüftet, mit Kapillare auf der Rückseite
~ **wave** rücklaufende Welle *f*
background Hintergrund *m*; Klangkulisse *f*
~ **level** Störpegel *m*
~ **music** Hintergrundmusik *f*, Klangkulisse *f*, [musikalische] Geräuschkulisse *f*
~ **noise** Grundgeräusch *n*; Hintergrundgeräusch *n*; Eigengeräusch *n*, Nebengeräusch *n*

~ **noise contamination** Störung *f* (Störbeeinflussung *f*) durch Hintergrundgeräusch
~ **noise level** Störpegel *m*, Grundgeräuschpegel *m*, Pegel *m* des Hintergrundgeräuschs
backscatter/to rückstreuen, zurückstreuen
backscattered radiation Streustrahlung *f*, gestreute Strahlung *f*
backscatterer Rückstreuobjekt *n*
backscattering Rückstreuung *f*
~ **coefficient** Rückstreufaktor *m*
~ **cross section** Rückstreuquerschnitt *m*
~ **differential** Rückstreumaß *n*
~ **strength** Rückstreustärke *f*, Rückstreumaß *n*
backward masking Rückverdeckung *f*
~**-travelling** gegenläufig, rückläufig, zurücklaufend
~ **wave** rücklaufende Welle *f*, rückwärtsschreitende Welle *f*
baffle [board] Schallwand *f*
balance/to abgleichen; auswuchten; ausgleichen, kompensieren; symmetrieren
balance Balance *f*, Gleichgewicht *n*; abgeglichener (ausgewuchteter) Zustand *m*; Ausgleich *m*, Kompensation *f*; Symmetrie *f*; • **out of ~** unabgeglichen, nicht abgeglichen
~ **condition** Abgleichbedingung *f*, Gleichgewichtsbedingung *f*; abgeglichener Zustand *m*
~ **control** Balanceregler *m*, Balancesteller *m*
~ **indicator** Nullindikator *m*, Nullinstrument *n*
~ **method** Abgleichverfahren *n*, Kompensationsverfahren *n*
~**-point indicator** *s.* ~ indicator
~**-to-unbalance transformer** Symmetrieübertrager *m*
balanced abgeglichen; ausgewuchtet; symmetriert; im Gleichgewicht
~ **input** symmetrischer Eingang *m*
~ **output** symmetrischer Ausgang *m*
~ **quadripole** symmetrischer Vierpol *m*, symmetrisches Zweitor *n*
balancer Auswuchteinrichtung *f*
balancing Abgleich *m*; Auswuchtung *f*
~ **method** Abgleichverfahren *n*, Kompensationsverfahren *n*
~ **of masses** Massenausgleich *m*
~ **set** Auswuchteinrichtung *f*
balcony Balkon *m*; Rang *m*
ball bearing Kugellager *n*
ballast resistance [künstlicher] Lastwiderstand *m*
balun Symmetrierübertrager *m*
band 1. Band *n*, Frequenzband *n*; 2. Kapelle *f*, Orchester *n*, Band *f*, Jazzband *f*
~ **edge** Bandgrenze *f*, Bereichsgrenze *f*
~**-edge frequency** Grenzfrequenz *f* [eines Frequenzbandes]
~**-elimination filter** Sperrfilter *n*, Bandsperre *f*, Bandsperrfilter *n*
~ **filter** Bandfilter *n*, Bandpaß *m*
~ **level** Bandpegel *m*, Pegel *m* im Frequenzband
~ **limitation** Bandbegrenzung *f*
~**-limited** bandbegrenzt
~ **limiting** Bandbegrenzung *f*
~**-limiting filter** Bandbegrenzungsfilter *n*; Hochpaß *m*; Tiefpaß *m*
~ **pass** Bandfilter *n*, Bandpaß *m*
~**-pass characteristic** Durchlaßkurve *f* (Durchlaßcharakteristik *f*) des Bandpasses
~**-pass filter** Bandfilter *n*, Bandpaß *m*
~**-pass response** Durchlaßkurve *f* (Durchlaßcharakteristik *f*) des Bandpasses
~**-passed** bandpaßgefiltert, frequenzbeschnitten
~ **pressure** Schalldruck *m* in einem Frequenzband
~**-pressure level** Bandschalldruckpegel *m*, Banddruckpegel *m*
~**-rejection filter** Bandsperre *f*, Bandsperrfilter *n*, Sperrfilter *n*
~ **sound pressure level** Bandschalldruckpegel *m*, Schalldruck-Bandpegel *m*
~**-stop filter** Bandsperre *f*, Bandsperrfilter *n*, Sperrfilter *n*
bandpass *s.* band pass
bandwidth Bandbreite *f*
~ **designator** Bandbreitenkennwert *m*
~ **limitation** Bandbreitenbegrenzung *f*, Frequenzbandbeschneidung *f*, Frequenzbandbegrenzung *f*
~ **quotient** Bandbreitenquotient *m*, Kehrwert *m* der relativen Bandbreite; Resonanzgüte *f*
~**-time product** Bandbreiten-Zeit-Produkt *n*
bang/to knallen lassen, dröhnend schlagen
bang Knall *m*
bar 1. Stab *m*, Stange *f*, Balken *m*; 2. Taktstrich *m*
~ **graph** Balkendiagramm *n*
~ **instrument** Stabinstrument *n*
baritone Bariton *m*
Bark Bark *(Einheit der Frequenzgruppenskala)*
barometer Barometer *n*, Luftdruckmesser *m* *(Umgebungsluftdruck)*
barometric fluctuation Luftdruckschwankung *f*
~ **pressure** Luftdruck *m*, atmosphärischer Druck *m*
barrier Barriere *f*, Schranke *f*, Sperre *f*
barytone *s.* baritone
basalt wool Basaltwolle *f*, Gesteinswolle *f*
base 1. Basis *f*, Grundlage *f*; 2. Fundament *n*, Grundplatte *f*; 3. Unterlage *f*, Schichtträger *m*; 4. Grundlinie *f*
~ **bending** Biegung *f* der Unterlage
~ **component** Grundkomponente *f*
~ **strain** Dehnung *f* der Unterlage
~**-ten filter system** Filtersystem *n* auf Zehnerbasis
~**-two filter system** Filtersystem *n* auf Zweierbasis

~ **width** Basisbreite *f*
baseband Grundbereich *m*, Grundband *n*, Basisband *n*
baseline audiogram Audiogramm *n* vor der Lärmbelastung, Einstellungsaudiogramm *n*
basic component Grundkomponente *f*
~ **frequency** Grundfrequenz *f*, erste Harmonische *f*
~ **noise** Eigenrauschen *n*, Eigengeräusch *n*
basilar membrane Basilarmembran *f*
bass 1. Baß *m*, Baßton *m*; Baßstimme *f*; 2. Bassist *m*
~ **boost[ing]** Baßanhebung *f*, Tiefenanhebung *f*
~ **clef** Baßschlüssel *m*
~ **compensation** Baßausgleich *m*, Baßentzerrung *f*, Tiefenentzerrung *f*
~ **control** Tiefenregler *m*, Tieftonregler *m*, Baßregler *m*
~ **cut** Baßabsenkung *f*, Baßbeschneidung *f*
~ **drum** große Trommel *f*
~ **emphasis** Tiefenanhebung *f*
~ **loudspeaker** Baßlautsprecher *m*, Tieftonlautsprecher *m*
~ **note** Baßton *m*
~ **reflex box (cabinet)** Baßreflexbox *f*, Baßreflexgehäuse *n*
~ **reflex loudspeaker** Baßreflexlautsprecher *m*
~ **response** 1. Baßwiedergabe *f*, Tiefenwiedergabe *f*; 2. Übertragungsfaktor *m* bei tiefen Frequenzen
~ **treble control** Höhen- und Tiefenregelung *f*; Höhen- und Tiefenregler *m*, Klangfarbenregler *m*
bassoon Fagott *n*
battery 1. Batterie *f*; 2. Gruppe *f*, Reihe *f*
~ **box** Batteriebehälter *m*
~ **charger** Ladegerät *n*, Batterieladegerät *n*
~ **check** Batteriekontrolle *f*, Batterieprüfung *f*
~ **compartment** Batteriefach *n*
~ **condition indicator** Batteriespannungskontrolle *f*, Batteriezustandsanzeiger *m*
~ **drain** Strombelastung *f* der Batterie
~**-driven** batteriebetrieben, batteriegespeist
~ **low indicator** Batterieunterspannungsanzeiger *m*
~**-operated** batteriebetrieben, batteriegespeist
~ **operation** Batteriebetrieb *m*
~ **pack** Batteriesatz *m*; Batterieteil *n*
~**-powered** batteriebetrieben, batteriegespeist
~ **status indicator** Batteriespannungskontrolle *f*, Batteriezustandsanzeiger *m*
beam/to strahlen; ausstrahlen
beam 1. Strahl *m*, Strahlenbündel *n*; 2. Balken *m*, Träger *m*; Führungsschiene *f*
~ **focussing** Strahlenbündelung *f*, Strahlenfokussierung *f*
~ **forming** Strahlformung *f*
~ **of rays** Strahlenbündel *n*
~ **path** Strahlenweg *m*, Strahlengang *m*, Strahlenverlauf *m*
~ **splitter** Strahlenteiler *m*
~ **width** Strahlbreite *f*
bearing 1. Lager *n*, Auflager *n*; 2.Peilung *f*; Peilwinkel *m*, Peilrichtung *f*
~ **noise** Lagergeräusch *n*
beat/to 1. schlagen, klopfen; 2. schweben, Schwebungen erzeugen
~ **the time** den Takt schlagen
beat 1. Schwebung *f*; 2. Takt *m*, Taktschlag *m*
~ **amplitude** Schwebungsamplitude *f*
~ **cancel** Unterdrückung *f* (Beseitigung *f*) von Störschwebungen (Differenztönen)
~ **cycle** Schwebungsperiode *f*, Schwebungsdauer *f*
~ **effect** Schwebungserscheinung *f*, Überlagerungseffekt *m*, Schwebungsvorgang *m*
~ **frequency** Schwebungsfrequenz *f*, Überlagerungsfrequenz *f*
~ **frequency oscillator** Schwebungsgenerator *m*, Schwebungssummer *m (veraltet)*
~ **method** Schwebungsverfahren *n*, Überlagerungsverfahren *n*
~ **note** Schwebungston *m*
~ **note signal** Schwebungssignal *n*
~ **note zero** Schwebungslücke *f*, Schwebungsnull *f*
~ **period** Schwebungsperiode *f*, Schwebungsdauer *f*
~ **vibration** Schwebung *f*
beater Schlegel *m (große Trommel)*
beating Schweben *n*, Schwebung *f*
~ **effect** Schwebungserscheinung *f*, Überlagerungseffekt *m*, Schwebungsvorgang *m*
beep [hoher] Kurzton *m*
beeswax Bienenwachs *n*
begin of tape Bandanfang *m*
~**-of-tape label** Bandanfangsmarke *f*
behind-the-ear hearing aid (instrument) HdO-Hörgerät *n*, hinter dem Ohr zu tragendes Hörgerät *n*, Hinterohrgerät *n*, HdO-Hörhilfe *f*
Békésy[-type] audiometer Békésy-Audiometer *n*, schreibendes Audiometer *n*
bel Bel, B *(Pegeleinheit)*
bell Glocke *f*, Klingel *f*; Schallbecher *m*, Schalltrichter *m*
~**-shaped curve** Gaußkurve *f*, Gaußsche Glokkenkurve *f*, Normalverteilungskurve *f*
~**-shaped pulse** Glockenimpuls *m*, glockenförmiger Impuls *m*
bellow/to brüllen, laut schreien
bellows Balg *m*; Gebläse *n*, Blasebalg *m*
belly Decke *f (Saiteninstrument)*
belt Riemen *m*, Antriebsriemen *m*; Gürtel *m*
~ **drive** Riemenantrieb *m*, Riementrieb *m*
bend/to biegen; sich biegen
bender Bieger *m*, Biegeschwinger *m*
bending Biegung *f*

~-change strength Biegewechselfestigkeit *f*
~ **couple** Biegemoment *n*
~ **elasticity** Biegeelastizität *f*
~ **force** Biegekraft *f*
~ **line** Biegelinie *f*
~ **moment** Biegemoment *n*
~ **resonator** Bieger *m*, Biegeschwinger *m*
~ **rigidity (stiffness)** Biegesteifigkeit *f*
~ **strength** Biegefestigkeit *f*
~ **stress** Biegebeanspruchung *f*; Biegespannung *f*
~ **vibration** Biegeschwingung *f*
~ **vibrator** Bieger *m*, Biegeschwinger *m*
~ **wave** Biegewelle *f*
Bessel['s] function Besselfunktion *f*
bias/to vormagnetisieren; vorspannen
bias 1. Vormagnetisierung *f*; Vorspannung *f*, Vorbelastung *f*; 2. systematische Neigung (Tendenz) *f*
~ **current** Vormagnetisierungsstrom *m*; Strom *m* am Arbeitspunkt
~ **error** systematischer Fehler *m*
~ **frequency** Vormagnetisierungsfrequenz *f*
~ **generator** Generator *m* für die Vormagnetisierung; Löschgenerator *m*
~ **magnetization** Vormagnetisierung *f*
~ **oscillator** *s.* ~ generator
biasing Vorspannen *n*, Vormagnetisieren *n*
bidirectional zweiseitig gerichtet
~ **characteristic** Achtercharakteristik *f*, achtförmige Richtcharakteristik *f*
~ **microphone** Achtermikrofon *n*, Mikrofon *n* mit Achtercharakteristik
big band Tanzorchester *n*, Schauorchester *n*
~ **drum** große Trommel *f*
bilateral zweiseitig; in zwei Richtungen
~ **area track** Doppelzackenschrift *f*, Tonspur *f* in Doppelzackenschrift
~ **characteristic** Achtercharakteristik *f*, achtförmige Richtcharakteristik *f*
~ **microphone** Achtermikrofon *n*, Mikrofon *n* mit Achtercharakteristik
~ **track** Doppelzackenschrift *f*, Tonspur *f* in Doppelzackenschrift
~ **transducer** umkehrbarer Wandler *m*
binary binär, dual
~ **code** Binärkode *m*
~ **counter** Binärzähler *m*, binärer Zähler *m*
~ **digit** Binärziffer *f*
~ **notation** Binärschreibweise *f*, binäre Darstellung *f*
~ **number** Binärzahl *f*, Dualzahl *f*, binäre (duale) Zahl *f*
binaural zweiohrig, beidohrig; stereophon
~ **effect** Raumtonwirkung *f*, Raumtoneffekt *m*, Stereoeffekt *f*
~ **hearing** zweiohriges Hören *n* (Gehör *n*), beidohriges Hören *n*
~ **level difference** Schallpegeldifferenz (Pegeldifferenz) *f* zwischen beiden Ohren
~ **monitoring** beidohriges (zweiohriges) Abhören *n*
bird singing Zwitschern *n*, zwitscherndes Störgeräusch *n*
~ **spikes** Vogelabweiser *m* *(z. B. auf Freiluftmeßstelle)*
birdies Zwitschern *n*, zwitscherndes Störgeräusch *n*
bislope triggering Triggern *n* (Triggerung *f*) durch beide Flanken, Triggern *n* (Triggerung *f*) durch Auf- und Abwärtsflanke
black box 1. Black-box *f*, Glied *n* (System *n*) unbekannter Struktur; 2. Gerät *n* ohne eigene Bedienelemente
blade Blatt *n*, Schaufel *f*; Lamelle *f*
~-passing frequency Schaufelfrequenz *f*
blanket Matte *f*, Decke *f*
blast 1. Explosion *f*; Druckwelle *f*, Druckstoß *m*; 2. Gebläseluft *f*; 3. Schmettern *n*; Trompetenstoß *m*
~ **gauge** Druckaufnehmer *m* (Aufnehmer *m*) für hohe Intensität
blend/to vermischen, verschmelzen
blend Klangverschmelzung *f*
blimp schalldämmendes (schalldichtes) Filmkameragehäuse *n*
block/to festbremsen, blockieren
block diagram Blockschaltbild *n*, Blockdiagramm *n*
blocked impedance Impedanz *f* (Scheinwiderstand *m*, Widerstand *m*) im festgebremsten Zustand
blow/to blasen, anblasen
blow pressure Anblasdruck *m*
blower Lüfter *m*, Gebläse *n*, Ventilator *m*
~-blade frequency Schaufelfrequenz *f*
~ **noise** Lüftergeräusch *n*, Lüfterlärm *m*
blur/to verwischen; verzerren
blurred voice undeutliche (verzerrte) Sprache *f*
bobbin Bandspule *f*, Wickelkern *m*
~ **core** Wickelkern *m*
Bode diagram (plot) Bodediagramm *n*
body rumble Karosseriedröhnen *n*
bombardon Bombardon *n*, Baßtuba *f*
bonded-wire strain gauge Drahtdehnmeßstreifen *m*
bonding cement Kleber *m*, Bandkleber *m*, Klebemittel *n*
bone air gap Differenz *f* der Schwellenverschiebung zwischen Luft- und Knochenleitung, Differenz *f* des Hörverlustes zwischen Luft- und Knochenleitung
~ **conduction** Knochenleitung *f*
~-conduction audiometry Knochenleitungsaudiometrie *f*, Messung *f* der Knochenleitungsschwelle

~-conduction headphone Knochenleitungshörer *m*
~-conduction microphone Knochenleitungsmikrofon *n*
~-conduction receiver (vibrator) Knochenleitungshörer *m*
bookshelf loudspeaker Regallautsprecher *m*
boom/to summen; dröhnen, donnern, brausen; schallen
boom 1. Dröhnen *n*, Donnern *n*, Brummen *n*; 2. Mikrofongalgen *m*, Galgen *m*
~ **carpet** Knallkorridor *m*, Knallteppich *m*, Überschallknallteppich *m*
~ **microphone** Schwenkmikrofon *n*, Galgenmikrofon *n*
~ **operator** Tonassistent *m (für den Mikrofongalgen)*
boomer Tieftonlautsprecher *m*, Baßlautsprecher *m*
boominess unerwünschte Tiefenbetonung *f*
boomy speech stark tiefenbetonte Sprache *f*, Sprache *f* mit stark angehobenen Tiefen
boost/to verstärken; steigern, anheben
boost Verstärkung *f*; Erhöhung *f*, Anhebung *f*
booster [zusätzlicher] Leistungsverstärker *m*, Nachverstärker *m (z. B. für Autoradio)*
booth Kabine *f*, Warte *f*, Meßstand *m*
Bootstrap circuit Bootstrap-Schaltung *f*
bore Bohrung *f*; Kaliber *n*; Mensur *f*
bottom echo Bodenecho *n*
~ **scale** Skalenanfang *m*
~ **scattering coefficient** Bodenstreukoeffizient *m*
~ **scattering strength** Bodenrückstreustärke *f*
boundary Grenze *f*, Grenzlinie *f*, Abgrenzung *f*, Rand *m*, Grenzfläche *f*
~ **area** Grenzfläche *f*
~ **condition** Grenzbedingung *f*, Randbedingung *f*; Grenzflächenbedingung *f*
~ **echo** Echo *n* einer Grenzfläche, Grenzflächenecho *n*
~ **element** Randelement *n*
~ **field** Randfeld *n*
~ **layer** Grenzschicht *f*, Randschicht *f*
~ **noise** die Grundstücksgrenze überschreitender Außenlärm *m*, grenzüberschreitender Lärm *m*
~ **region** Grenzgebiet *n*, Grenzbereich *m*
~ **surface** Grenzfläche *f*
bow Bogen *m (auch in Musik)*; Knoten *m*, Schleife *f*; Bogenstrich *m*
~ **stroke** Bogenstrich *m*
box 1. Behälter *m*, Kiste *f*, Kasten *m*; Gehäuse *n*; 2. Loge *f (Theater)*
Boxcar weighting Bewertung *f* mit (durch) Rechteckfenster
boxiness Gehäuseklang *m*, Klangfärbung *f* durch das Gehäuse
brake squeal Bremsenquietschen *n*
branch Zweig *m*, Verzweigung *f*, Abzweigung *f*
branch off/to abzweigen
branching Verzweigung *f*, Abzweigung *f*, Verästelung *f*
brass 1. Messing *n*; 2. Blechblasinstrument *n*; Blechinstrumente *npl*, Blech *n*, Blechbläsergruppe *f*
~ **band** Blaskapelle *f*
~ **instrument** Blechblasinstrument *n*
~ **section** Blechbläsergruppe *f*, Blechsatz *m*
breadboard Experimentierleiterplatte *f*, Versuchsschaltung *f*, Bastelleiterplatte *f*
break/to abschalten, ausschalten; unterbrechen, öffnen; brechen
~ **a circuit** einen Stromkreis unterbrechen (öffnen)
break 1. Unterbrechung *f*, Öffnen *n (Kontakt)*; 2. Trennstelle *f*; 3. Kurvenknick *m*
~ **point** Übergangspunkt *m*
breakthrough Übersprechen *n*, Nebensprechen *n*
breast-plate microphone, ~ transmitter Brustmikrofon *n*
breezeblock Gasbetonblock *m*, Leichtbetonblock *m*
brick-wall filter ideales Filter *n (mit rechteckiger Durchlaßkurve)*
brickwork Mauerwerk *n*
bridge/to überbrücken; in Brücke schalten
bridge 1. Brücke *f*; Meßbrücke *f*; 2. Steg *m (Saiteninstrument)*
~ **arm** Brückenzweig *m*
~ **balance** Brückengleichgewicht *n*; Brückenabgleich *m*
~ **balance point** Brückenabgleichpunkt *m*
~ **branch** Brückenzweig *m*
~ **circuit** Brückenschaltung *f*
~ **configuration** Brückenanordnung *f*
~-connected in Brücke geschaltet, in Brückenschaltung
~ **connection (network)** Brückenschaltung *f*
~ **supply** Brückenspeisung *f*
~ **unbalance** Brückenverstimmung *f*
brief tone Kurzton *m*
bright hell, klar, strahlend
brilliance Glanz *m*, Brillanz *f*, heller (strahlender) Klang *m*
brilliant tone heller (strahlender) Klang *m*
broad-band filter Breitbandfilter *n*
~-band noise Breitbandrauschen *n*; Breitbandgeräusch *n*
broadcast/to [durch den Rundfunk] übertragen, senden
broadcast Sendung *f*, Rundfunksendung *f*, Rundfunkprogramm *n*
~[-frequency] input Rundfunkeingang *m (Tonbandgerät)*
~ **listener** Rundfunkhörer *m*
~ **receiver** Rundfunkempfänger *m*

~ **studio** Rundfunkstudio *n*
~-**studio building** Funkhaus *n*
~ **transmission cable** Rundfunkkabel *n*
broadcasting Rundfunkübertragung *f*, Rundfunksendung *f*
~ **centre** Funkhaus *n*
~ **station** Rundfunkstation *f*
~ **time** Sendezeit *f*
~ **transmitter** Rundfunksender *m*
~ **wire** Rundfunkleitung *f* Rundfunkübertragungsleitung *f*
BT product Bandbreiten-Zeit-Produkt *n*
BTE HdO-Hörgerät *n*, hinter dem Ohr zu tragendes Hörgerät *n*, Hinterohrgerät *n*, HdO-Hörhilfe *f*
bubble Blase *f*
bubbling 1. Blasenbildung *f*; 2. Blubbern *n*
~ **noise** Blubbergeräusch *n*
buffer 1. Puffer *m*, Zwischenkreis *m*, Zwischenspeicher *m*; 2. Schwingungsdämpfer *m*, Stoßdämpfer *m*
~ **amplifier** Trennverstärker *m*
build up/to aufschaukeln *(Schwingung)*
build up characteristic Anstiegskurve *f*, Anstiegskennlinie *f*
~-**up process** Einschwingvorgang *m*
~-**up time** Einschwingzeit *f*, Einschwingdauer *f*; Anklingzeit *f*
~-**up transient** Einschwingvorgang *m*
building acoustics Bauakustik *f*
~-**up time** Einschwingzeit *f*
~ **vibration** Bauwerksschwingung *f*, Gebäudeschwingung *f*
built-in eingebaut, integriert
bulk eraser Löschdrossel *f*, Löscheinrichtung *(für komplette Kassetten, Bänder)*
bump Stoß *m*, Schlag *m*
~ **test[ing]** Stoßfolgeprüfung *f*
bumper Stoßstange *f*; Puffer *m*, Prellbock *m*
bundle of rays Strahlenbündel *n*
burst Bersten *n*, Ausbruch *m*; Stoß *m*, Impuls *m*; impulsartiger Vorgang *m*
~ **envelope** Impulshüllkurve *f*, Hüllkurve *f* des Impulses
~ **ratio** Impulstastverhältnis *n*, Tastverhältnis *n* *(Impulsfolge)*
bus Sammelleitung *f*, Bus *m*; Sammelschiene *f*, Verteilerschiene *f*
butterfly [operation] Butterfly-Operation *f* *(Kombination von Addition und Multiplikation)*
Butterworth filter Potenzfilter *n*, Butterworthfilter *n*
button Knopf *m*, Taste *f*
~-**hole microphone** Knopflochmikrofon *n*
buzz/to summen, brummen
buzzer Summer *m*
bypass/to überbrücken; ableiten, umleiten; umgehen
bypass Nebenschluß *m*; Überbrückung *f*; Verzweigung *f*
~ **transmission** Flankenübertragung *f*, Flankenwegübertragung *f*, Nebenwegübertragung *f*

C

C network C-Filter *n*, Bewertungsfilter *n* für die C-Kurve
C-scope representation C-Bild *n*, flächenhafte Darstellung *f*
C-weighted C-bewertet
C-weighting C-Bewertung *f*, Bewertung *f* mit der C-Kurve
C-weighting curve C-Kurve *f*, Bewertungskurve *f* C
cabin Kabine *f*
cabinet Gehäuse *n*; Schrank *m*
~ **resonance** Gehäuseresonanz *f*
cable Kabel *n*, Leitung *f*; Seil *n*
~ **clamp (clip)** Kabel[abfang]schelle *f*, Kabelbefestigungsschelle *f*
~ **connection** Kabelverbindung *f*; Kabelanschluß *m*
~ **connector** Kabelsteckverbinder *m*, Kabelverbinder *m*, Leitungsverbinder *m*
~ **drum** Kabeltrommel *f*
~ **plug** Kabelsteckverbinder *m*, Kabelstecker *m*
~ **reel** Kabeltrommel *f*
~ **socket** Kabelstecker *m*, Kabelschuh *m*
~ **terminal** Kabelklemme *f*, Kabelanschluß *m*; Kabelschuh *m*
cacophonic[al], cacophonous kakophon, mißtönend
cacophony Kakophonie *f*, Mißklang *m*
calibrate/to kalibrieren, eichen
calibrating generator Kalibriergenerator *m*, Eichgenerator *m*
~ **signal** Kalibriersignal *n*, Eichsignal *n*
calibration Kalibrierung *f*, Eichung *f*
~ **accuracy** Kalibriergenauigkeit *f*, Eichgenauigkeit *f*
~ **by substitution** Substitutionseichung *f*, Substitutionskalibrierung *f*
~ **chart** Eichtabelle *f*, Eichdiagramm *n*, Kalibriertabelle *f*, Kalibrierkurvenblatt *n*
~ **check** Eichkontrolle *f*, Nachkalibrierung *f*
~ **error** Kalibrierfehler *m*, Eichfehler *m*
~ **exciter** Erreger *m* für Kalibrierzwecke (Eichzwecke), Eicherreger *m*, Eich[schwing]tisch *m*
~ **facility** Kalibriermöglichkeit *f*; Kalibriereinrichtung *f*
~ **factor** Eichfaktor *m*, Kalibrierwert *m*
~ **frequency** Eichfrequenz *f*, Kalibrierfrequenz *f*
~ **level** Eichpegel *m*, Kalibrierpegel *m*
~ **mark** Eichmarke *f*, Kalibriermarke *f*, Eichstrich *m*
~ **oscillator** Kalibriergenerator *m*

~ **reference signal** Bezugskalibriersignal *n*, Bezugssignal *n* zur Kalibrierung
~ **standard** Eichnormal *n*
~ **voltage** Kalibrierspannung *f*, Eichspannung *f*
calibrator Kalibrator *m*, Kalibriereinrichtung *f*, Eichgerät *m*
~ **port** Öffnung *f* im Kalibrator *(für Mikrofon)*
call sign Rufzeichen *n*, Anrufzeichen *n*
cam disk Nockenscheibe *f*
~ **switch** Nockenschalter *m*
camcorder, camera-recorder Camcorder *m*, Kamerarecorder *m*, Videokamera *f* mit [eingebautem] Recorder
Campbell plot Campbelldiagramm *n (dreidimensionale Spektrendarstellung)*
can/to *(Musik)* aufzeichnen, eine Tonkonserve anfertigen *(sl.)*
canal Röhre *f*; Gehörgang *m*
~ **hearing instrument** im Gehörgang zu tragendes Hörgerät *n*
~ **resonance** Gehörgangsresonanz *f*
cancel/to auslöschen, aufheben; ungültig machen
~ **out** [sich] auslöschen (aufheben)
~ **out each other** sich gegenseitig auslöschen (aufheben)
cancellation Streichung *f*, Aufhebung *f*, [gegenseitige] Auslöschung *f*
canned music aufgezeichnete Musik *f*, Tonkonserve *f (sl.)*
cap pistol Knallpistole *f*
capacitance Kapazität *f*, kapazitiver Blindwiderstand *m*
capacitive transducer kapazitiver Wandler *m* (Aufnehmer *m*)
capacitor Kondensator *m*
~ **dielectric** Kondensatordielektrikum *n*
~ **loudspeaker** elektrostatischer Lautsprecher *m*, Kondensatorlautsprecher *m*
~ **microphone** Kondensatormikrofon *n*, elektrostatisches Mikrofon *n*
~ **pick-up** kapazitiver Tonabnehmer *m*; kapazitiver Aufnehmer *m*
~ **receiver** elektrostatischer Hörer *m* (Kopfhörer *m*), Kondensator[kopf]hörer *m*
capillary [tube] Kapillare *f*, Kapillarröhrchen *n*, Haarröhrchen *n*
capstan Tonrolle *f*, Antriebswelle *f*, Antriebsrolle *f*
~ **drive** Tonrollenantrieb *m*
~ **idler** Andruckrolle *f*
~ **motor** Antriebsmotor *m* für die Tonrolle, Tonmotor *m*
capsule Kapsel *f*, Fernsprechkapsel *f*; Dose *f*, Druckdose *f*, Membrandose *f*
~ **microphone** Sprechkapsel *f*
capture/to erfassen, einfangen; halten *(Momentanwert)*
capture button Haltetaste *f*, Taste *f* „Halten"
car booster Nachverstärker *m* (zusätzlicher Leistungsverstärker *m*) für Autoradio
~ **radio** Autoradio *n*
carbon [granular] microphone Kohlemikrofon *n*, Kohlekörnermikrofon *n*
~ **noise** Geräusch *n* der Kohlekörner
~ **transmitter** Kohlemikrofon *n*, Kohlekörnermikrofon *n*
cardiac sound Herzschall *m*
cardioid Kardioide *f*, Herzkurve *f*; Nierenkurve *f*
~ **characteristic** Kardioidcharakteristik *f*; Nierencharakteristik *f*
~ **curve** Kardiode *f*, Herzkurve *f*; Nierenkurve *f*
~ **diagram** Kardioidcharakteristik *f*; Nierencharakteristik *f*
~ **microphone** Nierenmikrofon *n*, Mikrofon *n* mit Nierencharakteristik
cardiosound Herzschall *m*
carrier Träger *m*; Ladungsträger *m*
~ **amplifier** Trägerfrequenzverstärker *m*
~ **frequency** Trägerfrequenz *f*
carillon Glockenspiel *n*
Cartesian coordinates kartesische (rechtwinklige) Koordinaten *fpl*
cartridge Kapsel *f*, Einsatz *m*; Patrone *f*
~ **capacitance** Kapselkapazität *f*
~ **housing** Kapselgehäuse *n*
~ **thermal noise** thermisches Kapselrauschen *n*
cascade Kaskade *f*, Hintereinanderschaltung *f*, Kettenschaltung *f*, Reihenschaltung *f*; Verstärkerstufe *f*
~ **connection** Kaskadenschaltung *f*, Hintereinanderschaltung *f*, Kettenschaltung *f*, Reihenschaltung *f*
cascaded gestaffelt, gestuft; in Reihe (Kette) geschaltet
cascadibility Kaskadierbarkeit *f*, Möglichkeit *f* der Anordnung in Reihe
case, casing Gehäuse *n*, Umhüllung *f*, Verkleidung *f*, Kapselung *f*
casseiver Casseiver *m*, Radiokassettenrecorder *m*, Rundfunkgerät *n* mit Kassettenteil
cassette Kassette *f*, Magnetbandkassette *f*
~ **compartment** Kassettenfach *n*
~ **data recorder** Kassettenrecorder *m* für Datenaufzeichnung
~ **deck** Kassettendeck *n*, stapelbares Frontladerkassettengerät *n* (Kassettengerät *n*, Kassettentonbandgerät *n*)
~ **head cleaner** Tonkopfreiniger *m (für Kassettengerät)*
~ **player** Kassettenabspielgerät *n*, Kassettenabspieler *m*
~ **recorder** Kassettenrecorder *m*
~ **tape** Kassetten[ton]band *n*
~**-type recorder** Kassettenrecorder *m*
cathode follower Katodenverstärker *m*, Katodenfolger *m*, Verstärker *m* in Anodenbasisschaltung

~-**ray oscillograph** Katodenstrahloszillograph *m*
~-**ray tube** Katodenstrahlröhre *f*, Oszillographenröhre *f*
cavitation Kavitation *f*
~ **bubble** Kavitationsblase *f*
~ **noise** Kavitationsgeräusch *n*
cavity Hohlraum *m*
~ **resonance** Hohlraumresonanz *f*; Gehäuseresonanz *f*
~ **resonator** Hohlraumresonator *m*
CCS Kompaktkassettensystem *n*
CD Compact Disk *f*, CD *f*, Digitalplatte *f*, Digitalschallplatte *f*
~-**DA** Digitalschallplattensystem *n*
~-**E, CD erasable** CD *f* (Digitallschallplatte *f*) für wiederholte Aufzeichnung
~ **player** CD-Spieler *m*, CD-Abspielgerät *n*, Abspielgerät *n* (Plattenspieler *m*) für Digitalschallplatten (Compact Disks)
~-**R** bespielbare CD *f* (Digitalschallplatte *f*)
~ **read only memory** CD *f* (Digitalplatte *f*) für [einmalige] Datenspeicherung, CD-ROM
~**recordable** bespielbare CD *f* (Digitalschallplatte *f*)
~ **recorder** CD-Aufzeichnungsgerät *n*, Aufzeichnungsgerät *n* für Digitalschallplatten
~-**ROM** CD *f* (Digitalplatte *f*) für [einmalige] Datenspeicherung, CD-ROM
~ **single** kleine CD *f*, kleine Digitalschallplatte *f*, CD-Single *f (20 min Spieldauer)*
~-**V, CD video** Video-CD, CD *f* (Digitalplatte *f*) für Bild- und Tonaufzeichnung
CDS *s.* cinema digital sound
cello Violoncello *n*, Cello *n*
cent Cent *n (Frequenzintervall)*
central control room Regieraum *m*, Regiezentrale *f*
~ **frequency** *s.* centre frequency
centre frequency Mittenfrequenz *f*
~ **of gravity** Schwerpunkt *m*
~ **of rotation** Drehpunkt *m*, Rotationszentrum *n*
centred on [mittig] gelegen bei *(z. B. Frequenzband)*
centrifugal blower (fan) Radiallüfter *m*, Radialgebläse *n*
~ **force (power)** Zentrifugalkraft *f*, Fliehkraft *f*
cepstrum Cepstrum *n*
ceramic microphone keramisches Mikrofon *n*
chamber Kammer *f*, Raum *m*
~ **concert** Kammerkonzert *n*
~ **music** Kammermusik *f*
change over/to überblenden
channel 1. Kanal *m*, Rohr *n*, Schacht *m*; 2. Nachrichtenkanal *m*, Übertragungskanal *m*, Übertragungsweg *m*
~ **match** Gleichheit *f* (Übereinstimmung *f*) der Kanäle
~ **separation** Kanaltrennung *f*
characteristic Charakteristik *f*, Kennlinie *f*, Kurve *f*
~ **acoustic impedance** Schallkennimpedanz *f*
~ **frequency** Eigenfrequenz *f*
~ **impedance** Kennimpedanz *f*, Wellenwiderstand *m*
~ **line** Feldlinie *f*
~ **mode** Eigenmode *f*, Eigenschwingungsmode *f*
~ **value** Eigenwert *m*
~ **vibration** Eigenschwingung *f*
charge/to laden, aufladen
charge Ladung *f*
~ **amplifier** Ladungsverstärker *m*
~ **carrier** Ladungsträger *m*
~ **preamplifier** Ladungsvorverstärker *m*, ladungsempfindlicher Vorverstärker *m*
~ **response (sensitivity)** Ladungsübertragungsfaktor *m*, Ladungsempfindlichkeit *f*
~ **transfer (transport)** Ladungstransport *m*
charger Ladegerät *n*, Ladevorrichtung *f*
charging time constant Aufladezeitkonstante *f*
chart 1. Tabelle *f*, Tafel *f*; 2. graphische Darstellung *f*, Diagramm *n*; Diagrammblatt *n*; Kurvenblatt *n*; Diagrammstreifen *m*, Registrierstreifen *m*
~ **paper** Registrierpapier *n*, Diagrammstreifen *m*
~ **paper width** Streifenbreite *f*, Papierbreite *f*
~ **recorder** Streifenschreiber *m*, Kennlinienschreiber *m*, Kurvenschreiber *m*
~ **speed** Streifengeschwindigkeit *f*, Vorschubgeschwindigkeit *f*, Papiergeschwindigkeit *f*
~ **width** Streifenbreite *f*, Papierbreite *f*
chatter/to klappern, [stark] vibrieren; prellen
Chebishev (Chebycheff) filter Tschebyschew-Filter *n*
check/to kontrollieren, überprüfen, nachprüfen
~ **the calibration** nachkalibrieren, nacheichen
~ **the recording (transmission) level** die Aussteuerung kontrollieren (überwachen)
check Kontrolle *f*, Überprüfung *f*, Nachprüfung *f*
checking of the calibration Nachkalibrierung *f*, Nacheichung *f*
chest voice Bruststimme *f*
chime/to klingen, tönen; schlagen *(Uhr)*
chime Glockenspiel *n*; Glockengeläut *n*
chipboard Faserplatte *f*, Hartfaserplatte *f*, Spanplatte *f*
chirp Chirp *m*, [schnell zeitlinear] frequenzmoduliertes Sinussignal *n*
Chladny's acoustic figures Klangfiguren *fpl*, Chladnische Klangfiguren *fpl*
choir Chor *m*; Chorempore *f*
chord 1. Akkord *m*; 2. Saite *f*; Sehne *f*; Band *n*
~ **memory** Akkordfolgenspeicher *m*
chordophone Saiteninstrument *n*, Chordophon *n*
chorus Chorgesang *m*, Chor *m*; Chorus *m*, Addition *f* eines zeitverzögerten Zweitsignals

chromatic chromatisch, in Halbtönen fortschreitend
~ **interval** chromatisches Intervall *n*
~ **scale** chromatische Tonleiter *f*, Halbtonleiter *f*
~ **semitone** chromatischer Halbton *m*
chromium dioxide tape Chromdioxidband *n*
cinch connector Cinch-Steckverbinder *m*
cine projection Filmvorführung *f*
~ **projector** Filmprojektor *m*, Filmvorführgerät *n*
cinema Kino *n*, Filmtheater *n*, Lichtspieltheater *n*
~ **digital sound** digitale Tonaufzeichnung *f* auf Film, CDS
~ **organ** Kinoorgel *f*
CIRC *s.* cross interleaved Reed Solomon code
circle Rang *m (Theater)*
circuit Stromkreis *m*, Schaltung *f*
~ **diagram** Schaltbild *n*, Stromlaufplan *m*
~ **magnification [factor]** Kreisgüte *f*
~ **noise** Leitungsrauschen *n*, Leitungsgeräusch *n*; Schaltungsrauschen *f*
~ **noise meter** Geräuschspannungsmesser *m*
~ **quality** Kreisgüte *f*
circular acceleration Drehbeschleunigung *f*, Winkelbeschleunigung *f*
~**-chart diagram** Polardiagramm *n*
~**-chart recorder** Polardiagrammschreiber *m*
~ **motion** Kreisbewegung *f*
circulate/to zirkulieren, kreisen, umlaufen
circulation Kreislauf *m*, Zirkulation *f*, Umlauf *m*
circumaural ohrumfassend, ohrumschließend
~ **earphone** ohrumschließender (ohrumfassender) Kopfhörer *m*, Kopfhörer *m* mit ohrumschließendem Kissen, geschlossener Kopfhörer *m* (Hörer *m*)
circumferential oscillation Umfangsschwingung *f*
~ **velocity** Umfangsgeschwindigkeit *f*
circumflow/to umströmen
cladding Verkleidung *f (Oberfläche)*
clamp/to festklammern, festklemmen
clamp Klemme *f*, Klammer *f*, Klemmschelle *f*
~ **terminal** Klemmanschluß *m*; Anschlußklemme *f*
clamping magnet Haftmagnet *m*
clapper Klöppel *m (Glocke)*; Klappe *f (Film)*
clarinet Klarinette *f*
clarity Klarheit *f*; Transparenz *f*, Durchsichtigkeit *f*
~ **of speech** Deutlichkeit *f* des Sprechens, Deutlichkeit *f* der Aussprache
~ **of tone** Klarheit *f*, Transparenz *f*, Durchsichtigkeit *f*
class-A amplifier A-Verstärker *m*
~**-B amplifier** B-Verstärker *m*
~**-C amplifier** C-Verstärker *m*
~ **interval (width)** Klassenbreite *f*
claves *pl* Klanghölzer *npl*
clear 1. klar, deutlich; 2. gelöscht
~ **speech** deutliches Sprechen *n*, deutliche Aussprache *f*
~ **voice** deutliche Sprache *f*
clearly articulated klar, deutlich
clearness Klarheit *f*, Deutlichkeit *f*, Verständlichkeit *f*
clef Notenschlüssel *m*
click/to knacken, klicken, ticken
click Knacken *n*, Klicken *n*, Klick *m*, Knackgeräusch *n*
~ **filter** Filter *n* zur Unterdrückung von Knackgeräuschen
~ **suppressor** Knackschutz *m*
clip/to beschneiden, begrenzen
clipper Begrenzer *m*, Signalbegrenzer *m*
~ **circuit** Begrenzerschaltung *f*
clipping Begrenzung *f*, Beschneidung *f*, Signalbegrenzung *f*
~ **distortion** Begrenzungsverzerrung *f*, Verzerrung *f* durch Begrenzung
~ **indicator** Begrenzungsanzeige *f*; Übersteuerungsanzeige *f*
~ **level** Einsatzpunkt *m* der Begrenzung
clock Taktgeber *m*, Zeitgeber *m*; Taktimpuls *m*
~**frequency** Taktfrequenz *f*, Zeitgeberfrequenz *f*
~ **generator** Taktgeber *m*, Taktimpulsgenerator *m*, Taktgenerator *m*
~ **pulse** Taktimpuls *m*, Zeitimpuls *m*
~ **[pulse] rate** Taktfrequenz *f*, Zeitgeberfrequenz *f*
clockwise rotation Drehung *f* im Uhrzeigersinn
close Schlußstück *n*, Kadenz *f*
~**-coupled** fest gekoppelt
~ **coupling** enge Kopplung *f*, feste Kopplung *f*
~**-grained** feinkörnig
~**-talking microphone** Nahbesprechungsmikrofon *n*
~**-talking response (sensitivity)** Übertragungsfaktor *m* (Empfindlichkeit *f*) bei Nahbesprechung
~**-up miking** Nahbesprechung *f (Mikrofon) (sl.)*
closed box Kompaktbox *f*
~**-box enclosure** Kompaktgehäuse *n*
~ **cavity** abgeschlossener Hohlraum *m*
~ **circuit** geschlossener (eingeschalteter) Stromkreis *m*, geschlossener Kreis *m* (Regelkreis *m*)
~ **loop** geschlossener Kreis *m* (Regelkreis *m*)
~**-loop control system** Regelkreis *m*, Regelungssystem *n*
~**-loop frequency response** Frequenzgang *m* des geschlossenen Regelkreises, Frequenzgang *m* der Regelschleife
~**-loop gain** Verstärkung *f* (Verstärkungsfaktor *m*) mit (bei) Gegenkopplung; Kreisverstärkung *f* [in der geschlossenen Schleife]
closely miked mit geringem Mikrofonabstand aufgenommen *(sl.)*
cloth covering Stoffbespannung *f*

cluster Tontraube *f*, Cluster *m*
coarse adjustment Grobeinstellung *f*
~-grained grobkörnig
~ setting Grobeinstellung *f*
~ tuning Grobstimmung *f*, Grobabstimmung *f*
coast-down Auslaufen *n*, Abtouren *n (Maschine)*
coat/to beschichten, belegen, überziehen
coat Schicht *f*, Überzug *m*, Belag *m*
coated magnetic tape beschichtetes Magnetband *n*, Zweischichtenband *n*
~ side Schichtseite *f*
coating Schicht *f*, Überzug *m*, Belag *m*
coaxial koaxial, mit gleicher Achse
cochlea Cochlea *f*, Schnecke *f*
cocktail-party effect Cocktailparty-Effekt *m*
code/to kodieren, verschlüsseln
coder Kodierer *m*, Kodiereinrichtung *f*, Koder *m*
coding Kodierung *f*, Verschlüsselung *f*
~ device Kodierer *m*, Kodiereinrichtung *f*, Koder *m*
coercive force (intensity), coercivity Koerzitivkraft *f*, Koerzitivfeldstärke *f*
coherence Kohärenz *f*
coherent kohärent
cohering of granules Zusammenbacken *n* von Körnern (Kohlekörnern)
coil Spule *f*; Windung *f*
~-driven loudspeaker dynamischer (elektrodynamischer) Lautsprecher *m*
~ tap Spulenabgriff *m*, Spulenanzapfung *f*
~ up/to aufspulen, aufwickeln
coiled wendelförmig, gewendelt
~ cable Wendelkabel *n*, Wendelschnur *f*
~ horn gewundener Trichter *m* (Schalltrichter *m*)
coincide/to zusammentreffen, zusammenfallen, übereinstimmen
coincidence 1. Koinzidenz *f*, Zusammentreffen *n*; 2. Spuranpassung *f*
~ cut-off frequency Grenzfrequenz *f* für Spuranpassung
~ dip Dämmungseinbruch *m* (Einbruch *m* in der Dämmkurve) durch Spuranpassung
~ effect Spuranpassung *f*
~ frequency Grenzfrequenz *f* für Spuranpassung
~ microphone Koinzidenzmikrofon *n*, Stereomikrofon *n* [für Intensitätsstereophonie]
colour/to färben, verfärben; verfälschen *(Klangfarbe)*
colour Klangfarbe *f*
colouration Färbung *f*, Klangfärbung *f*
comb filter Kammfilter *n*
combination 1. Kombination *f*; 2. [kleine] Instrumentalgruppe *f*, Jazzkapelle *f*, Tanzkapelle *f*
~ frequency Kombinationsfrequenz *f*; Schwebungsfrequenz *f*
~ tone Kombinationston *m*
~ tone distortion Intermodulationsverzerrung *f*
combo [kleine] Instrumentalgruppe *f*, Jazzkapelle *f*, Tanzkapelle *f*
comfort Komfort *m*, Behaglichkeit *f*
command signal Befehlssignal *n*
common chord Dreiklang *m*
~ mode Gleichtakt *m*
~ mode rejection Gleichtaktunterdrückung *f*
communicate/to mitteilen, übertragen; in Verbindung stehen, verkehren
~ with anschließbar sein an, passen an; zusammenarbeiten mit
communication Nachricht *f*; Verbindung *f*, Übertragung *f*; Nachrichtenverkehr *m*, Informationsaustausch *m*
~ cable Fernmeldekabel *n*
~ engineering Nachrichtentechnik *f*, Fernmeldetechnik *f*
~ headgear Sprech-Hör-Garnitur *f*
~ interference Kommunikationsbehinderung *f*, Störung *f* der Verständigung (Sprachverständigung)
~ net (network) Fernmeldenetz *n*, Nachrichtennetz *n*
~ recorder Aufzeichnungsgerät *n* (Bandspeicher *m*) für den Sprechverkehr
communications electronics Nachrichtenelektronik *f*
community noise kommunaler Lärm *m*, Nachbarschaftslärm *m*
~ reaction (response) Reaktion *f* der Öffentlichkeit (Bevölkerung)
compact cassette Kompaktkassette *f*
~ cassette system Kompaktkassettensystem *n*
~ disk Digitalschallplatte *f*, Compact Disk *f*, CD *f*
~ disk digital audio Digitalschallplattensystem *n*
~ disk player CD-Spieler *m*, CD-Abspielgerät *n*, Abspielgerät *n* (Plattenspieler *m*) für Digitalschallplatten (Compact Disks)
~ disk recorder CD-Aufzeichnungsgerät *n*, Aufzeichnungsgerät *n* für Digitalschallplatten
companding Dynamikregelung *f*, Pressung-Dehnung *f* [der Dynamik]
compandor Dynamikregler *m*, Kompander *m*
comparative method Vergleichsmethode *f*, Vergleichsverfahren *n*
comparator Komparator *m*, Vergleichseinrichtung *f*, Vergleicher *m*
~ circuit Vergleichsschaltung *f*
compare/to [miteinander] vergleichen
comparison Vergleich *m*
~ calibration Vergleichskalibrierung *f*, Vergleichseichung *f*
~ method Vergleichsmethode *f*, Vergleichsverfahren *n*
~ method of calibration Vergleichskalibrierung *f*, Vergleichseichung *f*
compatibility Kompatibilität *f*, Verträglichkeit *f*, Vereinbarkeit *f*

~ **condition** Kompatibilitätsbedingung *f*
compatible kompatibel, [miteinander] verträglich, [zueinander] passend
compensate/to kompensieren, ausgleichen; entschädigen, abfinden
compensated volume control gehörrichtige (physiologische) Lautstärkeregelung *f*
compensating network Kompensationsschaltung *f*, Korrekturnetzwerk *n*, Korrekturschaltung *f*, Entzerrerschaltung *f*
~ **self-recording instrument** Kompensationsschreiber *m*
compensation Kompensation *f*, Ausgleich *m*; Entschädigung *f*, Abfindung *f*
~ **method** Kompensationsmethode *f*, Kompensationsverfahren *n*
complete cycle volle Periode *f*
complex 1. komplex; 2. zusammengesetzt; 3. kompliziert, schwierig
~ **conjugate** konjugiert komplex
~ **notation** komplexe Darstellung *f*
~ **number** komplexe Zahl *f*
~ **oscillation** zusammengesetzte Schwingung *f*
~ **parameter** komplexer Kennwert *m* (Parameter *m*)
~ **plane** komplexe Ebene *f* (Zahlenebene *f*)
~ **quantity** komplexe Größe *f*, Zeigergröße *f*
~ **sound** Tongemisch *n*, Klanggemisch *n*, zusammengesetzter Klang *m*
~ **valued** komplex *(Größe)*
compliance Nachgiebigkeit *f*, Federung *f*
~**-controlled** federgehemmt, federsteif
comply with/to einhalten, erfüllen *(Anforderungen)*
component Komponente *f*, Bestandteil *m*, Anteil *m*; Bauteil *n*, Bauelement *n*, Element *n*
~ **frequency** Teilfrequenz *f*, Frequenz *f* einer Komponente
~ **part** Bauelement *n*, Bauteil, *n*, Baugruppe *f*; Bestandteil *n*, Zubehörteil *n*
~ **system** Komponentenanlage *f*, Bausteinsystem *n*, Baukastensystem *n*
composite zusammengesetzt
~ **loudspeaker** Lautsprechergruppe *f*, Mehrwegelautsprecher *m*, Mehrfachlautsprecher *m*, Lautsprecherkombination *f*
~ **noise exposure index** relative Gesamtlärmexposition *f* (Gesamtlärmdosis *f*)
compound scan kombinierte Abtastung *f*
~**-wall** mehrschalige (mehrschichtige) Wand *f*
compress/to komprimieren, verdichten
compressed air Druckluft *f*
compressible kompressibel, komprimierbar
compression Kompression *f*, Verdichtung *f*, Druck *m*; Dynamikkompression *f*
~ **air** Druckluft *f*
~**-type vibration** Dickenschwingung *f*
~**-type vibrator** Dickenschwinger *m*
~ **wave** Kompressionswelle *f*, Druckwelle *f*
compressor Kompressor *m*, Verdichter *m*; Dynamikkompressor *m*; Regelschaltung *f*, Regelverstärker *m*
~ **circuit** Kompressorschaltung *f*, Regelschaltung *f*
~ **input** Regeleingang *m*, Eingang *m* für Regelsignal
~ **loop** Regelschleife *f* [zur Pegelregelung]
~ **speed** Regelgeschwindigkeit *f*
computing sound level meter intelligenter (rechnender) Schallpegelmesser *m*
concave mirror Hohlspiegel *m*
concentrate/to fokussieren, bündeln
concentric[al] konzentrisch, mit gleichem Mittelpunkt
concert 1. Konzert *n*; 2. Einklang *m*, harmonische Übereinstimmung *f*
~ **grand [piano]** Konzertflügel *m*
~ **hall** Konzertsaal *m*
~ **pitch** Kammerton *m*, Stimmton *m*
~ **platform** Konzertpodium *n*
concerted mehrstimmig *(Musik)*
concertina Harmonika *f*, Handharmonika *f*, Knopfgriffharmonika *f*, Ziehharmonika *f*
concha Ohrmuschel *f*; Ohrtrichter *m*
concord Zusammenklang *m*; konsonanter Akkord *m*
concordant zusammenklingend, harmonisch
concurrent simultan, gleichzeitig
condenser Kondensator *m*
~ **microphone** Kondensatormikrofon *n*, elektrostatisches Mikrofon *n*
condition/to vorbehandeln; aufbereiten
conditioning amplifier signalaufbereitender Verstärker *m*, Verstärker *m* zur Signalaufbereitung
conduct/to leiten; führen
conductance Wirkleitwert *m*, Realteil *m* der Admittanz
~ **locus** Ortskurve *f* des Leitwertes
conductibility Leitfähigkeit *f*
conduction Leitung , Fortleitung *f*
conductive deafness Schalleitungstaubheit *f*
~ **hearing loss** Schalleitungsschwerhörigkeit *f*
conductivity Leitfähigkeit *f*
conductor 1. Leiter *m*; Leitungsdraht *m*, Ader *f*; 2. Dirigent *m*
conduit Rohr *n*, Röhre *f*, Rohrleitung *f*, Kanal *m*
cone Konus *m*, Kegel *m*
~ **diaphragm** Konusmembran *f*
~ **loudspeaker** Konuslautsprecher *m*
~ **of rays** Strahlenbündel *n*
confidence interval Vertrauensbereich *m*
~ **level** statistische Sicherheit *f*
~ **limit** Grenze *f* des Vertrauensbereichs
conical diaphragm Konusmembran *f*
conjugate konjugiert komplex; einander zugeordnet
~**-complex** konjugiert komplex

~ **impedances** konjugiert komplexe Impedanzen *fpl*
connect/to verbinden, anschließen; koppeln
~ **in cascade** hintereinander schalten, in Reihe (Serie) schalten
~ **in parallel** parallelschalten
~ **in series (tandem)** hintereinander schalten, in Reihe (Serie) schalten
connectable anschließbar
connecting cable Anschlußkabel *n*, Verbindungskabel *n*; Geräteanschlußschnur *f*
~ **cord** Anschlußschnur *f*, Geräteanschlußschnur *f*
~ **lead** Zuleitung *f*, Anschlußleitung *f*, Anschlußdraht *m*
~ **piece** Zwischenstück *n*, Verbindungsstück *n*, Anschlußstück *n*
~ **plug** Verbindungsstöpsel *m*, Verbindungsstecker *m*
~ **socket** Anschlußbuchse *f*
~ **terminal** Anschluß *m*, Anschlußklemme *f*
connection Verbindung *f*, Anschluß *m*
~ **cable** Anschlußkabel *n*, Verbindungskabel *n*; Geräteanschlußschnur *f*
connector Stecker *m*, Steckverbinder *m*; Gerätestecker *m*; Steckverbindung *f*
~ **pair** Steckverbindung *f*, Steckerpaar *n*, Steckverbinderpaar *n*
~ **pin** Anschlußstift *m*, Steckerstift *m*
~ **receptacle** Steckerloch *n*; Steckdose *f*
consonance Gleichklang *m*, Konsonanz *f*, Einklang *m*
consonant harmonisch, konsonant; übereinstimmend
consonant Konsonant *m*, Mitlaut *m*
~ **articulation** Konsonantenverständlichkeit *f*
constant Konstante *f*
~**-amplitude recording** Aufzeichnung *f* (Schallaufzeichnung *f*) mit konstanter Amplitude
~**-bandwidth analyzer** Analysator *m* mit konstanter [absoluter] Bandbreite
~ **bandwidth filter** Filter *n* mit konstanter [absoluter] Bandbreite
~**-bandwidth narrow-band analyzer** Schmalbandanalysator *m* mit konstanter [absoluter] Bandbreite
~ **magnetic field** magnetisches Gleichfeld *n*
~ **percentage bandwidth** konstante relative Bandbreite *f*
~ **percentage bandwidth analyzer** Analysator *m* mit konstanter relativer Bandbreite
~ **percentage bandwidth filter** Filter *n* mit konstanter relativer Bandbreite
~ **percentage bandwidth narrow-band analyzer** Schmalbandanalysator *m* mit konstanter relativer Bandbreite
~ **quantity** Konstante *f*
~ **ratio filter** Filter *n* mit konstanter relativer Bandbreite
~ **velocity recording** Aufzeichnung *f* (Schallaufzeichnung *f*) mit konstanter Schnelle
constrained layer eingezwängter Dämpfungsbelag *m* (Belag *m*)
~ **oscillation (vibration)** erzwungene Schwingung *f*, aufgeprägte Schwingung *f*
construction noise Baulärm *m*, Lärm *m* im Bauwesen
consumer tape unit Amateurtonbandgerät *n*, Bandgerät *n* (Tonbandgerät *n*) für Amateurzwecke (nichtprofessionellen Einsatz)
contact/to [einander] berühren, in Verbindung stehen (treten)
contact Kontakt *m*, Berührung *f*, Anschluß *m*, Verbindung *f*; Kontaktelement *n*
~ **area** Berührungsfläche *f*, Kontaktfläche *f*
~**-free** berührungslos
~ **microphone** Kontaktmikrofon *n*
~ **point** Berührungspunkt *m*, Auflagepunkt *m*
~ **scanning** berührendes Abtasten *n*
~ **spring** Kontaktfeder *f*
~ **surface** Berührungsfläche *f*, Kontaktfläche *f*
contaminated signal gestörtes (mit Störungen überlagertes) Signal *n*
~ **width noise** verrauscht, durch Rauschen gestört
context Kontext *m*, sprachlicher Zusammenhang *m*
contiguous [aneinander] angrenzend, benachbart
~ **band analyzer** stufig durchstimmbarer (umschaltbarer) Analysator *m*
~ **filter** Nachbarfilter *n*
continually variable kontinuierlich einstellbar (durchstimmbar)
continuity 1. Kontinuität *f*, Stetigkeit *f*, stetiger Verlauf *m*; 2. Programmablauf *m*; 3. Zwischenansage *f*
~ **apparatus room** Senderegieraum *m*
~ **condition** Stetigkeitsbedingung *f*, Kontinuitätsbedingung *f*
~ **studio** Ansagestudio *n*
continuous kontinuierlich, ununterbrochen, stetig; andauernd, fortlaufend
~ **band analyzer** stetig durchstimmbarer Analysator *m*
~ **distribution** stetige Verteilung *f*
~ **function** stetige Funktion *f*
~ **noise** Dauerlärm *m*, Dauergeräusch *n*
~ **oscillation** ungedämpfte Schwingung *f*
~ **play** Dauerbetrieb *m*, ständig fortgesetztes Abspielen *n*
~ **sound** [akustisches] Dauersignal *n*, Dauerschall *m*
~ **spectrum** kontinuierliches Spektrum *n*
~ **spectrum noise** Geräusch *n* (Rauschen *n*) mit kontinuierlichem Spektrum
~ **speech** fortlaufende (fließende) Sprache *f*

~ **system** Kontinuum *n*; System *n* mit verteilten Parametern (Elementen)
~-**time filter** zeitkontinuierliches Filter *n*; Analogfilter *n*
~-**time signal** zeitkontinuierliches Signal *n*
~ **tone** Dauerton *m*
~ **wave** Dauerstrich *m*, Dauersignal *n*
continuum Kontinuum *n*
contract/to [sich] zusammenziehen
contraction Kontraktion *f*, Zusammenziehung *f*, Einschnürung *f*, Einschrumpfung *f*
~ **in volume** Volumenabnahme *f*, Volumenkontraktion *f*
contralateral kontralateral, auf der anderen (entgegengesetzten) Seite
contralto Alt *m*, Altstimme *f*; Altistin *f*
contrarotating gegenläufig
~ **capstan** gegenläufige (gegenläufig sich drehende) Bandantriebswelle *f*
contrast Kontrast *m*; Dynamik *f*, Signalumfang *m*
~ **effect** Kontrastwirkung *f*
control/to 1. regeln, regulieren; steuern; 2. kontrollieren, überwachen, prüfen
control 1. Regelung *f*, Regulierung *f*; Steuerung *f*; 2. Regelvorrichtung *f*, Bedienelement *n*; 3. Kontrolle *f*, Überwachung *f*
~ **action** Regelvorgang *m*
~ **characteristic** Regelkennlinie *f*; Steuerkennlinie *f*
~ **circuit** Regelschaltung *f*; Steuerschaltung *f*
~ **command** Steuersignal *n*, Befehlssignal *n*
~ **console** Bedienpult *n*, Steuerpult *n*, Schaltpult *n*
~ **desk** Regiepult *n*; Mischpult *n*, Tonmischeinrichtung *f*
~ **deviation** Regelabweichung *f*
~ **device** Regeleinrichtung *f*; Steuereinrichtung *f*
~ **error** Regelabweichung *f*
~ **for treble** Höhenregler *m*, Hochtonregler *m*, Diskantregler *m*
~ **loop** Regelkreis *m*, Regelschleife *f*; Rückkopplungsschleife *f*
~ **loudspeaker** Kontrollautsprecher *m*, Abhörlautsprecher *m*
~ **microphone** Regelmikrofon *n*, Mikrofon *n* im Regelkreis
~ **range** Regelbereich *m*; Stellbereich *m*
~ **room** Schaltwarte *f*, Zentrale *f*; Regieraum *m*
~-**room window** Regiefenster *n*
~ **setting** Reglereinstellung *f*
~ **signal** Steuersignal *n*; Regelsignal *n*
~ **suite** Regietrakt *m*, Regieräume *mpl*
~ **system** Regelkreis *m*, Regelungssystem *n*
~ **track** Steuerspur *f*
~ **voltage** Regelspannung *f*
~ **wheel** Stellrad *n*, Einstellrad *n*
controller Regler *m*, Regelgerät *n*; Steuergerät *n*; Steuerschalter *m*
controlling error Regelabweichung *f*
converge/to konvergieren, sich [einander] nähern
convergence Konvergenz *f*, Annäherung *f*
~ **zone** Konvergenzzone *f*
conversation Gespräch *n*, Unterhaltung *f*
conversational speech Umgangssprache *f*
converse piezoelectric effect Elektrostriktion *f*
conversion Umwandlung *f*, Umformung *f*, Überführung *f*, Umsetzung *f*; Umrechnung *f*; Umkodierung *f*
~ **coefficient** Umrechnungsfaktor *m*
~ **efficiency** Wirkungsgrad *m* der Umwandlung
~ **factor** Umrechnungsfaktor *m*
~ **rate** Umwandlungsgeschwindigkeit *f*
~ **speed** Umwandlungsgeschwindigkeit *f*
~ **table** Umrechnungstabelle *f*, Umrechnungstafel *f*
convert/to umwandeln, umsetzen, überführen; umrechnen
converter Wandler *m*, Konverter *m*, Umsetzer *m*, Umformer *m*
convolute with/to falten mit
convolution Faltung *f* *(Mathematik)*
cooling fan Kühllüfter *m*
coordinate Koordinate *f*
~ **axis** Koordinatenachse *f*
~ **system** Koordinatensystem *n*, Achsensystem *n*
cophasal phasengleich, gleichphasig, phasenrichtig
copy/to kopieren, vervielfältigen
copy Kopie *f*
~ **tape** Bandkopie *f*
cord Schnur *f*, [flexible] Anschlußleitung *f*; Saite *f*
cordless schnurlos, ohne Netzanschluß
core Kern *m*, Magnetkern *m*; Ader *f*, Leiter *m*, Seele *f*
~ **cross section** Kernquerschnitt *m*
~ **flux** Kernfluß *m*
~ **material** Kernmaterial *n*, Kernwerkstoff *m*
corner frequency Eckfrequenz *f*, Knickfrequenz *f*, 45°-Frequenz *f*, Grenzfrequenz *f*, Schnittfrequenz *f*
cornering Abrundung *f* der Ecken *(Impuls)*
correcting network Entzerrerschaltung *f*, Entzerrer *m*
correction Korrektur *f*, Berichtigung *f*; Entzerrung *f*
~ **circuit** Korrekturschaltung *f*, Korrekturnetzwerk *n*, Entzerrerschaltung *f*
~ **factor** Korrekturfaktor *m*
~ **network** Entzerrerschaltung *f*, Entzerrer *m*
corrective measure Maßnahme *f* zur Verbesserung, Korrekturmaßnahme *f*, Gegenmaßnahme *f*
correlated korreliert
correlation Korrelation *f*, Wechselbeziehung *f*, Zusammenhang *m*

~ **coefficient (factor)** Korrelationskoeffizient *m*
~ **function** Korrelationsfunktion *f*
~ **method** Korrelationsverfahren *n*
correlator Korrelator *m*
corrugated gewellt, gerippt
~ **iron (metal)** Wellblech *n*
cosine law Kosinusgesetz *n*; Achtercharakteristik *f*, achtförmige Richtcharakteristik *f*
~ **wave** Kosinuswelle *f*
counter Zähler *m*
~**-clockwise rotation** Drehung *f* entgegen dem Uhrzeigersinn, Drehung *f* gegen den Uhrzeigersinn
~**-rotate/to** [sich] gegensinnig (gegenläufig) drehen
counteracting force Gegenkraft *f*
counterbalance/to [mit Gegengewichten] auswuchten
counterbalance Gegengewicht *n*
counterbalancing Auswuchten *n*, Auswuchtung *f* [mit Gegengewichten]
counterforce Gegenkraft *f*
counterweight Gegengewicht *n*
couplant Kopplungsmittel *n*, Kopplungsflüssigkeit *f*
couple/to koppeln
coupled modes gekoppelte (miteinander verkoppelte) Schwingungsformen *fpl* (Schwingungsmoden *fpl*)
coupler Koppler *m*; Kuppler *m*
~ **plug** Kopplungsstecker *m*
~ **sensitivity** Kupplerübertragungsfaktor *m*, Übertragungsfaktor *m* am Kuppler
~ **sensitivity level** Kupplerübertragungsmaß *n*, Übertragungsmaß *n* am Kuppler
coupling Kopplung *f*, Ankopplung *f*, Verbindung *f*; Verbindungsstück *n*, Kopplungsstück *n*
~ **coefficient** Kopplungsfaktor *m*
~ **degree** Kopplungsgrad *m*
~ **factor** Kopplungsfaktor *m*
~ **impedance** Koppelimpedanz *f*
cover a range/to einen Bereich erfassen (umfassen, überstreichen)
coverage erfaßter Bereich *m*
covered gedackt *(Orgelpfeife)*
~ **range** erfaßter Bereich *m*
~ **stop** gedacktes Register *n*, Gedackte *fpl*
covibrate/to mitschwingen
covibration Resonanzschwingung *f*, Schwingung *f* bei Resonanz, Mitschwingung *f*, Mitschwingen *n*
cpm *s.* cycles per minute
cps *s.* cycles per second
crack Sprung *m*, Riß *m*
crackle/to knattern, krachen, prasseln, knistern
crackle Knattern *n*, Krachen *n*, Prasseln *n*, Knistern *n*
crash/to krachen lassen; zerschmettern, zerschlagen
crash 1. Krachen *n*; 2. Zusammenstoß *m*, Absturz *m*
creep/to kriechen, fließen; wandern, sich kriechend dehnen
creep Kriechen *n*, Fließen *n*; Kriechdehnung *f*
~ **current** Kriechstrom *m*
~ **of material** Materialwanderung *f*, Fließen *n* von Material
~ **rate** Kriechgeschwindigkeit *f*
~ **strain** Kriechdehnung *f*
creepage Kriechstrom *m*; Kriechen *n* [des Stromes]
creeping Kriechen *n*, Fließen *n*; Kriechdehnung *f*
~ **current** Kriechstrom *m*
crest Scheitel *m*, Spitze *f*; Schwingungsbauch *m*, Wellenberg *m*; Scheitelwert *m*
~ **factor** Scheitelfaktor *m*
~**-factor bridge** Scheitelfaktormeßbrücke *f*
~**-factor capability** Aussteuerungsreserve *f*, Übersteuerungsreserve *f*
~**-factor handling** Verarbeitung *f* von Signalspitzen; Verhalten *n* bei Signalspitzen
~ **of oscillation** Schwingungsmaximum *n*
~ **value** Spitzenwert *m*, Scheitelwert *m*, Größtwert *m*
criterion Kriterium *m*; [festgelegter] Grenzwert *m*
~ **level** Pegelgrenzwert *m* [für vorgegebene Einwirkzeit]
critical band Frequenzgruppe *f*
~ **bandwidth** Frequenzgruppenbreite *f*, kritische Koppelbreite *f*
~ **coupling** kritische Kopplung *f*
~ **damping** kritische Dämpfung *f*
~ **frequency** kritische Frequenz *f*; Grenzfrequenz *f*
~ **speed** kritische Drehzahl *f*
crook Stimmbogen *m*
cross-axis sensitivity Querempfindlichkeit *f*, Übertragungsfaktor *m* in Querrichtung
~ **component** Querkomponente *f*
~ **correlation** Kreuzkorrelation *f*
~**-correlation function** Kreuzkorrelationsfunktion *f*
~**-correlation method** Kreuzkorrelationsverfahren *n*
~ **correlator** Kreuzkorrelator *m*
~**-fade/to** überblenden
~**-fading** Überblendung *f*
~ **field** Querfeld *n*
~**-interleaved Reed Solomon code** CIRC, kreuzweise verschachtelter Reed-Solomon-Kode *m*
~ **modulation** Intermodulation *f*, Kreuzmodulation *f*
~ **modulation factor** Kreuzmodulationsfaktor *m*
~**-over frequency** Schnittfrequenz *f*, Übergangsfrequenz *f*
~**-over network** [elektrische] Weiche *f*
~**-over range** kritische Reichweite *f* *(Sonar)*

~-over unit *s.* ~-over network
~ **product** Vektorprodukt *n*, Kreuzprodukt *n*, vektorielles Produkt *n*
~ **section** Querschnitt *m*
~-**sectional variation** Querschnittsänderung *f*
~ **sensitivity** Querempfindlichkeit *f*, Übertragungsfaktor *m* in Querrichtung
~-**sensitivity ratio** Querrichtungsfaktor *m*
~-**spectral density** Kreuzspektraldichte *f*
~ **spectrum** Kreuzspektrum *n*
~-**talk** Übersprechen *n*, Nebensprechen *n*
~-**talk attenuation** Übersprechdämpfung *f*, Nebensprechdämpfung *f*
~-**talk interference** Übersprechstörung *f*, Nebensprechstörung *f*, Störung *f* durch Übersprechen (Nebensprechen)
~-**talk-proof** nebensprechfrei, ohne Übersprechen
~-**talk trouble** Übersprechstörung *f*, Nebensprechstörung *f*, Störung *f* durch Übersprechen (Nebensprechen)
crosstalk *s.* cross-talk
crotchet Viertel *n*, Viertelnote *f*
~ **rest** Viertelpause *f*
crowd noise Saalgeräusch *n*
crystal Kristall *m*; Quarz *m*
~ **axis** Kristallachse *f*
~-**controlled** quarzgesteuert
~ **frequency** Quarzfrequenz *f*
~ **lattice** Kristallgitter *n*
~ **loudspeaker** Kristallautsprecher *m*, piezoelektrischer Lautsprecher *m*
~ **microphone** Kristallmikrofon *n*
~ **pick-up** Kristallaufnehmer *m*, Kristalltonabnehmer *m*
~ **slice** Kristallscheibe *f*
crystallographic axis Kristallachse *f*
cubic distortion kubische Verzerrung *f*
cue 1. Stichwort *n*, Anhaltspunkt *m*; Regiesignal *n*; 2. Suchlauf *m*, Mithören *n* (Mitsehen *n*) beim schnellen Vorlauf
~ **review** Mithören *n* (Mitsehen *n*) beim schnellen Vor- oder Rücklauf
~ **track** Regiespur *f*, Markierspur *f*
cueing Suchlauf *m*, Mithören *n* (Mitsehen *n*) beim schnellen Vorlauf
~ **device** Regieanlage *f*, Regieeinrichtung *f*
cumulative distribution Summenhäufigkeitsverteilung *f*
~ **frequency** Summenhäufigkeit *f*
cup/to sich wellen *(Tonband, Film)*
curl Wirbel *m*, Rotation *f* • **to have zero** ~ wirbelfrei sein
~ **field** Wirbelfeld *n*
current-carrying capacity Strombelastbarkeit *f*, Belastbarkeit *f*
~-**limiter, ~-limiting device** Strombegrenzer *m*
~ **meter** Strömungsmesser *m*, Strömungsmeßgerät *n*
~ **sensitivity** Stromübertragungsfaktor *m*, Stromempfindlichkeit *f*
~ **sensitivity level** Stromübertragungsmaß *n*
~ **source** Stromquelle *f*
cursor Kursor *m*, Marke *f*, Laufmarke *f*, Positionsmarke *f*
curvature Krümmung *f*
curve fitting Kurvenanpassung *f*, [analytische] Kurvennachbildung *f*
~ **of normal distribution** Gaußkurve *f*, Gaußsche Glockenkurve *f*, Normalverteilungskurve *f*
~ **shape** Kurvenform *f*, Kurvenverlauf *m*
cushion/to abfedern, dämpfen; [aus]polstern
cushion Kissen *n*, Polster *n*, Puffer *n*, Schwingungsdämpfer *m*
cut/to schneiden, trennen, einschneiden; montieren, cuttern, editieren *(Band, Film)*
cut Schnitt *m*; harte Überblendung *f*
~-**off circuit** Begrenzerschaltung *f*
~-**off frequency** Grenzfrequenz *f*, Eckfrequenz *f*, Schnittfrequenz *f*
~-**off rate** Flankensteilheit *f*
cutter Schneiddose *f*, Schneideeinrichtung *f*; Cuttermaschine *f*
cutting Schneiden *n*, Schnitt *m*; Montage *f* *(Band, Film)*; hartes Überblenden *n*
~ **edge** Schneide *f*, Schneidkante *f*
~ **speed** Schnittgeschwindigkeit *f*
~ **stylus** Schneidstichel *m*, Schneidstift *m*, Schneidnadel *f*
CW Dauerstrich *m*, Dauersignal *n*
cycle/to zyklisch (periodisch) betreiben (wiederholen); zyklisch (periodisch) verlaufen (sich wiederholen)
cycle 1. Zyklus *m*, Kreis *m*, Schleife *f*; 2. Periode *f*, Schwingungsperiode *f*; 3. Takt *m*, Arbeitstakt *m*
~ **duration** Periodendauer *f*
~ **time** Taktzeit *f*, Zykluszeit *f*
cycles per minute Perioden *fpl* (Umdrehungen *fpl*) pro Minute, U/min, min^{-1}
~ **per second** Hertz, Hz *(Frequenzeinheit)*
cyclic zyklisch; periodisch
~ **process** periodischer Vorgang *m*
cyclical *s.* cyclic
cylindrical wave Zylinderwelle *f*
cymbal Becken *n (Musik)*

D

D network D-Filter *n*, Bewertungsfilter *n* für die D-Kurve
D-weighted D-bewertet
D-weighting D-Bewertung *f*, Bewertung *f* mit der D-Kurve
D-weighting curve D-Kurve *f*, Bewertungskurve *f* D

DAB *s.* digital audio broadcasting
DAC *s.* digital-analogue converter
dactyl speech Fingersprache *f*, Taubstummensprache *f*
DAF *s.* delayed auditory feedback
daily noise exposure Tageslärmexposition *f*, Tageslärmdosis *f*
damage/to schädigen, beschädigen
damage Schaden *m*
~ **risk** Gefahr *f* einer Schädigung
~-**risk criterion** Schädlichkeitskriterium *n*
damp/to 1. dämpfen, bedämpfen *(Resonanz)*; 2. dämpfen, abschwächen, vermindern
damped impedance Impedanz *f* (Scheinwiderstand *m*) des gedämpften (bedämpften) Systems
~ **oscillation (vibration)** gedämpfte (abklingende) Schwingung *f*
~ **wave** gedämpfte Welle *f*
damper Dämpfer *m*, Dämpfungseinrichtung *f*
~ **pedal** Fortepedal *n*, Dämpferpedal *n*
damping Dämpfung *f*, Bedämpfung *f*; Verminderung *f*, Abschwächung *f*
~ **coefficient** Dämpfungszahl *f*
~ **constant** logarithmisches Dekrement *n*, Abklingkonstante *f*
~ **curve** Dämpfungskurve *f*, Dämpfungsverlauf *m*; Abklingkurve *f*
~ **decrement** Dämpfungsdekrement *n*
~ **factor** Dämpfungsfaktor *m*, [logarithmisches] Dämpfungsdekrement *n*, logarithmisches Dekrement *n*; Abklingkonstante *f*
~ **fluid** Dämpfungsflüssigkeit *f*, Dämpfungsöl *n*
~ **function** Dämpfungsfunktion *f*
~ **of oscillation (vibration)** Schwingungsdämpfung *f*
~ **ratio** Dämpfungsfaktor *m*, Abklingkonstante *f*, [logarithmisches] Dämpfungsdekrement *n*, Dämpfungsgrad *m*
~ **reduction** Entdämpfung *f*, Dämpfungsverringerung *f*
~ **treatment** Bedämpfung *f*, Entdröhnung *f*, Aufbringen *n* von Entdröhnmitteln
DASH *s.* digital audio stationary head
dashpot Dämpfungszylinder *m*, Schwingungsdämpfer *m*, Stoßdämpfer *m*
DAT *s.* digital audio tape
~ **machine** *s.* ~ player-recorder
~ **player-recorder** DAT-Aufnahme- und Wiedergabegerät *n*
data Daten *pl*, Werte *mpl*, Meßwerte *mpl*
~ **acquisition** Datenerfassung *f*; Meßwerterfassung *f*
~ **block** Datenblock *m*
~ **gap** Datenlücke *f*
~ **memory** Datenspeicher *m*
~ **processing** Meßdatenverarbeitung *f*, Meßwertverarbeitung *f*; Informationsverarbeitung *f*, Nachrichtenverarbeitung *f*
~ **storage** Datenspeicherung *f*, Meßwertspeicherung *f*; Datenspeicher *m*
~ **store** Datenspeicher *m*
~ **transfer (transmission)** Datenübertragung *f*
database Datensammlung *f*
dB *s.* decibel
d.c., dc Gleichstrom
d.c. amplifier Gleichspannungsverstärker *m*
d.c. bias Gleichstromvormagnetisierung *f*
d.c. bridge Gleichstrombrücke *f*, Gleichspannungsbrücke *f*
d.c. component Gleichstromanteil *m*, Gleichstromkomponente *f*; Gleichspannungsanteil *m*, Gleichspannungskomponente *f*
d.c.-energized gleichstromgespeist, gleichspannungsgespeist
d.c. erasing head Gleichstromlöschkopf *m*
d.c. magnetic biasing Gleichstromvormagnetisierung *f*
d.c. potential Gleichspannungspotential *n*
d.c. power supply Gleichstromversorgung *f*, Gleichspannungsversorgung *f*
d.c. powered gleichstromgespeist, gleichspannungsgespeist
d.c. source Gleichstromquelle *f*; Gleichspannungsquelle *f*
d.c. supply Gleichstromversorgung *f*, Gleichspannungsversorgung *f*
d.c. voltage Gleichspannung *f*
d.c. voltage amplifier Gleichspannungsverstärker *m*
d.c. voltage component Gleichspannungsanteil *m*, Gleichspannungskomponente *f*
d.c. voltage potential Gleichspannungspotential *n*
DCA *s.* digitally controlled audio
DCC *s.* digital compact cassette
dead [akustisch] trocken, nachhallarm, schalltot, reflexionsfrei, reflexionsarm
~ **acoustics** trockene Akustik *f*
~-**beat** aperiodisch, aperiodisch gedämpft, eigenschwingungsfrei
~-**beat oscillation** aperiodische (aperiodisch abklingende) Schwingung *f*
~ **room** [akustisch] trockener Raum *m*, reflexionsarmer (reflexionsfreier) Raum *m*
~ **studio** schalltotes Studio *n*, Studio *n* mit [sehr] kurzer Nachhallzeit, Studio *n* ohne Nachhall
~ **time** Totzeit *f*
deadband effect Grenzzyklus *m*
deaden/to entdröhnen, bedämpfen
deadener Dämpfer *m*; Schalldämpfer *m*; Schwingungsdämpfer *m*
deadening Bedämpfung *f*, Schalldämpfung *f*; Entdröhnung *f*
~ **material** Entdröhnungsmittel *n*
~ **of noises** Lärmminderung *f*, Geräuschpegelsenkung *f*
deaf taub; schwerhörig

~-**aid** Hörhilfe *f*, Hörgerät *n*
~ **and dumb** taubstumm
~-**and-dumb language** Taubstummensprache *f*
~-**mute** taubstumm
~-**mute** Taubstummer *m*
~-**mutism** Taubstummheit *f*
deafen/to 1. taub machen, vertäuben; 2. schalldicht machen, abdämpfen
deafening betäubend, ohrenbetäubend
deafness Taubheit *f*; Schwerhörigkeit *f*
decay/to abfallen, abklingen, abnehmen, ausschwingen
~ **exponentially** exponentiell abfallen (abklingen)
decay Abfallen *n*, Abfall *m*, Abklingen *n*, Ausschwingen *n*
~ **characteristic** Abklingkurve *f*, Abklingcharakteristik *f*
~ **coefficient (constant)** Dämpfungsfaktor *m*, logarithmisches Dekrement *n*, Abklingkonstante *f*
~ **of sound** Abklingen (Ausklingen) *n* des Schalls
~ **period** Abklingzeit *f*, Abklingdauer *f*, Ausschwingzeit *f*
~ **rate** Abklinggeschwindigkeit *f*
~ **spectrum** Abklingspektrum *n*
~ **time** Abklingzeit *f*, Abklingdauer *f*, Ausschwingzeit *f*
decaying oscillation (vibration) abklingende Schwingung *f*
decelerate/to bremsen, abbremsen, verlangsamen
deceleration Bremsung *f*, Abbremsung *f*, negative Beschleunigung *f*
decibel Dezibel, dB *(Pegeleinheit)*
decimal code Dezimalkode *m*
~ **counter** Dezimalzähler *m*
~ **digit** Dezimalziffer *f*
~ **notation** Dezimalschreibweise *f*, Dezimaldarstellung *f*
~ **number** Dezimalzahl *f*
~ **reading** Dezimalanzeige *f*
~ **representation** Dezimalanzeige *f*, Dezimaldarstellung *f*
deck Deck *n*, [stapelbares] Bandgerät *n*
decode/to dekodieren, entschlüsseln
decoder Dekoder *m*, Dekodierer *m*
decoding Dekodierung *f*, Entschlüsselung *f*
~ **circuit** Dekodierschaltung *f*
decompose/to zerlegen, aufspalten; zerfallen
decomposition Zerlegung *f*, Auflösung *f*, Zerfall *m*
decouple/to entkoppeln
decoupling network Entkopplungsschaltung *f*
decrement of damping Dämpfungsdekrement *n*
dedicated speziell ausgelegt, maßgeschneidert
de-emphasis Entzerrung *f*, Deemphasis *f*; Nachentzerrung *f*; Absenkung *f*
~ **filter** Filter *n* zur Nachentzerrung (Deemphasis)
~ **network** Schaltung *f* zur Nachentzerrung (Deemphasis)
de-emphasizing Nachentzerren *n*, Nachentzerrung *f*
~ **network** Schaltung *f* zur Nachentzerrung (Deemphasis)
deep scattering layer Tiefenstreuschicht *f*
de-esser Hochtonbegrenzer *m*, Zischlautbegrenzer *m*
default sich [bei Fehlen von Vorgaben] automatisch einstellend
~ **value** Anfangswert *m*, Ausgangswert *m (eines vorzugebenden Parameters)*
defectoscopy Defektoskopie *f*, Materialfehlerprüfung *f*, Materialprüfung *f (zerstörungsfrei)*
definition 1. Definition *f*; 2. Klarheit *f*, Durchsichtigkeit *f*
deflect/to ablenken, auslenken; ausschlagen; durchbiegen
deflected beam abgelenkter Strahl *m*
deflection Ablenkung *f*, Auslenkung *f*; Ausschlag *m*, Zeigerausschlag *m*; Durchbiegung *f*
deform/to verformen, deformieren
deformation Verformung *f*, Deformation *f*, Formänderung *f*
~ **shape** Formänderung *f*
degauss/to entmagnetisieren
degaussing Entmagnetisierung *f*
degenerative feedback Gegenkopplung *f*
degree of coherence Kohärenzgrad *m*
~ **of coupling** Kopplungsgrad *m*
~ **of freedom** Freiheitsgrad *m*
~ **of modulation** Modulationsgrad *m*
dehumidifier Trockenadapter *m*, Entfeuchter *m*
dehumidify/to entfeuchten, Feuchtigkeit entziehen, austrocknen
deinterleaving Aufhebung *f* der Kodespreizung
delay/to verzögern; verschieben
delay Verzögerung *f*; Verschiebung *f*; Verzögerungszeit *f*, Laufzeit *f*
~ **correction network** Laufzeitentzerrer *m*, Laufzeitentzerrungsschaltung *f*
~ **distortion** Laufzeitverzerrung *f*
~ **distortion correction** Laufzeitentzerrung *f*
~ **equalization** Laufzeitausgleich *m*
~ **equalizer** Laufzeitentzerrer *m*, Laufzeitentzerrungsschaltung *f*
~-**frequency distortion** Laufzeitverzerrung *f*
~ **line** Verzögerungsleitung *f*, Laufzeitkette *f*
~ **network** Verzögerungsleitung *f*, Laufzeitkette *f*
~-**sum beam forming** Zeitbereichs-Strahlformung *f*
~-**time distortion** Laufzeitverzerrung *f*
delayed auditory feedback verzögerte akusti-

sche Rückkopplung *f*, verzögerte Schallrückführung *f*
delta shear pick-up Delta-Scherschwingungsaufnehmer *m*
~ **stereophony system** Delta-Stereophoniesystem *n*
demagnetization Entmagnetisierung *f*
demagnetize/to entmagnetisieren
demisemiquaver Zweiunddreißigstel *n*, Zweiunddreißigstelnote *f*
~ **rest** Zweiunddreißigstelpause *f*
demodulate/to demodulieren, gleichrichten *(Signal)*
demodulation Demodulation *f*, Gleichrichtung *f*, Signalgleichrichtung *f*
demodulator Demodulator *m*, Gleichrichter *m*, Signalgleichrichter *m*
~ **stage** Demodulatorstufe *f*, Signalgleichrichterstufe *f*
demountable partition versetzbare Trennwand *f*
density of source distribution Quelldichte *f*, Quellendichte *f*
dephased außer Phase, phasenverschoben
deplaced in phase außer Phase, phasenverschoben
depress/to drücken, niederdrücken
depth recording Aufzeichnung *f* in Tiefenschrift, Tiefenschrift *f*
~ **scan** Tiefenabtastung *f*
~ **sounder** Echolot *n*, Echolotgerät *n*
dereverberation Enthallung *f*, Hallbeseitigung *f*
derivative Ableitung *f*, Differentialquotient *m*
descant Diskant *m*
desiccant Trocknungsmittel *n*, Feuchteabsorber *m*
desiccate/to entfeuchten, Feuchtigkeit entziehen, austrocknen
design goal Entwurfswert *m*, Entwurfszielstellung *f*
detachable abnehmbar
detect/to 1. entdecken, erkennen, herausfinden: 2. gleichrichten, demodulieren
detectability Erkennbarkeit *f*, Nachweisbarkeit *f*, Wahrnehmbarkeit *f*
detecting element Sensor *m*, Meßgrößenaufnehmer *m*, Meßfühler *m*, Wandlerelement *n*, Fühlelement *n*, Aufnehmer *m*
detection 1. Erkennung *f*, Nachweis *m*, Feststellung *f*; 2. Gleichrichtung *f*, Demodulation *f*
~ **differential** Unterschiedsschwelle *f*, Unterscheidbarkeitsschwelle *f*
~ **limit** Nachweisgrenze *f*, Empfindlichkeitsgrenze *f*
~ **threshold** Wahrnehmbarkeitsgrenze *f*, Wahrnehmbarkeitsschwelle *f*
detector 1. Gleichrichter *m*, Signalgleichrichter *m*, Demodulator *m*; 2. Aufnehmer *m*, Empfänger *m*; 3. Suchgerät *n*, Spürgerät *n*, Nachweisgerät *n*
~ **response** dynamische Eigenschaften *fpl* des Gleichrichters (Demodulators), Dynamik *f* (Zeitverhalten *n*) des Gleichrichters (Demodulators)
~ **stage** Demodulatorstufe *f*, Signalgleichrichterstufe *f*
deterministic signal deterministisches Signal *n*
detrimental to hearing gehörschädlich
detune/to verstimmen
detuning Verstimmung *f*
DFT *s.* discrete Fourier transform[ation]
diamond stylus Diamantnadel *f*, Diamantabtastnadel *f*
diapason Tonumfang *m*, Stimmumfang *m*; Prinzipal *n*; Orgelregister *n*
diaphragm Membran *f*
~ **damping** Membrandämpfung *f*
~ **displacement** Membranauslenkung *f*
~ **oscillation** Membranschwingung *f*
~ **stiffness** Membransteifigkeit *f*
diatonic diatonisch
~ **scale** diatonische Tonleiter *f*
dictaphone Diktiergerät *n*
dictating device Diktiergerät *n*
dictation machine Diktiergerät *n*
die away/to abfallen, abklingen, abnehmen, ausschwingen *(Schwingungen)*; ausklingen, verhallen, verklingen
~ **out** ausklingen, verklingen
dielectric dielektrisch; nichtleitend
dielectric Dielektrikum *n*; Nichtleiter *m*
~ **coefficient** *s.* ~ constant
~ **constant** Dielektrizitätskonstante *f*
~ **current** [dielektrischer] Verschiebungsstrom *m*
~ **displacement** dielektrische Verschiebung *f*, elektrische Erregung *f*
~ **displacement current** [dielektrischer] Verschiebungsstrom *m*
~ **dissipation factor** [dielektrischer] Verlustfaktor *m*
~ **loss factor (index)** [dielektrischer] Verlustfaktor *m*
~ **material** Dielektrikum *n*; Nichtleiter *m*
differ in phase/to ungleiche Phase haben, eine Phasendifferenz aufweisen
difference frequency Differenzfrequenz *f*
~ **limen** Unterschiedsschwelle *f*, Unterscheidbarkeitsschwelle *f*
~ **limen for loudness** Lautheits-Unterschiedsschwelle *f*
~ **limen for pitch** Tonhöhen-Unterschiedsschwelle *f*
~ **pressure** Differenzdruck *m*
~ **threshold** Unterschiedsschwelle *f*
~ **tone** Differenzton *m*
differential Differential *n*, Differenz *f*

~ **limen** Unterschiedsschwelle *f*, Unterscheidbarkeitsschwelle *f*
~ **pressure** Differenzdruck *m*
~ **quotient** Ableitung *f*, Differentialquotient *m*
~ **signal** Differenzsignal *n*
~ **threshold** Unterschiedsschwelle *f*, Unterscheidbarkeitsschwelle *f*
~ **tone** Differenzton *m*
differentiate with respect to x/to nach x differenzieren
differentiating circuit Differenzierschaltung *f*
~ **network** Differenzierglied *n*
differentiation Differenzierung *f*, Differentiation *f*
diffract/to beugen *(Welle)*
diffraction Beugung *f*, Diffraktion *f*
~ **angle** Beugungswinkel *m*
~ **factor** Beugungsfaktor *m*, Beugungskorrektur *f*
~ **pattern** Beugungsmuster *n*, Beugungsbild *n*
~ **region** Beugungszone *f*
diffuse diffus
~ **field** Hallfeld *n*, diffuses Feld *n* (Schallfeld *n*)
~-**field calibration** Diffuseichung *f*, Diffuskalibrierung *f*, Diffusfeldeichung *f*
~-**field distance** Richtentfernung *f (gerichteter Strahler)*; Grenzradius *m*, Hallradius *m (Kugelstrahler)*
~-**field frequency response level** relativer Frequenzgang *m* für diffuses Schallfeld relativer Frequenzgang für diffusen Schalleinfall, relatives Übertragungsmaß *n* für diffuses Schallfeld, relatives Übertragungsmaß für diffusen Schalleinfall, relativer Diffusfrequenzgang *m*
~-**field response** Diffusfrequenzgang *m*, Diffusfeldfrequenzgang *m*, Frequenzgang *m* für diffuses Schallfeld
~-**field sensitivity** Diffusempfindlichkeit *f*, Diffusübertragungsfaktor *m*, Diffusfeldübertragungsfaktor *m*, Übertragungsfaktor *m* für diffuses Schallfeld
~-**field sensitivity level** Diffusübertragungsmaß *n*, Übertragungsmaß *n* für diffusen Schalleinfall
~ **reflection** diffuse Reflexion *f*
~ **sound field** diffuses Schallfeld *n*, Diffusfeld *n*, Hallfeld *n*
diffuser Diffusor *m*, Streukörper *m*
diffusing surface diffus reflektierende (streuende) Fläche *f* (Oberfläche *f*)
diffusivity Diffusität *f*
diffusor Diffusor *m*, Streukörper *m*
digital-analogue conversion Digital-Analog-Umsetzung *f*, Digital-Analog-Wandlung *f*
~-**analogue converter** Digital-Analog-Umsetzer *m*, DAU *m*, Digital-Analog-Wandler *m*
~ **audio broadcasting** digitaler Hörrundfunk *m*
~ **audio stationary head** DAT in Längsspurtechnik, DAT mit feststehenden Tonköpfen, digitale Tonbandtechnik *f* mit stationären (feststehenden) Tonköpfen
~ **audio tape** Digitaltonband *n*, Digitalmagnetband *n*, Digitaltonbandtechnik *f*, Digitalmagnetbandtechnik *f*
~ **compact cassette** digitale Audiokassette *f*, digitale Kompaktkassette *f*
~ **display** Digitalanzeige *f*, Ziffernanzeige *f*
~ **filter** Digitalfilter *n*
~ **impulse** digitaler Einheitsimpuls *m*
~ **indication** Digitalanzeige *f*, Ziffernanzeige *f*
~ **magnetic tape** Magnetband *n* für Digitalaufzeichnung
~ **master recording** Aufzeichnung *f* auf einem digitalen Urband
~ **notation** digitale Schreibweise *f*, Ziffernschreibweise *f*, Zifferndarstellung *f*
~ **read-out** Digitalanzeige *f*, Ziffernanzeige *f*
~ **recording** Digitalaufzeichnung *f*
~ **representation** digitale Schreibweise *f*, Ziffernschreibweise *f*, Zifferndarstellung *f*
~ **signal** Digitalsignal *n*
~ **signal storage** digitale Signalspeicherung *f*
~-**to-analogue conversion** Digital-Analog-Umsetzung *f*, Digital-Analog-Wandlung *f*
~-**to-analogue converter** Digital-Analog-Umsetzer *m*, DAU *m*, Digial-Analog-Wandler *m*
digitally controlled audio digital gesteuerte [analoge] Tontechnik *f*
digitization Digitalisierung *f*
digitize/to digitalisieren, digital darstellen, digital umsetzen
dilatation Dilatation *f*, Dehnung *f*, Ausdehnung *f*
dilatational wave Dehnwelle *f*, Dilatationswelle *f*
diminished pressure Unterdruck *m*
dip Senke *f*, Absenkung *f*, Einsattelung *f (Kurvenzug)*
diplacusis Diplacusis *f*, subjektive Tonhöhenverschiebung *f*
dipole Dipol *m*
~ **sound source** Schallquelle *f* erster Ordnung, Schallquelle *f* mit Dipolcharakter
~ **source** Quelle *f* erster Ordnung, Quelle *f* mit Dipolcharakter
Dirac impulse (pulse) Nadelimpuls *m*, Diracimpuls *m*
direct/to 1. lenken, richten; 2. dirigieren, leiten
direct current Gleichstrom *m (Zusammensetzungen s. unter* d.c....*)*
~ **recording** Direktschnitt *m* [ohne Zwischenspeicherung]
~ **drive** Direktantrieb *m*
~-**drive vibration generator** exzentererregter Schwingungserzeuger *m* (Schwingungserreger *m*)
~ **Fourier transform[ation]** Fourier-Hintransformation *f*
~ **metal mastering** direkte Metallschnittechnik *f*, DMM, Direktschnitt *m* auf Metall

~ **pick-up** Originalaufnahme *f (Schallplatte)*
~ **recording** Direktaufzeichnung *f*
~ **sound** Direktschall *m*
~ **transformation** *s.* forward transformation
~ **voltage** Gleichspannung *f*
~-**voltage component** Gleichspannungsanteil *m*, Gleichspannungskomponente *f*
~-**voltage source** Gleichspannungsquelle *f*
direction finder Peilgerät *n*, Ortungsgerät *n*
~ **finding** Peilung *f*
~ **of flux** Flußrichtung *f*
~ **of incidence** Einfallsrichtung *f*
~ **of magnetization** Magnetisierungsrichtung *f*
~ **of propagation** Ausbreitungsrichtung *f*, Fortpflanzungsrichtung *f*
~ **of radiation** Strahlungsrichtung *f*; Abstrahlrichtung *f*
~ **of rotation** Drehrichtung *f*, Umlaufrichtung *f*
directional gerichtet, Richt..., Richtungs...
~ **characteristic (diagram)** Richtcharakteristik *f*
~ **effect** Richtwirkung *f*
~ **gain** Bündelungsmaß *n*
~ **hearing** Richtungshören *n*
~ **hearing aid** richtungsgerechte Hörhilfe *f*, Hörhilfe *f* für richtungsgerechtes Hören
~ **impression** Richtungseindruck *m*
~ **loudspeaker** Lautsprecher *m* mit Richtwirkung
~ **microphone** Richtmikrofon *n*
~ **pattern** Richtcharakteristik *f*
~ **perception** Richtungswahrnehmung *f*
directive gerichtet, Richt..., Richtungs...
directivity Richtwirkung *f*
~ **characteristic (diagram)** Richtcharakteristik *f*
~ **factor** Bündelungsgrad *m*
~ **gain** Bündelungsmaß *n*
disc *s.* disk
discharging time constant Entladezeitkonstante *f*
disco Diskothek *f*, Disko *f*
~ **noise limiter** Lärmpegelbegrenzer *m* für Diskotheken (Diskos)
discomfort Unbehaglichkeit *f*
disconnect/to lösen, trennen, unterbrechen, abschalten, ausschalten
disconnection Unterbrechung *f*; Abschaltung *f*
discontinuity Sprung *m*, Unstetigkeit *f*, Diskontinuität *f*
discontinuous diskontinuierlich, unstetig, sprunghaft; ungleichmäßig
~ **change** sprunghafte Änderung *f*
~ **function** unstetige Funktion *f*; Sprungfunktion *f*
discord Dissonanz *f*, Mißklang *m*, Mißton *m*
discordant dissonant, mißtönend
discotheque Diskothek *f*, Disko *f*
discrete diskret
~ **Fourier transform[ation]** diskrete Fouriertransformation *f*, DFT
~ **frequency audiometer** Festfrequenzaudiometer *n*
~ **parameter system** System *n* mit konzentrierten (diskreten) Parametern (Elementen)
~ **point sampling** Abtastung *f* (Messung *f*) an festen Orten (Punkten)
~ **signal** diskretes Signal *n*
~ **spectrum** Linienspektrum *n*
~-**time signal** zeitlich quantisiertes Signal *n*
~ **word intelligibility** Einzelwortverständlichkeit *f*, Wortverständlichkeit *f*
discriminate/to [voneinander] unterscheiden, einzeln erkennen
discrimination Unterscheidung *f*, Unterscheidbarkeit *f*, Unterscheidungsvermögen *n*
~ **loss** Verständlichkeitsverlust *m*
~ **threshold** Unterschiedsschwelle *f*
disharmonious disharmonisch, unharmonisch, mißklingend
disharmony Dissonanz *f*, Disharmonie *f*, Mißklang *m*
disk Scheibe *f*; Schallplatte *f*; Diskette *f*
~ **cleaner** Schallplattenreiniger *m*
~ **drive** Diskettenlaufwerk *n*
~ **jockey** Diskjockey *m*, Schallplattenunterhalter *m*, Ansager *m* bei Schallplattensendungen
~ **player** Plattenspieler *m*, Grammophon *n*
~ **record** Schallplatte *f*
~ **recorder** Nadeltonschneidgerät *n*, Schallplattenschneidgerät *n*, Schallplattenaufnahmegerät *n*
~ **recording** Aufzeichnung *f* auf Platte (Schallplatte), Nadeltonaufzeichnung *f*, Schallplattenaufnahme *f*
~-**recording method** Nadeltonverfahren *n*, Schallplattenaufzeichnungsverfahren *n*
~ **speed** Plattendrehzahl *f*, Schallplattendrehzahl *f*
dismate/to auseinandernehmen, trennen; getrennt lassen
dispersed magnetic powder tape Masseband *n (Magnetband)*
dispersion Dispersion *f*, Zerstreuung *f*
dispersive dispersiv, Dispersions..., Streu...
displace/to verschieben, auslenken, aus der Ruhelage bringen
displacement Verschiebung *f*, Auslenkung *f* [aus der Ruhelage]; Schwingweg *m*
~ **gauge** *s.* ~ pick-up
~ **pick-up** Wegaufnehmer *m*
display/to darstellen, sichtbar machen; [optisch] anzeigen
display Darstellung *f*; Anzeige *f (optisch)*
~ **set-up** Anzeigeparameter *mpl*, Gesamtheit *f* der Anzeigeparameter (Anzeigeeinstellungen), Anzeigeparametersatz *m*
dissipate/to zerstreuen, ableiten; [in Wärme] umwandeln

dissipation Zerstreuung *f*, Ableitung *f*, Verlust *m* *(Energie)*
~ **constant** Dissipationskonstante *f*
~ **factor** Dissipationsgrad *m*
~ **of energy** Energieverlust *m*
dissipative verlustbehaftet, Verlust...
~ **force** Reibungskraft *f*
distant field Fernfeld *n*
distinct klar, deutlich
distinctness Klarheit *f*, Deutlichkeit *f*
distort/to verzerren
distortion Verzerrung *f*
~ **analyzer** Klirrfaktormeßgerät *n*, Verzerrungsmesser *m*, Verzerrungsmeßgerät *n*
~ **bridge** Klirrfaktormeßbrücke *f*
~ **coefficient** Klirrfaktor *m*; Klirrkoeffizient *m*
~ **factor measurement** Klirrfaktormessung *f*
~ **factor meter** Klirrfaktormeßgerät *n*, Verzerrungsmesser *m*, Verzerrungsmeßgerät *n*
~**-free** verzerrungsfrei, unverzerrt
~ **measuring bridge** Klirrfaktormeßbrücke *f*
~ **meter** Klirrfaktormeßgerät *n*, Verzerrungsmesser *m*, Verzerrungsmeßgerät *n*
~ **of second order** quadratische Verzerrung *f*
~ **of sound field** Schallfeldverzerrung *f*
~ **of third order** kubische Verzerrung *f*
~ **product** Verzerrungsprodukt *n*
~ **response** Frequenzgang *m* des Klirrfaktors, Frequenzgang *m* der Verzerrung
distortionless verzerrungsfrei, unverzerrt
distributed[-parameter] system System *n* mit verteilten Parametern (Elementen)
distribution function Verteilungsfunktion *f*
~ **in lumps** punktförmige Verteilung *f*
disturb/to stören
disturbance Störung *f*
~ **level** Störpegel *m*
~ **signal** Störsignal *n*
disturbing noise Störgeräusch *n*
~ **source** Störquelle *f*
dither [überlagertes] Hilfssignal *n*
diverge/to divergieren, auseinanderlaufen, streuen; ablenken, auseinanderlaufen lassen
divergence Divergenz *f*, Streuung *f* • **to have zero** ~ divergenzfrei sein
~ **decrease (loss)** Ausbreitungsdämpfung *f*, Dämpfung *f* (Dämpfungsmaß *n*) bei divergierender Ausbreitung
divergency *s.* divergence
divergent divergent, auseinandergehend
dividing network [elektrische] Weiche *f*
DMM *s.* direct metal mastering
DMR *s.* digital master recording
DNL *s.* dynamic noise limiter
DNR *s.* dynamic noise reduction
DNS *s.* dynamic noise suppression
Dolby system Dolbysystem *n* *(Rauschminderung)*
dome loudspeaker Kalottenlautsprecher *m*, Kugel[kalotten]lautsprecher *m*
dominant dominierend, vorherrschend
dominant Dominante *f*
~ **frequency** vorherrschende Frequenz *f*
~ **mode** Hauptschwingungstyp *m*, vorherrschender Schwingungstyp *m*, Hauptmode *f*
Doppler effect Dopplereffekt *m*
~ **flowmeter** Doppler-Strömungsmesser *m*, Strömungsmesser *m* nach dem Dopplerprinzip
~ **frequency shift** Doppler-Frequenzverschiebung *f*
~ **shift** Doppler-Verschiebung *f*
dosage Dosierung *f*; Dosis *f*
~ **meter** Dosimeter *n*, Exposimeter *n*
dose Dosis *f*; relative Dosis *f* *(in Prozent)*
~ **meter** *s.* dosimeter *n*
dosimeter Dosimeter *n*, Exposimeter *n*
dosis Dosis *f*; relative Dosis *f* *(in Prozent)*
dot indicator Quasianaloganzeige *f*, punktförmige (gestufte) Analoganzeige *f*
double bass Kontrabaß *m*
~ **bassoon** Kontrafagott *n*
~ **cassette deck** Doppelkassettendeck *n*
~**-edged variable width sound track** Doppelzackenschrift *f*, Tonspur *f* in Doppelzackenschrift
~ **headphone** Doppelkopfhörer *m*
~**-hump curve** zweihöckrige Kurve *f*, Kurve *f* mit zwei Maxima
~**-humped** doppelhöckrig, mit zwei Maxima *(Kurvenzug)*
~ **partition** zweischalige Trennwand *f*
~**-peak curve** zweihöckrige Kurve *f*, Kurve *f* mit zwei Maxima
~ **probe technique** Zweisondenverfahren *n*
~**-reed instrument** Doppelrohrblattinstrument *n*
~**-screened** doppelt geschirmt
~ **stop** Doppelgriff *m*
~ **tape** Doppelspielband *n*
~ **traverse technique** Reflexionsverfahren *n*, Verfahren *n* mit hin- und rücklaufendem Strahl
~ **wall** zweischalige Wand *f*
~**-way rectifier** Zweiweggleichrichter *m*
~ **whole note** Brevis *f*
down-beat betonter Taktteil *m*; Niederschlag *m* *(Dirigieren)*
~**-bow** Abstrich *m*
download to/to abspeichern in, [zum Abspeichern] weitergeben an *(Daten)*
downward slope abfallende Flanke *f*, Abwärtsflanke *f*
DR *s.* dynamic range
draw power from/to gespeist werden von, Leistung beziehen von
drift/to driften, [allmählich] weglaufen *(z. B. Frequenz)*

drift Drift *f*, [allmähliches] Weglaufen *n*; Schlupf *m*
drive belt Antriebsriemen *m*
~-by noise Vorüberfahrgeräusch *n*, Geräusch *n* bei der Vorbeifahrt
driver Treiber *m*; Antriebssystem *n*
~ **unit** Antriebssystem *n (Lautsprecher)*
driving coil Antriebsspule *f*
~ **force** Antriebskraft *f*
~ **mechanism** Antriebsmechanismus *m*; Laufwerk *n*
~ **point** Antriebsstelle *f*, Anregungsstelle *f*, Einleitungsstelle *f*
~-point impedance Zweipolimpedanz *f*, Anschlußimpedanz *f*, Eingangsimpedanz *f*; Impedanz *f* an der Einleitungsstelle (Anregungsstelle)
~ **speed** Antriebsdrehzahl *f*
droop langsamer Abfall *m*; Dachschräge *f (Rechteckimpuls)*
drop-out Fehlstelle *f*, Drop-Out *n (Magnetband)*
drum Trommel *f*
~ **computer** Schlagzeugcomputer *m*, Rhythmuscomputer *m*
~ **pad** Schlagfläche *f*, Schlagfeld *n*
~ **set** Schlagzeug *n*, Jazzschlagzeug *n*
drumhead Trommelfell *n*
drums *pl* Schlagzeug *n*, Jazzschlagzeug *n*
drumstick Schlegel *m*, Trommelschlegel *m*, Paukenschlegel *m*
dry friction trockene Reibung *f*
dual channel zweikanalig, Zweikanal...
~ **cone loudspeaker** Doppelkonuslautsprecher *m*
~-track [tape] recorder Zweispur[tonband]gerät *n*, Doppelspurtonbandgerät *n*, Halbspurgerät *n*
dub/to kopieren, synchronisieren, nachsynchronisieren, mischen *(Tonquellen)*
dub Tonbandkopie *f*, Kopie *f*, Umschnitt *m*
dubbing 1. Umkopieren *n*, Kopieren *n*, Überspielen *n*; 2. Synchronisieren *n*, Vertonung *f*
~ **adapter** Überspieladapter *m*
~ **speed** Umkopiergeschwindigkeit *f*, Kopiergeschwindigkeit *f*
~ **studio** Synchronstudio *n*
duct Röhre *f*, Kanal *m*, Schacht *m*, Luftkanal *m*, Kabelkanal *m*
~ **entrance** Kanalanfang *m*, Rohranfang *m*
~ **lining** Kanalauskleidung *f*
ducting Kanalführung *f (Lüftung)*
dull dumpf, dunkel
dummy Attrappe *f*, Nachbildung *f*, Ersatz *m*
~ **head** Kunstkopf *m*
~-head recording Kunstkopfaufzeichnung *f*, Kunstkopfaufnahme *f*
~ **load** Ersatzlast *f*, Lastnachbildung *f*
~ **microphone** Mikrofonersatz *m*, Mikrofonnachbildung *f*
~ **strain gauge** nichtaktiver Dehnmeßstreifen *m* (Dehnungsmeßstreifen *m*)
duo-cone loudspeaker Doppelkonuslautsprecher *m*
duplex variable-area track Doppelzackenschrift *f*, Tonspur *f* in Doppelzackenschrift
duplicate/to vervielfältigen, kopieren
duplicate Kopie *f*
duplicator Kopiereinrichtung *f*, Kopieranlage *f*
duration allowance zeitabhängige (von der Dauer abhängige) Korrektur *f*, Zeitzuschlag *m*
~ **of exposure** Einwirk[ungs]zeit *f*, Einwirkdauer *f*
dust cover Schutzabdeckung *f*, Schutzhaube *f*
duty factor Tastverhältnis *n*
dying-away Abfallen *n*, Abfall *m*; Abklingen *n*, Ausschwingen *n*
~-out oscillation (vibration) abklingende Schwingung *f*
dynamic dynamisch
~ **balancing** dynamisches Auswuchten *n*, Auswuchten *n* in zwei Ebenen
~ **behaviour** dynamisches Verhalten *n*, Zeitverhalten *n*
~ **capability** [verarbeiteter] Dynamikbereich *m* (Pegelbereich *m*)
~ **capability index** Index *m* (Kennwert *m*) für den verarbeiteten Dynamikbereich
~ **characteristic** dynamische Kennlinie *f*, Kennlinie *f* des dynamischen Verhaltens
~ **compliance** dynamische Nachgiebigkeit *f*
~ **compressor** Dynamikkompressor *m*, Dynamikpresser *m*
~ **earphone** dynamischer Kopfhörer *m*
~ **expander** Dynamikexpander *m*, Dynamikdehner *m*
~ **expansion** Dynamikexpansion *f*, Dynamikdehnung *f*
~ **headphone** dynamischer Kopfhörer *m*
~ **loudspeaker** dynamischer (elektrodynamischer) Lautsprecher *m*
~ **mass** dynamische Masse *f*
~ **microphone** dynamisches (elektrodynamisches) Mikrofon *n*
~ **noise limiter** dynamischer Rauschbegrenzer *m*
~ **noise reduction** dynamische Rauschminderung *f*
~ **noise suppression** dynamische Rauschunterdrückung *f*
~ **pick-up** dynamischer Aufnehmer *m*
~ **range** Aussteuerungsbereich *m*, Lautstärkebereich *m*; Lautstärkeumfang *m*, Dynamik *f*, Dynamikbereich *m*, Pegelumfang *m*
~ **range control** Dynamikregelung *f*
~ **response** dynamisches Verhalten *n*, Zeitverhalten *n*
~ **span** [verarbeiteter] Dynamikbereich *m* (Pegelbereich *m*)

~ **stiffness** dynamische Steifigkeit *f*, Federkonstante *f*
~ **track following** dynamisches Spurfolgesystem *n*
~ **transducer** dynamischer Wandler *m* (Aufnehmer *m*)
~ **vibration absorber** Schwingungstilger *m*
dynamical dynamisch
dynamically balanced dynamisch ausgewuchtet

E

ear Ohr *n*; Gehör *n* • **by** ~ nach Gehör
~ **acoustical impedance** akustische Ohreingangsimpedanz *f*
~ **canal** Gehörgang *m*
~ **cap** Hörermuschel *f*, Hörmuschel *f*
~ **clip** Ohrbügel *m*
~ **defender** Gehörschützer *mpl*, Gehörschutz *m*
~ **disease** Ohrerkrankung *f*, Ohrenleiden *n*
~**-drum** Trommelfell *n*
~ **insert** Einsteckgerät *n*, Im-Ohr-Gerät *n*
~ **muff** Gehörschutzkappe *f*
~ **noise** Ohrgeräusche *npl*, Ohrensausen *n*
~**-pad** Hörerkissen *n*
~**-piece** Hörmuschel *f*, Hörer *m*, Hörermuschel *f*
~**-piercing** ohrenbetäubend
~ **plug** Gehörschutzstöpsel *m*
~**-protective device, ~-protector** Gehörschützer *mpl*, Gehörschutz *m*
~**-response characteristic** Ohrempfindlichkeitskurve *f*
~ **simulator** Ohrsimulator *m*, Ohrnachbildung *f*; künstliches Ohr *n*
~ **trumpet** Hörrohr *n*
~ **wax** Ohrenschmalz *n*
early decay time Anfangsnachhallzeit *f*
~ **energy fraction** Anteil *m* der frühen (zeitigen) Energie (Anfangsenergie); Deutlichkeit *f* *(Raumakustik)*
~ **reflection** Anfangsreflexion *f*, frühe (zeitige) Reflexion *f*
~**-to-late sound index** Klarheitsmaß *n (Raumakustik)*
earphone Kopfhörer *m*; Ohrhörer *m*
~ **coupler** Kuppler *m*, Hörerkuppler *m*
~ **cushion** Hörerkissen *n*, Kopfhörerkissen *n*
~ **socket** Kopfhörerbuchse *f*
earshot/out of außer Hörweite
~ **within** in Hörweite
earth/to erden, mit Masse verbinden
earth Erde *f*, Masse *f*
~ **connection** Masseverbindung *f*, Masseanschluß *m*, Erdverbindung *f*, Erdung *f*
~ **jack** Erdbuchse
~ **loop** Erdschleife *f*
eccentric exzentrisch

echo/to nachhallen, widerhallen
echo Echo *n*; Nachhall *m*, Widerhall *m*
~ **cancellation** Echounterdrückung *f*
~ **chamber** Hallraum *m*
~ **delay time** Echolaufzeit *f*
~ **depth sounding** Echolotung *f*
~ **effect** Echowirkung *f*; Echostörung *f*
~ **gating** Echoausblendung *f*
~ **interval** Echolaufzeit *f*
~ **killing** *s.* ~ suppression
~ **location** Echoortung *f*
~ **path** Echoweg *m*, Ausbreitungsweg *m* des Echos
~ **pattern** Reflektogramm *n*, Echogramm *n*
~ **pulse** Echoimpuls *m*
~ **ranging** Echoortung *f*, Echoentfernungsmessung *f*
~ **sounder** Echolot *n*, Echolotgerät *n*
~ **sounding** Echolotung *f*
~ **sounding system** Echolotsystem *n*
~ **suppression** Echounterdrückung *f*
~ **time** Echolaufzeit *f*, Echoverzögerungszeit *f*
~ **transmission time** Echolaufzeit *f*
~ **wave** reflektierte Welle *f*, Echowelle *f*
echoic echoartig, Echo...
eddies Wirbelströme *mpl*
eddy Wirbel *m*, Strudel *m*
~ **current** Wirbelstrom *m*
~**-current damping** Wirbelstromdämpfung *f*
~**-current transducer** Wirbelstromaufnehmer *m*
eddying Wirbelbildung *f*
edge 1. Kante *f*; 2. Flanke *f (Impuls)*
~ **damping** Randdämpfung *f*
~ **frequency** Eckfrequenz *f*, Grenzfrequenz *f*; Schnittfrequenz *f*
~ **steepness** Flankensteilheit *f*
~ **track** Randspur *f*
Edison track Edisonschrift *f*
edit/to redigieren, aufbereiten; schneiden, montieren, editieren *(Band, Film)*
editing Schnitt *m*, Montage *f (Band, Film)*
~ **recorder** Schneidgerät *n*, Cuttermaschine *f*, Tonmontagegerät *n*
~ **table** Schneidetisch *m (Band, Film)*
~ **tape recorder** Schneidgerät *n*, Cuttermaschine *f*, Tonmontagegerät *n*
EDRAW-CD *s.* erasable digital read and write compact disk
effective acoustic centre akustisches Zentrum *n*
~ **attenuation** Betriebsdämpfung *f*
~ **bandwidth** effektive Bandbreite *f*
~ **component** Wirkanteil *m*, Wirkkomponente *f*, reelle Komponente *f*
~ **level** Wirkpegel *m*
~ **perceived noise level** effektiver Lästigkeitspegel *m*, Lästigkeitsenergiepegel *m*
~ **perceived noisiness** effektive Lästigkeit (Lärmlästigkeit *f*)

efficiency Wirkungsgrad *m*, Nutzeffekt *m*, Leistung *f*, Leistungsfähigkeit *f*
eigenmode Eigenmode *f*, Eigenschwingungsmode *f*
eigentone Eigenfrequenz *f*
eigenvalue Eigenwert *m*
eigenvibration Eigenschwingung *f*
eighth-inch microphone Achtelzollmikrofon *n*
~ **note** Achtel *n*, Achtelnote *f*
eject/to auswerfen, ausstoßen
eject button Auswurftaste *f*
ejection Auswurf *m*, Ausstoß *m*
elastic elastisch
~ **constant** Elastizitätskonstante *f*
~ **foundation** federnde Unterlage *f*, elastische Bettung *f*
~ **lag** elastische Nachwirkung *f*
~ **limit** Elastizitätsgrenze *f*
~ **modulus** Elastizitätsmodul *m*, E-Modul *m*
~ **strain** elastische Dehnung *f*
~ **suspension** elastische (federnde) Aufhängung *f*
elasticity Elastizität *f*, Federwirkung *f*
electret Elektret *n(m)*
~ **microphone** Elektret[kondensator]mikrofon *n*
~ **telephone microphone** Elektretfernsprechmikrofon *n*
electric bell elektrische Klingel *f*
~ **circuit** Stromkreis *m*, elektrischer Kreis *m* (Stromkreis *m*)
~ **field** elektrisches Feld *n*
~ **field strength** elektrische Feldstärke *f*
~ **flux** Verschiebungsfluß *m*, elektrische Verschiebung *f*
~ **force** *s.* ~ field strength
~ **hooter** Hupe *f*
~ **horn** Hupe *f*
~ **intensity** *s.* ~ field strength
electrical analogy elektrische Analogie *f*
~ **pick-up** elektrische Einstreuung *f*
electroacoustic coupling coefficient elektroakustischer Kopplungsfaktor *m*
~ **coupling impedance** elektroakustische Koppelimpedanz *f*
~ **force factor** elektroakustischer Kraftübertragungsfaktor *m*
~ **response** elektroakustischer Frequenzgang *m*; elektroakustischer Übertragungsfaktor *m*
~ **transducer** Schallwandler *m*, elektroakustischer Wandler *m*
electroacoustical ... *s.* electroacoustic ...
electroacoustician Elektroakustiker *m*
electroacoustics Elektroakustik *f*
electrodynamic elektrodynamisch; dynamisch
~ **loudspeaker** dynamischer (elektrodynamischer) Lautsprecher *m*
~ **microphone** dynamisches (elektrodynamisches) Mikrofon *n*
~ **pick-up** dynamischer Aufnehmer *m*
~ **transducer** elektrodynamischer Wandler *m* (Aufnehmer *m*)
~ **vibration exciter** elektrodynamischer Schwingungserreger (Schwingtisch *m*)
~ **vibration pick-up** dynamischer (elektrodynamischer) Schwingungsaufnehmer *m*
~ **vibration shaker (table)** elektrodynamischer Schwingungserreger (Schwingtisch) *m*
electrodynamics Elektrodynamik *f*
electromagnet Elektromagnet *m*
electromagnetic elektromagnetisch
~ **loudspeaker** magnetischer (elektromagnetischer) Lautsprecher *m*
~ **microphone** elektromagnetisches (magnetisches) Mikrofon *n*
~ **pick-up** magnetischer (elektromagnetischer) Tonabnehmer *m*
~ **receiver** magnetischer Fernhörer *m*
~ **vibration exciter (shaker)** elektromagnetischer Schwingtisch *m*
electromechanical elektromechanisch
~ **transducer** elektromechanischer Wandler *m*
electromechanics Elektromechanik *f*
electromotive force elektromotorische Kraft *f*
electronic measurement technique elektronische Meßtechnik *f*
~ **music** elektronische Musik *f*
electrophone Stromklinger *m*, Elektrophon *n*
electrophonic effect elektrophonischer Effekt *m*
electropneumatic transducer elektropneumatischer Wandler *m* (Schallerzeuger *m*)
electrostatic elektrostatisch
~ **actuator** [elektrostatisches] Eichgitter *n*, Eichelektrode *f*, elektrostatischer Kalibrator *m*
~ **earphone** elektrostatischer Hörer *m* (Kopfhörer *m*)
~ **loudspeaker** elektrostatischer Lautsprecher *m*, Kondensatorlautsprecher *m*
~ **microphone** Kondensatormikrofon *n*, elektrostatisches Mikrofon *n*
electrostriction Elektrostriktion *f*
electrostrictive elektrostriktiv
elemental [unit] area Flächenelement *n*
elongate/to dehnen, längen, verlängern
elongation Dehnung *f*, Streckung *f*, Längung *f*, Längenzunahme *f*
emergency public address system Notrufsystem *n*, Notrufanlage *f*
emergent ray austretender (ausfallender) Strahl *m*
emission Abstrahlung *f*, Ausstrahlung *f*, Aussendung *f*, Emission *f*
~ **of sound** Schallabstrahlung *f*, Schallemission *f*
emit/to aussenden, abstrahlen, emittieren
~ **rays** Strahlen aussenden
~ **sound** tönen; Schall abstrahlen
emitter Sender *m*, Strahlungsquelle *f*

emphasis Anhebung *f (von Tonfrequenzbereichen)*; Hervorhebung *f*, Betonung *f*
emphasize/to anheben, hervorheben, betonen
emphasizer Einrichtung *f* zur Anhebung
emphasizing Hervorhebung *f*, Betonung *f*; Anhebung *f (von Tonfrequenzbereichen)*
encapsulate/to kapseln, einkapseln, einschließen [in eine Kapsel]
encapsulation Einkapselung *f*
encase/to einschließen, umschließen, mit einem Gehäuse versehen
encasing Kapselung *f*, Umhüllung *f*
enclose/to kapseln, einkapseln, einschließen [in eine Kapsel]
enclosure Kapsel *f*, Kapselung *f*, Gehäuse *n*, Hülle *f*
~ **vibration** Gehäuseschwingung *f*
encode/to kodieren, verschlüsseln
encoder Kodierer *m*, Kodiereinrichtung *f*, Koder *m*
encoding Kodierung *f*, Verschlüsselung *f*
end of tape Bandende *n*
endurance test Festigkeitsprüfung *f*, Prüfung *f* der Festigkeit (Widerstandsfähigkeit) gegen äußere Einflüsse
energetic energetisch; energiereich
energize/to speisen, mit Energie (Spannung, Strom) versorgen
energized loudspeaker fremderregter Lautsprecher *m*
energy Energie *f*, Energieinhalt *m*
~ **balance** Energiegleichgewicht *n*; Energiehaushalt *m*
~ **conservation** Energieerhaltung *f*
~ **conversion** Energieumwandlung *f*, Energieumformung *f*
~ **density** Energiedichte *f*
~ **density of sound** Schallenergiedichte *f*
~ **efficiency** Energiewirkungsgrad *m*, energetischer Wirkungsgrad *m*
~ **flow** Energiefluß *m*
~ **flow path** Energieausbreitungsweg *m*
~ **flux** Energiefluß *m*
~ **input** Energiezufuhr *f*; zugeführte Energie *f*
~ **spectral density** spektrale Energiedichte *f*
~ **storage** Energiespeicherung *f*
~ **store** Energiespeicher *m*
~ **supply** Energiezufuhr *m*; zugeführte Energie *f*
~ **transport** Energietransport *m*
engineering acoustics technische Akustik *f*
~ **grade** Klasse *f* normaler Genauigkeit, technische Genauigkeitsklasse *f*
~ **grade measurement** Messung *f* normaler Genauigkeit
~ **method** technisches Verfahren *n*, Verfahren *n* mittlerer Genauigkeit
English flute Blockflöte *f*
enhanced spectrum störabstandsverbessertes Spektrum *n*, Spektrum *n* mit verbessertem Störabstand
ensemble average Gruppenmittelwert *m*
entertainment electronics Unterhaltungselektronik *f*
~ **music** Unterhaltungsmusik *f*
~ **noise controller** Schallpegelwächter (Schallpegelbegrenzer) *m* für die Unterhaltungselektronik, Schallpegelwächter (Schallpegelbegrenzer) *m* für Diskotheken
envelop/to einhüllen, umhüllen
envelope Hüllkurve *f*, Einhüllende *f*
~ **analysis** Hüllkurvenanalyse *f*
~ **curve** Hüllkurve *f*, Einhüllende *f*
~ **delay** Gruppenlaufzeit *f*
~ **distortion** Modulationsverzerrung *f*, Hüllkurvenverzerrung *f*
~ **generator** Hüllkurvengenerator *m*
~ **shaper** Hüllkurvenformer *m*
envelopment Raumeindruck *m*, räumliches Eingehülltsein *n*
environment Umgebung *f*, Umwelt *f*
environmental conditions Umgebungsbedingungen *fpl*, Umweltbedingungen *fpl*
~ **influence** Umwelteinfluß *m*, Umgebungseinfluß *m*
~ **noise** Umgebungsgeräusch *n*, Umgebungslärm *m*
~ **protection** Umweltschutz *m*, Umgebungsschutz *m*
~ **stress** umweltbedingte (umgebungsbedingte) Beanspruchung *f*
~ **test** Umwelteinflußprüfung *f*, Prüfung *f* auf Umgebungseinflüsse
equal energy exchange rate Äquivalenzparameter (Halbierungsparameter) *m* für Energiebewertung (energetische Bewertung)
~ **loudness contour** Kurve *f* gleichen Lautstärkepegels, Kurve *f* gleicher Lautstärke
~ **noisiness contour** Kurve *f* gleicher Lästigkeit (Lärmlästigkeit)
~-**phase** phasengleich, gleichphasig, phasenrichtig
~ **temperament** gleichschwebend[e] temperierte Stimmung *f*
equalization Entzerrung *f*, Ausgleich *m (z. B. Frequenzgang)*
~ **for pressure increase** Druckstauentzerrung *f*
~ **of frequency response** Frequenzgangentzerrung *f*
~ **of pressure** Druckausgleich *m*
equalize/to ausgleichen, entzerren
equalizer Entzerrer *m*, Frequenzgangentzerrer *m*; Frequenzgangformer *m*, Klangfilter *n*
~ **network** Entzerrerschaltung *f*, Entzerrer *m*
equalizing *s.* equalization
~ **network** Entzerrerschaltung *f*, Entzerrer *m*
equally tempered gleichschwebend temperiert

equilibrium Gleichgewicht *n*; Gleichgewichtslage *f*
~ **position** Gleichgewichtslage *f*
~ **state** Gleichgewichtszustand *m*
equiphase phasengleich, gleichphasig, phasenrichtig
equipment noise Grundgeräusch *n*, Gerätegrundgeräusch *n*, Gerätegrundrauschen *n*
~ **rack** Gerätegestell *n*
equiripple mit konstanter Welligkeit
equivalence Gleichwertigkeit *f*, Äquivalenz *f*
equivalent gleichwertig, äquivalent
~ **absorption area** äquivalente Absorptionsfläche *f*
~ **air volume** Ersatzvolumen *n*
~ **circuit** Ersatzschaltung *f*
~ **circuit diagram** Ersatzschaltbild *n*
~ **continuous sound level** [bewerteter] Mittelungspegel *m*, [bewerteter] äquivalenter Dauerschallpegel *m*, Leq
~ **continuous sound-power level** äquivalenter Dauerschalleistungspegel *m*
~ **continuous sound pressure level** äquivalenter Dauerschallpegel *m*, Mittelungspegel *m*
~ **continuous vibration level** äquivalenter Dauerschwingungspegel *m*
~ **electric circuit** elektrische Ersatzschaltung *f*
~ **electrical impedance** elektrische Ersatzimpedanz *f*
~ **free-field output** freifeldäquivalentes Ausgangssignal *n*
~ **free-field sound pressure** freifeldäquivalenter Schalldruck *m*
~ **free-field sound pressure level** freifeldäquivalenter Schalldruckpegel *m* (Schallpegel *m*)
~ **network** Ersatzschaltung *f*
~ **network diagram** Ersatzschaltbild *n*
~ **parameter** Ersatzgröße *f*, Größe *f* in Ersatzschaltung
~ **sound [pressure] level** Ersatzschallpegel *m*, Ersatzschalldruckpegel *m*
~ **threshold sound pressure level** Ersatzschwellenschalldruckpegel *m*
~ **volume** Ersatzvolumen *n*
eradiate/to aussenden, abstrahlen, emittieren
erasability Löschbarkeit *f*
erasable löschbar
~ **digital read and write compact disk** lösch- und bespielbare (beschreibbare) Digitalschallplatte *f* (Compact Disk *f*)
erase/to löschen *(Magnetband)*
erase head Löschkopf *m*
eraser Löschdrossel *f*, Bandlöscheinrichtung *f*, Löscheinrichtung *f*
erasing Löschung *f*
~ **head** Löschkopf *m*
erasure Löschung *f*
~ **prevention lug** Löschsicherung *f*
erratic unregelmäßig, ziellos; stochastisch, zufällig
error of measurement Meßfehler *m*
euphonious wohlklingend
euphony Euphonie *f*, Wohlklang *m*, Wohllaut *m*
Eustachian tube Ohrtrompete *f*, Eustachische Röhre *f*
even harmonic geradzahlige Harmonische *f*
event Ereignis *n*
~ **exposure** Ereignisdosis *f*, Lärmexposition *f* eines Ereignisses
~ **mark** Zeitmarke *f* [eines Vorgangs]
~ **marker** Zeitmarkengeber *m (für ein Ereignis)*
~ **marking** Zeitmarkengabe *f*, Zeitmarkenerzeugung *f*
~ **triggering** Triggerung *f* durch den Vorgang
evoke/to evozieren, hervorrufen
evoked potential evoziertes Potential *n*
exceed/to übersteigen, überschreiten
exceedance level Überschreitungspegel *m*
excess attenuation Zusatzdämpfung *f*, Dämpfungserhöhung *f*
exchange rate Äquivalenzparameter *m*, Halbierungsparameter *m*
excitation Anregung *f*; Erregung *f*
~ **coil** Erregerspule *f*
~ **current** Erregerstrom *m*
~ **force** Anregungskraft *f*
~ **frequency** Anregungsfrequenz *f*
~ **pattern** Erregungsmuster *f*
~ **spectrum** Anregungsspektrum *n*
excite/to erregen, anregen
excited-field loudspeaker fremderregter Lautsprecher *n*
exciter Erreger *m*
~ **body** Erregerrumpf *m (Schwingungserreger)*
~ **control** Regelgenerator *m* für Schwingungsprüfung (Schwingtischansteuerung)
exciting coil Erregerspule *f*
~ **current** Erregerstrom *m*
excursion doppelte Schwingamplitude *f*, Schwingweg *m* (Ausschlag *m*) Spitze-Spitze
~ **of the stylus** Nadelauslenkung *f*
exhaust Auspuff *m*, Auspuffvorrichtung *f*
~ **air** Abluft *f*
~ **blower (fan)** Entlüfter *m*, Exhaustor *m*, Sauglüfter *m*
~ **muffler** Auspuffschalldämpfer *m*
~ **noise** Auspuffgeräusch *n*; Ausblasegeräusch *n*
~ **silencer** Auspuffschalldämpfer *m*
exhauster Sauglüfter *m*, Entlüfter *m*, Exhaustor *m*
exhausting fan Sauglüfter *m*, Entlüfter *m*, Exhaustor *m*
expand/to dehnen, ausdehnen, erweitern
expanded metal Streckmetall *n*
~ **time base** gedehnte Zeitachse *f*, gedehnter Zeitmaßstab *m*

~ **trace** gedehnte Darstellung *f*, gedehnter Kurvenzug *m*
expansion Expansion *f*, Ausdehnung *f*; Dynamikdehnung *f*, Dynamikerweiterung *f*
~ **chamber** Druckausgleichskammer *f*
~ **port** Erweiterungsanschluß *m*
exponent of sound propagation Schallausbreitungskoeffizient *m*
exponential exponentiell, Exponential...
~ **averaging** exponentielle Mittelung *f* (Mittelwertbildung *f*), gleitende Mittelung *f*
~ **characteristic** exponentielle Kennlinie *f*
~ **damping** exponentielle Dämpfung *f*
~ **horn** Exponentialtrichter *m*
~ **process** exponentiell verlaufender Vorgang *m*
~ **time average** gleitender Mittelwert *m*, exponentieller Mittelwert *m*
exponentially damped exponentiell gedämpft
~ **weighted time-averaging** exponentielle [zeitliche] Mittelung *f* (Mittelwertbildung *f*)
expose to noise/to dem Lärm aussetzen
~ **to sound/to** beschallen
~ **to ultrasonic waves/to** mit Ultraschall beschallen (bestrahlen)
exposure Einwirkung *f*, Bestrahlung *f*; Exposition *f*, Dosis *f*
~ **intensity** Stärke *f* (Intensität *f*) der Einwirkung
~ **period** Einwirkzeit *f*, Einwirkdauer *f*
~ **time** Einwirk[ungs]zeit *f*, Einwirkdauer *f*
~ **to noise** Lärmeinwirkung *f*, Geräuscheinwirkung *f*
~ **to sound** Beschallung *f*, Schalleinwirkung *f*
~ **to ultrasound (ultrasonic waves)** Ultraschalleinwirkung *f*, Ultraschallbestrahlung *f*
extend/to ausdehnen, erweitern; verlängern; weiterführen
extension Ausdehnung *f*, Erweiterung *f*, Verlängerung *f*
~ **cable** Verlängerungskabel *n*
~ **filter** Zusatzfilter *n*
~ **rod** Distanzstück *n (für Mikrofon)*
external auditory meatus Gehörgang *m*
~ **ear** Außenohr *n*
~ **field** äußeres Feld *n*, Fremdfeld *n*
~ **loudspeaker** Außenlautsprecher *m*
~ **signal** Fremdsignal *n*, externes Signal *n*
extraneous field [äußeres] Fremdfeld *n*
~ **noise** Fremdgeräusch *n*, Störgeräusch *n*, [von außen kommender] Störlärm *m*
~ **noise source** Störlärmquelle *f*
~ **source** [äußere] Störquelle *f*
Eyring absorption coefficient Eyringscher Absorptionsgrad *m*

F

F F, Fast, Schnell *(Zeitbewertung)*
F-weighted F-bewertet
F-weighting F-Bewertung *f*, Zeitbewertung *f*
fabric covering Stoffbespannung *f*
face shear vibrator Flächenscherschwinger *m*
~**-to-face configuration** einander gegenüberstehende Anordnung *f* der Mikrofone
~**-to-face probe** Sonde *f* mit einander gegenüberstehenden Mikrofonen
fade away/to abklingen, ausklingen
~ **down/to** [weich] ausblenden
~ **in/to** [weich] einblenden
~ **out/to** [weich] ausblenden; ausklingen
~ **out and in/to** überblenden
~ **over/to** überblenden
~ **up and down/to** überblenden
fade-in [weiche] Einblendung *f*, [weiches] Einblenden *n*
~**-out** [weiche] Ausblendung *f*, [weiches] Ausblenden *n*
~**-over** [weiche] Überblendung *f*, [weiches] Überblenden *n*
fader Aussteuerungsregler *m*; Überblendregler *m*, Regler *m*
~ **control[ler]** Überblendregler *m*, Überblender *m*
fading regulator Überblendregler *m*, Überblender *m*
faint speech leises Sprechen *n*, leise Sprache *f*
faithful reproduction originalgetreue Wiedergabe *f*
faithfulness of reproduction Wiedergabetreue *f*
falling-ball [acoustic] calibrator Kugelfallschallquelle *f*
~ **edge** abfallende Flanke *f*
false ceiling unabhängige Zwischendecke *f*, Zwischendecke *f* mit eigener Tragekonstruktion
family of curves Kurvenschar *f*
fan Lüfter *m*, Ventilator *m*; Gebläse *m*
~ **blade** Lüfterflügel *m*, Lüfterschaufel *f*
~ **casing** Lüftergehäuse *n*, Ventilatorgehäuse *n*
~ **cover** Lüfterabdeckung *f*
~ **housing** Lüftergehäuse *n*, Ventilatorgehäuse *n*
~ **noise** Lüfterlärm *m*, Lüftergeräusch *n*
~ **vane** Lüfterflügel *m*, Lüfterschaufel *f*
far [sound] field Fernfeld *n*
fast F, Fast, Schnell *(Zeitbewertung)*
~ **forward** schneller Vorlauf *m*
~**-forward button** Schnellvorlauftaste *f*, Taste *f* für den schnellen Vorlauf
~ **Fourier transform[ation]** schnelle Fourier-Transformation *f*, FFT *f*
~**-responding** schnell ansprechend
~ **response** 1. Zeitbewertung *f* „Schnell" ("Fast"); 2. schnelles Ansprechen *n*
~ **reverse** schneller Rücklauf *m*
~**-reverse button** Taste *f* für den schnellen Rücklauf, schnelle Rücklauftaste *f*
~ **rewind** schneller Rücklauf *m*

~-rewind button Taste *f* für den schnellen Rücklauf, schnelle Rücklauftaste *f*
fatigue/to ermüden
fatigue Ermüdung *f*, Ermüdungserscheinung *f*
~ **life** Lebensdauer *f*, Ermüdungsgrenze *f*
fault finding (locating) Fehlerortung *f*, Fehlersuche *f*
~ **location** 1. Fehlerort *m*, Fehlerstelle *f*; 2. Fehlerortung *f*
feed [into]/to einspeisen [in] *(Signal)*, anlegen
feed circuit Speiseschaltung *f*
~-in point Einspeisepunkt *m*
~ **reel** Abwickelspule *f*; Ablaufbandteller *m*
feedback/to rückkoppeln, zurückführen
feedback Rückkopplung *f*, Gegenkopplung *f*; Rückführung *f*, Rückmeldung *f*
~ **control system** Regelkreis *m*, Regelungssystem *n*
~ **loop** Rückkopplungsschleife *f*, Gegenkopplungsschleife *f*, Regelkreis *m*
~-type calibration Pfeifpunkteichung *f*
feeder 1. Speiseleitung *f*; 2. Vorschubeinrichtung *f*
feedforward Mitkopplung *f*, positive Rückkopplung *f*
feeding point Einspeisepunkt *m*
felt pad Filzandruckplatte *f*
female plug Buchse *f*, Steckergegenstück *n*
fence Sicherheitsgrenze *f*, Grenzwert *m*; Grenzkurve *f*
ferric oxide Eisen(III)-oxid *n*
ferrichrome tape Ferrichromband *n*
ferrite Ferrit *m*
ferromagnetic ferromagnetisch
~ **powder** Magnetpulver *n*
ferrous oxide Eisen(II)-oxid *n*
FFT *s.* fast Fourier transform
fibre Faser, *f*, Faserstoff *m*
~ **board** Faserplatte *f*, Hartfaserplatte *f*
~ **glass** Glasfaser *f*; Glaswolle *f*
~ **glass fabric** Glasfasergewebe *n*
fibrous glass Glasfaser *f*
~ **material** Faserstoff *m*
fictitious surface gedachte Fläche *f*
fidelity Genauigkeit *f*, genaue Übereinstimmung *f*; Wiedergabetreue *f*
~ **curve** Wiedergabefrequenzgang *m*, Wiedergabecharakteristik *f*, Frequenzgangkurve *f*, Übertragungskurve *f*
~ **of reproduction** Wiedergabetreue *f*
field balancing Auswuchten *n* an Ort und Stelle, Auswuchten *n* im eingebauten Zustand, Betriebswuchten *n*
~ **calibration** Kalibrierung *f* (Eichung *f*) am Meßort, Kalibrierung *f* (Eichung *f*) unter Einsatzbedingungen
~ **calibrator** Kalibrator *m* für Einsatz unter Feldbedingungen, Kalibrator *m* für Einsatz am Meßort
~ **check** Kontrolle *f* (Überprüfung *f*) am Einsatzort, Kontrolle *f* (Überprüfung *f*) unter Einsatzbedingungen
~ **coil** Feldspule *f*
~ **conditions** Einsatzbedingungen *fpl*
~ **indicator** Kennwert *m* (Kenngröße *f*) für die Art des Feldes, Kennwert *m* (Kenngröße *f*) für den Charakter des Feldes
~ **intensity** Feldstärke *f*
~ **line** Feldlinie *f*
~ **measurement** Messung *f* unter Betriebsbedingungen (Einsatzbedingungen)
~ **pattern** Feldverlauf *m*, Verlauf *m* der Feldlinien; Strahlungsdiagramm *n*
~ **quantity** Feldgröße *f*
~ **recording** Außenaufnahme *f*, Außenübertragung *f*
~ **standardized impact sound [pressure] level** bauüblicher Normtrittschallpegel *m*
~ **strength** Feldstärke *f*
~ **survey** Orientierungsmessung *f* vor Ort
~ **use** Einsatz *m* (Anwendung *f*) unter Betriebsbedingungen (Feldbedingungen)
~ **vector** Feldvektor *m*
figure-eight pattern Achtercharakteristik *f*
~ **of merit** Gütemaß *n (Sonar)*, Güte *f*, Gütefaktor *m*; Resonanzüberhöhung *f*
figured bass Generalbaß *m*
filler, filling material Füllstoff *m*, Füllmaterial *n*
film 1. Film *m*, [dünne] Schicht *f*; 2. Film; Laufbild *n*
~ **camera** Filmkamera *f*, Filmaufnahmekamera *f*
~ **projector** Filmvorführapparat *m*, Filmprojektor *m*, Filmvorführgerät *n*
~ **studio** Filmstudio *n*, Filmatelier *n*
filter/to filtern, sieben
~ **out** ausfiltern, aussieben
filter Filter *n*
~ **attenuation band** Sperrbereich *m* [des Filters]
~ **bank** Filterbank *f*
~ **characteristic** Durchlaßkurve *f*, Durchlaßcharakteristik *f*, Filterkurve *f*
~ **choke** Siebdrossel *f*
~ **circuit** Filterschaltung *f*, Siebschaltung *f*
~ **connector** Filterstecker *m*, Filtersteckverbinder *m*
~ **curve** Filterkurve *f*
~ **effect** Filterwirkung *f*
~ **frequency response** Filterfrequenzgang *m*
~ **network** Filternetzwerk *n*, Filterkette *f*
~ **order** Filterordnung *f*
~ **pass band** Filterdurchlaßbereich *m*, Durchlaßbandbreite *f* [des Filters]
~ **response** Filterfrequenzgang *m*; Filterantwort *f*
~ **response time** Filtereinschwingzeit *f*, Einschwingzeit *f* [eines Filters]
~ **scanning** Filterumschaltung *f*, Filterdurchstimmung *f*

~ **selectivity** Trennschärfe (Selektivität *f*) eines Filters
~ **settling time** Filtereinschwingzeit *f*
~ **shape** Filterkurvenform *f*, Form *f* der Filterkurve
~ **shift** Filterbereichsumschaltung *f*, Filterumschaltung *f*
~ **skirt (slope)** Filterflanke *f*
~ **spacing** Filterabstand *m*, Abstand *m* der Filterfrequenzen (Mittenfrequenzen)
~ **stop band** Sperrbereich *m* [des Filters]
~ **switching** Filterbereichsumschaltung *f*, Filterumschaltung *f*
~ **terminal** Filteranschluß *m*
~ **termination** Filterabschluß *m*
~ **transmission band** Filterdurchlaßbereich *m*, Durchlaßbandbreite *f* [des Filters]
filtering Filterung *f*, Siebung *f*
~ **action** Filterwirkung *f*
~ **circuit** Filterschaltung *f*, Siebschaltung *f*
filtration Filterung *f*, Siebung *f*
final peak sawtooth pulse Sägezahnimpuls *m* mit steigender (ansteigender) Flanke
fine adjustment Feineinstellung *f*
~**-grain[ed]** feinkörnig
~ **groove** Mikrorille *f*
~**-setting** Feineinstellung *f*
~ **tuning** Feinabstimmung *f*, Scharfabstimmung *f*, genaue Einstellung *f* (Abstimmung *f*)
finger board Griffbrett *n*
~ **hole** Griffloch *n*
finite-element method Verfahren *n* (Methode *f*) der finiten Elemente
~ **impulse response filter** nichtrekursives Filter *n*, Filter *n* ohne Signalrückführung
FIR filter *s.* finite impulse response filter
fire/to Impulse erzeugen (abgeben)
first arrival effect Haas-Effekt *m*, Gesetz *n* der ersten Wellenfront
~ **harmonic** Grundfrequenz *f*, erste Harmonische *f*
fixed frequency Festfrequenz *f*
~**-frequency audiometer** Festfrequenzaudiometer *n*
flanger Flanger *m*, Effektpedal *n*
flanking channel Nachbarkanal *m*
~ **path** Nebenweg *m*, Flankenweg *m*
~ **transmission** Flankenübertragung *f*, Flankenwegübertragung *f*, Nebenwegübertragung *f*
flat flach, eben; linear, gerade *(Frequenzgang)*
~**-core loudspeaker (speaker)** Flachlautsprecher *m*
~ **[frequency] response** glatter (linearer) Frequenzgang *m*
~ **room** Flachraum *m*
~**-tape cable** Flachbandkabel *n*, Bandkabel *n*
~**-top weighting** Trapezbewertung *f*
~**-topped** an der Spitze abgeflacht, mit abgeflachter Spitze *(z. B. Resonanzkurve)*
~**-weighted** linear bewertet, unbewertet
flatten/to glätten, linearisieren
flaw Sprung *m*, Riß *m*, Fehler *m*, Materialfehler *m*
~ **detection** Defektoskopie *f*, Fehlererkennung *f*
~ **detector** Defektoskop *n*, Fehlersuchgerät *n* *(Material)*
~ **echo** Fehlerecho *n*, Echo *n* durch Materialfehler
~ **identification** Defektoskopie *f*, Fehlererkennung *f*
~ **location** Fehlerort *m*, Ort *m* des Materialfehlers
flexible conduit biegsames Kabelrohr *n*; Schwanenhals *m*
~ **shaft** biegsame Welle *f*
~ **suspension** bewegliche (elastische) Aufhängung *f*
flexural elasticity Biegeelastizität *f*
~ **moment** Biegemoment *n*
~ **rigidity** Biegesteifigkeit *f*
~ **strength** Biegefestigkeit *f*
~ **stress** Biegespannung *f*
~ **vibration** Biegeschwingung *f*
~ **vibrator** Bieger *m*, Biegeschwinger *m*
~ **wave** Biegewelle *f*
flexure Durchbiegung *f*, Biegung *f*
flicker/to flimmern, flackern, flattern
flicker effect Flimmerwirkung *f*, Flackereffekt *m*
~**-free** flimmerfrei
~ **frequency** Flimmerfrequenz *f*
floating 1. erdfrei, ungeerdet; 2. schwimmend; schwebend
~ **floor** schwimmender Estrich *m*, schwimmender Fußboden *m*
floor covering Fußbodenbelag *m*
~ **finish** Fußbodenbelag *m*; Verschleißschicht *f*
~ **stand** Stativ *n*
flow/to fließen, strömen
flow Strömung *f*, Durchfluß *m*
~ **acoustics** Strömungsakustik *f*
~ **line** 1. Strömungslinie *f*; 2. Fließband *n*
~ **meter** Strömungsmesser *m*, Strömungsmeßgerät *n*
~ **noise** Strömungsgeräusch *n*
~ **rate** Strömungsgeschwindigkeit *f*
~ **regime** Strömungsart *f*
~ **resistance** Strömungswiderstand *m*
~ **resistivity** längenbezogener Strömungswiderstand *m*
~ **separation** Abreißen *n* (Ablösen *n*) der Strömung
fluctuate/to [zeitlich] schwanken
fluctuating noise Lärm *m* (Geräusch *n*) mit schwankendem (veränderlichem) Pegel
fluctuation [zeitliche] Schwankung *f*
flue-pipe Labialpfeife *f*, Lippenpfeife *f*
fluid Flüssigkeit *f*, Fluid *n*, fließendes Medium *n*
~**-borne** flüssigkeitsübertragen

~-**borne sound** flüssigkeitsübertragener Schall *m*, Schall *m* in Flüssigkeit
~ **friction** hydraulische Reibung *f*, Flüssigkeitsreibung *f*
~ **friction damping** Flüssigkeitsdämpfung *f*, hydraulische Dämpfung *f*
flute Flöte *f*, große Flöte *f*
flutter Flattern *n*; [schnelle] Tonhöheschwankung *f*, schnelle Gleichlaufschwankung *f*, Jaulen *n (schnelle Schwankungen)*
~ **compensation** Ausgleich *m* (Kompensation *f*) von Gleichlaufschwankungen
~ **echo** Flatterecho *n*
~ **effect** Flattereffekt *m*
flux line Flußlinie *f*, [magnetische] Kraftlinie *f*, Feldlinie *f*
~ **of force** Kraftfluß *m*
fly-by noise Überfluglärm *m*
flyover Überfliegen *n*, Überflug *m*
~ **noise** Überfluglärm *m*; Fluglärm *m*
flywheel Schwungrad *n*, Schwungscheibe *f*
FM *s.* frequency modulation
foam Schaum *m*; Schaumstoff *m*
~ **block** Schaumstoffblock *m*
~ **rubber** Schaumgummi *m*
focal length Brennweite *f*, Fokusweite *f*
~ **point** Brennpunkt *m*, Fokus *m*
focus/to fokussieren, bündeln
focus, focussing point Brennpunkt *m*, Fokus *m*
foil Folie *f*
~ **electret** Folienelektret *n(m)*
~ **strain gauge** Foliendehnmeßstreifen *m*
folding partition Faltwand *f*
following microphone bewegliches (ortsveränderliches) Mikrofon *n*
foot controller Fußschweller *m*
footage counter Bandlängenzähler *m*, Bandzählwerk *m*, Bandzähler *m*
footfall Gehgeräusch *n*, Geräusch *n* von Schritten
~ **sound** Trittschall *m*
~ **sound insulation** Trittschalldämmung *f*, Trittschallschutz *m*
footroom unterer Schutzraum *m*, Untersteuerungsreserve *f*
footstep sound Trittschall *m*
~ **sound insulation** Trittschalldämmung *f*, Trittschallschutz *m*
footswitch Fußschalter *m*
force/to erzwingen, gewaltsam anregen; antreiben
force component Kraftkomponente *f*
~ **due to gravity** Schwerkraft *f*, Gravitationskraft *f*
~ **gauge** Kraftmeßdose *f*, Kraftaufnehmer *m*
~ **level** Kraftpegel *m*, Pegel *m* der Wechselkraft
~ **of gravity** Schwerkraft *f*, Gravitationskraft *f*
~ **transducer** Kraftmeßdose *f*, Kraftaufnehmer *m*
~ **vector** Kraftvektor *m*
forced ageing künstliche Alterung *f*
~ **oscillation (vibration)** erzwungene Schwingung *f*
forcing frequency Anregungsfrequenz *f* [für erzwungene Schwingung]
~ **mechanism** Mechanismus *m* zur erzwungenen Anregung, Antriebsmechanismus *m*
form factor Formfaktor *m*
formant Formant *m*
~ **filter** Formant[en]filter *n*
~ **synthesis** Formantensynthese *f*
formation of bubbles Blasenbildung *f*
~ **of eddies** Wirbelbildung *f*
forward run Vorlauf *m*, Bandlauf *m* in Vorwärtsrichtung
~ **transform** Hintransformierte *f*; Hintransformation *f*
~ **transformation** Hintransformation *f*
~ **wave** vorwärtsschreitende Welle *f*, hinlaufende Welle *f*
foundation Fundament *n*, Unterbau *m*
four-active arm sensing element Wandlerelement *n* in Vollbrückenschaltung
~-**arm bridge** Vollbrücke *f*, Brücke *f* mit vier Zweigen
~-**arm sensing element** Wandlerelement *n* in Vollbrückenschaltung
~-**channel stereophonic sound** Vierkanalstereophonie *f*
~-**pole circuit** Zweitor *n*, Vierpol *m*, Vierpolschaltung *f*
~-**pole equivalent circuit** Vierpolersatzschaltung *f*, Vierpolersatzschaltbild *n*
~-**pole network** Zweitor *n*, Vierpol *m*, Vierpolschaltung *f*
~-**terminal network** Zweitor *n*, Vierpol *m*, Vierpolschaltung *f*
~-**track** vierspurig, Vierspur..., Viertelspur...
~-**track recording** Vierspuraufzeichnung *f*, Viertelspuraufzeichnung *f*
Fourier analysis Fourier-Analyse *f*, Fourier-Zerlegung *f*, harmonische Analyse *f*
~ **analyzer** Fourier-Analysator *m*
~ **decomposition** Fourier-Zerlegung *f*
~ **expansion** Fourier-Entwicklung *f*, Fouriersche Reihenentwicklung *f*
~ **integral** Fourier-Integral *n*
~ **series** Fourier-Reihe *f*
~ **spectrum** Fourier-Spektrum *n*
~ **transform** Fourier-Transformierte *f*; Fourier-Transformation *f*
~ **transformation** Fourier-Transformation *f*
fpm Blitze *mpl* pro Minute *(Stroboskop)*
fractional octave Teiloktave *f*, Teil *m* einer Oktave
~ **octave band** Teiloktavband *n*, Teil *m* einer Oktave *(Bereich)*
~-**octave band filter** Teiloktavfilter *n*

frame 1. Rahmen *m*; Zeitrahmen *m*; 2. Einzelbild *n*; 3. Datenblock *m*
~ **size** Blocklänge *f*
free field Freifeld *n*, freies Feld *n*
~-**field calibration** Freifeldkalibrierung *f*, Freifeldeichung *f*
~-**field conditions** Freifeldbedingungen *fpl*
~-**field correction** Freifeldkorrektur *f*
~-**field current response (sensitivity)** Freifeld-Stromübertragungsfaktor *m*
~-**field equivalent output** freifeldäquivalentes Ausgangssignal *n*
~-**field equivalent sound pressure** freifeldäquivalenter Schalldruck *m*
~-**field equivalent sound pressure level** freifeldäquivalenter Schalldruckpegel (Schallpegel *m*)
~-**field frequency response level** relativer Freifeldfrequenzgang *m*, relativer Frequenzgang *m* im freien Schallfeld, relatives Übertragungsmaß *n* im freien Schallfeld
~-**field measurement** Freifeldmessung *f*
~-**field method** Freifeldverfahren *n*
~-**field response** Freifeldfrequenzgang *m*; Freifeldübertragungsfaktor *m*
~-**field microphone** Freifeldmikrofon *n*, freifeldentzerrtes (freifeldlineares, freifeldgerades) Mikrofon *n*
~-**field room** schalltoter Raum *m*, reflexionsfreier Raum *m*, Freifeldraum *m*
~-**field sensitivity** Freifeldübertragungsfaktor *m*, Empfindlichkeit *f* im freien Schallfeld
~-**field sensitivity level** Freifeldübertragungsmaß *n*
~-**field test** Freifeldmessung *f*
~-**field voltage response (sensitivity)** Freifeld-Spannungsübertragungsfaktor *m*
~ **from phase shift** phasenrein
~ **impedance** Leerlaufimpedanz *f*, Leerlauf-[schein]widerstand *m* *(mechanisch)*
~ **of singing** pfeiffrei
~ **oscillation** freie Schwingung *f*; wilde (unkontrollierte) Schwingung *f*
~ **path** freie Weglänge *f*
~ **progressive wave** freie fortschreitende Welle *f*
~ **sound field** freies Schallfeld *n*, Freifeld *n*
~-**swinging loudspeaker** Freischwingerlautsprecher *m*, Freischwinger *m*
freedom from distortion Verzerrungsfreiheit *f*
~ **from noise** Rauschfreiheit *f*
freely supported beweglich gelagert, frei aufgelegt
~ **suspended** frei aufgehängt
freeze/to „einfrieren", halten, anhalten
frequency 1. Frequenz *f*; 2. Häufigkeit *f*
~ **accuracy** Frequenzgenauigkeit *f*
~ **analysis** Frequenzanalyse *f*
~ **analyzer** Frequenzanalysator *m*
~ **band** Frequenzband *n*
~-**band limitation** Frequenzbandbegrenzung *f*, Frequenzbandbeschneidung *f*
~ **bandwidth** Frequenzbandbreite *f*
~-**calibrated** frequenzkalibriert, mit Frequenzmaßstab versehen *(Diagrammpapier)*
~ **characteristic** Frequenzgang *m*, Frequenzabhängigkeit *f*
~ **characteristic plot** Frequenzgangdarstellung *f*, Frequenzgangaufzeichnung *f*, [dargestellte] Frequenzgangkurve *f*
~ **component** Frequenzanteil *m*, Frequenzkomponente *f*
~ **composition** Frequenzzusammensetzung *f*
~ **content** Frequenzgehalt *m*
~ **counter** Frequenzzähler *m*
~ **coverage** erfaßter Frequenzbereich *m*
~ **curve** 1. Häufigkeitskurve *f*; 2. Frequenzgang *m*, Frequenzgangkurve *f*
~ **cycling** zyklische (zyklisch wiederholte) Frequenzdurchstimmung *f*, zyklischer Frequenzdurchlauf *m*
~ **demodulator** Frequenzdemodulator *m*
~ **density** Häufigkeitsdichte *f*
~ **dependence** Frequenzabhängigkeit *f*
~-**dependent** frequenzabhängig
~ **discrimination** Frequenzunterscheidung *f*, Frequenzauflösung *f*
~ **distribution** 1. Häufigkeitsverteilung *f*; 2. Frequenzverteilung *f*
~ **divider** Frequenzteiler *m*, Frequenzuntersetzer *m*
~ **division** Frequenzteilung *f*, Frequenzuntersetzung *f*
~ **domain** Frequenzebene *f*, Frequenzbereich *m*
~ **domain function** Funktion *f* im Frequenzbereich
~ **drift** Weglaufen *n* (Auswandern *n*) der Frequenz, Frequenzdrift *f*
~-**independent** frequenzunabhängig
~ **interval** Frequenzintervall *n*
~ **limit** Frequenzgrenze *f*
~ **limitation** Frequenzbegrenzung *f*
~ **meter** Frequenzmesser *m*
~ **modulation** Frequenzmodulation *f*, FM
~-**modulation [carrier] recording** frequenzmodulierte Aufzeichnung *f*, FM-Aufzeichnung *f*
~-**modulation tape recorder** FM-Magnetbandgerät *n*, Magnetbandgerät *n* für frequenzmodulierte Aufzeichnung, Magnetbandgerät *n* für FM-Aufzeichnung
~ **modulator** Frequenzmodulator *m*
~ **multiplication** Frequenzvervielfachung *f*
~ **multiplier** Frequenzvervielfacher *m*
~ **of oscillation** Schwingfrequenz *f*, Schwingungsfrequenz *f*
~ **of recurrence** Wiederholfrequenz *f*; Häufigkeit *f* der Wiederkehr

~ **of vibration** Schwingfrequenz *f*, Schwingungsfrequenz *f*
~ **range** Frequenzbereich *m*; Frequenzumfang *m*
~-**range selector (switch)** Frequenzbereichs[um]schalter *m*
~ **resolution** Frequenzauflösung *f*
~ **response** Frequenzgang *m*, Übertragungsfrequenzgang *m*, Frequenzabhängigkeit *f*
~-**response characteristics (curve)** Frequenzgangkurve *f*, Frequenzgangkennlinie *f*
~-**response error** Frequenzgangfehler *m*
~-**response function** Frequenzgangfunktion *f*, Frequenzgang *m*
~-**response level** Frequenzgang *m* [im Pegelmaßstab], relatives Übertragungsmaß *n*
~-**response measurement** Frequenzgangmessung *f*
~-**response plot** Frequenzgangdarstellung *f*, Frequenzgangaufzeichnung *f*, [dargestellte] Frequenzgangkurve *f*
~-**response recorder** Frequenzgangschreiber *m*
~-**response tracer** Frequenzgangsichtgerät *n*, Pegelbildgerät *n*
~ **shift** Frequenzverschiebung *f*
~ **spacing** Frequenzabstand *m*
~ **spectrum** Frequenzspektrum *n*
~ **stability** Frequenzkonstanz *f*
~ **standard** Frequenznormal *n*
~ **stepping** stufige (stufenweise) Frequenzänderung *f* (Frequenzumschaltung *f*)
~ **sweep** Frequenzdurchlauf *m*, Frequenzdurchstimmung *f*
~ **synthesizer** Frequenzerzeuger *m*, Frequenzsynthetisator *m*
~ **transformation** Frequenztransformation *f*, Frequenzumsetzung *f*
~ **value** Häufigkeitswert *m*
~-**weighted** frequenzbewertet
~ **weighting** Frequenzbewertung *f*
~-**weighting network** Frequenzbewertungsfilter *n*
fret Bund *m* *(Saiteninstrument)*
FRF *s.* frequency-response function
fricative [sound] Reibelaut *m*, Frikativlaut *m*
friction Reibung *f*, Friktion *f*
~ **at rest** statische Reibung *f*, Ruhereibung *f*, Haftreibung *f*
~ **clutch** Reibkupplung *f*
~ **coefficient** Reibungskoeffizient *m*, Reibungsbeiwert *m*
~ **drive** Reibradantrieb *m*
~ **factor** Reibungskoeffizient *m*, Reibungsbeiwert *m*
~ **force** Reibungskraft *f*
~ **loss** Reibungsverlust *m*
frictional force Reibungskraft *f*
fringing field Streufeld *n*, Randfeld *n*
frog Frosch *m*, Spannvorrichtung *f*; Griffende *n* *(Streichbogen)*
front gap Nutzspalt *m* *(Tonkopf)*
~ **loader** Frontlader *m* *(Kassette)*
~ **loading** Einlegen *n* *(der Kassette)* von vorn
~ **panel** Frontplatte *f*, Vorderwand *f*
~-**to-random sensitivity index** Bündelungsgrad *m*; Bündelungsmaß *n*
frontal incidence Einfall *m* (Eintreffen *n*) von vorn, frontaler Einfall *m* *(Welle)*
~ **sound field** frontales Schallfeld *n*, frontal einfallendes Schallfeld *n*
frontally incident frontal einfallend
~ **incident sound field** frontales (frontal einfallendes) Schallfeld *n*
froth rubber Schaumgummi *m*
FSD *s.* full-scale deflection
full octave ganze Oktave *f*
~-**on gain** Maximalverstärkung *f*, Verstärkung *f* bei voll geöffnetem Regler (Einsteller)
~-**power bandwidth** Leistungsbandbreite *f*, Bandbreite *f* für volle Leistung
~ **scale** 1. Vollausschlag *m*; 2. natürliche Größe *f*
~-**scale deflection** Vollausschlag *m*, Endausschlag *m*, voller Zeigerausschlag *m*
~-**scale model** Modell *n* im Originalmaßstab
~-**scale reading** Meßbereichsendwert *m*; Ablesung *f* bei Vollausschlag
~-**scale value** Skalenendwert *m*, Endwert *m* des Anzeigebereichs (Ablesebereichs, Meßbereichs)
~-**sized** in Originalgröße, im Maßstab 1 : 1
~ **track** Vollspur *f*
~ **wave** Vollwelle *f*, Ganzwelle *f*
~-**wave rectifier** Zweiweggleichrichter *m*
fully enclosed vollständig gekapselt
function generator Funktionsgenerator *m*
fundamental Grundwelle *f*; Grundfrequenz *f*
~ **component** Grundwellenanteil *m*, Grundkomponente *f*
~ **frequency** Grundfrequenz *f*, erste Harmonische *f*
~ **frequency trace** Grundfrequenzkurve *f*, Verlauf *m* der Grundfrequenz
~ **frequency tracing** Verfolgen *n* der Grundfrequenz
~ **harmonic** Grundwelle *f*, Grundschwingung *f*, erste Harmonische *f*
~ **mode** Grundtyp *m*, Grundschwingungsmode *f*; Grundwelle *f*
~ **instrument** Generalbaßinstrument *n*
~ **mode of oscillation (vibration)** Grundschwingungsform *f*, Grundschwingungsmode *f*
~ **oscillation** Grundschwingung *f*
~ **period** Periode *f* (Periodendauer *f*) der Grundwelle
~ **sound (tone)** Grundton *m*
~ **vibration** Grundschwingung *f*
~ **wave** Grundwelle *f*

G

g g *(Beschleunigungseinheit, nicht SI-gerecht)*
g-meter Beschleunigungsaufnehmer *m*, Beschleunigungsgeber *m*; Beschleunigungsmesser *m*
gain Gewinn *m*; Verstärkung *f*, Verstärkungsgrad *m*, Verstärkungsfaktor *m*; Übertragungsfaktor *m*
~ **control** Verstärkungsregelung *f*
~ **factor** Verstärkungsfaktor *m*, Verstärkungsgrad *m*, Verstärkung *f*
Galton whistle Galtonpfeife *f*
galvanometer oscillograph Schleifenoszillograph *m*, Lichtstrahloszillograph *m*
gap Spalt *m*, Luftspalt *m*; Lücke *f*, Fuge *f*, Aussparung *f*; Leerstelle *f*
~ **alignment** 1. Spaltausfluchtung *f*; Eintaumeln *n (Kopfspalt)*; 2. eingetaumelter Zustand *m*
~ **clearance** Luftspalt *m*, Spaltbreite *f*, Luftspaltbreite *f*
~ **depth** Spalttiefe *f (Magnetkopf)*
~ **field** Spaltfeld *n*
~ **flux** Luftspaltfluß *m*
~ **scanning** berührungsloses Abtasten *n*
~ **spacing** *s.* ~ width
~ **width** Spaltweite *f*, Spaltbreite *f*
gas flow Gasströmung *f*
~ **pumping** Pumpeffekt *m (Platte dicht vor Wand)*
gaseous state gasförmiger Aggregatzustand *m* (Zustand *m*)
gate/to toren, [durch eine Torschaltung] durchlassen, mit einem Rechteckfenster bewerten
gate Gatter *n*; Tor *n*, Torschaltung *f*
~ **circuit** Torschaltung *f*
gated spectrum Spektrum *n* eines begrenzten (mit einem Rechteckfenster herausgeschnittenen) Zeitabschnitts
gating analysis Analyse *f* begrenzter (getorter, mit einem Rechteckfenster herausgeschnittener) Zeitabschnitte
~ **circuit** Torschaltung *f*
~ **system** Torungssystem *n*, Torschaltungssystem *n*
gauge Maß *n*; Meßelement *n*, Meßfühler *m*; Meßlehre *f*
~ **cement** Kleber *m* für Dehnmeßstreifen
~ **factor** Empfindlichkeitsfaktor *m*, Dehnungsfaktor *m*, K-Faktor *m*
Gaussian curve Gaußkurve *f*, Gaußsche Glokkenkurve *f*, Normalverteilungskurve *f*
~ **distribution** Gaußverteilung *f*, Normalverteilung *f*
~ **noise** Gaußsches Rauschen *n*
~ **window** Gaußfenster *n*, Gaußsches Zeitfenster *n*
gear mesh frequency Zahnfrequenz *f*, Zahneingriffsfrequenz *f*
~ **noise** Getriebegeräusch *n*, Getriebelärm *m*
general-purpose amplifier Mehrzweckverstärker *m*
~ **rest** Generalpause *f*
generate sound/to Schall erzeugen
geoacoustics Geoakustik *f*
geometric acoustics geometrische Raumakustik *f*
~ **mean** geometrische Mittel *n*, geometrischer Mittelwert *m*
~ **mean frequency** geometrische Mittenfrequenz *f*
geophone Bodenschallaufnehmer *m*, Geophon *n*
German flute Querflöte *f*
glass fabric Glasfasergewebe *n*
~ **fibre** Glasfaser *f*
~**-fibre blanket** Glaswollematte *f*
~**-fibre fabric** Glasfasergewebe *n*
~ **fleece** Glasfaservlies *n*
~ **wool** Glaswolle *f*
glide/to gleiten
gliding frequency Gleitfrequenz *f*, gleitende Frequenz *f*
~**-frequency record** Meßschallplatte *f* mit gleitender Frequenz
glottis Glottis *f*, Stimmritze *f*
gobo Schallschirm *m*, seitliche Abschirmung *f (Mikrofon)*
goose neck Schwanenhals *m (Mikrofon)*
grade Klasse *f*, Genauigkeitsklasse *f*; Qualität *f*; Rang *m*, Stufe *f*
~ **of accuracy** Genauigkeitsklasse *f*
gradient Gradient *m*; Steigung *f*, Gefälle *n*
~ **line** Feldlinie *f*
~ **microphone** Gradientenmikrofon *n*
gramophone Grammophon *n*, Plattenspieler *m*
~ **amplifier** Schallplattenverstärker *m*
~ **attachment** Plattenspielerzusatz *m*
~ **motor** Schallplattenmotor *m*, Plattenspielermotor *m*
~ **pick-up** Schallplattenabtaster *m*, Tonabnehmer *m*
~ **record** Schallplatte *f*
grand [piano] Flügel *m*
granular carbon Kohlegrieß *m*, Kohlekörner *npl (Kohlemikrofon)*
~ **noise** Prasselgeräusch *n*
granulated carbon Kohlegrieß *m*, Kohlekörner *npl (Kohlemikrofon)*
graph recorder Schreiber *m*, Kennlinienschreiber *m*, Kurvenschreiber *m*
graphic equalizer graphischer Spektrumsformer *m*, Graphik-Equalizer *m*, Equalizer *m* mit graphischer Stellungsanzeige
~ **level record** Pegelschrieb *m*, Pegelaufzeichnung *f*
~ **level recorder** Pegelschreiber *m*
~ **record** Schrieb *m*, graphische Aufzeichnung *f*

~ **recorder** schreibendes Meßgerät *n*, Schreiber *m*, Registriergerät *n*
graticule Raster *m*, Strichgitter *n*, Gitternetz *n*
gravitational acceleration Erdbeschleunigung *f*, Gravitationsbeschleunigung *f*
~ **field** Gravitationsfeld *n*, Schwerefeld *n*
~ **force** Schwerkraft *f*, Gravitationskraft *f*
gravity Schwerkraft *f*, Schwere *f*, Gravitation *f*
~ **acceleration** Erdbeschleunigung *f*, Gravitationsbeschleunigung *f*
~ **force** Schwerkraft *f*, Gravitationskraft *f*
graze/to streifen
grazing incidence streifender Einfall *m (Welle)*
~ **sound incidence** streifender Schalleinfall *m*
grid Gitter *n*; Meßgitter *n*
grille cloth Lautsprecherbespannung *f*
groove Rille *f*
~ **face** Rillenoberfläche *f*
~ **shape** Rillenform *f*, Rillenquerschnittsform *f*
~ **skipping** Überspringen *n* von Rillen *(Schallplatten)*
~ **spacing** Rillenabstand *m*; Füllgrad *m (Schallplatte)*
~ **wall** Rillenwand *f*
~ **width** Rillenbreite *f*
ground/to erden, mit Masse verbinden
ground 1. Erde *f*, Masse *f*; 2. Boden *m*
~ **backscatter** Bodenrückstreuung *f*
~**-borne sound** Bodenschall *m*
~ **connection** Masseverbindung *f*, Masseanschluß *m*, Erdverbindung *f*, Erdung *f*
~ **effect** Bodeneffekt *m*, Bodenwirkung *f* *(Schallausbreitung)*
~ **loop** Erdschleife *f*
~ **shield** mit Masse verbundener Schutzschirm *m*, auf Massepotential liegender Schutzschirm *m*
group delay Gruppenlaufzeit *f*
~ **delay distortion** Gruppenlaufzeitverzerrung *f*
~ **delay equalization** Gruppenlaufzeitentzerrung *f*
~ **[delay] time** Gruppenlaufzeit *f*
~ **velocity** Gruppengeschwindigkeit *f*
guard Schutzeinrichtung *f*, Schutzvorrichtung *f*, Schutz *m*; Überwachungsgerät *n*, Wächter *m*
~ **filter** Schutzfilter *n*; Anti-Aliasing-Filter *n*
guide roller Umlenkrolle *f*
~ **vane** Leitschaufel *f*
guitar Gitarre *f*
gunshot Schuß *m*
guttural Guttural *m*, Kehllaut *m*
gyroscopic gyratorisch, gyratorisch umkehrbar

H

Haas effect Haas-Effekt *m*, Gesetz *n* der ersten Wellenfront
habituate [to]/to gewöhnen [an]
habituation [to] Gewöhnung *f* [an]
HAE *s.* hearing-aid evaluation
hair cell Haarzelle *f*
half-bridge circuit Halbbrückenschaltung *f*
~**-cycle** Halbperiode *f*, Halbwelle *f*
~**-inch microphone** Halbzollmikrofon *n*
~**-note** halbe Note *f*
~**-octave** Halboktave *f*
~**-period** Halbperiode *f*, Halbwelle *f*
~**-power cut-off frequency** Grenzfrequenz *f* für 3 dB Abfall, 3-dB-Grenzfrequenz *f*
~**-space** Halbraum *m*
~**-step** Halbton *m*; Halbtonschritt *m*
~**-tone** Halbton *m*
~**-track** zweispurig, doppelspurig, Zweispur..., Halbspur...
~**-track recorder** Zweispurtonbandgerät *n*, Zweispurgerät *n*, Doppelspurtonbandgerät *n*, Halbspurgerät *n*
~**-track recording** Zweispuraufzeichnung *f*, Doppelspuraufzeichnung *f*, Halbspuraufzeichnung *f*
~**-wave** Halbwelle *f*
~**-wave rectifier** Einweggleichrichter *m*
hall Saal *m*, Halle *f*
~ **noise** Saalgeräusch *n*
hammer Hammer *m (Gehörknöchel)*
Hamming window Hamming-Fenster *n*
Hammond organ Hammondorgel *f*
hand-arm vibration Hand-Arm-Schwingung *f*, Hand-Arm-Schwingungen *fpl*, Teilkörperschwingungen *fpl*
~ **held** mit (in) der Hand gehalten, Hand...
~**-[-held] microphone** Handmikrofon *n*
~**-transmitted vibration** Hand-Arm-Schwingung *f*, Hand-Arm-Schwingungen *fpl*
handset Handapparat *m*, Fernsprechhandapparat *m*, Telefonhörer *m*, Fernhörer *m*, Hörer *m*
hard hart; nichtreflektierend, schallhart
~ **copy** Aufzeichnung *f* (Ausdruck *m*) auf Papier *(z. B. Schirmbildinhalt)*
~**-magnetic** hartmagnetisch
~ **of hearing** schwerhörig
hardboard Hartfaserplatte *f*
hardening spring progressiv wirkende Feder *f*
hardness of hearing Schwerhörigkeit *f*, Hörverlust *m*
harmonic harmonisch
harmonic [harmonische] Oberschwingung *f*, Oberwelle *f*, Harmonische *f*; Flageoletton *m*
~ **analysis** Fourier-Analyse *f*, Fourier-Zerlegung *f*, harmonische Analyse *f*
~ **analyzer** Fourier-Analysator *m*
~ **component** Harmonische *f*
~ **content** Oberwellengehalt *m*, Oberschwingungsgehalt *m*
~ **distortion** nichtlineare Verzerrung *f*; Klirrfaktor *m*

~ **distortion factor** Klirrfaktor *m*; Klirrkoeffizient *m*
~ **expansion** Fourier-Entwicklung *f*, Fouriersche Reihenentwicklung *f*
~ **frequency** harmonische Frequenz *f*, Frequenz *f* einer Harmonischen
~ **number** Ordnungszahl *f* [der Harmonischen]
~ **oscillation** harmonische Schwingung *f*
~ **series** harmonische Reihe *f*
~ **series of sounds** harmonische Teiltonreihe *f*
~ **spectrum** harmonisches Spektrum *n*, Fourier-Spektrum *n*
~ **vibration** harmonische Schwingung *f*
~ **wave** Oberwelle *f*
harmonics 1. Harmonik *f*, Harmonielehre *f*; 2. Flageolettöne *mpl*
harmonize/to harmonisieren, mehrstimmig setzen; mehrstimmig singen; zusammenpassen; passend machen
harmony Harmonie *f*, Zusammenklang *m*; Wohlklang *m*
harp Harfe *f*
harpsichord Cembalo *n*; Spinett *n*
have zero curl/to wirbelfrei sein
~ **zero divergence** divergenzfrei sein
haversine Sinusquadrat *n*, quadrierter Sinus *m*
~ **pulse** Sinus-Quadrat-Impuls *m*
head Kopf *m*; Kopfteil *n*
~ **and torso simulator** Kopf- und Rumpfsimulator *m*, Kopf- und Rumpfnachbildung *f*
~ **assembly** Kopfträger *m*, Kopfbaugruppe *f*
~ **cleaner (cleaning) cassette** Reinigungskassette *f*, Tonkopfreinigungskassette *f*
~ **contamination** Tonkopfverschmutzung *f*, Kopfverschmutzung *f*
~ **gap** Luftspalt *m*, Kopfspalt *m*
~ **mirror** Kopfspiegel *m (Magnetbandaufzeichnung)*
~ **receiver** Kopfhörer *m*, Hörer *m*
~ **stack** Tonkopfgruppe *f*, Kopfgruppe *f*; Mehrspurmagnetkopf *m*, Mehrspurtonkopf *m*
~ **voice** Kopfstimme *f*
headband Bügel *m*, Kopfbügel *m*, Tragebügel *m*
headgear Kopfhörer *mpl*, Kopfhörergarnitur *f*; Sprechgarnitur *f*
headphone Kopfhörer *m*, Hörer *m*
~ **band** *s.* ~ bow
~ **bow** Kopfhörerbügel *m*
~ **connection** Kopfhöreranschluß *m*, Höreranschluß *m*
~ **level** Kopfhörerpegel *m*, Kopfhörerlautstärke *f*
~ **socket** Kopfhörerbuchse *f*
headroom Übersteuerungsschutzraum *m*, [obere] Aussteuerungsreserve *f*
headset Hör-Sprech-Garnitur *f*
~ **microphone** Kopfbügelmikrofon *n*
hear/to hören
hearing Hören *n*, Gehör *n*, Hörvermögen *n* • **out of** ~ außer Hörweite
~ **acuity** Hörschärfe *f*, Hörvermögen *n*
~ **aid** Hörhilfe *f*, Hörgerät *n*
~-**aid audiologist** Hörhilfenaudiologe *m*, Fachmann *m* für die Hörhilfenanpassung
~-**aid dispensary** Hörgeräteklinik *f*, Hörgerätelabor *n*
~-**aid evaluation** Hörhilfebestimmung *f*
~-**aid glasses** Hörbrille *f*, Brille *f* mit [eingebauter] Hörhilfe
~-**aid spectacles** Hörbrille *f*, Brille *f* mit [eingebauter] Hörhilfe
~-**aid test box** Hörgeräteprüfkammer *f*
~ **capability** Hörvermögen *n*
~ **comfort** Hörkomfort *m*, Behaglichkeit *f* beim Hören
~ **conservation** Erhaltung *f* des Hörvermögens (Gehörs); Schutz *m* des Gehörs
~ **damage** Gehörschaden *m*
~ **damage risk** Gehörschädigungsgefahr *f*, Gehörschadensrisiko *n*
~ **defect** Hörfehler *m*
~ **fatigue** Gehörermüdung *f*
~ **impairment** Hörbeeinträchtigung *f*, Beeinträchtigung *f* des Hörvermögens
~ **instrument** Hörgerät *n*
~ **level** Pegel *m* über der Normhörschwelle
~ **loss** Schwerhörigkeit *f*, Hörverlust *m*
~-**loss risk** Gehörschädigungsgefahr *f*, Gehörschadensrisiko *n*
~ **mechanism** Hörmechanismus *m*
~ **organ** Hörorgan *n*, Gehör *n*
~ **protector** Gehörschützer *mpl*, Gehörschutz *m*
~ **risk** Gehörschädigungsgefahr *f*, Gehörschadensrisiko *n*
~ **spectacles** Hörbrille *f*
~ **test** Hörprüfung *f*, Gehörprüfung *f*
~ **threshold** Hörschwelle *f*
~ **threshold level** [dauerhafte] Hörschwellenverschiebung *f*, Hörverlust *m*, Schwellenverschiebung *f* [gegenüber der Normhörschwelle]
~ **tube** Hörrohr *n*
heart sound Herzschall *m*
heat capacity Wärmekapazität *f*
~ **conduction** Wärmeleitung *f*
~ **conductivity** Wärmeleitfähigkeit *f*
~ **dissipation** Wärmeableitung *f*, Wärmeabfuhr *f*
~ **insulation** Wärmedämmung *f*, Wärmeisolation *f*
heater Heizelement *n*, Heizer *m*
heavily damped stark bedämpft (gedämpft)
helical spiralförmig, schraubenförmig; wendelförmig, gewendelt
~-**compression spring** auf Druck beanspruchte Spiralfeder *f* (Schraubenfeder *f*)
~ **potentiometer** Wendelpotentiometer *n*
~ **scan** Schrägspurabtastung *f*, Schrägspuraufzeichnung *f*
~ **spring** Schraubenfeder *f*, Spiralfeder *f*
Helmholtz resonator Helmholtz-Resonator *m*

hemi-anechoic reflexionsfrei (schalltot) mit reflektierender Grundfläche
hermetically closed (sealed) hermetisch abgeschlossen (abgedichtet), luftdicht verschlossen
Hertz Hertz, Hz *(Frequenzeinheit)*
heterodyne/to überlagern
~ **analyzer** Analysator *m* nach dem Überlagerungsprinzip, Überlagerungsanalysator *m*
~ **frequency** Überlagerungsfrequenz *f*
~ **generator (oscillator)** Schwebungsgenerator *m*, Schwebungssummer *m*, Generator *m* nach dem Überlagerungsprinzip
~ **principle** Überlagerungsprinzip *n*
heterogeneous heterogen, inhomogen, ungleichförmig, verschiedenartig
HF, h.f. *s.* high frequency
hi-hat *s.* high hat
hi-speed dubbing *s.* high-speed dubbing
hi-fi, HI-FI, HIFI hohe Klangtreue *f*, hohe [Aufnahme- und] Wiedergabequalität *f*, hohe Klangqualität *f*, Hi-Fi *(s. a. unter* high-fidelity *...)*
~ **amplifier** Hi-Fi-Verstärker *m*, hochwertiger Verstärker *m*
~ **loudspeaker** Lautsprecher *m* hoher Wiedergabequalität, Hi-Fi-Lautsprecher *m*
~ **microphone** Mikrofon *n* hoher Übertragungsqualität (Übertragungsgüte), Hi-Fi-Mikrofon *n*
~ **reproduction** Hi-Fi-Wiedergabe *f*, hochwertige Wiedergabe *f*
~ **set** Hi-Fi-Anlage *f*
~ **sound reproduction** Hi-Fi-Wiedergabe *f*, hochwertige Wiedergabe *f*
~ **system** Hi-Fi-Anlage *f*, Anlage *f* mit hoher Klangqualität
high damping starke Dämpfung *f*
~ **end** Spitzenklasse *f*
~-**energy** energiereich
~ **fidelity** hohe Klangtreue *f*, hohe [Aufnahme- und] Wiedergabequalität *f*, hohe Klangqualität *f*, Hi-Fi *(s. a. unter* hi-fi *...)*
~-**fidelity amplifier** Hi-Fi-Verstärker *m*, hochwertiger Verstärker *m*
~-**fidelity loudspeaker** Lautsprecher *m* hoher Wiedergabequalität, Hi-Fi-Lautsprecher *m*
~-**fidelity microphone** Mikrofon *n* hoher Übertragungsqualität (Übertragungsgüte), Hi-Fi-Mikrofon *n*
~-**fidelity reproduction** Hi-Fi-Wiedergabe *f*, hochwertige Wiedergabe *f*
~-**fidelity set** Hi-Fi-Anlage *f*
~-**fidelity sound reproduction** Hi-Fi-Wiedergabe *f*, hochwertige Wiedergabe *f*
~-**fidelity system** Hi-Fi-Anlage *f*, Anlage *f* mit hoher Klangqualität
~ **frequency** Hochfrequenz *f*
~-**frequency absorber** Höhenschlucker *m*, Absorber *m* für hohe Frequenzen
~-**frequency accentuation** Höhenanhebung *f*
~-**frequency biasing** Hochfrequenzvormagnetisierung *f*
~-**frequency compensation** Höhenanhebung *f*, Ausgleich *m* einer Höhenabsenkung
~-**frequency component** Signalanteil *m* (Komponente *f*) mit hoher Frequenz, hochfrequenter Signalanteil *m*
~-**frequency cut-off** obere Grenzfrequenz *f*, obere Frequenzgrenze *f*
~-**frequency loudspeaker** Hochtonlautsprecher *m*
~-**frequency response** Verhalten *n* (Frequenzgang *m*, Übertragungsfaktor *m*) bei hohen Frequenzen, Hochfrequenzverhalten *n*, Höhenwiedergabe *f*
~-**gain** hochverstärkend
~ **hat** Charlestonmaschine *f*
~-**low limit profile** Toleranzfeld *n*
~-**note accentuation (emphasis)** Höhenanhebung *f*
~-**note response** Hochtonwiedergabe *f*, Frequenzgang *m* (Übertragungsfaktor *m*) bei hohen Frequenzen, Höhenwiedergabe *f*
~-**pass** Hochpaß *m*
~-**pass acoustical filter** akustischer Hochpaß *m*, akustisches Hochpaßfilter *n*
~-**pass filter** Hochpaßfilter *n*, Hochpaß *m*
~-**passed** hochpaßgefiltert, tiefenbeschnitten
~ **pitch** hohe Tonhöhe *f*
~-**pitched** hoch *(Tonhöhe)*, hochtönend; hoch gestimmt
~-**power loudspeaker** Großlautsprecher *m*, Hochleistungslautsprecher *m*
~-**resistance** hochohmig
~-**sensitivity** hochempfindlich
~-**speed** schnell; hochtourig, schnellaufend
~-**speed dubbing** schnelles (beschleunigtes) Kopieren *n* (Überspielen *n*), Kopieren *n* (Überspielen *n*) mit erhöhter Geschwindigkeit
~ **tension (voltage)** Hochspannung *f*
higher harmonic Harmonische *f* höherer Ordnung
highly directional stark gerichtet, stark gebündelt
~ **sensitive** hochempfindlich
hill-and-dale recording Aufzeichnung *f* in Tiefenschrift, Tiefenschrift *f*
hiss/to zischen
hiss Zischen *n*; Zischlaut *m*
histogram Histogramm *n*, Säulendiagramm *n*
history file Zeitfunktionsdatei *f*
hold/to 1. halten, festhalten, beibehalten; 2. gelten, gültig sein
hold[ing] circuit Halteschaltung *f*, Haltekreis *m*
home recorder Heimtonbandgerät *n*
homogeneous homogen
~ **field** homogenes Feld *n*
~ **tape** Masseband *n (Magnetband)*

homophonic homophon, gleichklingend
honeycomb Wabe *f*, Wabenstruktur *f*
horn Horn *n*; Signalhorn *n*; Schalltrichter *m*
~ **loudspeaker** Trichterlautsprecher *m*
~ **tweeter** Hochtontrichterlautsprecher *m*
~**-type loudspeaker** Trichterlautsprecher *m*
hot-wire microphone Hitzdrahtmikrofon *n*, thermisches Mikrofon *n*
~**-wire sensor** Hitzdrahtaufnehmer *m*
housing Gehäuse *n*; Umhüllung *f*, Verkleidung *f*, Kapselung *f*
howl/to heulen, jaulen, pfeifen
howl Heulen *n*, Heulton *m*, Pfeifton *m*
HP *s.* high-pass
HPF *s.* high-pass filter
hum/to brummen; summen
hum Brumm *m*, Brummen *n*, Brummton *m*; Netzbrummen *n*; Summen *n*
~ **bucker** Brummkompensationsspule *f*, Entbrummspule *f*
~**-bucking coil** Brummkompensationsspule *f*, Entbrummspule *f*
~ **component** Brummkomponente *f*, Brummanteil *m*
~ **eliminator** Entbrummer *m*, Brummfilter *n*
~**-free** brummfrei
~ **frequency** Brummfrequenz *f*
~ **noise level** Brummpegel *m*
~ **pick-up** Brummeinstreuung *f*, Brummeinkopplung *f*
~ **troubles** Brummstörungen *fpl*
~ **voltage** Brummspannung *f*
human response Reaktion *f* des Menschen
~ **[-response] vibration meter** Humanschwingungsmesser *m*, Schwingungsmeßgerät *n* für die Einwirkung auf den Menschen
humid feucht
humidity Feuchtigkeit *f*, Feuchte *f*
humming noise Brummton *m*
hump Buckel *m*, Höcker *m (einer Kurve)*
Huygens principle Huygenssches Prinzip *n*
hydraulic hydraulisch
~ **damping** hydraulische Dämpfung *f*, Flüssigkeitsdämpfung *f*
~ **friction** hydraulische Reibung *f*, Flüssigkeitsreibung *f*
~**-pneumatic transducer** hydraulisch-pneumatischer Wandler *m* (Schallerzeuger *m*)
hydraulics Hydraulik *f*
hydroacoustics Hydroakustik *f*
hydrodynamic hydrodynamisch
hydrodynamics Hydrodynamik *f*
hydrophone Hydrophon *n*, Wasserschallmikrofon *n*, Unterwasserschallempfänger *m*
hydrosound Wasserschall *m*, Unterwasserschall *m*
hyper-cardioid characteristic Supernierencharakteristik *f*
hypersonic speech Überschallgeschwindigkeit *f*
hysteresis Hysterese *f*, Hysteresis *f*
~ **characteristic** Hysteresekennlinie *f*
~ **curve (cycle)** Hysteresekurve *f*, Hystereseschleife *f*, Magnetisierungsschleife *f*
~ **energy** Ummagnetisierungsarbeit *f*, Hysteresearbeit *f*, Hystereseenergie *f*
~ **error** Hysteresefehler *m*
~ **loop** Hysteresekurve *f*, Hystereseschleife *f*, Magnetisierungsschleife *f*
~ **loss** Hystereseverlust *m*, Ummagnetisierungsverlust *m*
Hz *s.* Hertz

I

I I, Impuls *(Zeitbewertung)*
I-weighted I-bewertet
I-weighting I-Bewertung *f*, Zeitbewertung *f* I
idiophone Selbstklinger *m*, Idiophon *n*
idle/to leerlaufen *(Maschine)*
idle pulley Umlenkrolle *f*, Spannrolle *f*, Führungsrolle *f*
~ **running** Leerlauf *m (Maschine)*
idler [pulley] Umlenkrolle *f*, Spannrolle *f*, Führungsrolle *f*
idling Leerlauf *m (Maschine)*
i.f., I.F. *s.* intermediate frequency
IIC *s.* impact insulation class
IIM *s.* interface intermodulation
IIR filter *s.* infinite impulse response filter
ill-balanced fehlerhaft abgeglichen (symmetriert); schlecht ausgewuchtet
image source Spiegelquelle *f*
imaginary imaginär, Blind... *(komplexe Größe)*
~ **axis** imaginäre Achse *f*
~ **component** Blindkomponente *f*, Blindanteil *m*
~ **part** Imaginärteil *m*
imbalance Instabilität *f*, Labilität *f*, labiles Gleichgewicht *n*; Unwucht *f*
immittance Immittanz *f (Verwendung wird abgelehnt)*
immobile unbeweglich, bewegungslos, fest
immobility Bewegungslosigkeit *f*
immune [from, to] unempfindlich [gegen]; geschützt [gegen, vor] immun [gegen]
immunity [from] Unempfindlichkeit *f* [gegen]
impact Stoß *m*, Schlag *m*; Impuls *m*; Zusammenstoß *m*, Aufprall *m*
~ **acceleration** Stoßbeschleunigung *f*
~ **excitation** Stoßanregung *f*
~ **generator** Hammerwerk *n*, Trittschallhammerwerk *n*
~ **hammer** Impulshammer *m*, Prüfhammer *m* [für die Impulsanregung]
~ **insulation class** Trittschallschutzklasse *f*

~ **noise** Impulslärm *m*, impulsartiger Lärm *m*; Trittschall *m*; Körperschall *m*
~ **noise generator** Trittschallquelle *f*; Hammerwerk *n*, Trittschallhammerwerk *n*
~ **noise insulation** Trittschalldämmung *f*; Körperschalldämmung *f*
~ **protection margin** Trittschallschutzmaß *n*
~ **rate** Stoßfrequenz *f*, Stoßfolgefrequenz *f*, Pulsfrequenz *f*
~ **resistance** Stoßfestigkeit *f*
~**-resistant** stoßfest
~ **sound** Trittschall *m*
~**-sound index** bewerteter Normtrittschallpegel *m* (Standardtrittschallpegel *m*)
~**-sound insulation** Trittschalldämmung *f*, Trittschallschutz *m*
~**-sound insulation material** Trittschallisolationsmaterial *n*, Trittschallschutzmaterial *n*
~**-sound [pressure] level** Trittschallpegel *m*
~**-sound reducing material** Trittschallisolationsmaterial *n*, Trittschallschutzmaterial *n*
~**-sound reduction** Trittschallminderung *f*
~**-sound source** Trittschallquelle *f*; Hammerwerk *n*
impacted wax Ohrenschmalzpfropfen *m*
impair/to schädigen, beschädigen
impaired hearing telephone Schwerhörigenfernsprecher *m*, Schwerhörigentelefon *n*
impairment Schädigung *f*, Beeinträchtigung *f*
~ **of hearing** Hörbeeinträchtigung *f*, Beeinträchtigung *f* des Hörvermögens
impedance Impedanz *f*, [komplexer] Widerstand *m*; Scheinwiderstand *m*
~ **bridge** Impedanzmeßbrücke *f*
~ **conversion** Impedanzwandlung *f*
~ **converter** Impedanzwandler *m*
~ **head** Impedanzmeßkopf *m*
~ **level** Impedanzpegel *m*, Pegel *m* des Impedanzverhältnisses
~ **match[ing]** Impedanzanpassung *f*
~**-measuring head** Impedanzmeßkopf *m*
~ **transformation** Impedanzwandlung *f*
~ **transformer** Impedanzwandler *m*
~ **tube** Impedanzmeßrohr *n*, Kundtsches Rohr *n*
impermeability Undurchlässigkeit *f*, Undurchdringlichkeit *f*
impermeable undurchlässig, undurchdringlich
impervious dicht, undurchdringlich
imperviousness Undurchlässigkeit *f*, Undurchdringlichkeit *f*
impetus Stoß *m*, Anstoß *m*
impinge [upon]/to treffen, auftreffen, stoßen [auf]
impingement Auftreffen *n*; Aufschlag *m*, Aufprall *m*
impinging beam einfallender (auftreffender) Strahl *m*
impressed frequency aufgezwungene (aufgedrückte) Frequenz *f*
impulse Impuls *m*, Stoß *m*; Stromstoß *m*, Spannungsstoß *m*; I, Impuls *(Zeitbewertung)*
~ **amplitude** Impulsamplitude *f*, Impulshöhe *f*
~ **capability** Aussteuerungsreserve *f*, Übersteuerungsreserve *f*
~ **distortion** Impulsverformung *f*, Impulsverzerrung *f*
~ **duration** Impulsdauer *f*
~ **excitation** Stoßanregung *f*
~ **generator** Impulserzeuger *m*, Impulsgeber *m*, Impulsgenerator *m*
~ **interval** Impulspause *f*
~ **method** Impulsverfahren *n*
~ **noise** Impulslärm *m*, impulsartiger Lärm *m*
~ **noise content** Impulsgehalt *m* [des Lärms]; Impulszuschlag *m*
~ **response** 1. Zeitbewertung *f* „Impuls"; 2. Impulsantwort *f*
~ **sound level** Impulsschallpegel *m*
~ **sound level meter** Impulsschallpegelmesser *m*
impulsive impulshaltig, impulsartig, Impuls...
~ **noise** Impulslärm *m*, impulsartiger Lärm *m*
impulsiveness Impulshaltigkeit *f*, Impulscharakter *m*
impulsivity Impulshaltigkeit *f*, Impulscharakter *m*
in-band gain Verstärkung *f* (Verstärkungsfaktor *m*, Übertragungsfaktor *m*) im Durchlaßbereich
~**-band ripple** Welligkeit *f* im Durchlaßbereich
~**-phase addition** phasenrichtige Addition *f*
~**-phase component** Wirkanteil *m*, Wirkkomponente *f*, reelle Komponente *f*
~ **situ** in situ, an Ort und Stelle
inaccuracy of measurement Meßunsicherheit *f*
inarticulate undeutlich, unverständlich
~ **speech** unzusammenhängendes (undeutliches) Sprechen *n*
inaudibility Unhörbarkeit *f*
inaudible unhörbar
inch per second Zoll je Sekunde *(Einheit der Bandgeschwindigkeit, nicht mehr zu verwenden)*
incidence Einfall *m*, Auftreffen *n*
~ **angle** Einfallswinkel *m*
incident einfallend, auftreffend *(Wellen)*
~ **direction** Einfallsrichtung *f*
~ **wave** einfallende Welle *f*
incidental music Begleitmusik *f*
incoherence Inkohärenz *f*
incoherent inkohärent
incoming signal Empfangssignal *n*
~ **wave** einfallende Welle *f*
incompatibility Inkompatibilität *f*, Unverträglichkeit *f*, Unvereinbarkeit *f*
incompatible inkompatibel, nicht kompatibel, nicht [miteinander] verträglich, nicht [zueinander] passend

incompressible nicht kompressibel, nicht komprimierbar
increasing oscillation (vibration) anklingende Schwingung *f*
increment Schritt *m*, Stufe *f*; Zuwachs *m*
incremental display Quasianaloganzeige *f*, gestufte Analoganzeige *f*
incus Amboß *m (Gehörknöchel)*
independent of frequency frequenzunabhängig
indicating device Indikator *m*, Anzeigeeinrichtung *f*
~ **range** Anzeigebereich *m*
~ **scale** Anzeigeskale *f*
indication Anzeige *f*
indicator Indikator *m*, Anzeigeeinrichtung *f*
~ **range** Umfang *m* des Anzeigebereichs, Meßbereichsumfang *m*, Anzeigebereich *m*
indirect echo Falschecho *n*
~ **[sound] transmission** Flanken[weg]übertragung *f*, Nebenwegübertragung *f*
indoor measurement Messung *f* in Gebäuden (Räumen, einem Raum)
~ **noise** Innengeräusch *n*, Innenlärm *m*
inductance Induktivität *f*; induktiver Blindwiderstand *m*
~ **pick-up** induktiver Wandler *m* (Aufnehmer *m*)
induction [elektromagnetische] Induktion *f*
~ **audio loop** Induktionsschleife *f* für Hörgeräte
~ **loop** Induktionsschleife *f*
~ **loudspeaker** [elektro]magnetischer Lautsprecher *m*
~ **transducer** induktiver Wandler *m*, induktiver Aufnehmer *m*
inductive acceleration pick-up induktiver Beschleunigungsaufnehmer *m*
~ **displacement pick-up** induktiver Wegaufnehmer *m*
~ **loop** Induktionsschleife *f*
~ **pick-up** 1. induktiver Wandler *m* (Aufnehmer *m*); 2. induktive Einstreuung *f*
inductor loudspeaker [elektro]magnetischer Lautsprecher *m*
industrial hearing loss Schwerhörigkeit *f* durch Industrielärm, berufsbedingte Lärmschwerhörigkeit *f*
~ **noise** Industrielärm *m*
inelastic unelastisch
inert träge; inaktiv
inertance akustische Masse *f*, Blindstandwert *m* einer Masse
inertia Trägheit *f*, Beharrungsvermögen *n*
inertial mass träge Masse *f*
inertialess trägheitsfrei, trägheitslos
infinite impulse response filter rekursives Filter *n*, Filter *n* mit Signalrückführung
inflection Modulation *f (Musik)*
inflow, influx Einströmen *n*, Einfließen *n*
information carrier Informationsträger *m (Speichermedium)*
~ **content** Informationsgehalt *m*, Informationsinhalt *m*
~ **loss** Informationsverlust *m*
~ **processing** Informationsverarbeitung *f*, Nachrichtenverarbeitung *f*, Meßdatenverarbeitung *f*
~ **storage** Informationsspeicherung *f*
infraacoustic Infraschall..., infraakustisch
~ **frequency** Infraschallfrequenz *f*, unhörbar tiefe Frequenz *f*
infrasonic Infraschall..., infraakustisch
~ **frequency** Infraschallfrequenz *f*, unhörbar tiefe Frequenz *f*
~ **frequency range** Infraschallfrequenzbereich *m*, Infraschallbereich *m*
~ **sound** Infraschall *m*
~ **source** Infraschallquelle *f*
~ **wave** Infraschallwelle *f*
infrasonics Infraschall *m*
infrasound Infraschall *m*
inharmonious disharmonisch, unharmonisch, mißklingend
inherent noise Eigenrauschen *n*, Eigengeräusch *n*
~ **value** Eigenwert *m*
inhibit/to hemmen
inhibition Hemmung *f*, Inhibition *f*
inhomogeneity Inhomogenität *f*, Ungleichförmigkeit *f*
inhomogeneous heterogen, inhomogen, ungleichförmig, verschiedenartig
initial acceleration Anfangsbeschleunigung *f*
~ **latency** Anfangstotzeit *f*, Totzeit *f* nach der Vorderflanke, Totzeit *f* nach Ereignisbeginn
~ **measurement** vorbereitende Messung *f*
~ **peak sawtooth pulse** Sägezahnimpuls *m* mit [ab]fallender Flanke
~ **reverberation time** Anfangsnachhallzeit *f*
~ **speed** Anfangsgeschwindigkeit *f*
~ **transient** Einschwingvorgang *m*
~ **velocity** Anfangsgeschwindigkeit *f*
~ **verification** Ersteichung *f*
inner ear Innenohr *n*
input/to einspeisen; eingeben
input 1. Eingang *m*; 2. Eingangsgröße *f*, Eingangssignal *n*
~ **adapter** Eingangsadapter *m*
~ **admittance** Eingangsadmittanz *f*, Eingangsscheinleitwert *m*
~ **amplifier** Eingangsverstärker *m*
~ **attenuator** Eingangsspannungsteiler *m*, Eingangsspannungsregler *m*
~ **autorange** automatische Eingangsbereichswahl *f* (Bereichswahl *f* am Eingang)
~ **circuit** Eingangsschaltung *f*
~ **connector** Eingangsbuchse *f*, Eingangssteckverbinder *m*
~ **gain** Eingangsverstärkung *f*, Eingangsverstärkungsfaktor *m*

~ **impedance** Eingangsimpedanz *f*, Eingangsscheinwiderstand *m*
~ **jack** Eingangsbuchse *f*
~ **level** Eingangspegel *m*
~ **noise** Eingangsrauschen *n*
~ **noise voltage** Eingangsrauschspannung *f*
~ **preamplifier** Eingangsvorverstärker *m*
~ **quantity** Eingangsgröße *f*
~ **selector [switch]** Eingangswahlschalter *m*
~ **signal** Eingangssignal *n*
~ **socket** Eingangsbuchse *f*, Eingangssteckverbinder *m*
~ **terminal** Eingangsklemme *f*
~ **transformer** Eingangstransformator *m*, Eingangsübertrager *m*
insensitive [to] unempfindlich [gegen]
insert/to einfügen, einschalten, zwischenschalten
insert 1. Einfügung *f*; 2. Einfügungsstück *n*, Einsatzstück *n*, Einlage *f*
~ **earphone** Einsteckhörer *m*
~**-voltage calibration** Kalibrierung *f* nach dem Ersatzspannungsverfahren
~**-voltage technique** Ersatzspannungsverfahren *n*
insertion Einfügung *f*, Einschaltung *f*, Zwischenschaltung *f*, Einsetzung *f*
~ **earphone** Einsteckhörer *m*
~ **gain** Einfügungsverstärkung *f*, Einfügungsgewinn *m*
~ **loss** Einfügungsdämpfung *f*
inside spider Membranzentrierspinne *f*
instantaneous augenblicklich, momentan, Momentan...
~ **acoustic intensity [per unit area]** momentane (augenblickliche) Schallintensität *f*
~ **power** Momentanleistung *f*
~ **power output** momentane Ausgangsleistung *f* (abgegebene Leistung *f*)
~ **sound intensity** Momentanwert *m* (Augenblickswert *m*) der Schallintensität, momentane Schallintensität *f*
~ **sound pressure** Augenblickswert *m* des Schalldrucks, Momentanschalldruck *m*
~ **spectrum** Momentanspektrum *n*, Augenblicksspektrum *n*
~ **speech power** momentane Sprechleistung *f*, Momentanwert *m* der Sprechleistung
~ **value** Momentanwert *m*, Augenblickswert *m*
instrument car Meßwagen *m*, Meßfahrzeug *n*
~ **tripod** Gerätestativ *n*
instrumental music Instrumentalmusik *f*
instrumentalist Instrumentalist *m*, Spieler *m* [eines Instrumentes]
instrumentation Geräteausstattung *f*; Meßapparatur *f*, Meßgeräte *npl*
~ **chain** Meßkette *f*, Meßgerätekette *f*
~ **magnetic tape recorder** Meßmagnetbandgerät *n*, Magnetbandgerät *n* für meßtechnische Anwendung
~ **tape** Meßmagnetband *n*, Magnetband *n* für Meßzwecke
~ **tape recorder** Meßmagnetbandgerät *n*, Magnetbandgerät *n* für meßtechnische Anwendung
insulant Dämmstoff *m*, Isolationsmaterial *n*
insulate/to isolieren; dämmen
insulating layer Dämmschicht *f*
~ **material** Dämmstoff *m*, Isolationsmaterial *n*
~ **property** Dämmeigenschaft *f*
~ **substance** Dämmstoff *m*, Isolationsmaterial *n*
insulation Isolation *f*; Dämmung *f*
~ **board** Dämmplatte *f*
~ **curve** Dämmkurve *f*
insulator [elektrischer] Isolator *m*, Nichtleiter *m*; Isolationsmaterial *n*, Dämmstoff *m*
intake air Ansaugluft *f*
~ **noise** Ansauggeräusch *n*
~ **silencer** Ansauggeräuschdämpfer *m*, Ansaugschalldämpfer *m*
integral eingebaut, integriert
integral Integral *n*
integrate/to integrieren
integrated-amplifier accelerometer Beschleunigungsaufnehmer *m* mit eingebautem (integriertem) Vorverstärker
~ **impulse response** integrierte Impulsantwort *f*
~ **impulse response method** Verfahren *n* der integrierten Impulsantwort, Schröder-Verfahren *n*
integrating amplifier Integrierverstärker *m*
~**-averaging sound level meter** integrierender Schallpegelmesser *m*
~ **circuit, ~ network** Integrationsschaltung *f*, Integrierschaltung *f*
~ **sound level meter** integrierender Schallpegelmesser *m*
~ **time** Integrationszeit *f*
~ **vibration meter** integrierender Schwingungsmesser *m*, integrierendes Schwingungsmeßgerät *n*
integration Integration *f*
~ **period (time)** Integrationszeit *f*
integrator Integrator *m*
intelligibility Verständlichkeit *f (Worte, Satzteile oder Sätze)*
~ **of phrases** Satzverständlichkeit *f*
~ **test** Verständlichkeitsprüfung *f*, Sprachverständlichkeitsprüfung *f (mit Sätzen, Wörtern)*
intelligible verständlich
intensity Intensität *f*
~ **flow** Intensitätsfluß *m*
~ **level** Intensitätspegel *m*
~ **map** Iso-Intensitätskarte *f*, Karte *f* mit Kurven gleicher Intensität
~ **mapping** Aufnahme *f* (Messung *f*) von Kurven gleicher Intensität, Intensitätskartierung *f*

~ **measurement device** Intensitätsmeßgerät *n*
~ **measurement system** Intensitätsmeßsystem *n*, Intensitätsmeßeinrichtung *f*
~ **microphone** Intensitätsmikrofon *n*
~ **of noise** Geräuschstärke *f*, Lautheit *f*
~ **of radiation** Strahlungsintensität *f*, Strahlungsstärke *f*
~ **probe** Intensitätsmeßsonde *f*
~ **vector** Intensitätsvektor *m*
~ **vector probe** dreidimensionale Intensitätsmeßsonde *f*, Meßsonde *f* für den Intensitätsvektor
inter-microphone coherence Kohärenz *f* zwischen den Mikrofonen
interact/to in Wechselwirkung treten (stehen), aufeinander wirken
interaction Wechselwirkung *f*, gegenseitige Beeinflussung *f*, wechselseitige Einwirkung *f*
interaural interaural, zwischen beiden Ohren
~ **level difference** interaurale Pegeldifferenz *f*, Pegelunterschied *m* (Pegeldifferenz *f*) zwischen beiden Ohren
~ **phase difference** interauraler Phasenunterschied *m*, Phasenunterschied *m* (Phasendifferenz *f*) zwischen beiden Ohren
intercept/to auffangen, abfangen
interception Auffangen *n*, Abfangen *n*
interchangeability Auswechselbarkeit *f*, Austauschbarkeit *f*
interchangeable auswechselbar, austauschbar
~ **head vibration exciter** Schwingungserreger *m* (Schwingtisch *m*) mit austauschbaren Systemen (Köpfen)
intercom Gegensprechanlage *f*, Wechselsprechanlage *f*
intercommunicate/to in Verbindung bringen; in Verbindung stehen, verkehren
intercommunication [gegenseitige] Verbindung *f*, gegenseitiger Verkehr *m*, Wechselverkehr *m*
~ **system** Gegensprechanlage *f*; Wechselsprechanlage *f*
interface with/to anschließbar sein an, passen an; zusammenarbeiten mit
interface [elektrische] Schnittstelle *f*, Interface *n*; Grenzfläche *f*, Trennfläche *f*; Zwischenschicht *f*
~ **cable** Interfacekabel *n*
~ **intermodulation** Anschlußverzerrung *f*
interfere [with]/to sich überlagern; stören
interference Interferenz *f*, Überlagerung *f*; Störung *f*
~ **microphone** Rücksprechmikrofon *n*
interfering signal Störsignal *n*
interferometer Interferometer *n*
interindividual interindividuell, zwischen verschiedenen Individuen
interior noise Innengeräusch *n*, Innenlärm *m*
interlaboratory comparison Vergleich *m* (Ringmessung *f*, Vergleichsmessung *f*) zwischen Labors (Laboratorien)
interlayer Zwischenschicht *f*; Zwischenlage *f*
interleaving Kodespreizung *f*, Verschachtelung *f*
intermediate frequency Zwischenfrequenz *f*
~ **layer** Zwischenschicht *f*; Zwischenlage *f*
intermittent intermittierend, aussetzend, mit Unterbrechungen auftretend
intermodulation Intermodulation *f*, Kreuzmodulation *f*
~ **distortion** Intermodulationsverzerrung *f*
~ **frequency** Differenzton *m*, Kombinationston *m*; Differenzfrequenz *f*
~ **product** Intermodulationsprodukt *n*
~ **tone** Differenzton *m*
internal damping innere Dämpfung *f*
~ **ear** Innenohr *n*
~ **noise** Eigenrauschen *n*, Eigengeräusch *n*
~ **stress** Eigenspannung *f*, innere Spannung *f*
interphone system Gegensprechanlage *f*; Wechselsprechanlage *f*
interquartile range Streubereich *m* zwischen 25 % und 75 % der Werte
interrupt/to unterbrechen, trennen; abschalten
interrupter switch Unterbrecherschalter *m*, Schalter *m* zur Signalunterbrechung
interruption Unterbrechung *f*, Trennung *f*; Störung *f*
~ **jack** Trennklinke *f*
interval Intervall *n*, Tonabstand *m*; Abstand *m*, Zwischenzeit *f*, Zwischenraum *m*
~ **signal** Pausenzeichen *n*
intonate/to stimmhaft aussprechen; intonieren
intonation Intonation *f*; Tonfall *m*
intra-aural reflex akustischer Reflex *m*
intrinsic value Eigenwert *m*
intro check Anspielbetrieb *m*, kurzes Titelanspielen *n*
~ **scan** Titelanspielautomatik *f*
inverse current feedback Stromgegenkopplung *f*
~ **distance law** Gesetz *n* der Abnahme (Verringerung) mit der Entfernung, Entfernungsgesetz *n*
~ **feedback** Gegenkopplung *f*
~ **Fourier transform[ation]** Fourier-Rücktransformation *f*
~ **square law** quadratisches Entfernungsgesetz *n*, Gesetz *n* der quadratischen Abnahme mit der Entfernung
~ **transform** Rücktransformierte *f*; Rücktransformation *f*
~ **transformation** Rücktransformation *f*
~ **voltage feedback** Spannungsgegenkopplung *f*
invert/to invertieren; umkehren
ionic loudspeaker Ionenlautsprecher *m*
~ **microphone** Ionenmikrofon *n*, ionisches Mikrofon *n*

ips *s.* inch per second
ipsilateral ipsilateral, auf der gleichen Seite
iron core Eisenkern *m*
~ **dust** Eisenpulver *n*
~ **oxide** Eisenoxid *n*
~ **powder** Eisenpulver *n*
irradiate/to bestrahlen
~ **acoustically** beschallen, mit Schall bestrahlen
~ **by ultrasonic waves** [mit Ultraschall] durchschallen
irradiation Bestrahlung *f*
~ **by ultrasonic waves** Durchschallung *f* [mit Ultraschall]
irredundant nichtredundant
irregular unregelmäßig, irregulär
irregularity Regellosigkeit *f*, Unregelmäßigkeit *f*; Ungeordnetheit *f*
irreversible process nichtumkehrbarer (unumkehrbarer) Vorgang *m*
~ **transducer** nichtumkehrbarer Wandler *m*
irrotational field wirbelfreies Feld *n*
isolate/to abtrennen, absondern, [mechanisch] isolieren
isolator Schwingungsisolator *m*
isothermal isotherm
isotropic isotrop, ungerichtet, richtungsunabhängig
~ **sound source** Kugelschallquelle *f*, Schallquelle *f* mit Kugelcharakteristik
isotropism, isotropy Isotropie *f*, richtungsunabhängiges Verhalten *n*
issuing ray austretender (ausfallender) Strahl *m*
iteration method Iterationsverfahren *n*
iterative attenuation Kettendämpfung *f*
~ **impedance** Kettenwiderstand *m*; Wellenwiderstand *m*
~ **method** Iterationsverfahren *n*

J

jack Buchse *f*, Klinke *f*
~ **field (panel)** Klinkenfeld *n*
jacket Hülle *f*, Mantel *m*
jacketing Verkleidung *f*, Umhüllung *f*, Ummantelung *f*
jam/to 1. [absichtlich] stören *(Rundfunk)*; 2. verklemmen, blockieren
jammer Störer *m*, Störsender *m*
jerk/to ruckartig (ruckweise) bewegen
jerk Ruck *m*, ruckartige Bewegung *f (Ableitung der Beschleunigung)*
~**-free** ruckfrei
jerky ruckartig, stoßartig, ruckweise
jet noise Düsenlärm *m*, Strahllärm *m*
jig Spannvorrichtung *f*
jitter Zittern *n*, Wackeln *n*, [schnelle] Schwankung *f*
joint Verbindung *f*; Verbindungsstelle *f*, Naht *f*, Fuge *f*
journal bearing Gleitlager *n*
judged perceived noise level subjektiv empfundener Lästigkeitspegel *m*
jukebox Musikautomat *m*
jump function Sprungfunktion *f*
jumper Verbindungsdraht *m*, Überbrückungsdraht *m*; fliegender Anschluß *m*, provisorische Leitung *f*
junction discontinuity Sprung *m* (Unstetigkeit *f*) an der Anschlußstelle (Verbindungsstelle)
jury Beobachtergruppe *f*, Testpersonengruppe *f*
~ **listening test** Hörprüfung *f* (Hörvergleich *m*) durch eine Beobachtergruppe (Personengruppe)
just noticeable difference Unterschiedsschwelle *f*, Wahrnehmbarkeitsschwelle *f*
~ **temperament** reine Stimmung *f*, natürliche Stimmung *f*
juxtaposition method Verfahren *n* des gleichzeitigen (parallelen) Betreibens von Prüfling und Bezugsschallquelle

K

keep constant/to konstant halten
~ **in equilibrium** im Gleichgewicht halten
~ **time** Takt halten
kettledrum Pauke *f*, Kesselpauke *f*
key/to stimmen *(Instrumente)*
~ **in** eintasten, [über Tastatur] eingeben
key 1. Taste *f*, Drucktaste *f*; 2. Schlüssel *m*; 3. Tonart *f*
~ **note** Grundton *m* [der Tonart]
~ **set** Tastensatz *m*
~ **signature** Vorzeichen *n (Musik)*; Tonartbezeichnung *f*, Vorzeichnung *f*
~ **split** Teilung *f* (Aufteilung *f*) der Tastatur *(auf unterschiedliche Register)*
~ **stroke** Tastenanschlag *m*, Tastenbetätigung *f*
~ **velocity sensitivity** Anschlagsempfindlichkeit *f*
keyboard 1. Klaviatur *f*, Tastatur *f*; Tastenfeld *n*; 2. [elektronisches] Tasteninstrument *n*
~**-controlled** über Tastatur zu bedienen
~ **entry** Tastatureingabe *f*, Eingabe *f* über Tastatur
~ **split** Teilung *f* (Aufteilung *f*) der Tastatur *(auf unterschiedliche Register)*
keyed instrument Tasteninstrument *n*
kinematic quantity Bewegungsgröße *f*
kinetic energy kinetische Energie *f*, Bewegungsenergie *f*
kinetosis Bewegungskrankheit *f*, Kinetose *f*
kit Satz *m*, Bausatz *m*; komplette Ausrüstung *f*; Koffer *m* (Tasche *f*) mit kompletter Ausrüstung
Kundt's tube Kundtsches Rohr *n*, Impedanzrohr *n*, Impedanzmeßrohr *n*

L

LA synthesis LA-Synthese *f*, Lineararithmetiksynthese *f*
lab equipment Laborausrüstung *f*, Laborgeräte *npl*
labial Labial *m*, Lippenlaut *m*
~ **pipe** Labialpfeife *f*, Lippenpfeife *f*
labium Labium *n*, Pfeifenmund *m*
laboratory equipment Laborausrüstung *f*, Laborgeräte *npl*
~ **standard microphone** Labormikrofonnormal *n*, Mikrofonnormal *n* (Normalmikrofon *n*) [für den Laboreinsatz]
~ **standardized impact sound [pressure] level** Normtrittschallpegel *m* unter Laborbedingungen
labyrinth Labyrinth *n*
lack of definition mangelhafte Klarheit *f* (Durchsichtigkeit *f*)
lacquer blank Lackmatrize *f*, Lackfolie *f*
~ **master** Lackschallplatte *f*
~ **original** Schallplattenoriginal *n*
~ **recording** Lackfolienaufzeichnung *f*
lag/to 1. verkleiden, [mit Dämmstoff] isolieren; 2. nacheilen, zurückbleiben
lag 1. Dämmstoff *m*; 2. Nacheilen *n*, Verzögerung *f*; Verschiebung *f*, Phasenverschiebung *f*
lagging 1. Verkleidung *f*, Isolierung *f (mit Dämmstoff)*; 2. Verzögerung *f*
lambda locked loop Wellenlängenregelschleife *f*
lamellar field wirbelfreies Feld *n*
laminar flow laminare Strömung *f*, Laminarströmung *f*
land Grundfläche *f*; Steg *m*, Grat *m (Schallplatte)*
language Sprache *f*; Zeichensystem *n*
~ **laboratory** Sprachlabor *n*
lapel microphone Knopflochmikrofon *n*
Laplace domain Laplace-Bereich *m*, Unterbereich *m*, Bildbereich *m*
~ **operator** Laplace-Operator *m*
~ **transform** Laplace-Transformierte *f*, Bildfunktion *f*, Unterfunktion *f*
~ **transformation** Laplace-Transformation *f*
large-signal behaviour Großsignalverhalten *n*
~**-signal frequency limit** Großsignalfrequenzgrenze *f*, Großsignalgrenzfrequenz *f*
laryngeal Laryngallaut *m*, Kehllaut *m*
laryngophone Kehlkopfmikrofon *n*
larynx Larynx *m*, Kehlkopf *m*
~ **mirophone** Kehlkopfmikrofon *n*
laser beam Laserstrahl *m*
~ **transmitter** Lasersender *m*, Laserstrahler *m*
latch/to einrasten; gehalten werden *(Zustand)*
latching selbsthaltend *(z. B. Anzeige)*
latency Latenz *f*, verstecktes Vorhandensein *n*
~ **period** Latenzzeit *f*, Totzeit *f*
latent latent, versteckt
~ **interval (period)** Latenzzeit *f*, Totzeit *f*
lateral seitlich, Seiten..., Quer...
~ **efficiency** Seitenschallgrad *m*
~ **recording** Seitenschrift *f*, Aufzeichnung *f* in Seitenschrift
~ **sound** Laterallaut *m*
lattice Kristallgitter *n*
law enforcement measurement Messung *f* zur Durchsetzung (Kontrolle der Einhaltung) einer Vorschrift
~ **of distribution** Verteilungsgesetz *n*
~ **of induction** Induktionsgesetz *n*, Faradaysches Induktionsgesetz *n*
~ **of motion** Bewegungsgesetz *n*
layer Schicht *f*
lead-in spiral Einlaufrille *f*
~**-out groove** Auslaufrille *f*, Ausschaltrille *f*
~ **zirconate titanate** Bleizirconat-Titanat *n*
leader tape Vorspannband *n*
leading edge Vorderkante *f*, Vorderflanke *f (Impuls)*
~ **of phase** Phasenvoreilung *f*
leaf spring Blattfeder *f*
leak/to lecken, undicht sein; kriechen, abgeleitet werden *(Strom)*; streuen
leak Leck *n*, undichte Stelle *f*; Ableitung *f*; Streuung *f*
leakage 1. Leck *n*, Leckstelle *f*, Undichtigkeit *f*; 2. Ableitung *f*, Abfluß *m*, Ausströmen *n*; Streuung *f*; 3. spektrale Verbreiterung *f*
~ **current** Kriechstrom *m*
~ **field** Streufeld *n*
~ **flux** Streufluß *m*
leakiness Undichtigkeit *f*, Undichtheit *f*
leakproof dicht, abgedichtet
leaky undicht
least squares fit Anpassung *f* (Nachbildung *f*) nach dem Verfahren der kleinsten Quadrate
left-hand volume Pegel *m* (Lautstärke *f*, Aussteuerung *f*) im linken Kanal
leg of the bridge Brückenzweig *m*
level 1. Niveau *n*, Ebene *f*; 2. Pegel *m*
~ **above threshold** Hörpegel *m*, Pegel *m* über Hörschwelle; überschwelliger Pegel *m*
~ **adjustment** Einpegelung *f*, Einpegeln *n*
~ **change** Pegeländerung *f*
~ **control** Pegelregelung *f*; Pegeleinstellung *f*
~ **diagram** Pegeldiagramm *n*
~ **difference** Pegeldifferenz *f*, Schallpegeldifferenz *f*
~ **distribution analysis** Pegelklassierung *f*, Pegelhäufigkeitsanalyse *f*
~ **indication** Pegelanzeige *f*
~ **indicator** Pegelmesser *m*, Pegelmeßgerät *n*; Aussteuerungsmesser *m*, Aussteuerungskontrollinstrument *n*
~ **linearity** Pegellinearität *f*
~ **measurement** Pegelmessung *f*
~ **meter** Pegelmesser *m*, Pegelmeßgerät *n*

~ **monitor** Aussteuerungsmesser *m*, Aussteuerungskontrollinstrument *n*
~ **monitoring** Pegelüberwachung *f*, Pegelkontrolle *f*
~ **range** Pegelbereich *m*; Meßbereich *m (Schallpegelmesser)*
~ **range switch** Pegelbereichsschalter *m*; Meßbereichsschalter *m*
~ **record** Pegelschrieb *m*, Pegelaufzeichnung *f*
~ **recorder** Pegelschreiber *m*
~ **reduction** Pegelminderung *f*
~-**time exchange rate** Äquivalenzparameter *m*, Halbierungsparameter *m*
lf, LF *s.* low frequency
LH *s.* low-noise high output
limen Schwelle *f*, Schwellwert *m (Psychologie)*
limit/to begrenzen, beschränken, einschränken
limit Grenzwert *m*; Grenze *f*
~ **check** Grenzwertüberwachung *f*
~ **cycle** Grenzzyklus *m*
~ **monitoring** Grenzwertüberwachung *f*
~ **of audibility** Hörgrenze *f*, Grenze *f* des Hörbereichs, Hörbarkeitsgrenze *f*
~ **of integration** Integrationsgrenze *f*
~ **of perceptibility** Wahrnehmbarkeitsgrenze *f*
~ **of resolution** Auflösungsgrenze *f*
~ **profile** Toleranzfeld *n*
~ **switch** Endausschalter *m*, Grenzwertschalter *m*
~ **value** Grenzwert *m*
limitation Begrenzung *f*
~ **of amplitude** Amplitudenbegrenzung *f*
limiter Begrenzer *m*, Signalbegrenzer *m*
~ **circuit** Begrenzerschaltung *f*
limiting Begrenzung *f*, Beschneidung *f*, Signalbegrenzung *f*
~ **circuit** Begrenzerschaltung *f*
~ **frequency** Grenzfrequenz *f*
~ **ray** Grenzstrahl *m*
~ **speed** Grenzdrehzahl *f*; Grenzgeschwindigkeit *f*
~ **value** Grenzwert *m*
~ **velocity** Grenzgeschwindigkeit *f*
line 1. Leitung *f*; 2. Linie *f*, Gerade *f*; 3. Zeile *f*
~ **amplifier** Leitungsverstärker *m*, Kabelendverstärker *m*
~ **array** linienhafte Anordnung *f*, Anordnung *f* in einer Linie
~ **attenuation** Leitungsdämpfung *f*, Leitungsverlust *m*
~ **cord** Netzschnur *f*, Netzanschlußschnur *f*
~ **distortion** Leitungsverzerrung *f*
~ **drive** Speisung *f* über die Signalleitung (Meßleitung)
~-**drive system** System *n* mit Speisung über die Signalleitungen, Line-Drive-System *n*
~ **equalizer** Leitungsentzerrer *m*
~ **frequency** 1. Netzfrequenz *f*; 2. Zeilenfrequenz *f*
~ **in** Eingang *m* vom [externen] Zusatzgerät
~ **level** Leitungspegel *m*
~ **microphone** Linienmikrofon *n (Richtmikrofon)*
~ **noise** Leitungsrauschen *n*
~ **of force** Kraftlinie *f*
~ **out** Ausgang *m* zum [externen] Zusatzgerät
~ **repeater** Leitungsverstärker *m*, Fernsprechverstärker *m*
~ **sound source** Linienschallquelle *f*
~ **source** Linienquelle *f*
~ **spacing** Linienabstand *m*
~ **spectrum** Linienspektrum *n*
linear acceleration geradlinige Beschleunigung *f*
~ **arithmetic synthesis** LA-Synthese *f*, Lineararithmetiksynthese *f*
~ **averaging** lineare Mittelung *f* (Mittelwertbildung *f*)
~ **characteristic** lineare Kennlinie *f*
~ **deformation** Längenänderung *f*
~ **demodulation** lineare Gleichrichtung *f*
~ **distortion** lineare Verzerrung *f*, Frequenzgangverzerrung *f*
~ **exponent of sound propagation** Schallausbreitungskoeffizient *m*
~ **frequency response** linearer Frequenzgang *m*
~ **motor** Linearmotor *m*
~ **operating range** Linearitätsbereich *m*, linearer Arbeitsbereich *m*
~ **predictive code** Kode *m* mit linearer Vorhersage
~ **predictive coding** lineare Vorauskodierung *f*, LPC, Kodierung *f* mit linearer Vorhersage
~ **range** Linearitätsbereich *m*
~ **rectification** lineare Gleichrichtung *f*
~ **rectifier** Lineargleichrichter *m*, linearer Gleichrichter *m*
~ **response** linearer Frequenzgang *m*
linearity Linearität *f*
lingual Lingual *m*, Zungenlaut *m*
~ **pipe** Lingualpfeife *f*, Zungenpfeife *f*
linguistic[al] linguistisch, sprachwissenschaftlich
linguistics Linguistik *f*, Sprachwissenschaft *f*
lining Auskleidung *f*
lip 1. Lippe *f*; 2. Schneidkante *f (Luftstrom)*
~ **microphone** Lippenmikrofon *n*
liquid flüssig, Flüssigkeits...
liquid Flüssigkeit *f*
~-**borne** flüssigkeitsübertragen
~-**borne sound** Flüssigkeitsschall *m*, Schall *m* in Flüssigkeit[en]
~ **damping** Flüssigkeitsdämpfung *f*, hydraulische Dämpfung *f*
Lissajous figure (pattern) Lissajous-Figur *f*, Lissajousche Figur *f*
listen/to hören, zuhören, lauschen
~ **in** abhören, mithören

~ **to** etwas [an]hören, auf etwas hören, etwas abhören
listener Hörer *m*, Zuhörer *m*, Hörerin *f*, Zuhörerin *f*; Rundfunkhörer *m*, Radiohörer *m*, Radiohörerin *f*, Rundfunkhörerin *f*
listening area Hörfläche *f*
~ **coil** Hörspule *f*
~ **comfort** Hörkomfort *m*, Behaglichkeit *f* (Bequemlichkeit *f*) beim Hören
~ **conditions** Hörbedingungen *fpl*
~ **device** Horchgerät *n*
~-**in** Mithören *n*, Abhören *n*
~ **loudspeaker** Kontrollautsprecher *m*, Abhörlautsprecher *m*
~ **room** Abhörraum *m*
~ **set** Horchgerät *n*; Abhörgerät *n*
~ **sonar** passives Sonar *n*
~ **test** Hörprüfung *f*, Hörtest *m*
live broadcast Direktübertragung *f*, Originalsendung *m*
~ **end** Reflexionswand *f*, Reflexionsfläche *f*
~ **programme** Direktübertragung *f*, Originalsendung *f*
~ **room** halliger Raum *m*
~ **studio** halliges Studio *n*, Studio *n* mit langer Nachhallzeit, Studio *n* mit Nachhall
~ **transmission** Direktübertragung *f*, Originalsendung *f*
~ **voice** original gesprochene Sprache *f*
liven/to halliger machen
liveness [subjektive] Nachhalldauer *f*, Halligkeit *f*
LMS *s.* logarithmic mean square
LN rauscharm
load/to 1. belasten; 2. laden; einlegen
load Last *f*, Belastung *f*
~ **admittance** Belastungsadmittanz *f*, Lastadmittanz *f*
~ **[-carrying] capacity** Belastbarkeit *f*
~ **cell** Kraftmeßdose *f*, Kraftaufnehmer *m*
~ **impedance** Lastimpedanz *f*, Lastwiderstand *m*, Belastungsimpedanz *f*
~ **peak** Lastspitze *f*
~ **rating** Nennlast *f*, Nennbelastbarkeit *f*
~ **resistance** Lastwiderstand *m*, Belastungswiderstand *m*; Abschlußwiderstand *m*
loaded acoustic impedance Schallimpedanz *f* (akustischer Standwert *m*) bei Last
~ **impedance** Impedanz *f* (Scheinwiderstand *m*, Widerstand *m*) unter Last, Impedanz *f* (Scheinwiderstand *m*, Widerstand *m*) bei Belastung
lobe Keule *f*, Zipfel *m* *(Richtdiagramm)*
local vibration Teilkörperschwingung *f*, Teilkörperschwingungen *fpl*
localization Lokalisierung *f*, Ortung *f*, Ortsbestimmung *f*, Eingrenzung *f* *(Fehler)*
localize/to lokalisieren, orten, eingrenzen
locate/to orten, auffinden
location 1. Ort *m*, Stelle *f*; 2. Ortung *f*, Lokalisierung *f*
~ **finder** Ortungsgerät *n*
~ **finding** Ortung *f*
~ **of poles and zeros** Pol-Nullstellen-Verteilung *f*
locator Ortungsgerät *n*
locked groove Auslaufrille *f*, Ausschaltrille *f*
locus 1. Ort *m*; 2. Ortskurve *f*
~ **diagram** Ortskurve *f*, Ortskurvendiagramm *n*
~ **of points** [geometrischer] Ort *m* aller Punkte
log/to aufzeichnen
logarithmic amplifier logarithmischer Verstärker *m*, Verstärker *m* mit logarithmischer Kennlinie
~ **decrement** logarithmisches Dekrement *n*
~ **gain amplifier** logarithmischer Verstärker *m*, Verstärker *m* mit logarithmischer Kennlinie
~ **horn** Exponentialrichter *m*
~ **mean square** logarithmisch gestufter Effektivwert *m*
logarithmically wound potentiometer logarithmisches Potentiometer *n*
logatom Logatom *n*
logging of level versus time Pegel-Zeit-Aufzeichnung *f*
long-play[ing] record Langspielplatte *f*
~-**play[ing] tape** Langspielband *n*
~-**term** langfristig, Langzeit...
~-**term measurement** Langzeitmessung *f*
~-**term power handling** Dauerbelastbarkeit *f*
~-**time** langfristig, Langzeit...
longitudinal longitudinal, Längs...
~ **axis** Längsachse *f*
~ **direction** Längsrichtung *f*
~ **motion** Längsbewegung *f*
~ **oscillation (vibration)** Longitudinalschwingung *f*, Längsschwingung *f*
~ **wave** Longitudinalwelle *f*, Längswelle *f*
loop/to eine Schleife bilden; ständig wiederholt wiedergeben
~ **in** einschleifen, in den Kreis (Stromkreis) einschalten
loop 1. Schleife *f*, Leiterschleife *f*; 2. [geschlossener] Regelkreis *m*; 3. Masche *f* *(Stromkreis)*; 4. Wellenbauch *m*, Schwingungsbauch *m*
~ **gain** Schleifenverstärkung *f*, Kreisverstärkung *f*
~ **of magnetic tape** Bandschleife *f*, Endlosband *n*
~ **repeat** Schleifenbetrieb *m*, ständig wiederholte Wiedergabe *f*
looping Schleifenbetrieb *m*, ständig wiederholte Wiedergabe *f*
loose coupling lose Kopplung *f*
loosely coupled lose gekoppelt
loss Verlust *m*, Dämpfung *f*; Dämmung *f*
~ **factor** Verlustfaktor *m*
~-**free** verlustlos, verlustfrei
~ **of information** Informationsverlust *m*
lossless verlustlos, verlustfrei
lossy verlustbehaftet

loud laut
loudness Lautheit *f*
~ **addition** Lautheitsaddition *f*
~ **analyzer** Lautheitsanalysator *m*
~ **balance** Lautstärkeabgleich *m*; Lautstärkegleichheit *f*
~ **balancing** Lautstärkeabgleich *m*
~ **check** Lautstärkekontrolle *f*
~ **comparison** Lautstärkevergleich *m*, Lautheitsvergleich *m*
~ **computation** Lautstärkeberechnung *f*
~ **computation procedure** Lautstärkeberechnungsverfahren *n*
~ **density** Lautheitsdichte *f*
~ **distribution** spektrale Lautheitsverteilung *f*, Lautheitsdiagramm *n*
~ **index** Lautheitsindex *m*
~ **judgement** Lautheitsbeurteilung *f* (Lautstärkebeurteilung *f*)
~ **level** Lautstärkepegel *m*; Lautstärke *f*
~**-level contour** Kurve *f* gleichen Lautstärkepegels, Kurve *f* gleicher Lautstärke
~**-level meter** Lautstärkemesser *m*, Lautstärkepegelmesser *m*
~ **measurement** Lautheitsmessung *f*, Lautstärkemessung *f*, Lautstärkepegelmessung *f*
~ **meter** Lautheitsmesser *m*
~ **pattern** Lautheitsmuster *n*
~ **perception** Lautstärkeempfindung *f*, Lautheitsempfindung *f*
~ **rating** 1. Lautheitsbewertung *f*, Lautstärkebewertung *f*; 2. mittlere bewertete Empfindlichkeit *f (Fernsprechhandapparat)*
~ **sensation** Lautstärkeempfindung *f*, Lautheitsempfindung *f*
~ **summation** Lautheitsaddition *f*
loudspeaker Lautsprecher *m*
~ **array** Lautsprechergruppe *f*, Lautsprechergruppierung *f*, Lautsprecherkombination *f*
~ **assembly** Lautsprechergruppe *f*, Lautsprecherkombination *f*
~ **baffle** Schallwand *f* für Lautsprecher
~ **cabinet** Lautsprechergehäuse *n*
~ **car** Lautsprecherwagen *m*
~ **cloth** Lautsprecherbespannung *f*
~ **cluster** [größere] Lautsprechergruppe *f*
~ **column** Tonsäule *f*
~ **combination** Lautsprechergruppe *f*, Lautsprecherkombination *f*
~ **cone** Lautsprecherkegel *m*, Lautsprecherkonus *m*
~ **diaphragm** Lautsprechermembran *f*
~ **dividing network** Lautsprecherweiche *f*, Lautsprecherfrequenzweiche *f*
~ **drive cable** Lautsprecherkabel *n*, Lautsprecherspeisekabel *n*
~ **enclosure** Lautsprechergehäuse *n*
~ **horn** Lautsprechertrichter *m*; Schalltrichter *m*
~ **housing** Lautsprechergehäuse *n*
~ **impedance** Lautsprecherimpedanz *f*
~ **overdriving** Übersteuerung *f* (Überlastung *f*) des Lautsprechers
~ **system** Lautsprechersystem *n*; Lautsprecheranordnung *f*
~ **terminal** Lautsprecheranschluß *m*, Lautsprecherbuchse *f*, Lautsprecherklemme *f*
~ **truck** Lautsprecherwagen *m*
~ **trumpet** Lautsprechertrichter *m*; Schalltrichter *m*
~ **unit** Lautsprechersystem *n*
~ **van** Lautsprecherwagen *m*
~ **voice coil** Lautsprecherschwingspule *f*
louvre 1. Luftschlitz *m*, Lüftungsöffnung *f*; 2. Schalloch *n*, Schallöffnung *f*; Lautsprecheröffnung *f*
low 1. leise; niedrig; 2. verbraucht *(Batterie)*
~ **cut** Tiefenabsenkung *f*, Tiefenabschneidung *f*; Windgeräuschabsenkung *f*
~**-distortion** verzerrungsarm
~**-energy** energiearm
~**-frequency** niederfrequent, Niederfrequenz...
~ **frequency** Niederfrequenz *f*, NF
~**-frequency absorber** Tiefenschlucker *m*, Absorber *m* für tiefe Frequenzen
~**-frequency accentuation** Tiefenanhebung *f*
~**-frequency amplification** NF-Verstärkung *f*, Niederfrequenzverstärkung *f*
~**-frequency amplifier** Niederfrequenzverstärker *m*, NF-Verstärker *m*
~**-frequency beat oscillator** Schwebungssummer *m*, NF-Generator *m* (Niederfrequenzgenerator *m*) nach dem Schwebungsprinzip
~**-frequency cable** Niederfrequenzkabel *n*, NF-Kabel *n*
~**-frequency characteristic** NF-Kennwert *m*, NF-Kenngröße *f*; NF-Frequenzgang *m*, NF-Kurve *f*, Niederfrequenzkurve *f*
~**-frequency compensation** Tiefenanhebung *f*, Ausgleich *m* einer Tiefenabsenkung
~**-frequency component** Signalanteil *m* (Komponente *f*) mit niedriger Frequenz, niederfrequenter Signalanteil *m*
~**-frequency cut-off** untere Grenzfrequenz *f* (Frequenzgrenze *f*)
~**-frequency engineering** Niederfrequenztechnik *f*, NF-Technik *f*
~**-frequency filter** Niederfrequenzfilter *n*, NF-Filter *n*; Niederfrequenzsperre *f*, NF-Sperre *f*
~**-frequency generator** NF-Generator *m*, Niederfrequenzgenerator *m*, Ton[frequenz]generator *m*
~**-frequency loudspeaker** Baßlautsprecher *m*, Tieftonlautsprecher *m*
~**-frequency range** Niederfrequenzbereich *m*, NF-Bereich *m*
~**-frequency response** Verhalten *n* (Frequenzgang *m*) bei tiefen (niedrigen) Frequenzen, Niederfrequenzverhalten *n*

~-frequency transformer Niederfrequenztransformator *m*, NF-Transformator *m*
~-g accelerometer Beschleunigungsaufnehmer *m* für niedrige Beschleunigungen, hochempfindlicher Beschleunigungsaufnehmer *m*
~-gain niedrigverstärkend
~-loss verlustarm
~-noise geräuscharm; rauscharm
~-noise cable störspannungsarmes Kabel *n*
~-noise high output rauscharm mit hohem Ausgangspegel, rauscharm mit hoher Aussteuerbarkeit
~-note compensation Tiefenentzerrung *f*, Tiefenanhebung *f*
~-note accentuation Tiefenanhebung *f*
~-note emphasis Tiefenanhebung *f*
~-note response Tieftonwiedergabe *f*, Frequenzgang *m* bei tiefen (niedrigen) Frequenzen, Übertragungsfaktor *m* bei tiefen Frequenzen, Baßwiedergabe *f*
~-pass Tiefpaß *m*
~-pass acoustical filter akustischer Tiefpaß *m*, akustisches Tiefpaßfilter *n*
~-pass filter Tiefpaßfilter *n*, Tiefpaß *m*
~-passed tiefpaßgefiltert, höhenbeschnitten
~ pitch niedrige Tonhöhe *f*
~-pitched tief *(Tonhöhe)*, tieftönend; tief gestimmt
~ potential Niederspannung *f*; Kleinspannung *f*
~-power leistungsarm, mit geringem Leistungsbedarf
~-resistance niederohmig
~-speed langsam; niedertourig, langsamlaufend
~ tension (voltage) Niederspannung *f*; Kleinspannung *f*
lower cut-off frequency untere Grenzfrequenz *f*
~ frequency band limitation Hochpaßwirkung *f*
~ limiting frequency untere Grenzfrequenz *f*
LP 1. Langspielplatte *f*; 2. *s.* low-pass
LPC *s.* linear predictive coding
LPF *s.* low-pass filter
lubricant Gleitmittel *n*, Schmiermittel *n*
~ film Schmierfilm *m*
lubricate/to schmieren
lubricating agent Gleitmittel *n*, Schmiermittel *n*
~ film Schmierfilm *m*
~ power Schmierfähigkeit *f*
lubrication Schmierung *f*
lumped diskret, aus diskreten Elementen bestehend
~ component (element) konzentriertes Element *n* (Schaltelement *n*)
~ mass Punktmasse *f*, punktförmig konzentrierte Masse *f*
~ network Netzwerk *n* mit diskreten (konzentrierten) Elementen
~ parameter konzentrierter Parameter *m*
~-parameter system System *n* mit konzentrierten (diskreten) Parametern (Elementen)

M

Mach cone Stoßwellenkegel *m*, Überschallknallkegel *m*
~ line Stoßwellenfront *f*, Überschallknallfront *f*
~ number Mach-Zahl *f*
machine diagnostics Maschinendiagnostik *f*, Maschinendiagnose *f*
~-health monitoring Maschinenzustandsüberwachung *f*
macrosonics Akustik *f* hoher Pegel
magnet core Magnetkern *m*
~-type loudspeaker [elektro]magnetischer Lautsprecher *m*
magnetic air-gap field Magnetfeld *n* im Luftspalt
~ bias[ing] Vormagnetisierung *f*
~ circuit Magnetkreis *m*, magnetischer Kreis *m*
~ clamp Haftmagnet *m*
~ conductivity magnetische Leitfähigkeit *f*
~ core Magnetkern *m*
~ cycle Hysteresekurve *f*, Hystereseschleife *f*, Magnetisierungsschleife *f*
~ field Magnetfeld *n*
~ field intensity (strength) magnetische Feldstärke *f*
~ film Magnetfilm *m*, Magnetschicht *f*
~ flux magnetischer Fluß *m*, Magnetfluß *m*, Induktionsfluß *m*
~ flux density magnetische Flußdichte *f*, Magnetflußdichte *f*, [magnetische] Induktion *f*
~ flux line magnetische Flußlinie *f*, Magnetflußlinie *f*
~ head Magnetkopf *m*
~ hysteresis magnetische Hysterese *f* (Hysteresis *f*)
~ hysteresis energy Ummagnetisierungsarbeit *f*, Hysteresearbeit *f*, Hystereseenergie *f*
~ hysteresis loop Hysteresekurve *f*, Hystereseschleife *f*, Magnetisierungsschleife *f*
~ induction magnetische Flußdichte *f*, Magnetflußdichte *f*, [magnetische] Induktion *f*
~ leakage magnetische Streuung *f*
~ leakage flux magnetischer Streufluß *m*
~ loudspeaker [elektro]magnetischer Lautsprecher *n*
~ pick-up magnetischer (elektromagnetischer) Tonabnehmer *m*
~ pole Magnetpol *m*
~ printing Kopiereffekt *m*, unerwünschtes Kopieren *n*
~ recorder Magnetbandgerät *n*, Magnetbandaufzeichnungsgerät *n*
~ recording magnetische Aufzeichnung *f*; Magnetbandaufzeichnung *f*
~ recording tape Magnetband *n*
~ remanence [magnetische] Remanenz *f*
~ saturation magnetische Sättigung *f*
~ screen (shield) magnetischer Schirm *m*

~ **shunt** magnetischer Nebenschluß *m*
~ **sound** Magnetton *m*
~ **sound-record copying machine** Tonbandkopieranlage *f*, Tonbandkopiereinrichtung *f*
~ **sound recorder** Tonbandgerät *n*, Magnettonbandgerät *n*
~ **sound recording** Magnettonaufzeichnung *f*
~ **stray field** magnetisches Streufeld *n*
~ **tape** Magnetband *n*
~ **tape archive** Bandarchiv *n*, Tonbandarchiv *n*
~ **tape cassette** Magnetbandkassette *f*
~ **tape memory** Magnetbandspeicher *m*
~ **tape record-reproduce system** Magnetbandaufnahme- und -wiedergabeeinrichtung *f*
~ **tape recorder** Magnetbandgerät *n*, Magnetbandaufnahmegerät *n*, Tonbandgerät *n*, Bandgerät *n*
~ **tape recording** Magnetbandaufnahme *f*, Magnetbandaufzeichnung *f*, Aufnahme (Aufzeichnung) *f* auf Magnetband
~ **tape storage** Speicherung *f* auf Magnetband, Magnetbandspeicherung *f*
~ **tape store** Magnetbandspeicher *m*
~ **tape system** Magnetbandanlage *f*
~ **tape track** Magnetbandspur *f*
~ **tape unit** Magnetbandeinheit *f*, Magnetbandgerät *n*
~ **track** Magnetspur *f*
~ **transducer** magnetischer Wandler *m* (Aufnehmer *m*)
~ **vibration pick-up** magnetischer Schwingungsaufnehmer *m*
~ **wire** Magnetdraht *m*
~ **wire recorder** Drahttongerät *n*, Drahttonaufzeichnungsgerät *n*
~ **wire recording** Drahttonaufzeichnung *f*, Drahttonaufnahme *f*
magnetically hard hartmagnetisch
magnetization Magnetisierung *f*
~ **characteristic (curve)** Magnetisierungskennlinie *f*, Magnetisierungskurve *f*
~ **power** Magnetisierungsarbeit *f*
~ **vector** Magnetisierungsvektor *m*
~ **work** Magnetisierungsarbeit *f*
magnetize/to magnetisieren
magnetizing coil Feldspule *f*
magnetoacoustic magnetoakustisch
magnetophone Magnetophon *n*
magnetostriction Magnetostriktion *f*
~ **loudspeaker** magnetostriktiver Lautsprecher *m*
~ **microphone** magnetostriktives Mikrofon *n*
~ **sound generator** magnetostriktiver Schallerzeuger *m* (Schallgeber *m*)
~ **sound receiver** magnetostriktiver Schallempfänger *m* (Schallaufnehmer *m*)
magnetostrictive magnetostriktiv
main amplifier Hauptverstärker *m*
~ **lobe** Hauptzipfel *m*, Hauptkeule *f (Richtcharakteristik)*
mains Netz *n*, elektrisches Netz *n*, Lichtnetz *n*
~ **cable** Netzkabel *n*, Netzanschlußkabel *n*
~-**energized** netzbetrieben, netzgespeist, mit Netzanschluß
~ **frequency** Netzfrequenz *f*
~ **hum** Netzbrummen *n*
~-**independent** netzunabhängig
~-**operated** netzbetrieben, netzgespeist, mit Netzanschluß
~ **operation** Netzbetrieb *m*
~ **pack** Netzgerät *n*, Netzteil *n*, Netzanschlußgerät *n*
~ **plug** Netzstecker *m*
~-**powered** netzbetrieben, netzgespeist, mit Netzanschluß
~ **switch** Netzschalter *m*
~ **unit** Netzgerät *n*, Netzteil *n*, Netzanschlußgerät *n*
major key Durtonart *f*
~ **lobe** Hauptzipfel *m*, Hauptkeule *f (Richtcharakteristik)*
~ **scale** Durtonleiter *f*
~ **third** große Terz *f*
make monopolar/to linear gleichrichten, betragsmäßig gleichrichten
male plug Stecker *m*
malfunction Funktionsstörung *f*, Fehlfunktion *f*
mallet Schlegel *m*, Holzhammer *m*
malleus Hammer *m (Gehörknöchel)*
manikin anatomisches Modell [des Menschen], menschliche Puppe *f*
manual manuell, von Hand betätigt
manual 1. Manual *n (Musik)*; 2. Handbuch *n*
~ **volume control** Handaussteuerung *f*, manuelle Aussteuerung *f*, Lautstärkeregelung *f* von Hand; manueller Aussteuerungsregler *m*, Handlautstärkeregler *m*
margin of safety Sicherheitszuschlag *m*, Sicherheitsfaktor *m*; Sicherheitsspielraum *m*
marginal track Randspur *f*
marker Markengeber *m*, Markierer *m*; Markierung *f*
mask/to verdecken
mask microphone Maskenmikrofon *n (unter Schutzmaske)*
masked threshold Mithörschwelle *f*, Hörschwelle *f* unter Verdeckung
masker Verdeckungsgeräusch *n*, verdeckendes Geräusch *n*
masking Verdeckung *f*
~ **audiogram** Mithörschwellenaudiogramm *n*
~ **effect** Verdeckungswirkung *f*, Verdeckungseffekt *m*
~ **noise (sound)** Verdeckungsgeräusch *n*, verdeckendes Geräusch *n*
masonry Mauerwerk *n*
~ **wall** Ziegelwand *f*, gemauerte Wand *f*

mass acceleration Massenbeschleunigung *f*
~-and-spring system Masse-Feder-System *n*
~-controlled massegehemmt
~ **density** Dichte *f*, Masse *f* je Volumen, spezifische Masse *f*
~ **law [of sound insulation]** Massengesetz *n* *(Schalldämmung)*
~ **per unit area** Flächenmasse *f*
master Urplatte *f*, Masterplatte *f*; Urband *n*, Masterband *n*, Mutterband *n*
~ **control desk** zentrales Mischpult *n*
~ **control room** Regieraum *m*, Regiezentrale *f*
~ **gain control** Hauptregler *m*, Hauptverstärkungsregler *m*
~ **tape** Urband *n*
~ **tune** Grundstimmung *f*
~ **volume** Gesamtpegel *m*, Gesamtlautstärke *f*
mastic deadener Entdröhnspachtel *m*, Entdröhnmittel *n*
mastoid Mastoid *n*, Warzenfortsatz *m (Vorsprung des Schläfenbeins hinter dem Ohr)*
~ **simulator** künstliches Mastoid *n*
match/to 1. anpassen, angleichen; 2. paaren, paarweise aussuchen
~-terminate mit dem Wellenwiderstand abschließen
match termination Abschluß *m* mit dem Wellenwiderstand
matched 1. angepaßt; 2. paarweise ausgesucht
~ **filter** angepaßtes Filter *n*, Matchedfilter *n*
~ **microphone pair (set)** ausgesuchtes (abgeglichenes) Mikrofonpaar *n*
~ **termination** angepaßter Abschluß *m*, reflexionsfreier Abschluß *m*
matching transformer Anpaßübertrager *m*, Anpassungstransformator *m*
mate/to zusammenfügen, verbinden; verbunden sein
material constant Materialkonstante *f*, Stoffkonstante *f*
~ **damping** Materialdämpfung *f*
~ **defect** Materialfehler *m*
matter constant Materialkonstante *f*, Stoffkonstante *f*
~ **transport** Stofftransport *m*, Transport *m* (Bewegung *f*) von Materie
~ **wave** Materialwelle *f*
maximum available power Maximalleistung *f*
~ **capture** Halten *n* des Maximalwertes, Maximalwert-Halten *n*
~ **gain** Maximalverstärkung *f*
~ **hold** Halten *n* des Maximalwertes, Maximalwert-Halten *n*
~ **level in consecutive time intervals** Takt-Maximalpegel *m*
~ **output** Maximalleistung *f*
~ **permissible dose** höchstzulässige Dosis *f* (Exposition *f*)
~ **power** Maximalleistung *f*
~ **power output** Spitzenausgangsleistung *f*
~ **shock spectrum** maximales Stoßspektrum *n*
~ **value** Maximalwert *m*, Höchstwert *m*, Größtwert *m*
~ **weighted average taken over 3 (5) s periods** Takt-Maximalpegel *m* über 3 (5) s
MD system MD-System *n*, digitales Schallplattensystem *n* mit piezoelektrischer Abtastung
mean free path mittlere freie Weglänge *f*
~ **frequency** Mittenfrequenz *f*
~ **square [value]** Mittelwert *m* der Quadrate
~ **value** Mittelwert *m*
measure/to messen, abmessen; Messungen vornehmen
measure Maß *n*, Maßstab *m*; Zeitmaß *n*, Takt *m*
measured quantity Meßgröße *f*
~ **value** Meßwert *m*
measurement Messung *f*
~ **accuracy** Meßgenauigkeit *f*
~ **chain** Meßkette *f*
~ **device** Meßeinrichtung *f*, Meßanordnung *f*, Meßgerät *n*
~ **grid** Meßgitter *n*
~ **kit** Meßkoffer *m*; Meßausrüstung *f*
~ **location** Meßort *m*, Meßstelle *f*
~ **method** Meßverfahren *n*, Meßmethode *f*
~ **microphone** Meßmikrofon *n*
~ **mode** Meßart *f*
~ **period** Meßzeitraum *m*, Meßdauer *f*
~ **precision** Meßgenauigkeit *f*
~ **procedure** Meßverfahren *n*, Meßmethode *f*
~ **result** Meßergebnis *n*
~ **sequence** Meßsequenz *f*, Meßablauf *m*, Meßfolge *f*
~ **series** Meßreihe *f*, Meßserie *f*
~ **set-up** 1. Meßanordnung *f*; 2. Meßparameter *mpl*, Gesamtheit *f* der Meßparameter (Meßeinstellungen), Meßparametersatz *m*
~ **site** Meßort *m*, Meßstelle *f*
~ **surface** Meßfläche *f*
~ **technique** Meßtechnik *f*, Meßverfahren *n*, Meßmethode *f*
~ **uncertainty** Meßunsicherheit *f*
measuring accuracy Meßgenauigkeit *f*
~ **amplifier** Meßverstärker *m*
~ **apparatus** Meßgerät *n*, Meßinstrument *n*
~ **bridge** Meßbrücke *f*
~ **circuit** Meßkreis *m*, [elektrische] Meßschaltung *f*
~ **device** Meßeinrichtung *f*, Meßanordnung *f*, Meßgerät *n*
~ **element** Sensor *m*, Meßfühler *m*, Meßgrößenaufnehmer *m*, Aufnehmer *m*, Geber *m*
~ **equipment** Meßausrüstung *f*, Meßeinrichtung *f*, Meßanlage *f*, Meßplatz *m*
~ **error** Meßfehler *m*
~ **frequency** Meßfrequenz *f*
~ **instrument** Meßgerät *n*, Meßinstrument *n*
~ **microphone** Meßmikrofon *n*

~ **mode** Meßart *f*
~ **point** Meßpunkt *m*, Meßstelle *f*
~ **position** Meßort *m*
~ **probe** Meßsonde *f*
~ **range** Meßbereich *m*
~ **result** Meßergebnis *n*
~ **set** Meßgerät *n*; Meßplatz *m*
~ **set-up** Meßplatz *m*, Meßanordnung *f*
~ **signal** Meßsignal *n*
~ **technique** Meßtechnik *f*, Meßverfahren *n*, Meßmethode *f*
~ **value** Meßwert *m*
meatus Gehörgang *m*
mechanical admittance mechanische Admittanz *f*
~ **coupler** mechanischer Koppler *m* (Kuppler *m*)
~ **excitation** mechanische Anregung *f*
~ **impedance** mechanische Impedanz *f*, [mechanischer] Standwert *m*
~ **reactance** mechanischer Blindwiderstand *m* (Blindstandwert *m*), Imaginärteil *m* der mechanischen Impedanz
~ **reaction-type vibration generator** unwuchterregter Schwingungserreger *m* (Schwingungserzeuger *m*)
~ **recorder** mechanischer Schreiber *m*; Nadeltonaufzeichnungsgerät *n*
~ **resistance** mechanischer Wirkwiderstand *m* (Wirkstandwert *m*), Realteil *m* der mechanischen Impedanz
~ **transfer impedance** mechanische Koppelimpedanz *f*
~ **vibration** mechanische Schwingung *f* (Schwingungen *fpl*)
median [value] Medianwert *m*, Mittenwert *m*, 50%-Wert *m*
medium Medium *n*, Träger *m*, Stoff *m*
~ **of propagation** Ausbreitungsmedium *n*
megaphone Megaphon *n*, Sprachrohr *n*
mel mel *(Einheit der Tonhöhe)*
~-scale Mel-Skala *f*, Tonhöhenmaßstab *m*
mellow mild, weich, sanft
melodic melodisch, Melodie...
melodics Melodielehre *f*, Melodik *f*
melody Melodie *f*, Singstimme *f*; Lied *n*, Weise *f*
~ **memory** Melodielinienspeicher *m*
~ **section** Melodiegruppe *f*, Gruppe *f* der Melodieinstrumente
membrane Membran *f*
membranophone Fellklinger *m*, Membranophon *n*
memory Speicher *m*, Datenspeicher *m*; Gedächtnis *n*
~ **back-up battery** Speicherstützbatterie *f*
~ **card** Speicherkarte *f*
~ **expansion** Speichererweiterung *f*
~ **space** Speicherkapazität *f*
~ **sweep** Durchstimmen *n* (Durchlauf *m*) mit [vorher] gespeicherten Parametern
menu Menü *n*, Funktions- und Parameterangebot *n*
mesh Masche *f*, Maschenschaltung *f (in Netzwerken)*
message Nachricht *f*, Meldung *f*
metal-alloy tape Metallband *n*, Reineisenband *n*, Eisenband *n*
~ **foil** Metallfolie *f*
~ **master** Metalloriginal *n*, Vaterplatte *f*
~ **tape** Metallband *n*, Reineisenband *n*, Eisenband *n*
meter Meßgerät *n*, Meßinstrument *n*
~ **ballistics** dynamische Eigenschaften *fpl* des Anzeigeinstrumentes
~ **indication** Meßgeräteanzeige *f*, Geräteanzeige *f*
~ **scale** Meßgeräteskale *f*, Skale *f* des Meßinstruments
method of adjusting (adjustment) Herstellungsverfahren *n*, Angleichungsverfahren *n*
~ **of constant stimuli** Konstanzverfahren *n*, Konstantreizverfahren *n*
~ **of least squares** Verfahren *n* der kleinsten Quadrate
~ **of testing** Prüfverfahren *n*, Prüfmethode *f*
~ **of tracking** Eingrenzungsverfahren *n*; Békésy-Verfahren *n*
metronome Metronom *n*
microbar Mikrobar *n (Druckeinheit)*
microgroove Mikrorille *f*
~ **record** Mikrorillenplatte *f*, Mikrorillenschallplatte *f*
microphone Mikrofon *n*
~ **amplifier** Mikrofonverstärker *m*
~ **array** Mikrofongruppierung *f*, Mikrofonanordnung *f*
~ **assembly** Mikrofoneinheit *f*
~ **boom** Mikrofongalgen *m*
~ **button** Mikrofontaste *f*, Sprechtaste *f*
~ **cable** Mikrofonkabel *n*
~ **calibration** Mikrofonkalibrierung *f*, Mikrofoneichung *f*
~ **calibration apparatus, ~ calibrator** Mikrofonkalibrator *m*, Mikrofonkalibriergerät *n*, Mikrofoneichgerät *n*
~ **capsule** Mikrofonkapsel *f*
~ **carrier system** trägerfrequentes Mikrofonsystem *n*
~ **cartridge** Mikrofonkapsel *f*
~ **circuit** Mikrofon[strom]kreis *m*
~ **clip** Mikrofonhalter *m*, Mikrofonklemme *f*
~ **configuration** Mikrofonanordnung *f*
~ **connection** Mikrofonanschluß *m*
~ **control console (desk)** Mikrofonmischpult *n*, Mikrofonregelpult *n*
~ **cord** Mikrofonkabel *n*
~ **diaphragm** Mikrofonmembran *f*
~ **equivalent volume** Mikrofonersatzvolumen *n*, Ersatzvolumen *n* des Mikrofons

~ **feed** Mikrofonspeisung *f*, Mikrofonstromversorgung *f*
~ **gallows** Mikrofongalgen *m*
~ **grid (grille)** Mikrofongitter *n*
~ **housing** Mikrofongehäuse *n*
~ **inlet** Sprechöffnung *f*, Einsprechöffnung *f*
~ **inset** [einsetzbare] Mikrofonkapsel *f*
~ **jack** Mikrofonbuchse *f*
~ **key** Mikrofontaste *f*, Sprechtaste *f*
~ **location** Mikrofonort *m*
~ **mouthpiece** Mikrofontrichter *m*, Einsprechöffnung *f* (Mundstück *n*) des Mikrofons
~ **noise** Mikrofonrauschen *n*, Mikrofongeräusch *n*
~ **pair** Mikrofonpaar *n*
~ **port** Öffnung *f* für Mikrofon
~ **power supply** Mikrofonstromversorgung *f*; Mikrofonnetzteil *n*, Mikrofonnetzgerät *n*
~ **preamplifier** Mikrofonvorverstärker *m*
~ **reciprocity calibrator** Reziprozitätskalibrator *m* (Reziprozitätseichgerät *n*) für Mikrofone, Mikrofonkalibrator *m* nach dem Reziprozitätsverfahren
~ **recording** Mikrofonaufnahme *f*
~ **separation** Mikrofonabstand *m*
~ **socket** Mikrofonbuchse *f*
~ **spacing** Mikrofonabstand *m*
~ **stand** Mikrofonstativ *n*
~ **supply** Mikrofonspeisung *f*, Mikrofonstromversorgung *f*
~ **support** Mikrofonhalterung *f*
~ **suspension** Mikrofonaufhängung *f*
~ **switch** Sprechschalter *m*, Sprechtaste *f*
~ **system** Mikrofonanlage *f*
~ **transformer** Mikrofonübertrager *m*, Anpaßübertrager *m* [für Mikrofon]
~ **tripod** Mikrofonstativ *n*
~ **unit** Mikrofoneinheit *f*
microphonic carbon Mikrofonkohle *f*
~ **effect** Mikrofonie *f*, Klingen *n*
~ **trouble** Mikrofoniestörung *f*
microphonics, microphony Mikrofonie *f*, Klingen *n*
mid-band Bandmitte *f*
~-**band frequency** Bandmittenfrequenz *f*
~-**band gain** Übertragungsfaktor *m* (Verstärkung *f*) in Bandmitte
~-**frequency** Mittenfrequenz *f*
midband Bandmitte *f*
middle ear Mittelohr *n*
~-**ear muscle reflex** Mittelohrmuskelreflex *m*; akustischer Reflex *m*
~ **frequency** mittlere Frequenz *f*, Frequenz *f* im mittleren Bereich
midget microphone Zwergmikrofon *n*, Kleinstmikrofon *n*
MIDI *s.* musical instrument digital interface
~ **keyboard** Tasteninstrument *n* (Keyboard *n*) mit MIDI (MIDI-Interface)
midpoint Mitte *f*, Punkt *m* in der Mitte
midrange mittlerer Bereich *m*, Mittenbereich *m*; Bereichsmitte *f*
midscale Skalenmitte *f*
mike/to mit einem Mikrofon aufnehmen
mike Mikrofon *n*
mild hearing loss schwacher (leichter) Hörverlust *m*, geringgradige Schwerhörigkeit *f*
mineral fibre Mineralwolle *f*, Schlackenwolle *f*, Steinwolle *f*
~ **fibre board** Mineralwolleplatte *f*
~ **wool** Mineralwolle *f*, Schlackenwolle *f*, Steinwolle *f*
mini disk system MD-System *n*, digitales Schallplattensystem *n* mit piezoelektrischer Abtastung
~-**shaker** kleiner Schwingungserreger *m* (Schwingtisch *m*)
minim halbe Note *f*
~ **rest** halbe Pause *f*
minimum audible field Schwellenschalldruck *m* im freien Feld, Hörschwelle *f* im freien Schallfeld
~ **direction finding** Minimumpeilung *f*
~ **hold** Halten *n* des Kleinstwertes (Minimalwertes)
minor key Molltonart *f*
~ **lobe** Nebenkeule *f*, Nebenzipfel *m* *(Richtcharakteristik)*
~ **scale** Molltonleiter *f*
~ **third** kleine Terz *f*
mirror Spiegel *m*
~ **imaging** Spiegelquellenbildung *f*
misalignment Fehlabgleich *m*, Fehlausrichtung *f*
mismatch/to fehlanpassen, fehlabgleichen
mismatch[ing] Fehlanpassung *f*
mistracking Verlassen *n* der Spur (Rille); Verfehlen *n* der Spur (Rille)
mistune/to falsch abstimmen, verstimmen
mistuning Fehlabstimmung *f*
mix/to mischen
mixer Mischpult *n*, Tonmischeinrichtung *f*
~ **console** Mischpult *n*, Tonmischeinrichtung *f*
mixing console Mischpult *n*, Tonmischeinrichtung *f*
~ **control** Mischregler *m*, Überblendregler *m*
~ **desk** Mischpult *n*, Tonmischeinrichtung *f*
mobility Beweglichkeit *f*; [mechanischer] Mitgang *m*
modal analysis Modalanalyse *f*, Analyse *f* der Schwingungsform
~ **density** Modendichte *f*
~ **number** Ordnungszahl *f* [der Eigenfrequenz]
~ **shape** Schwingungsmode *f*, Schwingungsform *f*
mode 1. Art *f* und Weise *f*; Betriebsart *f*, Wirkungsweise *f*, Arbeitsweise *f*; 2. Mode *f*, Mo-

dus *m*, Schwingungstyp *m*, Schwingungsmodus *m*, Wellentyp *m*
~ **conversion** Modenumwandlung *f*
~ **density** Modendichte *f*
~ **of motion** Bewegungsart *f*
~ **of operation** Betriebsart *f*, Arbeitsweise *f*, Wirkungsweise *f*
~ **of oscillation** Schwingungsmode *f*, Schwingungsform *f*
~ **of presentation** Darbietungsart *f*, Art *f* (Form *f*) der Darbietung
~ **of propagation** Ausbreitungsart *f*
~ **of vibration** Schwingungsmode *f*, Schwingungsform *f*
model Modell *n*, Nachbildung *f*
modeling Modellierung *f*, Modellbildung *f*
modular design Modulbauweise *f*, Bausteintechnik *f*, Baukastentechnik *f*
~ **sound level meter** modularer Schallpegelmesser *m*
modulate/to modulieren
modulation Modulation *f*; Aussteuerung *f*
~ **distortion** Modulationsverzerrung *f*
~ **factor** Modulationsgrad *m*
~ **noise** Modulationsrauschen *n*
~ **reduction factor** Modulationsreduktion *f*, Kennwert *m* der Modulationsverringerung
~ **transfer function** Modulationsübertragungsfunktion *f*, MTF
~ **wheel** Modulationssteller *m*, Modulationsstellrad *n*, Vibratosteller *m*
modulator Modulator *m*
module Modul *m*, Baustein *m*, Baugruppe *f*, Baueinheit *f*
modulus Modul *m*; Betrag *m*, Zahlenwert *m* [ohne Vorzeichen]
~ **of elasticity** Elastizitätsmodul *m*, E-Modul *m*
moist feucht
moisture Feuchtigkeit *f*, Feuchte *f*
~**-proof** feuchtigkeitsgeschützt
molecular acoustic absorption molekulare Schallabsorption *f*
~ **acoustics** Molekularakustik *f*
~ **motion (movement)** Molekularbewegung *f*
~ **sound absorption** molekulare Schallabsorption *f*
moment Moment *m*; Drehmoment *n*; Zeitpunkt *m*
~ **of inertia** Trägheitsmoment *n*
momentum Impuls *m (Mechanik)*; Schwung *m*, Wucht *f*
~ **conservation law** Impulserhaltungssatz *m*
monaural monaural, einkanalig; einohrig
~ **hearing** einohriges Hören *n*, Hören *n* mit einem Ohr
monitor/to überwachen, kontrollieren, überprüfen; mithören, abhören
~ **aurally** nach Gehör überwachen, kontrollierend mithören
~ **the recording (transmission) level** die Aussteuerung überwachen (kontrollieren)
monitor Monitor *m*, Kontrollgerät *n*, Überwachungsgerät *n*; Mithöreinrichtung *f*, Abhörgerät *n*
~ **amplifier** Kontrollverstärker *m*; Abhörverstärker *m*
~ **earphone** Kontrollhörer *m*, Kontrollkopfhörer *m*
~ **equipment** Überwachungseinrichtung *f*, Mithöreinrichtung *f*, Abhöreinrichtung *f*
~ **jack** Mithörklinke *f*
~ **loudspeaker** Kontrollautsprecher *m*, Abhörlautsprecher *m*
~ **man** Tonmeister *m*; Toningenieur *m*
~ **oscilloscope** Kontrolloszilloskop *n*
~ **room** Abhörraum *m*, Kontrollraum *m*
monitoring Überwachung *f*, Kontrolle *f*; Mithören *n*, Abhören *n*
~ **amplifier** Kontrollverstärker *m*; Abhörverstärker *m*
~ **audiometry** audiometrische Überwachung *f* (Kontrollmessung *f*)
~ **box** Abhör[lautsprecher]box *f*
~ **button** Mithörtaste *f*
~ **circuit** Mithörschaltung *f*
~ **control** Mithörregler *m*
~ **desk** Kontrollpult *n*, Regiepult *n*, Mischpult *n*, Tonmischeinrichtung *f*
~ **device** Abhöreinrichtung *f*, Abhöreinheit *f*
~ **equipment** Kontrolleinrichtung *f*, Überwachungseinrichtung *f*, Mithöreinrichtung *f*, Abhöreinrichtung *f*
~ **jack** Mithörklinke *f*
~ **key** Mithörtaste *f*
~ **loudspeaker** Kontrollautsprecher *m*, Abhörlautsprecher *m*
~ **of recording (transmission) level** Aussteuerungskontrolle *f*
~ **operator** Tonmeister *m*; Toningenieur *m*
~ **point** Meßstelle *f*, Kontrollstelle *f*
~ **room** Abhörraum *m*, Kontrollraum *m*
~ **studio station** Studioabhöreinrichtung *f*
~ **terminal** Meßstelle *f*, Kontrollstelle *f*
~ **track** Kontrollspur *f*
mono monophon, Mono...
mono Monosystem *n*, Monowiedergabe *f*; Monoschallplatte *f*
~ **record** Monoschallplatte *f*, Monoplatte *f*
~ **record player** Monoplattenspieler *m*
monoaxial in einer Raumrichtung (Achsrichtung)
monophonic monophon, Mono...
monopole Kugelstrahler *m*, Strahler *m* nullter Ordnung
~ **sound source** Schallquelle *f* nullter Ordnung
~ **source** Quelle *f* nullter Ordnung, Kugelstrahler *m*; Punktstrahler *m*, Punktquelle *f*
monosyllable Einzelsilbe *f*

monotonic, monotonous monoton, gleichförmig; eintönig
monotonousness *s.* monotony
monotony Monotonie *f*, Gleichförmigkeit *f*; Eintönigkeit *f*
mother Mutter *f*, Mutterplatte *f*
motion Bewegung *f*
~ **analysis** Stroboskopie *f*
~ **analyzer** Stroboskop *n*
~ **picture** Film *m*; Laufbild *n*
~-**picture camera** Filmkamera *f*; Filmaufnahmekamera *f*
~-**picture projector** Filmvorführapparat *m*, Filmprojektor *m*, Filmvorführgerät *n*
~ **sickness** Bewegungskrankheit *f*, Kinetose *f*
motional Bewegungs...
~ **admittance** Bewegungsadmittanz *f*
~ **feedback** Bewegungsgegenkopplung *f*
~ **impedance** Bewegungsimpedanz *f*
motionless unbeweglich, bewegungslos
motive force antreibende (bewegende) Kraft *f*, Antriebskraft *f*
motor board Laufwerkplatte *f (Magnetbandgerät)*
~ **pulley** Motorriemenscheibe *f*
~ **rumble** Laufgeräusch *n (Plattenspieler)*
~ **speed** Motordrehzahl *f*
~ **vehicle noise** Kraftfahrzeuglärm *m*
mounted resonance Resonanz *f* im eingebauten (montierten, angebrachten) Zustand
~ **resonance frequency** Resonanzfrequenz *f* im eingebauten Zustand
mounting kit Montageteilesatz *m*, Satz *m* an Befestigungselementen
~ **magnet** Haftmagnet *m*
~ **thread** Befestigungsgewinde *n*
mouth cavity Mundhöhle *f*
~ **of horn** Trichteröffnung *f*
~ **organ** Mundharmonika *f*
~ **simulator** künstlicher Mund *m*, Mundnachbildung *f*, Mundsimulator *m*
mouthpiece Mundstück *n*; Mikrofontrichter *m*, Sprechtrichter *m*
movable partition bewegliche Trennwand *f*
move in opposition/to sich gegenphasig (in Gegenphase) bewegen
~ **in step** sich gleichphasig (in Phase) bewegen
moving coil Drehspule *f*; Tauchspule *f*, Schwingspule *f*
~-**coil headphone** dynamischer Kopfhörer *m*
~-**coil loudspeaker** dynamischer (elektrodynamischer) Lautsprecher *n*
~-**coil microphone** Tauchspulmikrofon *n*, dynamisches Mikrofon *n*
~-**coil pick-up** dynamischer Aufnehmer *m*
~-**coil receiver** dynamischer Fernhörer *m*
~-**coil transducer** dynamischer Wandler *m* (Aufnehmer *m*)
~-**coil vibration pick-up** dynamischer (elektrodynamischer) Schwingungsaufnehmer *m*
~-**coil vibration shaker (table)** elektrodynamischer Schwingungserreger *m* (Schwingtisch *m*)
~-**conductor loudspeaker** dynamischer (elektrodynamischer) Lautsprecher *m*
~-**conductor microphone** dynamisches (elektrodynamisches) Mikrofon *n*
~-**conductor receiver** dynamischer Fernhörer *m*
~ **force** antreibende (bewegende) Kraft *f*, Antriebskraft *f*
~-**iron loudspeaker** [elektro]magnetischer Lautsprecher *m*
~-**iron microphone** [elektro]magnetisches Mikrofon *n*
~-**iron pick-up** magnetischer (elektromagnetischer) Tonabnehmer *m* (Aufnehmer *m*)
~-**iron receiver** magnetischer Fernhörer *m*
mpx filter MPX-Filter *n*, Stereoseitenbandfilter *n*
~ **signal** MPX-Signal *n*, [einkanalig] kodiertes Stereosignal *n*
muffle/to dämpfen, abschwächen *(Schall)*
muffler Dämpfer *m*, Schalldämpfer *m*
muffling Dämpfung *f*, Schalldämpfung *f*
multi-axis vibration Schwingungen *fpl* in mehreren Achsrichtungen (Raumrichtungen)
~-**delay equipment** Mehrfachverzögerungsgerät *n*, Mehrfachverzögerungseinrichtung *f*
~-**pass analysis** serielle Analyse *f*, Analyse *f* in aufeinanderfolgenden Schritten (Durchgängen)
~-**playback** Mehrfachplayback *n*, Multiplayback *n*
multicellular loudspeaker Vielzellenlautsprecher *m*
multichannel mehrkanalig, Mehrkanal..., vielkanalig, Vielkanal...
~ **amplifier** Mehrkanalverstärker *m*
~ **loudspeaker** Mehrwegelautsprecher *m*, Mehrfachlautsprecher *m*, Lautsprecherkombination *f*
~ **tape recorder** Mehrkanalmagnetbandgerät *n*
~ **transmission** Mehrkanalübertragung *f*
multidirectional vibration Schwingungen *fpl* in mehreren Achsrichtungen (Raumrichtungen)
multifilter Filterbank *f*
multipath propagation Mehrwegeausbreitung *f*, Mehrfachausbreitung *f*
~ **reflection** Mehrwegereflexion *f*
multiple-degree-of-freedom system System *n* mit mehreren (vielen) Freiheitsgraden
~ **echo** Mehrfachecho *n*, Vielfachecho *n*
~ **head** Mehrspurmagnetkopf *m*, Mehrspurtonkopf *m*
~ **loudspeaker** Lautsprechergruppe *f*; Tonsäule *f*

~ **magnetic head** Mehrspurmagnetkopf *m*, Mehrspurtonkopf *m*
~ **microphone** Mehrfachmikrofon *n*
~ **propagation** Mehrwegeausbreitung *f*
~ **reflection** Mehrfachreflexion *f*, Vielfachreflexion *f*
~ **sound track** Vielfachtonspur *f*, Mehrfachtonspur *f*
~**-stage** mehrstufig, Mehrstufen...
~ **tones** Tongemisch *n*
~**-track** vielspurig, Vielspur..., mehrspurig, Mehrspur...
multiplex signal MPX-Signal *n*, [einkanalig] kodiertes Stereosignal *n*
multiplexer Umschalter *m*
multiply reflected mehrfach reflektiert
multipoint selector Meßstellenumschalter *m*
multipurpose auditorium (hall) Mehrzwecksaal *m*
~ **studio** Mehrzweckstudio *n*
multireflection Mehrfachreflexion *f*, Vielfachreflexion *f*
multisine Mehrfachsinus *m*
multispectrum Multispektrum *n*; Spektrenfolge *f*
multistage, multistep mehrstufig, Mehrstufen...
multitrack vielspurig, Vielspur..., mehrspurig, Mehrspur...
~ **head** Mehrspurmagnetkopf *m*, Mehrspurtonkopf *m*
~ **recording** Mehrspuraufzeichnung *f*
multiway loudspeaker system Mehrwegelautsprecher *m*, Mehrwegelautsprecheranordnung *f*
music 1. Musik *f*; Musikstück *n*; 2. Noten *fpl*
~ **box** Musikautomat *m*
~ **circuit** Rundfunkleitung *f*, Rundfunkübertragungsleitung *f*
~ **hall** Konzerthalle *f*; Varieté *n*
~**-loaded** musikbespielt *(Tonband)*
~ **power** Musikleistung *f*
~ **rack** Notenständer *m*
~ **search** Musiksuchlauf *m*
~ **stand** Notenpult *n*
musical musikalisch, Musik...
musical acoustics musikalische Akustik *f*
~ **balance** musikalische Balance *f*, musikalisches Gleichgewicht *n*
~ **box** Spieldose *f*
~ **clock** Spieluhr *f*
~ **instrument** Musikinstrument *n*
~ **instrument digital interface** Digitalinterface *n* für Musikinstrumente, MIDI *n*
~ **part** Musikstimme *f*, Stimme *f*
~ **pitch** Stimmung *f*, [musikalische] Tonhöhe *f*
~ **scale** Tonleiter *f*; musikalische Stimmung *f*
musicassette Musikkassette *f*
musician Musiker *m*
mute/to dämpfen, abschwächen, verstummen lassen *(Schall)*
mute stumm; stummgetastet; taubstumm
mute 1. Taubstummer *m*; 2. Dämpfer *m (Musikinstrument)*; Schalldämpfer *m*
~ **switch** Räuspertaste *f*, Stummtaste *f*
muting Abschwächen *n*, Dämpfung *f*, Schalldämpfung *f*; Stummschaltung *f*
~ **switch** Räuspertaste *f*, Stummtaste *f*
mutual gegenseitig, wechselseitig
~ **attraction** gegenseitige Anziehung *f*
~ **impedance** Koppelimpedanz *f*
~ **inductance (inductivity)** Gegeninduktivität *f*
~ **interference** gegenseitige Störung *f*
~ **repulsion** gegenseitige Abstoßung *f*

N

N *s.* newton
N network N-Filter *n*, Bewertungsfilter *n* für die N-Kurve
N wave N-Welle *f (Überschallknall)*
N-weighted N-bewertet
N-weighting N-Bewertung *f*
NAH *s.* near field acoustic holography
narration microphone Mikrofon *n* (Kommentarmikrofon *n*) für Kameramann
narrow acceptance-angle microphone scharf bündelndes Richtmikrofon *n*
~ **band** schmales Band *n*
~**-band analyzer** Schmalbandanalysator *m*
~**-band filter** Schmalbandfilter *n*
~**-band noise** Schmalbandrauschen *n*
~**-band spectrum** Schmalbandspektrum *n*
nasal [sound] Nasallaut *m*
nasopharynx Nasen-Rachen-Raum *m*
natural flexural frequency Biegeeigenfrequenz *f*
~ **frequency** Eigenfrequenz *f*
~ **period of vibration** Eigenschwingungsdauer *f*
~ **mode** Eigenmode *f*, Eigenschwingungsmode *f*
~ **resonance** Eigenresonanz *f*
~ **temperament** reine Stimmung *f*, natürliche Stimmung *f*
~ **vibration** Eigenschwingung *f*
near field Nahfeld *n*
~ **field acoustic holography** akustische Nahfeldholographie *f*
~**-singing [condition]** Pfeifneigung *f*
~ **sound field** Nahfeld *n*
necklace microphone Kehlkopfmikrofon *n*
needle 1. Nadel *f*; 2. Zeiger *m*
~ **bearing** Nadellager *n*
~ **holder** Nadelhalter *m*, Nadelträger *m*
~ **pulse** Nadelimpuls *m*, Dirac-Impuls *m*
~ **scratch** Nadelgeräusch *n*, Abspielgeräusch *n*
~ **wear** Nadelabnutzung *f*, Nadelverschleiß *m*

NEF *s.* noise exposure forecast
negative current feedback Stromgegenkopplung *f*
~ **feedback** Gegenkopplung *f*
~ **feedback amplifier** gegengekoppelter Verstärker *m*
~ **feedback circuit** Gegenkopplungsschaltung *f*
~ **feedback ratio** Gegenkopplungsgrad *m*
~-**going** negativ gerichtet, in negativer Richtung
~-**going edge** abfallende Flanke *f*, Abwärtsflanke *f*
~ **voltage feedback** Spannungsgegenkopplung *f*
neighbourhood noise Nachbarschaftslärm *m*
neper Neper, Np *(Pegeleinheit)*
nerve impulse Nervenimpuls *m*
net gain Gesamtverstärkung *f*, Gesamtverstärkungsfaktor *m*
network Netz *n*, Netzwerk *n*, Schaltung *f*
~ **analogue** Netzwerknachbildung *f*
~ **analysis** Netzwerkanalyse *f*
~ **theory** Netzwerktheorie *f*; Vierpoltheorie *f*
neutral axis neutrale Faser *f*
news presenter Nachrichtensprecher *m*, Nachrichtensprecherin *f*
~-**room** Nachrichtenstudio *n*
newscast Nachrichten *fpl*, Nachrichtensendung *f*
newscaster Nachrichtensprecher *m*
newsmedia Nachrichtenmedien *npl*
newsreader Nachrichtensprecher *m*
newton Newton *n*, N *(Einheit der Kraft)*
NIC *s.* noise insulation class
Nichols plot Nicholsdiagramm *n (Pegel über Phase)*
NIPTS *s.* noise-induced permanent threshold shift
no-load Leerlauf *m*, unbelasteter Zustand *m*
~-**loss** verlustfrei
nodal line Knotenlinie *f*
~ **point** Knotenpunkt *m*
node Knoten *m*, Wellenknoten *m*
noise Geräusch *n*; Lärm *m*; Rauschen *n*
~ **abatement** Geräuschunterdrückung *f*; Lärmbekämpfung *f*, Lärmschutz *m*
~ **abatement zone** Lärmschutzzone *f*
~ **amplitude** Rauschamplitude *f*
~ **analyzer** Geräuschanalysator *m*
~ **area** Lärmgebiet *n*, Lärmschutzgebiet *n*, Lärmschutzzone *f*
~ **at work** Arbeitslärm *m*
~ **audiogram** Mithörschwellenaudiogramm *n (Verdeckung durch Rauschen)*
~ **average meter** integrierender Schallpegelmesser *m*
~ **background** Grundrauschen *n*, Eigenrauschen *n*; Rauschhintergrund *m*
~ **bandwidth** Rauschbandbreite *f*
~ **burst** Rauschimpuls *m*
~ **cancellation** Störschallunterdrückung *f*; Rauschunterdrückung *f*
~-**cancelling microphone** störschallunterdrückendes Mikrofon *n*, Mikrofon *n* mit Störschallunterdrückung
~ **check** Lärmkontrolle *f*, Lärmkontrollmessung *f*, kontrollierende Schallpegelmessung *f*, (Geräuschmessung *f*)
~ **climate** Lärmklima *n*
~ **code** Lärmschutzverordnung *f*
~-**compatible** lärmarm, den Lärmgrenzwert einhaltend
~-**compensated** rauschkompensiert
~ **complaint** Beschwerde *f* wegen Lärms
~ **component** Rauschanteil *m*, Rauschkomponente *f*; Lärmanteil *m*, Lärmkomponente *f*
~ **conduction** Weiterleitung *f* von Lärm (Geräuschen), [unerwünschte] Schalleitung *f* (Schallübertragung *f*)
~ **contamination** Verlärmung *f*, Störung *f* durch Lärm; Störung *f* durch Rauschen
~ **contour** Kurve *f* gleichen Schallpegels (Geräuschpegels)
~ **control** Lärmbekämpfung *f*
~-**control requirement** Lärmschutzforderung *f*
~ **criterion** Lärmkriterium *n*, Lärmgrenzwert *m*
~ **damage risk** Lärmgefährdung *f*, Lärmschadensrisiko *n*
~-**deadening** schalldämpfend, geräuschdämpfend
~ **descriptor** Lärmkenngröße *f*, Lärmkennwert *m*, Lärmparameter *m*
~ **disturbance level** Lärmlästigkeitspegel *m*
~ **dose** Lärmdosis *f*
~ **dosemeter (dosimeter)** Lärmdosimeter *n*
~ **elimination** Beseitigung *f* (Unterdrückung *f*) des Störrauschens (Störgeräuschs)
~ **emission** Lärmemission *f*, Geräuschemission *f*, Lärmabstrahlung *f*
~ **emission test** Prüfung *f* der Lärmemission (Geräuschentwicklung)
~ **enclosure** Lärmschutzkabine *f*, Lärmschutzkapsel *f*
~ **environment** Lärmmilieu *n*, Lärmumgebung *f*, Lärmsituation *f*
~ **event** Schallereignis *n*
~-**excluding** lärmdämmend, schalldämmend
~-**excluding headset** schalldämmendes Hörerpaar *n*, schalldämmende Hör-Sprech-Garnitur *f*
~-**exclusion helmet** Gehörschutzhelm *m*
~ **exposure** Lärmeinwirkung *f*; Lärmexposition *f*, Lärmdosis *f*
~ **exposure forecast** Lärmimmissionsprognosewert *m*
~ **exposure index** Lärmbewertungsindex *m*
~ **exposure intensity** Lärmintensität *f*, Stärke *f* der Geräuscheinwirkung

~ **exposure level** Pegel *m* der Lärmexposition, Lärmdosispegel *m*
~ **exposure meter** Lärmexposimeter *n*, Lärmdosimeter *n*
~ **factor, ~ figure** Rauschfaktor *m*, Rauschzahl *f*
~ **filter** Rauschfilter *n*, Geräuschfilter *n*, Geräuschsperre *f*, Stör[schutz]filter *n*
~ **floor** Grundrauschen *n*, Eigenrauschen *n*; Grundgeräusch *n*; Grundgeräuschpegel *m*, Rauschhintergrund *m*
~ **fluctuation level** Lärmpegelschwankungsbreite *f*, Schwankungsbreite *f* des Lärmpegels
~-**free** rauschfrei; geräuschfrei
~ **gate** Störsperre *f*, Krachtöter *m*, Geräuschtöter *m*
~ **generation** 1. Rauscherzeugung *f*, Erzeugung *f* von Rauschen; 2. Lärmentstehung *f*, Lärmerzeugung *f*
~ **generator** Rauschgenerator *m*
~ **guard** Lärmwächter *m*, Lärmüberwachungsgerät *n*
~ **guards** Lärmschutzmittel *npl*
~ **hazard** Lärmgefährdung *f*, Lärmschadensrisiko *n*
~ **helmet** Gehörschutzhelm *m*
~ **immission** Lärmimmission *f*, Lärmeinwirkung *f*, Geräuscheinwirkung *f*
~-**induced** lärmbedingt, durch Lärm verursacht
~-**induced damage to hearing** Lärmschaden *m*, lärmbedingter Hörschaden *m*, lärmbedingte Gehörschädigung *f*
~-**induced deafness** Lärmtaubheit *f*
~-**induced hearing damage** Lärmschaden *m*, lärmbedingter Hörschaden *m*, lärmbedingte Gehörschädigung *f*
~-**induced hearing loss (impairment)** Lärmschwerhörigkeit *f*
~ **insulation class** Schallschutzklasse *f*, Luftschallschutzklasse *f*
~ **intensity** Lärmintensität *f*, Geräuschstärke *f*
~ **intrusion** [von außen einwirkende] Lärmstörung *f*, Verlärmung *f*
~ **killer** Geräuschtöter *m*, Störschutzfilter *n*, Störsperre *f*, Krachtöter *m*
~ **legislation** Lärmgesetzgebung *f*
~ **level** Lärmpegel *m*, Geräuschpegel *m*; Rauschpegel *m*, Störpegel *m*, Fremdspannungspegel *m*
~ **level analyzer** Pegelstatistikgerät *n*, statistischer Pegelanalysator *m* (Schallpegelanalysator *m*, Analysator *m*), Klassiergerät *n*, Pegelklassiergerät *n*
~ **level meter** Fremdspannungsmesser *m*
~ **level voltage** Fremdspannung *f*, Störspannung *f*; Rauschspannung *f*
~ **limit** Lärmgrenzwert *m*
~ **limit indicator** akustischer Grenzwertmelder *m*, Lärmgrenzwertmelder *m*, Geräuschwächter *m*
~ **limitation** Störbegrenzung *f*
~ **limiter** 1. Störbegrenzer *m*; 2. Lärmwächter *m*, Lärmbegrenzer *m*
~ **load[ing]** Lärmbelastung *f*
~ **map** Lärmkarte *f*
~ **mapping** Aufstellen *n* (Aufnahme *f*) einer Lärmkarte, Lärmkartierung *f*
~ **measurement** Lärmmessung *f*, Geräuschmessung *f*; Rauschmessung *f*
~-**measuring equipment** Lärmmeßausrüstung *f*, Lärmmeßeinrichtung *f*, Geräuschmeßausrüstung *f*
~-**measuring instrument** Lärmmeßgerät *n*, Geräuschmeßgerät *n*
~-**measuring instrumentation** Lärmmeßausrüstung *f*, Lärmmeßeinrichtung *f*, Geräuschmeßeinrichtung *f*
~ **meter** Lärmmesser *m*; Geräuschmesser *m*
~ **minimum** Rauschminimum *n*
~ **monitor** Lärmwächter *m* Geräuschwächter *m*, Lärmüberwachungsgerät *n*
~ **monitoring** Lärmüberwachung *f*, Lärmkontrolle *f*, Geräuschpegelüberwachung *f*
~ **monitoring terminal** [feste, fest installierte] Lärmmeßstelle *f*
~ **nuisance** Lärmlästigkeit *f*
~ **output** Rauschleistung *f*
~ **peak** Lärmspitze *f*, Geräuschspitze *f*
~ **pollution** Verlärmung *f*, [unerwünschte] Lärmeinwirkung *f*
~ **power** Rauschleistung *f*
~ **pressure** Schalldruck *m* [des Lärms]
~ **prevention** Schallschutz *m*, Lärmbekämpfung *f*
~ **profile** Lärmprofil *n*, zeitliche Pegelverteilung *f*, Lärm[pegel]-Zeit-Struktur *f*
~ **pulse** Rauschimpuls *m*
~ **radiation** Lärmabstrahlung *f*, Geräuschabstrahlung *f*
~ **rating** Lärmbewertung *f (durch einen Zahlenwert)*
~-**rating curve** Lärmbewertungskurve *f*, NR-Kurve *f*
~-**rating index** Lärmbewertungszahl *f*, Geräuschbewertungszahl *f*, NR-Zahl *f*
~-**rating level** Beurteilungspegel *m*
~-**rating number** Lärmbewertungszahl *f*, Geräuschbewertungszahl *f*, NR-Zahl *f*
~-**reduced** lärmarm, lärmgemindert; rauschgemindert
~ **reduction** 1. Lärmminderung *f*, Lärmbekämpfung *f*; 2. Rauschminderung *f*
~-**reduction coefficient** Schallabsorptionsfaktor *m*, Schallabsorptionskoeffizient *m*
~-**reduction procedure** Lärmbekämpfungsverfahren *n*, Lärmminderungsverfahren *n*
~-**reduction rating** Kennwert *m* der Lärmminderung (Pegelminderung)
~ **rejection** Rauschunterdrückung *f*

~ **sentinel** Lärmwächter *m*, Geräuschwächter *m*, Lärmüberwachungsgerät *n*
~ **shield** Lärmschirm *m*, Lärmschutzschirm *m*
~ **signal** Rauschsignal *n*
~ **silencer** Störaustaster *m*
~ **source** 1. Lärmquelle *f*, Geräuschquelle *f*; 2. Rauschquelle *f*, Störquelle *f*
~ **source identification** Erkennen *f* von Lärmquellen, Lärmquellenerkennung *f*
~ **spectrum** Lärmspektrum *n*, Geräuschspektrum *n*; Rauschspektrum *n*
~ **suppression** Rauschunterdrückung *f*, Störunterdrückung *f*, Geräuschunterdrückung *f*; Lärmabwehr *f*, Lärmbekämpfung *f*
~-**suppression circuit** Schaltung *f* zur Geräuschunterdrückung
~ **suppressor** Geräuschfilter *n*, Geräuschspannungsunterdrücker *m*, Geräuschsperre *f*
~ **survey** orientierende Lärmmessung *f* (Geräuschmessung *f*), Übersichtsmessung *f* [des Lärmpegels]
~-**survey meter** Lärmpegelanzeiger *m*, Schallpegelmesser (Schallpegelanzeiger) *m* geringer Genauigkeit
~ **test** Prüfung *f* der Lärmemission (Lärmentwicklung, Geräuschentwicklung)
~ **transmission** 1. Schalleitung *f*, Schallübertragung *f*; 2. Weiterleitung *f* von Lärm, unerwünschte Schalleitung *f* (Schallübertragung *f*)
~ **voltage** Störspannung *f*, Fremdspannung *f*; Rauschspannung *f*
~ **weighting** Lärmbewertung *f* *(z. B. spektrale Bewertung)*
~ **zone** Lärmzone *f*, Lärmgebiet *n*; Lärmschutzgebiet *n*, Lärmschutzzone *f*
~ **zoning** Einteilung *f* (Einordnung *f*) in Lärmzonen
noiseless still, geräuschlos, geräuscharm, ruhig; rauschfrei, rauscharm
noiselessness Ruhe *f*, Stille *f*; Geräuscharmut *f*
noisiness Lärm *m*; Lärmlästigkeit *f*, Noisiness *f*
noisy laut, geräuschvoll, [akustisch] lästig; verrauscht
nominal bandwidth Nennwert *m* der Bandbreite
~ **impedance** Nennimpedanz *f*
~ **level** Nennpegel *m*, Pegelsollwert *m*
~ **pass-band attenuation** Nenndurchlaßdämpfung *f*
~ **value** Nennwert *m*
non-accelerated unbeschleunigt
~-**attenuated** ungedämpft
~-**contacting** berührungslos
~-**contacting measurement** berührungslose Messung *f*
~-**contacting vibration pick-up** berührungsloser Schwingungsaufnehmer *m*
~-**cyclical field** wirbelfreies Feld *n*
~-**damped** ungedämpft, nicht bedämpft
~-**destructive material testing** zerstörungsfreie Werkstoffprüfung *f*
~-**destructive zoom** signalerhaltende Frequenzlupe *f*
~-**directional** ungerichtet, richtungsunabhängig
~-**directional microphone** ungerichtetes Mikrofon *n*, Mikrofon *n* mit Kugelcharakteristik
~-**directional response** Kugelcharakteristik *f*
~-**directional sound source** Kugelschallquelle *f*, Schallquelle *f* mit Kugelcharakteristik
~-**directional source** Kugelstrahler *m*, Strahler *m* nullter Ordnung
~-**distorting** verzerrungsfrei, unverzerrt
~-**interacting** wechselwirkungsfrei, ohne gegenseitige Beeinflussung
~-**linear** nichtlinear
~-**linear characteristic** nichtlineare Kennlinie *f*
~-**linear distortion** nichtlineare Verzerrung *f*
~-**linearity** Nichtlinearität *f*
~-**magnetic** unmagnetisch, nichtmagnetisch, antimagnetisch
~-**periodic** aperiodisch, nicht periodisch
~-**porous** porenfrei
~-**reciprocal** nichtumkehrbar
~-**recursive filter** nichtrekursives Filter *n*, Filter *n* ohne Signalrückführung
~-**reflecting** reflexionsfrei
~-**reflecting termination** reflexionsfreier Abschluß *m*
~-**rotational field** wirbelfreies Feld *n*
~-**saturated** ungesättigt
~-**stationary** nichtstationär, ortsveränderlich
~-**steady** nichtstetig, unstetig, ungleichförmig, nichtstationär, instationär
~-**steady state** nichtstationärer (instationärer) Zustand *m*
~-**turbulent** turbulenzfrei
~-**uniform** inhomogen, ungleichförmig, ungleichmäßig
~-**uniform acceleration** ungleichförmige Beschleunigung *f*
~-**uniform motion** ungleichförmige Bewegung *f*
~-**uniformity** Ungleichförmigkeit *f*, Ungleichmäßigkeit *f*
~-**vocal consonant** stimmloser Konsonant *m*
~-**volatile memory (store)** nichtflüchtiger Speicher *m*
~-**vortical** wirbelfrei
nonsense syllable Logatom *n* *(einsilbig)*
~ **word** Logatom *n*
normal auditory sensation area Normalhörfläche *f*
~ **component** Normalkomponente *f*
~ **distribution** Gaußverteilung *f*, Normalverteilung *f*
~ **frequency** Normalfrequenz *f*, Eichfrequenz *f*
~ **incidence** senkrechter Einfall *m* *(Welle)*
~-**incidence absorption coefficient, ~-incidence acoustic absorptivity** Schallabsorpti-

onsgrad (Schallschluckgrad) *m* für senkrechten Schalleinfall
~ **mode** Eigenmode *f* (Eigenschwingung *f*) des ungedämpften Systems
~ **mode of oscillation (vibration)** Eigenschwingungsform *f*, Eigenschwingungsmode *f*
~ **pressure** Normaldruck *m*
~ **sound incidence** senkrechter Schalleinfall *m*
~ **sound intensity** Normalkomponente *f* der Schallintensität
~ **sound intensity level** Schallintensitätspegel *m* der Normalkomponente, Schallintensitätspegel *m* in Normalrichtung
~ **tape** Normalband *n*
~ **threshold of audibility (hearing)** Bezugshörschwelle *f*, Normhörschwelle *f*, Standardhörschwelle *f*
~ **threshold of pain** Normschmerzschwelle *f*
normalize/to normieren
normalized impact level Normtrittschallpegel *m*, [auf 10 m^2] bezogener (normierter) Trittschallpegel *m*
~ **impact sound** Normtrittschall *m*
~ **impact sound [pressure] level** Normtrittschallpegel *m*, [auf 10 m^2] bezogener (normierter) Trittschallpegel *m*
~ **level difference** Normpegeldifferenz *f*, [auf 10 m^2] bezogene (normierte) Schallpegeldifferenz *f*
~ **sound level difference** Normschallpegeldifferenz *f*, Normschalldruckpegeldifferenz *f*
nose cone Nasenkonus *m*
notch Kerbe *f*, Einschnitt *m*; Senke *f* *(Kurvenverlauf)*
~ **filter** [schmalbandiges] Sperrfilter *n*
note Note *f*; Ton *m*
noy noy *(Einheit der Lärmlästigkeit)*
Np *s.* neper
NR curve Lärmbewertungskurve *f*, Geräuschbewertungskurve *f*, NR-Kurve *f*
~ **number** Lärmbewertungszahl *f*, Geräuschbewertungszahl *f*, NR-Zahl *f*
NRC *s.* noise-reduction coefficient
NRR *s.* noise-reduction rating
nuisance Lästigkeit *f*
null balance Nullabgleich *m*
~ **detector** Nullindikator *m*, Nullinstrument *n*
~ **drift** Nullpunktdrift *f*, Nullpunktwanderung *f*
~ **indicator** Nullindikator *m*, Nullinstrument *n*
~ **[search] method** Nullmethode *f*, Nullabgleichmethode *f*, Kompensationsverfahren *n*, Nullabgleichverfahren *n*
number of revolutions [per unit time] Drehzahl *f*, Umdrehungszahl *f*
~ **of turns** Windungszahl *f*
numerical indication Digitalanzeige *f*, Ziffernanzeige *f*
Nyquist plot Nyquistdiagramm *n* *(Imaginär- über Realteil)*
~ **rate** Nyquistrate *f*, Abtastfrequenz *f* nach Nyquist

O

object backscattering differential Objekt-Rückstreumaß *n*
objective loudness measurement objektive Lautstärkemessung *f* (Lautstärkepegelmessung *f*)
~ **reference equivalent measurement** Messung *f* der objektiven Bezugsdämpfung, objektive Bezugsdämpfungsmessung *f*, OBDM
~ **reference equivalent meter** OBDM-Meßplatz *m*, objektiver Bezugsdämpfungsmeßplatz *m*
oblique schief, schräg
~ **incidence** schräger Einfall *m* *(Welle)*
~ **incidence absorption coefficient** Absorptionsgrad *m* für schrägen Einfall (Schalleinfall)
oboe Oboe *f*
obstacle Hindernis *n*
occlude/to verschließen, einschließen; verstopfen
occluded ear simulator Kuppler *m*, der das verschlossene Ohr nachbildet
occlusion Verschluß *m*; Verstopfung *f*
occupational deafness Lärmschwerhörigkeit *f*, Lärmtaubheit *f*, berufsbedingte Schwerhörigkeit *f* (Taubheit *f*)
~ **exposure to noise** berufsbedingte Lärmeinwirkung *f* (Geräuscheinwirkung *f*, Lärmexposition *f*); Lärmarbeit *f*
~ **hearing loss** Lärmschwerhörigkeit *f*, Lärmtaubheit *f*, berufsbedingte Schwerhörigkeit *f* (Taubheit *f*)
~ **noise exposure** berufsbedingte Lärmeinwirkung *f* (Geräuscheinwirkung *f*; Lärmexposition *f*); Lärmarbeit *f*
octave Oktave *f*
~ **band** Oktavband *n*, Oktavbereich *m*, Oktave *f* *(Bereich)*
~-**band analyzer** Oktav[band]analysator *m*
~-**band filter** Oktavfilter *n*
~-**band pressure** Oktav[band]schalldruck *m*
~-**band pressure level** Oktav[band]schalldruckpegel *m*, Oktavpegel *m*
~-**band sound pressure** Oktav[band]schalldruck *m*
~-**band sound pressure level** Oktav[band]schalldruckpegel *m*, Oktavpegel *m*
~ **filter** Oktavfilter *n*
~ **selectivity** Dämpfung *f* im Oktavabstand *(von der Bandmitte)*
~ **shift** Oktavieren *n*, Verschieben *n* um eine Oktave, Verschieben *n* um mehrere Oktaven
odd harmonic ungeradzahlige Harmonische *f*
off-axis außerhalb der Achsrichtung
~-**balance** aus dem Gleichgewicht

~-centre exzentrisch
~-line prozeßgetrennt, off-line
~-line operation Off-line-Betrieb *m*, unabhängiger (getrennter) Betrieb *m*
~-line processing Off-line-Verarbeitung *f*, unabhängige (getrennte) Verarbeitung *f*
~-period Ausschaltzeit *f*, Pause *f*, Pausendauer *f*
~-resonance außerhalb der Resonanz
~-screen sound Schall *m* von Vorgängen außerhalb des Bildausschnittes
~-time Ausschaltzeit *f*, Pause *f*, Pausendauer *f*; Impulspause *f*
~-time of a pulse Impulspause *f*
~-tune unrein, verstimmt
omnidirectional ungerichtet, richtungsunabhängig
~ **microphone** ungerichtetes Mikrofon *n*, Mikrofon *n* mit Kugelcharakteristik
~ **response** Kugelcharakteristik *f*
~ **sound source** Kugelschallquelle *f*, Schallquelle *f* mit Kugelcharakteristik
~ **source** Kugelstrahler *m*, Strahler *m* nullter Ordnung
omnidirectivity Kugelcharakteristik *f*
on-axis response Frequenzgang *m* (Übertragungsfaktor *m*) in Achsrichtung
~-board computer eingebauter Rechner *m*
~-condition maintenance zustandsabhängige Wartung *f*
~-line prozeßgekoppelt, on-line
~-line operation On-line-Betrieb *m*, schritthaltender (mitlaufender, prozeßgekoppelter) Betrieb *m*
~-line processing On-line-Verarbeitung *f*, schritthaltende (mitlaufende) Verarbeitung *f*
~-period Einschaltzeit *f*, Einschaltdauer *f*; Einwirkzeit *f*; Impulsdauer *f*
~-screen sound Schall *m* von Vorgängen im Bildausschnitt
~-the-spot calibration Kalibrierung *f* am Meßort (Einsatzort)
~-time Einschaltzeit *f*, Einschaltdauer *f*; Einwirkzeit *f*; Impulsdauer *f*
~-time of a pulse Impulsdauer *f*
one-degree-of-freedom system System *n* mit einem Freiheitsgrad
~ **half octave** Halboktave *f*
~-inch microphone Zollmikrofon *n*, Einzollmikrofon *n*
~ **octave band** Oktavband *n*, Oktavbereich *m*, Oktave *f* *(Bereich)*
~ **third octave** Terz *f*, Dritteloktave *f*
~-third octave band Terzband *n*, Terzbereich *m*, Terz *f* *(Bereich)*
~ **touch record (recording)** Eintastenbedienung *f* bei Aufnahme, Aufnahme *f* mit Eintastenbedienung
~-way rectifier Einweggleichrichter *m*
onset Einsatz *m*, Anfang *m*
~ **of clipping** Begrenzungseinsatz *m*, Einsatz *m* des Begrenzers
~ **rate** Einsatzgeschwindigkeit *f*, Anstiegsgeschwindigkeit *f*
~ **time** Einschwingzeit *f*, Einschwingdauer *f*; Anklingzeit *f*
open-air theatre Freilichtbühne *f*, Freilichttheater *n*
~ **circuit** offener Kreis *m* (Stromkreis *m*), Leerlauf *m*, Leerlaufzustand *m*
~-circuit acoustic impedance akustische Leerlaufimpedanz *f*, akustischer Standwert *m* (Schallimpedanz *f*) bei [elektrischem] Leerlauf
~-circuit impedance Leerlaufimpedanz *f*
~-circuit sensitivity Leerlaufübertragungsfaktor *m*
~-circuit sensitivity level Leerlaufübertragungsmaß *n*
~-circuit voltage Leerlaufspannung *f*
~-ended offen, leerlaufend
~ **loop** offener Kreis *m*, offener Regelkreis *m*, offene Schleife *f*
~-loop detection Erkennung *f* einer Regelschleifenunterbrechung
~-loop gain Leerlaufverstärkung *f*; Verstärkung *f* (Verstärkungsfaktor *m*) des offenen Regelkreises
~-reel [tape] recorder Spulenbandgerät *n*, Spulentonbandgerät *n*
~ **string** leere Saite *f*
opened loop offener Kreis *m* (Regelkreis *m*), offene Schleife *f*
operating condition Betriebsbedingung *f*
~ **frequency** Arbeitsfrequenz *f*
~ **range** Arbeitsbereich *m*, Funktionsbereich *m*
operational amplifier Operationsverstärker *m*
operator 1. Operator *m* *(Math.)*; 2. Bedienperson *f*
~ **guidance** Bedienerführung *f*
~ **position** Lage *f* (Stellung *f*, Standort *m*) der Bedienperson
~ **prompting** Bedienerführung *f*, rechnergeführte Bedienung *f*
opposite direction Gegenrichtung *f*
~ **phase** Gegenphase *f*
~ **poles** ungleichnamige Pole *mpl*
optical sound Lichtton *m*
~ **sound recorder** Lichttonaufzeichnungsgerät *n*, Gerät *n* zur optischen Schallaufzeichnung
~ **sound recording** Lichttonaufzeichnung *f*, optische Schallaufzeichnung *f*
~ **sound reproducer** Lichttonwiedergabegerät *n*, Gerät *n* zur optischen Schallwiedergabe
~ **sound track** Lichttonspur *f*, Lichttonaufzeichnung *f*
option Wahlmöglichkeit *f*, Option *f*; [mögliche] Ergänzung *f* (Erweiterung *f*)
optoacoustics Optoakustik *f*, Fotoakustik *f*
oral mündlich; Mund...

orchestra Orchester *n*
~ **pit** Orchestergraben *m*
orchestral music Orchestermusik *f*
order number Ordnungszahl *f*
~ **of a filter** Filterordnung *f*
~ **of harmonics** Ordnungszahl *f* der Harmonischen
~ **signal** Befehlssignal *n*
~ **tracking** Ordnungsanalyse *f*
ordinary sound level meter Schallpegelmesser *m* normaler Genauigkeit
ordinate Ordinate *f*, y-Achse *f*
OREM *s.* objective reference equivalent measurement
organ 1. Organ *n*; 2. Orgel *f*
~ **blowing gear** Orgelgebläse *n*
~ **of balance** Gleichgewichtsorgan *n*
~ **of Corti** Cortisches Organ *n*, Corti-Organ *n*
~ **of hearing** Hörorgan *n*, Gehör *n*
~ **pipe** Orgelpfeife *f*
~ **stop** Orgelzug *m*, Orgelregister *n*
organs of speech Sprechwerkzeuge *npl*
orient[ate]/to orientieren, ausrichten; sich ausrichten
orientation 1. Orientierung *f*, Ausrichtung *f*; 2. Ortung *f*, Peilung *f*
origin of coordinates Koordinatenursprung *m*
original master Vater *m*, Vaterplatte *f (Schallplattenherstellung)*
orthogonal orthogonal, rechtwinklig, zueinander senkrecht
orthophonic klangtreu, lautgetreu
oscillate/to schwingen, oszillieren; pendeln; zum Schwingen bringen
oscillating component Wechselanteil *m*, Wechselkomponente *f*
~ **quantity** Wechselgröße *f*
oscillation Schwingung *f*, Oszillation *f*; Pendelung *f*
~ **period** Schwingungsdauer *f*
oscillator Oszillator *m*, Schwingungserzeuger *m*, Schwingungsgenerator *m*, Schwinger *m*
oscillatory schwingend; schwingungsfähig
oscillogram Oszillogramm *n*
oscillograph Oszillograph *m*
~ **tube** Katodenstrahlröhre *f*, Oszillographenröhre *f*
oscilloscope Oszilloskop *n*
osophone Knochenleitungshörer *m*
ossicle Gehörknöchel *m*
ossicular chain Gehörknöchelkette *f*
otitis media Mittelohrvereiterung *f*
otologic[al] ohrenärztlich, otologisch, Ohren...
otologist Otologe *m*, Ohrenarzt *m*
otology Otologie *f*, Ohrenheilkunde *f*
otosclerosis Otosklerose *f*, Mittelohrverknöcherung *f*
ototoxic toxisch (schädlich, gefährlich) für das Ohr, ohrschädigend
out-of-band rejection Sperrdämpfung *f*, Dämpfung *f* im Sperrbereich; Weitabdämpfung *f*
~-**of-band ripple** Welligkeit *f* außerhalb des Durchlaßbereichs
~-**phased** außer Phase, phasenverschoben
outage Ausfall *m*, Versagen *n*
outdoor measurement Außenmessung *f*, Messung *f* im Freien
~ **microphone** wetterfestes (wettergeschütztes) Mikrofon *n*, Mikrofon *n* für Einsatz im Freien
~ **microphone enclosure** wetterfestes Mikrofongehäuse *n*
~ **microphone system** wetterfeste Mikrofonausrüstung *f*, Mikrofonsystem *n* (Mikrofonanlage *f*) für Betrieb im Freien
~ **noise** Außenlärm *m*
~ **noise monitoring** Außenlärmüberwachung *f*, Lärmüberwachung *f* im Freien
~ **pick-up** Außenaufnahme *f*, Außenübertragung *f*
outer product Vektorprodukt *n*, vektorielles Produkt *n*
outflow Ausströmen *n*, Ausfließen *n*
outgoing wave abgehende (austretende) Welle *f*
output/to ausgeben
output 1. Ausgang *m*; 2. Ausgangsgröße *f*, Ausgangssignal *n*; [abgegebene] Leistung *f*
~ **admittance** Ausgangsadmittanz *f*, Ausgangsscheinleitwert *m*
~ **amplifier** Ausgangsverstärker *m*
~ **connector** Ausgangsbuchse *f*, Ausgangssteckverbinder *m*
~ **impedance** Ausgangsimpedanz *f*, Ausgangsscheinwiderstand *m*
~ **jack** Ausgangsbuchse *f*
~ **level** Ausgangspegel *m*, Pegel *m* am Ausgang
~ **power** Ausgangsleistung *f*, abgegebene Leistung *f*
~ **quantity** Ausgangsgröße *f*
~ **signal** Ausgangssignal *n*
~ **socket** Ausgangsbuchse *f*, Ausgangssteckverbinder *m*
~ **stage** Endstufe *f*, Ausgangsstufe *f*
~ **terminal** Ausgangsklemme *f*
~ **transformer** Ausgangstransformator *m*, Ausgangsübertrager *m*
oval window ovales Fenster *n (Ohr)*
overall frequency characteristic (response) Gesamtfrequenzgang *m*, Frequenzgang *m* über alles
~ **gain** Gesamtverstärkung *f*, Gesamtverstärkungsfaktor *m*
~ **level** Gesamtpegel *m*
~ **sensitivity** Gesamtübertragungsfaktor *m*, Übertragungsfaktor *m* (Empfindlichkeit *f*) über alles
~ **sensitivity level** Gesamtübertragungsmaß *n*
~ **shock spectrum** maximales Stoßspektrum *n*
overblow/to überblasen *(Blasinstrument)*

overcoupling, overcritical coupling überkritische Kopplung *f*
overdamp/to überkritisch dämpfen
overdamping überkritische Dämpfung *f*
overdrive/to übersteuern
overdriven übersteuert
overdriving Übersteuerung *f*
overdub/to zusätzlich aufspielen
overdubbing Spurmischung *f*
overexposure zu starke Einwirkung *f*, unzulässig starke Einwirkung *f*
overhear/to [zufällig] mithören
overlap/to [sich] überlappen, [sich] überdecken
overlap[ping] Überlappung *f*, Überdeckung *f*, Überschneidung *f*
overload/to überlasten, überbeanspruchen; übersteuern
overload Überlast *f*, Überbeanspruchung *f*; Übersteuerung *f*
~ **capability (capacity)** Überlastbarkeit *f*, Überlastungsfähigkeit *f*; Übersteuerungsfestigkeit *f*
~ **indicator** Übersteuerungsanzeige *f*, Übersteuerungsanzeiger *m*
~ **margin** Übersteuerungsreserve *f*, Aussteuerungsreserve *f*
~ **protection** Überlastungsschutz *m*, Überlastschutz *m*
~ **sound pressure** Grenzschalldruck *m*
overmodulate/to übersteuern
overmodulation Übersteuerung *f*
overpressure Überdruck *m*
overrange Bereichsüberschreitung *f*
override/to stärker wirken [als], vorherrschen [gegenüber]
oversampling Abtasten *n* mit erhöhter Abtastrate, Überabtastung *f*
overshoot überschwingen
overshoot, overshooting Überschwingen *n*
overtest/to überlasten beim Prüfen
overtesting Überlastung *f* beim Prüfen
overtone Oberton *m*, Oberschwingung *f*
overtravel zu großer Hub *m*, unzulässig großer Hub *m*, zu große Bewegungsweite *f*
~ **stop** Anschlag *m* zur Hubbegrenzung, Hubbegrenzer *m*

P

p-p probe Zweimikrofonsonde *f*
PA system *s.* public address system
packing of granules Zusammenbacken *n* von Körnern (Kohlekörnern)
pad 1. Polster *n*; 2. Dämpfungsglied *n*
~ **roll** Andruckrolle *f*
page/to über eine Personenrufanlage (Rufanlage) rufen
paging system Personenrufanlage *f*
pair comparison test Paarvergleich *m*
~ **of earphones** Hörerpaar *n*, Kopfhörerpaar *n*
~ **of poles** Polpaar *n*
palatal [sound] Gaumenlaut *m*
palate Gaumen *m*
pancake loudspeaker Flachlautsprecher *m*
panel Platte *f*, Tafel *f*; Paneel *n*, Täfelung *f*; Türfüllung *f*; Frontplatte *f*
~ **absorber** [absorbierend wirkender] Plattenschwinger *m*
~ **condition memory** Meßparameterspeicher *m*, Speicher *m* für Einstellwerte
~ **lining** Täfelung *f*, Wandverkleidung *f* [mit Platten]
~ **resonance** Plattenresonanz *f*
~ **setting** Frontplatteneinstellung *f*
panelling Täfelung *f*, Wandverkleidung *f* [mit Platten]
panoramic potentiometer, panpot Panoramasteller *m*, Panoramapotentiometer *n*
paper drive Papierantrieb *m*
~ **feed** Papiervorschub *m*
~ **[feed] speed** Papiergeschwindigkeit *f*, Papiertransportgeschwindigkeit *f*
~ **strip** Papierstreifen *m*
~ **transport** Papiertransport *m*, Papiervorschub *m*
parabola Parabel *f*
parabolic curve Parabel *f*
~ **reflector** Parabolreflektor *m*, Parabolspiegel *m*
paraboloid mirror (reflector) Parabolreflektor *m*, Parabolspiegel *m*
parallel/to parallelschalten
~**-connected** parallelgeschaltet
~ **connection** Parallelschaltung *f*
~ **filter** Parallelfilter *n*
~**-filter method** Parallelfilterverfahren *n*
~ **interface** Parallelinterface *n*, Parallelschnittstelle *f*
~ **motion** Parallelbewegung *f*
~ **resonance** Parallelresonanz *f*
parallel[l]ing Parallelschaltung *f*
parasitic noise Störgeräusch *n*
~ **oscillation** Störschwingung *f*
~ **signal** Störsignal *n*
part 1. Teil *n*; Teil *m*, Anteil *m*, Bestandteil *m*; 2. Rolle *f*, Partie *f*, Stimme *f*
partial partiell, teilweise, Teil…
partial *s.* ~ tone
~ **deafness** Schwerhörigkeit *f*, partielle (teilweise) Taubheit *f*
~**-height partition** halbhohe Trennwand *f*
~ **loudness** Teillautheit *f*
~ **masking** Teilverdeckung *f*
~ **node** Schwingungsknoten *m* (Knoten *m*) mit teilweiser Auslöschung, Schwingungsknoten *m* (Knoten *m*) ohne vollständige Auslöschung
~ **noise exposure index** partielle relative Lärm-

exposition *f* (Lärmdosis *f*), relative Teillärmexposition *f*
~ **oscillation** Teilschwingung *f*, Partialschwingung *f*
~ **pressure** Partialdruck *m*, Teildruck *m*
~ **sound power** Teilschalleistung *f*, Schalleistungsanteil *m*
~ **sound-reduction index** Schalldämmaß *n* einer Teilfläche, Schalldämmaß *n* eines Teilübertragungsweges
~ **tone** Teilton *m*, Partialton *m*
~ **vacuum** Unterdruck *m*
~ **vibration** Teilschwingung *f*, Partialschwingung *f*
particle displacement Teilchenauslenkung *f*
~ **velocity** Teilchengeschwindigkeit *f*; Schallschnelle *f*
~ **velocity level** Schnellpegel *m*, Schallschnellpegel *m*
~ **velocity response** Frequenzgang *m* (Übertragungsfaktor *m*) für Schnelle (Schallschnelle)
partition [wall], party wall Trennwand *f*, Zwischenwand *f*
PAS *s.* photoacoustic spectroscopy
pass/to passieren, hindurchgehen; durchlassen
~ **through** hindurchtreten, hindurchgehen
pass-band Durchlaßbereich *m*, Durchlaßband *n*; Durchlaßbandbreite *f*
~**-band attenuation** Durchlaßdämpfung *f*, Dämpfung (Grunddämpfung *f*) *f* im Durchlaßbereich
~**-band centre frequency** Mittenfrequenz *f* des Durchlaßbereichs
~**-band gain** Übertragungsfaktor *m* (Verstärkung *f*) im Durchlaßbereich
~**-band ripple** Welligkeit *f* im Durchlaßbereich
~**-band transmission loss** Durchlaßdämpfung *f*, Dämpfung *f* im Durchlaßbereich
~**-band width** Durchlaßbandbreite *f*, Durchlaßbereich *m*
~ **frequency** Durchlaßfrequenz *f*
~ **range** Durchlaßbandbreite *f*, Durchlaßbereich *m*
passage Durchgang *m*, Durchtritt *m*, Durchlaß *m*
passband *s.* pass-band
passing through zero im Nulldurchgang
passive filter passives Filter *n*
~ **four-terminal network** passiver Vierpol *m*
~ **sonar** Passivsonar *n*
~ **transducer** passiver Wandler *m*
patch cord Steckerkabel *n*, Prüfkabel *n*, Prüfschnur *f*
~ **panel** Experimentierleiterplatte *f*, Versuchsschaltung *f*, Bastelleiterplatte *f*
path difference Wegunterschied *m*, Gangunterschied *m*
~ **length** Weglänge *f*
~ **loss** Dämpfung *f* auf dem Ausbreitungsweg (Übertragungsweg)
~ **of rays** Strahlengang *m*, Strahlenverlauf *m*
~**-time diagram** Weg-Zeit-Diagramm *n*
pattern approval Typzulassung *f*, Bauartzulassung *f*
~ **evaluation** Typprüfung *f*, Bauartprüfung *f*
pause Pause *f*, Unterbrechung *f*
~ **button** Pausentaste *f*
~ **control** Pausenschaltung *f*; Pausentaste *f*, Pausenschalter *m*
~ **upon a note/to** einen Ton aushalten
PB word score *s.* phonetically balanced word score
PCM *s.* pulse-code modulation
PDM *s.* pulse-duration modulation
peak Spitze *f*; Spitzenwert *m*, Scheitelwert *m*
~ **chopper** Begrenzer *m*, Signalbegrenzer *m*
~**-clipped** amplitudenbegrenzt, spitzenbeschnitten
~ **clipper** Spitzenbegrenzer *m*, Amplitudenbegrenzer *m*
~ **clipping** Spitzenbegrenzung *f*, Amplitudenbegrenzung *f*, Spitzenbeschneidung *f*
~ **detector** Spitzengleichrichter *m*, Spitzenwertgleichrichter *m*, Spitzen[wert]detektor *m*
~ **excess** Spitzenwertüberschreitung *f*
~ **factor** Scheitelfaktor *m*
~ **factor bridge** Scheitelfaktormeßbrücke *f*
~ **frequency-weighted sound pressure level** Spitzenwert *m* des bewerten Schalldruckpegels (Schallpegels)
~**-handling capacity** Übersteuerungsschutzraum *m*, [obere] Aussteuerungsreserve *f*
~ **hold** Halten *n* des Spitzenwertes, Spitzenwert-Halten *n*
~ **indicator** Spitzenwertanzeiger *m*
~ **level** Spitzenwert *m* des Pegels, Pegelspitzenwert *m*
~ **level indicator** Spitzenpegelanzeiger *m*
~ **level modulometer** spitzenwertanzeigender Aussteuerungsmesser *m*
~ **limiter** Spitzenbegrenzer *m*, Amplitudenbegrenzer *m*
~ **limiting** Amplitudenbegrenzung *f*
~ **load** Lastspitze *f*
~ **loudness** Spitzenlautheit *f*
~ **meter** Spitzenwertmesser *m*; spitzenwertanzeigender Aussteuerungsmesser *m*
~ **noise indicator** Spitzenpegelanzeiger *m*
~ **of attenuation** Dämpfungspol *m*, Dämpfungsmaximum *n*
~ **of oscillation** Schwingungsmaximum *n*
~ **of wave** Wellenberg *m*
~ **output power** Spitzenausgangsleistung *f*
~ **overshoot** maximales Überschwingen *n*
~ **power** Spitzenleistung *f*
~ **program level meter** spitzenwertanzeigender Aussteuerungsmesser *m*

~ **reading** Spitzenwertanzeige *f*, Maximumanzeige *f*
~ **rectifier** Spitzen[wert]gleichrichter *m*, Spitzen[wert]detektor *m*
~ **sound level** Spitzenwert *m* des bewerteten Schall[druck]pegels
~ **sound pressure** Spitzenschalldruck *m*
~ **speech power** maximale Sprechleistung *f*, Spitzenwert *m* der Sprechleistung
~ **time weighting** Spitzenbewertung *f*, Zeitbewertung *f* Spitze
~**-to-peak value** Spitze-[zu-]Spitze-Wert *m*
~**-to-valley ripple** Welligkeit *f* [von Maximum zu Minimum]
~**-to-valley value** Spitze-[zu-]Spitze-Wert *m*
~**-type rectifier** Spitzen[wert]gleichrichter *m*, Spitzen[wert]detektor *m*
~ **value** Spitzenwert *m*, Scheitelwert *m*, Größtwert *m*
pedal Pedal *n*
~ **keyboard** Pedaltastatur *f*, Pedalklaviatur *f*; Baßpedal *n*
pedalboard *s.* ~ keyboard
peg Wirbel *m* *(Saiteninstrument)*
pen Schreibstift *m*, Registrierstift *m*
~ **lift** Anheben *n* (Abheben *n*) des Schreibstiftes
~ **[response] speed** Schreibgeschwindigkeit *f*
pencil of rays Strahlenbündel *n*
pendulous accelerometer Pendelbeschleunigungsmesser *m*
pendulum motion (movement) Pendelbewegung *f*, Pendelschwingung *f*
penetrate/to eindringen in, durchdringen
penetration depth Eindringtiefe *f*
perceive/to wahrnehmen, empfinden
perceived loudness subjektive Lautheit *f*, subjektiver Lautstärkepegel *m*, subjektiv empfundene Lautheit *f*
~ **noise level** Lästigkeitspegel *m*, Perceived Noise Level *m*
~ **noisiness** Lästigkeitsindex *m*; Lärmlästigkeit *f*
percent articulation prozentuale Sprachverständlichkeit *f*
~ **hearing** prozentuales Hörvermögen *n*
~ **hearing loss** prozentualer Hörverlust *m*
~ **ripple** Welligkeit *f*, relative Welligkeit *f*, [prozentualer] Welligkeitsgrad *m*
percentage harmonic content Klirrfaktor *m*; Klirrkoeffizient *m*
~ **intelligibility** prozentuale Sprachverständlichkeit *f*
~ **ripple** Welligkeit *f*, relative Welligkeit *f*
~ **speech intelligibility** prozentuale Sprachverständlichkeit *f*
percentile Prozentwert *m*
~ **level** Überschreitungspegel *m*
perceptibility Wahrnehmbarkeit *f*
perceptible wahrnehmbar
perception Wahrnehmung *f*, Empfindung *f*
~ **of speech** verstehendes Hören *n* [von Sprache], Sprachwahrnehmung *f*
perceptivity Wahrnehmungsvermögen *n*
percussion Schlaginstrumente *npl*, Schlagzeug *n*
~ **instrument** Schlaginstrument *n*
perforated cover (facing) gelochte Abdeckung *f* (Abdeckplatte *f*)
~ **panel** Lochplatte *f*
performance 1. Aufführung *f*, Darbietung *f*; 2. Leistungsfähigkeit *f*; Verhalten *n*
~ **test** Funktionsprüfung *f*; Prüfung *f* der Einhaltung der Leistungsparameter, Abnahmeprüfung *f*
period 1. Periode *f*, Zeit *f*, Dauer *f*, Zeitraum *m*, Zeitintervall *n*; 2. Periodendauer *f*, Schwingungsdauer *f*
~ **average level** Mittelungspegel *m* über einen Zeitabschnitt
~ **[-duration] measurement** Periodendauermessung *f*
~ **of excitation** Anregungsdauer *f*
~ **of oscillation (vibration)** Schwingungsperiode *f*
periodic periodisch, regelmäßig (zyklisch) wiederkehrend
~ **process** periodischer Vorgang *m*
periodical periodisch, regelmäßig (zyklisch) wiederkehrend
periodicity Periodizität *f*, Wiederholcharakter *m*
peripheral equipment periphere Geräte *npl*, Zusatzgeräte *npl*
~ **speed** Umfangsgeschwindigkeit *f*
~ **velocity** Umfangsgeschwindigkeit *f*
peripherals periphere Geräte *npl*, Zusatzgeräte *npl*
periphery Peripherie *f*
perma-charged vorpolarisiert, Elektret...
permalloy Permalloy *n* *(Magnetwerkstoff)*
permanent-dynamic permanentdynamisch
~ **hearing loss** bleibender Hörverlust *m*
~ **magnet** Dauermagnet *m*, Permanentmagnet *m*
~**-magnet dynamic loudspeaker** permanentdynamischer Lautsprecher *m*
~**-magnetic loudspeaker** permanentmagnetischer Lautsprecher *m*
~ **note** Dauerton *m*
~ **outdoor microphone station** wetterfeste Lärmmeßstelle *f*
~ **[sound] signal** [akustisches] Dauersignal *n*
~ **strain** bleibende Dehnung *f*, plastische Dehnung *f*
~ **threshold shift** dauerhafte (bleibende) Hörschwellenverschiebung *f*, PTS, Hörverlust *m*
~ **tone** Dauerton *m*
permeability Permeabilität *f*
permissible dose (exposure) zulässige Dosis *f* (Exposition *f*)

permittivity Dielektrizitätskonstante *f*
perpendicular incidence senkrechter Einfall *m*
~ **magnetization** Quermagnetisierung *f*
persistent resonator schwach gedämpfter Resonator *m*
personal noise dosemeter (dosimeter) Personenlärmexposimeter *n*, Personenlärmdosimeter *n*
~ **noise exposure** individuelle Lärmexposition *f* (Lärmdosis *f*)
~ **noise (sound) exposure meter** Personenlärmexposimeter *n*, Personenlärmdosimeter *n*
personnel calling system Rufanlage *f*
phantom connection Phantomschaltung *f*
~ **powering** Phantomspeisung *f*
pharynx Rachenraum *m*, Rachenhöhle *f*
phase/to be in gleiche Phase haben, phasengleich sein
phase Phase *f* • **in** ~ phasengleich, gleichphasig, phasenrichtig • **in** ~ **opposition** gegenphasig, in Gegenphase • **in quadrature** ~ um 90° phasenverschoben • **opposite in** ~ gegenphasig, in Gegenphase • **to be in** ~ gleiche Phase haben, phasengleich sein
~ **advance** Phasenvoreilung *f*
~ **advancer** Phasenschieber *m*
~ **angle** Phasenwinkel *m*
~ **coefficient** Phasenkoeffizient *m*, Phasenkonstante *f*
~ **coincidence** Phasengleichheit *f*
~ **compensation** Ausgleich *m* (Kompensation *f*) der Phasendifferenz, Ausgleich *m* (Kompensation *f*) des Phasenunterschieds
~ **constant** Phasenkoeffizient *m*, Phasenkonstante *f*
~ **correction** Phasenkorrektur *f*
~ **delay** Phasenverzögerung *f*
~**-delay distortion** Laufzeitverzerrung *f*
~ **difference** Phasendifferenz *f*, Phasenunterschied *m*, Phasenverschiebung *f*
~ **difference compensation** Ausgleich *m* (Kompensation *f*) der Phasendifferenz, Ausgleich *m* (Kompensation *f*) des Phasenunterschieds
~ **displacement** Phasenverschiebung *f*
~ **distortion** Phasenverzerrung *f*, Laufzeitverzerrung *f*
~ **error** Phasenfehler *m*
~**-frequency response** Phasengang *m*, Phasenfrequenzgang *m*
~ **grating** Phasengitter *n*
~ **index** Druck-Intensitäts-Index *m*, Differenz *f* von Druck- und Intensitätspegel, Reaktivitätsindex *m*
~ **indicator** Phasenindikator *m*, Phasenanzeiger *m*
~ **inversion** Phasenumkehr *f*
~ **jump** Phasensprung *m*
~ **lag** Phasenverzögerung *f*
~ **lead** Phasenvoreilung *f*
~**-locked** phasenstarr
~ **match** Phasengleichheit *f*
~**-matched** phasengleich, phasenabgeglichen, auf Phasengleichheit ausgesucht
~ **matching** Phasenabgleich *m*; Aussuchen *n* auf Phasengleichheit
~ **mismatch** Phasenungleichheit *f*, fehlerhafter Phasenabgleich *m*
~ **modifier** Phasenschieber *m*
~ **modulation** Phasenmodulation *f*
~ **quadrature** Phasenverschiebung *f* um 90°, 90°-Phasenverschiebung *f*
~ **response** Phasengang *m*, Phasenfrequenzgang *m*
~ **retardation** Phasenverzögerung *f*
~**-sensitive** phasenempfindlich, auf die Phase ansprechend
~ **shift** Phasenverschiebung *f*
~**-shift keying** Phasenumtastung *f*, 180°-Phasenumtastung *f*
~ **shifter** Phasenschieber *m*
~ **spectrum** Phasenspektrum *n*
~ **speed (velocity)** Phasengeschwindigkeit *f*
phaser Phasenvibratogenerator *m*, Phasenmodulator *m* [für Klangeffekte]
phasor Zeiger *m (komplexe Größe)*
~ **diagram** Zeigerdiagramm *n*
phon phon *(Einheit des Lautstärkepegels)*
~ **scale** Lautstärkemaßstab *m*
phone/to telefonieren
phone 1. Telefon *n*, Fernsprecher *m*; 2. Kopfhörer *m*, Hörer *m*
~ **jack** Telefonbuchse *f*; Hörerbuchse *f*
~ **plug** Telefonstecker *m*, Hörerstecker *m*, Klinkenstecker *m*
phoneme Phonem *n*, Sprachlaut *m*
~ **linking** Sprachsynthese *f* aus Phonemen
phonetic[al] phonetisch, Laut…
phonetically balanced word score Wortverständlichkeit *f*, Verständlichkeit *f* phonetisch ausgewogener Logatome
phonetics Phonetik *f*
phonic phonetisch; akustisch, Schall…
~ **image** Lautbild *n*
phono Phono…, Ton…
~ **jack** Phonobuchse *f*
phonocardiogram Phonokardiogramm *n*, Tonkardiogramm *n*
phonograph Grammophon *n*, Plattenspieler *m*
~ **amplifier** Schallplattenverstärker *m*
~ **motor** Schallplattenmotor *m*, Plattenspielermotor *m*
~ **pick-up** Schallplattenabtaster *m*, Tonabnehmer *m*
~ **record** Schallplatte *f*
~ **recorder** Schallplattenaufnahmegerät *n*, Schallplattenschneidgerät *n*
~ **turntable** Plattenteller *m*

phonometer Phonmesser *m*, Lautstärkemesser *m (veraltet)*
phonon Phonon *n*, Schallquant *n*
~ **wave** Phononwelle *f*
phonotelemetry akustische Entfernungsmessung *f*, Echolotung *f*, Schallortung *f*
photoacoustic spectroscopy photoakustische Spektroskopie *f*
photoacoustics Photoakustik *f*, Optoakustik *f*
photocell, photoelectric (photoemissive) cell Photozelle *f*
photographic sound recorder Lichttonaufzeichnungsgerät *n*, Gerät *n* zur optischen Schallaufzeichnung
~ **sound recording** Lichttonaufzeichnung *f*, optische Schallaufzeichnung *f*
~ **sound reproducer** Lichttonwiedergabegerät *n*, Gerät *n* zur optischen Schallwiedergabe
phrase Wortgruppe *f*, Wortverbindung *f*, Phrase *f*; Redewendung *f*
~ **intelligibility** Satzverständlichkeit *f*
piano Klavier *m*
~ **accordeon** Akkordeon *n*
~ **string** Klaviersaite *f*
~ **tuner** Klavierstimmer *m*
pianoforte Klavier *n*
piccolo Pikkoloflöte *f*, kleine Flöte *f*
pick up/to 1. aufnehmen, auffangen *(Signale)*; 2. anziehen, ansprechen *(Relais)*
pick-up 1. Aufnehmer *m*, Meßfühler *m*, Sensor *m*, Abtaster *m*; Tonabnehmer *m*; 2. Aufnahme *f*, Abgreifen *n*, Abtasten *n*; 3. Anziehen *n*, Ansprechen *n (Relais)*
~**-up amplifier** Schallplattenvertärker *m*
~**-up arm** Tonarm *m*
~**-up cartridge** Abtastsystem *n*, Tonabnehmereinsatz *m*
~**-up coil** Aufnehmerspule *f*; Suchspule *f*
~**-up element** Aufnahmeorgan *n*, Fühlelement *n*
~**-up excitation** Aufnehmerspeisung *f*
~**-up inset** Abtastsystem *n*, Tonabnehmereinsatz *m*
pickup *s.* pick-up
piezo *s.* piezoelectric
piezoceramics Piezokeramik *f*
piezoelectric piezoelektrisch, Piezo...
~ **accelerometer** piezoelektrischer Beschleunigungsaufnehmer *m*, Piezoaufnehmer *m*
~ **ceramics** Piezokeramik *f*
~ **crystal** Piezokristall *m*, piezoelektrischer Kristall *m*
~ **effect** Piezoeffekt *m*, piezoelektrischer Effekt *m*
~ **loudspeaker** piezoelektrischer Lautsprecher *m*
~ **microphone** piezoelektrisches Mikrofon *n*, Piezomikrofon *n*
~ **pick-up** Piezoaufnehmer *m*, piezoelektrischer Aufnehmer *m*
~ **transducer** piezoelektrischer Wandler *m* (Aufnehmer *m*)
~ **vibration pick-up** piezoelektrischer Schwingungsaufnehmer *m*
piezoresistive piezoresistiv
~ **transducer** piezoresistiver Wandler *m* (Aufnehmer *m*)
pilot loudspeaker Kontrollautsprecher *m*, Abhörlautsprecher *m*
pin Stift *m*, Kontaktstift *m*, Steckerstift *m*; Führungsstift *m*
~ **connection** Stiftbelegung *f*, Steckerstiftbelegung *f*
pinch-roll[er] Andruckrolle *f*
~**-roller drive** Tonrollenantrieb *m*
~ **wheel** Andruckrolle *f*
ping Sonarimpuls *m*
pingpong method Impulsreflexionsverfahren *n*
pink noise rosa Rauschen *n*
~**-noise filter** Rosa-Filter *n*, Filter *n* für rosa Rauschen
pinna Ohrmuschel *f*
pipe Pfeife *f*; Rohr *n*
~ **organ** Orgel *f*, Pfeifenorgel *f*
piping-system noise Geräusch (Lärm *m*) in Rohrleitungssystemen
pistol grip Pistolengriff *m*
piston Kolben *m*
~ **diaphragm** Kolbenmembran *f*
~ **stroke** Kolbenhub *m*
~ **valve** Pumpventil *n*
pistonphone Pistonphon *n*
pit Vertiefung *f*, Grube *f*; Orchestergraben *m*
pitch Tonhöhe *f*; Verhältnistonhöhe *f*
~ **bend** [gleitende] Tonhöhenverschiebung *f* (Tonhöhenänderung *f*)
~ **control** Drehzahlregelung *f*, Geschwindigkeitsregelung *f (Schallaufzeichnung)*
~ **determination (extraction)** Tonhöhenerkennung *f*, Tonhöhenbestimmung *f*
~ **fluctuation** Tonhöhenschwankung *f*
~ **hole** Griffloch *n*
~ **interval** Tonhöhenverhältnis *n*
~ **modulation** Tonhöhenvibrato *n*
~ **perception** Tonhöhenwahrnehmung *f*, Tonhöhenempfindung *f*
~ **pipe** Stimmpfeife *f*
~ **scale** Tonhöhenmaßstab *m*
~ **variation indicator** Gleichlaufschwankungsmesser *m*, Tonhöhenschwankungsmesser *m*
planar planar, flächenförmig
plane eben, flach, plan
plane Ebene *f*
~ **of oscillation** Schwingungsebene *f*
~ **of rotation** Drehebene *f*, Rotationsebene *f*
~ **of vibration** Schwingungsebene *f*
~**-progressive sound wave** fortschreitende ebene Schallwelle *f*
~ **wave** ebene Welle *f*

plant noise Fabriklärm *m*
plasterboard Gipskarton *m*, Gipskartonplatte *f*, Gipsbauplatte *f*
plastic plastisch, verformbar
plastic Kunststoff *m*, Plast *m*
~-based magnetic tape Magnetband *n* auf Kunststoffgrundlage (Kunststoffbasis)
~ **material** Kunststoff *m*, Plast *m*
~ **strain** bleibende (plastische) Dehnung *f*
plasticity Plastizität *f*, [plastische] Verformbarkeit *f*
plate Platte *f*, Tafel *f*
platter *(sl)* Platte *f*, Schallplatte *f*
~ **mat** Plattentellerauflage *f*
play/to spielen, abspielen
~ **back** abspielen, wiedergeben
~ **[-back] button** Wiedergabetaste *f*
~ **over** überspielen
play Wiedergabe *f*, Abspielen *n*
~-record DAT deck DAT-Kassettendeck *n* für Aufnahme und Wiedergabe
playback Wiedergabe *f*, Abspielen *n*; Playbackverfahren *n*, Playback *n*
~ **amplifier** Wiedergabeverstärker *m*
~ **button** Wiedergabetaste *f*
~ **characteristic (frequency response)** Wiedergabefrequenzgang *m*, Wiedergabecharakteristik *f*
~ **head** Wiedergabekopf *m*
~ **level** Wiedergabepegel *m*
~ **method** Playback-Verfahren *n*
~ **speed** Wiedergabegeschwindigkeit *f*
~ **unit** Wiedergabeeinrichtung *f*, Wiedergabegerät *n*
player Spieler *m*; Wiedergabegerät *n*, Abspielgerät *n*
plectrum Spielblättchen *n*, Plektrum *n*
plenum Plenum *n*, Luftkammer *f*, Luftreservoir *n*; volles Werk *n (Orgel)*
plosive Verschlußlaut *m*
plot/to auftragen, graphisch darstellen
plot graphische Darstellung *f*, Diagramm *n*
plotter Schreiber *m*, Kennlinienschreiber *m*, Kurvenschreiber *m*
plotting pen Schreibstift *m*, Registrierstift *m*
pluck/to zupfen, anreißen
plucked instrument Zupfinstrument *n*
plug/to stecken, stöpseln
plug Stecker *m*, Steckverbinder *m*; Stöpsel *m*
~ **adapter** Übergangsstecker *m*, Zwischenstekker *m*
~ **connection** Steckverbindung *f*
~-in module (unit) Steckbaugruppe *f*, Steckbaustein *m*, Steckeinheit *f*, Einschub *m*
PM *s.* phase modulation
PNdB PNdB *(Einheit des Lästigkeitspegels)*
pneumatic hammer Preßlufthammer *m*, Drucklufthammer *m*
~ **loudspeaker** Druckkammerlautsprecher *m*
~ **tool** Preßluftwerkzeug *n*, Druckluftwerkzeug *n*
point emitter Punktstrahler *m*, Punktquelle *f*
~ **mass** Punktmasse *f*, punktförmig konzentrierte Masse *f*
~ **measurement** Punktmessung *f*, punktweise Messung *f*
~ **of measurement** Meßstelle *f*, Meßpunkt *m*
~ **sound source** Punktschallquelle *f*
~ **source** Punktstrahler *m*, Punktquelle *f*
pointer deflection Zeigerausschlag *m*
~ **instrument, ~-type meter** Zeigerinstrument *n*, Zeigermeßgerät *n*
polar coordinates Polarkoordinaten *fpl*
~ **diagram** Polardiagramm *n*
~ **display** Polarkoordinatendarstellung *f*, Polardiagrammdarstellung *f*
~ **moment of inertia** polares Trägheitsmoment *n*
~ **paper** Polarkoordinatenpapier *n*, Polardiagrammpapier *n*
~ **pattern** Richtdiagramm *n*, Richtcharakteristik *f*
~ **plotter** Polardiagrammschreiber *m*
~ **plotting** Polardiagramm *n*
~ **radiation pattern** Strahlungsdiagramm *n* (Richtdiagramm *n*) in polarer Darstellung
~ **recorder** Polardiagrammschreiber *m*
~ **response** Richtcharakteristik *f*
polarity Polarität *f*, Polung *f*
~ **check** Polaritätsprüfung *f*
polarization Polarisation *f*, Polarisierung *f*
polarize/to polarisieren
polarized cartridge capacitance Kapselkapazität *f* bei anliegender Polarisationsspannung
pole 1. Pol *m*; 2. Mast *m*, Stange *f*
~ **location** Polstelle *f*
~ **pair** Polpaar *n*
~ **piece (shoe)** Polschuh *m*
~-zero configuration Pol-Nullstellen-Verteilung *f*, PN-Verteilung *f*
polyphonic polyphon, mehrstimmig, mehrtönig
polyphony Polyphonie *f*, Mehrstimmigkeit *f*
poor audibility schlechte Hörbarkeit *f*, schlechte Verständlichkeit *f*
pore Pore *f*
~-free porenfrei
~ **size** Porengröße *f*
pored porig
porosity Porosität *f*
porous porös
port Tor *n*; Öffnung *f*
portable tragbar; transportabel, ortsveränderlich
portable [set] tragbares Gerät *n*, Koffergerät *n*
portamento glissandoartig, gleitend übergehend, portamento
position Position *f*, Lage *f*, Ort *m*, Stellung *f*
~ **finder** Ortungsgerät *n*
~ **indicator** Bandzähler *m*, Bandzählwerk *n*

~ **of equilibrium** Gleichgewichtslage *f*
positive feedback Mitkopplung *f*, positive Rückkopplung *f*
~-**going** positiv gerichtet, in positiver Richtung
~-**going edge** ansteigende Flanke *f*, Aufwärtsflanke *f*
post-emphasis nachträgliche Anhebung *f*, Nachentzerrung *f*
~-**equalization** Nachentzerrung *f*
~-**fading** nachträgliches [weiches] Ausblenden *n*, nachträgliches Pausensetzen *n*
~-**filter** Nachfilter *n*
~-**groove echo** Nachecho *n (Schallplatte)*
~-**masking** Nachverdeckung *f*
~-**processing** Nachverarbeitung *f*, Postprocessing *n*
potential potentiell *(Energie)*
potential Potential *n*
~ **difference** Potentialdifferenz *f*
~ **energy** potentielle Energie *f*
~ **field** Potentialfeld *n*
potentiometer Potentiometer *n*, Spannungsteiler *m*; Meßpotentiometer *n*
~ **recorder** Kompensationsschreiber *m*
~ **setting** Potentiometereinstellung *f*
powdered iron Eisenpulver *n*
power/to mit Leistung (Strom, Spannung) versorgen, speisen
power 1. Leistung *f*, Energie *f*; Vermögen *n*, Fähigkeit *f*; 2. Potenz *f (Math.)*
~ **amp** *s.* power amplifier
~ **amplification** Leistungsverstärkung *f*
~ **amplifier** Leistungsverstärker *m*, Kraftverstärker *m (veraltet)*, Endverstärker *m*; Endstufe *f*
~ **amplifier stage** Endverstärkerstufe *f*, Leistungsverstärkerstufe *f*
~ **audio amplifier** NF-Leistungsverstärker *m*
~ **average level** energetisch gemittelter Pegel *m*, energetischer Mittelungspegel *m*, energieäquivalenter Dauerschallpegel *m*
~ **averaging** energetische Mittelung *f*, Leistungsmittelung *f*
~ **booster** [zusätzlicher] Leistungsverstärker *m*, Nachverstärker *m (z. B. für Autoradio)*
~ **cable** Netzkabel *n*, Stromversorgungskabel *n*
~ **consumption** Leistungsaufnahme *f*, Leistungsverbrauch *m*
~ **cord** Netzschnur *f*, Netzanschlußschnur *f*
~ **demand** Leistungsbedarf *m*
~ **density** Leistungsdichte *f*
~-**density spectrum** Leistungsdichtespektrum *n*
~ **descriptor** Leistungsgröße *f*, Leistungskenngröße *f*
~ **frequency** Netzfrequenz *f*
~ **gain** Leistungsgewinn *m*; Leistungsverstärkung *f*
~-**handling capacity** Übersteuerungsreserve *f*, Aussteuerungsreserve *f*; Belastbarkeit *f*
~ **law** Potenzgesetz *n*
~ **level** Leistungspegel *m*
~-**level gain** Leistungsübertragungsmaß *n*, Leistungsverstärkung *f* im Pegelmaßstab
~ **limit** Leistungsgrenze *f*
~ **line** Netzleitung *f*; Starkstromleitung *f*
~-**line frequency** Netzfrequenz *f*
~-**line hum (noise)** Netzbrummen *n*
~ **output** Ausgangsleistung *f*, abgegebene Leistung *f*, Leistungsabgabe *f*
~ **output stage** Endstufe *f*, Leistungsendstufe *f*
~ **pack** Stromversorgungsgerät *n*, Stromversorgungsteil *n*; Netzteil *n*, Netzgerät *n*, Netzanschlußgerät *n*
~ **plug** Netzstecker *m*
~ **spectral density** spektrale Leistungsdichte *f*
~ **spectrum** Leistungsspektrum *n*
~ **spectrum density** spektrale Leistungsdichte *f*
~ **spectrum level** spektraler Schalleistungsdichtepegel *m*
~ **supply** Stromversorgung *f*; Netzanschluß *m*, Energieanschluß *m*; Netzanschlußgerät *n*; Energiequelle *f*
~ **supply unit** Stromversorgungsgerät *n*; Netzteil *n*, Netzgerät *n*
~ **switch** Netzschalter *m*
~ **unit** Netzgerät *n*, Netzteil *n*, Netzanschlußgerät *n*
preamp Vorverstärker *m*
preamplification Vorverstärkung *f*
preamplifier Vorverstärker *m*
preamplify/to vorverstärken
preceiver Tuner *m* mit [NF-]Vorverstärker
precision Präzision *f*, Genauigkeit *f*; Genauigkeitsklasse *f*
~ **computing sound level meter** rechnender Präzisionsschallpegelmesser *m*
~ **grade** Präzisionsklasse *f*; Genauigkeitsklasse *f*
~-**grade measurement** Präzisionsmessung *f*, Messung *f* hoher Genauigkeit
~ **impulse sound level meter** Präzisionsimpulsschallpegelmesser *m*
~ **method** Präzisionsverfahren *n*, genaues Verfahren *n*
~ **pulse sound level meter** Präzisionsimpulsschallpegelmesser *m*
~ **sound level meter** Präzisionsschallpegelmesser *m*
predict/to vorherbestimmen, vorhersagen
predistortion Vorverzerrung *f*
predominant vorherrschend, herausragend
pre-emphasis Vorverzerrung *f*, Preemphasis *f*, Voranhebung *f*
~ **filter** Filter *n* zur Voranhebung (Vorverzerrung, Preemphasis)
~ **network** Anhebungsschaltung *f*, Schaltung *f* zur Vorverzerrung (Preemphasis)
pre-emphasize/to voranheben, anheben

pre-emphasizing network Anhebungsschaltung *f*, Schaltung *f* zur Vorverzerrung (Preemphasis)
pre-equalization Vorentzerrung *f*
pre-fade listen[ing] Abhören *n* vor dem Regler
pre-fader Vorregler *m*
preferred frequency Vorzugsfrequenz *f*
prefilter Vorfilter *n*
prefiltering Vorfilterung *f*
pre-groove echo Vorecho *n (Schallplatte)*
preliminary adjustment (alignment) Vorabgleich *m*
~ **measurement** vorbereitende Messung *f*
pre-masking Vorverdeckung *f*
prepolarize/to vorpolarisieren
prepolarized vorpolarisiert, Elektret...
~ **capacitor (condenser) microphone** Elektretmikrofon *n*, Elektretkondensatormikrofon *n*
prerecorded vorher aufgezeichnet; vorbespielt
presbycusis Altersschwerhörigkeit *f*, altersbedingter Hörverlust *m*
preset/to voreinstellen, vorwählen; fertig vorgeben
pre-show sound check Einmessen *n* vor einer Veranstaltung
press/to pressen, drücken; zusammendrücken
press button Drucktaste *f*, Druckknopf *m*
~**-to-talk button (switch)** Sprechtaste *f*, Sprechschalter *m*
pressing matrix Preßmatrize *f*
pressure-actuated druckempfindlich, auf Druck (Schalldruck) ansprechend
~**-actuated microphone** druckempfindliches Mikrofon *n*, auf Schalldruck ansprechendes Mikrofon *n*
~ **amplitude** Druckamplitude *f*
~ **antinode** Druckbauch *m (stehende Welle)*
~ **calibration** Druckkalibrierung *f*, Druckeichung *f*
~ **cell** Druckaufnehmer *m*, Drucksensor *m*, Druckmeßdose *f*
~ **chamber** Druckkammer *f*
~**-chamber calibration** Druckkammerkalibrierung *f*, Druckkammereichung *f*
~**-chamber loudspeaker** Druckkammerlautsprecher *m*
~ **change** Druckänderung *f*
~ **decrease** Druckabfall *m*
~ **difference** Druckdifferenz *f*, Druckunterschied *m*
~ **drop** Druckabfall *m*
~ **equalization** Druckausgleich *m*
~**-equalization leak (vent), ~-equalizing tube** Druckausgleichsöffnung *f*, Druckausgleichskapillare *f*
~ **fluctuation** Druckschwankung *f*
~ **force** Andruckkraft *f*
~ **frequency response level** relativer Druckfrequenzgang *m*, relatives Druckübertragungsmaß *n*
~ **gauge** Druckaufnehmer *m*, Drucksensor *m*, Druckmeßdose *f*
~ **gradient** Druckgradient *m*, Druckgefälle *n*
~**-gradient microphone** Druckgradientenmikrofon *n*
~ **impulse** Druckimpuls *m*
~ **increase** Druckanstieg *m*, Druckerhöhung *f*; Druckstau *m (Mikrofon)*
~**-intensity index** Druck-Intensitäts-Index *m*, Differenz *f* von Druck- und Intensitätspegel, Reaktivitätsindex *m*
~ **microphone** Druckmikrofon *n*, druckempfindliches Mikrofon *n*, druckgerades (drucklineares) Mikrofon *n*
~ **node** Druckknoten *m (stehende Welle)*
~ **pick-up** Druckaufnehmer *m*, Drucksensor *m*, Druckmeßdose *f*
~ **pulse** Druckimpuls *m*
~**-residual intensity index** Druck-Restintensitäts-Index *m*
~ **response** Druckfrequenzgang *m*; Druckübertragungsfaktor *m*
~**-responsive** druckempfindlich, auf Druck ansprechend
~**-sealed** druckdicht
~**-sensing** druckempfindlich, auf Druck ansprechend
~**-sensing microphone** Druckmikrofon *n*, schalldruckempfindliches Mikrofon *n*
~**-sensitive** druckempfindlich, auf Druck ansprechend
~ **sensitivity** Druckübertragungsfaktor *m*, Druckempfindlichkeit *f*
~ **sensitivity level** Druckübertragungsmaß *n*
~ **sensor** Druckaufnehmer *m*, Drucksensor *m*, Druckmeßdose *f*
~ **spectrum level** spektraler Schalldruckdichtepegel *m*
~**-tight** druckdicht
~ **transducer** Druckwandler *m*, Druckmeßwandler *m*
~**-velocity probe** Druck-Schnelle-Sonde *f*, Schalldruck-Schallschnelle-Sonde *f*
~ **vessel** Druckgefäß *n*
~ **wave** Druckwelle *f*
pressurize/to unter Druck setzen
preweight/to vorbewerten, vorher bewerten (wichten)
preweighting overload detector Übersteuerungsanzeige *f* (Übersteuerungsmelder *m*) vor dem Bewertungsfilter
primary Primärwicklung *f* [des Transformators]
~ **circuit** Primärkreis *m*
~ **field** Nahfeld *n*
~ **indicator range** Anzeigebereich *m* [im engeren Sinne]

~ **sound field** Direktschallfeld *n*, Nahfeld *n*
~ **standard** Urnormal *n*, Primärstandard *m*, Primärnormal *n*
principal axis Hauptachse *f*
~ **lobe** Hauptzipfel *m*, Hauptkeule *f (Richtcharakteristik)*
~ **mode** Hauptschwingungsmode *f*, Hauptschwingungstyp *m*
print/to drucken; kopieren
~ **through** durchkopieren *(Magnetband)*
print [through] Durchkopieren *n*, Kopiereffekt *m*
probability density Wahrscheinlichkeitsdichte *f*, Verteilungsdichte *f*
~ **density distribution** Wahrscheinlichkeitsdichteverteilung *f*, Verteilung *f* der Wahrscheinlichkeitsdichte
~ **distribution** Häufigkeitsverteilung *f*, Klassenhäufigkeitsverteilung *f*
probe Sonde *f*; Meßkopf *m*, Tastkopf *m*
~ **axis** Sondenachse *f*
~ **configuration** Sondenform *f*, Sondenausführung *f*
~ **microphone** Sondenmikrofon *n*
~ **power** Speiseleistung *f* (Speisung *f*, Stromversorgung *f*) der Sonde
~ **spacing** Sondenabstand *m*
process/to verarbeiten *(z. B. Daten)*
process 1. Verfahren *n*, Methode *f*, Arbeitsprozeß *m*; 2. Vorgang *m*, Ablauf *m*, Verlauf *m*
processing Verarbeitung *f*
~ **unit** *s.* processor
processor Prozessor *m*, Verarbeitungseinheit *f*
programmable programmierbar
programme/to Programm aufstellen *(z. B. Rundfunk)*
programme Programm *n*; Sendefolge *f*
~ **circuit** Rundfunkleitung *f*, Rundfunkübertragungsleitung *f*
~ **level meter** Aussteuerungsmesser *m*, Aussteuerungskontrollinstrument *n*
~ **line** Tonleitung *f*, Rundfunkleitung *f*, Modulationsleitung *f*, Rundfunkübertragungsleitung *f*
~ **material** Programmaterial *n*
~ **switching centre** Programmschaltstelle *f*, Programmschaltzentrale *f*, Rundfunkschaltstelle *f*
progressive wave fortschreitende Welle *f*
~ **wave tube** Kanal *m* (Rohr *n*) für fortschreitende Wellen
projection Projektion *f*, Abbildung *f*
~ **screen** Bildwand *f*, Projektionswand *f*
projector Sender *m*, Strahler *m*; Projektor *m*, Bildwerfer *m*
prong Zinke *f (Stimmgabel)*
propagate/to fortpflanzen; sich ausbreiten (fortpflanzen)
propagating wave fortschreitende Welle *f*
propagation Ausbreitung *f*
~ **anomaly** Ausbreitungsanomalie *f*
~ **coefficient** Ausbreitungskonstante *f*
~ **conditions** Ausbreitungsbedingungen *fpl*
~ **constant** Ausbreitungskonstante *f*
~ **delay** laufzeitbedingte Verzögerung *f*; Signallaufzeit *f*
~ **loss** Ausbreitungsverlust *m*; Ausbreitungsdämpfung *f*, Pegelminderung *f* bei der Ausbreitung
~ **of sound** Schallausbreitung *f*
~ **of waves** Wellenausbreitung *f*
~ **path** Ausbreitungsweg *m*
~ **speed** Ausbreitungsgeschwindigkeit *f*, Fortpflanzungsgeschwindigkeit *f*
~ **time** Laufzeit *f (bei Ausbreitung)*
~ **velocity** Ausbreitungsgeschwindigkeit *f*, Fortpflanzungsgeschwindigkeit *f*
propeller fan Axiallüfter *m*
~**-type blower** Axialgebläse *n*
proportional-bandwidth filter Filter *n* mit konstanter relativer Bandbreite
propulsion noise Triebwerkslärm *m*, Triebwerksgeräusch *n*
proscenium Proszenium *n*, Vorderbühne *f*
~ **arch** Proszeniumsbogen *m*, Bühnenrahmen *m*
protect/to schützen
protection [against] Schutz *m* [vor]
~ **circuit** Schutzschaltung *f*
~ **grid** Schutzgitter *n*
~ **tag** Löschsicherung *f (Kassette)*
protective device Schutzeinrichtung *f*, Schutzvorrichtung *f*, Schutz *m*
~ **measure** Schutzmaßnahme *f*
~ **wallet** Schutztasche *f*
protector Schutzeinrichtung *f*, Schutzvorrichtung *f*, Schutz *m*
protractor 1. Winkelmesser *m*; 2. Nachhallzeitschablone *f*
proximity pick-up *s.* ~ sensor
~ **sensor** Annäherungssensor *m*; berührungsloser Aufnehmer (Sensor) *m*
pseudo stereo Pseudostereophonie *f*
pseudorandom pseudozufällig
~ **noise** Pseudozufallsrauschen *n*
PSK *s.* phase-shift keying
psophometer Psophometer *n*, Fremd- und Geräuschspannungsmesser *m*
psophometric psophometrisch, die Geräuschspannung betreffend
~ **voltage** Geräuschspannung *f*
~ **weight** Bewertungsfaktor *m* der Geräuschspannung , psophometrischer Bewertungsfaktor *m*
psychoacoustics, psychological acoustics Psychoakustik *f*, psychologische Akustik *f*
PTS *s.* permanent threshold shift
public-address pillar Tonsäule *f*
~**-address system** Beschallungsanlage *f*, Lautsprecheranlage *f*

pull-in range Fangbereich *m*, Mitnahmebereich *m*; Synchronisationsbereich *m*
~ **of the string** Saitenzugkraft *f*
pulley Rolle *f*, Riemenscheibe *f*
pulling-in range Fangbereich *m*, Mitnahmebereich *m*; Synchronisationsbereich *m*
pulsatance Kreisfrequenz *f*, Winkelfrequenz *f*
pulsate/to pulsieren
pulse Impuls *m*
~ **amplitude** Impulsamplitude *f*, Impulshöhe *f*
~ **code** Impulskode *m*, Pulskode *m*
~ **code modulation** Impulskodemodulation *f*, Pulskodemodulation *f*, PCM
~ **decay** Impulsabfall *m*, Abklingen *n* des Impulses
~ **decay time** Impulsabfallzeit *f*, Impulsabklingzeit *f*
~ **distortion** Impulsverformung *f*, Impulsverzerrung *f*
~ **duration** Impulsdauer *f*
~-**duration modulation** Pulsdauermodulation *f*, Impulsbreitenmodulation *f*, Pulsbreitenmodulation *f*, Pulslängenmodulation *f*, PDM
~ **duty factor** Impulstastverhältnis *n*, Tastverhältnis *n (Impulsfolge)*
~ **echo** Impulsecho *n*
~ **echo technique** Impulsechoverfahren *n*
~ **form** Impulsform *f*
~ **frequency** Impulsfolgefrequenz *f*, Pulsfolgefrequenz *f*, Impulsfrequenz *f*, Pulsfrequenz *f*
~ **generation** Impulserzeugung *f*
~ **generator** Impulserzeuger *m*, Impulsgeber *m*, Impulsgenerator *m*
~ **height** Impulsamplitude *f*, Impulshöhe *f*
~ **interval** Impulspause *f*, Impulsabstand *m*
~ **length** Impulslänge *f*
~ **number** Impulszahl *f*
~ **peak value** Impulsspitzenwert *m*
~ **range** Aussteuerungsbereich *m* für Signalspitzen (Impulse)
~ **rate** *s.* ~ recurrence frequency
~ **recurrence frequency** Impulsfolgefrequenz *f*, Pulsfolgefrequenz *f*, Impulsfrequenz *f*, Pulsfrequenz *f*
~ **repetition** Impulsfolge *f*, Pulsfolge *f*, Puls *m*
~ **repetition frequency (rate)** Impulsfolgefrequenz *f*, Pulsfolgefrequenz *f*, Impulsfrequenz *f*, Pulsfrequenz *f*
~ **response** Impulsantwort *f*, Impulsantwortfunktion *f*
~ **rise** Impulsanstieg *m*
~ **rise time** Impulsanstiegszeit *f*
~ **separation** Impulsabstand *m*
~ **sequence** Impulsfolge *f*, Pulsfolge *f*, Puls *m*
~ **shape** Impulsform *f*
~ **slope** Impulsflankensteilheit *f*, Flankensteilheit *f* [eines Impulses]
~ **sound level** Impulsschallpegel *m*
~ **sound level meter** Impulsschallpegelmesser *m*
~ **spacing** Impulsabstand *m*
~ **tilt** Dachschräge *f*, Dachabfall *m (Impuls)*
~ **train** Impulsfolge *f*, Pulsfolge *f*, Puls *m*
~ **triggering** Impulsauslösung *f*
~ **width** Impulsbreite *f*
pulsed stimulus impulsartiger Reiz *m*, pulsierender Reiz *m*
pulser Impulserzeuger *m*, Impulsgeber *m*, Impulsgenerator *m*
pure sound (tone) reiner Ton *m*
~-**tone audiogram** Reintondiagramm *n*, Tonaudiogramm *n*
~-**tone audiometer** Reintonaudiometer *n*
purity of tone Tonreinheit *f*
push button Drucktaste *f*, Druckknopf *m*
~-**pull** 1. Gegentakt...; 2. Zug-Druck...
~-**pull amplifier** Gegentaktverstärker *m*
~-**pull carbon microphone** Doppelkohlemikrofon *n*
~-**pull circuit** Gegentaktschaltung *f*
~-**pull mode** Gegentaktarbeitsweise *f*
~-**pull operation** Gegentaktbetrieb *m*
~-**pull power amplifier** Gegentaktleistungsverstärker *m*, Gegentaktendverstärker *m*
~-**pull recording** Gegentaktaufzeichnung *f*
~-**pull stage** Gegentaktstufe *f*
pushkey Drucktaste *f*
put in tune/to *(Instrument)* stimmen
p-v probe *s.* pressure-velocity probe
Pythagorean scale pythagoräische Stimmung *f*

Q

Q factor (value) *s.* quality factor
quadraphonic quadrophon, vierkanalig
quadraphony Quadrophonie *f*
quadratic distortion quadratische Verzerrung *f*
quadrature Quadratur *f*, 90°-Phasenverschiebung *f*
~ **component** Blindanteil *m*, Blindkomponente *f*
quadripole Vierpol *m*, Zweitor *n*
~ **network** Vierpol *m*, Vierpolschaltung *f*, Zweitor *n*
quadrophonic *s.* quadraphonic
quadrophony *s.* quadraphony
quadrupole Vierpol *m*, Zweitor *n*
~ **sound source** Schallquelle *f* zweiter Ordnung
~ **source** Quelle *f* zweiter Ordnung
quality factor Resonanzüberhöhung *f*; Güte *f*, Gütefaktor *m*
~ **of sound** Klangfarbe *f*; Klangqualität *f*
~ **of speech** Sprachgüte *f*, Übertragungsgüte *f* für Sprache
~ **of tone** Klangfarbe *f*; Klangqualität *f*
~ **of voice** Klang *m* der Stimme
quantity being measured Meßgröße *f*

quantization Quantisierung *f*, Quantelung *f*
~ **distortion** Quantisierungsverzerrung *f*
~ **noise** Quantisierungsrauschen *n*
quantize/to quantisieren, quanteln
quantizing error Quantisierungsfehler *m*
quarter-inch microphone Viertelzollmikrofon *n*
~ **note** Viertel *n*, Viertelnote *f*
~**-wave** Viertelwelle *f*
quartz Quarz *m*
~**-coated** quarzbeschichtet
quasi-analogue quasianalog
~**-peak value** Quasispitzenwert *m*
~**-r.m.s detector (rectifier)** Quasieffektivwertgleichrichter *m*
~**-sinusoid** sinusähnliche Größe *f*
quaver Achtel *n*, Achtelnote *f*
~ **rest** Achtelpause *f*
question and answer system Bedienerführung *f*, rechnergeführte Bedienung *f*
quiet ruhig, still; geräuscharm
~ **run** ruhiger Gang *m*, geräuscharmer Lauf *m*
quietness Ruhe *f*, Stille *f*, Geräuscharmut *f*, Geräuschlosigkeit *f*
~ **in operation** Laufruhe *f*, Geräuscharmut *f*

R

rack mounting Gestelleinbau *m*, Gestellbauweise *f*
radial acceleration Radialbeschleunigung *f*
radian frequency Kreisfrequenz *f*, Winkelfrequenz *f*
radiant power *s.* radiated power
radiate/to strahlen, abstrahlen, ausstrahlen, aussenden
radiated power abgestrahlte Leistung *f*, Strahlungsleistung *f*
~ **sound power** abgestrahlte Schalleistung *f*
radiating surface Strahlungsfläche *f*, Abstrahlfläche *f*
radiation Strahlung *f*, Abstrahlung *f*, Ausstrahlung *f*
~ **acoustic power** abgestrahlte Schalleistung *f*
~ **detector** Strahlungsempfänger *m*, Strahlungsdetektor *m*; Spürgerät *n* (Nachweisgerät *n*) für Strahlung
~ **diagram** Strahlungsdiagramm *n*, Strahlungscharakteristik *f*; Richtdiagramm *n*, Richtcharakteristik *f*
~ **efficiency [factor], ~ factor** Abstrahlgrad *m*
~ **field** Strahlungsfeld *n*
~ **impedance** Strahlungsimpedanz *f*
~ **index** Abstrahlmaß *n*
~ **intensity** Strahlungsintensität *f*, Strahlungsstärke *f*
~ **lobe** Strahlungskeule *f*
~ **passage** Strahlendurchgang *m*, Strahlungsdurchgang *m*
~ **pattern** Strahlungsdiagramm *n*, Strahlungscharakteristik *f*; Richtdiagramm *n*, Richtcharakteristik *f*
~ **pressure** Strahlungsdruck *m*
~ **source** Strahlungsquelle *f*
~ **surface** Strahlungsfläche *f*, Abstrahlfläche *f*
~ **transmission loss** Abstrahldämmung *f*, Abstrahldämmaß *n*
~**-transparent** strahlendurchlässig, strahlungsdurchlässig
radiator Strahler *m*
radio 1. Rundfunk *m*, Funk *m*; 2. Rundfunkempfänger *m*, Rundfunkgerät *n*, Radio *n*
~ **announcer** Rundfunksprecher *m*, Ansager *m*
~ **broadcasting** Rundfunkübertragung *f*, Rundfunksendung *f*
~ **frequency** Hochfrequenz *f*, HF
~ **link** Richtfunkverbindung *f*, Funkverbindung *f*; Richtfunkstrecke *f*
~ **listener** Rundfunkhörer *m*
~ **receiver (set)** Rundfunkempfänger *m*
~ **studio** Rundfunkstudio *n*
~ **transmission** Rundfunkübertragung *f*, Rundfunksendung *f*
~ **transmission cable** Rundfunkkabel *n*
~ **transmitter** Rundfunksender *m*
radiogramophone Musiktruhe *f*, Radio-Phono-Gerät *n*
rain cover Regenkappe *f*
~ **guard (shield)** Regenschutz *m*, Wetterschutz *m*
raise to a power/to potenzieren, mit einem Exponenten bewerten
RAM card RAM-Karte *f*, les- und beschreibbare Speicherkarte *f*
ramp Abschrägung *f*, Abdachung *f*; ansteigender Verlauf *m*, Rampe *f*
~ **function** ansteigende Funktion *f*, Anstiegsfunktion *f*, Rampenfunktion *f*
~ **generator** Sägezahngenerator *m*
~ **voltage** Sägezahnspannung *f*
random distribution zufällige Verteilung *f*, Zufallsverteilung *f*
~ **error** zufälliger (statistischer) Fehler *m*
~ **fluctuation** zufällige (stochastische) Schwankung *f*
~ **function** stochastische Funktion *f*, Zufallsfunktion *f*
~ **incidence** statistischer [statistisch verteilter] Schalleinfall *m*; diffuser Schalleinfall *m*
~**-incidence characteristic** Diffusfrequenzgang *m*, Diffusfeldfrequenzgang *m*, Frequenzgang *m* für das diffuse Schallfeld
~**-incidence corrector** Diffusor *m*
~**-incidence frequency response level** Frequenzgang *m* (relatives Übertragungsmaß *n*) für statistischen (statistisch verteilten) Schalleinfall
~**-incidence microphone** Mikrofon *n* für diffu-

sen Schalleinfall, Diffusmikrofon *n*, hallfeldentzerrtes (hallfeldlineares, hallfeldgerades) Mikrofon *n*
~-**incidence response** Diffusfrequenzgang *m*, Diffusfeldfrequenzgang *m*, Frequenzgang *m* für das diffuse Schallfeld
~-**incidence sensitivity** Diffusempfindlichkeit *f*, Diffusübertragungsfaktor *m*, Diffusfeldübertragungsfaktor *m*, Übertragungsfaktor *m* für das diffuse Schallfeld
~-**incidence sensitivity level** Diffusübertragungsmaß *n*, Übertragungsmaß *n* für diffusen Schalleinfall
~-**incidence sound field** Schallfeld *n* mit statistischen (statistisch verteiltem) Schalleinfall
~ **motion** Zufallsbewegung *f*, stochastische (zufällige) Bewegung *f*
~ **noise** [stochastisches] Rauschen *n*, Zufallsrauschen *n*
~ **noise excitation** Rauschanregung *f*
~ **noise generator** Rauschgenerator *m*
~ **play** zufällige Titelreihenfolge *f (CD)*
~ **process** Zufallsvorgang *m*, regelloser Vorgang *m*, stochastischer Prozeß *m*
~ **sensitivity** Diffusempfindlichkeit *f*, Diffus[feld]übertragungsfaktor *m*, Übertragungsfaktor *m* für das diffuse Schallfeld
~ **signal** Zufallssignal *n*, zufälliges (regelloses) Signal *n*
range Bereich *m*, Meßbereich *m*; Bereichsumfang *m*
~ **control** Bereichswahl *f*, Bereichsumschaltung *f*
~ **of audibility** Hörbereich *m*, Hörfläche *f*
~ **of measurement** Meßbereich *m*
~ **potentiometer** Meßpotentiometer *n (Pegelschreiber)*
~ **selection** Bereichswahl *f*
~ **selector [switch]** Bereichsschalter *m*, Bereichswahlschalter *m*, Bereichswähler *m*
~ **setting** Bereichseinstellung *f*
~ **switch** Bereichsschalter *m*, Bereichswahlschalter *m*, Bereichswähler *m*
~ **switching** Bereichsumschaltung *f*
rank/to klassifizieren, einordnen; sich einordnen (einreihen), rangieren
rapid speech transmission index Kennwert *m* (Index *m*) für die Übertragung fließender Sprache
rate of change Änderungsgeschwindigkeit *f*
~ **of decay** Abklinggeschwindigkeit *f*, Pegelabnahme *f* je Zeiteinheit
~ **of rise** Anstiegsgeschwindigkeit *f*
~ **of update** Akualisierungsgeschwindigkeit *f*, Aktualisierungsrate *f*
RASTI *s.* rapid speech transmission index
rated value Nennwert *m*
rating 1. Nennwert *m*; Nennleistung *f*; 2. Bewertung *f*, Einstufung *f*
~ **curve** Grenzkurve *f*, Bewertungskurve *f*
~ **level** Beurteilungspegel *m*
~ **number** Bewertungszahl *f*
~ **scale** Bewertungsmaßstab *m*, Bewertungsskala *f*
ratio of reverberant to early energy Hallmaß *n*
rattle/to rasseln, klappern
rattle Geklapper *n*, Gerassel *n*, Klappern *n*; Klapper *f*, Schnarre *f*
raw data Rohdaten *pl*, unverarbeitete Daten *pl*
~ **tape** Rohband *n*, Leerband *n*, noch nicht benutztes Band *n*
ray path Strahlengang *m*, Strahlenverlauf *m*
~ **tracing** Strahlverfolgung *f*
rayl Rayl *n (Einheit der spezifischen Schallimpedanz, nicht mehr zu verwenden)*
Rayleigh disk Rayleigh-Scheibe *f*
~ **wave** Rayleigh-Welle *f*
RC ... *s. a.* resistance-capacitance ...
~ **active filter** aktives RC-Filter *n*
~ **amplifier** RC-Verstärker *m*
~ **bridge** RC-Brücke *f*, Kapazitäts-Widerstands-Brücke *f*
~ **circuit** RC-Schaltung *f*
~-**coupled** RC-gekoppelt
~ **element** RC-Glied *n*
~ **filter** RC-Filter *n*, Widerstands-Kapazitäts-Filter *n*
~ **network** RC-Schaltung *f*
~ **oscillator** RC-Oszillator *m*, RC-Schwinger *m*
R-DAT *s.* rotary head DAT
RDT sonar Rotations-Richtungssendungssonar *n*
reactance Reaktanz *f*, Imaginärteil *m* der Impedanz, Blindwiderstand *m*
~ **component** Blindanteil *m*, Blindkomponente *f*
reacting duration, reaction time Ansprechdauer *f*
reactive Blind..., reaktiv, um 90° phasenverschoben
~ **component** Blindanteil *m*, Blindkomponente *f*
~ **energy** Blindenergie *f*
~ **load** Blindlast *f*
~ **power** Blindleistung *f*
~ **silencer** Resonanzschalldämpfer *m*
~ **sound field** Blindschallfeld *n*
reactivity Blindverhalten *n*, Reaktivität *f*
~ **index** Blindanteil *m*, Blindleistungsanteil *m*; Druck-Intensitäts-Index *m*, Differenz *f* von Druck- und Intensitätspegel, Reaktivitätsindex *m (Schallintensitätsmessung)*
read out/to ausgeben *(Daten)*
read-out Ausgabe *f*, Anzeige *f*; Anzeigeeinrichtung *f*; Ablesung *f*
readjust/to nachstellen, nachregeln, nachjustieren
readjustment Nachstellung *f*, Nachjustierung *f*; Neuabgleich *m*, Neujustierung *f*
real axis reelle Achse *f*

~ **component** Wirkkomponente *f*, Wirkanteil *m*, reelle Komponente *f*
~ **part** Realteil *m*
~ **time** Echtzeit *f*
~**-time analysis** Echtzeitanalyse *f*
~**-time analyzer** Echtzeitanalysator *m*
~**-time digital frequency analyzer** digitaler Echtzeit-Frequenzanalysator *m*
~**-time frequency range** Echtzeitfrequenzbereich *m*, Frequenzbereich *m* für Echtzeitverarbeitung
~**-time operation (processing)** Echtzeitbetrieb *m*, Echtzeitverarbeitung *f*
~**-time rate** Abtastrate *f* für Echtzeitbetrieb, Echtzeitgrenzgeschwindigkeit *f*
~**-time scanner** Echtzeitabtaster *m*, Abtaster *m* für Sofortbildwiedergabe
rebound/to abprallen, zurückprallen
rebound Rückprall *m*, Zurückprallen *n*, Rückstoß *m*
rebroadcast/to wieder (erneut) senden
recalibrate/to nachkalibrieren, nacheichen
recalibration Nachkalibrierung *f*, Nacheichung *f*
receive/to empfangen; aufnehmen
receive level Empfangspegel *m (Dämmungsmessung)*
~ **side** Empfangsseite *f*
received signal Empfangssignal *n*
receiver 1. Empfänger *m*; 2. Hörer *m*, Telefonhörer *m*, Fernhörer *m*; Kopfhörer *m*
~ **cap** Hörmuschel *f*, Hörermuschel *f*
~ **capsule (cartridge)** Hörkapsel *f*, Hörerkapsel *f*
~ **case** Hörergehäuse *n*
~ **ear-cap, ~ ear-piece** Hörmuschel *f*, Hörermuschel *f*
~ **inset** Hörkapsel *f*, Hörerkapsel *f*
receiving end Empfangsseite *f*
~ **end/at the** empfangsseitig
~ **room** Empfangsraum *m*
~ **set** Rundfunkempfänger *m*
reception Empfang *m*; Aufnahme *f*
reciprocal reziprok, umgekehrt; wechselseitig, gegenseitig; [transformatorisch] umkehrbar
~ **theorem** Reziprozitätssatz *m*, Reziprozitätstheorem *n*
~ **transducer** transformatorisch umkehrbarer Wandler *m*, transformatorischer Wandler *m*
~ **two-port network** umkehrbarer (leistungssymmetrischer) Vierpol *m*, umkehrbares Zweitor *n*
reciprocate/to hin- und hergehen, hin- und herbewegen
reciprocity Reziprozität *f*
~ **calibration** Reziprozitätseichung *f*, Reziprozitätskalibrierung *f*
~ **calibration method** Reziprozitätseichverfahren *n*, Reziprozitätskalibrierverfahren *n*
~ **calibrator** Reziprozitätseichgerät *n*, Reziprozitätskalibriergerät *n*
~ **coefficient** Reziprozitätsparameter *m*
~ **method** Reziprozitätsverfahren *n*
~ **method of calibration** Reziprozitätseichverfahren *n*, Reziprozitätskalibrierverfahren *n*
~ **principle** Reziprozitätsprinzip *n*, Reziprozitätsgesetz *n*
~ **theorem** Reziprozitätssatz *m*, Reziprozitätstheorem *n*
recognition Erkennen *n*, Wiedererkennen *n*
~ **differential** Erkennbarkeitsschwelle *f*, kleinste erkennbare Änderung *f*, Unterscheidbarkeitsschwelle *f*, Unterschiedsschwelle *f*
recognize/to erkennen, wiedererkennen
reconstruction filter Tiefpaß *m* (Tiefpaßfilter *n*) hinter DAU (Digital-Analog-Umsetzer)
record/to aufnehmen, aufzeichnen, speichern; registrieren
~ **on tape** auf Band aufnehmen (aufzeichnen)
record 1. Aufzeichnung *f*, Registrierung *f*; 2. Aufnahme *f*, Tonaufnahme *f*; 3. Schallplatte *f*; 4. Registrierstreifen *m*, Schrieb *m*
~ **blank** Schallplattenmatrize *f*
~ **button** Aufnahmetaste *f*
~ **carrier** Aufzeichnungsträger *m*
~ **changer** Plattenwechsler *m*
~ **chart** Diagrammstreifen *m*, Registrierstreifen *m*, Pegelschrieb *m*
~ **groove** Tonrille *f*, Plattenrille *f*
~ **head** Aufnahmekopf *m*, Aufzeichnungskopf *m*
~ **length** Aufzeichnungslänge *f*
~ **level** Aufnahmepegel *m*, Aufzeichnungspegel *m*
~ **level indication** Aussteuerungsanzeige *f*
~ **level indicator** Aussteuerungsmesser *m*
~ **medium** Aufzeichnungsmedium *n*
~ **muting** Stummschaltung *f* (Stummtastung *f*) bei der Aufnahme, Stummschaltung *f* (Stummtastung *f*) zum Pausensetzen
~ **noise** Plattenrauschen *n*, Plattengeräusch *n*; Nadelgeräusch *n*, Abspielgeräusch *n*
~ **of sound** Schallaufnahme *f*, Schallaufzeichnung *f*, Tonaufnahme *f*, Tonaufzeichnung *f*
~**-play[back] head** [kombinierter] Aufnahme- und Wiedergabekopf *m*
~ **player** Plattenspieler *m*, Grammophon *n*
~**-repeat head** [kombinierter] Aufnahme- und Wiedergabekopf *m*
~ **reproducer** Schallplattenabspielgerät *n*, Plattenspieler *m*
~ **reproducer pick-up** Schallplattenabtaster *m*
~ **support mat (pad)** Plattentellerauflage *f*
~ **turntable** Plattenteller *m*
~ **warp** Welligkeit *f* einer Schallplatte
recorded announcement Bandansage *f*, Ansage *f* vom Band
~ **broadcast** Wiedergabe *f* einer Aufzeichnung, Übertragung *f* vom Band

~ **information service** Ansagedienst *m*
~ **voice audiometry** Sprachaudiometrie *f*
recorder 1. Recorder *m*, Rekorder *m*, Aufnahmegerät *n*; 2. Schreiber *m*, Registriergerät *n*; 3. Blockflöte *f*
~ **connection** Schreiberanschluß *m*, Anschluß *m* für Aufzeichnungsgerät
~**-reproducer** Aufnahme- und Wiedergabegerät *n*
recording 1. Aufnahme *f*; 2. Speicherung *f*; 3. Aufzeichnung *f*, Registrierung *f*
~ **amplifier** Aufnahmeverstärker *m*, Aufzeichnungsverstärker *m*
~ **analyzer** aufzeichnender (schreibender) Analysator *m*, Analysator-Pegelschreiber *m*
~ **audiometer** selbstschreibendes Audiometer *n*, Audiometer *n* mit automatischer Aufzeichnung, Békésy-Audiometer *n*
~ **carrier** Aufzeichnungsträger *m*
~ **characteristic** Aufnahmefrequenzgang *m*, Aufzeichnungsfrequenzgang *m*
~ **chart paper** Registrierpapier *n*, Diagrammstreifen *m*
~ **cutter** Schneidnadel *f*, Schneidstichel *m*
~ **density** Aufzeichnungsdichte *f*, Speicherdichte *f*
~ **device** Registriergerät *n*, Registriereinrichtung *f*
~ **frequency characteristic** *s.* ~ frequency response
~ **frequency response** Aufnahmefrequenzgang *m*, Aufzeichnungsfrequenzgang *m*
~ **gap** Aufzeichnungsspalt *m*
~ **head** Aufnahmekopf *m*, Aufzeichnungskopf *m*
~ **instrument** schreibendes Meßgerät *n*, Schreiber *m*, Registriergerät *n*
~ **level indication** Aussteuerungsanzeige *f*
~ **level indicator** Aussteuerungsmesser *m*
~ **medium** Aufzeichnungsmedium *n*
~ **paper** Registrierpapier *n*, Diagrammstreifen *m*
~ **pen** Schreibstift *m*, Registrierstift *m*
~**-playback head** [kombinierter] Aufnahme- und Wiedergabekopf *m*
~ **potentiometer** Kompensationsschreiber *m*
~ **range** Aufzeichnungsbereich *m*, Aufzeichnungsumfang *m*
~ **room** Aufnahmeraum *m*, Aufnahmestudio *n*
~ **session** Aufzeichnung *f*, Aufführung *f* für Aufzeichnungszwecke
~ **speed** Schreibgeschwindigkeit *f*, Aufzeichnungsgeschwindigkeit *f*
~ **stylus** Aufnahmestichel *m*; Aufzeichnungsstift *m*
~ **technique** Aufnahmeverfahren *n*, Aufzeichnungsverfahren *n*
~ **time** Aufnahmezeit *f*
~ **track** Aufnahmespur *f*, Aufzeichnungsspur *f*; Schreibspur *f*
recordist Tonkameramann *m*; Tonmeister *m*; Toningenieur *m*
recover/to sich erholen; wiedergewinnen, wiederherstellen, zurückgewinnen
recovery Erholung *f*; Wiederherstellung *f*
~ **period** Erholungsdauer *f*, Rückbildungsdauer *f*
~ **process** Erholungsvorgang *m*, Rückbildungsvorgang *m*
~ **rate** Erholungsgeschwindigkeit *f*, Rückbildungsgeschwindigkeit *f*
~ **time** Erholungszeit *f*, Rückbildungszeit *f*
recreation Erholung *f*
recruitment Rekruitment *n*, Lautheitsausgleich *m*
rectangular coordinates kartesische (rechtwinklige) Koordinaten *fpl*
~ **impulse** Rechteckimpuls *m*, rechteckiger Impuls *m*
~ **parallelepiped** Quader *m*
~ **wave** Rechteckwelle *f*
~ **window** Rechteckfenster *n*
rectified average Betragsmittelwert *m (einer Wechselgröße)*
rectifier circuit Gleichrichterschaltung *f*
rectify/to gleichrichten
rectilinear geradlinig
recurrent periodisch, regelmäßig (zyklisch) wiederkehrend
recursive filter rekursives Filter *n*, Filter *n* mit Signalrückführung
reduce damping/to entdämpfen
~ **the volume** leiser stellen, die Aussteuerung vermindern (zurücknehmen)
reduced scale verkleinerter Maßstab *m*
redundance, redundancy Redundanz *f*, Weitschweifigkeit *f*
redundant redundant, überschüssig, weitschweifig
reed Rohr *n*, Rohrblatt *n*, Zunge *f (Musik)*
~ **frequency** Zungenfrequenz *f*
~ **instrument** Rohrblattinstrument *n*
~ **organ** Harmonium *n*
~ **pipe** Lingualpfeife *f*, Zungenpfeife *f*
~ **section** Saxophongruppe *f*, Saxophonsatz *m*
~ **stop** Zungenregister *n*, Lingualregister *n*
reel/to spulen, aufspulen, wickeln, aufwickeln
~ **off** abwickeln, abspulen
~ **up** aufspulen, aufwickeln
reel Spule *f*, Rolle *f*, Wickel *m*, Bandwickel *m*; Bandteller *m*
~ **brake** Bandtellerbremse *f*
~ **motor** Wickelmotor *m*
~ **size** Spulengröße *f*
~**-to-reel recorder** Spulenbandgerät *n*, Spulentonbandgerät *m*
reference absorption area Bezugsabsorptionsfläche *f*, Bezugsschallschluckfläche *f*

~ **acceleration** Bezugswert *m* der Beschleunigung, Bezugsbeschleunigung *f*
~ **accelerometer** Bezugsaufnehmer *m*, Referenzaufnehmer *m*, Referenzbeschleunigungsaufnehmer *m*
~ **attenuation** Bezugsdämpfung *f*
~ **axis** Bezugsachse *f*, Hauptachse *f*
~ **duration** Bezugsdauer *f*, Bezugszeit *f*, Bezugswert *m* der Dauer
~ **frame** Bezugssystem *n*
~ **frequency** Bezugsfrequenz *f*, Vergleichsfrequenz *f*
~ **level** Bezugspegel *m*, Vergleichspegel *m*
~ **microphone** Normalmikrofon *n*, Eichmikrofon *n*, Mikrofonnormal *n*
~ **noise generator** [kalibrierte] Prüfschallquelle *f* (Bezugsschallquelle *f*, Vergleichsschallquelle *f*), [geeichte] Prüfschallquelle *f* (Bezugsschallquelle *f*, Vergleichsschallquelle *f*)
~ **pick-up** Normalaufnehmer *m*, Aufnehmernormal *n*
~ **point** Bezugspunkt *m*
~ **quantity** Bezugsgröße *f*
~ **range** Bezugsbereich *m*
~ **sensitivity** Bezugsübertragungsfaktor *m*, Bezugswert *m* des Übertragungsfaktors
~ **signal** Bezugssignal *n*, Referenzsignal *n*
~ **sound intensity** Bezugswert *m* der Schallintensität, Bezugsschallintensität *f*
~ **sound power** Bezugswert *m* der Schalleistung, Bezugsschalleistung *f*
~ **sound pressure** Bezugswert *m* des Schalldrucks, Bezugsschalldruck *m*
~ **sound pressure level** Bezugsschalldruckpegel *m*
~ **sound source** Vergleichsschallquelle *f*, Bezugsschallquelle *f*
~ **standard** Bezugsnormal *n*
~ **tape** Bezugs[ton]band *n*
~ **temperature** Bezugstemperatur *f*
~ **tone** Bezugston *m*, Eichton *m*, Normalton *m*
~ **track** Bezugsspur *f (Magnetband)*
~ **velocity** Bezugswert *m* der Schallschnelle (Schnelle); Bezugsschnelle *f*
reflect/to zurückwerfen, reflektieren; spiegeln
reflectance Reflexionsvermögen *n*
reflected wave reflektierte (rücklaufende) Welle *f*; Echowelle *f*
reflecting effect Spiegelwirkung *f*; Reflexionswirkung *f*
~ **factor** Reflexionsfaktor *m*, Reflexionskoeffizient *m*
~ **power** Reflexionsvermögen *n*
~ **surface** Reflexionsfläche *f*, Rückstrahlfläche *f*
reflection Reflexion *f*, Rückstrahlung *f*, Spiegelung *f*, Rückwurf *m*
~ **coefficient** Reflexionsgrad *m*
~ **factor** Reflexionsfaktor *m*, Reflexionskoeffizient *m*
~ **phase grating** Phasengitterreflektor *m*, reflektierendes Phasengitter *n*
~ **sounding** Echolotung *f*
~ **technique** Reflexionsverfahren *n*
reflective power, reflectivity Reflexionsvermögen *n*
reflectogram Reflektogramm *n*, Echogramm *n*
reflector Reflektor *m*, Spiegel *m*
reflex box Baßreflexbox *f*, Baßreflexgehäuse *n*
~ **cabinet** Baßreflexbox *f*, Baßreflexgehäuse *n*
refract/to brechen *(Welle)*
refracting angle Brechungswinkel *m*
refraction Brechung *f*, Refraktion *f*
refractive index Brechungsindex *m*, Brechungszahl *f*
~ **power** Brechkraft *f*
regenerative feedback Mitkopplung *f*, positive Rückkopplung *f*
register Orgelregister *n*; Stimmlage *f*, Stimmregister *n*
regressive wave rücklaufende (rückwärtsschreitende) Welle *f*
regular reflection gerichtete (spiegelnde) Reflexion *f*
regulate/to regeln, regulieren; einstellen
regulating amplifier Regelverstärker *m*
regulation 1. Regelung *f*, Regulierung *f*, Einstellung *f*; 2. Vorschrift *f*
~ **amplifier** Regelverstärker *m*
~ **error** Regelabweichung *f*
~ **microphone** Regelmikrofon *n*, Mikrofon *n* im Regelkreis
regulator Regler *m*, Regeleinrichtung *f*
rehearsal Probe *f (Theater)*
reject/to sperren, unterdrücken; zurückweisen, abweisen
rejection Sperrung *f*, Unterdrückung *f*; Ablehnung *f*; Zurückweisung *f*
~ **characteristic** Verhalten *n* im Sperrbereich, Sperrverhalten *n*
~ **filter** Sperrfilter *n*, Bandsperre *f*, Bandsperrfilter *n*
relative air humidity relative Luftfeuchte *f*
~ **bandwidth ratio** relative Bandbreite *f*
~ **differential limen of frequency** Unterschiedsschwelle *f* für relative Frequenzänderungen
~ **frequency** 1. relative (normierte) Frequenz *f*; 2. relative Häufigkeit *f*
~ **hearing loss** bezogener Hörverlust *m*
~ **humidity** relative Luftfeuchte *f*
~ **level** relativer Pegel *m*
~ **permeability** relative Permeabilität *f*, Permeabilitätszahl *f*
~ **response** relativer (bezogener) Übertragungsfaktor *m*
~ **reverberation level** relativer Nachhallpegel *m* *(Sonar)*

~ **sensitivity** relativer (bezogener) Übertragungsfaktor *m*
~ **velocity** Relativgeschwindigkeit *f*
release/to lösen, loslassen; freigeben, herausbringen
release Auslösung *f*, Freigabe *f*
reluctance magnetischer Widerstand *m*
remagnetization Aufmagnetisierung *f*, Ummagnetisierung *f*
remagnetize/to aufmagnetisieren, ummagnetisieren
remanence Remanenz *f*, remanente Magnetisierung *f*, [zurück]bleibende Magnetisierung *f*
remanent remanent, zurückbleibend
~ **flux density** remanente Flußdichte *f*
~ **magnetism** remanenter (bleibender) Magnetismus *m*
~ **magnetization** remanente (bleibende) Magnetisierung *f*
remote control Fernsteuerung *f*, Fernbedienung *f*
~ **control cable** Fernsteuerkabel *n*, Fernbedienkabel *n*
~ **control socket** Anschluß *m* (Buchse *f*) für Fernbedienung
~ **control unit** Fernbedienteil *n*
~ **studio** Außenstudio *n*
~ **volume control** Saalregler *m*, Fernlautstärkeregler *m*
render audible/to hörbar machen (werden lassen)
repeat Wiederholen *n*, Wiederholung *f*; Wiederholbetrieb *m*
~ **chart mode [of operation]** Repetierbetrieb *m* *(Pegelschreiber)*
repeatability Reproduzierbarkeit *f*, Wiederholbarkeit *f*
repeated tone burst Tonimpulsfolge *f*, Tonpuls *m*
repeater Verstärker *m*, Zwischenverstärker *m*; Relaisstelle *f*
~ **bay (rack)** Verstärkergestell *n*, Zwischenverstärkergestell *n*
~ **station** Verstärkeramt *n*
repetition frequency (rate) Folgefrequenz *f*, Wiederholfrequenz *f*
~ **time** Wiederholzeit *f*, Wiederholdauer *f*, Zykluszeit *f*
repetitive wiederholt, sich wiederholend
replay/to abspielen, wiedergeben
replay Wiedergabe *f*, Abspielen *n*
~ **amplifier** Wiedergabeverstärker *m*
~ **button** Wiedergabetaste *f*
~ **device** Wiedergabegerät *n*, Abspielgerät *n*
~ **head** Wiedergabekopf *m*; Abtaster *m*
~ **speed** Wiedergabegeschwindigkeit *f*
~ **unit** Wiedergabeeinrichtung *f*, Wiedergabegerät *n*
replaying device Wiedergabegerät *n*, Abspielgerät *n*
reply Antwort *f*, Rückmeldung *f*; Meldesignal *n*
reproduce/to reproduzieren; wiedergeben
reproducer Wiedergabegerät *n*; Lautsprecher *m*
reproducibility Reproduzierbarkeit *f*, Wiederholbarkeit *f*
reproducing amplifier Wiedergabeverstärker *m*
~ **characteristic** Wiedergabefrequenzgang *m*, Wiedergabecharakteristik *f*
~ **head** Wiedergabekopf *m*; Abtaster *m*
~ **speed** Wiedergabegeschwindigkeit *f*
~ **stylus** Abtastnadel *f*
reproduction Wiedergabe *f*; Reproduktion *f*, Nachbildung *f*; Vervielfältigung *f*
~ **equalizer** Wiedergabeentzerrer *m*
~ **of sound** Tonwiedergabe *f*, Schallwiedergabe *f*
repulse/to zurückstoßen, abstoßen
repulsion Abstoßung *f*, Rückstoß *m*
repulsive force (power) abstoßende Kraft *f*, Abstoßungskraft *f*
reradiate/to zurückstrahlen; wieder ausstrahlen
reradiation Rückstrahlung *f*; Wiederausstrahlung *f*
rerecord/to umspielen, überspielen, umschneiden, kopieren
rerecording Tonbandkopie *f*, Kopie *f*, Umschnitt *m*
~ **room** Mischatelier *n*, Mischraum *m*
~ **system** Mischeinrichtung *f*, Mischanlage *f* *(Ton)*
reset/to 1. rückstellen, zurückstellen, zurücksetzen; 2. neu einstellen
reset Rückstellung *f*
~ **counter** rückstellbares Zählwerk *n*
resettable counter rückstellbares Zählwerk *n*
resetting Rückstellung *f*
residential area Wohngebiet *n*
~ **noise** Lärm *m* in Wohnungen, wohnüblicher Lärm *m*, wohnübliches Geräusch *n*
residual attenuation Grunddämpfung *f* [im Durchlaßbereich]
~ **elasticity** elastische Nachwirkung *f*
~ **hearing** Resthörvermögen *n*
~ **hum** Restbrumm *m*
~ **intensity** Restintensität *f*, [untere] Meßgrenze *f* der Intensität
~ **intensity index** *s.* ~ pressure-intensity index
~ **magnetism** remanenter (bleibender) Magnetismus *m*
~ **magnetization** remanente (bleibende) Magnetisierung *f*
~ **noise** Eigenrauschen *n*, Eigengeräusch *n*
~ **pressure-intensity index** remanenter (residueller) Druck-Intensitäts-Index *m*, Meßgrenze *f* der Differenz von Druck- und Intensitätspegel, Index *m* der Eigenreaktivität
~ **ripple** Restwelligkeit *f*

~ **shock spectrum** residuelles Stoßspektrum *n*
resilience Elastizität *f*; Federwirkung *f*
resilient elastisch, federnd, nachgiebig
~ **support** federnde (elastische) Auflage *f*
resistance Wirkimpedanz *m*, Realteil *m* der Impedanz, Wirkwiderstand *m*, ohmscher Widerstand *m*, Widerstand *m*
~**-capacitance ...** Widerstands-Kapazitäts..., RC-...
~**-capacitance bridge** RC-Brücke *f*, Kapazitäts-Widerstands-Brücke *f*
~**-capacitance circuit** RC-Schaltung *f*
~**-capacitance-coupled** RC-gekoppelt
~**-capacitance-coupled amplifier** RC-Verstärker *m*
~**-capacitance element** RC-Glied *n*
~**-capacitance filter** RC-Filter *n*, Widerstands-Kapazitäts-Filter *n*
~**-capacitance oscillator** RC-Oszillator *m*, RC-Schwinger *m*
~ **locus** Ortskurve *f* des Widerstands
~ **noise** Widerstandsrauschen *n*, thermisches Rauschen *n*
~ **sensor** ohmscher Aufnehmer *m*
~ **strain gauge** Widerstandsdehnmeßstreifen *m*, Widerstandsdehnungsmeßstreifen *m*
resistor-capacitor ... *s.* resistance-capitance...
resolution capability Auflösungsvermögen *n*
~ **error** Auflösefehler *m*
~ **limit** Auflösungsgrenze *f*
resolve/to auflösen, zerlegen
resolving limit Auflösungsgrenze *f*
~ **power** Auflösungsvermögen *n*
resonance Resonanz *f*, Mitschwingen *n* • **at ~** bei Resonanz
~ **absorber** Resonanzabsorber *m*
~ **chamber** Hohlraumresonator *m*; Resonatorhohlraum *m*
~ **circuit** Resonanzkreis *m*, Schwingkreis *m*
~ **condition** Resonanzbedingung *f*
~ **curve** Resonanzkurve *f*
~ **dwell** Verweilen *n* bei Resonanz, Verweilen *n* auf der Resonanzfrequenz
~ **dwell unit** Resonanzverweilzusatz *m*
~ **dwelling** Verweilen *n* bei Resonanz, Verweilen *n* auf der Resonanzfrequenz
~ **frequency** Resonanzfrequenz *f*
~ **mode** Resonanzschwingungsmode *f*, Resonanzschwingungstyp *m*
~ **peak** Resonanzspitze *f*, Resonanzmaximum *n*
~ **point** Resonanzstelle *f*, Resonanzpunkt *m*
~ **ratio** Resonanzüberhöhung *f*
~ **technique** Resonanzverfahren *n*
~ **transducer** Resonanzwandler *m*, bei (in) Resonanz betriebener Wandler *m*
~ **type absorber** Resonanzabsorber *m*, Absorber *m* vom Resonatortyp
~ **vibration** Resonanzschwingung *f*
resonant mitschwingend, in Resonanz befindlich, Resonanz...
~**-absorption silencer** Resonanzschalldämpfer *m*
~ **cavity** Hohlraumresonator *m*; Resonatorhohlraum *m*
~ **circuit** Resonanzkreis *m*, Schwingkreis *m*
~ **condition** Resonanzbedingung *f*
~ **curve** Resonanzkurve *f*
~ **frequency** Resonanzfrequenz *f*
~ **magnification** Verstärkung *f* durch Resonanz, Resonanzüberhöhung *f*
~ **mode** Resonanzschwingungsmode *f*, Resonanzschwingungstyp *m*
~ **rise** Resonanzüberhöhung *f*
~ **vibration** Schwingung *f* bei Resonanz, Mitschwingung *f*, Mitschwingen *n*, Resonanzschwingung *f*
resonate/to 1. mitschwingen, in Resonanz sein (geraten); 2. als Resonator wirken, durch Resonanz verstärken
resonating circuit Resonanzkreis *m*, Schwingkreis *m*
resonator Resonator *m*, Schwinger *m*
~ **intake silencer** Resonanzansauggeräuschdämpfer *m*
resound/to erschallen, ertönen; widerhallen
respond/to ansprechen, reagieren; antworten
response 1. Antwort *f*, Reaktion *f*; 2. Ansprechen *n*; Ansprechempfindlichkeit *f*; 3. Frequenzgang *m*, Frequenzkurve *f*
~ **characteristic** Frequenzgang *m*, Frequenzkurve *f*; Ansprechcharakteristik *f*
~ **curve** Frequenzgangkurve *f*, Übertragungskurve *f*
~ **signal** Meldesignal *n*
~ **test unit** Frequenzgangprüfeinheit *f*
~ **time** Ansprechzeit *f*, Reaktionszeit *f*; Einschwingzeit *f*, Einstellzeit *f*
~ **to current** Übertragungsfaktor *m* (Empfindlichkeit *f*) für Strom (Stromeinspeisung), Stromübertragungsfaktor *m*
~ **to power** Leistungsübertragungsfaktor *m*
~ **to voltage** Übertragungsfaktor *m* (Empfindlichkeit *f*) für Spannung (Spannungseinspeisung), Spannungsübertragungsfaktor *m*
rest Ruhe *f*, Stillstand *m*; Pause *f (Musik)* • **at** ~ in Ruhe [befindlich], ruhend
resting friction statische Reibung *f*, Ruhereibung *f*, Haftreibung *f*
~ **threshold** Ruhehörschwelle *f*
restoring force Rückstellkraft *f*
restraint Beschränkung *f*; Bewegungsbegrenzung *f*
result of measurement Meßergebnis *n*
retardation 1. Verzögerung *f*, Nacheilen *n*; 2. Auslaufen *n (Maschine)*
retransform/to rücktransformieren

retransformation Rücktransformation *f*
retrieve/to wiedergewinnen, wiedererlangen; wiederherstellen
retrofit/to aufrüsten, nachträglich ausstatten
retroflective widerspiegelnd, reflektierend
retrospective rückschauend, retrospektiv
retune/to nachstimmen
return loss Echodämpfung *f*
~ **of motion** Rücklauf *m*, Bewegungsrücklauf *m*
~ **signal** Meldesignal *n*, zurückkommendes Signal *n*
~ **spring** Rückholfeder *f*; Gegenfeder *f*
~ **time** Rücklaufzeit *f*, Rückkehrzeit *f*
returning force Rückstellkraft *f*
reverb *(sl.)* Nachhall *m*, Hall *m*
~ **unit** Hallgerät *n*
reverberant nachhallend, hallig, Hall...
~ **absorption coefficient, ~absorptivity** Schallabsorptionsgrad *m* (Schallschluckgrad *m*) für diffusen Schalleinfall
~ **chamber** Hallraum *m*
~ **field** Hallfeld *n*, Nachhallfeld *n*
~-**field method** Hallraumverfahren *n (Schalleistungsmessung)*
~-**field sensitivity** Diffusempfindlichkeit *f*, Diffus[feld]übertragungsfaktor *m*, Übertragungsfaktor *m* für das diffuse Schallfeld
~-**field test** Hallraummessung *f*, Hallraumprüfung *f*
~ **room** Hallraum *m*
~ **sound** Nachhall *m*, Hall *m*
~ **sound field** Schallfeld *n* des Nachhalls, Nachhallfeld *n*, Hallfeld *n*
~ **sound level** Nachhallpegel *m*, Pegel *m* des Hallfeldes
reverberate/to 1. nachhallen, widerhallen; 2. nachhallen (widerhallen) lassen; 3. zurückwerfen, reflektieren; 4. zurückgeworfen (reflektiert) werden
reverberation Nachhall *m*, Hall *m*
~ **absorptivity** Schallabsorptionsgrad *m* (Schallschluckgrad *m*) für diffusen Schalleinfall
~ **calculator** [rechnender] Nachhallzeitmesser *m*, [rechnendes] Nachhallzeitmeßgerät *n*
~ **chamber** Hallraum *m*
~ **decay curve** Nachhallkurve *f*
~ **enhancement** Nachhallzeitoptimierung *f*, Nachhallverbesserung *f*
~ **measurement** Nachhallzeitmessung *f*
~ **processor** [rechnender] Nachhallzeitmesser *m*, [rechnendes] Nachhallzeitmeßgerät *n*
~ **room** Hallraum *m*
~ **room technique** Hallraumverfahren *n*
~ **system** Hallerzeugungssystem *n*, System *n* zur Verhallung (Nachhallerzeugung, Nachhallverlängerung)
~ **test room** Hallraum *m* für Meßzwecke (Prüfzwecke), halliger Meßraum *m*
~ **time** Nachhallzeit *f*
~-**time measurement** Nachhallzeitmessung *f*
~-**time meter** Nachhallzeitmesser *m*
~ **unit** Hallgerät *n*
reverberator 1. Reflektor *m*; 2. Hallgerät *n*, Nachhallgerät *n*
reverberatory hallig; reflektierend
reversal Umkehr *f*, Umsteuerung *f*; Umpolung *f*
~ **of phase** Phasenumkehr *f*
reverse/to umkehren, umsteuern; umpolen
~-**integrate** rückwärts (von hinten) integrieren
~ **the polarity** die Polarität umkehren, umpolen
reverse Laufrichtungsumkehr *f*
~ **direction** Gegenrichtung *f*
~ **mode** Endlosbetrieb *m* [durch Laufrichtungsumkehr]
~ **phase** Gegenphase *f*
~ **run (running)** Rücklauf *m (Band)*
reversed bending strength Biegewechselfestigkeit *f*
~ **feedback** Gegenkopplung *f*
reversibility Umkehrbarkeit *f*, Reversibilität *f*
reversible reversibel, umkehrbar
~ **process** umkehrbarer Vorgang *m*
~ **transducer** umkehrbarer Wandler *m*
review Suchlauf *m*, Mithören *n* (Mitsehen *n*) beim Umspulen (beim schnellen Rücklauf)
revolution Umdrehung *f*, Umlauf *m*, Rotation *f*
revolutions per minute Umdrehungen *fpl* pro Minute, min^{-1}
revolve/to rotieren, umlaufen, [sich] drehen; rotieren (kreisen) lassen
revolving stage Drehbühne *f*
rewind/to umspulen, rückspulen, zurückspulen, zurücklaufen lassen
rewind Umspulen *n*, Rückspulen *n*, Rücklauf *m*
~ **button (key)** Rücklauftaste *f*, Rückspultaste *f*
~ **motor** Rückspulmotor *m*, Rücklaufmotor *m*
~ **speed** Rücklaufgeschwindigkeit *f*, Rückspulgeschwindigkeit *f*, Umspulgeschwindigkeit *f*
~ **spool** Rücklaufspule *f*, Rückwickelspule *f*
~ **time** Umspulzeit *f*, Rückspulzeit *f*, Rücklaufzeit *f*
rewinder Umspuler *m*, Umspuleinrichtung *f*
rewinding Umspulen *n*, Rückwickeln *n*, Rückspulen *n*, Rücklauf *m*
~ **key** Rücklauftaste *f*, Rückspultaste *f*
r.f., RF *s.* radio frequency
rhino-larynx stroboscope Rhino-Laryngostroboskop *n*, Stroboskop *n* für den Nasen-Rachenraum und den Kehlkopf
rhythm Rhythmus *m*, Takt *m*
~ **section** Rhythmusgruppe *f (Band)*
rhythmic[al] rhythmisch
rib stiffener rippenförmige Versteifung *f*, Versteifungsrippe *f*

ribbon loudspeaker Bandlautsprecher *m*, Bändchenlautsprecher *m*
~ **microphone** Bändchenmikrofon *n*
~**-type dynamic loudspeaker** Bandlautsprecher *m*, Bändchenlautsprecher *m*
rich in harmonics oberwellenreich
~ **in tone** volltönend
richness of tone Klangfülle *f*
ride meter Schwingungsmeßgerät *n* (Schwingungsmesser *m*) für sitzende Person
right-hand volume Pegel *m* (Lautstärke *f*, Aussteuerung *f*) im rechten Kanal
rigid starr, steif; stabil, fest
rigidity Steifigkeit *f*, Steife *f*, Starrheit *f*; Stabilität *f*
ring/to klingeln, läuten; anrufen
ring core Ringkern *m*
~ **head** Ringkopf *m*
~ **magnet** Ringmagnet *m*
ringing Läuten *n*, Klingeln *n*; Klingen *n*, Ausklingen *n*, Nachklingen *n*
~ **in the ears** Ohrenklingen *n*
ripple/to brummen, wellig sein *(Spannung)*
ripple Welligkeit *f*, Restwelligkeit *f*; Brumm *m*, Netzbrummen *n*
~ **filter** Glättungsfilter *n*, Brummfilter *n*
~**-filter choke** Glättungsdrossel *f*
~ **frequency** Frequenz *f* der Welligkeit; Brummfrequenz *f*
~ **percentage** [prozentuale] Welligkeit *f*, Welligkeitsgrad *m*
~ **pick-up** Brummeinstreuung *f*, Brummeinkopplung *f*
~ **ratio** Brummspannungsverhältnis *n*
~ **voltage** Brummspannung *f*
rise/to ansteigen *(Funktion)*
rise Anstieg *m*
~ **in pressure** Druckanstieg *m*, Druckerhöhung *f*; Druckstau *m (Mikrofon)*
~ **of pulse** Impulsanstieg *m*
~ **rate (speed)** Anstiegsgeschwindigkeit *f*
~ **time** Anstiegszeit *f*, Anstiegsdauer *f*
rising edge Anstiegsflanke *f*
~ **of sound** Anhall *m*
risk of hearing handicap Gehörschädigungsgefahr *f*, Gehörschadenrisiko *n*
riveting noise Nietgeräusch *n*, Lärm *m* durch Nieten
rms, RMS *s.* root-mean-square
road noise Rollgeräusch *n* [auf der Straße]
~ **traffic noise** Straßenverkehrslärm *m*
Rochelle salt Rochellesalz *n*
rock/to schaukeln; erschüttern
rock wool Steinwolle *f*, Gesteinswolle *f*, Basaltwolle *f*
rocking motion Schaukelbewegung *f*
roll off/to abfallen *(z. B. Kurvenverlauf)*
roll off Abfallen *n (Kurve)*
roller bearing Rollenlager *n*, Walzenlager *n*
rolling-contact bearing Wälzlager *n*
ROM card ROM-Karte *f*, nur lesbare Speicherkarte *f*
room absorption [äquivalente] Absorptionsfläche *f* eines Raumes, [äquivalente] Raumabsorptionsfläche *f*
~ **acoustics** Raumakustik *f*
~ **noise** Raumgeräusch *n*, Saalgeräusch *n*, Nebengeräusch *n*
~ **resonance** Raumresonanz *f*
~ **simulation** Raumnachbildung *f*, Raumsimulation *f*
root-mean-quad mit der 4. Potenz gemittelt
~**-mean-square** effektiv, quadratisch gemittelt
~**-mean-square [value]** Effektivwert *m*, quadratischer Mittelwert *m*
rotary rotierend, drehend, sich drehend, umlaufend, Dreh...
~ **head DAT (digital audio tape)** DAT *f* (digitales Tonbandsystem *n*) mit rotierenden Tonköpfen, R-DAT *f*, Schrägspur-DAT *f*
~ **motion** Drehbewegung *f*
~ **switch** Drehschalter *m*
~ **telephone** Telefon *n* (Fernsprecher *m*, Fernsprechapparat *m*) mit Wählscheibe
~**-type switch** Drehschalter *m*
rotate/to rotieren, umlaufen, [sich] drehen
rotating rotierend, drehend, sich drehend, umlaufend, Dreh...
~ **boom** Drehgalgen *m*
~ **microphone boom** Mikrofon-Drehgalgen *m*
~ **shaft** Drehachse *f*
rotation Rotation *f*, Drehung *f*, Umdrehung *f*
~ **axis** Rotationsachse *f*, Drehachse *f*
~ **sense** Drehsinn *m*
rotational rotatorisch, Rotations..., Dreh...
~ **angle** Drehwinkel *m*
~ **direction** Drehrichtung *f*
~ **directional transmission sonar** Rotations-Richtungssendungssonar *n*
~ **field** Wirbelfeld *n*
~ **speed** Umdrehungsgeschwindigkeit *f*, Umlaufgeschwindigkeit *f*
~ **vibration** Drehschwingung *f*, rotarische Schwingung *f*, Torsionsschwingung *f*
~ **wave** Torsionswelle *f*
rotator Drehvorrichtung *f*; Drehtisch *m*
roughness Rauheit *f*, Rauhigkeit *f*
round-off error Rundungsfehler *m*
~**-off noise** Rauschen *n* durch Rundungsfehler
~**-robin test** Ringmessung *f*, Vergleichsuntersuchung *f* [zwischen verschiedenen Institutionen]
~ **window** rundes Fenster *n (Ohr)*
rounding error *s.* round-off error
route/to lenken, leiten, führen *(Signalweg)*
routine Routine *f*, wiederkehrender (wiederholter) Funktionsablauf *m* (Ablauf *m*); Programm *n*

routing Lenkung *f* (Leitung *f*; Durchschaltung *f*) des Signals (Signalweges)
roving wandernd, ortsveränderlich eingesetzt
royal piano Konzertflügel *m*
rpm *s.* revolutions per minute
rubber-cushioned gummigelagert
~ **mat** Gummimatte *f*
~ **pad** Gummipolster *n*, Gummikissen *n*
~ **sponge** Schaumgummi *m*
rumble/to rumpeln
rumble Rumpeln *n*
~ **filter** Rumpelfilter *n*
~ **noise** Rumpelgeräusch *n*
run Lauf *m*; Bandlauf *m*
~**-back** Rücklauf *m (Band)*
~**-in groove (spiral)** Einlaufrille *f*
~**-out groove (spiral)** Auslaufrille *f*, Ausschaltrille *f*
~**-up** Hochlaufen *n*, Hochtouren *n (Maschine)*
~**-up noise suppressor** Lärmschutzeinrichtung *f* für das Warmlaufen, Lärmschutzeinrichtung *f* für den Warmlaufbetrieb
running balance dynamisches Gleichgewicht *n (Maschine)*
~ **speech** fortlaufende (fließende) Sprache *f*
~ **time** laufende (fortlaufende) Zeit *f*

S

S S, Slow, Langsam *(Zeitbewertung)*
S-DAT *s.* stationary head DAT
S-weighted S-bewertet
S-weighting S-Bewertung *f*, Zeitbewertung *f* S
sabin Sabin *(Einheit der äquivalenten Schallabsorptionsfläche, veraltet)*
Sabine absorption [area] Sabinesche Absorption *f*, Absorptionsfläche *f* nach Sabine, [äquivalente] Absorptionsfläche *f* eines Raumes, [äquivalente] Raumabsorptionsfläche *f*
~ **absorption coefficient** Sabinescher Absorptionsgrad *m*
~ **equivalent absorption area** äquivalente Absorptionsfläche *f* nach Sabine, [äquivalente] Absoprtionsfläche *f* eines Raumes, [äquivalente] Raumabsorptionsfläche *f*
safe exposure unschädliche Einwirkung *f*; unschädliche Dosis *f* (Exposition *f*)
safety from interception Sicherheit *f* gegen Abhören
sample/to abtasten, Signalprobe entnehmen
sample Abtastwert *m*, Probe *f*, Signalprobe *f*
~**-and-hold circuit** Abtasthalteschaltung *f*
~ **spacing** Abtastintervall *n*, Zeitdauer *f* (Abstand *m*) zwischen zwei Abtastungen
~ **value** Abtastwert *m*
sampled data Abtastwerte *mpl*, abgetastete Werte *mpl*
~**-data filter** Abtastfilter *n*
~**-data signal** quantisiertes (gequanteltes) Signal *n*, Signal mit diskreten Funktionswerten
~ **data system** System *n* mit diskreten Funktionswerten (Abtastwerten)
~ **instant** Abtastmoment *m*, Zeitpunkt *m* der Abtastung
~ **value** Abtastwert *m*
sampling [elektronische] Abtastung *f*, Sampling *n*
~ **frequency** Abtastrate *f*, Abtastfrequenz *f*, Samplingfrequenz *f*
~ **instant** Abtastmoment *m*, Zeitpunkt *m* der Abtastung
~ **interval (period)** Abtastintervall *n*, Zeitdauer *f* (Abstand *m*) zwischen zwei Abtastungen
~ **position** Meßort *m*, Abtastort *m*
~ **rate** Abtastrate *f*, Abtastfrequenz *f*, Samplingfrequenz *f*
~ **surface** Meßfläche *f*, Abtastfläche *f*
~ **theorem** Abtasttheorem *n*
sandwich board Verbundplatte *f*, Mehrschichtenplatte *f*, Sandwichplatte *f*
~ **construction** Mehrschichtenkonstruktion *f*, Sandwichkonstruktion *f*
~ **panel** Verbundplatte *f*, Mehrschichtenplatte *f*, Sandwichplatte *f*
sapphire Saphir *m*
satellite studio Nebenstudio *n*, Hilfsstudio *n*
saturate/to sättigen
saturation Sättigung *f*, Sättigungszustand *m*
~ **bend** Sättigungsknie *n*, Sättigungsknick *m (Magnetisierungskennlinie)*
~ **characteristic (curve)** Sättigungskurve *f*, Sättigungskennlinie *f*
~ **field intensity (strength)** Sättigungsfeldstärke *f*
~ **flux density** Sättigungsflußdichte *f*
~ **state** Sättigungszustand *m*
savart Savart *n (Frequenzintervall)*
save/to abspeichern
SAW *s.* surface acoustic wave
saw-toothed sägezahnförmig
sawtooth generator Sägezahngenerator *m*
~ **oscillation** Sägezahnschwingung *f*
~ **pulse** Sägezahnimpuls *m*
~**-shaped** sägezahnförmig
~ **signal** Sägezahnsignal *n*, sägezahnförmiges Signal *n*
~ **voltage** Sägezahnspannung *f*
~ **wave** Sägezahnschwingung *f*
saxes Saxophongruppe *f*
saxophone Saxophon *n*
SC filter *s.* switched-capacitance filter
scalar skalare Größe *f*, Skalar *m*
~ **potential field** Potentialfeld *n*
~ **product** skalares (inneres) Produkt *n*
~ **quantity** skalare Größe *f*, Skalar *m*
scale 1. Maßstab *m*; Skala *f*, Skale *f*, Skalenteilung *f*; 2. Tonleiter *f*; musikalische Stimmung *f*

~ **factor** Maßstabsfaktor *m*, Skalenfaktor *m*
~ **mark[ing]** Skalenmarke *f*, Teilstrich *m*
~ **model** maßstabsgerechtes Modell *n*
~-**model measurement** Modellmessung *f*, Messung *f* am [maßstabgsgerechten] Modell
~-**model study** Modelluntersuchung *f*, Untersuchung *f* am [maßstabsgerechten] Modell
~-**model technique** Modellverfahren *n (mit maßstabsgerechtem Modell)*
~-**model test** Modellmessung *f*, Messung *f* am [maßstabsgerechten] Modell
scaled maßstabsgerecht
~-**down model** verkleinertes Modell *n*, Modell *n* in verkleinertem Maßstab
scaling factor Maßstabsfaktor *m*, Skalenfaktor *m*
~ **law** Maßstabstransformationsregel *f*
scan/to abtasten, überstreichen, durchlaufen, durchsuchen
scan Abtastung *f*, Durchlaufen *n*, Überstreichen *n*
~ **analysis** Analyse *f* mit gleitendem Zeitfenster
~ **averaging** mitlaufende (synchrone) Mittelung *f*
~ **plane** Abtastebene *f*, Abtastfläche *f*
scanning microphone Schwenkmikrofon *n*, Abtastmikrofon *n*
~ **sonar** Abtastsonar *n*
scatter/to streuen, zerstreuen
~ **back** rückstreuen
scatter echo Streuecho *n*
scattered radiation Streustrahlung *f*
~ **reflection** Streureflexion *f*
scatterer Streuobjekt *n*, Streukörper *m*
scattering Streuung *f*
~ **cross section** Streuquerschnitt *m*
~ **layer** Streuschicht *f*
~ **loss** Streuverlust *m*
~ **of sound** Schallstreuung *f*
~ **strength** Streustärke *f*
schematic circuit diagram Schaltbild *n*, Stromlaufplan *m*
Schroeder method Verfahren *n* der integrierten Impulsantwort, Schröder-Verfahren *n*
scramble/to verschlüsseln
scrambled speech verschlüsselte Sprache *f*
scrambler Sprachverschlüßler *m*
scrambling Sprachverschlüsselung *f*
scratch Kratzen *n*, Nadelgeräusch *n*; Kratzer *m*
~ **filter** Nadelgeräuschfilter *n*
~ **noise** Kratzgeräusch *n*
screen/to 1. abschirmen; entstören; 2. projizieren; verfilmen; 3. prüfen *(Person)*, voruntersuchen, aussuchen
screen Schirm *m*, Abschirmung *f*; Bildschirm *m*; Projektionswand *f*, Bildwand *f*
~ **dump** Ablage *f* (Ausdruck *m*) des Bildschirminhalts
screened cable abgeschirmtes Kabel *n*
~ **line** abgeschirmte Leitung *f*
screening audiometer Siebaudiometer *n*, Screening-Audiometer *n*
~ **effect** Schirmwirkung *f*, Abschirmwirkung *f*
scroll Schnecke *f (Saiteninstrument)*
SEA *s.* statistical energy analysis
sea noise Seegeräusch *n (Sonar)*
seal/to abdichten, verschließen
~ **hermetically** luftdicht (hermetisch) abschließen
seal Dichtung *f*, Abdichtung *f*; Verguß *m*
sealant Dichtungsmasse *f*, Dichtungsmittel *n*
sealed dicht, abgedichtet
sealing Dichtung *f*, Abdichtung *f*; Verguß *m*
~ **kit** Dichtsatz *m*, Dichtungssatz *m*
search Suche *f*, Suchen *n*; Suchlauf *m*
~ **tone** Suchton *m*
seat accelerometer Sitzkissenaufnehmer *m*, Sitzkissen *n* mit [eingebautem] Beschleunigungsaufnehmer
seating area (face) Sitzbereich *m*, Zuhörerfläche *f*
second order [harmonic] distortion quadratische Verzerrung *f*
~-**trace echo** Sekundärecho *n*
secondary circuit Sekundärkreis *m*
~ **field** Fernfeld *n*; Reflexionsschallfeld *n*
~ **lobe** Nebenkeule *f*, Nebenzipfel *m (Richtcharakteristik)*
~ **processor** Sekundärprozessor *m*, Rechner *m* (Prozessor *m*) für die Nachverarbeitung
~ **sound field** Reflexionsschallfeld *n*; Fernfeld *n*
~ **standard** Sekundärnormal *n*, abgeleitetes Normal *n*
sector scanning sonar Abtastsonar *n*
segmentation Segmentierung *f*, Unterteilung *f* [in Segmente]
Seignette electric crystal Seignettesalzkristall *m*
~ **salt** Seignettesalz *n*
seismic pick-up Absolutschwingungsaufnehmer *m*
seismicrophone Erdschwingungsaufnehmer *m*, Bodenschallaufnehmer *m*, Geophon *n*
SEL *s.* sound exposure level
selective absorber selektiver Absorber *m*, Absorber *m* für einen beschränkten Frequenzbereich
selectivity Selektivität *f*, Trennvermögen *n*, Trennschärfe *f*
~ **characteristic** Selektivitätskurve *f*
selector [switch] Wähler *m*, Wahlschalter *m*
self-balancing recorder Kompensationsschreiber *m*
~-**excitation** Selbsterregung *f*
~-**excited oscillation** selbsterregte Schwingung *f*
~-**generated noise** Eigenrauschen *n*, Eigengeräusch *n*

~-induced oscillation selbsterregte Schwingung *f*
~-noise Eigenrauschen *n*, Eigengeräusch *n*; Turbulenzgeräusch *n*
~-oscillation selbsterregte Schwingung *f*
~-sustained oscillation selbsterregte Schwingung *f*
~-test Eigentest *m*, Selbsttest *m*
semi-anechoic, semianechoic halbhallig, teilweise schalltot; schalltot (reflexionsfrei) mit reflektierender Grundfläche
semibreve ganze Note *f*
~ **rest** ganze Pause *f*
semicircular canal Bogengang *m*
semiconductor strain gauge Halbleiterdehn[ungs]meßstreifen *m*
semiquaver Sechzehntel *n*, Sechzehntelnote *f*
~ **rest** Sechzehntelpause *f*
semireverberant halbhallig
~**method** Meßverfahren *n* für beliebige Schallfeldformen *(Schalleistungsmessung)*
semispace Hallraum *m*
semitone Halbton *m*
send level Sendepegel *m (Dämmungsmessung)*
sending end Sendeseite *f*, Seite *f* der Signalquelle, Senderseite *f*
~ **end/at the** sendeseitig, senderseitig
sensation Empfindung *f*, Wahrnehmung *f*
~ **level** Hörpegel *m*, Pegel *m* über Hörschwelle; überschwelliger Pegel *m*
~ **of hearing** Hörempfindung *f*
sense/to fühlen; wahrnehmen, empfinden
sense Sinn *m*
~ **of absolute pitch** absolutes Gehör *n*
~ **of balance** Gleichgewichtssinn *m*
~ **of rotation** Drehsinn *m*
sensing coil Aufnehmerspule *f*, Fühlspule *f*
~ **element** Sensor *m*, Meßgrößenaufnehmer *m*, Meßfühler *m*, Wandlerelement *n*, Fühlelement *n*, Aufnehmer *m*
~ **probe** Meßsonde *f*
sensitivity Empfindlichkeit *f*; Übertragungsfaktor *m*
~ **check** Kontrolleichung *f*, Nachkalibrierung *f*
~ **factor** Übertragungsfaktor *m*
~ **level** Übertragungsmaß *n*
~ **matching** Abgleich *m* der Empfindlichkeit, Abgleich *m* des Übertragungsfaktors; Aussuchen *n* auf gleichen Übertragungsfaktor
~ **switch** Meßbereichsschalter *m*, Bereichsschalter *m*
~ **to current** Übertragungsfaktor *m* (Empfindlichkeit *f*) für Strom (Stromeinspeisung), Stromübertragungsfaktor *m*
~ **to power** Leistungsübertragungsfaktor *m*
~ **to voltage** Übertragungsfaktor *m* (Empfindlichkeit *f*) für Spannung (Spannungseinspeisung), Spannungsübertragungsfaktor *m*
sensor Meßfühler *m*, Meßgrößenaufnehmer *m*, Aufnehmer *m*, Sensor *m*, Geber *m (nicht empfohlen)*
~ **excitation** Aufnehmerspeisung *f*, Speisung *f* des Sensors
sensory organ Sinnesorgan *n*
~ **perception** sinnliche Wahrnehmung *f*
~ **threshold** Empfindungsschwelle *f*, Wahrnehmbarkeitsschwelle *f*
sentence articulation (intelligibility) Satzverständlichkeit *f*
sentinel Überwachungsgerät *n*, Wächter *m*
separate-excited fremderregt
~ **field** Fremdfeld *n*
separately excited fremderregt
separating filter [elektrische] Weiche *f*
~ **wall** Trennwand *f*, Zwischenwand *f*
separation of microphones Mikrofonabstand *m*
sequence Reihe *f*; Sequenz *f*
~ **of [tone] bursts** Tonimpulsfolge *f*, Tonpuls *m*
sequencer Sequencer *m*, Tonfolgespeicher *m*
sequential sequentiell, aufeinanderfolgend, in einer Reihe (Folge)
serial copy management system Kopierschutz *m* gegen Folgekopien
~ **data stream** serieller Datenfluß *m*; serielles Interface *n*, Serieninterface *n*
~ **interface** Serieninterface *n*, serielles Interface *n*, serielle Schnittstelle *f*
serially connected *s.* series-connected
series-connected reihengeschaltet, in Reihe geschaltet
~ **connection** Reihenschaltung *f*
~ **of measurements** Meßreihe *f*, Meßserie *f*
~ **resonance** Reihenresonanz *f*, Serienresonanz *f*
set into vibration/to in Schwingung[en] versetzen
~ **to music** vertonen
set of axes Koordinatensystem *n*, Achsensystem *n*
~-up 1. Gerät *n*, Einrichtung *f*; Meßplatz *m*; 2. Parametersatz *m*, Satz *m* von Einstellwerten
settable einstellbar, regelbar, veränderlich
settle/to zur Ruhe kommen, abklingen; sich einstellen
settling time Einstellzeit *f*, Einschwingzeit *f*; Beruhigungszeit *f*
severe hearing loss starker Hörverlust *m*, hochgradige Schwerhörigkeit *f*
severity Schärfe *f*, Prüfschärfe *f*, Schärfegrad *m*
shade/to abschatten; abschirmen
shade 1. Schatten *m*; 2. Schirm *m*, Blende *f*
shaded transducer gerichteter Schallwandler *m (Wasserschall)*
shadow effect Schattenwirkung *f*
~ **zone** Schattenzone *f*
shaft vibration Wellenschwingung *f*
shake/to schütteln, zu Schwingungen anregen

shake table Schwingungserreger *m*, Schwingtisch *m*
shakeproof stoßgeschützt
shaker Schwingungserreger *m*, Schwingtisch *m*
~ **control** Schwingtischsteuerung *f*
shaking motion Schüttelbewegung *f*, Rüttelbewegung *f*
shape factor Formfaktor *m*
sharp slope steile Flanke *f*
~ **tuning** Feinabstimmung *f*, Scharfabstimmung *f*, genaue Einstellung *f* (Abstimmung *f*)
sharpness of directivity Bündelungsschärfe *f*
~ **of resonance** Resonanzschärfe *f*
shear/to [ab]scheren
shear Scherung *f*, Schub *m*
~-**design pick-up** Scherschwingungsaufnehmer *m*
~-**design vibrator** Scherschwinger *m*
~ **force** Schubkraft *f*, Scherkraft *f*
~ **modulus** Schubmodul *m*, Schermodul *m*
~ **pick-up** Scherschwingungsaufnehmer *m*
~ **resonator** Scherschwinger *m*
~ **strain** Schubbeanspruchung *f*, Scherbeanspruchung *f*; Scherung *f*; Schubverformung *f*
~ **strength** Scherfestigkeit *f*, Schubfestigkeit *f*
~ **stress** Schubspannung *f*, Scherspannung *f*
~ **vibration** Scherschwingung *f*
~ **vibrator** Scherschwinger *m*
~ **wave** Scherwelle *f*, Schubwelle *f*
shearing Scherung *f*, Schub *m*
~ **force** Schubkraft *f*, Scherkraft *f*
~ **strength** Scherfestigkeit *f*, Schubfestigkeit *f*
~ **stress** Schubspannung *f*, Scherspannung *f*
shellac Schellack *m*
shield/to abschirmen
shield Schirm *m*, Abschirmung *f*; Schutzwand *f*, Schutzschild *m*
shielded cable abgeschirmtes Kabel *n*
~ **line** abgeschirmte Leitung *f*
~-**type cable** abgeschirmtes Kabel *n*
shielding effect Schirmwirkung *f*, Abschirmwirkung *f*
shock Stoß *m*; Schlag *m*
~ **absorber** Stoßdämpfer *m*
~-**absorbing** stoßdämpfend
~-**absorbing mounting** elastische (schwingungsisolierende, erschütterungsfreie) Aufstellung *f* (Anordnung *f*, Montage *f*)
~ **absorption** Stoßdämpfung *f*
~ **accelerometer** Stoßbeschleunigungsaufnehmer *m*
~ **duration** Stoßdauer *f*
~ **excitation** Stoßanregung *f*
~-**free** stoßfrei; erschütterungsfrei
~ **motion** Stoßbewegung *f*
~-**proof** schwingungsfest, erschütterungsfest, stoßgeschützt
~ **pulse** Stoßimpuls *m*
~ **resistance** Stoßfestigkeit *f*
~-**resistant** stoßfest
~ **[response] spectrum** Stoßspektrum *n*
~ **spectrum analyzer** Stoßanalysator *m*
~ **strength** 1. Stoßstärke *f*; 2. Stoßfestigkeit *f*
~ **test[ing]** Stoßprüfung *f*, Einzelstoßprüfung *f*
~ **wave** Stoßwelle *f*
~ **waveform** Stoßform *f*, Stoßverlauf *m*
shockproof *s.* shock-proof
short-circuit acoustic impedance akustische Kurzschlußimpedanz *f*, akustischer Standwert *m* bei [elektrischem] Kurzschluß, Schallimpedanz *f* bei [elektrischem] Kurzschluß
~-**circuit current** Kurzschlußstrom *m*
~-**distance scatter** Nahstreuung *f*
~-**term fluctuation** kurzzeitige Schwankung *f*, Kurzzeitschwankung *f*
~-**term Leq** Kurzzeit-L_{eq} Kurzzeitdauerschallpegel *m*
shorting plug Kurzschlußstecker *m*
showroom Ausstellungshalle *f*, Ausstellungsraum *m*; Vorführraum *m*
shrill gellend, durchdringend, schrill
shunt/to parallelschalten, überbrücken
shunt Nebenschluß *m*, Shunt *m*, Parallelschaltung *f*; Nebenschlußwiderstand *m*
~ **arm** Querzweig *m*, Querglied *n*
~ **connection** Parallelschaltung *f*
shunted geshuntet, mit Nebenwiderstand beschaltet, im Nebenschluß geschaltet
shunting Parallelschaltung *f*
side band Seitenband *n*
~-**by-side configuration** Anordnung *f* der Mikrofone nebeneinander
~-**by-side probe** Sonde *f* mit nebeneinander angeordneten Mikrofonen
~ **drum** kleine Trommel *f*
~ **echo** Seitenecho *n*
~ **frequency** Seitenbandfrequenz *f*
~ **lobe** Nebenkeule *f*, Nebenzipfel *m* *(Richtcharakteristik)*
~ **looking (scan) sonar** Seitensichtsonar *n*
~ **thrust** Seitendruck *m*
~-**vented** seitlich belüftet, mit Kapillare nach der Seite
sideband Seitenband *n*
~ **[component] frequency** Seitenbandfrequenz *f*
sidetone Nebengeräusch *n*; Rückhören *n* *(Telefon)*
sign off/to das Ende ansagen, absagen
~ **on** [den Beginn einer Sendung] ansagen
signal/to melden, signalisieren
signal Signal *n*
~ **amplitude** Signalamplitude *f*
~ **analyzer** Signalanalysator *m*
~ **averager** Mittelwertbildner *m* für die Signalmittelung
~ **averaging** Mittelung *f* von Signalen

~ **conditioner** Gerät *n* (Schaltung *f*) zur Signalaufbereitung (Signalverarbeitung)
~ **conditioning** Signalaufbereitung *f*, Signalverarbeitung *f*
~ **conversion** Signalumwandlung *f*, Signalumformung *f*
~ **converter** Signalwandler *m*, Signalumformer *m*
~ **delay** Signalverzögerung *f*
~ **enhancement** Störabstandsverbesserung *f*
~ **fidelity** Verzerrungsfreiheit *f* des Signals
~ **generator** Signalgenerator *m*
~ **handling** Signalbearbeitung *f*, Umgang *m* mit dem Signal
~ **input** 1. Signaleingang *m*; 2. Signaleingabe *f*
~ **level** Signalpegel *m*
~ **line** Signalleitung *f*
~ **oscillator** Signalgenerator *m*
~ **output** 1. Signalausgang *m*; 2. Signalausgabe *f*
~ **path** Signalweg *m*
~ **power** Signalleistung *f*
~ **processing** Signalverarbeitung *f*
~ **processor** Signalprozessor *m*
~ **pulse** Signalimpuls *m*
~ **recording** Signalaufzeichnung *f*
~ **reproduction** Signalwiedergabe *f*; Wiederherstellung *f* von Signalen
~ **sequence** Signalfolge *f*
~ **shaping** Signalformung *f*, Signalverformung *f*
~ **source** Signalquelle *f*
~ **storage** Signalspeicherung *f*
~ **strength** Signalstärke *f*, Signalintensität *f*
~**-to-cross-talk ratio** Nebensprechabstand *m*
~**-to-hum ratio** Brummabstand *m*
~**-to-noise ratio** Rauschabstand *m*, Geräuschabstand *m*, Störabstand *m*, Signal-Rausch-Verhältnis *n*
~ **train** Signalfolge *f*
~ **transmission** Signalübertragung *f*
~ **voltage** Signalspannung *f*
signalize/to melden, signalisieren
signalling tone Hörzeichen *n*
signature Signatur *f*, charakteristische Signalfolge *f*, charakteristischer Signalverlauf *m*
~ **tune** Stationszeichen *n*, Erkennungsmelodie *f*
signed vorzeichenbehaftet, mit Vorzeichen
SIL *s.* speech interference level
silence Ruhe *f*, Stille *f*, Geräuscharmut *f*
~ **in operation** Laufruhe *f*, Geräuscharmut *f*
silencer Schalldämpfer *m*, Geräuschdämpfer *m*
silencing schalldämpfend, geräuschdämpfend
silent ruhig, still; geräuscharm
~ **block** Gummilager *n*, Silentblock *m*
~ **film** Stummfilm *m*
simple harmonic oscillation sinusförmige Schwingung *f*, Sinusschwingung *f*
~ **sound source** Punktschallquelle *f*, Schallstrahler *m* nullter Ordnung
~ **source** Kugelstrahler *m*, Strahler *m* nullter Ordnung
~ **tone** reiner Ton *m*
simulate/to simulieren, nachahmen; nachbilden
simulation Simulation *f*, Nachbildung *f*, Modellierung *f*
simulcast [gleichzeitige] Fernsehtonübertragung *f* über Rundfunk
simultaneous simultan, gleichzeitig
sine Sinus *m*
~ **burst** Sinusimpuls *m*
~ **function** Sinusfunktion *f*
~ **generator** Sinusgenerator *m*
~ **oscillation** Sinusschwingung *f*, sinusförmige Schwingung *f*
~ **sweep signal** Gleitsinussignal *n*
~ **vibration** Sinusschwingung *f*, sinusförmige Schwingung *f*
~ **wave** Sinuswelle *f*
~**-wave oscillation** Sinusschwingung *f*, sinusförmige Schwingung *f*
sing/to singen; pfeifen *(durch Rückkopplung)*
sing-around loop Laufzeitstrecke *f* mit Rückführung
singer Sänger *m*, Sängerin *f*
singing Gesang *m*; Pfeifen *n (durch Rückkopplung)*
~ **limit** Pfeifgrenze *f*, Stabilitätsgrenze *f*
~ **margin** Pfeifabstand *m*, Abstand *m* vom Pfeifpunkt, Stabilitätsspielraum *m*
~ **path** Rückkopplungsweg *m*
~ **point** Pfeifpunkt *m*, Schwingungseinsatzpunkt *m*
~ **stability** Pfeifsicherheit *f*, Rückkopplungssicherheit *f*
~ **suppressor** Pfeifsperre *f*, Rückkopplungssperre *f*
~ **tone** Pfeifton *m*
~ **voice** Singstimme *f*
single Single *f*, [kleine] Schallplatte *f (für 45 min^{-1})*
~ **[-active] arm sensing element** Wandlerelement *n* in Viertelbrückenschaltung
~**-arm sensor** Aufnehmer *m* (Wandler *m*) in Viertelbrückenschaltung
~ **bounce technique** Reflexionsverfahren *n* *(Verfahren mit hin- und rücklaufendem Strahl)*
~**-channel** einkanalig, Einkanal...
~**-degree-of-freedom system** System *n* mit einem Freiheitsgrad
~ **echo** Einfachecho *n*
~**-ended output** unsymmetrischer Ausgang *m*
~ **event** Einzelereignis *n*
~**-event exposure** Ereignisdosis *f*, Lärmexposition *f* eines Ereignisses (Einzelereignisses)
~ **event level** Ereignispegel *m*
~ **event noise exposure level** Energiepegel *m*, Lärmdosispegel *m*, Schallexpositionspegel *m*

eines Einzelereignisses
~ **event noise level** Ereignispegel *m*
~ **headphone** Einzelhörer *m*, Einzelkopfhörer *m*
~ **integration** einfache (einmalige) Integration *f*
~ **number parameter** Einzahlangabe *f*, Einzahlwert *m*
~-**plane balancing** statisches Auswuchten *n*, Auswuchten *n* in einer Ebene
~-**polarity pulse** einseitiger Impuls *m*, Impuls *m* einer Polarität
~ **port microphone** Mikrofon *n* mit gedämpfter (verschlossener) Druckausgleichskapillare
~ **probe technique** Einsondenverfahren *n*
~ **pulse** Einzelimpuls *m*, Einfachimpuls *m*
~-**reed instrument** Einzelrohrblattinstrument *n*
~-**screened** einfach geschirmt
~ **track** Vollspur *f*
~-**track recording** Vollspuraufzeichnung *f*, Einspuraufzeichnung *f*
~ **traverse technique** Durchstrahlungsverfahren *n*
~-**unit descriptor** Einzahlangabe *f*, Einzahlwert *m*
~ **wall** einschalige Wand *f*
~-**wave rectifier, ~-way rectifier** Einweggleichrichter *m*
sink Senke *f*
sinus Nebenhöhle *f*
sinusoid Sinusgröße *f*
sinusoidal function Sinusfunktion *f*
~ **oscillation** Sinusschwingung *f*, sinusförmige Schwingung *f*
~ **signal** Sinussignal *n*, sinusförmiges Signal *n*
~ **vibration** Sinusschwingung *f*, sinusförmige Schwingung *f*
~ **wave** Sinuswelle *f*
siren Sirene *f*
~ **effect** Sirenenwirkung *f*
sixteenth note Sechzehntel *n*, Sechzehntelnote *f*
sizzle/to knattern, knistern *(Funkempfang)*
sizzle Knattern *n*, Knistern *n*
skating force Skatingkraft *f*, Seitenkraft *f*
skew ray schräger Strahl *m*
ski-slope loss Dämpfung *f* (Hörverlust *m*) mit steilem Abfall, Dämpfung *f* (Hörverlust *m*) mit steiler Flanke
skip/to überspringen, auslassen
skip Überspringen *n*, Auslassung *f*
skirt Flanke *f (Filterkurve)*
slack loser Wickel *m* (Bandwickel *m*)
slag fibre (wool) Schlackenwolle *f*
slave filter Mitlauffilter *n*, Nachlauffilter *n*
~ **generator** Mitlaufgenerator *m*
sleep Schlafen *n*, Schlaf *m*; Einschlafbetrieb *m*
~ **timer** Zeitgeber *m* (Uhr *f*) für Einschlafbetrieb
slew rate Anstiegsgeschwindigkeit *f*, Änderungsgeschwindigkeit *f*
~ **rate limit** maximale Anstiegsgeschwindigkeit *f* (Flankensteilheit) *f*, maximale Änderungsgeschwindigkeit *f*, Slew-Rate *f*
slide/to gleiten
slide Zug *m (Blechblasinstrument)*
~ **bearing** Gleitlager *n*
slider switch Schiebeschalter *m*
sliding-band compander Kompander *m* (Dynamikregler *m*) mit gleitender Grenzfrequenz
~ **bearing** Gleitlager *n*
~ **control[ler]** Schieberegler *m*, Flachbahnregler *m*
~ **friction** gleitende Reibung *f*
slip/to gleiten
slip Schlupf *m*; Gleiten *n*, Rutschen *n*
~ **friction** gleitende Reibung *f*, Schlupfreibung *f*
~-**friction clutch** Rutschkupplung *f*
~-**stick effect** ständiger Wechsel *m* zwischen Haft- und Gleitreibung
~-**stick motion** Bewegung *f* mit ständigem Wechsel zwischen Haft- und Gleitreibung
slipping clutch Rutschkupplung *f*
slit Schlitz *m*, Spalt *m*
SLM *s.* sound level meter
slope 1. Neigung *f*, Steigung *f*, Anstieg *m*; 2. Flanke *(Impuls, Resonanzkurve)*
~ **rate, ~ steepness** Flankensteilheit *f*
slot Schlitz *m*, Spalt *m*
slotted geschlitzt
slow S, slow, langsam *(Zeitbewertung)*
~ **motion** 1. Feinbewegung *f*; 2. Zeitlupe *f*
~-**motion analysis** zeitgedehnte Analyse *f*, Zeitlupenanalyse *f*
~ **response** 1. Zeitbewegung *f* „Langsam" ("Slow"); 2. langsames Ansprechen *n*
small-signal bandwidth Kleinsignalbandbreite *f*
~-**signal behaviour** Kleinsignalverhalten *n*
~-**signal gain** Kleinsignalverstärkung *f*
smooth/to glätten, ebnen; ausgleichen
smooth frequency response glatter Frequenzgang *m*
smoothing Glättung *f*, Beruhigung *f*
~ **choke** Glättungsdrossel *f*
~ **circuit** Glättungsschaltung *f*
~ **filter** Glättungsfilter *n*, Brummfilter *n*
~ **filter choke** Glättungsdrossel *f*
~ **filter circuit** Glättungsschaltung *f*
~ **network** Glättungsschaltung *f*
snare [drum] kleine Trommel *f*
SNR *s.* 1. signal-to-noise ratio; 2. sound-noise ratio
snubber Stoßdämpfer *m*, Schwingungsdämpfer *m*
SOFAR *(sound fixing and ranging) s.* sound channel
soft leise; weich
~ **eject[ion]** gedämpfter Kassettenauswurf *m* (Kassettenausstoß *m*)
~-**magnetic** weichmagnetisch

~ **muting** weiche Stummtastung *f* (Stummschaltung *f*)
~ **pedal** linkes Pedal *n*, Pedal *n* für die Verschiebung *(Klavier)*
~**-touch** leichtgängig, ohne Kraftaufwand zu bedienen
soften/to weich machen; dämpfen; weich werden
solder connection Lötverbindung *f*, Lötanschluß *m*
~ **[-type] terminal** Lötanschluß *m*
soldered connection Lötverbindung *f*, Lötanschluß *m*
~ **terminal** Lötanschluß *m*
solid Festkörper *m*
~**-borne** festkörperübertragen, Körperschall...
~**-borne noise** Körperschall *m*
~**-borne noise control** Körperschallbekämpfung *f*
~**-borne noise isolation** Körperschalldämmung *f*, Körperschallisolation *f*
~**-borne sound** Körperschall *m*
~ **friction** trockene Reibung *f*
solidbody resonanzkörperloses Saiteninstrument *n*
solo Solo
soloist Solist *m*, Solistin *f*
soloist's microphone Solistenmikrofon *n*
sonagram Sonagramm *n (Sprachanalyse)*
sonance, sonancy Stimmhaftigkeit *f*
sonant 1. stimmhaft; 2. stimmhafter Laut *m*
~ **consonant** stimmhafter Konsonant *m*
sonar *(sound navigation and ranging)* 1. Sonar *n*; 2. Unterwasserortungsgerät *n*, Wasserschallortungsgerät *n*
~ **background noise** Sonargrundrauschen *n*, Sonargrundgeräusch *n*
~ **detection equipment** Sonarausrüstung *f*
~ **dome** Sonardom *m*, Sonarkuppel *f*
~ **dome insertion loss** Sonardomdämmung *f*, Einfügungsdämpfung *f* des Sonardoms
~ **dome loss directivity pattern** Richtcharakteristik *f* der Sonardomdämmung, Sonardom-Dämmungscharakteristik *f*
~ **equipment** Sonarausrüstung *f*
~ **receiver** Wasserschallempfänger *m*, Wasserschallaufnehmer *m (für Sonar)*
~ **recorder** Sonarschreiber *m*
~ **region** Sonarbereich *m*
~ **self-noise** Sonareigenrauschen *n*, Sonareigengeräusch *n*, Sonarselbstrauschen *n*
~ **source level** Sonarsendepegel *m*
~ **transmitter** Wasserschallsender *m (für Sonar)*
sone sone *(Einheit der Lautheit)*
~ **scale** Lautheitsmaßstab *m*
sonic Ton..., Schall...; Ultraschall...
~ **analyzer** Ultraschallprüfgerät *n*
~ **anemometer** akustisches Anemometer *n*, akustischer Geschwindigkeitsmesser *m*
~ **bang** Überschallknall *m*
~ **barrier** Schallmauer *f*, Schallgrenze *f*
~ **boom** Überschallknall *m*
~ **boom carpet** Knallkorridor *m*, Knallteppich *m*, Überschallknallteppich *m*
~ **delay line** akustische Verzögerungsleitung *f*, akustischer Laufzeitspeicher *m*
~ **depth finder** Echolot *n*, Echolotgerät *n*
~ **depth gauge** Echolot *n*, Echolotgerät *n*
~ **flowmeter** Ultraschalldurchflußmesser *m*
~ **frequency** Schallfrequenz *f*
~ **pressure** Schalldruck *m*
~ **probe** Schallsonde *f*, akustische Sonde *f*
~ **ranging** akustische Entfernungsmessung *f*, Schallortung *f*
~ **speed (velocity)** Schallgeschwindigkeit *f*
~ **vibration** Schallschwingung *f*, Tonschwingung *f*
sonics Sonik *f*, Schalltechnik *f*
sonometer Sonometer *n*, Lautstärkemesser *m*, Schallmeßgerät *n*
sonority Wohlklang *m*, Klangfülle *f*, Klangreichtum *m*; Tonstärke *f*
sonorous tönend, klangvoll, wohlklingend, sonor
soprano Sopran *m*, Sopranstimme *f*; Sopranistin *f*
sordine, sordino Sordine *f*, Dämpfer *m*
sostenuto pedal Tonhaltepedal *n*
sound/to 1. ertönen, erklingen, erschallen; klingen; 2. ausloten, ausmessen
sound Schall *m*; Ton *m*, Klang *m*
~ **absorbant** Schallabsorptionsmaterial *n*, Schallschluckmaterial *n*, Schallschluckstoff *m*
~**-absorbent** schallabsorbierend, schallschluckend
~**-absorbent lining** schallschluckende (schallabsorbierende) Auskleidung *f*
~ **absorber** Schallabsorber *m*, Schallschlucker *m*
~**-absorbing** schallabsorbierend, schallschluckend
~**-absorbing draping (lining)** schallschluckende (schallabsorbierende) Auskleidung *f* (Wandverkleidung *f*)
~**-absorbing material** Schallabsorptionsmaterial *n*, Schallschluckmaterial *n*, Schallschluckstoff *m*
~**-absorbing panel** Absorberplatte *f*, Schallschluckplatte *f*
~**-absorbing wall** schallschluckende (schallabsorbierende) Wandverkleidung *f*
~ **absorption** Schallabsorption *f*, Schallschluckung *f*
~ **absorption coefficient (factor)** Schallabsorptionsgrad *m*, Schallschluckgrad *m*
~**-absorptive** schallabsorbierend, schallschluckend

~-**absorptive lining** schallabsorbierende Auskleidung *f*
~ **absorptivity** Schallabsorptionsgrad *m*, Schallschluckgrad *m*
~ **amplifier** Tonverstärker *m*
~ **analyzer** Schallanalysator *m*
~ **aperture** Schalloch *n*, Schallöffnung *f*
~ **archive[s]** Tonarchiv *n*
~ **articulation** Lautverständlichkeit *f*
~ **attack** Klangeinsatz *m*
~ **attenuation** Schalldämpfung *f*
~ **balancer** Tonmeister *m*
~ **bank** Sammlung *f* gespeicherter Klänge (Klangfarben, Sounds)
~ **barrier** Schallmauer *f*, Schallgrenze *f*
~ **beacon** Schallbake *f*
~ **beam** Schallstrahl *m*, Schallbündel *n*, Schallstrahlenbündel *n*
~ **blend** Klangverschmelzung *f*
~ **board** Resonanzboden *m*
~ **box** 1. Schallkörper *m*, Resonanzkörper *m*; 2. Schalldose *f*
~ **bridge** Schallbrücke *f*
~ **broadcasting** Hörfunk *m*, Hörrundfunk *m*
~ **burst** Schallimpuls *m*
~ **camera** Tonkamera *f*
~ **cancellation** Schallauslöschung *f*, Auslöschung *f* von Schallwellen
~ **carrier** Tonträger *m*
~ **change-over** Tonüberblendung *f*
~ **channel** Tonkanal *m*; Schallkanal *m*, SOFAR-Kanal *m (Unterwasserschall)*
~ **chip** Schaltkreis *m* zur Tonerzeugung (Klangerzeugung)
~ **column** Lautsprechersäule *f*, Tonsäule *f*
~ **concentration** Schallbündelung *f*
~ **conditioning** Lärmbekämpfung *f*, Schallschutz *m*; Schaffung *f* guter akustischer Bedingungen
~-**conducting** schalleitend
~ **conduction** Schalleitung *f*
~ **conductivity** Schalleitfähigkeit *f*, Schalldurchlässigkeit *f*, Schalleitungsvermögen *n*
~ **conductor** Schalleiter *m*
~ **control room** Tonregieraum *m*
~ **corrector** Tonblende *f*, Klangregler *m*, Klangfarbenregler *m*
~ **correction** Klangfarbenregelung *f*, Klangregelung *f*
~ **damper** Dämpfer *m* [für Schall]
~-**damping** schalldämpfend, [akustisch] bedämpft (gedämpft)
~ **damping** Schalldämpfung *f*, akustische Bedämpfung *f*
~ **deadener** Entdröhnungsmittel *n*
~-**deadening** bedämpfend, entdröhnend, entdröhnt ausgeführt
~ **deadening** Entdröhnung *f*, Bedämpfung *f*, Schalldämpfung *f*
~-**deadening material** Entdröhnungsmittel *n*; Schalldämmaterial *n*; Schallschluckmaterial *n*, Schallschluckstoff *m*, Schallabsorptionsmaterial *n*
~ **detection** Schallwahrnehmung *f*
~ **detector** Horchgerät *n*
~ **diffraction** Schallbeugung *f*
~ **diffuser** Schalldiffusor *m*
~ **diffusion** Schallzerstreuung *f*
~ **direction finder** Schallortungsgerät *n*
~ **direction finding** Schallortung *f*, akustische Ortung *f*
~ **dissipation** Dissipation *f* von Schall
~ **dissipation factor** Schalldissipationsgrad *m*
~ **distortion** Klangverzerrung *f*
~ **distribution** Schallverteilung *f*
~-**editing machine** Schneidetisch *m*, Abhörtisch *m*
~ **effect** Klangwirkung *f*; Klangeffekt *m*
~ **emission** Schallabstrahlung *f*, Schallemission *f*
~ **emission measurement** Schalleistungsmessung *f*, Schalleistungspegelmessung *f*
~ **energy** Schallenergie *f*
~ **energy density** Schallenergiedichte *f*
~ **energy flux** Schallenergiefluß *m*, Schalleistung *f* durch eine Fläche
~ **energy flux density** Schallintensität *f*
~ **energy flux density level** Schallintensitätspegel *m*
~ **engineer** Tontechniker *m*, Toningenieur *m*
~ **engineering** Tontechnik *f*
~ **equipment** akustische (schalltechnische) Ausrüstung *f*
~ **event** Schallereignis *n*; Schallsituation *f*, Beschallungssituation *f*
~ **excitation** Schallerregung *f*
~ **exposure** Schalleinwirkung *f*; Lärmeinwirkung *f*, Lärmexposition *f*; Lärmdosis *f*
~ **exposure level** Energiepegel *m*, Lärmdosispegel *m*, Schallexpositionspegel *m* [eines Einzelereignisses]
~ **exposure meter** Lärmexposimeter *n*, Lärmdosimeter *n*
~ **fading** Tonüberblendung *f*
~ **field** Schallfeld *n*
~ **field quantity** Schallfeldgröße *f*
~ **film** Tonfilm *m*
~ **filter** Klangfilter *n*
~ **focussing** Schallbündelung *f*
~ **frequency** Tonfrequenz *f*
~ **funnel** Schalltrichter *m*
~ **gate** Tonfenster *n*
~ **generation** Schallerzeugung *f*, Tonerzeugung *f*
~-**generative** schallerzeugend, tonerzeugend
~ **generator** Schallerzeuger *m*, Schallquelle *f*
~ **groove** Schallrille *f*, Tonrille *f*

~ **head** Tonkopf *m*
~-**head lens** Tonoptik *f*, Tonwiedergabeoptik *f*
~ **hole** Schalloch *n*, Schallöffnung *f*
~ **impression** Klangbild *n*, Klangeindruck *m*
~ **impulse** Schallimpuls *m*
~ **in solids** Körperschall *m*
~ **incidence** Schalleinfall *m*
~-**incidence direction** Schalleinfallsrichtung *f*
~ **inlet [port]** Schalleinlaß *m*, Schalleintrittsöffnung *f*
~-**insulating** schalldämmend, schallisolierend; schallisoliert, schalldicht
~-**insulating material** Schallisolationsmaterial *n*, Schalldämmstoff *m*
~ **insulation** Schalldämmung *f*, Schallisolation *f*, Schalldämmaß *n*, Schallisolationsmaß *n*
~ **insulation factor** Dämmzahl *f*, Schalldämmzahl *f*, Dämmfaktor *m*
~ **intensity** Schallintensität *f*
~ **intensity analyzer** Schallintensitätsanalysator *m*
~ **intensity calibrator** Schallintensitätskalibrator *m*
~ **intensity level** Schallintensitätspegel *m*
~ **intensity meter** Schallintensitätsmeßgerät *n*, Schallintensitätsmesser *m*
~ **intensity processor** Schallintensitätsprozessor *m*, Schallintensitätsmeßgerät *n* [ohne Sonde]
~ **irradiation** Beschallung *f*, Bestrahlung *f* mit Schall
~ **jury measurement** subjektive Schallmessung *f* (akustische Messung *f*) mit einer Beobachtergruppe
~ **level** bewerteter Schalldruckpegel *m* (Schallpegel *m*)
~ **level A** A-Schalldruckpegel *m*, A-Schallpegel *m*, A-bewerteter Schallpegel *m*
~ **level calibrator** Schallpegelkalibrator *m*, Eichschallquelle *f*
~ **level distribution** Schallpegelverteilung *f*
~ **level indication** Schallpegelanzeige *f*, angezeigter Schallpegel *m*
~ **level indicator** Schallpegelanzeiger *m*
~ **level measurement** Schallpegelmessung *f*, Schalldruckpegelmessung *f*
~ **level meter** Schallpegelmesser *m*
~ **level reading (read-out)** Schallpegelanzeige *f*, angezeigter Schallpegel *m*
~ **location** Schallortung *f*
~ **locator** Schallortungsgerät *n*
~ **lock** Schallschleuse *f*
~ **measurement** Schallmessung *f*; Schallpegelmessung *f*, Lautstärke[pegel]messung *f*
~-**measuring device** Schallpegelmeßgerät *n*, Schallpegelmeßeinrichtung *f*
~-**measuring instrumentation** akustische Meßeinrichtung *f*
~ **mirror** Schallspiegel *m*
~ **mixer** Tonmischeinrichtung *f*, Tonmischpult *n*
~ **mixing** Tonmischung *f*
~-**modulated** tonmoduliert
~ **modulation** Tonmodulation *f*
~-**monitoring operator** Tonmeister *m*; Toningenieur *m*
~ **navigation and ranging** Unterwasserortung *f*, Wasserschallortung *f*
~-**noise ratio** Nutz-Störschallverhältnis *n*; nutzbarer Dynamikbereich *m*
~-**on-disk method (system)** Nadeltonverfahren *n*, Schallplattenaufzeichnungsverfahren *n*
~-**on-film system** Lichttonverfahren *n*
~-**operated** schallgesteuert, schallbetätigt
~ **oscillation** Schallschwingung *f*
~ **panel** Schallwand *f*
~ **particle displacement** Schallausschlag *m*, akustische Teilchenauslenkung *f*
~ **particle velocity** Schallschnelle *f*
~ **path** Schallweg *m*, Ausbreitungsweg *m* des Schalls
~-**path length** Schallweglänge *f*, Länge *f* des Schallausbreitungsweges
~ **pattern** Klangfiguren *fpl*, Chladnische Klangfiguren *fpl*
~ **perception** Schallempfindung *f*, Schallwahrnehmung *f*
~ **permeability** Schalldurchlässigkeit *f*, Schalleitungsvermögen *n*
~ **pick-up** Tonabnehmer *m*, Schallplattenabtaster *m*
~ **pick-up outfit** Mikrofonanlage *f*
~ **picture projector** Tonfilmprojektor *m*
~ **pollution** Verlärmung *f*, unerwünschte Geräuscheinwirkung *f*
~ **post** Stimmstock *m*, Stimme *f*, Seele *f*
~ **power** Schalleistung *f*
~ **power absorption coefficient** Schallabsorptionsgrad *m*, Schallschluckgrad *m*
~ **power calculator** Schalleistungsrechner *m*, rechnender Schalleistungsmesser *m*
~ **power concentration** Schallbündelungsgrad *m*, Bündelungsgrad *m*
~ **power density** Schallintensität *f*
~ **power level** Schalleistungspegel *m*
~ **power measurement** Schalleistungsmessung *f*, Schalleistungspegelmessung *f*
~ **power source** Schalleistungsquelle *f*; Bezugsschallquelle *f*, Vergleichsschallquelle *f*
~ **power spectrum** Schalleistungsspektrum *n*
~ **pressure** Schalldruck *m*
~-**pressure-actuated microphone** druckempfindliches Mikrofon *n*, auf Schalldruck ansprechendes Mikrofon *n*
~-**pressure antinode** Wellenbauch *m* (Maximum *n*) des Schalldrucks
~-**pressure calibrator** Schalldruckkalibrator *m*, Kalibrator *m* für Schalldruck

~-**pressure gradient** Schalldruckgradient *m*
~-**pressure level** [unbewerteter] Schalldruckpegel *m*, Schallpegel *m*
~-**pressure node** Knoten *m* (Minimum *n*) des Schalldrucks
~ **probe** Schallsonde *f*, akustische Sonde *f*
~ **projection** Schallabstrahlung *f*, Aussenden *n* von Schall
~ **projector** 1. Schallsender *m*; 2. Tonfilmprojektor *m*
~-**proof** schalldämmend, schallisolierend; schallisoliert, schalldicht, schallgedämmt
~-**propagating medium** Medium *n* für die Schallausbreitung, Ausbreitungsmedium *n* für Schall
~ **propagation** Schallausbreitung *f*
~ **propagation coefficient** Schall-Ausbreitungskoeffizient *m*
~ **pulse** Schallimpuls *m*
~ **quality** Tonqualität *f*, Klangqualität *f*
~ **quantum** Phonon *n*, Schallquant *n*
~ **radiation** Schallabstrahlung *f*, Schallstrahlung *f*
~ **radiation impedance** Schallstrahlungsimpedanz *f*, Schallstrahlungsstandwert *m*
~ **radiation pressure** Schallstrahlungsdruck *m*
~ **range** Schallbereich *m*; Schallumfang *m*
~ **ranger** akustischer Entfernungsmesser *m*
~ **ranging** akustische Entfernungsmessung *f*, Schallortung *f*
~ **ranging microphone** Schallmeßmikrofon *n* *(für Schallortung)*
~ **ranging station** Schallmeßstation *f (für Schallortung)*
~ **ray** Schallstrahl *m*
~ **receiver** Schallempfänger *m*, Schallaufnehmer *m*
~ **reception** Schallempfang *m*, Schallaufnahme *f*
~ **record** aufgezeichneter Schall *m* (Ton *m*), Schallaufzeichnung *f*, Tonaufzeichnung *f*, Tonkonserve *f*
~ **recorder** Schallaufzeichnungsgerät *n*, Tonaufzeichnungsgerät *n*, Tonaufnahmegerät *n*
~ **recording** Schallaufnahme *f*, Schallaufzeichnung *f*, Tonaufzeichnung *f*, Tonaufnahme *f*
~-**recording amplifier** Tonaufnahmeverstärker *m*
~-**recording camera** Tonkamera *f*
~-**recording cutter** Schneidnadel *f*, Schneidstichel *m*
~-**recording stylus** Schneidstichel *m*
~-**recording system** Tonaufnahmeanlage *f*, Tonaufnahmesystem *n*
~ **reduction** Lärmminderung *f*
~ **reduction factor** Lärmminderungsfaktor *m*; Schallpegeldifferenz *f* [zwischen zwei Räumen]
~ **reduction index** [bauübliches] Schalldämmaß *n*, [bauübliche] Schalldämmung *f*
~-**reflecting** schallreflektierend, schallhart
~ **reflection** Schallreflexion *f*, Schallrückwurf *m*
~ **reflection coefficient** Schallreflexionsgrad *m*
~ **reflection factor** Schallreflexionsfaktor *m*
~ **refraction** Schallbrechung *f*
~ **reinforcement** Schallverstärkung *f*, Beschallung *f*
~ **reinforcement system** Beschallungsanlage *f*
~ **rejection** Tonunterdrückung *f*
~ **reproducing system** Tonwiedergabesystem *n*
~ **reproduction** Schallwiedergabe *f*, Tonwiedergabe *f*
~ **retrieval system** Tonwiedergabeverfahren *n* mit verbesserter Stereowirkung, SRS
~-**scanning slit** Tonabtastspalt *m*
~ **scattering** Schallstreuung *f*
~ **shadow** Schallschatten *m*
~ **shift** Lautwechsel *m*
~ **signal** Schallsignal *n*, Tonsignal *n*; Schallzeichen *n*
~ **source** Schallquelle *f*
~ **spectrogram** Schallspektrogramm *n*
~ **spectroscopy** Schallspektroskopie *f*
~ **spectrum** Schallspektrum *n*
~ **spectrum analyzer** Schallspektrumsanalysator *m*
~ **speed** Schallgeschwindigkeit *f*
~ **stimulus** Schallreiz *m*, akustischer Reiz *m*
~ **studio** Tonstudio *n*, Tonatelier *n*
~ **supervisor** Tonmeister *m*
~ **suppression** Tonunterdrückung *f*, Schallunterdrückung *f*; Schalltilgung *f*
~ **survey meter** Schallpegelmesser *m* (Schallpegelanzeiger *m*) geringer Genauigkeit
~ **synthesis** Klangsynthese *f*
~ **system** [elektroakustische] Übertragungsanlage *f*, Beschallungsanlage *f*
~ **technician** Tontechniker *m*, Toningenieur *m*
~ **track** Tonspur *f*
~ **track scanning** Tonspurabtastung *f*
~ **transmission** Schallübertragung *f*, Schalldurchgang *m*
~ **transmission class** Schalldämmklasse *f*
~ **transmission coefficient** Schalltransmissionsgrad *m*
~ **transmission loss** Schalldämmung *f*; Schalldämmaß *n*, Schallisolationsmaß *n*
~ **transmission quality** Übertragungsqualität *f*, Übertragungsgüte *f*
~ **transmission system** [elektroakustische] Übertragungsanlage *f*, Beschallungsanlage *f*
~-**transparent** schalldurchlässig
~ **trap** Tonsperrkreis *m*
~ **travel time** Laufzeit *f* des Schalls
~ **truck** Lautsprecherwagen *m*
~ **velocity** 1. Schallschnelle *f*; 2. Schallgeschwindigkeit *f*

~ **velocity potential** Schallschnellepotential *n*
~ **vibration** Schallschwingung *f*, Tonschwingung *f*
~ **volume** Schallstärke *f*, Lautstärke *f*; Klangfülle *f*
~ **volume range** Dynamik *f*, Dynamikbereich *m*
~ **wave** Schallwelle *f*
sounder 1. Echolotgerät *n*; 2. Schallgeber *m*, akustischer Zeichengeber *m*; Glocke *f*; Summer *m*
sounding tönend, schallend
sounding 1. Schallen *n*, Ertönen *n*; 2. Lotung *f*
~ **board** Resonanzboden *m*
~ **buoy** Heulboje *f*, Heultonne *f*
soundless tonlos, geräuschlos
soundproof/to schalldicht (schallisolierend) ausführen
soundproof schalldicht, schallisoliert, schallgedämmt; schalldämmend, schallisolierend
~ **cabin** schallisolierte Kabine *f*; schallgedämmte (lärmgeschützte) Warte *f*
~ **chamber** schallisolierter Raum *m*
~ **construction** schalldichte Bauweise *f*
soundproofed schalldämmend, schallisolierend, schallisoliert, schalldicht, schallgedämmt
soundproofing Schallschutz *m*, Schallisolation *f*
~ **material** schalldämmendes (geräuschdämmendes) Material *n*
~ **method** Schallschutzverfahren *n*
source Quelle *f*
~ **density** Quelldichte *f*, Quellendichte *f*
~**-free** quellenfrei
~ **impedance** Quellwiderstand *m*, Quellenimpedanz *f*, Generatorinnenwiderstand *m*
~ **location** 1. Quellenort *m*; 2. Quellenortung *f*
~ **of current** Stromquelle *f*
~ **of radiation** Strahlungsquelle *f*
~ **of sound** Schallquelle *f*
~ **room** Senderaum *m* *(Schalldämmungsmessung)*
~ **sound power** Schalleistung *f* der Quelle
space/to mit Abstand anordnen (aufstellen); staffeln
space average räumlicher Mittelwert *m*
~ **average level** räumlich gemittelter Pegel *m*
~ **coordinate** Raumkoordinate *f*
~ **impression** Raumeindruck *m*
~ **perception** Raumempfindung *f*
spaced-apart stereophony Laufzeitstereophonie *f*
spaciousness Räumlichkeitsempfindung *f*, [empfundene] Räumlichkeit *f*
span Spanne *f*, Bereich *m*, Umfang *m*
spark source Funkenquelle *f*
spatial average räumlicher Mittelwert *m*
~ **coordinate** Raumkoordinate *f*
~ **distribution** räumliche Verteilung *f*
~ **effect** Raumwirkung *f*
~ **impression** Raumeindruck *m*
~ **responsiveness** Ansprechen *n* [des Raumes]
~ **transformation of sound fields** räumliche Transformation *f* von Schallfeldern
speak/to sprechen
speaker Sprecher *m*; Lautsprecher *m*
~ **cabinet** Lautsprechergehäuse *n*
~ **combination** Lautsprechergruppe *f*, Lautsprecherkombination *f*
~ **cone** Lautsprecherkegel *m*, Lautsprecherkonus *m*
~ **diaphragm** Lautsprechermembran *f*
~ **enclosure** Lautsprechergehäuse *n*
~ **horn** Lautsprechertrichter *m*; Schalltrichter *m*
~ **housing** Lautsprechergehäuse *n*
~ **identification** Sprecheridentifizierung *f*
~ **recognition** Sprechererkennung *f*
~ **stand** Lautsprecherständer *m*, Lautsprecherstativ *n*
~ **terminal** Lautsprecheranschluß *m*, Lautsprecherklemme *f*
speakerphone Lauthörgerät *n*
speaking circuit Sprechstromkreis *m*
~ **disorder** Sprachfehler *m*, Sprachstörung *f*
~ **key** Sprechtaste *f*, Sprechschalter *m*
~ **range** Sprechbereich *m*, Sprech[reich]weite *f*
~ **trumpet** Megaphon *n*, Sprachrohr *n*
~ **tube** Sprachrohr *n*, Sprechverbindung *f (zwischen zwei Räumen)*
~ **wire** Sprechleitung *f*, Sprechader *f*
specific acoustic admittance spezifischer Mitgang *m*, spezifische Schalladmittanz *f* (akustische Admittanz *f*)
~ **acoustic impedance** spezifischer Standwert *m*, spezifische Schallimpedanz *f* (akustische Impedanz *f*)
~ **acoustic mobility** spezifischer Mitgang *m*
~ **acoustic reactance** spezifischer Blindstandwert *m*, spezifische Schallreaktanz *f* (akustische Reaktanz *f*)
~ **acoustic resistance** spezifischer Wirkstandwert *m*, spezifische Schallresistanz *f* (akustische Resistanz *f*)
~ **flow resistance** spezifischer Strömungswiderstand *m*, Strömungsfeldwiderstand *m*
~ **heat (thermal) capacity** spezifische Wärmekapazität *f*
specimen Muster *n*
~ **under test** Prüfling *m*, Prüfobjekt *n*
spectral analysis Spektralanalyse *f*, Spektrumsanalyse *f*, Frequenzanalyse *f*
~ **component** Spektralanteil *m*, Spektralkomponente *f*
~ **composition** spektrale Zusammensetzung *f*
~ **density** spektrale Dichte *f*
~ **distribution** spektrale Verteilung *f*
~ **line** Spektrallinie *f*
~ **power density** spektrale Leistungsdichte *f*
~ **purity** spektrale Reinheit *f*

spectrogram Spektrogramm *n*, Spektrumsaufzeichnung *f*
spectrograph Spektrograph *m*, Spektrumschreiber *m*
spectrum Spektrum *n*
~ **analysis** Spektralanalyse *f*, Spektrumsanalyse *f*, Frequenzanalyse *f*
~ **analyzer** Spektralanalysator *m*, Spektrumsanalysator *m*, Frequenzanalysator *m*
~ **comparison** Spektrenvergleich *m*
~ **component** Spektralanteil *m*, Spektralkomponente *f*
~ **density** spektrale Dichte *f*
~ **[density] level** Pegel *m* der Spektraldichte, Spektraldichtepegel *m*
~ **level slope** Neigung *f* (Anstieg *m*; Abfall *m*) des Spektrums, Neigung *f* (Anstieg *m*; Abfall *m*) im Spektrum
~ **line** Spektrallinie *f*
~ **pressure level** spektraler Dichtepegel *m* [des Schalldrucks]
~ **shaper** Spektrumformer *m*
~ **shaping** Spektrumsformung *f*, Spektrumsverformung *f*
~ **slope** Neigung *f* (Anstieg *m*; Abfall *m*) des Spektrums, Neigung *f* (Anstieg *m*; Abfall *m*) im Spektrum
speech Sprechen *n*, Sprache *f*
~ **analysis** Sprachanalyse *f*
~ **analyzer** Sprachanalysator *m*
~ **articulation** Sprachverständlichkeit *f*
~ **audiogram** Sprachaudiogramm *n*
~ **audiometer** Sprachaudiometer *n*
~ **audiometry** Sprachaudiometrie *f*
~ **average loss** mittlerer Hörverlust *m* für Sprachfrequenzen
~ **band** Sprachfrequenzband *n*, Sprachfrequenzbereich *m*
~ **centre** Sprachzentrum *n*
~ **channel** Sprachkanal *m*, Sprechkanal *m*
~ **clipping** Sprachbeschneidung *f*, Amplitudenbegrenzung *f* der Sprache
~ **coding** Sprachkodierung *f*
~ **coil** Schwingspule *f* *(Lautsprecher)*
~ **communication** Sprechverbindung *f*
~ **communication system** Sprechanlage *f*
~ **computer input** Spracheingabe *f* für Rechner
~ **defect** Sprachfehler *m*, Sprachstörung *f*
~ **discrimination** Sprachverständlichkeit *f*
~ **frequency** Sprachfrequenz *f*, Tonfrequenz *f*
~ **frequency range** Sprachfrequenzband *n*, Sprachfrequenzbereich *m*
~ **hearing loss** Hörschwellenverschiebung *f* (Hörverlust *m*) für Sprache
~ **impairment** Sprachstörung *f*
~ **input** Spracheingabe *f*
~ **intelligibility** Sprachverständlichkeit *f*
~ **interference** Störung *f* der Sprachverständigung
~ **interference level** Sprachstörpegel *m*
~ **level** Sprachpegel *m*, Sprechpegel *m*
~ **loss** Hörschwellenverschiebung *f* (Hörverlust *m*) für Sprache
~**-modulated** sprachmoduliert
~ **oscillation** Sprachschwingung *f*
~ **power** Sprechleistung *f*
~ **processing** Sprachsignalverarbeitung *f*
~ **recognition** Spracherkennung *f*
~ **recording** Sprachaufzeichnung *f*, Sprachaufnahme *f*
~ **reinforcement system** Lautsprecheranlage *f* (Beschallungsanlage *f*) für Sprache
~ **scrambler** Sprachverschlüßler *m*
~ **signal** Sprachsignal *n*
~ **signal processing** Sprachsignalverarbeitung *f*
~ **sound** Sprechlaut *m*, Sprachlaut *m*
~ **spectrum** Sprachspektrum *n*
~ **synthesis** Sprachsynthese *f*, synthetische Spracherzeugung *f*
~ **synthesizer** Sprachsynthesegerät *n*, Sprachausgabegerät *n*, Sprachsynthetisator *m*
~ **therapy** Sprachtherapie *f*, Sprachheilkunde *f*
~ **transmission** Sprachübertragung *f*
~ **transmission index** Kennwert *m* (Index *m*) der Sprachübertragung
~ **transmission meter** Sprachübertragungsmesser *m*, Meßgerät *n* für die [Qualität der] Sprachübertragung
~ **velocity** Sprechgeschwindigkeit *f*
~ **vibration** Sprachschwingung *f*
~ **volume** Sprechlautstärke *f*
~ **wave** Sprachschwingung *f*
speed 1. Geschwindigkeit *f*; 2. Drehzahl *f*, Umdrehungszahl *f*
~ **control** Geschwindigkeitsregelung *f*; Drehzahlregelung *f*
~ **controller, ~ governor** Geschwindigkeitsregler *m*; Drehzahlregler *m*
~ **of indication** Anzeigedynamik *f*, Zeitbewertung *f* [der Anzeige]
~ **of response** Ansprechgeschwindigkeit *f*; Anzeigedynamik *f*, Zeitbewertung *f* *(Anzeige)*
~ **of rotation** Drehzahl *f*, Umdrehungszahl *f*
~ **of sound** Schallgeschwindigkeit *f*
~ **selector** Drehzahlumschalter *m*; Geschwindigkeitswahlschalter *m*
~ **vector** Geschwindigkeitsvektor *m*
speeder Bedienelement *n* für Cursorverschiebung (Parameteränderung)
sphere Kugel *f*; Sphäre *f*, Wirkungsbereich *m*
spherical divergence kugelförmige Ausbreitung *f*
~ **sound source** Kugelschallquelle *f*, Schallquelle *f* mit Kugelcharakteristik
~ **source** Kugelstrahler *m*, Strahler *m* nullter Ordnung
~ **surface** Kugelfläche *f*, Kugeloberfläche *f*

~ **wave** Kugelwelle *f*
spider Spinne *f*, Zentriermembran *f*
spike 1. Zacke *f*, Zacken *m*, Spitze *f*; Nadelimpuls *m*; 2. Stachel *m* *(z. B. Cello)*
spin Drall *m*, Spin *m*, Drehimpuls *m*
spiral-shaped spiralförmig, schraubenförmig
spirant Spirant *m*, Reibelaut *m*
SPL *s.* sound pressure level
splice/to kleben *(Tonband, Film)*; zusammenfügen, aneinander anhängen
~ **in** einfügen *(Signalausschnitt)*
~ **out** herausnehmen, herausschneiden *(Signalausschnitt)*
splice Klebestelle *f* *(Tonband, Film)*
~ **bump (pulse)** Impuls *m* (Stoß *m*) an der Klebestelle, Geräusch *n* der Klebestelle
splicer Klebelehre *f*
splicing cement Kleber *m*, Bandkleber *m*, Klebemittel *n*
~ **gauge** Klebelehre *f*
~ **tape** Klebeband *n*
split keyboard aufgeteilte (geteilte) Tastatur *f*
spoiler Windleiteinrichtung *f*; Strömungsleiteinrichtung *f*
sponge rubber Schaumgummi *m*
spool/to spulen, aufspulen, wickeln, aufwickeln
spool Spule *f*, Filmspule *f*, Tonbandspule *f*
spot frequency Festfrequenz *f*
spread 1. Ausbreitung *f*, Fortpflanzung *f*; 2. Streuung *f*, Schwankung *f*; Streubereich *m*, Schwankungsbreite *f*
spreading Divergenz *f*, Streuung *f*
~ **loss** Ausbreitungsdämpfung *f*, Dämpfung *f* (Dämpfungsmaß *n*) bei divergierender Ausbreitung
spring/to abfedern
spring Feder *f*, Federung *f*
~ **action** Federwirkung *f*
~**-and-mass system** Feder-Masse-System *n*
~ **constant** Federkonstante *f*
~ **damping** Federdämpfung *f*
~ **deflection** Federweg *m*, Federauslenkung *f*
~**-loaded** durch Feder vorgespannt
~**-mass system** Feder-Masse-System *n*
~**-mounted** federnd gelagert, auf Feder[n] montiert
~ **mounting** federnde Anordnung *f* (Lagerung *f*), Montage *f* auf Federn
~ **pad** Federunterlage *f*
~**-suspended** federnd (elastisch) aufgehängt
~ **suspension** federnde (elastische) Aufhängung *f*
~ **tension** Federspannung *f*
springy elastisch, federnd, nachgiebig
spurious modulation Störmodulation *f*
~ **noise** Störrauschen *n*, Störgeräusch *n*
~ **oscillation** wilde Schwingung *f*
~ **printing** Kopiereffekt *m*, unerwünschtes Kopieren *n*
~ **resonance** unerwünschte Resonanz *f*
~ **signal** Störsignal *n*
square/to quadrieren
square-law characteristic quadratische Kennlinie *f*
~**-law detection** quadratische Gleichrichtung *f*
~**-law detector** quadratischer Gleichrichter *m*, Gleichrichter *m* mit quadratischer Kennlinie
~**-law rectification** quadratische Gleichrichtung *f*
~**-law rectifier** quadratischer Gleichrichter *m*, Gleichrichter *m* mit quadratischer Kennlinie
~ **pulse** Rechteckimpuls *m*, rechteckiger Impuls *m*
~ **root** Quadratwurzel *f*
~ **signal** Rechtecksignal *n*, rechteckförmiges Signal *n*
~ **wave** Rechteckwelle *f*
squarer Quadrierer *m*
squaring 1. Quadrierung *f*; 2. Rechteckformung *f*
~ **circuit** Quadrierschaltung *f*
squeal/to quietschen; pfeifen
squealing Kreischen *n*, Quietschen *n*; Pfeifton *m*
squelch Geräuschunterdrückung *f*; Stummschaltung *f* bei Trägerausfall
~ **circuit** Geräuschsperre *f*
SRS *s.* sound retrieval system
SSR *s.* steady-state response
stability limit Stabilitätsgrenze *f*; Pfeifpunkt *m*
~ **margin** Stabilitätsreserve *f*, Stabilitätsspielraum *m*; Pfeifabstand *m*, Abstand *m* vom Pfeifpunkt
stable in frequency frequenzkonstant, frequenzstabil
stack plot Wasserfall *m*, perspektivische Abbildung *f* (Darstellung *f*) mit räumlicher Zeitachse
staff 1. Stab *m*; Personal *n*, Belegschaft *f*; 2. Notensystem *n*, Notenliniensystem *n*
stage 1. Stufe *f*; Stadium *n*; 2. Verstärkerstufe *f*; 3. Bühne *f*
~ **gain** Stufenverstärkung *f*
~ **microphone** Bühnenmikrofon *n*
~ **of amplification** Verstärkerstufe *f*
staircase signal Treppen[funktions]signal *n*
stall Sperrsitz *m*
stalls Parkett *n* *(Theater)*
stamper Matrize *f*; Sohn *m* *(Schallplattenherstellung)*
stand 1. Ständer *m*, Stativ *n*; 2. Podium *n*, Tribüne *f*
~**-alone [device]** Einzelgerät *n*
~ **by/to** in Bereitschaft sein, bereit sein
~**-by** Bereitschaft *f*, Wartestellung *f*; Reserve *f*
standard Standard *m*, Norm *f*; Normal *n*, Normalmaß *n*
~ **deviation** Standardabweichung *f*
~ **frequency** Normalfrequenz *f*, Eichfrequenz *f*

~ **impact generator** Normhammerwerk *n*, Standardhammerwerk *n*
~ **interface** Standardschnittstelle *f*, Standardinterface *n*
~ **loudspeaker** handelsüblicher Lautsprecher *m*
~ **magnetic tape** Bezugs[ton]band *n*
~ **microphone** Normalmikrofon *n*, Eichmikrofon *n*, Mikrofonnormal *n*
~ **[musical] pitch** Normstimmung *f*; Tonhöhe *f* des Normstimmtons (Kammertons), Stimmtonfrequenz *f*, Normstimmtonfrequenz *f*, Frequenz *f* des Kammertons
~ **pressure** Normaldruck *m*
~ **tape** Bezugs[ton]band *n*
~ **threshold of hearing** Standardhörschwelle *f*, Normhörschwelle *f*
~ **tone** Kammerton *m*, Normstimmton *m*
~ **tone generator** Stimmtongenerator *m*, Kammertongenerator *m*
~ **tuning frequency** Stimmtonfrequenz *f*, Normstimmtonfrequenz *f*, Frequenz *f* des Kammertons
standardized impact level [auf 0,5 s] nachhallreduzierter Trittschallpegel *m*, Normtrittschallpegel *m*
~ **impact sound** Normtrittschall *m*
~ **impact sound [pressure] level** [auf 0,5 s] nachhallreduzierter Trittschallpegel *m*, Normtrittschallpegel *m*
~ **impact sound source** Normhammerwerk *n*, Standardhammerwerk *n*
~ **[sound] level difference** [auf 0,5 s] nachhallreduzierte Schallpegeldifferenz *f*
standby Bereitschaft *f*, Wartestellung *f*; Reserve *f* • **at** ~ in Bereitschaft, in Warteposition
standing-by Bereitschaft *f*, Wartestellung *f*
~ **wave** stehende Welle *f*
~ **wave apparatus** Kundtsches Rohr *n*, Impedanzrohr *n*, Impedanzmeßrohr *n*
~ **wave field** Feld *n* einer stehenden Welle, Stehwellenfeld *n*
~ **wave ratio** Stehwellenverhältnis *n*
~ **wave tube** Kundtsches Rohr *n*, Impedanzrohr *n*, Impedanzmeßrohr *n*
stapes Steigbügel *m (Gehörknöchel)*
start button Starttaste *f*
~**-up** Anlaufen *n*, Anfahren *n*, Hochlaufen *n*, Hochfahren *n*
state of equilibrium Gleichgewichtszustand *m*
~ **of motion** Bewegungszustand *m*
~ **of rest** Ruhezustand *m*
~ **of stress** [mechanischer] Spannungszustand *m*
static balance statisches Gleichgewicht *n*
~ **balancing** statisches Auswuchten *n*, Auswuchten *n* in einer Ebene
~ **deflection** statische Auslenkung *f* (Durchbiegung *f*)
~ **force** statische Kraft *f*; Andruckkraft *f*
~ **friction** statische Reibung *f*, Ruhereibung *f*, Haftreibung *f*
~ **pressure** statischer (ruhender) Druck *m*
~ **pressure equalization** statischer Druckausgleich *m*
station break signal Pausenzeichen *n*
~ **identification** Pausenzeichen *n*
stationarity stationäres Verhalten *n*, Unveränderlichkeit *f*
stationary head DAT (digital audio tape) DAT (digitales Tonbandsystem) *n* mit feststehenden (stationären) Tonköpfen, Längsspur-DAT *f*, S-DAT *f*, DAT *f* in Längsspurtechnik
statistical absorption coefficient Schallabsorptionsgrad *m* für statistischen Schalleinfall
~ **distribution** statistische Verteilung *f*
~ **distribution analysis** Pegelhäufigkeitsanalyse *f*, Pegelklassierung *f*
~ **distribution analyzer** statistischer Analysator *m* (Schallpegelanalysator *m*), Klassiergerät *n*, Pegelklassiergerät *n*
~ **energy analysis** statistische Energieanalyse *f*, SEA
~ **fluctuation** statistische Schwankung *f*
~ **level distribution analysis** Pegelhäufigkeitsanalyse *f*, Pegelklassierung *f*
~ **processor** statistischer Analysator *m* (Schallpegelanalysator), Klassiergerät *n*, Pegelklassiergerät *n*
~ **sound absorption coefficient** statistischer Schallabsorptionsgrad *m*, Schallabsorptionsgrad *m* für statistischen Schalleinfall
STC *s.* sound transmission class
steady stetig, gleichmäßig, gleichförmig, ununterbrochen; konstant; [stand]fest, stabil
~ **component** Gleichanteil *m*, Gleichkomponente *f*
~ **field** Gleichfeld *n*
~ **flow** Gleichströmung *f*
~ **magnetic field** magnetisches Gleichfeld *n*
~**-state** stationär, eingeschwungen; kontinuierlich
~ **state** eingeschwungener (stationärer) Zustand *m*
~**-state motion** Bewegung *f* im eingeschwungenen Zustand
~**-state response** Frequenzgang *m* für stationäre (eingeschwungene) Signale
~**-state oscillation** stationäre Schwingung *f*, Schwingung *f* im eingeschwungenen Zustand
~**-state value** Wert *m* im eingeschwungenen Zustand
steep edge steile Flanke *f*
step Schritt *m*; Sprung *m*; Stufe *f*; Ganzton *m*
~ **attenuator** in Stufen (stufig) schaltbares Dämpfungsglied *n*; Bereichsschalter *m*, Bereichsumschalter *m*
~ **down/to** heruntertransformieren

~ **function** Sprungfunktion *f*, Stufenfunktion *f*; Treppenfunktion *f*
~-**function response** Sprungantwort *f*, Sprungfunktionsantwort *f*
~ **response** Sprungantwort *f*, Sprungübergangsfunktion *f*
~ **up/to** hochtransformieren; steigern, erhöhen
stepping motor Schrittmotor *m*
stereo Stereo..., Raum...
~ **amplifier** Stereoverstärker *m*
~ **blend** gleitender Mono-Stereo-Übergang *m*
~ **cassette receiver** Stereo-Kompaktgerät *n*, Stereo-Kompaktanlage *f*
~ **decoder** Stereodekoder *m*
~ **effect** Stereoeffekt *m*, Raumwirkung *f*
~ **mixer** Stereomischpult *n*
~ **record** Stereoplatte *f*, Stereoschallplatte *f*
~ **record changer** Stereoplattenwechsler *m*
~ **record player** Stereoplattenspieler *m*
~ **recorder** Stereorecorder *m*
~ **recording** Stereoaufnahme *f*, Stereoaufzeichnung *f*, stereophone Aufnahme *f* (Aufzeichnung *f*)
~ **signal** Stereosignal *n*
~ **sound** Raumton *m*, Stereoton *m*, stereophoner Klang *m*
stereophonic stereophon, Stereo...
~ **effect** Stereoeffekt *m*, Raumwirkung *f*
~ **hearing** räumliches Hören *n*, stereophones Hören *n*
~ **mixer** Stereomischpult *n*
~ **recorder** stereophones Aufnahmegerät *n*, Stereoaufnahmegerät *n*
~ **recording** Stereoaufnahme *f*, Stereoaufzeichnung *f*, stereophone Aufnahme (Aufzeichnung) *f*
~ **reproduction** Stereowiedergabe *f*, stereophone Wiedergabe *f*
~ **signal** Stereosignal *n*
~ **sound** Raumton *m*, Stereoton *m*, stereophoner Klang *m*
~ **sound effect** Raumtonwirkung *f*, Raumtoneffekt *m*
~ **sound system** stereophone Übertragungsanlage *f*, Stereoanlage *f*; Stereophoniesystem *n*
stereophonics, stereophony Stereophonie *f*
stethoscope Stethoskop *n*, Hörrohr *n*
STI *s.* speech transmission index
stick Stock *m*; Taktstock *m*; Paukenschlegel *m*
stiffen/to versteifen
stiffening Versteifung *f*
~ **rib** Versteifungsrippe *f*
~ **web** Versteifung *f*, Versteifungsrippen *fpl*
stiffness Steife *f*, Steifigkeit *f*; Federkonstante *f*
~-**controlled** federsteif, federgehemmt
~ **reactance** Steifigkeitsreaktanz *f*, steifigkeitsbedingte Blindkomponente *f* der Impedanz
stimulate/to stimulieren, anregen
stimulation Stimulation *f*, Anregung *f*, Reizung *f*
stimulus Reiz *m*, Stimulus *m* (*pl.* Stimuli)
~ **level** Reizpegel *m*
~ **presentation** Reizdarbietung *f*
stochastic process Zufallsprozeß *m*, stochasticher Prozeß *m*
~ **sequence** Zufallsfolge *f*, stochastische Folge *f*
stop/to 1. *(Orgel)* registrieren; 2. stopfen, dämpfen; 3. *(Saite)* niederdrücken, *(Ton)*, greifen
stop 1. Orgelregister *n*, Registerzug *m*; 2. Klappe *f*, Ventil *n*; Tonloch *n*; 3. Verschlußlaut *m*
~ **band** Sperrbereich *m*
~ **band attenuation** Sperrdämpfung *f*, Dämpfung *f* im Sperrbereich
~ **band edge frequency** Grenzfrequenz *f* des Sperrbereichs
~ **band effect** Sperrwirkung *f* *(eines Filters)*
~ **band ripple** Welligkeit *f* im Sperrbereich
~ **button** Stopptaste *f*, Halttaste *f*; Schnellstopptaste *f*; Ausschaltknopf *m*
~ **frequency** Sperrfrequenz *f*
stopband *s.* stop band
storage facility Speichermöglichkeit *f*; Speichereinrichtung *f*
~ **medium** Speichermedium *n*, Informationsträger *m*
~ **space** Speicherkapazität *f*
store information/to Information speichern
~ **on tape** auf Band speichern
strain/to dehnen, verformen, deformieren; anspannen
strain Dehnung *f*, Verformung *f*, Deformation *f*; Beanspruchung *f*
~ **bridge** Dehnungsmeßbrücke *f*
~ **cell** Dehnungsmeßfühler *m*, Dehnungsmeßelement *n*
~ **contour** Linie *f* gleicher Belastung *(Dehnung)*
~-**cycle fatigue curve** Wöhlerkurve *f*
~ **element** Dehnungsmeßfühler *m*, Dehnungsmeßelement *n*
~ **gauge** Dehnmeßstreifen *m*, Dehnungsmeßstreifen *m*
~-**gauge accelerometer** Beschleunigungsaufnehmer *m* mit Dehn[ungs]meßstreifen
~-**gauge measuring bridge** Dehnungsmeßbrücke *f*
~-**gauge rosette** Dehnmeßstreifenrosette *f*
~ **measurement** Dehnungsmessung *f*
~ **relief** Spannungsentlastung *f*, Beseitigung *f* der Spannung
~ **relief groove** Dehnungsausgleichsfuge *f*
~-**sensing element** Dehnungsmeßfühler *m*, Dehnungsmeßelement *n*
strainfree dehnungsfrei
strap drive Riemenantrieb *m*, Riementrieb *m*
stray coupling parasitäre Kopplung *f*, Streukopplung *f*
~ **field** Streufeld *n*
~ **flux** Streufluß *m*

~ **pick-up** Einstreuung *f*, Störeinwirkung *f* von Streufeldern
stream Strom *m*, Strömung *f (in einer Richtung)*
~ **line** Stromlinie *f*, Strömungslinie *f*
~**-line flow** laminare Strömung *f*, Laminarströmung *f*
streaming Strom *m*, Strömung *f (in einer Richtung)*
strength of a sound source Ergiebigkeit *f* (Stärke *f*) einer Schallquelle
~ **test** Festigkeitsprüfung *f*
strengthen/to [mechanisch] verstärken, festigen, versteifen
stress/to 1. betonen, hervorheben; 2. spannen, anspannen; belasten
stress 1. Betonung *f*; 2. [mechanische] Spannung *f*, Belastung *f*
~ **modulus** Elastizitätsmodul *m*, E-Modul *m*
~**-number [fatigue] curve** Wöhlerkurve *f*
~**-strain curve** Spannungs-Dehnungs-Kurve *f*
~ **wave** Spannungswelle *f*, elastische Welle *f*
stretch/to spannen, [sich] strecken
stretch [elastische] Dehnung *f*; Streckung *f*; Spannung *f*, Anspannung *f*
strident durchdringend, schrill, kreischend
strike a chord/to einen Ton (Akkord) anschlagen
~ **a key** eine Taste anschlagen
string Saite *f*
~ **orchestra** Streichorchester *n*
~ **instrument** Saiteninstrument *n*; Streichinstrument *n*
strings Streichinstrumente *npl*, Streicher *mpl*, Streichergruppe *f*
strip chart Registrierstreifen *m*, Diagrammstreifen *m*
strobe Meßmarke *f*
~ **pulse** Stroboskopimpuls *m*
stroboscope Stroboskop *n*
stroboscopic stroboskopisch
~ **disk** stroboskopische Scheibe *f*, Stroboskopscheibe *f*
~ **effect** stroboskopischer Effekt *m*
stroboscopy Stroboskopie *f*
stroke Schlag *m*; Takt *m*; Hub *m*
strong coupling enge (feste) Kopplung *f*
structural insulation board Dämmplatte *f*, Isolierplatte *f*
~ **resonance** Resonanz *f* der Grundkonstruktion (Grundstruktur), Strukturresonanz *f*, Resonanz *f* des Bauwerks (Baukörpers)
structure Struktur *f*, Gefüge *n*; Konstruktion *f*; Bauwerk *n*, Tragwerk *n*
~**-borne** festkörperübertragen; Körperschall...
~**-borne noise insulation** Körperschalldämmung *f*, Körperschallisolation *f*
~**-borne sound** Körperschall *m (in Bauwerken, Konstruktionen)*
STSF *s.* spatial transformation of sound fields
stud Kontaktbolzen *m*, Stift *m*, Zapfen *m*
studio Aufnahmestudio *n*, Studio *n*
~ **broadcast** Studiosendung *f*
~ **control desk** Regiepult *n*
~ **engineering** Studiotechnik *f*
~ **equipment** Studioausrüstung *f*, Studioeinrichtung *f*
~ **microphone** Studiomikrofon *n*
~ **operation** Studiobetrieb *m*
~ **pick-up, ~ recording** Studioaufnahme *f*
stylus Abtastnadel *f*, Nadel *f*; Abtaststift *m*, Schreibstift *m*
~ **assembly** Nadelträger *m*
~ **cover** Nadelabdeckung *f*, Nadelschutz *m*
~ **drag** Nadelbremskraft *f*, Nadelrückstellkraft *f*
~ **excursion** Nadelauslenkung *f*
~ **force** Auflagekraft *f*, Auflagedruck *m (Tonarm)*
~ **holder** Nadelhalter *m*, Nadelträger *m*
~ **jump** Springen *n* der Nadel
~ **replacement** Ersatz *m* (Austausch *m*) der Abtastnadel (Nadel)
~ **tip** Nadelspitze *f*, Stiftspitze *f*
~ **velocity** Nadelschnelle *f*
~ **wear** Nadelverschleiß *m*, Nadelabnutzung *f*
subaudio Infraschall..., infraakustisch
~ **frequency** Infraschallfrequenz *f*, unhörbar tiefe Frequenz *f*
~ **sound** Infraschall *m*
subband coding Schmalbandkodierung *f*
subcritical damping unterkritische Dämpfung *f*
subharmonic subharmonisch
subharmonic Subharmonische *f*, [harmonische] Unterschwingung *f*
~ **component** Subharmonische *f*, subharmonische Komponente *f*
~ **frequency** subharmonische Frequenz *f*, Frequenz *f* einer Subharmonischen
~ **oscillation** subharmonische Schwingung *f*
subject Versuchsperson *f*
subjective acoustics subjektive Akustik *f*
~ **loudness** subjektive (subjektiv empfundene) Lautheit *f*
~ **loudness measurement** subjektive Lautstärkemessung *f* (Lautstärkepegelmessung *f*)
~ **noise meter** subjektiver Lautstärkemesser *m* (Lautheitsmesser *m*, Lautstärkepegelmesser *m*)
~ **perception** subjektive Wahrnehmung *f*
~ **sound [level] meter** subjektiver Lautstärkemesser *m* (Lautheitsmesser *m*, Lautstärkepegelmesser *m*)
submarine acoustics Unterwasserakustik *f*, Hydroakustik *f*
~ **sound signal** Unterwasserschallzeichen *n*, Unterwasserschallsignal *n*
submode Unterbetriebsart *f*, untergeordnete Betriebsart *f*
submultiple [ganzzahliger] Bruchteil *m*
subordinate resonance Nebenresonanz *f*

subrange Teilbereich *m*
subset Teilnehmerapparat *m*, Endgerät *n*
subsonic Unterschall..., langsamer als Schall; Infraschall..., infraakustisch
~ **filter** Rumpelfilter *n*
~ **frequency** Infraschallfrequenz *f*, unhörbar tiefe Frequenz *f*
~ **speed (velocity)** Unterschallgeschwindigkeit *f*
substitute/to substituieren, ersetzen, austauschen
substitution Substitution *f*, Austausch *m*, Ersatz *m*
~ **method** Substitutionsverfahren *n*
~ **method of calibration** Substitutionskalibrierung *f*, Substitutionseichung *f*
~ **technique** Substitutionsverfahren *n*
subwoofer Tiefsttonlautsprecher *m*
succession Folge *f*, Aufeinanderfolge *f*, Reihe *f*
~ **of [im]pulses** Impulsfolge *f*, Pulsfolge *f*, Puls *m*
suck/to saugen, einsaugen
suction Sog *m*, Unterdruck *m*; Ansaugen *n*
~ **muffler** Ansauggeräuschdämpfer *m*, Ansaugschalldämpfer *m*
sudden phase shift Phasensprung *m*
sum frequency Summenfrequenz *f*
summation loudness Summenlautheit *f*
~ **tone** Summenton *m*
super single Super-Single *f*, [große] Schallplatte *f (für 45 min^{-1})*
superacoustic frequency Ultraschallfrequenz *f*
supercardioid characteristic Supernierencharakteristik *f*
~ **microphone** Mikrofon *n* mit Supernierencharakteristik
supercritical damping überkritische Dämpfung *f*
superpose/to überlagern
superposition Überlagerung *f*
~ **principle** Überlagerungsprinzip *n*, Superpositionsprinzip *n*
supersede/to ablösen, ersetzen
supersonic 1. Überschall...; 2. Ultraschall...
~ **beam** Ultraschallstrahl *m*
~ **delay line** Ultraschallverzögerungsleitung *f*
~ **detection** Ultraschallnachweis *m*
~ **detector** Ultraschalldetektor *m*, Nachweisgerät *n* für Ultraschall
~ **echo sounder** Ultraschallecholot[gerät] *n*
~ **echo sounding** Echolotung *f*, Ultraschallecholotung *f*, Ultraschallotung *f*
~ **flaw detection** zerstörungsfreie Werkstoffprüfung *f* mit Ultraschall, Ultraschalldefektoskopie *f*
~ **flaw detector** Ultraschallprüfgerät *n*, Ultraschalldefektoskop *n*
~ **frequency** Ultraschallfrequenz *f*
~ **soldering** Ultraschallöten *n*
~ **sound** Ultraschall *m*
~ **sound wave** Ultraschallwelle *f*
~ **sounder** Ultraschallecholot[gerät] *n*
~ **sounding** Ultraschallecholotung *f*
~ **source** Ultraschallquelle *f*
~ **speed** Überschallgeschwindigkeit *f*
~ **testing** Ultraschallprüfung *f*
~ **transmitter** Ultraschallsender *m*
~ **velocity** Überschallgeschwindigkeit *f*
~ **wave** Ultraschallwelle *f*
supply/to zuführen, liefern, versorgen mit; einspeisen
supply 1. Zuführung *f*, Versorgung *f*; Einspeisung *f*; 2. Speisequelle *f*
~ **circuit** Speisestromkreis *m*; Versorgungsnetz *n*, speisendes Netz *n*
~ **cord** Netzschnur, Netzanschlußleitung *f*
~ **line** Speiseleitung *f*, Versorgungsleitung *f*
~ **reel** Ablaufbandteller *m*, Abwickelspule *f*
~ **spool** Abwickelspule *f*
~ **voltage** Speisespannung *f*, Versorgungsspannung *f*; Netzspannung
support Auflage *f*, Halterung *f*
suppress/to unterdrücken
suppressed frequency band unterdrückter Frequenzbereich *m*, Sperrbereich *m*
~ **zero** unterdrückter Nullpunkt *m*
suppression Unterdrückung *f*
~ **filter** Sperrfilter *n*, Bandsperre *f*, Bandsperrfilter *n*
supra-aural earphone ohraufliegender Kopfhörer *m*
surface Oberfläche *f*, Fläche *f*, Außenfläche *f*
~ **acoustic wave** akustische Oberflächenwelle *f*, AOW
~ **acoustic wave filter** [akustisches] Oberflächenwellenfilter *n*, AOW-Filter *n*
~ **area of absorption** Absorptionsfläche *f*
~ **backscattering differential** Oberflächenrückstreumaß *n*
~ **integral** Flächenintegral *n*, Oberflächenintegral *n*, Hüllintegral *n*
~ **noise** Nadelgeräusch *n*, Abspielgeräusch *n*
~ **of absorption** Absorptionsfläche *f*
~ **oscillation** Oberflächenschwingung *f*
~ **pressure** Flächendruck *m*, Flächenpressung *f*, Anpreßdruck *m*
~ **scattering** Oberflächenstreuung *f*
~ **scattering coefficient** Oberflächenstreukoeffizient *m*
~ **sound pressure** Schalldruck *m* auf einer Fläche; Hüllflächenschalldruck *m*
~ **sound pressure level** Schalldruckpegel *m* auf einer Fläche; Hüllflächenschalldruckpegel *m*
~ **sound source** Flächenschallquelle *f*
~ **source** Flächenquelle *f*
~ **vibration** Oberflächenschwingung *f*
~ **wave** Oberflächenwelle *f*

~ **wavefront** Wellenfront *f*
surround/to umgeben
surround sound Raumschall *m*, Rundumschall *m*
surrounding Umgebung *f*
~ **air** Umgebungsluft *f*
survey grade Klasse *f* geringer Genauigkeit, Genauigkeitsklasse *f* für Orientierungsverfahren
~-**grade measurement** Orientierungsmessung *f*, Übersichtsmessung *f*
~ **meter** Meßgerät *n* für Orientierungsmessungen, Meßgerät *n* geringer Genauigkeit
~ **method** Orientierungsverfahren *n*, Übersichtsverfahren *n*, Verfahren *n* geringer Genauigkeit
susceptance Blindleitwert *m*, Imaginärteil *m* der Admittanz
susceptibility Empfänglichkeit *f*, Anfälligkeit *f*, Empfindlichkeit *f*
susceptible [to] anfällig [für], empfindlich [für]
suspended aufgehängt, hängend; schwebend
~ **ceiling** abgehängte Decke *f*, untergehängte Decke *f*
suspension Aufhängung *f*; Lagerung *f*
sustain/to aufrechterhalten; aushalten *(Ton)*
sustain level Pegel *m* im eingeschwungenen Zustand, Pegel *m* des Dauersignals
sustained audio signal [akustisches] Dauersignal *n*
~ **oscillation** ungedämpfte Schwingung *f*, Dauerschwingung *f*
~ **wave** ungedämpfte Welle *f*
sustaining pedal Tonhaltepedal *n*
sweep/to ablenken, überstreichen, durchlaufen, durchstimmen; wobbeln
sweep Ablenkung *f*, Durchlaufen *n*, gleitende Abtastung *f*, Kipp *m*, Durchstimmen *n*
~ **audiometer** Gleitfrequenzaudiometer *n*
~ **control** Steuerung *f* des [gleitenden] Durchlaufs; Frequenzsteuerung *f*, Frequenzdurchlaufsteuerung *f*
~ **count** Zyklenzählung *f*, Zählung *f* der Durchläufe; Zyklenzahl *f*
~ **duration** Durchlaufzeit *f*, Durchlaufdauer *f*
~ **frequency** Gleitfrequenz *f*; Ablenkfrequenz *f*, Kippfrequenz *f*; Wobbelfrequenz *f*
~ **frequency method** Wobbelverfahren *n*, Verfahren *n* mit Frequenzdurchstimmung
~ **generator** Kippgenerator *m*; Wobbelgenerator *m*
~ **measurement** gleitende Messung *f*; Messung mit gleitender Frequenz; Messung *f* mit bewegtem Mikrofon
~ **oscillator** durchstimmbarer Generator *m*; Wobbelgenerator *m*
~ **range** Wobbelhub *m*, Wobbelbereich *m*
~ **rate** Durchlaufgeschwindigkeit *f*, Durchstimmgeschwindigkeit *f*
~-**sine test** Gleitsinusprüfung *f*
~-**sine vibration test** Schwingungsprüfung *f* mit gleitender Frequenz
~ **speed** Durchlaufgeschwindigkeit *f*, Durchstimmgeschwindigkeit *f*
~ **time** Durchlaufzeit *f*, Durchlaufdauer *f*
~ **width** Wobbelhub *m*, Wobbelbereich *m*
swell/to anschwellen
swell Anschwellen *n (Ton)*
swept überstrichen; abgetastet; gewobbelt
~ **frequency** Gleitfrequenz *f*, gleitende Frequenz *f*
~ **frequency band** überstrichenes Frequenzband *n*
~ **frequency method** Wobbelverfahren *n*, Verfahren *n* mit Frequenzdurchstimmung
~ **frequency oscillator** durchstimmbarer Generator *m*; Wobbelgenerator *m*
switch click Schaltgeräusch *n*
~ **position** Schalterstellung *f*
~-**selected** durch Schalter gewählt (eingestellt)
~ **setting** Schalterstellung *f*, Schaltereinstellung *f*
switchable schaltbar, umschaltbar
switchboard Schaltfeld *n*, Schalttafel *f*; Vermittlungsschrank *m*
switched-capacitor filter Filter *n* mit geschalteten Kapazitäten, SC-Filter *n*
switching noise Schaltgeräusch *n*
swivel scan rotatorische Abtastung *f*
syllable Silbe *f*
~ **articulation (intelligibility)** Silbenverständlichkeit *f*
sympathetic chord mitschwingende Saite *f*
synchronism Gleichlauf *m*, Synchronismus *m*
~ **of phases** Phasengleichheit *f*
synchronization Synchronisation *f*, Herstellung *f* des Gleichlaufs
sychronize/to Gleichlauf herstellen, auf Gleichlauf bringen, synchronisieren
synchronous gleichlaufend, synchron
~ **operation** Gleichlauf *m*, Synchronismus *m*
~ **time averaging** synchrone Mittelung *f* (Mittelwertbildung *f*), Averaging *n*
synthesis Synthese *f*
synthesize/to synthetisieren, durch Synthese erzeugen
synthesizer Synthesizer *m*
synthetic synthetisch; künstlich
~ **crystal** synthetischer Kristall *m*, künstlicher (künstlich gezüchteter) Kristall *m*
~ **sound field** synthetisches Schallfeld *n*
system analysis Systemanalyse *f*
~ **of coordinates** Koordinatensystem *n*, Achsensystem *n*
~ **theory** Systemtheorie *f*
~ **with distributed parameters** System *n* mit verteilten Parametern (Elementen)

T

T connector Verzweigung *f*, T-Stück *n*
T junction T-Verzweigung *f*
T network T-Schaltung *f*
table Decke *f (Saiteninstrument)*
tachometer probe Drehzahlmeßsonde *f*
tactile sensor Tastaufnehmer *m*, berührender Aufnehmer *m* (Sensor *m*)
tail hintere Flanke *f*, Rückflanke *f*
tailpiece Saitenhalter *m*
take-off reel Abwickelspule *f*; Ablaufbandteller *m*
~-off speed Abwickelgeschwindigkeit *f*
~-off spool Abwickelspule *f*; Ablaufbandteller *m*
~-up device Aufwickelvorrichtung *f*
~-up reel Aufwickelspule *f*, Aufwickelbandteller *m*, Aufwickelrolle *f*
~-up speed Aufwickelgechwindigkeit *f*
~-up spool Aufwickelspule *f*, Aufwickelbandteller *m*, Aufwickelrolle *f*
~-up unit Aufwickelvorrichtung *f*
takt-maximal measurement Taktmaximalpegelmessung *f*
talk/to reden, sprechen
talk-back circuit Gegensprechschaltung *f*, Wechselsprechanlage *f*; Kommandoleitung *f*
~-back microphone Gegensprechmikrofon *n*
~-back system Gegensprechanlage *f*
~-listen switch Hör-Sprech-Schalter *m*
talkback system Gegensprechanlage *f*
talker Sprecher *m*, Sprechender *m*, Redner *m*
talking film (movies) Tonfilm *m*
~ test Sprechprobe *f*
tamper-proof gesichert gegen Manipulationen
tangential acceleration Tangentialbeschleunigung *f*
~ force Tangentialkraft *f*, Tangentialschubkraft *f*
~ vector Tangentialvektor *m*
~ velocity Tangentialgeschwindigkeit *f*
Tannoy Rufanlage *f*, Sprechanlage *f*, Lautsprecheranlage *f*
tap a wire/to eine Leitung anzapfen; mithören
~ off abgreifen, abzweigen
tap Abgriff *m*, Anzapfung *f*
tape/to auf Band aufzeichnen
~-record auf Band (Tonband) aufnehmen (aufzeichnen)
tape Band *n*; Tonband *n*
~ archive Bandarchiv *n*, Tonbandarchiv *n*
~ background noise Bandrauschen *n*
~ base Bandunterlage *f*
~ breakage Bandriß *m*
~ cement Bandkleber *m*
~ counter Bandzähler *m*, Bandzählwerk *n*, Bandlängenzähler *m*
~ deck [stapelbares] Bandgerät *n*, [stapelbares] Tonbandgerät *n*
~ degausser (demagnetizer) Löschdrossel *f*, Bandlöscheinrichtung *f*, Löscheinrichtung *f*
~ drive Bandantrieb *m*
~ drive motor Antriebsmotor *m* für die Tonrolle, Tonmotor *m*
~ dubbing Überspielen *n* (Kopieren *n*) eines Bandes, Überspielen *n* (Kopieren *n*) einer Kassette
~ duplication Kopieren *n* (Vervielfältigen *n*) von Bändern
~ eraser Löschdrossel *f*, Löscheinrichtung *f*, Bandlöscheinrichtung *f*
~ feed Bandvorschub *m*
~ file Bandarchiv *n*, Tonbandarchiv *n*
~ guidance (guide) Bandführung *f*
~ head Tonkopf *m*
~ head demagnetizer Entmagnetisiergerät *n* für Tonköpfe
~ interruption Bandriß *m*
~ interruption sensor Bandrißfühler *m*
~ joint Klebestelle *f*, Bandklebestelle *f*
~ leader Vorspannband *n*
~ length Bandlänge *f*
~-length indicator Bandlängenzähler *m*, Bandzählwerk *m*, Bandzähler *m*
~ lifter Bandabhebevorrichtung *f*
~ loader Bandkopiergerät *n*, Gerät *n* zum [beschleunigten] Kopieren von Bändern
~ loop Bandschleife *f*, Endlosband *n*
~-loop adapter Adapter *m* (Zusatzgerät *n*) für den Bandschleifenbetrieb
~-loop arrangement Bandschleifeneinrichtung *f*
~-loop recorder Magnetbandgerät *n* mit Endlosband (Bandschleife)
~ microphone Bändchenmikrofon *n*
~ microphone cable Mikrofonflachkabel *n*
~ noise Bandrauschen *n*
~ pressure Bandandruck *m*
~ recorder Tonbandgerät *n*, Magnetbandgerät *n*, Bandgerät *n*
~ recording Aufnahme *f* (Aufzeichnung *f*) auf Magnetband
~ reel Bandteller *m*; Bandwickel *m*; Bandspule *f*
~ run Bandlauf *m*
~ scrubbing *(sl.)* [nachträgliche] Qualitätsverbesserung *f* einer Bandaufnahme, Nachbearbeitung *f* einer Bandaufnahme
~ selector Bandsortenwähler *m*, Bandsortenumschalter *m*
~-slide lecture Diatonvortrag *m*
~ speed Bandgeschwindigkeit *f*
~ spillage Bandsalat *m (sl.)*
~ splicing Bandkleben *n*, Kleben *n* des Bandes
~ spool Bandspule *f*
~ start Bandanlauf *m*
~ store Bandspeicher *m*; Bandarchiv *n*
~ stretching Banddehnung *f*
~ tension Bandzug *m*, Bandspannung *f*

~ **tension arm** Bandspannungsfühlhebel *m*, Spannarm *m*
~ **tension control** Bandzugregelung *f*
~ **tensioning motor** Wickelmotor *m*
~ **thickness** Banddicke *f*
~ **threading** Bandeinfädelung *f*
~ **transport** 1. Bandtransport *m*, Bandvorschub *m*; 2. Laufwerk *n*, Bandtransportwerk *n*
~ **transport mechanism** Bandtransportmechanismus *m*, Bandtransportsystem *n*, Laufwerk *n*
~ **travel** Bandlauf *m*
~ **velocity** Bandgeschwindigkeit *f*
taped message auf Band aufgezeichnete Mitteilung *f* (Nachricht *f*)
tapping machine Hammerwerk *n*, Trittschallhammerwerk *n*
~ **noise** Klopfgeräusch *n*
target noise level anzustrebender (zu unterschreitender) Geräuschpegel (Lärmpegel) *m*, Lärmpegelgrenzwert *m*
~ **strength** Zielrückstreumaß, Zielstärke *f*
TSD *s.* time-delay spectrometry
tee junction T-Verzweigung *f*
~ **network** T-Schaltung *f*
telecast/to im Fernsehen (durch Fernehen) übertragen
telecast Fernsehübertragung *f*, Fernsehsendung *f*
telecoil Induktionsspule *f*, Hörspule *f*, Mithörspule *f*
telecommunication Fernmeldewesen *n*, Fernmeldetechnik *f*, Fernmeldeverkehr *m*
~ **cable** Fernmeldekabel *n*, Telefonkabel *n*
~ **network (system)** Fernmeldenetz *n*, Nachrichtennetz *n*
telemetering, telemetry Fernmessung *f*, Telemetrie *f*, Meßwertfernübertragung *f*
telephone Telefon *n*, Fernsprecher *m*
~ **amplifier** Leitungsverstärker *m*, Fernsprechverstärker *m*
~ **booth (box, cabin)** Telefonzelle *f*, Telefonkabine *f*
~ **cable** Fernmeldekabel *n*, Telefonkabel *n*
~ **earphone** Telefonhörer *m*, Fernhörer *m*, Hörer *m*
~ **exchange** Fernsprechamt *n*, Vermittlungsstelle *f*
~ **handset** Handapparat *m*, Fernsprechhandapparat *m*
~ **line** Fernsprechleitung *f*, Telefonleitung *f*
~ **microphone** Sprechkapsel *f*, Fernsprechmikrofon *n*
~ **olive** Einsteckhörer *m*, Telefoneinsteckhörer *m*
~ **receiver** Fernhörer *m*, Telefonhörer *m*, Hörer *m*
~ **responder** Anrufbeantworter *m*
~ **set** Telefonapparat *m*, Fernsprechapparat *m*, Fernsprecher *m*
~ **transmitter** Fernsprechmikrofon *n*
~ **transmitter capsule** Sprechkapsel *f*
televiewer Fernsehzuschauer *m*
televise/to im (durch) Fernsehen übertragen
television receiver Fernsehgerät *n*, Fernsehempfänger *m*, Fernseher *m*
~ **studio** Fernsehstudio *n*
~ **transmission** Fernsehübertragung *f*, Fernsehsendung *f*
televisor Fernsehgerät *n*, Fernsehempfänger *m*, Fernseher *m*
telly *(sl.)* Fernsehgerät *n*, Fernsehempfänger *m*, Fernseher *m*
temper/to temperiert stimmen
temperament temperierte Stimmung *f*
temperature coefficient Temperaturkoeffizient *m*, Temperaturbeiwert *m*
~-**compensated** temperaturkompensiert
~ **compensation** Temperaturkompensation *f*, Temperaturausgleich *m*
~ **dependence** Temperaturabhängigkeit *f*
~-**dependent** temperaturabhängig
~ **effect** Temperatureinfluß *m*
~ **gradient** Temperaturgradient *m*, Temperaturgefälle *n*
~-**independent** temperaturunabhängig
~ **influence** Temperatureinfluß *m*
~ **range** Temperaturbereich *m*
tempered temperiert *(musikalische Stimmung)*
template comparison Mustervergleich *m*
temporal average zeitlicher Mittelwert *m*
~ **characteristic** Zeitverhalten *n*, Zeitabhängigkeit *f*
~ **distribution** zeitliche Verteilung *f*
temporary memory (store) Zwischenspeicher *m*, Pufferspeicher *m*
~ **threshold shift** zeitweilige Hörschwellenverschiebung *f*, TTS, Vertäubung *f*
tendency to sing Pfeifneigung *f*
tenor Tenor *m*, Tenorstimme *f*; Tenorinstrument *n*
tensile behaviour Dehnungsverhalten *n*
~ **strength** Zugfestigkeit *f*
tension/to spannen
tension Spannung *f*, Zug *m*, Zugspannung *f*
~ **control** Bandzugregelung *f*
terminal 1. Endgerät *n*, Endstelle *f*; 2. Anschlußklemme *f*, Klemme *f*
~ **impedance** Abschlußimpedanz *f*, Abschluß[schein]widerstand *m*
~ **latency** Totzeit *f* nach der Rückflanke, Totzeit *f* nach Ereignisende
~ **peak sawtooth pulse** Sägezahnimpuls *m* mit steigender (ansteigender) Flanke
~ **resistance** [ohmscher] Abschlußwiderstand *m*
~ **transient** Ausschwingvorgang *m*

terminate a line/to eine Leitung abschließen
terminated level Pegel *m* im abgeschlossenen Zustand, Pegel *m* bei abgeschlossenem Ausgang
terminating impedance Abschlußimpedanz *f*, Abschluß[schein]widerstand *m*
~ **resistance** [ohmscher] Abschlußwiderstand *m*
termination Ende *n*, Abschluß *m*; Abschlußwiderstand *m*
test/to prüfen, untersuchen, erproben, probieren
test Prüfung *f*, Untersuchung *f*, Test *m*, Kontrolle *f*
~ **adapter** Prüfadapter *m*
~ **cabinet** Prüfkammer *f*
~ **certificate** Prüfattest *n*, Prüfschein *m*, Abnahmeprotokoll *n*
~ **chamber** Prüfkammer *f*, Meßkammer *f*
~ **circuit** Prüfschaltung *f*, Meßkreis *m*
~ **code** Meßvorschrift *f*, Prüfvorschrift *f*
~ **environment** Meßumgebung *f*, Prüfumgebung *f*
~ **frequency** Prüffrequenz *f*, Meßfrequenz *f*
~ **generator** Prüfgenerator *m*
~ **instruction** Prüfvorschrift *f*
~ **item** Prüfling *m*, Prüfobjekt *n*
~ **jack** Prüfklinke *f*, Prüfbuchse *f*
~ **level** Meßpegel *m*, Prüfpegel *m*
~ **location** Meßort *m*
~ **method** Prüfverfahren *n*, Prüfmethode *f*
~ **object** Prüfling *m*, Prüfobjekt *n*
~ **point** Meßpunkt *m*
~ **probe** Prüfsonde *f*, Meßsonde *f*
~ **procedure** Prüfablauf *m*, Prüfverfahren *n*
~ **pulse** Prüfimpuls *m*
~ **record** Prüfschallplatte *f*, Meßschallplatte *f*
~ **result** Prüfergebnis *n*; Meßergebnis *n*
~ **routine** Prüfprogramm *n*, Testprogramm *n*
~ **run** Probelauf *m*, Probedurchlauf *m*
~ **sample** Prüfling *m*, Prüfobjekt *n*
~ **signal** Prüfsignal *n*, Meßsignal *n*
~ **specification** Prüfvorschrift *f*
~ **specimen** Prüfling *m*, Prüfobjekt *n*
~ **stimulus** Prüfreiz *m*, Testreiz *m*
~ **subject** Meßperson *f*, Versuchsperson *f*
~ **surrounding[s]** Meßumgebung *f*, Prüfumgebung *f*
~ **tone** Meßton *m*, Prüfton *m*
~ **van** Meßwagen *m*, Meßfahrzeug *n*
testing equipment Prüfeinrichtung *f*, Prüfvorrichtung *f*
~ **method (technique)** Prüfverfahren *n*, Prüfmethode *f*
~ **van** Meßwagen *m*, Meßfahrzeug *n*
THD *s.* total harmonic distortion
theory of sound Schalltheorie *f*, Schallehre *f*
~ **of vibrations** Schwingungstheorie *f*, Schwingungslehre *f*
thermal agitation thermische Bewegung *f*, Wärmebewegung *f*
~ **agitation noise** thermisches Rauschen *n*, Wärmerauschen *n*
~ **capacity** Wärmekapazität *f*
~ **conduction** Wärmeleitung
~ **conductivity** Wärmeleitfähigkeit *f*
~ **dissipation** Wärmeableitung *f*, Wärmeabfuhr *f*
~ **energy** Wärmeenergie *f*, thermische Energie *f*
~ **equilibrium** thermisches Gleichgewicht *n*
~ **inertia** Wärmeträgheit *f*, thermische Trägheit *f*
~-**insulating** wärmeisolierend
~ **insulation** Wärmeisolation *f*, Wärmeisolierung *f*, Wärmedämmung *f*
~ **microphone** thermisches Mikrofon *n*, Hitzdrahtmikrofon *n*
~ **noise** thermisches Rauschen *n*, Wärmerauschen *n*
~ **shock** Temperatursturz *m*, Wärmestoß *m*, plötzliche Temperaturänderung *f*
~ **strain** Wärmespannung *f*
~ **stress** thermische Beanspruchung *f*, Wärmespannung *f*
thermophone Thermophon *n*
thickness oscillation Dickenschwingung *f*
~ **oscillator** Dickenschwinger *m*
~ **vibration** Dickenschwingung *f*
~ **vibrator** Dickenschwinger *m*
third-harmonic distortion kubische Verzerrung *f*
~ **octave** Terz *f*, Dritteloktave *f*
~ **octave band** Terzband *n*, Terzbereich *m*, Terz *f (Bereich)*
~-**octave band analyzer** Terzbandanalysator *m*, Terzanalysator *m*
~-**octave band filter** Terzfilter *n*
~-**octave band [sound] pressure** Terzbandschalldruck *m*, Terzschalldruck *m*
~-**octave band [sound] pressure level** Terzbandschalldruckpegel *m*, Terzschalldruckpegel *m*, Terzpegel *m*
~-**octave filter** Terzfilter *n*
~ **order [harmonic] distortion** kubische Verzerrung *f*
thorough bass Generalbaß *m*
three-way loudspeaker (speaker) system Dreiwegelautsprecher *m*
threshold Schwelle *f*, Schwellwert *m*
~ **audiogramm** Schwellenaudiogramm *n*
~ **dose** Schwellendosis *f*, Schwellwertdosis *f*
~ **exceedance** Schwellwertüberschreitung *f*, Schwellenüberschreitung *f*
~ **level** Schwellenpegel *m*
~ **of annoyance** Lästigkeitsschwelle *f*
~ **of audibility** Hörbarkeitsschwelle *f*, Hörschwelle *f*
~ **of discomfort** Unbehaglichkeitsschwelle *f*
~ **of hearing** Hörschwelle *f*

~ **of intelligibility** Verständlichkeitsschwelle *f*, Sprachverständlichkeitsschwelle *f*
~ **of pain** Schmerzschwelle *f*
~ **of perception (sensation)** Empfindungsschwelle *f*, Wahrnehmbarkeitsschwelle *f*
~ **of speech intelligibility** Verständlichkeitsschwelle *f*, Sprachverständlichkeitsschwelle *f*
~ **shift** Hörschwellenverschiebung *f*, Schwellenverschiebung *f*
~ **value** Schwellwert *m*, Schwellenwert *m*
throat 1. Kehle *f*; 2. Eintrittsöffnung *f (Schalltrichter)*
~ **microphone** Kehlkopfmikrofon *n*
~ **of loudspeaker** Lautsprechertrichterhals *m*, Hals *m* des Lautsprechertrichters
throughput rate Durchsatzrate *f (Daten)*
throw-out groove Auslaufrille *f*, Ausschaltrille *f*
thrust Schub *m*, Schubkraft *f*, Vortriebskraft *f*
~ **force** Schubkraft *f*
thump/to dumpf schlagen, geräuschvoll laufen
thump dumpfer Schlag *m*
tight dicht, undurchlässig; eng; straff, fest
~ **coupling** feste Kopplung *f*
tightness Dichtheit *f*, Dichtigkeit *f*, Undurchlässigkeit *f*
tilting switch Kippschalter *m*
TIM *s.* transient intermodulation
timbre Klangfarbe *f*
~ **analysis** Klangfarbenanalyse *f*
time average zeitlicher Mittelwert *m*
~ **average sound level** [bewerteter] Mittelungspegel *m*, [bewerteter] äquivalenter Dauerschallpegel *m*, Leq
~ **average sound pressure level** äquivalenter Dauerschallpegel *m*, Mittelungspegel *m*
~-**average[d] value** zeitlicher Mittelwert *m*
~ **behaviour** Zeitverhalten *n*, Zeitverlauf *m*
~ **capture measurement** Messung mit [vorheriger] Signalspeicherung
~ **compression** Zeitraffung *f*
~ **constant** Zeitkonstante *f*
~ **delay** Zeitverzögerung *f*, Zeitverzug *m*, Verzögerungszeit *f*
~-**delay network** Verzögerungsleitung *f*, Laufzeitkette *f*
~-**delay spectrometry** laufzeitgesteuerte (zeitgesteuerte) Spektrometrie *f*, TDS, Time Delay Spectrometry *f*
~ **dependence** Zeitabhängigkeit *f*
~-**dependent** zeitabhängig
~-**derivative** Ableitung *f* nach der Zeit
~ **distribution** zeitliche Verteilung *f*
~ **domain** Zeitebene *f*, Zeitbereich *m*
~ **domain function** Funktion *f* im Zeitbereich
~ **envelope function** Hüllkurvenzeitfunktion *f*, Zeitfunktion *f* der Hüllkurve
~ **expansion** Zeitdehnung *f*, Zeitlupe *f*
~-**extended** zeitlich gedehnt, zeitgedehnt
~ **frame** Zeitabschnitt *m*, Zeitausschnitt *m*
~ **function** Zeitfunktion *f*
~ **history** Zeitverlauf *m*, zeitlicher Verlauf *m*
~-**history ensemble averaging** synchrone Mittelung (Mittelwertbildung) *f*, Averaging *n*
~-**integrated** zeitintegriert, zeitlich (über der Zeit) integriert
~ **integral** Zeitintegral *n*
~ **interval** Zeitintervall *n*, Zeitabschnitt *m*
~ **lag** Zeitverzögerung *f*, Verzug *m*, Nacheilen *n*
~ **mark** Zeitmarke *f*
~-**mark generator** Zeitmarkengeber *m*
~ **marking** Zeitmarkengabe *f*, Zeitmarkenerzeugung *f*
~-**mean-square signal** zeitlich quadratisch gemitteltes Signal *n*
~ **of response** Einschwingzeit *f*
~ **of rise** Anstiegszeit *f*, Anstiegsdauer *f*
~-**period equivalent continuous sound level** [bewerteter] Mittelungspegel *m*, [bewerteter] äquivalenter Dauerschallpegel *m*, Leq
~ **quantization** Quantisierung *f* des Zeitmaßstabs, Zeitquantisierung *f*
~ **response** Zeitbewertung *f (Anzeige)*; Zeitverlauf *m* (Zeitverhalten *n*) [der Antwortfunktion]
~-**reversed analysis** Analyse *f* mit rücklaufendem Zeitmaßstab, Analyse mit rückläufiger Zeitachse
~-**reversed integration** rücklaufende Zeitintegration *f*, Integration *f* mit rücklaufendem Zeitmaßstab
~ **scale** Zeitmaßstab *m*
~-**selective response** zeitselektiv gemessener Frequenzgang *m*
~ **sharing** Zeitschachtelung *f*, Time-Sharing *n*
~ **shift** Zeitverschiebung *f*, zeitliche Verschiebung *f*
~ **slice** Zeitscheibe *f*, zeitlicher Querschnitt *m*
~-**varying** zeitlich veränderlich
~ **waveform** Zeitverlauf *m*, Zeitfunktion *f* [einer Welle]
~-**weighted** zeitbewertet
~ **weighting** Zeitbewertung *f*
~ **window** Zeitfenster *n*
~ **windowing** Zeitfensterung *f*, Bewertung *f* mit einem Zeitfenster
timed zeitgesteuert
timer Taktgeber *m*, Taktimpulsgenerator *m*, Taktgenerator *m*
timing generator Taktgeber *m*, Taktimpulsgenerator *m*, Taktgenerator *m*
~ **mark** Zeitmarke *f*
~ **marker** Zeitmarkengeber *m*
~ **pulse rate** Taktfrequenz *f*, Zeitgeberfrequenz *f*
~ **pulse generator** Taktgeber *m*, Taktimpulsgenerator *m*, Taktgenerator *m*
tine Zinke *f (Stimmgabel)*
tinnitus Tinnitus *m*, Ohrenklingen *n*
tip-up seat Klappsitz *m*
tire squeal Reifenquietschen *n*

toggle switch Kippschalter *m*
tolerable zulässig; erträglich
~ **limit** zulässiger Grenzwert *m*, zulässige Grenze *f*
tonal tonal, Ton..., Klang...
~ **effect** Klangwirkung *f*
~ **frequency** Hörfrequenz, Tonfrequenz *f*, Niederfrequenz *f*, NF
~ **fusion** Klangverschmelzung *f*
~ **quality** Klangqualität *f*
~ **range** Tonumfang *m*
tonality Tonart *f*, Tonalität *f*; Klangfarbe *f*
tone Ton *m*; Laut *m*, Klang *m*; Klangfarbe *f*
~ **arm** Tonarm *m*
~ **arm bearing** Tonarmlager *n*
~ **arm clamp** Tonarmsicherung *f*
~ **arm elevator** Tonarmanhebevorrichtung *f*
~ **burst** Kurzton *m*, Tonimpuls *m*
~ **colour** Klangfarbe *f*
~**-compensated volume control** gehörrichtige (physiologische) Lautstärkeregelung *f*
~ **control** Klangregelung *f*; Klangregler *m*
~**-corrected perceived noise level** tonkorrigierter Lästigkeitspegel *m*
~ **correction** Klangfarbenkorrektur *f*
~ **interrupter switch** Tonunterbrecher[schalter *m*] *m*
~**-modulated** tonmoduliert
~ **pitch** Tonhöhe *f*
~ **print** Tonschrift *f*
~ **quality** Tonqualität *f*, Klangqualität *f*; Klangfarbe *f*
~ **range** Tonumfang *m*
~ **regulation** Klangfarbenregelung *f*, Klangregelung *f*
~ **regulator** Klangfarbenregler *m*, Klangregler *m*
~ **signal** Hörzeichen *n*
~ **volume** Klangfülle *f*
tonic tonlich; betont *(Silbe)*
tonic Tonika *f*, [muskalischer] Grundton *m*
~ **accent** Silbenbetonung *f*; musikalischer Akzent *m*
tooth contact frequency, ~ [pulsation] frequency Zahn[eingriffs]frequenz *f*
torsion Torsion *f*, Drehung *f*, Verdrehung *f*
~ **bar** Torsionsstab *m*
~ **modulus** Torsionsmodul *m*
~ **moment** Torsionsmoment *n*
~ **rod** Torsionsstab *m*
~ **spring** Torsionsfeder *f*, Drehfeder *f*
~ **stress** Torsionsspannung *f*
~ **torque** Torsionsmoment *n*
~ **vector** Drallvektor *m*, Drehvektor *m*
~ **wave** Torsionswelle *f*
torsional damper Drehschwingungsdämpfer *m*
~ **force** Torsionskraft *f*, Drehkraft *f*
~ **frequency** Drehschwingungsfrequenz *f*
~ **modulus** Torsionsmodul *m*
~ **moment** Torsionsmoment *n*
~ **resonator** Drehschwinger *m*, Torsionsschwinger *m*
~ **rigidity (stiffness)** Drehsteifigkeit *f*
~ **stress** Torsionsspannung *f*
~ **torque** Torsionsmoment *n*
~ **vibration** Drehschwingung *f*, Torsionsschwingung *f*
~ **vibrator** Drehschwinger *m*, Torsionsschwinger *m*
~ **wave** Torsionswelle *f*
torso Torso *m*, Teil *m* des [menschlichen] Rumpfes
total distortion [factor] Gesamtklirrfaktor *m*, Klirrfaktor *m*
~ **harmonic distortion [factor]** Gesamtklirrfaktor *m*, Klirrfaktor *m*
~ **output** Gesamtausgangsleistung *f*, Gesamtleistung *f*
~ **power** Gesamtleistung *f*
~ **power output** Gesamtausgangsleistung *f*
~ **radiated acoustic power** abgestrahlte Gesamtschalleistung *f*
~ **reflection** Totalreflexion *f*
~ **transmission** Totaldurchgang *m (Welle)*
~ **vibration** Ganzkörperschwingung *f*
totally enclosed vollständig gekapselt
touch/to 1. berühren, in Berührung kommen mit, Kontakt haben mit; *(Ton)* spielen, *(Taste)* anschlagen
touch Berührung *f*, Kontakt *m*; Anschlag *m*, Tastenbetätigung *f*; Bogenstrich *n*
~**-tone telephone** Telefon *n* (Fernsprecher *m*, Fernsprechapparat *m*) mit Tastenwahl
trace a ray/to einen Strahl (Strahlenverlauf) zurückverfolgen
trace Spur *f*, Schreibspur *f*, [graphisch dargestellter] Verlauf *m*
~ **expansion** Lupenwirkung *f*, Dehnung *f* der Darstellung, Dehnung *f* des Schriebes
trachea Trachea *f*, Luftröhre *f*
track/to nachlaufen, folgen, verfolgen; in Gleichlauf sein
track Spur *f*; Kurs *m*, Bahn *f*
~ **density** Spurendichte *f*
~ **gap** Spurzwischenraum *m*
~ **groove** Führungsrille *f*
~ **logic** Logik *f* zur Spurzuordnung, Spurenlogik *f*
~ **spacing** Spurabstand *m*
~ **width** Spurbreite *f*
tracking Nachführen *n*, Nachlaufen *n*; Spurhaltung *f*
~ **ability** Spurfolgevermögen *n*
~ **adapter** Adapter *m* zur Ordnungsanalyse
~ **analysis** Ordnungsanalyse *f*
~ **audiometer** Békésy-Audiometer *n*, schreibendes Audiometer *n*
~ **distortion** Spurverzerrung *f*

~ **error** Nachlauffehler *m*, Nachführfehler *m*; Spurfehler *m*
~ **filter** Mitlauffilter *n*, Nachlauffilter *n*
~ **force** Auflagekraft *f*, Auflagedruck *m (Tonarm)*
~ **frequency multiplier** Nachlaufsteuergenerator *m*
tractive force Zugkraft *f*, Zug *m*
trade-off Wechselverhältnis *n*, Äquivalenzbeziehung *f*, Austauschverhältnis *n*
trading ratio Äquivalenzparameter *m*, Äquivalenzverhältnis *n*
~ **relationship** Äquivalenzbeziehung *f*
traffic noise Verkehrslärm *m*
trailing edge hintere Flanke *f*, Rückflanke *f*
train of [tone] bursts Tonimpulsfolge *f*, Tonpuls *m*
~ **of waves** Wellenzug *m*, Wellenfolge *f*, Wellengruppe *f*
trajectory Bahn *f*, Flugbahn *f*, Bewegungsbahn *f*, Umlaufbahn *f*
transceiver Sender-Empfänger *m*, Sender-Empfänger-Kombination *f*
transducer Wandler *m (Signale, Meßwerte)*, Aufnehmer *m*, Geber *m*
~ **cartridge** Wandlerkapsel *f*
~ **excitation** Aufnehmerspeisung *f*
~ **sensitivity** Wandlerempfindlichkeit *f*, Übertragungsfaktor *m* des Wandlers
~ **sensitivity level** Wandlerübertragungsmaß *n*
transduction Wandlung *f*, Umwandlung *f*
transfer/to übertragen, überführen
transfer Übertragung *f*, Überführung *f*
~ **calibration** indirekte Vergleichseichung *f* (Vergleichskalibrierung *f*)
~ **characteristic** Übertragungskennlinie *f*, Übertragungscharakteristik *f*
~ **constant** Übertragungskonstante *f*
~ **function** Übertragungsfunktion *f*
~ **function pole** Pol *m* der Übertragungsfunktion
~ **gain** Verstärkung *f* (Verstärkungsfaktor *m*) im Übertragungsbereich
~ **impedance** Übertragungsimpedanz *f*
~ **quality** Übertragungsgüte *f*
~ **standard** Sekundärnormal *n*, abgeleitetes Normal *n*
transform/to umformen, umwandeln; transformieren
transform Transformierte *f*; Transformation *f*
transformation Transformation *f*, Umformung *f*, Umwandlung *f*
~ **[voltage] ratio** Übersetzungsverhältnis *n* [eines Transformators]
transformer Transformator *m*, Trafo *m*, Übertrager *m*
~ **centre-tap** Mittelanzapfung *f* des Transformators
~ **primary** Primärwicklung *f* [des Transformators]
~ **ratio** Übersetzungsverhältnis *n* [eines Transformators]
~ **secondary** Sekundärwicklung *f* [des Transformators]
~ **tap** Transformatoranzapfung *f*
transformerless [power] output stage eisenlose Endstufe *f*
transient vorübergehend, nichtstationär, einschwingend, ausschwingend
transient Übergangsvorgang *m*, Ausgleichsvorgang *m*, Einschwingvorgang *m*, Ausschwingvorgang *m*
~ **analysis** Analyse *f* von Einschwingvorgängen
~ **behaviour** Einschwingverhalten *n*, Übergangsverhalten *n*
~ **capture** Erfassung *f* (Speicherung *f*) von Transienten (Einschwingvorgängen, Ausgleichsvorgängen)
~ **condition** Übergangszustand *m*, Einschwingzustand *m*, Ausschwingzustand *m*
~ **distortion** Übergangsverzerrung *f*, Verzerrung *f* durch Ein- und Ausschwingen; Sprungverzerrung *f*
~ **effect** Übergangserscheinung *f*, Ausgleichsvorgang *m*
~ **intermodulation** Übergangsverzerrung *f*, flüchtige Intermodulation *f* (Intermodulationsverzerrung *f*)
~ **memory** Transientenspeicher *m*
~ **motion** Einschwingbewegung *f*, Übergangsbewegung *f*
~ **oscillation** Ausgleichsschwingung *f*
~ **period** Einschwingzeit *f*
~ **phenomenon** Übergangsvorgang *m*, Ausgleichsvorgang *m*, Einschwingvorgang *m*, Ausschwingvorgang *m*
~ **recorder** Transientenrecorder *m*, Signalspeicher *m* [für Transienten]
~ **regime** Übergangszustand *m*, Einschwingzustand *m*, Ausschwingzustand *m*
~ **response** Einschwingverhalten *n*, Übergangsverhalten *n*
~ **response time** Einschwingzeit *f*
~ **state** Übergangszustand *m*, Einschwingzustand *m*, Ausschwingzustand *m*
transistorized transistorisiert, transistorbestückt
transit sonar Seitensichtsonar *n*
transition band Übergangsbereich *m*
translation 1. Translation *f*, Verschiebung *f (ohne Rotation)*; 2. Umrechnung *f*; Umsetzung *f*
translational motion Translationsbewegung *f*, translatorische Bewegung *f*
translatory motion Translationsbewegung *f*, translatorische Bewegung *f*
transmission Übertragung *f*; Sendung *f*

~ **band** Übertragungsfrequenzband *n*, Übertragungsbereich *m*, Durchlaßbereich *m*
~ **channel** Übertragungskanal *m*, Übertragungsweg *m*
~ **characteristic** Durchlaßkurve *f*, Durchlaßcharakteristik *f*
~ **constant** Übertragungskonstante *f*
~ **curve** Durchlaßkurve *f*, Durchlaßcharakteristik *f*
~ **efficiency** Transmissionsgrad *m*
~ **factor** Transmissionsgrad *m*, Durchlässigkeitsgrad *m*; Übertragungsfaktor *m*
~ **impairment** Minderung *f* (Beeinträchtigung *f*) der Übertragungsgüte (Übertragungsqualität)
~ **level** Sendepegel *m*, Übertragungspegel *m*
~ **line** Leitung *f*, Übertragungsleitung *f*, Fernleitung *f*
~ **loss** Dämmung *f*, Dämmwirkung *f*, Übertragungsdämpfung *f*; [bauübliches] Schalldämmaß *n*, [bauübliche] Schalldämmung *f*, Schallisolationsmaß *n*; Ausbreitungsverlust *m*; Ausbreitungsdämpfung *f*, Pegelminderung *f* bei der Ausbreitung
~ **of sound** Schallübertragung *f*, Schalldurchgang *m*
~ **path** Übertragungsweg *m*, Ausbreitungsweg *m*
~ **performance** Übertragungsgüte *f*
~ **property** Übertragungseigenschaft *f*
~ **quality** Übertragungsgüte *f*
~ **range** Übertragungsbereich *m*
~ **suite** bauakustisches Labor *n*; Wandmeßlabor *n*; Deckenmeßlabor *n*
transmit/to durchlassen, übertragen; senden
transmittance Durchlässigkeit *f*, Durchlässigkeitsgrad *m*; Transmissionsgrad *m*
transmitted wave durchgelassene Welle *f*
transmitter Mikrofon *n*, Mikrofonkapsel *f (Telefon)*; Sender *m*
~ **capsule** Sprechkapsel *f*, Mikrofonkapsel *f*
~ **end** Sendeseite *f*, Senderseite *f*
~ **inlet** Einsprechöffnung *f*, Sprechöffnung *f*
~ **inset** Sprechkapsel *f*, Mikrofonkapsel *f*
~ **noise** Mikrofongeräusch *n*, Mikrofonrauschen *n*
transmitting end Sendeseite *f*, Senderseite *f*
~ **end/at the** sendeseitig, senderseitig
~ **level** Sendepegel *m*
transonic speed schallnahe Geschwindigkeit *f*
transparency Durchsichtigkeit *f*, Transparenz *f*
transparent durchsichtig, transparent
transponder Transponder *m*, Antwortsender *m*
transportation noise Verkehrslärm *m*
transpose/to transponieren
transversal transversal, Quer...
~ **vibration** Transversalschwingung *f*, transversale Schwingung *f*, Querschwingung *f*
~ **wave** Transversalwelle *f*, Querwelle *f*
transverse transversal, Quer...
~ **axis sensitivity** Querempfindlichkeit *f*, Übertragungsfaktor *m* in Querrichtung
~ **component** Querkomponente *f*
~ **field** Querfeld *n*
~ **flute** Querflöte *f*
~ **magnetization** Quermagnetisierung *f*; magnetische Transversalaufzeichnung *f* (Queraufzeichnung *f*)
~ **mode** transversale Eigenschwingung *f* (Mode *f*)
~ **motion** Querbewegung *f*, Transversalbewegung *f*
~ **resonance** Querresonanz *f*
~ **response (sensitivity)** Querempfindlichkeit *f*, Übertragungsfaktor *m* in Querrichtung
~ **sensitivity ratio** Querrichtungsfaktor *m*
~ **track** Querspur *f*
~ **track recording** Querspuraufzeichnung *f*
~ **vibration** Transversalschwingung *f*, transversale Schwingung *f*, Querschwingung
~ **wave** Transversalwelle *f*, Querwelle *f*
travel/to sich [fort]bewegen, fortschreiten, wandern *(Welle)*
travel time Laufzeit *f (bei Ausbreitung)*
travelling microphone Schwenkmikrofon *n*, ortsveränderliches Mikrofon *n*
~ **wave** fortschreitende Welle *f*
traverse/to durchlaufen, durchqueren; durchlaufen lassen
treble 1. Diskant *m*, Sopran *m*; 2. Höhen *fpl*, Hochtonbereich *m*
~ **boost[ing]** Höhenanhebung *f*
~ **clef** Violinschlüssel *m*
~ **control** Höhenregler *m*, Hochtonregler *m*, Diskantregler *m*
~ **correction** Höhenentzerrung *f*, Höhenkorrektur *f*
~ **corrector** Höhenentzerrer *m*
~ **cut** Höhenbeschneidung *f*, Höhenabsenkung *f*
~ **emphasis** Höhenanhebung *f*
~ **loudspeaker** Hochtonlautsprecher *m*
~ **response** Frequenzgang *m* (Übertragungsfaktor *m*) bei hohen Frequenzen, Höhenwiedergabe *f*
~ **speaker** Hochtonlautsprecher *m*
tremolo Tremolo *n*
trend plot Trenddarstellung *f*
trending Trendverfolgung *f*
triad Dreiklang *m*
triangle pulse Dreiecksimpuls *m*
triangular oscillation Dreieckschwingung *f*
~ **pulse** Dreiecksimpuls *m*
~ **signal** Dreiecksignal *n*, dreieckförmiges Signal *n*
triaxial triaxial, in drei Raumrichtungen (Achsrichtungen)
~ **accelerometer** Triaxial-Beschleunigungsaufnehmer *m*, Dreikomponentenbeschleunigungsaufnehmer *m*

~ **pick-up (sensor)** Dreikomponentenaufnehmer *m*, Triaxialaufnehmer *m*
triboelectric effect triboelektrischer Effekt *m*, Störsignalentstehung *f* durch Reibungselektrizität
trick button (key) Tricktaste *f*
trickle charge (charging) Erhaltungsladung *f*
trigger/to auslösen, triggern
trigger 1. Auslöser *m*, Trigger *m*; 2. Auslöseimpuls *m*, Triggerimpuls *m*
~ **input** Triggereingang *m*
~ **level** Triggerpegel *m*
~ **pulse** Triggerimpuls *m*, Auslöseimpuls *m*
triggering Auslösung *f*, Triggerung *f*
~ **pulse** Triggerimpuls *m*, Auslöseimpuls *m*
trim/to justieren, fein abgleichen
trim tool Werkzeug *n* zum Abgleichen (Nachstellen)
trip on/to ansprechen auf, ausgelöst werden durch
triple tape Dreifachspielband *n*
tripod Stativ *n*
trombone Posaune *f*
trouble-shooting, troubleshooting Störungssuche *f*, Fehlersuche *f*; Fehlerbehebung *f*
true-energy averaged [sound] level energieäquivalenter Dauerschallpegel *m*, Energie-Mittelungspegel *m*
~ **to scale** maßstabsgerecht
truely directional richtungsgetreu, richtungsgerecht
trumpet 1. Trompete *f*; 2. Schalltrichter *m*, Sprachrohr *n*
truncate/to abbrechen, abschneiden, beschneiden
truncation error Abbruchfehler *m*
~ **noise** Rauschen *n* durch Abbruchfehler
TSR *s.* time-selective response
TTS *s.* temporary threshold shift
tuba Tuba *f*
tumbler switch Kippschalter *m*
tunable abstimmbar; durchstimmbar
tune/to stimmen; abstimmen, durchstimmen
~ **to** abstimmen auf *(Frequenz)*
tune Melodie *f*; Oberstimme *f*; Intonation *f*; Stimmung *f* _ **in** ~ richtig gestimmt • **out of** ~ unrein, verstimmt
tuned absorber selektiver Absorber *m*, Absorber *m* für einen beschränkten Frequenzbereich
~ **circuit** abgestimmter Kreis *m*, Schwingkreis *m*, Resonanzkreis *m*
tuneful melodisch
tuneless 1. unmelodisch; 2. tonlos, stumm
tuner 1. Stimmer *m (Musik)*; 2. Abstimmvorrichtung *f*, Tuner *m*, Kanalwähler *m*
tuning Einstellung *f*, Abstimmung *f*
~ **fork** Stimmgabel *f*
~ **hammer** Stimmschlüssel *m*, Stimmhammer *m*
~ **peg** Stimmwirbel *m*
~ **pipe** Stimmpfeife *f*
~ **signal** frequenzbestimmendes Steuersignal *n*
turbulence Turbulenz *f*, Verwirbelung *f*
~ **[-induced] noise** Wirbellärm *m*
~ **screen** Turbulenzschirm *m*
turbulent turbulent, verwirbelt
~ **flow** turbulente (verwirbelte) Strömung *f*
~ **regime** turbulenter Zustand *m*
turn Drehung *f*, Umdrehung *f*, Wendung *f*; Windung *f*
~ **ratio** Windungsverhältnis *n*, Windungszahlenverhältnis *n*, Übersetzungsverhältnis *n*
turns ratio *s.* turn ratio
turntable 1. Plattenteller *m*; Plattenspieler *m* [ohne Verstärker]; 2. Drehtisch *m*, Drehscheibe *f*
~ **motor** Schallplattenmotor *m*, Plattenspielermotor *m*
TV receiver Fernsehgerät *n*, Fernsehempfänger *m*, Fernseher *m*
~ **studio** Fernsehstudio *n*
~ **transmission** Fernsehübertragung *f*, Fernsehsendung *f*
tweeter Hochtonlautsprecher *m*; Hochtonkegel *m*
~ **dome** Hochtonkegel *m*
~ **loudspeaker** Hochtonlautsprecher *m*
twin-cone loudspeaker Doppelkonuslautsprecher *m*
~**-track** zweispurig, doppelspurig; Zweispur...; Halbspur...
~**-track recording** Zweispuraufzeichnung *f*, Doppelspuraufzeichnung *f*, Halbspuraufzeichnung *f*
twist/to verdrehen; verdrillen
twist Torsion *f*, Verdrehung *f*, Drall *m*, Drillung *f*
twisted horn gewundener Trichter *m* (Schalltrichter *m*)
twisting force Torsionskraft *f*, Drehkraft *f*
two[-active] arm sensing element Wandlerelement *n* in Halbbrückenschaltung
~**-microphone probe** Zweimikrofonsonde *f*
~**-microphones face-to-face probe** Zweimikrofonsonde *f* mit einander gegenüberstehenden Mikrofonen
~**-microphones side-by-side probe** Zweimikrofonsonde *f* mit [parallel] nebeneinander angeordneten Mikrofonen
~**-microphones technique** Zweimikrofonverfahren *n*
~**-plane balancing** dynamisches Auswuchten *n*, Auswuchten *n* in zwei Ebenen
~**-pole circuit (network)** Zweipol *m*, Zweipolschaltung *f*
~**-port microphone** Mikrofon *n* mit ungedämpfter Druckausgleichskapillare
~**-port network** Zweitor *n*, Vierpol *m*, Vierpolschaltung *f*

~-**terminal network** Zweipol *m*, Zweipolschaltung *f*
~-**track** zweispurig, doppelspurig, Zweispur..., Halbspur...
~-**track recorder** Zweispur[tonband]gerät *n*, Doppelspurtonbandgerät *n*, Halbspurgerät *n*
~-**track recording** Zweispuraufzeichnung *f*, Doppelspuraufzeichnung *f*, Halbspuraufzeichnung *f*
~-**way communication headset** Hör- und Sprechgarnitur *f*, Sprech- und Hörgarnitur *f*
~-**way loudspeaker (speaker) system** Zweiwegelautsprecher *m*
two's complement Zweierkomplement *n*
tympanic cavity Paukenhöhle *f*
~ **membrane** Trommelfell *n*
tympanogram Ohrimpedanzkurve *f*, Tympanogramm *n*
tympanometry Ohrimpedanzmessung *f*, Tympanometrie *f*
tympanum Trommelfell *n*; Mittelohr *n*
type of source Quellenart *f*

U

U weighting U-Bewertung *f*
ultimate attenuation Weitabdämpfung *f*
ultra-acoustic *s.* ~-audible
~-**audible** unhörbar hoch[frequent], Ultraschall...
~-**audible frequency** Ultraschallfrequenz *f*
ultralow unhörbar tief[frequent], Infraschall...
~ **frequency** Infraschallfrequenz *f*, unhörbar tiefe Frequenz *f*
ultrasonic Ultraschall...
~ **attenuation** Ultraschalldämpfung *f*
~ **beam** Ultraschallstrahl *m*
~ **bonding** Ultraschallbonden *n*, Ultraschallverbindung *f*
~ **cleaner** Ultraschallreiniger *m*, Ultraschallreinigungsgerät *n*
~ **cleaning** Ultraschallreinigung *f*
~ **cross grating** Ultraschallkreuzgitter *n*
~ **crystal** Ultraschallschwinger *m*
~ **degreasing** Ultraschallentfettung *f*
~ **delay line** Ultraschallverzögerungsleitung *f*
~ **detection** Ultraschallnachweis *m*
~ **detector** Ultraschalldetektor *m*, Nachweisgerät *n* für Ultraschall
~ **echo sounder** Ultraschallecholot[gerät] *n*
~ **echo sounding** Echolotung *f*, Ultraschall[echo]lotung *f*
~ **echo sounding device** Ultraschallecholot *n*, Ultraschallecholotgerät *n*
~ **flaw detection** zerstörungsfreie Werkstoffprüfung *f* mit Ultraschall, Ultraschalldefektoskopie *f*
~ **flaw detector** Ultraschallprüfgerät *n*, Ultraschalldefektoskop *n*
~ **frequency** Ultraschallfrequenz *f*
~ **generator** Ultraschallgenerator *m*, Ultraschallerzeuger *m*
~ **heating** Erwärmung *f* durch Ultraschall
~ **intensity** Ultraschallintensität *f*
~ **material tester** Ultraschallprüfgerät *m*, Ultraschalldefektoskop *n*
~ **material testing** zerstörungsfreie Werkstoffprüfung *f* mit Ultraschall, Ultraschalldefektoskopie *f*
~ **power** Ultraschalleistung *f*
~ **power generator** Ultraschalleistungsgenerator *m*, Ultraschallerzeuger *m* hoher Leistung
~ **probe** Ultraschallsonde *f*
~ **quartz transducer** Ultraschallwandler *m* mit Schwingquarz, Ultraschallquarzwandler *m*
~ **range** Ultraschallbereich *m*
~ **ray** Ultraschallstrahl *m*
~ **receiver** Ultraschallempfänger *m*
~ **signal** Ultraschallsignal *n*
~ **soldering** Ultraschallöten *n*
~ **sound** Ultraschall *m*
~ **sounder** Ultraschallecholot[gerät] *n*
~ **sounding** Echolotung *f*, Ultraschall[echo]lotung *f*, Ultraschallotung *f*
~ **source** Ultraschallquelle *f*
~ **testing** Ultraschallprüfung *f*
~ **thickness gauge** Ultraschalldickenmeßgerät *n*, Ultraschalldickenmesser *m*
~ **transmitter** Ultraschallsender *m*
~ **vibrator** Ultraschallschwinger *m*
~ **wave** Ultraschallwelle *f*
ultrasonics Ultraschallakustik *f*, Ultraschallehre *f*
ultrasound Ultraschall *m*
unbalance Ungleichgewicht *n*, Unwucht *f*; Fehlabgleich *m*, Verstimmung *f*; Unsymmetrie *f*
unbalanced input unsymmetrischer Eingang *m*
~ **mass vibration generator** unwuchterregter Schwingungserreger *m* (Schwingungserzeuger *m*)
~ **output** unsymmetrischer Ausgang *m*
unbiased nichtvormagnetisiert
uncertainty of measurement Meßunsicherheit *f*
uncoated unbeschichtet
uncouple/to entkoppeln
undamped ungedämpft, nicht bedämpft
~ **natural frequency** ungedämpfte Eigenfrequenz *f*
~ **oscillation** ungedämpfte Schwingung *f*
~ **wave** ungedämpfte Welle *f*
undercoupling, undercritical coupling unterkritische Kopplung *f*
underdamp/to unterkritisch dämpfen
underdamping unterkritische Dämpfung *f*
underload Untersteuerung *f*, zu geringe Aussteuerung *f*

underrange Bereichsunterschreitung *f*, Untersteuerung *f*
~ **indicator** Untersteuerungsanzeige *f*
undersampling Abtasten *n* mit [zu] niedriger Abtastrate
undershoot Unterschwingen *n*, kriechendes Einschwingen *n*
underwater acoustics Unterwasserakustik *f*, Hydroakustsik *f*
~ **ambient noise** Unterwasserumgebungsgeräusch *n*, Unterwasserumgebungsrauschen *n*
~ **background noise** Unterwassergrundgeräusch *n*, Unterwassergrundrauschen *n*
~ **sound** Unterwasserschall *m*, Wasserschall *m*, Hydroschall *m*
~ **sound detector** Unterwasserschallempfänger *m*, Wasserschallempfänger *m*, Nachweisgerät *n* für Wasserschall (Unterwasserschall)
~ **sound projector** Unterwasserschallstrahler *m*, Wasserschallsender *m*
undesired noise Störgeräusch *n*
~ **oscillation** Störschwingung *f*
~ **reflection** Störreflexion *f*
undirectional ungerichtet, richtungsunabhängig
undistorted unverzerrt, verzerrungsfrei
undisturbed ungestört
~ **sound field** ungestörtes Schallfeld *n*
unfiltered ungefiltert; ungesiebt
unharmonious unharmonisch, nicht harmonisch
unidirectional einseitig gerichtet
~ **microphone** Richtmikrofon *n*
uniform gleichförmig
~ **acceleration** gleichförmige Beschleunigung *f*
~ **distribution** Gleichverteilung *f*, gleichförmige (homogene) Verteilung *f*
~ **field** homogenes Feld *n*
~ **motion** gleichförmige Bewegung *f*
unilateral transducer nichtumkehrbarer Wandler *m*
unintelligible unverständlich; undeutlich
unipolar einseitig gerichtet
unison Gleichklang *m*, Gleichstimmigkeit *f*, Einstimmigkeit *f*
unisonant, unisonous einstimmig, gleichstimmig, unisono
unit area Flächeneinheit *f*, Flächenelement *n*
~-**area acoustic impedance** spezifischer Standwert *m*, spezifische Schallimpedanz *f*
~-**area acoustic mobility** spezifischer Mitgang *m*
~-**area acoustic reactance** Imaginärteil *m* des spezifischen Standwertes, spezifische Schallreaktanz *f*
~-**area acoustic resistance** Realteil *m* des spezifischen Standwertes, spezifische Schallresistanz *f*
~ **circle** Einheitskreis *m*
~ **pulse, ~ sample** digitaler Einheitsimpuls *m*
~ **surface area** Flächeneinheit *f*, Flächenelement *n*
unity gain Verstärkung *f* (Verstärkungsfaktor *m*) Eins
unload/to entladen; herausnehmen
unmatched nicht angepaßt
unplug/to [den Stecker, den Stöpsel] herausziehen
unsaturated ungesättigt
unsigned betragsmäßig, ohne Vorzeichen
unspool/to abwickeln, abspulen
unsteady nichtstetig, unstetig, ungleichförmig, nichtstationär, instationär
unterminated nicht abgeschlossen
untuned unabgestimmt, nicht abgestimmt
unwanted echo Störecho *n*
~ **modulation** Störmodulation *f*
~ **signal** Störsignal *n*
unweighted unbewertet
~ **signal-to-noise ratio** Fremdspannungsabstand *m*
unwind/to abwickeln, abspulen
up-beat Auftakt *m*; Aufwärtsschlag *m (Dirigieren)*
up-bow Aufstrich *m*
updatable aufrüstbar, nachrüstbar
update/to aktualisieren, auf den letzten Stand bringen
upgrade/to aufrüsten, erweitern, ausbauen
upper cut-off frequency obere Grenzfrequenz *f*
~ **frequency band limitation** Tiefpaßwirkung *f*
~ **harmonic** höhere Harmonische *f*, Harmonische *f* höherer Ordnung
~ **limiting frequency** obere Grenzfrequenz *f*
upright piano Klavier *n*
upward slope ansteigende Flanke *f*, Aufwärtsflanke *f*
urban acoustics Städtebauakustik *f*, Akustik *f* im Städtebau
useful signal Nutzsignal *n*
~ **sound** Nutzschall *m*
user-configured vom Anwender (Kunden) ausgelegt; nach Kundenwunsch ausgelegt
~-**defined** anwenderdefiniert
~ **guidance** Bedienerführung *f*
~-**interactive menu** Menü *n* (Funktions- und Parameterangebot *n*) mit Bedienerführung
~-**presettable** vom Anwender (Benutzer) voreinstellbar
~-**selectable, ~-selected** vom Anwender (Benutzer) einzustellen (einstellbar, wählbar)
utterance sprachliche Äußerung *f*

V

valve 1. Röhre *f*, Elektronenröhre *f*; 2. Ventil *n*, Klappe *f*
~ **trombone** Ventilposaune *f*

vane Flügel *m*, Schaufel *f*
variable Variable *f*, Veränderliche *f*, veränderliche Größe *f*
~**-acoustic studio** Studio *n* mit veränderlicher Akustik (Nachhallzeit)
~ **area recording** Aufzeichnung *f* in Zackenschrift (Amplitudenschrift)
~ **area sound track** Tonspur *f* in Zackenschrift (Amplitudenschrift)
~ **area track** Zackenschrift *f*, Amplitudenschrift *f*; Spur *f* in Zackenschrift (Amplitudenschrift)
~**-capacitance transducer** kapazitiver Wandler *m* (Aufnehmer *m*)
~ **density recording** Aufzeichnung *f* in Sprossenschrift
~ **density sound track** Tonspur *f* in Sprossenschrift
~ **density track** Sprossenschrift *f*; Spur *f* in Sprossenschrift
~ **frequency** einstellbare (veränderliche) Frequenz *f*
~**-frequency oscillator** durchstimmbarer Oszillator *m*
~**-inductance transducer** induktiver Wandler *m* (Aufnehmer *m*)
~**-inductance vibration pick-up** induktiver Schwingungsaufnehmer *m*
~ **micrograde** Füllschrift *f*
~ **quantity** Variable *f*, Veränderliche *f*, veränderliche Größe *f*
~**-reluctance pick-up** magnetischer (elektromagnetischer) Tonabnehmer *m*
~**-reluctance transducer** magnetischer Wandler (Aufnehmer) *m*
~**-reluctance vibration pick-up** magnetischer Schwingungsaufnehmer *m*
~**-resistance transducer** ohmscher Wandler *m*
variance Varianz *f*, Streuung *f*
variation with time zeitliche Änderung *f*, zeitlicher Verlauf *m*
VCA *s.* voltage-controlled amplifier
VCF *s.* voltage-controlled filter
VCO *s.* voltage-controlled oscillator
vector diagram Vektordiagramm *n*; Zeigerdiagramm *n*
~ **field** Vektorfeld *n*
~ **notation** Vektorschreibweise *f*; Zeigerschreibweise *f*
~ **operator** Vektoroperator *m*
~ **plot** vektorielle Darstellung *f*
~ **power** Zeiger *m* der Scheinleistung
~ **product** Vektorprodukt *n*, vektorielles Produkt *n*
~ **quantity** vektorielle Größe *f*
~ **representation** Vektordarstellung *f*; Zeigerdarstellung *f*
~ **sum** vektorielle Summe *f*
vectorial field Vektorfeld *n*
~ **representation** Vektordarstellung *f*; Zeigerdarstellung *f*
vehicle by-pass noise Vorbeifahrgeräusch *n* *(eines Fahrzeuges)*
~ **interiour noise** Kraftfahrzeuginnengeräusch *n*
~ **vibration** Fahrzeugschwingung *f*
velocity 1. Geschwindigkeit *f*, Schnelle *f*; 2. Anschlagsdynamik *f*
~ **field** Schnellefeld *n*
~ **impedance** mechanischer Standwert *m*
~ **level** Schnellepegel *m*
~ **microphone** Schnellemikrofon *n*, schnelleempfindliches (auf Schallschnelle ansprechendes) Mikrofon *n*
~ **of flow** Strömungsgeschwindigkeit *f*
~ **of propagation** Ausbreitungsgeschwindigkeit *f*, Fortpflanzungsgeschwindigkeit *f*
~ **of sound** Schallgeschwindigkeit *f*
~ **pick-up** Geschwindigkeitsaufnehmer *m*, Schnelleaufnehmer *m*
~ **potential** Schnellepotential *n*
~**-sensitive** auf Geschwindigkeit (Schnelle) ansprechend; anschlagdynamisch *(Tastatur)*
~ **transducer** Geschwindigkeitsaufnehmer *m*, Schnelleaufnehmer *m*
~ **vector** Geschwindigkeitsvektor *m*
vent/to lüften, belüften, entlüften
vent Öffnung *f*, Lüftungsöffnung *f*, Belüftungsloch *n*
~ **[pressure] attenuation** Schalldruckdämpfung *f* durch die Kapillare, Kapillarendämpfung *f*
~ **sensitivity** Einfluß *m* (Wirkung *f*) der Druckausgleichskapillare
ventilating duct Lüftungskanal *m*, Lüftungsschacht *m*
~ **fan** Lüfter *m*, Ventilator *m*, Gebläse *n*
~ **noise** Lüfterlärm *m*; Lüftergeräusch *n*
~ **system** Lüftungsanlage *f*
ventilation conduit Lüftungskanal *m*, Lüftungsschacht *m*
~ **duct** Luftkanal *m*, Lüftungskanal *m*
ventilator Lüfter *m*, Ventilator *m*, Gebläse *n*
venting Lüften *n*, Belüften *n*, Entlüften *n*
verbal verbal, Wort..., wörtlich; mündlich
~ **communication** Sprachverständigung *f*, mündliche Verständigung *f*
verification Nachweis *m*, Prüfung *f*; Eichung *f*; Beglaubigung *f*, Beurkundung *f*
vernier Feinabschwächer *m*, Feineinsteller *m*
versus als Funktion von, in Abhängigkeit von
vertical force Auflagekraft *f*, Auflagedruck *m* *(Tonarm)*
~ **incidence** senkrechter Einfall *m* *(Welle)*
~ **recording** Tiefenschrift *f*, Aufzeichnung *f* in Tiefenschrift
vibes *(sl)* 1. Vibraphon *n*; 2. Schwingungen *fpl*
vibrant vibrierend, schwingend; schallend; stimmhaft

vibrant [sound] stimmhafter Laut *m*
vibraphone Vibraphon *n*
vibrate/to schwingen, vibrieren; in Schwingungen versetzen
vibrating force Schwingkraft *f*, Wechselkraft *f*
~ **reed** Schwingzunge *f*
vibration Schwingung *f*, Vibration *f*; Erschütterung *f*
~ **absorber** Schwingungsdämpfer *m*
~ **acceleration** Schwingbeschleunigung *f*
~ **acceleration level** Schwingbeschleunigungspegel *m*
~ **amplitude** Schwingungsamplitude *f*
~ **antinode** Schwingungsbauch *m*
~ **axis** Schwingungsachse *f*, Achsrichtung *f* der Schwingung
~ **calibrator** Schwingungskalibrator *m*, Eichschwingtisch *m*
~ **control** 1. Schwingungsschutz *m*, Schwingungsbekämpfung *f*; 2. Schwingtischsteuerung *f*
~ **damper** Schwingungsdämpfer *m*
~ **damping** Schwingungsdämpfung *f*
~ **deadener** Entdröhnmittel *n*
~ **displacement** Schwingweg *m*
~ **dose** Schwingungsdosis *f*
~ **driver** Schwingungsanreger *m*, Schwingungsquelle *f*
~ **engineering** Schwingungstechnik *f*
~ **excitation** Schwingungserregung *f*, Schwingungsanregung *f*
~ **exciter** Schwingungserreger *m*, Schwingtisch *m*
~ **exciter control** Schwingtischsteuerung *f*
~-**exciting** schwingungserregend
~-**exciting equipment** Schwingungserregeranlage *f*
~ **exposure** Schwingungsexposition *f*, Schwingungseinwirkung *f*
~-**free** schwingungsfrei, erschütterungsfrei; schwingungsisoliert
~ **frequency** Schwingfrequenz *f*, Schwingungsfrequenz *f*
~ **generator** Schwingungserzeuger *m*, Schwingungsgenerator *m*
~ **guard** Schwingungswächter *m*, Laufruhewächter *m*
~-**isolated** schwingungsisoliert
~-**isolating support** schwingungsisolierendes Fundament *n*
~ **isolation** Schwingungsisolation *f*, Schwingungsschutz *m*
~ **isolator** Schwingungsisolator *m*, Schwingungsdämpfer *m*
~ **loop** Schwingungsbauch *m*
~ **measurement** Schwingungsmessung *f*
~ **meter** Schwingungsmesser *m*, Schwingungsmeßgerät *n*
~ **mode** Schwingungsmode *f*, Eigenschwingungsmode *f*
~ **monitoring** Schwingungskontrolle *f*, Schwingungsüberwachung *f*
~ **node** Schwingungsknoten *m*
~ **period** Schwingungsdauer *f*
~ **pick-up** Schwingungsaufnehmer *m*, Schwingungsgeber *m*
~ **pick-up amplifier** Vorverstärker *m* für Schwingungsaufnehmer
~-**proof** schwingungsfest, erschütterungsfest
~ **protection** Schwingungsschutz *m*, Vibrationsschutz *m*
~ **resistance** Schwingungsfestigkeit *f*, Erschütterungsfestigkeit *f*
~-**resistant** schwingungsfest, rüttelfest
~ **resonance** Schüttelresonanz *f*; Resonanz *f* bei Schwingungsanregung
~ **sentinel** Schwingungswächter *m*, Laufruhewächter *m*
~ **severity** Schwingstärke *f*
~ **severity meter** Schwingstärkemesser *m*
~ **switch** Schwingungswächter *m* [mit Abschaltwirkung]
~ **table** Schwingtisch *m*, Rütteltisch *m*
~ **test** Schwingungsprüfung *f*; Schüttelprüfung *f*
~ **transducer** Schwingungswandler *m*; Schwingungsaufnehmer *m*
~ **velocity** Schwinggeschwindigkeit *f*
~ **waveform** Schwingungskurvenform *f*, Kurvenform *f* einer Schwingung
vibrational acceleration Schwingbeschleunigung *f*
~ **displacement** Schwingweg *m*
~ **energy** Schwingungsenergie *f*
~ **excitation** Schwingungserregung *f*, Schwingungsanregung *f*
~ **frequency** Schwingfrequenz *f*, Schwingungsfrequenz *f*
~ **mode** Schwingungsmode *f*, Schwingungsform *f*, Eigenschwingungsmode *f*
~ **state** Schwingungszustand *m*
~ **velocity** Schwinggeschwindigkeit *f*
vibrationless schwingungsfrei, erschütterungsfrei; schwingungsisoliert
vibrato Vibrato *n*, Beben *n* des Tones
vibrator Schwinger *m*; Schwingungserreger *m*, Vibrator *m*
vibratory Schwingungs…, Schwing…
~ **acceleration** Schwingbeschleunigung *f*
~ **acceleration level** Schwingbeschleunigungspegel *m*
~ **force** Schwingkraft *f*, Wechselkraft *f*
~ **force level** Schwingkraftpegel *m*
~ **motion** Schwingbewegung *f*
~ **table** Schwingtisch *m*, Rütteltisch *m*
vibroacoustic[al] vibroakustisch
vibrograph Schwingungsschreiber *m*, schreibender Schwingungsmesser *m*

vibrometer Schwingungsmesser *m*, Schwingungsmeßgerät *n*
vibromotive schwingungserregend
vicinity of resonance Resonanznähe *f*
videophone, viewphone Bildfernsprecher *m*, Bildtelefon *n*
viola Viola *f*, Bratsche *f*
violin Violine *f*, Geige *f*
~**-bow effect** *ständiger Wechsel zwischen Haft- und Gleitreibung*
~ **clef** Violinschlüssel *m*
violoncello Violoncello *n*, Cello *n*
virgin curve Neukurve *f*, Erstkurve *f*, jungfräuliche Kurve *f (Magnetisierung)*
~ **tape** Rohband *n*, noch nicht benutztes Band *n*
virtual acoustic centre akustisches Zentrum *n*
visco-elastic zähelastisch
viscosity Viskosität *f*, Zähigkeit *f*
viscous viskos, zäh
~ **damping** viskose Dämpfung *f*
visible speech Schallspektrogramm *n*, Visible Speech *f*
~ **speech analyzer (apparatus)** Sprachsichtgerät *n*
vocal stimmhaft, vokalisch; stimmlich, Stimm..., Sprech...
~ **chords** *pl* Stimmbänder *npl*
~ **command** Sprachkommando *n*, Sprachbefehl *m*, gesprochenes Kommando *n*
~ **communication** Sprachverständigung *f*, Verständigung *f* durch Sprache
~ **consonant** stimmhafter Konsonant *m*
~ **cords** Stimmbänder *npl*
~ **effort** Stimmaufwand *m*
~ **music** Vokalmusik *f*
~ **organs** Stimmapparat *m*, Sprechapparat *m*, Sprechorgane *npl*
~ **range** Stimmumfang *m*, Stimmbereich *m*
~ **tract** Stimmapparat *m*, Sprechapparat *m*, Sprechorgane *npl*
vocalist Sänger *m*, Sängerin *f (Jazz)*
vocalize/to vokalisieren, stimmhaft aussprechen
vocoder Vokoder *m*, Sprachverschlüßler *m*
vocoderized speech Vokodersprache *f*, künstliche Sprache *f*
voice/to intonieren *(Orgelpfeife)*
voice Stimme *f*; Klang *m*
~**-actuated** sprachbetätigt
~ **band** Sprachbereich *m*, Sprachfrequenzbereich *m*
~ **channel** Sprachkanal *m*, Sprechkanal *m*
~ **coder** Vokoder *m*, Sprachverschlüßler *m*
~ **coil** Schwingspule *f (Lautsprecher)*
~ **communication** Sprechverbindung *f*
~**-controlled** sprachgesteuert
~**-ear test** Sprech-Hör-Vergleichsprüfung *f*
~ **encoder** Vokoder *m*, Sprachverschlüßler *m*
~ **frequency** Sprachfrequenz *f*, Tonfrequenz *f*
~**-frequency range** Sprachfrequenzbereich *m*, Tonfrequenzbereich *m*
~ **grade** Sprachqualität *f*
~ **input** Spracheingabe *f*
~ **inscription** Sprachverschlüßlung *f*
~ **level** Sprachpegel *m*, Sprechpegel *m*
~ **line** Sprachleitung *f*; Sprachkanal *m*
~ **logging** Sprachaufzeichnung *f*, Kommentaraufzeichnung *f*
~ **memory** Klangdatenspeicher *m*
~**-modulated** sprachmoduliert
~ **notes** [gesprochener] Kommentar *(Tonbandaufzeichnung)*
~**-operated** sprachgesteuert
~**-operated transmission** sprachgesteuerte Übertragung *f*, Übertragung *f* mit Stummtastung in den Gesprächspausen
~ **output** Sprachausgabe *f*
~ **printing** [sichtbare] Stimmaufzeichnung *f*
~ **quality** Sprachqualität *f*, Sprachgüte *f*, Übertragungsgüte *f* für Sprache
~ **recognition** Spracherkennung *f*
~ **recording** Sprachaufzeichnung *f*, Sprachaufnahme *f*
~ **reproduction** Sprachwiedergabe *f*
~ **simulator** künstliche Stimme *f*
~ **sound** Sprachlaut *m*
~ **synthesis** Sprachsynthese *f*, [synthetische] Spracherzeugung *f*
~ **synthesizer** Sprachsynthesegerät *n*, Sprachausgabegerät *n*, Sprachsynthetisator *m*
~ **test** Sprechprobe *f*
~ **track** Kommentarspur *f*
~ **transmission** Sprachübertragung *f*
voiced consonant stimmhafter Konsonant *m*
voiceless stimmlos
voicer Intonateur *m*
void Blase *f*, Pore *f*
voltage amplification Spannungsverstärkung *f*
~ **amplifier** Spannungsverstärker *m*
~ **comparator** Spannungskomparator *m*
~**-controlled** spannungsgesteuert
~**-controlled amplifier** spannungsgesteuerter Verstärker *m*, VCA
~**-controlled filter** spannungsgesteuertes Filter *n*, VCF
~**-controlled oscillator** spannungsgesteuerter Oszillator *m*, VCO
~ **gain** Spannungsverstärkung *f*; Spannungsverstärkungsfaktor *m*
~ **level** Spannungspegel *m*
~ **preamplifier** Spannungsvorverstärker *m*, spannungsempfindlicher Vorverstärker *m*
~ **sensitivity** Spannungsübertragungsfaktor *m*, Spannungsempfindlichkeit *f*
~ **sensitivity level** Spannungsübertragungsmaß *n*
~**-to-frequency converter** Spannungs-Frequenz-Wandler *m*

~ **waveform** Spannungsverlauf *m*, Zeitverlauf *m* (Wellenform *f*) der Spannung
volume 1. Volumen *n*; 2. Aussteuerung *f*; Lautstärke *f*; Schallvolumen *n*, Fülle *f*
~ **adjustment** Lautstärkeregelung *f*, Pegeleinstellung *f*
~ **backscattering differential** Volumenrückstreumaß *n*
~ **compression** Dynamikkompression *f*, Dynamikpressung *f*
~ **compressor** Dynamikkompressor *m*, Dynamikpresser *m*
~ **contraction** Dynamikkompression *f*, Dynamikpressung *f*
~ **contractor** Dynamikkompressor *m*, Dynamikpresser *m*
~ **control** 1. Lautstärkeregelung *f*, Aussteuerungsregelung *f*; 2. Lautstärkeregler *m*, Lautstärkesteller *m*
~ **current** Schallfluß *m*
~ **expander** Dynamikexpander *m*, Dynamikdehner *m*
~ **expansion** Dynamikexpansion *f*, Dynamikdehnung *f*
~ **indication** Aussteuerungsanzeige *f*
~ **indicator** Aussteuerungsmesser *m*, Aussteuerungskontrollinstrument *n*
~ **limiter** Lautstärkebegrenzer *m*; Dynamikbegrenzer *m*
~-**limiting** dynamikbegrenzend
~ **loss** Pegeldämpfung *f*
~ **meter** Aussteuerungsmesser *m*, Aussteuerungskontrollinstrument *n*
~ **of sound** Klangfülle *f*; Lautstärke *f*
~ **of speech** Sprechlautstärke *f*
~ **of tone** Klangfülle *f*
~ **pedal** Schweller *m*, Fußschweller *m*, Lautstärkepedal *n*
~ **range** Aussteuerungsbereich *m*, Lautstärkebereich *m*; Lautstärkeumfang *m*, Dynamik *f*, Dynamikbereich *m*
~ **range ratio** Umfang *m* des Dynamikbereichs
~ **range characteristic** Dynamikverlauf *m*, Kennlinie *f* des Aussteuerungsbereichs
~ **reduction** Verminderung *f* der Aussteuerung (Lautstärke), Verminderung des Pegels, Lautstärkeminderung *f*
~ **regulator** Lautstärkeregler *m*, Aussteuerungsregler *m*
~ **scattering coefficient** Volumenstreukoeffizient *m*
~ **scattering strength** Volumenstreustärke *f*
~ **unit** Lautstärkeeinheit *f*, Maß *n* (Höhe *f*) der Aussteuerung
~ **unit meter** Aussteuerungsmesser *m*, Aussteuerungskontrollinstrument *n*
~ **velocity** Schallfluß *m*
vortex Wirbel *m*
~ **field** Wirbelfeld *n*
~ **noise** Wirbellärm *m*
~ **shedding** Wirbelablösung *f*
vortical wirbelnd, wirbelförmig, Wirbel...
~ **field** Wirbelfeld *n*
vowel Vokal *m*
~ **articulation** Vokalverständlichkeit *f*
VOX sprachgesteuerte Übertragung *f*, Stummtastung *f* in den Gsprächspausen
vs. *s.* versus
VU *s.* volume unit

W

wa-wa mute Wa-wa-Dämpfer *m*
wafer loudspeaker Flachlautsprecher *m*
wainscot[ing] Holzverkleidung *f*, Täfelung *f*, Wandverkleidung *f*
walkman Walkman *m*, tragbares Kassettenabspielgerät *n*
wall absorption Wandabsorption *f*
~ **admittance** Wandadmittanz *f*
~ **covering** Wandverkleidung *f*
~ **impedance** Wandimpedanz *f*
~ **lining** Wandverkleidung *f*
~ **reflection** Wandreflexion *f*, Rückwurf *m* von der Wand
~ **specific admittance** spezifische Wandadmittanz *f*
~ **specific impedance** spezifische Wandimpedanz *f*
warble/to wobbeln
warble frequency Wobbelfrequenz *f*, Heulfrequenz *f*
~ **tone** Wobbelton *m*
warbler Wobbler *m*, Wobbelgenerator *m*, Heultongenerator *m*
warbling Wobbeln *n*
warm-up time Einlaufzeit *f*, Anlaufzeit *f*, Anheizzeit *f*
warp/to wölben, sich krümmen, sich verziehen
warp Wölbung *f*, Krümmung *f*, Verwerfung *f*
waterborne durch Wasser übertragen, Wasser...
~ **sound** Wasserschall *m*, Unterwasserschall *m*
waterfall display Wasserfalldarstellung *f*, perspektivische Darstellung *f* mit räumlicher Zeitachse
watt component Wirkanteil *m*, Wirkkomponente *f*, reelle Komponente *f*
wattless component Blindanteil *m*, Blindkomponente *f*
wattmeter Leistungsmesser *m*, Leistungsmeßgerät *n*
wave Welle *f*; Wellenbewegung *f*
~ **analyzer** selektives Meßgerät *n*, Frequenzanalysator *m*, Analysator *m* mit konstanter [absoluter] Bandbreite
~ **coincidence** Spuranpassung *f*

~ **crest** Wellenberg *m*
~ **diffraction** Wellenbeugung *f*
~ **equation** Wellengleichung *f*
~ **filter** Wellenfilter *n*, [schmalbandiges] Bandfilter *n*
~**-form** *s.* waveform
~ **front** Wellenfront *f*
~ **generation** Wellenbildung *f*
~ **loop** Wellenbauch *m*
~ **mode** Wellentyp *m*, Wellenmode *f*
~ **motion** Wellenbewegung *f*
~ **node** Wellenknoten *m*
~ **propagation** Wellenausbreitung *f*
~ **reflection** Wellenreflexion *f*
~ **sample** Signalprobe *f*
~ **shape** Wellenform *f*, Kurvenform *f*, Signalform *f*, Signalzeitverlauf *m*
~ **surface** Wellenfront *f*
~ **train** Wellenzug *m*, Wellenfolge *f*, Wellengruppe *f*
~ **trough** Wellental *n*
~ **velocity** Wellenausbreitungsgeschwindigkeit *f*, Phasengeschwindigkeit *f*
waveform Wellenform *f*, Kurvenform *f*, Signalform *f*, Signalzeitverlauf *m*
~ **coding** Signalformkodierung *f*
~ **generator** Funktionsgenerator *m*
~ **plot** Darstellung *f* (Aufzeichnung *f*) des Zeitverlaufs, aufgezeichneter Zeitverlauf *m*
~ **recorder** Aufzeichnungsgerät *n* für die Kurvenform (Zeitfunktion)
~ **retriever** Signalformextraktor *m*
wavefront Wellenfront *f*
waveguide Wellenleiter *m*
wavelength Wellenlänge *f*
waveshape *s.* waveform
wax-coated paper wachsbeschichtetes Papier *n*, Wachspapier *n (Pegelschreiber)*
~ **cylinder** Wachszylinder *m*, Wachswalze *f*
waxed paper wachsbeschichtetes Papier *n*, Wachspapier *n (Pegelschreiber)*
weak absorption geringe (schwache) Absorption *f*
~ **coupling** lose Kopplung *f*
wearer Träger *m*, Trageperson *f (Lärmexposimeter)*
weatherproof microphone wetterfestes (wettergeschütztes) Mikrofon *n*, Mikrofon *n* für Einsatz im Freien
~ **microphone station (system)** wetterfeste Mikrofonausrüstung *f*, Mikrofonanlage *f* für Betrieb im Freien
weight/to bewerten; wichten
weighted sound pressure level bewerteter Schalldruckpegel (Schallpegel) *m*
weighting Bewertung *f*
~ **factor** Bewertungsfaktor *m*
~ **network** Bewertungsfilter *n*
whispered speech Flüstersprache *f*
whistle/to pfeifen
whistle 1. Pfeife *f*; 2. Pfeifton *m*
whistling tone Pfeifton *m*
white noise weißes Rauschen *n*
whole-body vibration Ganzkörperschwingung *f*
~ **note** ganze Note *f*
~ **step,** ~ **tone** Ganzton *m*; Ganztonschritt *m*
wide-band filter Breitbandfilter *n*
~**-band noise** Breitbandrauschen *n*; Breitbandgeräusch *n*
wind off/to abwickeln, abspulen
~ **on reels/to** aufspulen, aufwickeln
~ **up** aufspulen, aufwickeln
wind 1. Wind *m*; 2. Blasinstrumente *npl*, Bläser *mpl*, Bläsergruppe *f*
~ **instrument** Blasinstrument *n*
~ **noise** Windgeräusch *n*, Störgeräusch *n* durch Wind
~**-off reel (spool)** Abwickelspule *f*; Abwickelteller *m*, Ablaufbandteller *m*
~ **speed** Windgeschwindigkeit *f*
~**-up reel (spool)** Aufwickelspule *f*; Aufwickelteller *m*, Aufwickelbandteller *m*, Aufwickelrolle *f*
windage Luftreibung *f*, Luftwiderstand *m*
winding bobbin Wickelkern *m*
window/to mit einer Fensterfunktion (einem Zeitfenster) bewerten
window Fenster *n*, Zeitfenster *n*
~ **function** Fensterfunktion *f*
wire recorder Drahttongerät *n*, Drahttonaufzeichnungsgerät *n*
~ **strain gauge** Drahtdehnmeßstreifen *m*
wiring diagram Schaltbild *n*, Stromlaufplan *m*
WO *s.* write once
WO-CD *s.* write-once compact disk
wobble/to flattern, schlagen, exzentrisch laufen; wobbeln
wobble Schlag *m*, exzentrischer Lauf *m*
~ **audio frequency** Heultonfrequenz *f*
~ **frequency** Wobbelfrequenz *f*, Heulfrequenz *f*
wobbler Wobbler *m*, Wobbelgenerator *m*, Heultongenerator *m*
wobbling Wobbeln *n*
~ **frequency** Wobbelfrequenz *f*, Heulfrequenz *f*
~ **range** Wobbelhub *m*, Wobbelbereich *m*
wobbulator Wobbler *m*, Wobbelgenerator *m*, Heultongenerator *m*
wood Holzblasinstrumente *npl*, Holzbläser *mpl*, Holzbläsergruppe *f*
~**-clad** holzverkleidet
~**-wind** Holzblasinstrumente *npl*; Holzbläser *mpl*, Holzbläsergruppe *f*
~**-wind instrument** Holzblasinstrument *n*
woofer Baßlautsprecher *m*, Tieftonlautsprecher *m*
word articulation (intelligibility, score) Wortverständlichkeit *f*
workstation Meßplatz *m* mit Rechner, rechnergesteuerter Meßplatz *m*, Workstation *f*

WORM *s.* write once-read mostly
wound component Wickelgut *n*
wow langsame Gleichlaufschwankung *f*, Jaulen *n (langsame Schwankungen)*
wow and flutter Gleichlaufschwankungen *fpl*, Jaulen *n*
~-and-flutter meter Gleichlaufschwankungsmesser *m*, Tonhöhenschwankungsmesser *m*
wrest Stimmhammer *m*, Stimmschlüssel *m*
~-block Stimmstock *m*
~-pin Wirbel *m (Saiteninstrument)*
~-plank Stimmstock *m*
write once System *n* zur einmaligen Aufzeichnung
~-once compact disk einmalig bespielbare Digitalschallplatte *f* (Compact Disk *f*)
~ once-read mostly System *n* zur einmaligen Aufzeichnung
writing speed Schreibgeschwindigkeit *f*

Xducer Wandler *m (Signale, Meßwerte)*, Aufnehmer *m*, Geber *m*
xylophone Xylophon *n*

yell/to gellend schreien, brüllen
yoke Joch *n*, Rückschluß *m (magnetischer Kreis)*
Young's modulus of elasticity Elastizitätsmodul *m*, E-Modul *m*

Z

Z-transform Z-Transformierte *f*; Z-Transformation *f*
Z-transformation Z-Transformation *f*
zero Null *f*, Nullpunkt *m*, Nullstelle *f*
~ adjustment Nullpunkteinstellung *f*
~ balance, ~ balancing Nullabgleich *m*
~-balancing method Nullmethode *f*, Nullabgleichmethode *f*, Nullabgleichverfahren *n*, Kompensationsverfahren *n*
~ beat Schwebungsnull *f*, Schwebungslücke *f*
~ crossing Nulldurchgang *m*
~-crossing detector Nulldurchgangsdetektor *m*
~ drift Nullpunktdrift *f*, Nullpunktwanderung *f*
~ hearing loss Bezugshörschwelle *f*, Normhörschwelle *f*
~ input limit cycle Grenzzyklus *m* ohne Eingangssignal, Grenzzyklus *m* mit Eingangssignal Null
~ mark Nullpunkt *m*
~ output kein Ausgangssignal *n*, Ausgangssignal *n* (Ausgangsgröße *f*) Null
~ passage Nulldurchgang *m*
~ point Nullpunkt *m*
~ setting Nullpunkteinstellung *f*
~ shift Nullpunktdrift *f*, Nullpunktwanderung *f*
~-signal direction finding Minimumpeilung *f*
~ transition Nulldurchgang *m*
zigzag reflection Zickzackreflexion *f*, Mehrfachreflexion *f*
zither Zither *f*
zone of audibility Hörbarkeitszone *f*, Hörbarkeitsbereich *m*
~ of dispersion Streubereich *m*
~ of linearity Linearitätsbereich *m*
zoning Einteilung *f* in Zonen
~ ordinance Verordnung *f* (Verfügung *f*) zur Einteilung in Zonen
zoom/to dehnen *(Frequenzmaßstab, Zeitmaßstab)*
zoom [expansion] Maßstabsdehnung *f*, Lupenwirkung *f*, Lupe *f*
~ resolution Auflösung *f* mit (bei) Frequenzlupe
~ scan Abtastung *f* in Zeitlupe, Abtastung *f* mit langsam durchlaufendem Zeitfenster

Deutsch-Englisch

A

abbremsen to decelerate
Abbremsung *f* deceleration
Abbruchfehler *m* truncation error
Abdeckplatte *f*/ **gelochte** perforated cover (facing)
Abdeckung *f*/**gelochte** perforated cover, perforated facing
abdichten to seal
Abdichtung *f* seal[ing]
A-bewerten to A-weight
A-bewertet A-weighted
A-Bewertung *f* A-weighting
Abfall *m* decay, dying-away *(Abklingen)*
~ **des Spektrums,** ~ **im Spektrum** spectrum [level] slope
~/**langsamer** droop
abfallen 1. to decay, to die away *(abklingen)*; 2. to roll off *(Kurvenverlauf)*
~/**exponentiell** to decay exponentially
Abfallen *n* 1. deday, dying-away *(Abklingen)*; 2. roll off *(Kurve)*
abfangen to intercept; to absorb *(Stöße)*
Abfangen *n* interception
abfedern to spring, to cushion; to absorb shocks
Abfluß *m* leakage *(Ladungen)*
abgeben/Impulse to fire *(Neurologie)*
abgedichtet leakproof, sealed
~/**hermetisch** hermetically closed (sealed)
abgeflacht flat-topped *(z. B. Resonanzkurve)*
abgeglichen balanced
~/**fehlerhaft** ill-balanced
abgeschlossen/hermetisch hermetically closed (sealed)
Abgleich *m* 1. balancing; adjustment; 2. matching *(Paarung)*
~ **der Empfindlichkeit,** ~ **des Übertragungsfaktors** sensitivity matching
Abgleichbedingung *f* balance condition
abgleichen to balance; to adjust
Abgleichverfahren *n* balance (balancing) method
abgreifen to pick off, to tap [off]
Abgriff *m* tap
Abhängigkeit/in ~ **von** *(Funktion)* versus, vs.
Abheben *n* **des Schreibstiftes** pen lift
Abhörbox *f* monitoring box
abhorchen to auscultate *(Medizin)*
Abhorchen *n* auscultation *(Medizin)*
Abhöreinheit *f* audio monitor, monitoring device
Abhöreinrichtung *f* audio monitor, [audio] monitor equipment, monitoring equipment
abhören to listen in; to monitor [aurally] *(kontrollieren)*
~/**etwas** to listen to
Abhören *n* monitoring, aural monitoring, audio monitoring, auditory monitoring; listening-in
~/**beidohriges** binaural monitoring
~ **vor dem Regler** pre-fade listen[ing]
~ **zu Kontrollzwecken** audio monitoring
~/**zweiohriges** binaural monitoring
Abhörgerät *n* listening set, [audio] monitor
Abhörkontrolle *f* aural (audio, auditory) monitoring, audio check
Abhörlautsprecher *m* monitor (monitoring, control, pilot) loudspeaker
Abhörlautsprecherbox *f* monitoring box
Abhörraum *m* monitor (monitoring) room, listening room
Abhörverstärker *m* monitor[ing] amplifier
A-Bild *n* A-scope representation *(Ultraschalldiagnostik)*
Abklingcharakteristik *f* decay characteristic
Abklingdauer *f* decay time (period)
abklingen to decay, to die away; to fade away; to settle *(Schwankungen)*
~/**exponentiell** to decay exponentially
Abklingen *n* decay, dying-away; settling *(von Schwankungen)*
Abklinggeschwindigkeit *f* rate of decay, decay rate
Abklingkonstante *f* damping factor (ratio, constant), damping (decay) coefficient
Abklingkurve *f* damping curve, decay characteristic
Abklingspektrum *n* decay spectrum
Abklingzeit *f* decay time (period)
Ablauf *m* **einer Folge/automatischer** auto-sequence
~ **von Befehlen/automatischer** auto-sequence
~/**wiederholter** routine
Ablaufbandteller *m* supply reel, take-off reel (spool), feed reel, wind-off reel (spool)
ableiten 1. to bypass, to shunt; to leak *(Strom)*; 2. to dissipate *(Wärme)*, 3. to differentiate, to derive *(Mathematik)*
Ableitung *f* 1. leak, leakage *(Strom)*; 2. dissipation *(Wärme)*; 3. derivative, differential quotient *(Mathematik)*
~ **nach der Zeit** time-derivative
ablenken to deflect; to diverge; to sweep *(Oszillograph)*
Ablenkfrequenz *f* sweep frequency
Ablenkung *f* deflection; sweep *(Oszillograph)*
Ablesung *f* reading, read-out
~ **bei Vollausschlag** full-scale reading
Ablösen *n* **der Strömung** flow separation
abmessen to measure
Abnahmeprotokoll *n* test certificate
Abnahmeprüfung *f* performance (acceptance) test
abnehmbar detachable
abnehmen to decay, to die away *(kleiner werden)*
abnutzen to wear
~/**sich** to wear

Abnutzung *f* wear
abprallen to rebound
Abreißen *n* **der Strömung** flow separation
absagen to sign off *(Rundfunk)*
Absenkung *f* de-emphasis, deemphasis; dip *(Diagramm)*
abschalten to switch off (out), to disconnect, to break *(Kontakt)*
Abschaltung *f* switching-off, disconnection, circuit breaking
abschatten to shade
abscheren to shear
abschirmen to shade, to shield, to screen
Abschirmung *f* screen, shield; shielding
~/akustische acoustic shielding
~/seitliche gobo *(Mikrofon)*
~ von Schall acoustic shielding
Abschirmwirkung *f* screening (shielding) effect
abschließen/eine Leitung to terminate a line
~/hermetisch (luftdicht) to seal hermetically
~/mit dem Wellenwiderstand to match-terminate
Abschluß *m* termination
~/akustischer acoustic termination
~/angepaßter matched termination
~ mit dem Wellenwiderstand match[ed] termination
~/reflexionsfreier non-reflecting termination
Abschlußimpedanz *f*, **Abschlußscheinwiderstand** *m* terminating (terminal) impedance
Abschlußwiderstand *m* terminating (load) resistance, terminal impedance (resistance), termination
~/ohmscher terminating (terminal) resistance
abschwächen to attenuate; to damp *(Resonanz)*; to muffle, to mute *(Schall)*
Abschwächung *f* attenuation; damping *(Resonanz)*; muting, muffling *(Schall)*
Absenkung *f* dip, notch *(Diagramm)*
Absolutbeschleunigung *f* absolute acceleration
Absolutdruck *m* absolute pressure
Absolutgeschwindigkeit *f* absolute velocity
Absolutschwingungsaufnehmer *m* seismic [vibration] pick-up
Absolutpegel *m* absolute level
Absorber *m* absorber
~ für einen beschränkten Frequenzbereich selective (tuned) absorber
~ für hohe Frequenzen high-frequency absorber
~ für tiefe Frequenzen low-frequency absorber
~/selektiver selective (tuned) absorber
Absorberplatte *f* [sound-]absorbing panel; acoustical tile (board)
absorbieren to absorb
absorbierend absorbing, absorbent
Absorption *f* absorption
~ durch Luft atmospheric (air) absorption
~/geringe weak absorption
~ in Luft atmospheric (air) absorption
~/Sabinesche Sabine absorption
Absorptionsdämpfung *f* absorption loss
absorptionsfähig absorptive
Absorptionsfähigkeit *f* absorptivity, absorbency, absorption (absorptive) power, absorption (absorptive) capacity
Absorptionsfaktor *m* absorption factor
Absorptionsfläche *f* absorption (absorptive) area, surface [area] of absorption
~/äquivalente equivalent absorption area
~ eines Raumes/äquivalente room absorption, Sabine absorption [area], Sabine equivalent absorption [area]
~ nach Sabine Sabine absorption [area]
~ nach Sabine/äquivalente Sabine equivalent absorption [area]
Absorptionsgrad *m* absorption coefficient
~/Eyringscher Eyring absorption coefficient
~/Sabinescher Sabine absorption coefficient
Absorptionsschalldämpfer *m* absorptive (absorption-type, acoustic-absorbent) silencer
Absorptionsverlust *m* absorption loss
Absorptionsvermögen *n* absorptivity, absorbency, absorption (absorptive) power, absorption (absorptive) capacity
abspeichern to save *(Daten)*
~ auf (in) to download to *(Daten)*
abspielen to play [back], to replay
Abspielen *n* play, replay, playback
~/ständig fortgesetztes continuous play
Abspielgerät *n* player, replay[ing] device
~ für CD (Compact Disk) compact disk player, CD player
~ für Digitalschallplatten compact disk player, CD player
Abspielgeräusch *n* needle scratch, record (surface) noise *(Schallplatte)*
abspulen to reel off, to unwind, to wind off, to unspool
Abstand *m* distance, spacing, separation; interval; gap
~ der Filterfrequenzen filter spacing
~ der Mittenfrequenzen filter spacing
~ vom Pfeifpunkt singing (stability) margin
~ zwischen zwei Abtastungen sampling interval (period), sample spacing
abstimmbar tunable
abstimmen [auf] to tune [to], to attune [to] *(Frequenz)*
~/falsch to mistune
Abstimmung *f* tuning
~/genaue fine (sharp) tuning
~/grobe coarse tuning
abstoßen to repulse
Abstoßung *f* repulsion
~/gegenseitige mutual repulsion
Abstoßungskraft *f* repulsive force [power]
Abstrahldämmaß *n* radiation transmission loss

Abstrahldämmung *f* radiation transmission loss
abstrahlen to radiate, to emit
~/Schall to emit sound
Abstrahlfläche *f* radiating (radiation) surface
Abstrahlgrad *m* radiation efficiency [factor], radiation factor
Abstrahlmaß *n* radiation index
Abstrahlrichtung *f* direction of radiation
Abstrahlung *f* radiation, emission
Abstrahlwinkel *m* angle of radiation
Abstrich *m* down-bow *(Musik)*
Abszisse *f* abscissa [axis]
Abtastebene *f* scan plane
abtasten to sample; to scan
Abtasten *n*/**berührendes** contact[ing] scanning
~/berührungsloses non-contacting (gap) scanning
~ mit erhöhter Abtastrate oversampling
~ mit [zu] geringer Abtastrate undersampling
Abtaster *m* pick-up, pickup
~ für Sofortbildwiedergabe real-time scanner
Abtastfilter *n* sampled-data filter
Abtastfläche *f* scan plane
Abtastfrequenz *f* sampling rate (frequency)
~ nach Nyquist Nyquist rate
Abtasthalteschaltung *f* sample-and-hold circuit
Abtastintervall *n* sampling interval (period), sample spacing
Abtastnadel *f* reproducing stylus
Abtastmikrofon *n* scanning microphone
Abtastmoment *m* sampling (sampled) instant
Abtastnadel *f* stylus
Abtastort *m* sampling position
Abtastrate *f* sampling rate (frequency)
~/für Echtzeitbetrieb real-time rate
Abtastsonar *n* [sector] scanning sonar
Abtaststift *m* stylus
Abtastsystem *n* cartridge, pick-up cartridge, pick-up inset
Abtasttheorem *n* sampling theorem
Abtastung *f* sampling; scanning, scan
~ an festen Orten (Punkten) discrete point sampling
~/elektronische sampling
~/gleitende sweep
~ in Zeitlupe zoom scan
~/kombinierte compound scan
~ mit erhöhter Abtastrate oversampling
~ mit [zu] niedriger Abtastrate undersampling
~/rotatorische swivel scan
Abtastwert *m* sample (sampled) value, sample
Abtastwerte *mpl* sampled data
Abwärtsflanke *f* downward slope, negative-going edge
Abwärtsschlag *m* down-beat *(Dirigieren)*
abwechselnd alternating
abweisen to reject
Abwickelgeschwindigkeit *f* take-off speed
abwickeln to reel off, to unwind, to wind off, to unspool
Abwickelspule *f* take-off reel (spool), supply reel, feed reel, wind-off reel (spool)
Abwickelteller *m* take-off reel, wind-off reel
abzweigen to branch off; to tap off
Abzweigung *f* branch, branching
Acetatschallplatte *f* acetate disk
Achse *f* axis; shaft *(Welle)*
~/imaginäre imaginary axis
~/reelle real axis
Achsenbeschriftung *f* annotation
Achsensystem *n* coordinate system, system of coordinates, set of axes
Achsrichtung:
• **außerhalb der** ~ off axis • **in** ~ axial • **in einer** ~ monoaxial
~ der Schwingung vibration axis
Achsrichtungen/in drei triaxial
Achtel *n*, **Achtelnote** *f* quaver, eight note
Achtelpause *f* quaver rest
Achtelzollmikrofon *n* eight-inch microphone
Achtercharakteristik *f* bidirectional (bilateral) characteristic
Achtermikrofon *n* bidirectional (bilateral) microphone
Adaptation *f* adaptation, adaption
Adaptationsvermögen *n* adaptability
Adapter *m* adapter
~ für den Bandschleifenbetrieb tape-loop adapter
~ zur Ordnungsanalyse tracking adapter
Adapterkabel *n* adapter cable
Adapterstecker *m* adapter plug
adaptieren an to adapt to
Ader *f* 1. blood vessel, vein; 2. conductor, core
adiabatisch adiabatic
Admittanz *f* admittance
~/akustische acoustic admittance
~/mechanische mechanical admittance
~/spezifische akustische specific acoustic admittance
ADU *m* analogue-to-digital converter, ADC, analogue-digital converter
Aerophon *n* aerophone
A-Filter *n* A network
Aggregatzustand *m*/**gasförmiger** gaseous state
AHD audio high density, AHD
Akkord *m* chord
~/konsonanter concord
Akkordeon *n* accordeon, piano accordeon
Akkordfolgenspeicher *m* chord memory
Aktivsonar *n* active sonar
aktualisieren to update
Aktualisierungsgeschwindigkeit *f* rate of update

Aktualisierungsrate *f* rate of update
A-Kurve *f* A-weighting curve
Akustik *f* acoustics; acoustic engineering; acoustical properties [of a room]
~/angewandte applied acoustics
~/einstellbare adaptable acoustics *(Raumakustik)*
~ hoher Pegel macrosonics
~ im Städtebau urban coustics
~/musikalische musical acoustics
~/psychologische psychoacoustics, psychological acoustics
~/subjektive subjective acoustics
~/technische engineering acoustics
~/trockene dead acoustics
Akustiker *m* acoustician
Akustikfachmann *m* acoustic consultant (advisor)
akustisch acoustic[al]; sonic; aural
akustoelektrisch acoustoelectric
Akustophobie *f* acousticophobia
Akzent *m* accent
~/musikalischer tonic accent
Alarmsignal *n*/**akustisches** aural alarm
Aliasing *n* aliasing
Aliquotsaite *f* aliquot string
Allpaß *m* all-pass
Allpaßfilter *n* all-pass network, all-pass filter
Alt *m* alto, contralto
Altersschwerhörigkeit *f* presbycusis
Alterung *f*/**künstliche** forced ageing
Altistin *f* alto, contralto
Altstimme *f* alto, contralto [voice]
Amateurtonbandgerät *n* consumer tape recorder
Ambiophonie *f* ambiophony
Amboß *m* incus, anvil *(Gehörknöchel)*
Amplitude *f* amplitude
Amplitudenauflösung *f* amplitude resolution
Amplitudenbegrenzer *m* amplitude (peak) limiter, peak clipper
amplitudenbegrenzt amplitude-limited, peak-clipped
Amplitudenbegrenzung *f* amplitude limiting, peak clipping
~ der Sprache speech clipping
Amplitudendurchlauf *m* amplitude sweep
Amplitudenfrequenzgang *m* amplitude[-frequency] characteristic, amplitude[-frequency] response
Amplitudengang *m* amplitude response
Amplitudenhüllkurve *f* amplitude envelope
Amplitudenkompressor *m* amplitude compressor
Amplitudenmodulation *f* amplitude modulation
Amplitudenschrift *f* variable area track *(Tonspur)*
Amplitudenspektrum *n* amplitude spectrum
Amplitudenveränderung *f*/**gleitende** amplitude sweep
Amplitudenverteilung *f* amplitude distribution
Amplitudenverzerrung *f* amplitude distortion
Amplitudenvibrato *n* amplitude modulation
Amplituden-Zeit-Darstellung *f* A-scope representation *(Ultraschalldiagnostik)*
Anakusia *f* anacusia, anacusis
Analoganzeige *f* analog[ue] indication (display)
~/gestufte incremental display, dot indicator
Analogaufzeichnung *f* analog[ue] recording
Analog-Digital-Umsetzer *m* analogue[-to]-digital converter, ADC
Analog-Digital-Umsetzung *f* analogue[-to]-digital conversion
Analog-Digital-Wandler *m* analogue[-to]-digital converter, ADC
Analog-Digital-Wandlung *f* analogue[-to]-digital conversion
Analogfilter *n* analogue (continuous-time) filter
Analogie *f* analogy
~/elektrische electrical analogy
Analogmodell *n*, **Analogon** *n* analogue
Analogsignal *n* analog[ue] signal
Analogwert *m* analog[ue] value
Analysator *m*/**aufzeichender** recording analyzer
~ mit konstanter [absoluter] Bandbreite constant-bandwidth analyzer, wave analyzer
~ mit konstanter relativer Bandbreite constant percentage bandwidth analyzer
~ nach dem Überlagerungsprinzip heterodyne analyzer
~/schreibender recording analyzer
~/statistischer statistical distribution analyzer, statistical processor, noise level analyzer
~/stetig durchstimmbarer continuous band analyzer
~/stufig durchstimmbarer (umschaltbarer) contiguous band analyzer
Analysator-Pegelschreiber *m* recording analyzer
Analyse *f* analysis
~ begrenzter (getorter, mit einem Rechteckfenster herausgeschnittener) Zeitabschnitte gating analysis
~ der Schwingungsform modal analysis
~/harmonische Fourier (harmonic) analysis
~ in aufeinanderfolgenden Durchgängen multi-pass analysis
~ mit gleitendem Zeitfenster scan analysis
~ mit rückläufiger Zeitachse (rücklaufendem Zeitmaßstab) time-reversed analysis
~/serielle multi-pass analysis
~ von Einschwingvorgängen transient analysis
~/zeitgedehnte slow-motion analysis
analysieren to analyze
Analysierschärfe *f* analysis resolution
Anblasdruck *m* blow pressure

anblasen to blow
Anbringen *n* **von Schallabsorbern** acoustical treatment
andauernd continuous
Änderung *f*/**kleinste erkennbare** recognition differential
~/**sprunghafte** discontinuous change
~/**zeitliche** variation with time
Änderungsgeschwindigkeit *f* rate of change
~/**maximale** slew rate limit
Andruckkraft *f* pressure force, static [pressure] force
Andruckrolle *f* pinch-roll[er], capstan idler, pad roll, pinch wheel
Anemometer *n*/**akustisches** acoustic (sonic) anemometer
Anfahren *n* start-up *(Maschine)*
anfällig [für] susceptible [to]
Anfälligkeit *f* susceptibility
Anfangsbeschleunigung *f* initial acceleration
Anfangsgeschwindigkeit *f* initial velocity (speed)
Anfangsnachhallzeit *f* early decay time, initial reverberation time
Anfangsreflexion *f* early reflection
Anfangstotzeit *f* initial latency
angepaßt matched; adapted
angrenzend/aneinander contiguous
Anhall *m* rising of sound
anhalten/einen Vorgang plötzlich to freeze
anheben/in der Stärke to emphasize, to boost, to accentuate; to stress
~/**vor der Aufzeichnung (Sendung)** to pre-emphasize
Anheben *n* **des Schreibstiftes** pen lift
Anhebung *f* emphasis, boost, accentuation *(in der Stärke)*; stress
~/**nachträgliche** post-emphasis
Anhebungsschaltung *f* **zur Preemphasis (Vorverzerrung)** pre-emphasis network, pre-emphasizing network
anhören/etwas to listen to s.th.
anisotrop anisotropic
Anisotropie *f* anisotropism, anisotropy
Anklingen *n* onset, building-up
Anklingzeit *f* build-up time, onset time
ankoppeln to couple
Ankopplung *f* coupling
Anlage *f* **mit hoher Klangqualität** hi-fi system, high-fidelity system
~/**tonfrequente** audio system
Anlaufen *n* start-up *(Maschine)*
Anlaufzeit *f* warm-up time *(Gerät)*
anlegen to apply *(Spannung, Signal)*
~ **an** to apply to, to feed into
Anlegen *n* application *(eines Signals)*
Annäherungssensor *m* proximity pick-up (sensor)
anordnen/mit Abstand to space
Anordnung *f* array
~ **der Mikrofone einander gegenüber** face-to-face configuration
~ **der Mikrofone nebeneinander** side-by-side configuration
~/**elastische** shock-absorbing mounting
~/**erschütterungsfreie** shock-absorbing mounting
~/**federnde** spring mounting
~ **in einer Linie** line array
~/**linienhafte** line array
~/**schwingungsisolierende** shock-absorbing mounting
anpassen to match; to adapt
~ **an** to adapt to
Anpaßstecker *m* adapter plug
Anpaßübertrager *m* matching transformer
~ **für Mikrofon** microphone transformer
Anpassung *f* adaptation, adaption; matching
Anpassungskabel *n* adapter cable
Anpassungstransformator *m* matching transformer
Anpassungsvermögen *n* adaptability
Anpreßdruck *m* surface pressure
anpressen [an] to press on [to]
anregen to excite, to stimulate
~/**gewaltsam** to force
~/**zu Schwingungen** to vibrate
Anregung *f* excitation, stimulation
~/**akustische** acoustic excitation
~/**mechanische** mechanical excitation
Anregungsdauer *f* period of excitation
Anregungsfrequenz *f* excitation frequency; forcing frequency
~ **für erzwungene Schwingung** forcing frequency
Anregungsspektrum *n* excitation spectrum
Anregungsstelle *f* driving point
anreißen to pluck *(Saiteninstrument)*
Anrufbeantworter *m* answering set, telephone responder
anrufen to ring, to call
Anrufzeichen *n* call sign
Ansage *f* announcement
~ **vom Band** recorded announcement
Ansagedienst *m* recorded information service
ansagen to announce
~/**das Ende** to sign off
~/**den Beginn einer Sendung** to sign on
Ansager *m* announcer, radio announcer
~ **bei Schallplattenveranstaltungen** disk jockey
Ansagestudio *n* **für Zwischentexte** continuity studio
Ansaugen *n* suction
Ansauggeräusch *n* intake noise
Ansauggeräuschdämpfer *m* intake silencer, air [intake] silencer, suction muffler
Ansaugluft *f* intake air

Ansaugöffnung *f* air inlet (intake)
Ansaugschalldämpfer *m* intake silencer, air [intake] silencer, suction muffler
Anschlag *m* 1. attack; touch *(Tastatur)*; 2. stop
~ **zur Hubbegrenzung** overtravel stop
anschlagen to touch, to strike *(Taste)*; to play *(Note)*; to sound *(Gong)*
Anschlagsdynamik *f* action effect, AE, key velocity sensitivity, velocity [sensitivity]
anschlagsdynamisch velocity-sensitive
Anschlagsempfindlichkeit *f* key velocity sensitivity
Anschlagswirkung *f* action effect, AE
anschließbar connectable
~ **sein an** to interface with, to communicate with
anschließen an to connect to
Anschluß *m* connection; contact
~**/fliegender** jumper
~ **für Aufzeichnungsgerät** recorder connection
~ **für Fernbedienung** remote control socket
Anschlußbuchse *f* connecting socket
Anschlußdraht *m* connecting lead (wire)
Anschlußimpedanz *f* driving-point impedance
Anschlußkabel *n* connecting (connection) cable
Anschlußklemme *f* connecting (clamp) terminal, terminal
Anschlußleitung *f* connecting lead
~**/flexible** cord
Anschlußschnur *f* connecting cord
Anschlußstift *m* connector pin
Anschlußstück *n* connecting piece
Anschlußverzerrung *f* interface intermodulation, IIM
anschwellen to swell
Anschwellen *n* swell *(Ton)*
anspannen to strain; to stress
Anspannung *f* strain; stress
Anspielbetrieb *m* auto scan, intro check
Ansprechcharakteristik *f* response characteristic
Ansprechdauer *f* reacting duration, reaction time
Ansprechempfindlichkeit *f* response sensitivity, responsivity, responsiveness
ansprechen to respond *(reagieren)*
Ansprechen *n* response; attack *(Musikinstrument)*; pick-up, pickup *(Sensor, Relais)*
~ **auf Tastendruck nach Anschlagen** aftertouch function
~ **des Raumes** spatial responsiveness
~**/langsames** slow response
~**/schnelles** fast response
ansprechend/auf die Anschlagsgeschwindigkeit (Anschlagsdynamik) velocity-sensitive
~**/auf die Phase** phase-sensitive
~**/auf Druck** pressure-sensitive, pressure-responsive, pressure-sensing; pressure-actuated
~**/schnell** fast-responding
Ansprechgeschwindigkeit *f* speed of response; attack rate *(Musikinstrument)*
Ansprechzeit *f* response time
ansteigen to rise *(Funktion)*
Anstieg *m* rise; slope
~ **des Spektrums** spectrum level slope, spectrum slope
Anstiegsdauer *f* rise time, time of rise
Anstiegsgeschwindigkeit *f* rate of rise, rise rate (speed)
~**/maximale** slew rate limit
Anstiegskennlinie *f* build-up characteristic
Anstiegskurve *f* build-up characteristic
Anstiegzseit *f* rise time, time of rise
Anstoß *m* impetus
Anteil *m* component
~ **der Anfangsenergie (frühen Energie, zeitigen Energie)** early energy fraction
Anti-Aliasing-Filter *n* anti-alias (anti-aliasing) filter
antimagnetisch non-magnetic
Antiresonanz *f* anti-resonance
Anti-Skating-Einrichtung *f* anti-skating device
antreiben to drive, to force
Antriebsdrehzahl *f* driving speed
Antriebskraft *f* driving (motive, moving) force
Antriebsmechanismus *m* driving (forcing) mechanism
Antriebsmotor *m* **für die Tonrolle** capstan (tape drive) motor
Antriebsriemen *m* [drive] belt
Antriebsrolle *f* capstan
Antriebsspule *f* driving coil
Antriebsstelle *f* driving point
Antriebssystem *n* driver [unit]
Antriebswelle *f* capstan
Antwort *f* response, reply
antworten to respond, to reply
Antwortsender *m* transponder
anwenderdefiniert user-defined
Anwendung *f* **unter Betriebsbedingungen (Einsatzbedingungen)** field use
anzapfen/eine Leitung to tap a wire
Anzapfung *f* tap
AOW *s.* Oberflächenwelle/akustische
AOW-Filter *n* SAW filter, surface acoustic wave filter
Anzeige *f* indication, read-out, display
Anzeigebereich *m* indicator (indicating) range
~ **im engeren Sinne** primary indicator range
Anzeigedynamik *f* speed of indication (response)
Anzeigeeinrichtung *f* indicator, indicating device
anzeigen to indicate, to read out, to display
Anzeigeparameter *mpl* display set-up
Anzeigeparametersatz *m* display set-up
Anzeigeskale *f* indicating scale
anziehen to attract; to pick up *(Relais)*

Anziehen *n* pick-up, pickup *(Relais)*
Anziehung *f* attraction
~/gegenseitige mutual attraction
Anziehungskraft *f* attractive force (power)
aperiodisch aperiodic, non-periodic, dead-beat
Aphasie *f* aphasia
Aphonie *f* aphonia, aphony
äquivalent equivalent
Äquivalenz *f* equivalence
Äquivalenzbeziehung *f* trading relationship, trade-off; trading ratio
Äquivalenzparameter *m* level-time exchange rate, exchange rate, trading ratio
~ **für Energiebewertung** equal energy exchange rate
Arbeitsbereich *m* operating range
~/linearer linear operating range
Arbeitsfrequenz *f* operating frequency
Arbeitstakt *m* cycle
Arbeitsweise *f* mode of operation
Argument *n* argument
Armaturenschalldruckpegel *m* appliance sound level
Art *f* **der Darbietung** mode of presentation
Artefakt *n* artifact
artikulieren to articulate
A-Schall[druck]pegel *m* sound level A, A-weighted sound level, A level
Assonanz *f* assonance
asynchron asynchronous
Atmosphäre *f* atmosphere
atmosphärisch atmospheric
atonal atonal, atonic
Attrappe *f* dummy
AU-Bewertung *f* AU weighting
Audio *n***/hochdichtes** audio high density, AHD
Audioanlage *f* audio system
Audiogramm *n* audiogram
~ **vor der Lärmbelastung** baseline audiogram
Audiogrammvordruck *m* audiogram blank
Audiologe *m* audiologist
Audiologie *f* audiology
Audiometer *n* audiometer
~ **mit automatischer Aufzeichnung** [automatic] recording audiometer
~/schreibendes Békésy[-type] audiometer, tracking (automatic recording) audiometer
Audiometerfrequenz *f* audiometric freqency
Audiometerhörer *m* audiometer earphone
Audiometerkabine *f* audiometric booth
Audiometrie *f* audiometry, audiometric testing
Audiometrieassistent *m* audiometric technician, audiometrist
Audiometrieassistentin *f* audiometric technician, audiometrist
audiometrisch audiometric
Audioprüfgerät *n* audio test station
audiovisuell audiovisual
Auditorium *n* audience, auditory, auditorium

aufbereiten to condition *(Signal)*; to edit *(Film, Band)*
Aufbringen *n* **von Entdröhnmitteln** damping treatment
aufeinanderfolgend sequential
auffangen to intercept, to pick up
Auffangen *n* interception, picking-up
auffinden to locate
Aufführung *f* performance
~ **für Aufzeichnungszwecke** recording session
aufgehängt suspended
~/elastisch (federnd) spring-suspended
~/frei freely suspended
aufgelegt/frei freely supported
aufgenommen/mit geringem Mikrofonabstand closely miked *(sl.)*
aufgezeichnet/vorher prerecorded
Aufhängung *f* suspension
~/bewegliche flexible suspension
~/elastische (federnde) elastic (spring) suspension
aufheben/sich gegenseitig to cancel out each other
Aufhebung *f* cancellation
~ **der Kodespreizung** deinterleaving
aufladen to charge
Aufladezeitkonstante *f* charging time constant
Auflage *f* support
~/elastische (federnde) resilient support
Auflagedruck *m* stylus (vertical) force *(Tonarm)*
Auflagekraft *f* stylus (tracking, vertical) force *(Tonarm)*
Auflagepunkt *m* point of support; contact point
Auflager *n* support; bearing
Auflösefehler *m* resolution error
auflösen to resolve *(unterscheiden)*
Auflösung *f* resolution *(Unterscheidung)*; decomposition *(Zerfall)*
~ **mit Frequenzlupe** zoom resolution
Auflösungsgrenze *f* limit of resolution, resolution (resolving) limit
Auflösungsvermögen *n* resolving power, resolution capability
~ **des Gehörs** aural resolving power
aufmagnetisieren to magnetize; to remagnetize
Aufmagnetisierung *f* magnetization; remagnetization
Aufnahme *f* 1. reception; pick-up, pickup, picking-up *(Empfang)*; 2. record[ing] *(Aufzeichnung)*
~ **auf Magnetband** magnetic tape recording, tape recording
~ **einer Lärmkarte** noise mapping
~ **mit Eintastenbedienung** one touch record (recording)
~/stereophone stereo[phonic] recording
~ **von Kurven gleicher Intensität** intensity mapping

Aufnahmefrequenzgang *m* recording frequency response (characteristic)
Aufnahmegerät *n* recorder
~/stereophones stereophonic recorder
Aufnahmekopf *m* record[ing] head
Aufnahmeorgan *n* pick-up element
Aufnahmepegel *m* record[ing] level
Aufnahmequalität *f***/hohe** high-fidelity, hi-fi, HI-FI, HIFI
Aufnahmeraum *m* recording room (studio)
Aufnahmespur *f* recording track
Aufnahmestichel *m* recording stylus
Aufnahmestudio *n* recording studio, studio
Aufnahmetaste *f* record button
Aufnahme- und Wiedergabegerät *n* recorder-reproducer
Aufnahme- und Wiedergabekopf *m* **[/kombinierter]** record-play[back] head, recording-playback head, record-repeat head
Aufnahmeverfahren *n* recording technique
Aufnahmeverstärker *m* recording amplifier
Aufnahmezeit *f* recording time
aufnehmen to receive, to pick up *(empfangen)*; to record *(aufzeichnen)*
~/auf Band to record on tape, to tape-record
~/mit einem Mikrofon to mike
Aufnehmer *m* pick-up, pickup, sensor, detector, transducer, sensing (detecting) element
~/berührender tactile (contacting) sensor
~/berührungsloser proximity pick-up, proximity (non-contacting) sensor
~/dynamischer dynamic pick-up, moving-coil pick-up, dynamic (moving-coil) transducer
~/elektrodynamischer electrodynamic transducer (pick-up)
~ für hohe Intensität blast gauge
~/induktiver induction transducer, inductive (inductance) pick-up, variable-inductance transducer
~ in Viertelbrückenschaltung single-arm sensor
~/kapazitiver capacitive pick-up, capacitive (variable-capacitance) transducer
~/magnetischer magnetic pick-up, magnetic (variable-reluctance) transducer
~/ohmscher resistance sensor
~/piezoelektrischer piezoelectric pick-up, piezoelectric transducer
~/piezoresistiver piezoresistive pick-up, piezoresistive transducer
Aufnehmernormal *n* reference pick-up
Aufnehmerspeisung *f* sensor (transducer) excitation
Aufnehmerspule *f* sensing (pick-up) coil
Aufprall *m* impact
aufprallen auf to impinge upon (on); to collide with
aufrüstbar updatable
aufrüsten to upgrade
aufschaukeln to build up *(Schwingung)*
aufspalten to decompose
aufspielen/zusätzlich to overdub
aufspulen to reel up, to wind up, to wind on reels; to coil up
aufstellen/mit Abstand to space
Aufstellen *n* **einer Lärmkarte** noise mapping
Aufstellung *f***/elastische** shock-absorbing mounting
~/erschütterungsfreie antivibration (shock-absorbing) mounting
~/schwingungsisolierende antivibration (shock-absorbing) mounting
Aufstrich *m* up-bow
Auftakt *m* anacrusis; upbeat, up-beat
Aufteilung *f* **der Tastatur** key[board] split
auftragen to plot *(darstellen)*
auftreffen auf to impinge upon
Auftreffen *n* impingement; incidence *(Wellen)*
auftreffend incident *(Wellen)*
auftretend/mit Unterbrechung intermittent
Aufwärtsflanke *f* upward slope, positive-going edge
Aufwärtsschlag *m* up-beat *(Dirigieren)*
aufweisen/eine Phasendifferenz to differ in phase
Aufwickelbandteller *m* wind-up reel, take-up reel
Aufwickelgeschwindigkeit *f* take-up speed
aufwickeln to reel up, to wind up, to wind on reels; to coil up
Aufwickelrolle *f* take-up reel, wind-up reel
Aufwickelspule *f* take-up (spool), wind-up reel (spool)
Aufwickelvorrichtung *f* take-up unit, wind-up unit
aufzeichnen to record; to can *(z. B. Musik)*; to log *(Daten)*; to plot
~/auf Band to record on tape, to tape-record, to tape
Aufzeichnung *f* recording; record; recording session
~ auf Band tape recording
~ auf einem digitalen Urband digital master recording, DMR
~ auf Magnetband magnetic tape recording, tape recording
~ auf Platte (Schallplatte) (disk) recording
~/frequenzmodulierte frequency-modulation [carrier] recording, FM recording
~/graphische graphic record, plot
~ in Amplitudenschrift variable area recording
~ in reflexionsfreier Umgebung anechoic recording
~ in schalltoter Umgebung anechoic recording
~ in Seitenschrift lateral recording
~ in Sprossenschrift variable density recording
~ in Tiefenschrift hill-and-dale recording, depth recording, vertical recording

~ **in Zackenschrift** variable area recording
~/**magnetische** magnetic recording
~ **mit konstanter Amplitude** constant-amplitude recording
~ **mit konstanter Schnelle** constant velocity recording
~/**stereophone** stereo[phonic] recording
~/**trockene** anechoic recording
Aufzeichnungsbereich *m* recording range
Aufzeichnungsdichte *f* recording density
Aufzeichnungsfrequenzgang *m* recording frequency response (characteristic)
Aufzeichnungsgerät *n* **für den Kurvenverlauf** waveform recorder
~ **für den Sprechverkehr** communication recorder
~ **für die Zeitfunktion** waveform recorder
~ **für Digitalschallplatten** compact disk recorder, CD recorder
Aufzeichnungsgeschwindigkeit *f* recording speed
Aufzeichnungskopf *m* record (recording) head
Aufzeichnungsmedium *n* record (recording) medium
Aufzeichnungspegel *m* record (recording) level
Aufzeichnungsspalt *m* recording gap
Aufzeichnungsspur *f* recording track
Aufzeichnungsstift *m* recording stylus
Aufzeichnungsträger *m* record (recording) carrier
Aufzeichnungsumfang *m* recording range
Aufzeichnungsverfahren *n* recording technique
Aufzeichnungsverstärker *m* recording amplifier
Augenblicksspektrum *n* instantaneous spectrum
Augenblickswert *m* instantaneous value
~ **der Schallintensität** instantaneous sound intensity
~ **des Schalldrucks** instantaneous sound pressure
Ausblasegeräusch *n* exhaust noise
ausblenden to fade out
~/**weich** to fade down
Ausblenden *n* fade-out, fading-out
~/**nachträgliches** post-fading
Ausblendung *f* **weiche** fade-out, fading out
ausbreiten/sich to propagate
Ausbreitung *f* propagation; spread, divergence
~/**kugelförmige** spherical divergence
Ausbreitungsanomalie *f* propagation anomaly
Ausbreitungsart *f* mode of propagation
Ausbreitungsbedingungen *fpl* propagation conditions *pl*
Ausbreitungsdämpfung *f* propagation (transmission, divergence, spreading) loss, divergence decrease
Ausbreitungsgeschwindigkeit *f* propagation velocity (speed), velocity of propagation
Ausbreitungskonstante *f* propagation constant (coefficient)
Ausbreitungsmedium *n* medium of propagation
~ **für Schall** sound-propagating medium
Ausbreitungsrichtung *f* direction of propagation
~ **eines Strahls** angle of beam spread
Ausbreitungsverlust *m* propagation (transmission) loss
Ausbreitungsweg *m* propagation (transmission) path
~ **des Echos** echo path
~ **des Schalls** sound path
Ausbreitungswinkel *m* **eines Strahls** angle of beam spread
ausdehnen to expand; to extend
Ausdehnung *f* expansion, extension; dilatation
Ausdruck *m* **des Bildschirminhalts** screen dump
auseinandergehend divergent
auseinanderlaufen to diverge
~ **lassen** to diverge
Ausfall *m* failure *(Fehler)*, outage, mulfunction, break-down; drop-out *(Band)*
Ausfallwinkel *m* angle of reflection (emergence, emission)
ausfiltern to filter out
ausführen/schalldicht (schallisolierend) to soundproof
Ausführung *f*/**schallabsorbierende** acoustical treatment
Ausgabe *f* output, read-out
~ **des Bildschirminhalts** screen dump
Ausgang *m* output; outlet
~/**symmetrischer** balanced output
~/**unsymmetrischer** unbalanced output, single-ended output
~ **zum [externen] Zusatzgerät** line out, aux out
Ausgangsadmittanz *f* output admittance
Ausgangsbuchse *f* output jack, (socket, connector)
Ausgangsgröße *f* output quantity, output
~ **Null** zero output
Ausgangsimpedanz *f* output impedance
Ausgangsklemme *f* output terminal
Ausgangsleistung *f* power output, output power, output
~/**akustische** acoustic output
~/**momentane** instantaneous power output
Ausgangspegel *m* output level
Ausgangsscheinleitwert *m* output admittance
Ausgangsscheinwiderstand *m* output impedance
Ausgangssignal *n* output signal, output • **kein ~** zero output
~/**freifeldäquivalentes** equivalent free-field output, free-field equivalent output
~/**Null** zero output

Ausgangssteckverbinder *m* output socket (connector)
Ausgangsstufe *f* output stage
Ausgangstransformator *m* output transformer
Ausgangsübertrager *m* output transformer
Ausgangsverstärker *m* output amplifier
ausgeben to output; to read out *(Daten)*
ausgeführt/absorbierend absorbent-lined
ausgekleidet/absorbierend absorbent-lined
ausgelegt/nach Kundenwunsch, ~ vom Anwender user-configured
ausgelöst werden [durch] to trip [on]
ausgesucht/auf gleiche Empfindlichkeit sensitivity-matched
~/auf Phasengleichheit phase-matched
~/paarweise matched
ausgewuchtet balanced
~/dynamisch dynamically balanced
~/schlecht ill-balanced
Ausgleich *m* balance, compensation, equalization
~ der Phasendifferenz, ~ des Phasenunterschieds phase [difference] compensation
~ einer Höhenabsenkung high-frequency compensation
~ einer Tiefenabsenkung low-frequency compensation
~ von Gleichlaufschwankungen flutter compensation
ausgleichen to balance, to compensate, to equalize
Ausgleichsschwingung *f* transient oscillation
Ausgleichsvorgang *m* transient, transient phenomenon; transient effect
aushalten/einen Ton to sustain a note, to pause upon a note
Auskleidung *f* lining
~/schallabsorbierende (schallschluckende) sound-absorptive lining, sound-absorbing lining, sound-absorbent lining, acoustic lining
ausklingen to fade away, to die away, to die out
Ausklingen *n* decay of sound
~ des Schalls decay of sound
Auskultation *f* auscultation
auskultieren to auscultate
auslassen to skip *(überspringen)*
Auslassen *f* skip
Auslaufen *n* coast-down, run-down *(Maschine)*
Auslaufrille *f* run-out groove, run-out spiral, locked groove, throw-out groove, lead-out groove
auslenken to deflect, to displace
Auslenkung *f* deflection, displacement
~ aus der Ruhelage displacement
~/statische static deflection
auslöschen to cancel [out]
~/sich gegenseitig to cancel out each other
Auslöschung *f* cancellation
~/gegenseitige cancellation
~ von Schallwellen sound cancellation
Auslöseimpuls *m* trigger, trigger pulse, triggering pulse
auslösen to release, to trip, to trigger; to initiate, to actuate, to activate
Auslöser *m* trigger
Auslösung *f* release, releasing, tripping, triggering
ausloten to sound
auspolstern to cushion
Auspuff *m* exhaust
Auspuffgeräusch *n* exhaust noise
Auspuffschalldämpfer *m* exhaust silencer (muffler)
Auspuffvorrichtung *f* exhaust
ausrichten to orient, to orientate
~/sich to orient, to orientate
Ausrichtung *f* orientation
Ausrüstung *f* kit *(kompletter Satz)*
~/akustische sound equipment
~/elektroakustische audio equipment
~/tontechnische audio equipment
ausschalten to switch off, to turn off, to break, to disconnect
Ausschaltknopf *m* stop button
Ausschaltrille *f* run-out groove, run-out spiral, locked groove, throw-out groove, lead-out groove
Ausschlag *m* deflection, displacement
~ Spitze-Spitze excursion
ausschlagen to deflect, to be displaced
ausschwingen to decay, to die away, to die down
Ausschwingen *n* decay, dying-away, dying-down
Ausschwingvorgang *m* terminal transient; transient, transient, phenomenon
Ausschwingzustand *m* transient condition (state, regime)
Ausschwingzeit *f* decay time (period)
Außenaufnahme *f* outdoor pick-up, field recording
aussenden to emit, to radiate, to eradiate
~/Strahlen to emit rays
Aussenden *n* **von Schall** sound emission, sound projection
Aussendung *f* emission
Außenfläche *f* surface
Außenlärm *m* outdoor noise
~/die Grundstücksgrenze überschreitender boundary noise
Außenlärmüberwachung *f* outdoor noise monitoring
Außenlautsprecher *m* external loudspeaker
Außenmessung *f* outdoor measurement
Außenohr *n* external ear
Außenstudio *n* remote studio
Außenübertragung *f* outdoor pick-up, field recording

Äußerung f/sprachliche utterance
aussetzen/dem Lärm to expose to noise
~/Schwingungen to expose to vibration
aussieben to filter out
Aussprache *f* pronunciation; articulation
~/deutliche clear speech (articulation)
aussprechen/deutlich to articulate
~/stimmhaft to vocalize
Ausstellungshalle *f* exhibition hall
Ausstellungsraum *m* showroom
aussteuern to control the record (transmission) level, to control the volume
Aussteuerung *f* volume; modulation; level control, volume control
~/automatische automatic [record-]level control
~ im linken Kanal left-hand volume
~ im rechten Kanal right-hand volume
~/manuelle manual volume control
~/zu geringe underload
~/zu hohe overload
Aussteuerungsanzeige *f* record[ing] level indication, volume indication
Aussteuerungsautomatik *f* automatic volume control
Aussteuerungsbereich *m* volume range, dynamic range, DR
~ für Impulse pulse range
Aussteuerungskontrolle *f* monitoring of recording (transmission) level
Aussteuerungskontrollinstrument *n s.* Aussteuerungsmesser
Aussteuerungsmesser *m* level monitor (indicator, meter), recording (record) level indicator, volume indicator, volume [unit] meter, VU meter
~/spitzenwertanzeigender peak meter, peak program[me] meter
Aussteuerungsregelung *f* level control, volume control
~/automatische automatic record-level control
Aussteuerungsregler *m* fader, volume control; volume regulator
~/manueller manual volume control
Aussteuerungsreserve *f* power-handling capacity, overload margin, crest-factor capability, impulse capability, peak-handling capacity, headroom
~/obere headroom, peak-handling capacity
ausstoßen to eject
Ausstoß *m* ejection
ausstrahlen to radiate, to emit
~/wieder to reradiate
Ausstrahlung *f* radiation, emission
Ausströmen *n* outflow
~/unerwünschtes leakage
aussuchen/paarweise to match
Aussuchen *n* **auf gleichen Übertragungsfaktor, ~ auf gleiche Empfindlichkeit** sensitivity matching
~ auf Phasengleichheit phase matching
Austausch *m* exchange; replacement; substitution
~ der Abtastnadel stylus replacement
austauschbar interchangeable
Austauschbarkeit *f* interchangeability
austauschen to substitute; to replace; to exchange
Austrittswinkel *m* angle of emergence (emission)
austrocknen to dehumidify, to desiccate
Auswandern *n* **der Frequenz** frequency drift
auswechselbar interchangeable
Auswechselbarkeit *f* interchangeability
auswerfen to eject
Auswuchteinrichtung *f* balancing set, balancer
auswuchten to balance
~/mit Gegengewichten to counterbalance
Auswuchten *n* balancing, counterbalancing
~ an Ort und Stelle field balancing
~/dynamisches dynamic (two-plane) balancing
~ im eingebauten Zustand field balancing
~ in zwei Ebenen dynamic (two-plane) balancing
~ mit Gegengewichten counterbalancing
~/statisches static (single-plane) balancing
Auswuchtung *f s.* Auswuchten *n*
Auswurftaste *f* eject button
Autokorrelation *f* autocorrelation
Autokorrelationsfunktion *f* autocorrelation function
Autospektrum *n* autospectrum
Averaging *n* averaging, synchronous time averaging, time-history averaging
A-Verstärker *m* class-A amplifier
axial axial
Axialgebläse *n* axial (propeller-type) blower, propeller fan
Axialkraft *f* axial force
Axiallüfter *m* axial (propeller-type) blower, propeller fan
Axialschwingung *f* axial vibration
Azimutwinkel *m* azimuth angle

B

Balance *f* balance
~/musikalische musical balance
Balanceregler *m* balance control
Balancesteller *m* balance control
Balg *m* bellows
Balken *m* beam; girder
Balkendiagramm *n* bar graph
Balkon *m* balcony
Band *n* band; ribbon; tape

~/noch nicht benutztes raw tape, virgin tape, virginal tape
~/schmales narrow band
Bandabhebevorrichtung *f* tape lifter
Bandandruck *m* tape pressure
Bandanfang *m* begin of tape
Bandanfangsmarke *f* begin-of-tape label
Bandanlauf *m* tape start
Bandansage *f* recorded announcement
Bandantrieb *m* tape drive
Bandantriebswelle *f* capstan
~/gegenläufig sich drehende contrarotating capstan
Bandarchiv *n* tape archive, magnetic-tape archive, tape file; tape store
bandbegrenzt band-limited
Bandbegrenzung *f* band limiting (limitation)
Bandbegrenzungsfilter *n* band-limiting filter
Bandbreite *f* bandwidth
~/effektive effective bandwidth
~/konstante constant bandwidth
~/konstante relative constant percentage bandwidth
~/relative relative bandwidth [ratio]
Bandbreitenbegrenzung *f* bandwidth limitation
Bandbreitenquotient *m* bandwidth quotient
Bandbreiten-Zeit-Produkt *n* BT product, bandwidth-time product
Bändchenlautsprecher *m* ribbon[-type dynamic] loudspeaker
Bändchenmikrofon *n* ribbon (tape) microphone
Banddehnung *f* tape stretching
Banddicke *f* tape thickness
Banddruckpegel *m* band-pressure level
Bandeinfädelung *f* tape threading
Bandeinmessen *n***/automatisches** auto tape tuning, automatic tape response search
Bandende *n* end of tape
Bandfilter *n* band-pass, bandpass, band pass filter, band filter; wave filter
Bandführung *f* tape guide (guidance)
Bandgerät *n* magnetic tape recorder, tape recorder; tape deck
~ für Amateurzwecke consumer tape unit (recorder)
~/stapelbares deck, tape deck
Bandgeschwindigkeit *f* tape speed (velocity)
Bandgrenze *f* band edge
Bandkabel *n* flat tape cable
Bandkleben *n* tape splicing
Bandkleber *m* splicing (bonding, tape) cement
Bandklebestelle *f* tape joint
Bandkopie *f* copy tape
Bandkopiergerät *n* tape loader
Bandlänge *f* tape length
Bandlängenzähler *m* tape counter, position indicator
Bandlauf *m* tape run, tape travel
~ in Rückwärtsrichtung reverse run
~ in Vorwärtsrichtung forward run
Bandlautsprecher *m* ribbon[-type dynamic] loudspeaker
Bandlöscheinrichtung *f* eraser, tape eraser (degausser, demagnetizer)
Bandmitte *f* midband, mid-band *(Frequenzband)*
Bandmittenfrequenz *f* mid-band frequency
Bandpaß *m* band-pass, bandpass, band pass filter, band filter
bandpaßgefiltert band-passed
Bandpegel *m* band level
Bandrauschen *n* tape [background] noise
Bandriß *m* tape breakage, tape interruption
Bandrißfühler *m* tape interruption sensor
Bandsalat *m (sl)* tape spillage
Bandschalldruckpegel *m* band sound pressure level, band pressure level
Bandschleife *f* tape loop, loop of magnetic tape
Bandschleifeneinrichtung *f* tape-loop arrangement
Bandsortenumschalter *m* tape selector
Bandsortenwähler *m* tape selector
Bandspannung *f* tape tension
Bandspannungsfühlhebel *m* tape-tensioning arm
Bandspeicher *m* tape recorder; tape store
~ für den Sprechverkehr communication recorder
Bandsperre *f*, **Bandsperrfilter** *n* band-stop filter, band-rejection filter, band elimination filter, rejection filter, suppression filter
Bandspule *f* tape reel, tape spool
Bandteller *m* reel, tape reel, bobbin
Bandtellerbremse *f* reel brake
Bandtransport *m* tape transport
Bandtransportmechanismus *m* tape transport mechanism
Bandunterlage *f* tape base
Bandvorschub *m* tape feed, tape transport
Bandwickel *m* reel, tape reel
~/loser slack
Bandzähler *m* tape counter, tape-length indicator, position indicator
Bandzählwerk *n* tape counter, tape-length indicator, position indicator
Bandzug *m* tape tension
Bandzugregelung *f* tension control, tape tension control
Bariton *m* baritone, barytone
Bark Bark *(Einheit der Frequenzgruppenskala)*
Barriere *f* barrier
Basaltwolle *f* basalt wool, rock wool
Basilarmembran *f* basilar membrane
Basisband *n* baseband
Basisbreite *f* base width
Baß *m* bass; bass voice; double-bass
Baßabsenkung *f* bass cut
Baßanhebung *f* bass boosting

Baßausgleich *m* bass compensation
Baßbeschneidung *f* bass cut
Baßentzerrung *f* bass compensation
Bassist *m* bass; double-bass player, bassist
Baßlautsprecher *m* bass (low-frequency) loudspeaker, boomer, woofer
Baßpedal *n* pedal keyboard, pedalboard
Baßreflexbox *f*, **Baßreflexgehäuse** *n* bass-reflex box (cabinet), reflex box (cabinet)
Baßreflexlautsprecher *m* bass reflex loudspeaker
Baßregler *m* bass control
Baßschlüssel *m* bass clef
Baßstimme *f* bass, bass voice
Baßton *m* bass note
Baßtuba *f* bombardon
Baßwiedergabe *f* bass response, low-note response, low-frequency response
Bastelleiterplatte *f* breadboard, patchpanel
Batteriebetrieb *m* battery operation
batteriebetrieben battery-operated, battery-driven, battery-powered
batteriegespeist battery-operated, battery-driven, battery-powered
Batteriekontrolle *f*, **Batterieprüfung** *f* battery check
Batteriesatz *m* battery pack
Batteriespannungskontrolle *f* battery low (status, condition) indicator
Batterieteil *n* battery pack
Batteriezustandsanzeige *f* battery low (status, condition) indicator
Bauakustik *f* building (architectural) acoustics
Bauartprüfung *f* pattern evaluation
Bauch *n* antinode *(Welle)*
Baueinheit *f* module
Bauelement *n* component, component part
Baugruppe *f* module, subassembly
Baukastensystem *n* component system, modular system
Baukastentechnik *f* modular design
Baulärm *m* construction noise
Bausatz *m* kit
Baustein *m* module, modular unit, component
Bausteinsystem *n* component (modular) system
Bausteintechnik *f* modular design
Bauteil *n* component, component part; structural element (member)
Bauweise *f*/**schalldichte** acoustic (soundproof) construction
Bauwerksschwingung *f* building vibration
B-bewertet B-weighted
B-Bewertung *f* B-weighting
B-Bild *n* B-scope representation *(Ultraschalldiagnostik)*
Beanspruchung *f* strain; stress
~/thermische thermal stress
~/umweltbedingte environmental stress
Beben *n* **des Tones** vibrato
Becken *n* cymbal *(Musik)*
bedämpfen to deaden; to damp *(Resonanz)*
bedämpft/akustisch sound-damping
~/stark heavily damped
Bedämpfung *f* deadening, damping; damping treatment
~/akustische sound damping, acoustic damping
bedienbar/ohne Kraftaufwand soft-touch
~ über Tastatur keyboard-controlled
Bedienelement *n* control
Bediener *m* operator, user
Bedienerführung *f* operator guidance, user guidance, operator prompting
Bedienperson *f* operator
Bedienpult *n* control console
Bedingungen *fpl*/**atmosphärische** atmospheric conditions
Beeinflussung *f*/**gegenseitige** interaction
Beeinträchtigung *f* impairment; handicap
~ der Übertragungsgüte (Übertragungsqualität) transmission impairment
~ des Hörvermögens hearing impairment, impairment of hearing, hearing handicap, auditory impairment
Befehlssignal *n* command (order) signal, control command
Befestigungsgewinde *n* mounting thread
Begleitautomatik *f* auto accompaniment, auto bass chord, ABC
Begleitmusik *f* incidental music, background music
Begleitmuster *n* accompaniment pattern
Begleitung *f* accompaniment
begrenzen to limit; to clip
Begrenzer *m* limiter, peak chopper, clipper
Begrenzerschaltung *f* limiting circuit, limiter (clipper, cut-off) circuit
Begrenzung *f* clipping, limiting; limitation
Begrenzungsanzeige *f* clipping indicator
Begrenzungsverzerrung *f* clipping distortion
Behaglichkeit *f* **beim Hören** listening comfort
Beharrungsvermögen *n* inertia
beidohrig binaural
Bekämpfung *f* **von Lärm** noise control
~ von Luftschall airborne-noise control
~ von Schwingungen vibration control
Békésy-Audiometer *n* Békésy[-type] audiometer, tracking audiometer, [automatic] recording audiometer
Békésy-Verfahren *n* method of tracking
Bel bel, B *(Pegeleinheit)*
Belag *m* layer, coat, coating
~/eingezwängter constrained layer
Belastbarkeit *f* load-carrying capacity, load capacity; power-handling capacity *(Verstärker)*; current-carrying capacity
belasten to load; to stress, to strain

Belastung *f* load; stress, strain
Belastungsadmittanz *f* load admittance
Belastungsimpedanz *f* load impedance
Belastungswiderstand *m* load resistance
belüften to aerate, to vent
Belüften *n* venting
belüftet/von hinten back-vented
Belüftung *f* venting
Belüftungsloch *n* vent
benachbart contiguous
Beobachtergruppe *f* jury
Bequemlichkeit *f* **beim Hören** listening comfort
Berater *m* **für Akustik** acoustic consultant (advisor)
Bereich *m* range; span
~/erfaßter coverage, covered range
~/mittlerer midrange
Bereichseinstellung *f* range setting (selection)
~/automatische autoranging, automatic range selection, automatic ranging
Bereichsmitte *f* midrange
Bereichsschalter *m* range switch (selector, selector switch); sensitivity switch, step attenuator
Bereichsüberschreitung *f* overrange
Bereichsumfang *m* range size
Bereichsumschalter *m* range switch (selector, selector switch); sensitivity switch, step attenuator
Bereichsumschaltung *f* range switching, range control
~/automatische autoranging, automatic range selection, automatic ranging
Bereichsunterschreitung *f* underrange
Bereichswahl *f* range selection
~ am Eingang/automatische input autorange
~/automatische autoranging, automatic range selection, automatic ranging
Bereichswähler *m*, **Bereichswahlschalter** *m* range switch (selector, selector switch)
Bereitschaft *f* standby, stand-by, standing-by
bereit sein (stehen) to stand by
Beruhigung *f* stabilization; settling, smoothing
Beruhigungszeit *f* settling time
berühren to contact; to touch
Berührung *f* contact; touch
Berührungsfläche *f* contact area (surface)
berührungslos non-contacting
Berührungspunkt *m* point of contact, contact point
beschädigen to damage, to impair
beschallen to expose to sound, to irradiate acoustically
~/mit Ultraschall to expose to ultrasonic waves
Beschallung *f* exposure to sound, acoustical irradiation, sound irradiation; sound reinforcement
Beschallungsanlage *f* **[/elektroakustische]** public address system, announce loudspeaker system, sound reinforcement system, PA system, sound system
~ für Sprache speech reinforcement system
beschichten to coat
beschleunigen to accelerate
Beschleunigung *f*/**geradlinige** linear acceleration
~/gleichförmige uniform acceleration
~/negative deceleration
~/ungleichförmige non-uniform acceleration
Beschleunigungsaufnehmer *m* acceleration sensor (pick-up), accelerometer
~ für niedrige Beschleunigungen low-g accelerometer
~/hochempfindlicher low-g accelerometer
~/induktiver inductive acceleration pick-up
~ mit Dehn[ungs]meßstreifen strain-gauge accelerometer
~ mit eingebautem Vorverstärker integrated-amplifier accelerometer
~/piezoelektrischer piezoelectric accelerometer, piezoelectric acceleration pick-up
Beschleunigungsgeber *m* acceleration sensor (pick-up), accelerometer
Beschleunigungsmesser *m* accelerometer
Beschleunigungspegel *m* acceleration level
beschneiden to clip, to limit, to cut off; to truncate
Beschneidung *f* clipping, limiting, cutting-off; truncation
beschränken to limit, to restrict
Beschränkung *f* limitation, restriction
beschriften to annotate *(Diagrammachse)*
Beschwerde *f* **wegen Lärms** noise complaint
Beseitigung *f* **des Störgeräuschs (Störrauschens)** noise elimination
~ von Differenztönen (Störschwebungen) beat cancel
Besselfunktion *f* Bessel['s] function
Bestandteil *m* part, component, component part
bestehend/aus diskreten Elementen lumped
bestrahlen to irradiate, to expose to radiation
~/mit Schall to irradiate acoustically, to expose to sound
~/mit Ultraschall to expose to ultrasonic waves
Bestrahlung *f* irradiation, exposure, exposure to radiation
~ mit Schall sound irradiation, exposure to sound
betätigt/manuell (von Hand) manual, manually operated
betäubend deafening *(Lärm)*
betonen to accentuate, to emphasize, to stress; to boost
betont tonic, stressed *(Silbe)*
Betonung *f* accentuation, emphasis, stress; boost
Betrag *m* amount; value; modulus

betragsmäßig unsigned
Betragsmittelwert *m* rectified average *(einer Wechselgröße)*
Betrieb *m* **/prozeßgekoppelter (schritthaltender)** on-line operation
~/unabhängiger (vom Prozeß getrennter) off-line operation
Betriebsart *f* mode, mode of operation
~/untergeordnete submode
Betriebsbedingung *f* operating condition; field condition
Betriebsdämpfung *f* effective attenuation
Betriebswuchten *n* field balancing
Bettung *f***/elastische** elastic foundation
beugen to diffract
Beugung *f* diffraction
Beugungsbild *n* diffraction pattern
Beugungsfaktor *m* diffraction factor
Beugungskorrektur *f* diffraction factor
Beugungsmuster *n* diffraction pattern
Beugungswinkel *m* diffraction angle
Beugungszone *f* diffraction region
Beurkundung *f* verification, certification
Beurteilungspegel *m* rating level, noise rating level
bewegen to move; to travel *(Welle)*
~/sich to move; to travel *(Welle)*
~/ruckweise to jerk
~/sich gegenphasig to move in opposition
~/sich gleichphasig to move in step
Beweglichkeit *f* mobility
Bewegung *f* motion; movement
~/axiale axial motion
~/beschleunigte accelerated motion
~/gleichförmlge uniform motion
~/hin- und hergehende alternating motion; reciprocating motion
~ im eingeschwungenen Zustand steady-state motion
~ mit ständigem Wechsel zwischen Haft- und Gleitreibung slip-stick motion
~/ruckartige jerk
~/stochastische random motion
~/thermische thermal agitation
~/translatorische translatory motion, translational motion
~/ungleichförmige non-uniform motion
~ von Materie matter transport
~/zufällige random motion
Bewegungsadmittanz *f* motional admittance
Bewegungsart *f* mode of motion
Bewegungsbahn *f* trajectory
Bewegungsenergie *f* kinetic energy
Bewegungsgegenkopplung *f* motional feedback
Bewegungsgesetz *n* law of motion
Bewegungsgröße *f* kinematic quantity
Bewegungsimpedanz *f* motional impedance
Bewegungskrankheit *f* kinetosis, motion sickness
bewegungslos motionless, immobile
Bewegungslosigkeit *f* immobility
Bewegungsrücklauf *m* return of motion
Bewegungsweite *f***/zu große** overtravel
Bewegungszustand *m* state of motion
bewerten to weight; to rate
~/mit der A-Kurve to A-weight
~/mit einem Exponenten to raise to a power
~/mit einer Fensterfunktion to window
~/mit einem Zeitfenster to window
Bewertung *f* weighting, rating
~ mit der A-Kurve A-weighting
~ mit einem Fenster windowing
~ mit einem Zeitfenster time windowing, windowing
~ mit Rechteckfenster Boxcar weighting
Bewertungsfaktor *m* weighting factor
~ der Geräuschspannung psophometric weight
Bewertungsfilter *n* weighting network
~ für die A-Kurve A-network
~ für die N-Kurve N network
Bewertungskurve *f* weighting curve; rating curve
~/A A-weighting curve
Bewertungsmaßstab *m* rating scale
Bewertungsskala *f* rating scale
Bewertungszahl *f* rating number
beziehen von/Leistung to draw power from
Bezugsabsorptionsfläche *f* reference absorption area
Bezugsachse *f* reference axis
Bezugsaufnehmer *m* reference pick-up, reference accelerometer
Bezugsband *n* standard (standard magnetic, reference) tape
Bezugsbereich *m* reference range
Bezugsbeschleunigung *f* reference acceleration
Bezugsdämpfung *f* reference attenuation; reference equivalent
~/objektive objective reference equivalent
Bezugsdämpfungsmeßplatz *m***/objektiver** objective reference equivalent meter
Bezugsdämpfungsmessung *f***/objektive** objective reference equivalent measurement, OREM
Bezugsdauer *f* reference duration
Bezugsfrequenz *f* reference frequency
Bezugsgröße *f* reference quantity
Bezugshörschwelle *f* normal threshold of audibility (hearing), zero hearing loss
Bezugskalibriersignal *n* calibration reference signal
Bezugsnormal *n* reference standard
Bezugspegel *m* reference level
Bezugspunkt *m* reference point

Bezugsrichtung *f* reference axis
Bezugsschalldruck *m* reference sound pressure
Bezugsschalldruckpegel *m* reference sound pressure level
Bezugsschalleistung *f* reference sound power
Bezugsschallintensität *f* reference sound intensity
Bezugsschallquelle *f* reference sound source, sound-power source
~/geeichte (kalibrierte) reference sound (noise) generator
Bezugsschallschluckfläche *f* reference absorption area
Bezugsschnelle *f* reference velocity
Bezugssignal *n* reference signal
~ zur Kalibrierung calibration reference signal
Bezugsspur *f* reference track
Bezugssystem *n* reference frame
Bezugstemperatur *f* reference temperature
Bezugston *m* reference tone
Bezugstonband *n* standard (standard magnetic, reference) tape
Bezugsübertragungsfaktor *m* reference sensitivity
Bezugswert *m* **der Beschleunigung** reference acceleration
~ der Schalleistung reference sound power
~ der Schallintensität reference sound intensity
~ der Schallschnelle (Schnelle) reference velocity
~ des Schalldrucks reference sound pressure
~ des Übertragungsfaktors reference sensitivity
Bezugszeit *f* reference duration
B-Filter *n* B network
Biegebeanspruchung *f* bending stress
Biegeeigenfrequenz *f* natural flexural frequency
Biegeelastizität *f* bending (flexural) elasticity
Biegefestigkeit *f* bending (flexural) strength, flexural rigidity
Biegekraft *f* bending force
Biegelinie *f* bending line
Biegemoment *n* bending (flexural) moment, bending couple
biegen to bend; to deflect
~/sich to bend
Bieger *m*, **Biegeschwinger** *m* bender, bending resonator, bending (flexural) vibrator
Biegeschwingung *f* bending (flexural) vibration
Biegespannung *f* bending (flexural) stress
Biegesteifigkeit *f* bending rigidity (stiffness), flexural rigidity
Biegewechselfestigkeit *f* reversed bending strength, bending-change strength
Biegewelle *f* bending (flexural) wave
Biegung *f* bending, flexure
~ der Unterlage base bending
Bildbereich *m* Laplace domain
bilden/den Durchschnitt to average
Bildfernsprechen *n* videophone, viewphone
Bildfunktion *f* Laplace transform
Bildschirm *m* screen
Bildtelefon *n* videophone, viewphone
Bildwand *f* projection screen, screen
Bildwerfer *m* projector
Binärkode *m* binary code
Binärschreibweise *f* binary notation
Binärzahl *f* binary number
Binärzähler *m* binary counter
Binärziffer *f* binary digit
B-Kurve *f* B-weighting curve
Black-box *f* black box
Blase *f* bubble; void
Blasebalg *m* bellows
blasen to blow
Blasenbildung *f* bubbling, formation of bubbles
Bläsergruppe *f* wind, wind section
Blasinstrument *n* wind instrument
Blasinstrumente *npl* wind
Blaskapelle *f* brass band
Blattfeder *f* leaf spring
Blech *n* brass *(Gruppe im Orchester)*
Blechbläsergruppe *f* brass, brass section *(Band)*
Blechblasinstrument *n* brass instrument
Blechsatz *m* brass section *(Band)*
Bleizirconat-Titanat *n* lead zirconate titanate
Blende *f* 1. shade, 2. diaphragm *(Photo, Video)*
Blindanteil *m* imaginary (reactive, reactance, quadrature, wattless) component; reactivity index
Blindenergie *f* reactive energy
Blindkomponente *f* imaginary (reactive, reactance, quadrature, wattless) component
Blindlast *f* reactive load
Blindleistung *f* reactive power
Blindleistungsanteil *m* reactivity index
Blindleitwert *m* susceptance
~/akustischer acoustic susceptance
Blindschallfeld *n* reactive sound field
Blindstandwert *m*/**akustischer** acoustic reactance
~ einer Masse inertance
~/mechanischer mechanical reactance
~/spezifischer specific acoustic reactance
Blindverhalten *n* reactivity
Blindwiderstand *m* reactance
~ [der Masse]/akustischer acoustic inertance
~/induktiver inductance
~/kapazitiver capacitance
~/mechanischer mechanical reactance
Blockdiagramm *n* block diagram
Blockflöte *f* English flute, recorder
blockieren to block, to jam
Blockschaltbild *n* block diagram
Blubbergeräusch *n* bubbling noise
Blubbern *n* bubbling, formation of bubbles

Bodediagramm *n* Bode plot, Bode diagram
Bodenecho *n* bottom echo
Bodenrückstreustärke *f* bottom scattering strength
Bodenrückstreuung *f* ground backscatter, bottom scattering
Bodenschall *m* ground-borne sound
Bodenschallaufnehmer *m* geophone, seismicrophone
Bodenstreukoeffizient *m* bottom scattering coefficient
Bogen *m* bow *(Musik)*
Bogengang *m* semicircular canal *(Ohr)*
Bogenstrich *m* bow stroke, bow
Bombardon *n* bombardon
Bootstrapschaltung *f* Bootstrap circuit
Bratsche *f* viola
brechen 1. to break; 2. to refract *(Welle)*
Brechkraft *f* refractive power
Brechung *f* refraction
Brechungsindex *m* refractive index
Brechungswinkel *m* refracting angle
Brechungszahl *f* refractive index
Breitbandfilter *n* broad-band filter, wide-band filter
Breitbandgeräusch *n* broad-band noise, wide-band noise
Breitbandrauschen *n* broad-band noise, wide-band noise
bremsen to decelerate
Bremsenquietschen *n* brake squeal
Bremsung *f* deceleration
Brennpunkt *m* focus, focal (focussing) point
Brennweite *f* focal length
Brevis *f* double whole note
Brillanz *f* brilliance
Brille *f* **mit [eingebauter] Hörhilfe** hearing-aid glasses *pl* (spectacles *pl*)
Bruchteil *m* **[/ganzzahliger]** submultiple
Brücke *f***/akustische** acoustic bridge
~ **mit vier Zweigen** four-arm bridge
Brückenabgleich *m* bridge balance
Brückenabgleichpunkt *m* bridge balance point
Brückenanordnung *f* bridge configuration
Brückengleichgewicht *n* bridge balance
Brückenschaltung *f* bridge circuit (connection, network) • **in** ~ bridge-connected
Brückenspeisung *f* bridge supply
Brückenverstimmung *f* bridge unbalance
Brückenzweig *m* bridge arm (branch), arm (leg) of the bridge
brüllen to bellow, to roar; to shout, to yell
Brumm *m* hum, ripple
Brummabstand *m* signal-to hum ratio
Brummanteil *m* hum component
Brummeinkopplung *f* ripple (hum) pick-up
Brummeinstreuung *f* ripple (hum) pick-up
brummen to hum; to buzz
Brummen *n* hum
Brummfilter *n* ripple (smoothing) filter, hum eliminator
brummfrei hum-free
Brummfrequenz *f* hum (ripple) frequency
Brummkompensationsspule *f* hum-bucking coil, hum bucker
Brummkomponente *f* hum component
Brummpegel *m* hum noise level
Brummspannung *f* hum (ripple) voltage
Brummspannungsverhältnis *n* ripple ratio
Brummstörungen *fpl* hum trouble
Brummton *m* hum, humming noise
Brustmikrofon *n* breast-plate microphone, breast transmitter
Bruststimme *f* chest voice
Buchse *f* socket, jack, female plug
~ **für Fernbedienung** remote control socket
Buckel *m* hump *(Kurvenverlauf)*
Bügel *m* headband *(Kopfhörer)*
Bühne *f* stage
Bühnenmikrofon *n* stage microphone
Bühnenrahmen *m* proscenium arch
Bund *m* fret *(Saiteninstrument)*
bündeln to focus, to concentrate
Bündelung *f* **von Schall** sound (acoustic) power concentration
Bündelungsgrad *m* front-to-random sensitivity index, directivity factor
Bündelungsmaß *n* directional gain, directivity index, front-to-random sensitivity index
Bündelungsschärfe *f* sharpness of directivity
Bus *m* bus
Butterfly-Operation *f* butterfly [operation] *(Kombinatlon von Addition und Multiplikation)*
Butterworthfilter *n* Butterworth filter
B-Verstärker *m* class-B amplifier

C

Camcorder *m* camcorder, camera-recorder
Casseiver *m* casseiver
C-bewertet C-weighted
C-Bewertung *f* C-weighting
C-Bild *n* C-scope representation *(Ultraschalldiagnostik)*
CD compact disk, CD
CD-Abspielgerät *n* compact disk player, CD player
CD-Aufzeichnungsgerät *n* compact disk recorder, CD recorder
CD-Spieler *m* compact disk player, CD player
Cello *n* violoncello, cello
Cembalo *n* harpsichord
Cent *n* cent *(Frequenzintervall)*
Cepstrum *n* cepstrum
C-Filter *n* C network
Charakteristik *f* characteristic
Charlestonmaschine *f* high hat, hi-hat

Chirp *m* chirp *(Zirpton)*
Chor *m* choir; chorus
Chordophon *n* chordophone
Chorempore *f* choir
Chorgesang *m* chorus
Chorus *m* chorus
chromatisch chromatic
Chromdioxidband *n* chromium dioxide tape
Cinch-Steckverbinder *m* cinch connector
C-Kurve *f* C-weighting curve
Cluster *m* cluster
Cochlea *f* cochlea
Cocktailparty-Effekt *m* cocktail-party effect
Compact Disk *f* compact disk, CD
~ **Disk/beschreibbare** erasable digital read and write compact disk, EDRAW-CD, write-once compact disk, WO-CD
~ **Disk/einmalig bespielbare** write-once compact disk, WO-CD
~ **Disk/lösch- und bespielbare** erasable digital read and write compact disk, EDRAW-CD
Corti-Organ *n*, **Cortisches Organ** *n* organ of Corti
Cuttermaschine *f* editing [tape] recorder, cutter
cuttern to cut; to edit *(Band, Film)*
C-Verstärker *m* class-C amplifier

D

Dachabfall *m* pulse tilt, droop
Dachschräge *f* pulse tilt, droop *(Rechteckimpuls)*
Dämmeigenschaft *f* insulating property
dämmen to insulate
Dämmfaktor *m* insulation factor
Dämmkurve *f* insulation curve
Dämmplatte *f* insulation board, structural insulation board, acoustical plate (slab)
Dämmschicht *f* insulating layer
Dämmstoff *m* insulating material, insulant, insulator, insulating substance, lag
Dämmung *f* insulation, transmission loss
Dämmungseinbruch *m* **durch Spuranpassung** coincidence dip
Dämmwirkung *f* transmission loss
Dämmzahl *f* **[für Schall]** sound insulation factor
dämpfen to attenuate, to damp; to cushion, to absorb, to soften; to mute, to muffle
~**/überkritisch** to overdamp
~**/unterkritisch** to underdamp
Dämpfer *m* damper, sound damper; muffler, silencer; deadener, sordine, sordino, mute
~ **für Schall** sound damper
Dämpferpedal *n* damper pedal
Dämpfung *f* attenuation, damping; attenuation loss; muffling, muting
~**/aperiodische** aperiodic damping
~**/atmosphärische** atmospheric attenuation
~ **auf dem Ausbreitungsweg** path loss, propagation loss
~ **bei divergierender Ausbreitung** divergence (spreading) loss, divergence decrease
~**/exponentiale** exponential damping
~**/hydraulische** hydraulic (liquid) damping, fluid friction damping
~ **im Durchlaßbereich** pass-band attenuation, attenuation in the pass-band, pass-band transmission loss
~ **im Oktavabstand [von der Bandmitte]** octave selectivity
~ **im Sperrbereich** stop band attenuation, attenuation in suppressed band, out-of-band rejection
~**/innere** internal damping
~ **je Längeneinheit** attenuation per unit length
~**/kritische** critical damping
~ **mit steiler Flanke** ski-slope loss
~**/schwache** low damping
~**/starke** high damping
~**/überkritische** overdamping, supercritical damping
~**/unterkritische** underdamping, subcritical damping
~**/viskose** viscous damping
Dämpfungsausgleich *m* attenuation equalization, attenuation correction
Dämpfungsbelag *m***/eingezwängter** constrained layer
Dämpfungsdekrement *n* damping decrement, decrement of damping, damping factor (ratio)
~**/logarithmisches** damping factor (decrement, ratio)
Dämpfungseinrichtung *f* damper
Dämpfungsentzerrung *f* attenuation equalization, attenuation correction
Dämpfungsfaktor *m* damping factor (ratio coefficient, constant), decay coefficient (constant)
Dämpfungsflüssigkeit *f* damping fluid
Dämpfungsfrequenzgang *m* attenuation-frequency curve (characteristic), attenuation [frequency] response
Dämpfungsfunktion *f* attenuation (damping) function
Dämpfungsglied *n* attenuator, attenuator pad, pad
~**/in Stufen schaltbares** step attenuator
Dämpfungskennlinie *f* attenuation characteristic
Dämpfungskoeffizient *m* attenuation coefficient
Dämpfungskonstante *f***[/längenbezogene]** attenuation per unit length
Dämpfungskurve *f* attenuation (damping) curve
Dämpfungsmaß *n* attenuation constant (ratio, factor)
~ **bei divergierender Ausbreitung** divergence loss, spreading loss, divergence decrease

Dämpfungsmaximum *n* peak of attenuation
Dämpfungsöl *n* damping fluid
Dämpfungspol *m* peak of attenuation
Dämpfungsregler *m* attenuator
Dämpfungsverlauf *m* attenuation (damping) curve, attenuation characteristic
Dämpfungsverlust *m* attenuation loss
Dämpfungsverringerung *f* damping reduction
Dämpfungszahl *f* damping coefficient
Dämpfungszylinder *m* dashpot
Darbietung *f* presentation; performance
Darbietungsart *f* mode of presentation
darstellen to display
~/graphisch to plot
Darstellung *f***/binäre** binary notation
~ der Zeitfunktion waveform plot
~/flächenhafte C-scope representation *(Ultraschalldiagnostik)*
~/graphische graph, plot
~/komplexe complex notation
~ mit räumlicher Zeitachse/perspektivische waterfall display, 3-D plot
~/vektorielle vector plot
DAT *s.* Digitalmagnetband
DAT in Längsspurtechnik stationary head DAT, S-DAT, stationary head digital audio tape, digital audio stationary head, DASH
~ mit feststehenden Tonköpfen digital audio stationary head, DASH, stationary head DAT, S-DAT, stationary head digital audio tape
~ mit rotierenden Tonköpfen rotary head DAT, R-DAT, rotary head digital audio tape
DAT-Kassettendeck *n* **für Aufnahme und Wiedergabe** play-record DAT deck
DAT-Recorder *m* DAT [player-]recorder, DAT machine
DAT-Wiedergabegerät *n* DAT player, DAT machine
Datei *f* file
Daten *pl* data
~/unverarbeitete raw data
Datenblock *m* data block; frame
Datenerfassung *f* data acquisition
Datenfluß *m***/serieller** serial data stream
Datensammlung *f* database
Datenspeicher *m* data store, data memory
Datenspeicherung *f* data storage
Datenübertragung *f* data transfer, data transmission
DAU *m* digital-to-analogue converter, DAC, digital-analogue converter
Dauer *f* duration; period [of time]
Dauerbelastbarkeit *f* long-term power handling
Dauerbetrieb *m* continuous operation; continuous play
Dauergeräusch *n* continuous noise
Dauerlärm *m* continuous noise
Dauermagnet *m* permanent magnet
Dauerschalldruckpegel/äquivalenter equivalent continuous sound pressure level, time-average sound pressure level
Dauerschalleistungspegel *m* equivalent continuous sound-power level
Dauerschallpegel *m* equivalent continuous level, equivalent continuous sound [pressure] level, time average sound [pressure] level, time-period equivalent continuous sound [pressure] level
~/äquivalenter [bewerteter] equivalent continuous level, equivalent continuous sound level, time average sound level, time-period equivalent continuous sound level
~/energieäquivalenter power average level, true-energy averaged [sound] level
Dauerschwingung *f* sustained (continuous) oscillation
Dauerschwingungspegel *m***/äquivalenter** equivalent continuous vibration level
Dauersignal *n* sustained (continuous) signal; continuous wave, cw
~/akustisches sustained audio signal
Dauerstrich *m* continuous wave, cw
Dauerton *m* continuous sound, continuous tone, permanent tone (note)
dB decibel, dB *(Pegeleinheit)*
D-bewertet D-weighted
D-Bewertung *f* D-weighting
Deck *n* deck
Decke *f* 1. blanket *(Abdeckung)*; 2. ceiling *(Raum)*; 3. table *(Saiteninstrument)*
~/abgehängte suspended ceiling
~/untergehängte suspended ceiling
Deckenmeßlabor *n* transmission suite
Deemphasis *f* de-emphasis, deemphasis
Defektoskop *n* flaw detector, defectoscope
Defektoskopie *f* defectoscopy, flaw detection, flaw identification
Deformation *f* deformation, distortion
deformieren to deform, to distort
dehnen to zoom *(Frequenz-, Zeitmaßstab)*
~/sich to strech, to expand; to elongate
~/sich kriechend to creep
Dehnmeßstreifen *m* strain gauge
~/aktiver active strain gauge
~/nichtaktiver dummy strain gauge
Dehnung *f* elongation, dilatation, stretch[ing]; strain
~/bleibende permanent (plastic) strain
~ der Darstellung trace expansion, zoom
~ der Unterlage base strain
~/elastische elastic strain (stretch)
~/plastische permanent (plastic) strain
Dehnungsausgleichsfuge *f* strain relief groove
Dehnungsfaktor *m* gauge factor
dehnungsfrei strainfree
Dehnungsmeßbrücke *f* strain bridge, strain-gauge measuring bridge

Dehnungsmeßelement *n*, **Dehnungsmeßfühler** *m* strain cell (gauge, element, sensing element)
Dehnungsmeßstreifen *m* strain gauge
~/aktiver active strain gauge
~/nichtaktiver dummy strain gauge
Dehnungsmeßstreifenrosette *f* strain-gauge rosette
Dehnungsmessung *f* strain measurement
Dehnungsverhalten *n* tensile behaviour
Dehnwelle *f* dilatational wave
Dekoder *m* decoder
dekodieren to decode
Dekodierer *m* decoder
Dekodierschaltung *f* decoding circuit
Dekodierung *f* decoding
Dekrement *n* decrement
~/logarithmisches logarithmic decrement [of damping], damping factor (decrement, ratio, constant), decay coefficient, decay constant
Delogarithmierer *m* antilog converter
Delogarithmierschaltung *f* antilog converter
Delta-Scherschwingungsaufnehmer *m* delta shear pick-up
Delta-Stereophoniesystem *n* delta stereophony system
Demodulation *f* demodulation; detection
Demodulator *m* demodulator, detector
Demodulatorstufe *f* demodulator (detector) stage
demodulieren to demodulate, to detect
deutlich distinct, clear, cleary articulated
Deutlichkeit *f* distinctness, clearness, clarity; early energy fraction *(Raumakustik)*
~ der Aussprache clarity of speech
Dezibel decibel, dB *(Einheit des Pegels)*
Dezimalanzeige *f* decimal representation (reading)
Dezimaldarstellung *f* decimal notation
Dezimalkode *m* decimal code
Dezimalschreibweise *f* decimal notation
Dezimalzahl *f* decimal number
Dezimalzähler *m* decimal counter
Dezimalziffer *f* decimal digit
D-Filter *n* D network
DFT discrete Fourier transform (transformation), DFT
Diagramm *n* diagram, graph, plot, chart
Diagrammblatt *n* chart
Diagrammstreifen *m* chart, strip chart, record chart; recording paper, chart paper
Diamant[abtast]nadel *f* diamond stylus
diatonisch diatonic
Diatonvortrag *m* tape-slide lecture
dicht 1. dense; 2. sealed, leakproof; impervious, tight
Dichte *f* density; mass density
~/spektrale spectral (spectrum) density
Dichtepegel *m* **[des Schalldrucks]/spektraler** spectrum pressure level
Dichtheit *f* tightness
Dichtung *f* seal, sealing
Dichtungsmasse *f*, **Dichtungsmittel** *n* sealant
Dichtungssatz *m* sealing kit
Dickenschwinger *m* compression-type vibrator, thickness vibrator, thickness oscillator
Dickenschwingung *f* compression-type vibration, thickness vibration, thickness oscillation
Dielektrikum *n* dielectric, dielectric material
dielektrisch dielectric[al]
Dielektrizitätskonstante *f* dielectric constant, dielectric coefficient, permittivity
Differential *n* differential
Differentialquotient *m* derivative, differential quotient
Differentiation *f* differentiation
Differenz *f* difference; differential
~ der Schwellenverschiebung zwischen Luft- und Knochenleitung air-bone gap, bone air gap
~ des Hörverlustes zwischen Luft- und Knochenleitung air-bone gap, bone air gap
~ von Druck- und Intensitätspegel pressure-intensity index, reactivity index, phase index
Differenzdruck *m* difference pressure, differential pressure
Differenzfrequenz *f* intermodulation frequency, difference frequency
differenzieren [/nach x] to differentiate [with respect to x]
Differenzierglied *n* differentiating network
Differenzierschaltung *f* differentiating circuit
Differenzierung *f* differentiation
Differenzsignal *n* differential signal
Differenzton *m* difference (differential) tone, intermodulation tone
Diffraktion *f* diffraction
diffus diffus; random
Diffuseichung *f* diffuse-field calibration
Diffusempfindlichkeit *f* diffuse-field sensitivity, random[-incidence] sensitivity, reverberant-field sensitivity
Diffusfeld *n* diffuse [sound] field
Diffusfeldeichung *f* diffuse-field calibration
Diffusfeldfrequenzgang *m* diffuse-field response, random-incidence response (characteristic)
Diffusfeldübertragungsfaktor *m* diffuse-field sensitivity, random[-incidence] sensitivity, reverberant-field sensitivity
Diffusfrequenzgang *m* diffuse-field response, random-incidence response (characteristic)
~/relativer diffuse-field frequency response level
Diffusität *f* diffusivity
Diffuskalibrierung *f* diffuse-field calibration
Diffusmikrofon *n* random incidence microphone

Diffusor *m* diffuser, diffusor; random-incidence corrector
Diffusübertragungsfaktor *m* diffuse-field sensitivity, random[-incidence] sensitivity, reverberant-field sensitivity
Diffusübertragungsmaß *n* diffuse-field sensitivity level, random-incidence sensitivity level
Digital-Analog-Umsetzer *m* digital[-to]-analogue converter, DAC
Digital-Analog-Umsetzung *f* digital[-to]-analogue conversion
Digital-Analog-Wandler *m* digital[-to]-analogue converter
Digital-Analog-Wandlung *f* digital[-to]-analogue conversion
Digitalanzeige *f* digital display (read-out), digital (numerical) indication
Digitalaufzeichnung *f* digital recording
Digitalfilter *n* digital filter
Digitalinterface *n* **für Musikinstrumente** musical instrument digital interface, MIDI
digitalisieren to digitize
Digitalisierung *f* digitization
Digitalmagnetband *n* DAT, digital audio tape *(Zusammensetzungen s. unter* DAT*)*
Digitalmagnetbandtechnik *f* DAT, digital audio tape
Digitalschallplatte *f* compact disk, CD
~/einmalig bespielbare write-once compact disk, WO-CD
~/lösch- und bespielbare erasable digital read and write compact disk, EDRAW-CD
~/wiederholt bespielbare erasable digital read and write compact disk, EDRAW-CD
Digitalschallplattensystem *n* compact disk digital audio, CD-DA
Digitalsignal *n* digital signal
Digitaltonband *n* DAT, digital audio tape
Digitaltonbandtechnik *f* DAT, digital audio tape
Diktiergerät *n* dictating device, dictation machine, dictaphone
Dilatation *f* dilatation
Dilatationswelle *f* dilatational wave
Dimensionierung *f*/**akustische** acoustical design
Diplacusis *f* diplacusis
Dipol *m* dipole
Diracimpuls *m* needle pulse, Dirac pulse (impulse)
Direktantrieb *m* direct drive
Direktaufzeichnung *f* direct recording
Direktschall *m* direct sound, primary sound
Direktschallfeld *n* primary sound field
Direktschnitt *m* direct disk recording
~ auf Metall direct metal mastering, DMM
~ ohne Zwischenspeicherung direct disk recording
Direktübertragung *f* live broadcast, live transmission, live programme
dirigieren to conduct
Disharmonie *f* disharmony
disharmonisch disharmonious, inharmonious
Diskant *m* descant; treble
Diskantregler *m* treble control
Diskette *f* floppy disk, disk
Diskettenlaufwerk *n* disk drive
Diskjockey *m* disk jockey *(sl.)*
Disko *f* discotheque, disco
diskontinuierlich discontinuous
Diskontinuität *f* discontinuity
Diskothek *f* discotheque, disco
diskret discrete; lumped
Dispersion *f* dispersion
~/akustische acoustic dispersion
~ von Schallwellen acoustic dispersion
dispersiv dispersive
Dissipation *f* **von Schall** sound dissipation
Dissipationsgrad *m* dissipation factor
Dissipationskonstante *f* dissipation constant
dissonant discordant
Dissonanz *f* discord, disharmony
Distanzhalter *m* spacer
Distanzstück *n* spacer; extension rod
Divergenz *f* divergence, divergency, spreading
divergenzfrei sein to have zero divergence
divergieren to diverge
D-Kurve *f* D-weighting curve
DMM direct metal mastering, DMM
Dolbysystem *n* Dolby system *(Rauschminderung)*
Dominante *f* dominant
dominierend dominant
donnern to thunder, to boom
Doppelgriff *m* double stop
doppelhöckrig double-humped *(Diagramm)*
Doppelkassettendeck *n* double cassette deck
Doppelkohlemikrofon *n* push-pull carbon microphone
Doppelkonus *m* twin cone
Doppelkonuslautsprecher *m* dual-cone loudspeaker, twin-cone loudspeaker, duo-cone loudspeaker
Doppelkopfhörer *m* double headphone
Doppelrohrblattinstrument *n* double-reed instrument
Doppelspielband *n* double tape
Doppelspuraufzeichnung *f* half-track recording, two-track recording, twin-track recording
doppelspurig half-track, two-track, twin-track
Doppelspurtonbandgerät *n* dual-track [tape] recorder, half-track recorder, two-track recorder
Doppelzackenschrift *f* duplex variable-area track, bilateral [area] track, double-edged variable width sound track
Dopplereffekt *m* Doppler effect
Doppler-Frequenzverschiebung *f* Doppler frequency shift, Doppler shift

Doppler-Strömungsmesser *m* Doppler flowmeter
Doppler-Verschiebung *f* Doppler shift
Dose *f* capsule
Dosimeter *n* dose meter, dosage meter, dosimeter, exposure meter
Dosis *f* dose, dosis; exposure
~/höchstzulässige maximum permissible dose
~/relative percentage dose (dosis) *(in Prozent)*
~/unschädliche safe exposure
~/zulässige permissible dose, permissible exposure
Drahtdehnmeßstreifen *m* wire strain gauge, bonded-wire strain gauge
Drahttonaufnahme *f* magnetic wire recording
Drahttonaufzeichnung *f* magnetic wire recording
Drahtton[aufzeichnungs]gerät *n* magnetic wire recorder, wire recorder
Drahttongerät *n* magnetic wire recorder, wire recorder
Drall *m* spin, angular momentum; twist
Drallvektor *m* torsion vector
Drehachse *f* rotation axis
Drehbeschleunigung *f* angular (circular) acceleration
Drehbeschleunigungsaufnehmer *m* angular accelerometer
Drehbeschleunigungsmesser *m* angular accelerometer
Drehbewegung *f* rotary motion
Drehbühne *f* revolving stage
Drehebene *f* plane of rotation
drehen to turn, to rotate, to revolve
~/gegensinnig to counter-rotate
~/sich to rotate, to revolve
~/sich gegensinnig to counter-rotate
drehend/sich rotary, rotating
Drehfeder *f* torsion spring
Drehgalgen *m* rotating boom
Drehimpuls *m* spin, angular momentum
Drehkraft *f* torsional (twisting) force
Drehmoment *n* torque
Drehpunkt *m* centre of rotation (revolution)
Drehrichtung *f* rotational direction, direction of rotation
Drehschalter *m* rotary[-type] switch
Drehschwinger *m* torsional vibrator (resonator)
Drehschwingung *f* rotational vibration, torsional vibration, angular vibration
Drehschwingungsdämpfer *m* torsional damper
Drehschwingungsfrequenz *f* torsional frequency
Drehsinn *m* rotation sense, sense of rotation
Drehspule *f* moving coil
Drehsteifigkeit *f* torsional stiffness (rigidity)
Drehtisch *m* turntable
Drehung *f* rotation, revolution; turn; torsion
~ gegen den Uhrzeigersinn anticlockwise rotation, counter-clockwise rotation
~ im Uhrzeigersinn clockwise rotation
Drehvektor *m* torsion vector
Drehvorrichtung *f* rotator
Drehwinkel *m* rotational angle, angle of rotation
Drehzahl *f* speed of rotation, speed, number of revolutions [per unit time]
~/kritische critical speed
Drehzahlmeßsonde *f* tachometer probe
Drehzahlregelung *f* speed control; pitch control *(Schallaufzeichnung)*
Drehzahlumschalter *m* speed selector
Dreieckschwingung *f* triangular oscillation
Dreiecksignal *n* triangular signal
Dreiecksimpuls *m* triangle (triangular) pulse
Dreifachspielband *n* triple tape
Dreiklang *m* triad, common chord
Dreikomponentenaufnehmer *m* triaxial sensor (pick-up)
Dreikomponentenbeschleunigungsaufnehmer *m* triaxial accelerometer
Dreiwegelautsprecher *m* three-way loudspeaker [system], three-way speaker
Drift *f* drift
driften to drift
Dritteloktave *f* third octave, one third octave
dröhnen to boom
Dröhnen *n* boom, booming
Drop-Out *n* drop-out *(Magnetband)*
Druck *m* pressure; compression • **unter ~ setzen** to pressurize; to inflate
~/atmosphärischer atmospheric (air, barometric, ambient) pressure
~/auf Meereshöhe bezogener sea-level pressure
~/ruhender static pressure
~/statischer static pressure
Druckabfall *m* pressure drop (decrease)
Druckamplitude *f* pressure amplitude
Druckänderung *f* pressure change
Druckanstieg *m* pressure increase, rise in pressure
Druckaufnehmer *m* pressure gauge (pick-up), pressure sensor (cell)
~ für hohe Intensität blast gauge
Druckausgleich *m* pressure equalization, equalization of pressure
~/statischer static pressure equalization
Druckausgleichskammer *f* expansion chamber
Druckausgleichskapillare *f* pressure-equalization leak (vent), pressure-equalizing tube, vent
Druckausgleichsöffnung *f* pressure-equalization leak (vent), pressure-equalizing tube
Druckbauch *m* pressure antinode *(stehende Welle)*
druckdicht pressure-tight, pressure-sealed
Druckdifferenz *f* pressure difference
Druckeichung *f* pressure calibration

druckempfindlich pressure-sensitive, pressure-responsive, pressure-sensing; pressure-actuated
Druckempfindlichkeit *f* pressure sensitivity (response)
drucken to print
drücken to press, to depress
Druckerhöhung *f* pressure increase, rise in pressure
Druckfrequenzgang *m* pressure [frequency] response
Druckgefälle *n* pressure gradient
Druckgefäß *n* pressure vessel
Druckgradient *m* pressure gradient
Druckgradientenmikrofon *n* pressure-gradient microphone
Druckimpuls *m* pressure [im]pulse
Druck-Intensitäts-Index *m* pressure-intensity index, reactivity index, phase index
~/remanenter (residueller) residual pressure-intensity index, residual intensity index
Druckkalibrierung *f* pressure calibration
Druckkammer *f* pressure chamber
Druckkammereichung *f* pressure-chamber calibration
Druckkammerkalibrierung *f* pressure-chamber calibration
Druckkammerlautsprecher *m* pressure-chamber loudspeaker, pneumatic loudspeaker, air-chamber loudspeaker
Druckknopf *m* press (push) button
Druckknoten *m* pressure node *(stehende Welle)*
Druckluft *f* compressed (compression) air
Drucklufthammer *m* pneumatic hammer
Druckluftwerkzeug *n* pneumatic tool
Druckmeßdose *f* pressure gauge (pick-up), pressure sensor (cell)
Druckmeßwandler *m* pressure transducer
Druckmikrofon *n* pressure[-sensing] microphone
Druck-Schnelle-Sonde *f* pressure-velocity probe
Druckschwankung *f* pressure fluctuation
Drucksensor *m* pressure gauge, pressure pick-up, pressure sensor (cell)
Druckstau *m* pressure increase, rise in pressure *(Mikrofon)*
Druckstauentzerrung *f* equalization for pressure increase
Drucktaste *f* press (push) button, pushkey, key
Druckübertragungsfaktor *m* pressure sensitivity (response)
Druckübertragungsmaß *n* pressure sensitivity level
~/relatives pressure frequency response level
Druckunterschied *m* pressure difference
Druckwandler *m* pressure transducer
Druckwelle *f* compression[al] wave; blast
dual dual, binary
Dualzahl *f* binary number
dumpf dull *(Klang)*
dunkel dull *(Klang)*
durchbiegen to deflect
Durchbiegung *f* deflection, flexure
~/statische static deflection
durchdringen to penetrate
durchdringend shrill *(Stimme)*
Durchfluß *m* flow
Durchgang *m* passage
durchkopieren to print through *(Magnetband)*
Durchkopieren *n* print through [effect], print effect
Durchlaß *m* passage
Durchlaßband *n* pass-band, passband; filter transmission band
Durchlaßbandbreite *f* pass-band width, pass range
~ des Filters filter transmission band, filter pass band
Durchlaßbereich *m* pass-band, passband, pass range, transmission band
Durchlaßcharakteristik *f* transmission characteristic (curve)
~ des Bandpasses band-pass characteristic, band-pass response, filter characteristic
Durchlaßdämpfung *f* pass-band attenuation, attenuation in the pass-band, pass-band transmission loss
durchlassen to pass, to transmit
Durchlaßfrequenz *f* pass frequency
durchlässig 1. transmission, transmitting; 2. permeable; porous
Durchlässigkeit *f* transmittance, transmissivity
Durchlässigkeitsgrad *m* transmission factor, transmittance, transmittancy
Durchlaßkurve *f* transmission characteristic (curve)
~ des Bandpasses band-pass characteristic (response), filter characteristic
Durchlauf *m* scan, sweep
~ mit [vorher] gespeicherten Parametern memory sweep
Durchlaufdauer *f* sweep time (duration)
durchlaufen to scan, to traverse; to sweep
Durchlaufgeschwindigkeit *f* sweep rate, sweep speed
Durchlaufzeit *f* sweep time (duration)
Durchsatzrate *f* throughput rate
durchschallen [mit Ultraschall] to irradiate by ultrasonic waves
Durchschallung *f* **[mit Ultraschall]** irradiation by ultrasonic waves
durchschalten/automatisch to autoscan
Durchschaltung *f* **[des Signals]** routing
durchsichtig transparent
Durchsichtigkeit *f* transparency; clarity [of tone], definition *(Raumakustik)*
~/mangelhafte lack of definition

durchstimmbar tunable
~/kontinuierlich continually variable
durchstimmen to sweep, to scan
~/automatisch to autoscan
Durchstimmen *n* sweep
~ mit [vorher] gespeicherten Parametern memory sweep
Durchstimmgeschwindigkeit *f* sweep rate, sweep speed
Durchstrahlungsverfahren *n* single traverse technique
Durchtritt *m* passage
Durtonart *f* major key
Durtonleiter *f* major scale
Düsenlärm *m* jet noise
Dynamik *f* volume range, dynamic range, DR; dynamic response (characteristic)
~ des Demodulators (Gleichrichters) detector response
dynamikbegrenzend volume-limiting
Dynamikbegrenzer *m* volume limiter
Dynamikbereich *m* dynamic range, DR, volume range; dynamic capability, dynamic span
~/nutzbarer sound-noise ratio, SNR
~/verarbeiteter dynamic capability, dynamic span
Dynamikdehner *m* volume (dynamic) expander, expander
Dynamikdehnung *f*, **Dynamikerweiterung** *f* volume (dynamic) expansion, expansion
Dynamikexpander *m* volume (dynamic) expander, expander
Dynamikexpansion *f* volume (dynamic) expansion, expansion
Dynamikkompression *f* volume compression (contraction), dynamic compression, compression
Dynamikkompressor *m* volume compressor (contractor), dynamic compressor, compressor
Dynamikregelung *f* dynamic range control, volume range control; companding
Dynamikregler *m* compander, compandor
~ mit gleitender Grenzfrequenz sliding-band compander
Dynamikverlauf *m* volume range characteristic
dynamisch dynamic[al]; electrodynamic

E

eben flat, level, smooth
Ebene *f* plane; level
~/komplexe complex plane
ebnen to level, to smooth
Echo *n* echo
~ durch Materialfehler flaw echo
~ einer Grenzfläche boundary echo
echoartig echoic
Echoausblendung *f* echo gating
Echodämpfung *f* return loss
Echoentfernungsmessung *f* echo ranging
Echogramm *n* reflectogramm, echo pattern
Echoimpuls *m* echo pulse
Echolaufzeit *f* echo delay (transmission) time, echo time, echo interval
Echolot[gerät] *n* echo sounder, depth (ultrasonic, acoustic) sounder, sonic depth finder (gauge), sounder
Echolotsystem *n* echo sounding system
Echolotung *f* echo sounding, echo depth sounding, ultrasonic (supersonic, acoustic, reflection) [echo] sounding, phonotelemetry
Echoortung *f* echo location, echo ranging
Echounterdrückung *f* echo cancellation, echo suppression, echo killing *(sl)*
Echoverzögerungszeit *f* echo delay time, echo time, echo interval
Echoweg *m* echo path
Echowelle *f* echo (reflected) wave
Echowirkung *f* echo effect
Echtzeit *f* real time
Echtzeitabtaster *m* real-time scanner
Echtzeitanalysator *m* real-time analyzer
Echtzeitanalyse *f* real-time analysis
Echtzeitbetrieb *m* real-time operation (processing)
Echtzeitfrequenzanalysator *m* real-time frequency analyzer
Echtzeitfrequenzbereich *m* real-time frequency range
Echtzeitgrenzgeschwindigkeit *f* real-time rate
Echtzeitverarbeitung *f* real-time operation (processing)
Eckfrequenz *f* cut-off frequency, corner frequency, edge frequency
Edisonschrift *f* Edison track
Effekt *m*/**elektrophonischer** electrophonic effect
~/piezoelektrischer piezoelectric effect
~/reibungselektrischer triboelectric effect
~/stroboskopischer stroboscopic effect
effektiv root-mean-square, rms, RMS *(quadratisch gemittelt)*
Effektivwert *m* root-mean-square [value], rms value, RMS value
~/logarithmisch gestufter logarithmic mean square, LMS
Effektpedal *n* flanger
Eichdiagramm *n* calibration chart
Eichelektrode *f* electrostatic actuator
eichen to calibrate
Eicherreger *m* calibration exciter
Eichfaktor *m* calibration factor
Eichfehler *m* calibration error
Eichfrequenz *f* standard (normal, calibration) frequency
Eichgenauigkeit *f* calibration accuracy

Eichgenerator *m* calibrating generator
Eichgerät *n* calibrator
Eichgitter *n* electrostatic actuator
~/elektrostatisches electrostatic actuator
Eichkontrolle *f* calibration check
Eichmarke *f* calibration mark
Eichmikrofon *n* reference (standard) microphone
Eichnormal *n* calibration standard
Eichpegel *m* calibration level
Eichschallquelle *f* acoustic (sound level) calibrator
Eichschwingtisch *m* calibration exciter, vibration calibrator
Eichsignal *n* calibration (calibrating) signal
Eichspannung *f* calibration voltage
Eichstrich *m* calibration mark
Eichtabelle *f* calibration chart
Eichtisch *m* calibration exciter
Eichton *m* reference tone
Eichung *f* calibration
~ am Meßort field calibration
~ unter Einsatzbedingungen field calibration
Eigenfrequenz *f* natural (characteristic) frequency; eigentone
~/ungedämpfte undamped natural frequency
Eigengeräusch *n* inherent (internal, residual, background) noise, self-noise, self-generated noise; noise background (floor)
Eigenmode *f* natural mode, eigenmode, characteristic mode
~ der Querschwingung transverse mode
~ des ungedämpften Systems normal mode
Eigenrauschen *n* inherent (internal, residual, background) noise, self-noise; noise background (floor)
Eigenresonanz *f* natural resonance
Eigenschaften *fpl* **des Anzeigeinstruments/dynamische** meter response; meter ballistics
~ des Demodulators (Gleichrichters)/dynamische detector response
Eigenschwingung *f* natural vibration, characteristic vibration, eigenvibration
~ des ungedämpften Systems normal mode of vibration (oscillation)
~/transversale transverse mode of vibration
Eigenschwingungsdauer *f* natural period of vibration
Eigenschwingungsform *f* normal mode of oscillation (vibration)
eigenschwingungsfrei dead-beat
Eigenschwingungsmode *f* natural mode (eigenmode, characteristic mode) of vibration (oscillation)
Eigenspannung *f* internal stress
Eigentest *m* self-test, self-check
Eigenwert *m* eigenvalue
einblenden to fade in
Einblenden *n* fade-in
Einblendung *f* **[/weiche]** fade-in
Einbruch *m* dip, notch *(Diagramm)*
Eindringtiefe *f* penetration depth
Einfachecho *n* single echo
Einfachimpuls *m* single pulse
Einfall *m* incidence *(Welle)*
~/diffuser random incidence
~/frontaler frontal incidence
~/schräger oblique incidence
~/senkrechter normal (vertical, perpendicular) incidence
~/statistischer random incidence
~/streifender grazing incidence
~ von vorn frontal incidence
einfallend incident *(Wellen)*
~/frontal frontally incident
Einfallsrichtung *f* direction of incidence, incident direction
Einfallswinkel *m* angle of incidence, incidence angle
einfangen to capture
Einfluß *m* **der Druckausgleichskapillare** vent sensitivity
einfrieren to freeze *(Bewegung, Zustand)*
einfügen to insert; to splice in *(Signalausschnitt)*
Einfügung *f* insertion
Einfügungsdämpfung *f* insertion loss
~ des Sonardoms sonar dome insertion loss
Einfügungsgewinn *m* insertion gain
Einfügungsverstärkung *f* insertion gain
Eingabe *f* **über Tastatur** keyboard entry
Eingabeeinheit *f* **für akustische Signale** audio-response unit
Eingang *m* input
~ für Regelsignal compressor input
~/symmetrischer balanced input
~/unsymmetrischer unbalanced input
~ vom [externen] Zusatzgerät line in, aux in
einstellbar adjustable, settable
~/durch Schalter switch-selected
~/in Stufen step-adjustable
~/kontinuierlich continuously adjustable
Eingangsadapter *m* input adapter
Eingangsadmittanz *f* input admittance
Eingangsbereich *m* input range
Eingangsbereichswahl *f* input range selection
~/automatische input autorange
Eingangsbuchse *f* input socket (jack, connector)
Eingangsgröße *f* input quantity, input
Eingangsimpedanz *f* input impedance
Eingangsklemme *f* input terminal
Eingangsmitgang *m* **des Ohres** aural [acoustic] admittance
Eingangspegel *m* input level
Eingangsrauschen *n* input noise
Eingangsrauschspannung *f* input noise voltage
Eingangsschaltung *f* input circuit
Eingangsscheinleitwert *m* input admittance

Eingangsscheinwiderstand *m* input impedance
Eingangssignal *n* input signal, input
Eingangsspannungsregler *m*, **Eingangsspannungsteiler** *m* input attenuator
Eingangsstandwert *m* **des Ohres** aural [acoustic] impedance
Eingangssteckverbinder *m* input socket (connector)
Eingangstransformator *m* input transformer
Eingangsübertrager *m* input transformer
Eingangsverstärker *m* input amplifier
Eingangsverstärkung *f* input gain
Eingangsverstärkungsfaktor *m* input gain
Eingangsvorverstärker *m* input preamplifier
Eingangswahlschalter *m* input selector [switch]
eingebaut built-in, integral
eingeben to feed, to input *(Signal)*; to enter, to key in *(Daten)*
Eingehülltsein *n*/**räumliches** envelopment *(Raumakustik)*
eingeschwungen steady-state
Eingrenzung *f* localization *(Schadstelle)*
Eingrenzungsverfahren *n* method of tracking
Einheitsimpuls *m* unit pulse, unit impulse; unit sample *(digital)*
Einheitskreis *m* unit circle
einhüllen to envelop
Einhüllende *f* envelope, envelope curve
einkanalig single-channel; monaural
einkapseln to encapsulate, to enclose
Einkapselung *f* encapsulation
Einklang *m* consonance; harmony
Einlaufrille *f* run-in spiral (groove), lead-in spiral
Einlaufzeit *f* warm-up time
einlegen to load *(Film, Kassette)*
Einlegen *n* **von vorn** front loading
Einleitungsstelle *f* driving point
Einmessen *n* **vor einer Veranstaltung** preshow sound check
einohrig monaural
einordnen to rank; to zone
~/sich to rank
Einordnung *f* **in Lärmzonen** noise zoning
einpegeln to adjust the level
Einpegeln *n* level adjustment
Einpegelung *f* level adjustment
einrasten to latch
einregeln to adjust
~/den Pegel to adjust the level
Einregulierung *f* adjustment
Einrichtung *f* set-up; equipment
~ zur Anhebung emphasizer
~ zur Kompensation der Skatingkraft antiskating device
Einsattelung *f* dip *(Kurvenzug)*
Einsatz *m* use *(Anwendung)*; attack *(Klang)*; cartridge *(eingesetztes Teil)*
~ unter Betriebsbedingungen field use
~ unter Feldbedingungen field use
Einsatzbedingungen *fpl* field conditions
Einsatzgeschwindigkeit *f* attack rate
Einsatzpunkt *m* **der Begrenzung** clipping level
Einschaltdauer *f* on time, on period
einschalten to switch on, to turn on, to connect; to insert, to loop in
~/in den Stromkreis to loop in
Einschaltzeit *f* on time, on period
Einschlafbetrieb *m* sleep, sleep-mode
einschleifen to loop in
einschließen to encapsulate, to enclose, to encase
~/in eine Kapsel to encapsulate, to enclose
einschneiden to cut
Einschwingbewegung *f* transient motion
Einschwingdauer *f* build-up time, onset time
einschwingen to build up
Einschwingverhalten *n* transient
Einschwingvorgang *m* build-up, building-up [process]; build-up transient, initial transient, transient, transient phenomenon
Einschwingzeit *f* transient period, build-up time, onset time; settling time; response time, time of response, transient response time *(Filter)*
~ eines Filters filter response time
Einschwingzustand *m* transient condition (state, regime)
Einsenkung *f* dip, notch *(Diagramm)*
Einsondenverfahren *n* single probe technique
einspeisen to feed, to input, to apply, to supply
Einspeisepunkt *m* feeding point, feed-in point
Einspeisung *f* supply
Einsprechöffnung *f* acoustic (microphone) inlet (mouthpiece), transmitter inlet
~ des Mikrofons microphone mouthpiece
Einspuraufzeichnung *f* single-track recording
Einsteckgerät *n* ear insert *(Hörgerät)*
Einsteckhörer insert (insertion) earphone; telephone olive
einstellbar/vom Anwender (Benutzer) user-selected, user selectable
einstellen to adjust, to set; to regulate
~/den Pegel to adjust the level
~/neu to reset; to readjust
einstellend/sich [bei Fehlen von Vorgaben] automatisch default
Einstellrad *n* control wheel
Einstellung *f* adjustment; regulation
~/genaue fine tuning, sharp tuning
Einstellungsaudiogramm *n* baseline audiogram
Einstellzeit *f* response time; settling time
einstimmig unisonant, unisonous
Einstimmigkeit *f* unison
Einstreuung *f* stray pick-up
~/elektrische electrical pick-up
Einströmen *n* inflow, influx
eintasten to key in

Eintastenbedienung *f* **bei Aufnahme** one touch record (recording)
eintaumeln to align *(Kopfspalt)*
Eintaumeln *n* alignment, gap alignment *(Kopfspalt)*
Einteilung *f* **in Lärmzonen** noise zoning
~ **in Zonen** zoning
eintönig monotonous
Eintönigkeit *f* monotony, monotonousness
Eintreffen *n* **von vorn** frontal incidence *(Welle)*
Eintrittsöffnung *f* throat *(Schalltrichter)*
Einweggleichrichter *m* half-wave rectifier, single-wave rectifier, single-way rectifier, one-way rectifier
Einwirkdauer *f* exposure time, duration of exposure
Einwirkung *f* exposure
~**/unschädliche** safe exposure
~**/unzulässig starke** overexposure
~**/wechselseitige** interaction
~**/zu starke** overexposure
Einwirk[ungs]zeit *f* exposure time, duration of exposure; on time, on period
Einzahlangabe *f* single number parameter, single unit descripter
Einzelbild *n* frame *(Video)*
Einzelereignis *n* single event
Einzelgerät *n* stand-alone [device]
Einzelhörer *m* single headphone *(Kopfhörer)*
Einzelimpuls *m* single pulse
Einzelkopfhörer *m* single headphone
Einzelrohrblattinstrument *n* single reed instrument
Einzelsilbe *f* monosyllable
Einzelwortverständlichkeit *f* discrete word intelligibility
Einzollmikrofon *n* one-inch microphone
Eisenband *n* metal[-alloy] tape
Eisenkern *m* iron core
Eisenoxid *n* iron oxide
Eisen(II)-oxid *n* ferrous oxide
Eisen(III)-oxid *n* ferric oxide
Eisenpulver *n* iron powder, iron dust, powdered iron
elastisch elastic, resilient; springy
Elastizität *f* elasticity, resilience
Elastizitätsgrenze *f* elastic limit
Elastizitätskonstante *f* elastic constant
Elastizitätsmodul *m* modulus of elasticity, Young's modulus of elasticity, elastic modulus, stress modulus
Elektret *m* electret
Elektretfernsprechmikrofon *n* electret telephone microphone
Elektretgegenelektrode *f* back electret
Elektret[kondensator]mikrofon *n* electret microphone, prepolarized capacitor (condenser) microphone
Elektroakustik *f* electroacoustics
Elektroakustiker *m* electroacoustician
elektroakustisch electroacoustic[al]
Elektrodynamik *f* electrodynamics
elektrodynamisch electrodynamic
Elektromagnet *m* electromagnet
elektromagnetisch electromagnetic[al]
Elektromechanik *f* electromechanics
elektromechanisch electromechanical
Elektronenröhre *f* tube, valve
elektrostatisch electrostatic[al]
Elektrostriktion *f* electrostriction, converse piezoelectric effect
elektrostriktiv electrostrictive
Element *n* element, component
~**/konzentriertes** lumped component (element)
Emission *f* emission
emittieren to emit, to eradiate
E-Modul *m* modulus of elasticity, Young's modulus of elasticity, elastic modulus, stress modulus
Empfang *m* reception
empfangen to receive
Empfänger *m* receiver, detector
empfänglich [für] susceptible [to]
Empfänglichkeit *f* susceptibility
Empfangspegel *m* receive level *(Dämmungsmessung)*
Empfangsraum *m* receiving room
Empfangsseite *f* receiving end, receive side
empfangsseitig at the receiving end
Empfangssignal *n* received signal, incoming signal
empfinden to feel, to perceive
empfindlich für (gegen) sensitive to; susceptible to
Empfindlichkeit *f* sensitivity; susceptibility
~ **bei Nahbesprechung** close-talking sensitivity (response)
~ **für Schall** acoustic sensitivity
~ **für Spannung** sensitivity (response) to voltage
~ **für Strom** sensitivity (response) to current
~ **für Tastendruck nach Anschlagen** after-touch sensitivity
~ **im freien Schallfeld** free-field sensitivity
~ **in Achsrichtung** axial sensitivity (response), on-axis response
~**/mittlere bewertete** loudness rating *(Fernsprechhandapparat)*
~ **über alles** overall sensitivity
Empfindlichkeitsfaktor *m* gauge factor *(Dehnmeßstreifen)*
Empfindung *f* sensation, perception
Empfindungsschwelle *f* sensory threshold, threshold of sensation, threshold of perception
Endabschaltung *f***/automatische** auto stop
Endausschalter *m* limit switch
Endausschlag *m* full-scale deflection, FSD
Endgerät *n* terminal; subset *(Telefon)*

Endlosband *n* tape loop
Endlosbetrieb *m* **[durch Laufrichtungsumkehr]** reverse mode
Endstelle *f* terminal
Endstufe *f* [power] output stage
~/eisenlose transformerless [power] output stage
Endverstärker *m* power amplifier, power amp
Endverstärkerstufe *f* power amplifier stage
Endwert *m* **des Anzeigebereichs (Meßbereichs)** full-scale value
energetisch energetic
Energie *f* energy; power
~/abgegebene energy output
~/kinetische kinetic energy
~/potentielle potential energy
~/thermische thermal energy
~/zugeführte energy input
Energieanalyse *f***/statistische** statistical energy analysis, SEA
energiearm low-energy
Energiedichte *f* energy density
~/spektrale energy spectral density
Energieerhaltung *f* energy conservation
Energiefluß *m* energy flow, energy flux
Energiegleichgewicht *n* energy balance
Energiehaushalt *m* energy balance
Energiemittelungspegel *m* true-energy averaged [sound] level
Energiepegel *m* sound exposure level, single event noise exposure level, SEL
Energiequelle *f* source of energy; power supply
energiereich high-energy
Energiespeicher *m* energy store
Energiespeicherung *f* energy storage
Energietransport *m* energy transport
Energieumwandlung *f* energy conversion
Energieverlust *m* dissipation of energy
Energiewirkungsgrad *m* energy efficiency
Energiezufuhr *f* energy input
Entbrummer *m* hum eliminator
Entbrummspule *f* hum-bucking coil, hum bucker
entdämpfen to reduce damping
Entdämpfung *f* damping reduction
entdröhnen to deaden
Entdröhnmittel *n* vibration deadener, deadener; mastic deadener
Entdröhnspachtel *m* mastic deadener
Entdröhnung *f* sound deadening, deadening, damping treatment
Entdröhnungsmittel *n* deadening material, sound-deadening material, sound deadener
Entfernungsgesetz *n* inverse distance law
~/quadratisches inverse square law
Entfernungsmesser *m***/akustischer** sound ranger
Entfernungsmessung *f***/akustische** sound (acoustic, sonic) ranging, phonotelemetry
entfeuchten to dehumidify, to desiccate
Entfeuchter *m* dehumidifier
Enthallung *f* dereverberation
entkoppeln to decouple, to uncouple
Entkopplungsschaltung *f* decoupling network
entladen to discharge; to unload
Entladezeitkonstante *f* discharging time constant
entlüften to vent
Entlüfter *m* exhauster, exhaust fan, exhausting fan, exhaust blower
entmagnetisieren to demagnetize, to degauss
Entmagnetisiergerät *n* **für Tonköpfe** tape head demagnetizer
Entmagnetisierung *f* demagnetization, degaussing
entschlüsseln to decode
Entschlüsselung *f* decoding
entstören to eliminate interference; to suppress noise; to clear faults
Entwurfswert *m* design goal
Entwurfszielstellung *f* design goal
entzerren to correct; to equalize *(Frequenzgang)*
Entzerrer *m* equalizer, equalizer (equalizing, correction, correcting) network *(Frequenzgang)*
Entzerrerschaltung *f* equalizer, equalizer (equalizing, correction, correcting, compensating) network *(Frequenzgang)*
Entzerrung *f* 1. equalizing; equalization; correction; 2. de-emphasis, deemphasis
entziehen/Feuchtigkeit to dehumidify, to desiccate
Equalizer *m* **/graphischer** graphic equalizer
Erdbeschleunigung *f* gravity (gravitational) acceleration, acceleration of (due to) gravity
Erdbuchse *f* earth jack
Erde *f* earth, ground
erden to earth, to ground
erdfrei floating
Erdschleife *f* ground (earth) loop
Erdschwingungsaufnehmer *m* seismicrophone, geophone
Erdung *f* earth (ground) connection
Erdverbindung *f* earth (ground) connection
Ereignisdosis *f* [single] event exposure
Ereignispegel *m* single event [noise] level, SEL
erfassen to capture
~/einen Bereich to cover a range
Erfassung *f* **von Ausgleichsvorgängen (Einschwingvorgängen)** transient capture
Ergänzung *f***/mögliche** option
Ergiebigkeit *f* **einer Schallquelle** strength of a sound source
erhaben convex
Erhaltung *f* **des Gehörs (Hörvermögens)** hearing conservation
Erhaltungsladung *f* trickle charge (charging)

erholen/sich to recover
Erholung *f* recovery; recreation
Erholungsdauer *f* recovery period
Erholungsgeschwindigkeit *f* recovery rate
Erholungsvorgang *m* recovery process
Erholungszeit *f* recovery time
Erkennbarkeit *f* detectability
Erkennbarkeitsschwelle *f* recognition differential
erkennen to detect, to recognize
~/einzeln to discriminate
Erkennen *n* recognition, detection
Erkennungsmelodie *f* signature tune
erklingen to sound
ermüden to fatigue
Ermüdung *f* fatigue
~ **durch [starke] Schalleinwirkung** acoustically induced fatigue
Ermüdungserscheinung *f* fatigue
Ermüdungsgrenze *f* fatigue life *(Material)*
erproben to test
Erprobung *f* testing
erregen to excite
Erreger *m* exciter; generator
~ **für Eichzwecke (Kalibrierzwecke)** calibration exciter
Erregerrumpf *m* exciter body *(Schwingungserreger)*
Erregerspule *f* excitation (exciting) coil
Erregerstrom *m* excitation (exciting) current
Erregung *f* excitation
~/elektrische dielectric displacement
Erregungsmuster *n* excitation pattern
Ersatz *m* **der Abtastnadel** stylus replacement
Ersatzgröße *f* equivalent parameter
Ersatzimpedanz *f***/elektrische** equivalent electrical impedance
Ersatzlast *f* dummy load
Ersatzschaltbild *n* equivalent circuit diagram, equivalent network
Ersatzschaltung *f* equivalent network, equivalent circuit
~/elektrische equivalent electric circuit, analogous electric circuit
Ersatzschwellenschalldruckpegel *m* equivalent threshold sound pressure level
Ersatzspannungsverfahren *n* insert-voltage technique
Ersatzvolumen *n* equivalent [air] volume
~ **des Mikrofons** microphone equivalent volume
erschallen to sound, to resound
erschüttern to shake
Erschütterung *f* vibration; tremor *(Erde)*
erschütterungsfest vibration-proof, shockproof
Erschütterungsfestigkeit *f* vibration resistance
erschütterungsfrei shock-free, vibration-free, vibrationless; anti-vibration
ersetzen to replace, to substitute; to compensate; to supersede
Ersteichung *f* initial calibration, initial verification
Erstkurve *f* virgin curve
ertönen to sound, to resound
Ertönen *n* sounding
erträglich tolerable
Erwärmung *f* **durch Ultraschall** ultrasonic heating
erweitern to expand, to extend; to upgrade
Erweiterung *f* extension, expansion; upgrading
~/[mögliche] option
Erweiterungsanschluß *m* expansion port
erzeugen to generate
~/durch Synthese to synthesize
~/Impulse to fire *(Nervenimpulse)*
Erzeuger *m* generator
Erzeugung *f* generation
~ **von Rauschen** noise generation
erzwingen to force
Estrich *m***/schwimmender** floating floor
evozieren to evoke
Exhaustor *m* exhauster, exhaust fan, exhausting fan, exhaust blower
expandieren to expand
Expansion *f* expansion
~/adiabatische adiabatic expansion
Experimentierleiterplatte *f* breadboard, patchpanel
Explosion *f* explosion, detonation, blast
Exponentialtrichter *m* exponential horn, logarithmic horn
exponentiell exponential
Exposimeter *n* exposure meter, dose meter, dosage meter, dosimeter
Exposition *f* exposure
~/höchstzulässige maximum permissible dose (exposure)
~/unschädliche safe exposure
~/zulässige permissible dose (exposure)
exzentrisch eccentric, off-centre

F

F F, fast *(Zeitbewertung)*
Fabriklärm *m* plant noise
Fachmann *m* **für die Hörhilfenanpassung** hearing aid audiologist
Fagott *n* bassoon
Fahrzeugschwingung *f* vehicle vibration
Falschecho *n* indirect echo
falten mit to convolute with
Faltung *f* convolution *(Mathematik)*
Faltwand *f* folding partition
Fangbereich *m* pull[ing]-in range
färben to colour
Färbung *f* colouration
Faser *f***/neutrale** neutral axis

Faserplatte *f* fibre board, chipboard
Faserstoff *m* fibrous material, fibre
Fast F, fast *(Zeitbewertung)*
F-bewertet F-weighted
F-Bewertung *f* F-weighting
Feder *f* spring
~/progressiv wirkende hardening spring
Federauslenkung *f* spring deflection
Federdämpfung *f* spring damping
federgehemmt stiffness-controlled, compliance-controlled
Federkonstante *f* spring constant, stiffness, dynamic stiffness
Feder-Masse-System *n* spring-mass system, spring-and-mass system
federnd resilient, springy
Federspannung *f* spring tension
federsteif stiffness-controlled, compliance-controlled
Federung *f* spring action
Federunterlage *f* spring pad
Federweg *m* spring deflection
Federwirkung *f* spring action, resilience, elasticity
Fehlabgleich *m* misalignment, mismatch; unbalance
fehlabgleichen to misalign, to mismatch
Fehlabstimmung *f* mistuning
fehlanpassen to mismatch
Fehlanpassung *f* mismatch, mismatching
Fehlausrichtung *f* misalignment *(Tonkopf)*
Fehler *m* error; fault, defect; failure; flaw *(material)*
~ durch Aliasing aliasing error
~ durch Rückfaltung aliasing error
~ durch Rückspiegelung aliasing error
~/statistischer random error
~/systematischer bias error
~/zufälliger random error
Fehlerecho *n* flaw echo
Fehlererkennung *f* flaw detection (identification) *(Materialprüfung)*
Fehlerort *m* flaw location; fault location
Fehlerortung *f* fault finding (locating, location)
Fehlerstelle *f* fault location
Fehlersuche *f* fault finding (locating); trouble-shooting, troubleshooting
Fehlersuchgerät *n* flaw detector *(Material)*
Fehlfunktion *f* malfunction
Fehlstelle *f* drop-out *(Magnetband)*
feinabgleichen to trim
Feinabschwächer *m* vernier
Feinabstimmung *f* fine (sharp) tuning
Feineinsteller *m* vernier
Feineinstellung *f* fine adjustment (setting)
feinkörnig fine-grain[ed], close-grained
Feld *n*/**äußeres** external field
~/diffuses diffuse field
~ einer stehenden Welle standing wave field
~/elektrisches electric field
~/freies free field
~/homogenes uniform field
~ im Luftspalt air-gap field
~/wirbelfreies irrotational (non-rotational, non-cyclical, lamellar) field
Feldgröße *f* field quantity
Feldlinie *f* field (flux, gradient, characteristic) line
Feldspule *f* field coil, magnetizing coil
Feldstärke *f* field strength (intensity)
~/elektrische electric field strength, electric force, electric intensity
~/magnetische magnetic field strength (intensity)
Feldvektor *m* field vector
Feldverlauf *m* field pattern
Fellklinger *m* membranophone
Fenster *n* window
~/ovales oval window *(Ohr)*
~/rundes round window *(Ohr)*
Fensterfunktion *f* window function
Fernbedienkabel *n* remote control cable
Fernbedienteil *n* remote control [unit]
Fernfeld *n* far [sound] field, distant field, secondary [sound] field
Fernhörer *m* handset, telephone handseet, receiver, telephone earphone, telephone receiver
~/dynamischer moving-coil receiver, moving-conducter receiver
~/magnetischer electromagnetic receiver, moving-iron receiver
Fernlautstärkeregler *m* remote volume control
Fernmeldekabel *n* communication (telecommunication, telephone) cable
Fernmeldenetz *n* communication net (network), telecommunication network (system)
Fernmeldetechnik *f* communication engineering, telecommunication engineering, telecommunication
Fernmeldewesen *n* telecommunication
Fernmessung *f* telemetry, telemetering
Fernsehempfänger *m* television receiver, TV receiver, televisor, telly *(sl.)*
Fernsehen *n* television
Fernsehsendung *f* telecast
Fernsehstudio *n* television studio, TV
Fernsehtonübertragung *f* **über Rundfunk** simulcast
Fernsehübertragung *f* telecast, TV
Fernsehzuschauer *m* televiewer
Fernsprechamt *n* telephone exchange
Fernsprechapparat *m* telephone, telephone set, phone
~ mit Tastenwahl touch-tone telephone
~ mit Wählscheibe rotary telephone
Fernsprecher *m* telephone, telephone set, phone
~ mit Tastenwahl touch-tone telephone
~ mit Wählscheibe rotary telephone

Fernsprechhandapparat *m* handset, telephone handset
Fernsprechkapsel *f* capsule
Fernsprechleitung *f* telephone line
Fernsprechmikrofon *n* telephone transmitter (microphone)
Fernsprechverstärker *m* telephone amplifier
Fernsteuerkabel *n* remote control cable
Fernsteuerung *f* remote control
Ferrit *m* ferrite
Ferrochromband *n* ferrichrome tape
ferromagnetisch ferromagnetic
fest solid; rigid; firm, tight; immobile; steady *(Stimme)*
festbremsen to block
Festfrequenz *f* spot (fixed, discrete) frequency
Festfrequenzaudiometer *n* fixed (discrete) frequency audiometer
festigen to strengthen
~/mechanisch to strengthen
Festigkeit *f* strength
Festigkeitsprüfung *f* strength test, endurance test
festklammern to clamp
festklemmen to clamp
Festkörper *m* solid
Festkörperphysik *f* solid-state physics
festkörperübertragen solid-borne, structure-borne
Festkörperschall *m* solid-borne sound
feucht moist, wet, humid
Feuchte *f* moisture, wetness, humidity
Feuchteabsorber *m* desiccant
Feuchtigkeit *f* moisture, wetness, humidity
feuchtigkeitsgeschützt moisture-proof
FFT *f* fast Fourier transform[ation], FFT
Figur *f***/Lissajousche** Lissajous figure, Lissajous pattern
Film *m* 1. motion picture, film; 2. film
Filmatelier *n* film studio
Film[aufnahme]kamera *f* film (motion-picture, cine) camera
Filmkameragehäuse *n***/schalldämmendes** blimp
Filmprojektor *m* cine (motion-picture, film) projector
Filmrolle *f* reel of film
Filmschallwandler *m* acoustic film transducer
Filmspule *f* spool
Filmstudio *n* film studio
Filmtheater *n* cinema, picture palace
Filmvorführapparat *m*, **Filmvorführgerät** *n* motion-picture projector, film projector, cine projector
Filmvorführung *f* cine projection
Filter *n* filter
~/aktives active filter
~/akustisches acoustical (acoustic wave) filter
~/angepaßtes matched filter
~ für rosa Rauschen pink-noise filter
~ gegen Netzbrummen ripple filter, smoothing filter
~/ideales brick-wall filter *(sl.)*
~ mit geschalteten Kapazitäten switched-capacitor filter
~ mit konstanter Bandbreite constant bandwidth filter
~ mit konstanter relativer Bandbreite constant percentage bandwidth filter, proportional-bandwidth filter, constant ratio filter
~ mit Signalrückführung recursive filter, infinite impulse response filter, IIR filter
~/nichtrekursives non-recursive filter, finite impulse response filter, FIR filter
~ ohne Signalrückführung non-recursive filter, finite impulse response filter, FIR filter
~/passives passive filter
~/rekursives recursive filter, infinite impulse response filter, IIR filter
~/spannungsgesteuertes voltage-controlled filter, VCF
~/zeitkontinuierliches continuous-time filter
~ zur Deemphasis (Nachentzerrung) de-emphasis filter
~ zur Preemphasis pre-emphasis filter
~ zur Unterdrückung von Knackgeräuschen click filter
~ zur Voranhebung pre-emphasis filter
~ zur Vorverzerrung pre-emphasis filter
Filterabstand *m* filter spacing
Filterabschluß *m* filter termination
Filteranschluß *m* filter terminal
Filterantwort *n* filter response
Filterbank *f* filter bank, multifilter
Filterbereichsumschaltung *f* filter shift
Filterdurchlaßbereich *m* filter transmission (pass) band
Filterdurchstimmung *f* filter scanning
Filtereinschwingzeit *f* filter response time
Filterflanke *f* filter skirt, filter slope
Filterfrequenzgang *m* filter [frequency] response
Filterkette *f* filter network
Filterkurve *f* filter curve (characteristic)
Filterkurvenform *f* filter shape
filtern to filter
Filternetzwerk *n* filter network
Filterordnung *f* filter order, order of a filter
Filterschaltung *f* filter circuit, filtering circuit
Filtersteckverbinder *m* filter connector
Filtersystem *n* **auf Zehnerbasis** base-ten filter system
~ auf Zweierbasis base-two filter system
Filterumschaltung *f* filter scanning, filter shift[ing]
Filterung *f* filtering, filtration
Filterwirkung *f* filtering action, filter effect
Filz *m* felt

Filzandruckplatte *f* felt pad
Fingersprache *f* dactyl speech
flach flat; plane; smooth
Flachbahnregler *m* sliding control, sliding controller
Flachbandkabel *n* flat tape cable
Fläche *f* surface; area; face
~/diffus reflektierende diffusing surface
~/gedachte fictitious surface
~/streuende diffusing surface
Flächendruck *m* surface pressure
Flächeneinheit *f* unit [surface] area
Flächenelement *n* element [unit] area, area segment, area unit
flächenförmig planar
Flächenintegral *n* area (area surface, surface) integral
Flächenmasse *f* mass per unit area
Flächenpressung *f* surface pressure
Flächenquelle *f* surface source
Flächenschallquelle *f* surface sound source
Flächenscherschwinger *m* face shear vibrator
Flachlautsprecher *m* flat-core loudspeaker (speaker), pancake loudspeaker, wafer loudspeaker, audio flat panel
Flachraum *m* flat room
Flackereffekt *m* flicker effect
flackern to flicker
Flageoletton *m* harmonic
Flanger *m* flanger
Flanke *f* 1. slope, skirt *(Filterkurve)*; 2. slope, edge *(Impuls)*
~/abfallende downward slope, negative-going edge
~/ansteigende upward slope
~/hintere tail, trailing edge
~/steile steep edge, sharp slope
Flankensteilheit *f* slope (edge) steepness, slope rate, cut-off rate
~ eines Impulses pulse slope
~/maximale slew rate limit
Flankenübertragung *f* flanking transmission, indirect [sound] transmission, bypass transmission
Flankenweg *m* flanking path
Flatterecho *n* flutter echo
Flattereffekt *m* flutter effect
Flattern *n* flutter
flexibel flexible
Fliehkraft *f* centrifugal power (force)
Fließband *n* flow line, assembly line
fließen to flow; to creep
Fließen *n* creep, creeping
~ von Material creep of material
flimmerfrei flicker-free
Flimmerfrequenz *f* flicker frequency
flimmern to flicker
Flimmerwirkung *f* flicker effect
Flöte *f* flute
~/große flute
~/kleine piccolo
Flugbahn *f* trajectory
Flügel *m* 1. grand, grand piano; 2. vane, blade
Flughafenlärm *m* airport noise
Fluglärm *m* aircraft noise, flyover noise
Fluglärmüberwachungsanlage *f* airport noise monitoring system
Fluglärmüberwachungsgerät *n* airport noise monitor
Fluglärmüberwachungssystem *n* airport noise monitoring system
Flugzeugtriebwerk *n* aircraft propulsion unit
Fluid *n* fluid
Fluß *m***/magnetischer** magnetic flux
Flußdichte *f***/magnetische** magnetic flux density, magnetic induction
~/remanente remanent flux density
flüssig liquid
Flüssigkeit *f* liquid, fluid
Flüssigkeitsdämpfung *f* hydraulic (liquid, fluid friction) damping
Flüssigkeitsreibung *f* hydraulic (fluid) friction
Flüssigkeitsschall *m* liquid-borne sound, fluid-borne sound
flüssigkeitsübertragen fluid-borne
Flußlinie *f* flux line
~/magnetische magnetic flux line
Flußrichtung *f* direction of flux
Flüstersprache *f* whispered speech
FM *s.* Frequenzmodulation
FM-Aufzeichnung *f* frequency-modulation [carrier] recording, FM recording
FM-Magnetbandgerät *n* frequency-modulation tape recorder, FM tape recorder
Fokus *m* focus, focal point, focussing point
fokussieren to focus, to concentrate
Fokusweite *f* focal length
Folge *f* succession, sequence; series • **in einer** ~ sequential
~/stochastische stochastic sequence
folgen to follow; to track
Folgefrequenz *f* repetition frequency, repetition rate
Folie *f* foil
Foliendehnmeßstreifen *m* foil strain gauge
Folienelektret *m* foil electret
Form *f* **der Darbietung** mode of presentation
~ der Filterkurve filter shape
Formänderung *f* deformation
Formant *m* formant
Formantenfilter *n* formant filter
Formantensynthese *f* formant synthesis
Formantfilter *n* formant filter
Formfaktor *m* form (shape) factor
fortbewegen/sich to travel *(Welle)*
Fortepedal *n* damper pedal
fortlaufend continuous
Fortleitung *f* conduction

fortpflanzen/sich to propagate; to travel
Fortpflanzung *f* propagation; spread
Fortpflanzungsgeschwindigkeit *f* propagation velocity (speed), velocity of propagation
Fortpflanzungsrichtung *f* direction of propagation
fortschreiten to travel *(Welle)*
fortschreitend progressive
~/in Halbtönen chromatic
Fourier-Analysator *m* Fourier (harmonic) analyzer
Fourier-Analyse *f* Fourier (harmonic) analysis
Fourier-Entwicklung *f* Fourier (harmonic) expansion
Fourier-Hintertransformation *f* direct Fourier transform[ation]
Fourier-Integral *n* Fourier integral
Fourier-Reihe *f* Fourier series
Fourier-Rücktransformation *f* inverse Fourier transform[ation]
Fourier-Spektrum *n* Fourier (harmonic) spectrum
Fourier-Transformation *f* Fourier transform[ation]
~/diskrete discrete Fourier transform[ation], DFT
~/schnelle fast Fourier transform[ation], FFT
Fourier-Transformierte *f* Fourier transform
Fourier-Zerlegung *f* Fourier (harmonic) analysis, Fourier decomposition
Freifeld *n* free [sound] field
Freifeldbedingungen *fpl* free-field conditions
Freifeldeichung *f* free-field calibration
Freifeldfrequenzgang *m* free-field [frequency] response
~/relativer free-field frequency response level
Freifeldkalibrierung *f* free-field calibration
Freifeldkorrektur *f* free-field correction
Freifeldmessung *f* free-field measurement (test)
Freifeldmikrofon *n* free-field microphone
Freifeldraum *m* anechoic room, anechoic chamber, free-field room
Freifeld-Spannungsübertragungsfaktor *m* free-field voltage response (sensitivity)
Freifeld-Stromübertragungsfaktor *m* free-field current response (sensitivity)
Freifeldübertragungsfaktor *m* free-field sensitivity (response)
Freifeldübertragungsmaß *n* free-field sensitivity level
Freifeldverfahren *n* free-field method
Freigabe *f* release
freigeben to release
Freiheitsgrad *m* degree of freedom
Freilichtbühne *f*, **Freilichttheater** *n* open-air theatre
Freischwinger *m* free-swinging loudspeaker
Freischwingerlautsprecher *m* free-swinging loudspeaker
fremderregt separate-excited, separately excited
Fremdfeld *n* separate field, external field; extraneous field
~/äußeres extraneous field
Fremdgeräusch *n* extraneous noise
Fremdsignal *n* external signal
Fremdspannung *f* noise[-level] voltage
Fremdspannungsabstand *m* unweighted signal-to-noise ratio
Fremdspannungsmesser *m* noise-level meter, psophometer
Fremdspannungspegel *m* noise level
Fremd- und Geräuschspannungsmesser *m* psophometer
Frequenz *f* frequency
~/angelegte applied frequency
~/aufgezwungene impressed frequency
~ der Welligkeit ripple frequency
~ des Kammertons standard tuning frequency, standard [musical] pitch
~ einer Harmonischen harmonic frequency
~ einer Komponente component frequency
~ einer Subharmonischen subharmonic frequency
~/einstellbare variable frequency
~/gleitende gliding (swept) frequency
~/harmonische harmonic frequency
~ im mittleren Bereich middle frequency
~/kritische critical frequency
~/relative relative frequency
~/subharmonische subharmonic frequency
~/unhörbar tiefe infrasonic (subaudio, infraacoustic, ultralow, subsonic) frequency
~/vorherrschende dominant frequency
45°-Frequenz *f* corner frequency
frequenzabhängig frequency-dependent
Frequenzabhängigkeit *f* frequency dependence, frequency response
Frequenzabstand *m* frequency spacing
Frequenzanalysator *m* frequency (spectrum) analyzer, wave analyzer
Frequenzanalyse *f* frequency (spectral, spectrum) analysis
Frequenzänderung *f*/**stetige** frequency sweep
~/stufige frequency stepping
Frequenzanteil *m* frequency component
Frequenzauflösung *f* frequency resolution
Frequenzband *n* frequency band, band
~/überstrichenes swept frequency band
Frequenzbandbegrenzung *f* frequency-band limitation, bandwidth limitation
Frequenzbandbeschneidung *f* frequency-band limitation, bandwidth limitation
Frequenzbandbreite *f* frequency bandwidth
Frequenzbegrenzung *f* frequency limitation
Frequenzbereich *m* frequency range; frequency domain
~/erfaßter frequency coverage

~ **für Echtzeitverarbeitung** real-time frequency range
~/**hörbarer** audio-frequency range, audible frequency range
~/**unterdrückter** suppressed frequency band
Frequenzbereichsumschalter *m* frequency-range selector (switch)
frequenzbewertet frequency-weighted
Frequenzbewertung *f* frequency weighting
Frequenzbewertungsfilter *n* frequency-weighting network
frequenzbeschnitten band-passed; high-passed; low-passed
Frequenzdemodulator *m* frequency demodulator
Frequenzdrift *f* frequency drift
Frequenzdurchlauf *m* frequency sweep
~/**zyklischer** frequency cycling
Frequenzdurchlaufsteuerung *f* sweep control
Frequenzdurchstimmung *f* frequency sweep
~/**zyklisch wiederholte** frequency cycling
Frequenzebene *f* frequency domain
Frequenzgang *m* frequency characteristic (response), frequency-response level, response [characteristic]
~ **bei hohen Frequenzen** high-frequency response; high-note response, treble response
~ **bei niedrigen (tiefen) Frequenzen** low-frequency response; low-note response
~ **der geschlossenen Regelschleife** closed-loop [frequency] response
~ **der offenen Regelschleife** open-loop [frequency] response
~ **der Schallschnelle (Schnelle)** particle velocity response
~ **der Verzerrung** distortion response
~ **des geschlossenen Regelkreises** closed-loop [frequency] response
~ **des offenen Regelkreises** open-loop [frequency] response
~ **des Klirrfaktors** distortion response
~/**elektroakustischer** electroacoustical response
~ **für diffuses Schallfeld** diffuse-field response, random-incidence response (characteristic)
~ **für freies Schallfeld** free-field response (characteristic)
~ **für freies Schallfeld/relativer** free-field frequency response level
~ **für diffusen Schalleinfall/relativer** diffuse-field frequency response level
~ **für statistischen Schalleinfall** random-incidence frequency response level
~/**glatter** flat (smooth) frequency response
~ **im freien Schallfeld/relativer** free-field frequency response level
~ **im Pegelmaßstab** frequency response level
~ **in Achsrichtung** on-axis response
~/**linearer** linear [frequency] response, flat (smooth) frequency response
~ **über alles** overall frequency characteristic (response)
~/**zeitselektiv gemessener** time-selective response
Frequenzgangdarstellung *f* frequency response (characteristic) plot
Frequenzgangentzerrer *m* equalizer
Frequenzgangentzerrung *f* equalization of frequency response
Frequenzgangfehler *m* frequency-response error
Frequenzgangformer *m* equalizer
Frequenzgangkennlinie *f* frequency response, frequency response characteristic (curve)
Frequenzgangkurve *f* frequency response (characteristic) plot, response (fidelity) curve
Frequenzgangmessung *f* frequency-response measurement
Frequenzgangschreiber *m* frequency-response recorder
Frequenzgangsichtgerät *n* frequency-response tracer
Frequenzgangverzerrung *f* linear distortion
Frequenzgenauigkeit *f* frequency accuracy
Frequenzgehalt *m* frequency content
Frequenzgrenze *f* frequency limit, frequency cut-off
~/**obere** high-frequency cut-off
~/**untere** low-frequency cut-off
Frequenzgruppe *f* auditory (aural) critical band, critical band
Frequenzgruppenbreite *f* critical bandwidth
Frequenzintervall *n* frequency interval
frequenzkalibriert frequency-calibrated
Frequenzkomponente *f* frequency component
~/**mehrdeutige** aliased frequency component, alias
~/**rückgefaltete** aliased frequency component, alias
frequenzkonstant stable in frequency
Frequenzkonstanz *f* frequency stability
Frequenzkurve *f* response characteristic, response curve
Frequenzlupe *f* zoom
~/**signalerhaltende** non-destructive zoom
Frequenzmesser *m* frequency meter
Frequenzmodulation *f* frequency modulation, FM
Frequenzmodulator *m* frequency modulator
Frequenznormal *n* frequency standard
Frequenzspektrum *n* frequency spectrum
frequenzstabil stable in frequency
Frequenzsteuerung *f* sweep control
Frequenzsynthetisator *m* frequency synthesizer
Frequenzteiler *m* frequency divider
Frequenzteilung *f* frequency division

Frequenztransformation *f* frequency transformation
Frequenzumfang *m* frequency range
Frequenzumschaltung *f***/stufige** frequency stepping
Frequenzumsetzung *f* frequency transformation
frequenzunabhängig frequency-independent, independent of frequency
Frequenzunterscheidung *f* frequency discrimination
Frequenzuntersetzer *m* frequency divider
Frequenzuntersetzung *f* frequency division
Frequenzverschiebung *f* frequency shift
Frequenzverteilung *f* frequency distribution
Frequenzvervielfacher *m* frequency multiplier
Frequenzvervielfachung *f* frequency multiplication
Frequenzzähler *m* frequency counter
Frequenzzusammensetzung *f* frequency composition
Friktion *f* friction
frontal frontal
Frontlader *m* front loader *(Kassette)*
Frontladerkassettengerät *n* cassette deck
Frontplatte *f* front panel, panel
Frontplatteneinstellung *f* panel setting
Frosch *m* frog *(Bogen)*
Fuge *f* joint, gap
Fühlelement *n* sensor, sensing element, detecting element, pick-up element
fühlen to sense
Fühlspule *f* sensing coil
führen to route *(Signalweg)*
Führungsrille *f* track groove
Führungsrolle *f* idle (idler) pulley, idler
Führungsstift *m* pin
Fülle *f* **[des Klangs]** volume [of sound]
Füllgrad *m* groove spacing *(Schallplatte)*
Füllmaterial *n* filler, filling material
Füllschrift *f* variable micrograde
Füllstoff *m* filler, filling material
Fundament *n* foundation; support
~/schwingungsisolierendes anti-vibration foundation (support), vibration-isolating support
Funkhaus *n* broadcast-studio building, broadcasting centre
Funktion *f***:**
• **als ~ von** versus, vs.
Funktion *f***/ansteigende** ramp function
~ im Frequenzbereich frequency domain function
~ im Zeitbereich time domain function
~/stetige continuous function
~/stochastische random function
~/unstetige discontinuous function
Funktionsablauf *m***/wiederholter** routine
Funktionsbereich *m* operating range
Funktionsgenerator *m* [arbitrary] waveform generator, function generator
Funktionsprüfung *f* performance test
Funktionsstörung *f* malfunction
Funktions- und Parameterangebot *n* menu
Funkverbindung *f* radio link
Fußboden *m***/schwimmender** floating floor
Fußbodenbelag *m* floor covering (finish)
Fußschalter *m* footswitch
Fußschweller *m* volume pedal, foot controller

G

g g *(Beschleunigungseinheit)*
Galgen *m* boom *(für Mikrofon)*
Galgenmikrofon *n* boom microphone
Gang *m***/ruhiger** quiet run
Gangunterschied *m* path difference
Ganzkörperschwingung *f* whole-body vibration, total vibration
Ganzton *m* whole step (tone)
Ganztonschritt *m* whole tone, whole step
Gasbetonblock *m* breezeblock
Gatter *n* gate
Gaumen *m* palate
Gaumenlaut *m* palatal, palatal sound
Gaußfenster *n* Gaussian window
Gaußkurve *f* Gauss (Gaussian, bell-shaped) curve, curve of normal distribution
Gaußverteilung *f* Gaussian (normal) distribution
Gebäudeschwingung *f* building vibration
geben/Zeichen to signal
Geber *m* measuring (sensing) element, sensor, transducer, Xducer
Gebläse *n* fan, blower, ventilator, ventilating fan, air blower; bellows *pl*
Gebläseluft *f* blast
gebündelt/stark highly directional
Gedächtnis *n* memory
gedackt covered *(Orgelpfeife)*
Gedackte *fpl* covered stop
gedämpft damped; damping
~/akustisch sound-damping
~/aperiodisch dead-beat
~/exponentiell exponentially damped
~/stark damped/heavily
gedehnt/zeitlich time-extended
Gefahr *f* danger; risk, hazard
~ einer Schädigung damage risk
gefährlich hazardous
~ für das Ohr ototoxic
Gefälle *n* gradient
Gefüge *n* structure
Gegendruck *m* back pressure
Gegenelektrode *f* back plate *(Kondensatormikrofon)*

Gegenfeder *f* return spring
Gegengewicht *n* counterbalance, counterweight
Gegeninduktivität *f* mutual inductance (inductivity)
Gegenkopplung *f* negative (inverse, reversed, degenerative) feedback, feedback
Gegenkopplungsgrad *m* negative feedback ratio
Gegenkopplungsschaltung *f* negative feedback circuit
Gegenkopplungsschleife *f* feedback loop
Gegenkraft *f* counterforce, counteracting force
gegenläufig backward-travelling *(Strahl, Welle)*
~ sich drehend (rotierend) contrarotating
Gegenmaßnahme *f* countermeasure; corrective measure
Gegenphase *f* antiphase, opposite phase, reverse phase
gegenphasig in phase opposition, opposite in phase
Gegenrichtung *f* opposite (reverse) direction
gegenseitig mutual; reciprocal
Gegensprechanlage *f* intercommunication system, intercom, interphone (talkback, talkback) system
Gegensprechmikrofon *n* talk-back microphone
Gegensprechschaltung *f* talk-back circuit
Gegentaktarbeitsweise *f* push-pull mode
Gegentaktaufzeichnung *f* push-pull recording
Gegentaktbetrieb *m* push-pull operation
Gegentaktendverstärker *m* push-pull power amplifier
Gegentaktleistungsverstärker *m* push-pull power amplifier
Gegentaktschaltung *f* push-pull circuit
Gegentaktstufe *f* push-pull stage
Gegentaktverstärker *m* push-pull amplifier
gehalten werden to latch *(Zustand)*
Gehäuse *n* case, casing, housing, enclosure; cabinet, box
Gehäuseklang *m* boxiness
Gehäuseresonanz *f* cabinet resonance
Gehäuseschwingung *f* enclosure vibration
Gehgeräusch *n* footfall
Gehör *n* hearing (auditory) organ, organ of hearing, ear; sense of hearing, hearing • **nach ~** by ear
~/absolutes sense of absolute pitch
Gehörermüdung *f* auditory (hearing) fatigue
Gehörgang *m* ear canal, [external] auditory meatus, acoustic meatus, acoustic duct, auditory canal, meatus
Gehörgangsresonanz *f* [ear] canal resonance
Gehörknöchel *m* ossicle
Gehörknöchelkette *f* ossicular chain
Gehörprüfung *f* hearing test
Gehörschaden *m* hearing damage
Gehörschadensrisiko *n* hearing [damage] risk, risk of hearing handicap
Gehörschädigung *f***/lärmbedingte** noise-induced hearing damage, noise-induced damage to hearing (hearing impairment)
Gehörschädigungsgefahr *f* hearing [damage] risk, risk of hearing handicap
gehörschädlich ear-damaging, detrimental to hearing
Gehörschutz *m* hearing protector, ear protector (defender), ear protective device
Gehörschutzhelm *m* noise[-exclusion] helmet
Gehörschutzkappe *f* ear muff
Gehörschutzstöpsel *m* ear plug
Gehörschützer *m* hearing protector, ear protector (defender), ear-protective device
Geige *f* violin
gekapselt/vollständig fully (totally) enclosed
Geklapper *n* rattle
gekoppelt/fest close-coupled
~/lose loosely coupled
gekrümmt spheric[al]
gelagert/beweglich freely supported
~/federnd spring-mounted
gellend shrill
gelocht perforated
gemittelt/quadratisch root-mean-square, rms, RMS
~/mit der 4. Potenz root-mean-quad
Gemurmel *n* babbling
Genauigkeit *f* accuracy, precision
Genauigkeitsklasse *f* accuracy class (grade), grade, grade of accuracy (precision)
~ für Orientierungsverfahren survey grade
~ für Präzisionsverfahren precision grade
~ für technische Verfahren engineering grade
Generalbaß *m* thorough (figured) bass
Generalbaßinstrument *n* fundamental instrument
Generalpause *f* general rest
Generator *m* generator, oscillator
~/durchstimmbarer sweep oscillator, swept frequency oscillator
~ für die Vormagnetisierung bias generator, bias oscillator
~ nach dem Überlagerungsprinzip heterodyne generator (oscillator)
Generatorinnenwiderstand *m* source impedance
Geoakustik *f* geoacoustics
Geophon *n* geophone, seismicrophone
gerade flat *(Frequenzgang)*
geradlinig rectilinear
Gerassel *n* rattle
Gerät *n* apparatus, instrument, device, unit; equipment, set-up
~ mit akustischem Ausgangssignal audible device
~ ohne eigene Bedienelemente black box

~/tragbares portable, portable set, portable device
~ zum Kopieren von Bändern tape loader
~ zur optischen Schallaufzeichnung optical sound recorder, photographic sound recorder
~ zur optischen Schallwiedergabe optical sound reproducer, photographic sound reproducer
~ zur Signalaufbereitung signal conditioner
~ zur Signalverarbeitung signal conditioner
Geräte *npl*/**periphere** peripherals, peripheral equipment
Geräteanschlußschnur *f* connecting cord (cable), connection cable
Geräteanzeige *f* meter indication
Geräteausstattung *f* instrumentation
Gerätestecker *m* connector
Geräusch *n* noise
~ an der Klebestelle splice bump, splice pulse
~ der Kohlekörner carbon noise
~ mit kontinuierlichem Spektrum continuous spectrum noise
~ mit schwankendem (veränderlichem) Pegel fluctuating noise
~/verdeckendes masker, masking noise (sound)
~ von Schritten footfall [noise]
~/wohnübliches residential noise
Geräuschabstand *m* signal-to-noise ratio, SNR
Geräuschabstrahlung *f* noise radiation
Geräuschanalysator *m* noise analyzer
Geräuschangst *f* acousticophobia
geräuscharm noiseless, low-noise, silent, quiet
Geräuscharmut *f* silence, quietness, noiselessness [in operation]
Geräuschbewertungskurve *f* NR curve
Geräuschbewertungszahl *f* noise-rating number, NR number, noise-rating index
geräuschdämpfend silencing, noise-deadening
Geräuschdämpfer *m* silencer
Geräuscheinwirkung *f* exposure to noise, noise immission
~/unerwünschte sound pollution
Geräuschemission *f* noise emission
Geräuschfilter *n* noise filter, noise suppressor
geräuschfrei noise-free
Geräuschkulisse *f*/**musikalische** background music
geräuschlos noiseless, soundless
Geräuschlosigkeit *f* quietness, noiselessness
Geräuschmesser *m* noise meter
Geräuschmeßgerät *n* noise measuring instrument
Geräuschmessung *f* noise measurement
~/kontrollierende noise check
Geräuschpegel *m* noise level
Geräuschpegelsenkung *f* noise [level] reduction, deadening of noises
Geräuschpegelüberwachung *f* noise monitoring
Geräuschquelle *f* noise source
Geräuschspannung *f* psophometric voltage
Geräuschspannungsmesser *m* psophometer, circuit noise meter
Geräuschspannungsunterdrücker *m* noise suppressor
Geräuschspektrum *n* noise spectrum
Geräuschsperre *f* noise suppressor, squelch circuit
Geräuschspitze *f* noise peak
Geräuschstärke *f* noise intensity
Geräuschtöter *m* noise gate, noise killer
geräuschunterdrückend anti-noise
Geräuschunterdrückung *f* noise suppression (abatement); squelch
geräuschvoll noisy
Geräuschwächter *m* noise limit indicator, noise monitor (sentinel)
gerichtet directional, directive
~/einseitig unidirectional; unipolar *(Signal)*
~/negativ negative-going
~/positiv positive-going
~/stark highly directional
gerippt corrugated
Gesamtausgangsleistung *f* total [power] output
Gesamtfrequenzgang *m* overall frequency characteristic (response)
Gesamtheit *f* **der Anzeigeeinstellungen** display set-up
~ der Anzeigeparameter display set-up
~ der Meßeinstellungen measurement set-up
~ der Meßparameter measurement set-up
Gesamtklirrfaktor *m* total distortion, total [harmonic] distortion factor, THD
Gesamtlärmdosis *f*/**relative** composite noise exposure index
Gesamtlärmexposition *f*/**relative** composite noise exposure index
Gesamtlautstärke *f* master volume
Gesamtleistung *f* total power
~/abgegebene total [power] output
Gesamtpegel *m* overall level; all-pass level; master volume (level)
Gesamtschalleistung *f*/**abgestrahlte** total radiated acoustic power
Gesamtübertragungsfaktor *m* overall sensitivity
Gesamtübertragungsmaß *n* overall sensitivity level
Gesamtverstärkung *f* overall gain, net gain
Gesamtverstärkungsfaktor *m* overall gain, net gain
Gesang *m* singing
geschaltet/im Nebenschluß shunted
~/in Brücke bridge-connected
~/in Kette cascaded
~/in Reihe series-connected, serially connected, cascaded
geschirmt shielded, screened

~/einfach single-screened
~/doppelt double-screened
geschlitzt slotted
geschützt [gegen, vor] protected, guarded [against]
Geschwindigkeit *f* velocity, speed; rate
~/schallnahe transonic speed
Geschwindigkeitsaufnehmer *m* velocity transducer (pick-up)
Geschwindigkeitsmesser *m***/akustischer** acoustic (sonic) anemometer
Geschwindigkeitsregelung *f* speed control; pitch control *(Schallaufzeichnung)*
Geschwindigkeitsregler *m* speed controller, speed governor
Geschwindigkeitsvektor *m* velocity (speed) vector
Geschwindigkeitswahlschalter *m* speed selector
Gesetz *n* **der Abnahme mit der Entfernung** inverse distance law
~ der ersten Wellenfront Haas effect, first arrival effect
~ der quadratischen Abnahme mit der Entfernung inverse square law
~ der Verringerung mit der Entfernung inverse distance law
geshuntet shunted
gesichert/gegen Manipulationen tamperproof
gespeist aus (von) powered from
gestaffelt staggered; cascaded
Gesteinswolle *f* basalt (rock) wool
Gestellbauweise *f* rack mounting
Gestelleinbau *m* rack mounting
gestimmt/hoch high pitched
~/richtig in tune
~/tief low pitched
gestört/durch Rauschen contaminated with noise
gestuft stepped; cascaded
Getriebegeräusch *n* gear noise
Getriebelärm *m* gear noise
gewählt/durch Schalter switch-selected
~/vom Anwender user-selected
Gewebe *n* fabric
gewellt corrugated
gewendelt helical, spiral-shaped, coiled
gewobbelt swept
gewöhnen [an]/sich to habituate [to], to get used (accustomed) [to], to accustom oneself [to]
Gewöhnung *f* **[an]** habituation to
Gipsbauplatte *f* plasterboard
Gipskartonplatte *f* plasterboard
Gitarre *f* guitar
Gitter *n* grid
Gitternetz *n* graticule
Glanz *m* brilliance
Glasfaser *f* glass fibre, fibre glass, fibrous glass
Glasfasergewebe *n* glass-fibre fabric, glass fabric, fibre glass fabric
Glasfaservlies *n* glass fleece
Glaswolle *f* glass wool, fibre glass
Glaswollematte *f* glass-fibre blanket
glätten to flatten, to smooth
Glättung *f* smoothing
Glättungsdrossel *f* ripple-filter choke, smoothing [filter] choke
Glättungsfilter *n* ripple (smoothing) filter
Glättungsschaltung *f* smoothing circuit (filter circuit, network)
Gleichanteil *m* steady component
Gleichfeld *n* steady field
~/magnetisches constant (steady) magnetic field
gleichförmig monotonous, monotonic *(Sprache, Musik)*; uniform *(Kurve)*; steady *(Signal)*
Gleichförmigkeit *f* monotony, monotonousness
Gleichgewicht *n* equilibrium, balance • **aus dem ~** off-balance • **im ~** balanced
~/dynamisches running balance *(Maschine)*
~/labiles imbalance
~/musikalisches musical balance
~/statisches static balance
~/thermisches thermal equilibrium
Gleichgewichtsbedingung *f* balance condition
Gleichgewichtslage *f* equilibrium position, position of equilibrium, equilibrium
Gleichgewichtsorgan *n* organ of balance
Gleichgewichtssinn *n* sense of balance
Gleichgewichtszustand *m* state of equilibrium, equilibrium state
Gleichklang *m* consonance; unison
~/vokalischer assonance
gleichklingend homophonic
Gleichkomponente *f* steady component
Gleichlauf *m* synchronism, synchronous operation • **im ~** synchronous, in step • **nicht im ~** asynchronous
gleichlaufend synchronous
Gleichlaufschwankung *f***/langsame** wow
~/schnelle flutter
Gleichlaufschwankungen *fpl* wow and flutter
Gleichlaufschwankungsmesser *m* wow-and-flutter meter, pitch variation indicator
gleichmäßig steady
gleichphasig in-phase, equiphase, equal-phase, cophasal
gleichrichten to rectify; to demodulate, to detect
~/betragsmäßig to make monopolar
~/linear to make monopolar
Gleichrichter *m* rectifier; demodulator, detector
~/linearer linear rectifier
~ mit quadratischer Kennlinie square-law rectifier, square-law detector

~/quadratischer square-law rectifier, square-law detector
Gleichrichterschaltung *f* rectifier circuit; detector circuit
Gleichrichtung *f* rectification; demodulation, detection
~/lineare linear rectification, linear demodulation
~/quadratische square-law rectification (detection)
Gleichspannung *f* direct (dc, d.c.) voltage
Gleichspannungsanteil *m* direct-voltage component, d.c. voltage component, d.c. component
Gleichspannungsbrücke *f* d.c. bridge, direct-current bridge
gleichspannungsgespeist direct-current powered, d.c.-powered, direct-current energized, d.c.-energized
Gleichspannungskomponente *f* direct-voltage component, d.c. voltage component, d.c. component
Gleichspannungspotential *n* d.c. potential, d.c. voltage potential
Gleichspannungsquelle *f* direct-current source, d.c. source, direct-current supply, d.c. supply, direct-voltage source
Gleichspannungsversorgung *f* direct-current supply, direct-current power supply, d.c. [power] supply
Gleichspannungsverstärker *m* d.c. amplifier, d.c. voltage amplifier
gleichstimmig unisonant, unisonous
Gleichstimmigkeit *f* unison
Gleichstrom *m* direct current, dc, d.c.
Gleichstromanteil *m* direct-current component, d.c. component
Gleichstrombrücke *f* d.c. bridge, direct-current bridge
gleichstromgespeist direct-current powered, d.c.-powered, direct-current energized, d.c.-energized
Gleichstromkomponente *f* direct-current component, d.c. component
Gleichstromlöschkopf *m* direct-current erasing head
Gleichstromquelle *f* direct-current source, d.c. source, direct-current supply, d.c. supply
Gleichströmung *f* steady flow
Gleichstromversorgung *f* direct-current supply, direct-current power supply, d.c. [power] supply
Gleichstromvormagnetisierung *f* direct-current bias, d.c. magnetic biasing
Gleichtakt *m* common mode
Gleichtaktunterdrückung *f* common mode rejection
Gleichverteilung *f* uniform distribution
gleichwertig equivalent
Gleichwertigkeit *f* equivalence
gleichzeitig simultaneous, concurrent
gleiten to glide, to slide, to slip
Gleiten *n* slip
Gleitfrequenz *f* gliding (swept, sweep) frequency
Gleitfrequenzaudiometer *n* sweep audiometer
Gleitlager *n* slide (sliding, plain, journal) bearing
Gleitmittel *n* lubricant, lubricating agent
Gleitsinusprüfung *f* sweep sine test
Gleitsinussignal *n* sine sweep signal
glissandoartig portamento
Glocke *f* bell; sounder *(Telefon)*
Glockengeläut *n* chime
Glockenimpuls *m* bell-shaped pulse
Glockenkurve *f*/**Gaußsche** Gauss curve, Gaussian curve, bell-shaped curve, curve of normal distributioin
Glockenspiel *n* chime
Glottis *f* glottis
Gradient *m* gradient
Gradientenmikrofon *n* gradient microphone
Grammophon *n* record player, disk player, gramophone, phonograph
Graphik-Equalizer *m* graphic equalizer
Grat *m* land *(Schallplatte)*
Gravitation *f* gravity
Gravitationsbeschleunigung *f* gravity (gravitational) acceleration, acceleration of (due to) gravity
Gravitationsfeld *n* gravitational field
Gravitationsschwerkraft *f* gravity force, force of gravity, force due to gravity, gravitational force
greifen to stop *(Ton)*
Grenzbedingung *f* boundary condition
Grenzbereich *m* boundary region
Grenzdrehzahl *f* limiting speed
Grenze *f* boundary; limit
~ **des Hörbereichs** limit of audibility
~/zulässige tolerable limit
Grenzfläche *f* boundary, boundary area, boundary surface; interface
Grenzflächenbedingung *f* boundary conditon
Grenzflächenecho *n* boundary echo
Grenzfrequenz *f* cut-off frequency, corner frequency, edge frequency, band-edge frequency, limiting frequency
~ **des Sperrbereichs** stop band edge frequency
~ **eines Frequenzbandes** band-edge frequency
~ **für 3 dB Abfall** half power cut-off frequency
~ **für Spuranpassung** coincidence cut-off frequency, coincidence frequency
~/obere higher cut-off frequency, higher limiting frequency, high-frequency cut-off, upper cut-off frequency, upper limiting frequency
~/untere lower cut-off frequency, lower limiting frequency, low-frequency cut-off

Grenzgebiet *n* boundary region
Grenzgeschwindigkeit *f* limiting velocity (speed)
Grenzkurve *f* rating curve; fence
Grenzlinie *f* boundary
Grenzradius *m* diffuse-field distance
Grenzschalldruck *m* overload sound pressure
Grenzschicht *f* boundary layer
Grenzstrahl *m* limiting ray
Grenzwert *m* limit
~/festgelegter criterion
~/zulässiger tolerable limit
Grenzwertmelder *m***/akustischer** noise limit indicator
Grenzwertschalter *m* limit switch
Grenzwertüberwachung *f* limit monitoring, limit check
Grenzzyklus *m* limit cycle, deadband effect
~ **ohne Eingangssignal** zero input limit cycle
Griffbrett *n* finger board
Griffende *n* frog *(Streichbogen)*
Griffloch *n* finger (pitch) hole
grob rough, coarse
Grobabstimmung *f* coarse tuning
Grobeinstellung *f* coarse (rough) adjustment, coarse setting
grobkörnig coarse-grained
Grobstimmung *f* coarse tuning
Größe *f*:
• **in natürlicher** ~ full-scale
~/komplexe complex quantity
~/konstante constant, constant quantity
~/sinusähnliche quasi-sinusoid
~/skalare scalar quantity, scalar
~/vektorielle vector quantity
~/veränderliche variable, variable quantity
Großlautsprecher *m* high-power loudspeaker
Großraumbüro *n* open-plan office
Großsignalverhalten *n* large-signal behaviour
Größtwert *m* peak (crest, maximum) value
Grube *f* pit *(CD)*
Grundband *n* baseband
Grunddämpfung *f* residual (pass-band) attenuation
~ **im Durchlaßbereich** residual attenuation, pass-band attenuation, attenuation in the pass-band, pass-band transmission loss
Grundfläche *f* land *(Schallplatte)*
Grundfrequenz *f* fundamental (basic) frequency, first harmonic, fundamental
Grundfrequenzkurve *f* fundamental frequency trace
Grundgeräusch *n* background noise, noise floor
Grundgeräuschpegel *m* background noise level, noise floor
Grundkomponente *f* base (basic, fundamental) component
Grundrauschen *n* noise background, noise floor
Grundschwingung *f* fundamental oscillation (vibration)
Grundschwingungsform *f* fundamental mode of oscillation (vibration)
Grundschwingungsmode *f* fundamental mode of oscillation (vibration), fundamental mode
Grundstimmung *f* master tune
Grundton *m* fundamental sound, fundamental (tone)
~ **der Tonart** key note
~/musikalischer tonic
Grundtyp *m* fundamental mode
Grundwelle *f* fundamental harmonic, fundamental [wave]
Grundwellenanteil *m* fundamental component
Gruppe *f* **der Melodieinstrumente** melody section
Gruppengeschwindigkeit *f* group velocity
Gruppenlaufzeit *f* group delay, envelope delay, group [delay] time
Gruppenlaufzeitentzerrung *f* group delay equalization
Gruppenlaufzeitverzerrung *f* group delay distortion
Gruppenmittelwert *m* ensemble average
Gruppierung *f* arrangement, grouping
gummigelagert rubber-cushioned
Gummikissen *n* rubber pad, rubber cushion
Gummilager *n* silent block
Gummimatte *f* rubber mat
Gummipolster *n* rubber pad, rubber cushion
Gummiteil *n* rubber element
Gürtel *m* belt
Güte *f*, **Gütefaktor** *m* quality factor, q factor, figure of merit, q value
Gütemaß *n* figure of merit *(Sonar)*
Guttural *m* guttural
gyratorisch gyroscopic, antireciprocal

H

Haarröhrchen *n* capillary, capillary tube
Haarzelle *f* hair cell
Haas-Effekt *m* Haas effect, first arrival effect
Haftmagnet *m* magnetic clamp, clamping (mounting) magnet
Haftreibung *f* static (resting) friction, friction at rest
Halbbrückenschaltung *f* half-bridge circuit
halbhallig semi-anechoic, semianechoic, semireverberant
Halbierungsparameter *m* [level-time] exchange rate
~ **für Energiebewertung** equal energy exchange rate
Halbleiterdehn[ungs]meßstreifen *m* semiconductor strain gauge

Halboktave *f* [one] half octave
Halbperiode *f* half-period, half-cycle; alternation
Halbperiodendauer *f* alternation period
Halbraum *m* half-space, semispace
Halbspur half-track, two-track, twin-track
Halbspuraufzeichnung *f* half-track recording, two-track recording, twin-track recording
Halbspurgerät *n* dual-track [tape] recorder, half-track recorder, two-track recorder
Halbton *m* semitone, half-tone, half-step
~/chromatischer chromatic semitone
Halbtonleiter *f* chromatic scale
Halbtonschritt *m* half step
Halbwelle *f* half-period, half-cycle, half-wave, alternation
Halbzollmikrofon *n* half-inch microphone
Hall *m* reverberation, reverberant sound
~/künstlicher artificial echo
Hallbeseitigung *f* dereverberation
Halle *f* hall
hallend reverberant, reverberatory; acoustically live
Hallerzeugungssystem *n* reverberation system
Hallfeld *n* reverberant [sound] field, diffuse [sound] field
Hallgerät *n* reverb[eration] unit, reverberator
hallig reverberant, reverberatory; acoustically live
halliger machen to liven *(Raum)*
Halligkeit *f* acoustical liveness
Hallmaß *n* ratio of reverberant to early energy
Hallradius *m* diffuse-field distance *(Kugelstrahler)*
Hallraum *m* reverberation room, echo (reverberation) chamber, reverberant room (chamber)
~ für Meßzwecke (Prüfzwecke) reverberation test room
Hallraummessung *f* reverberant-field test
Hallraumprüfung *f* reverberant-field test
Hallraumverfahren *n* reverberation room technique; reverberant-field method *(Schalleistungsmessung)*
Hals *m* **des Lautsprechertrichters** throat of loudspeaker
Haltekreis *m* hold[ing] circuit
halten to capture; to hold *(Wert)*
~/im Gleichgewicht to keep in equilibrium
~/konstant to keep constant
~/Takt to keep time
Halten *n* **des Kleinstwertes** minimum hold
~ des Maximalwertes maximum hold, maximum capture
~ des Minimalwertes minimum hold
~ des Spitzenwertes peak hold
Halterung *f* support; mount, mounting part
Halteschaltung *f* hold[ing] circuit
Haltetaste *f* capture button
Halttaste *f* stop button
Hammer *m* malleus, hammer *(Gehörknöchel)*
Hammerwerk *n* impact-sound source, impact noise generator, tapping machine
Hammingfenster *n* Hamming window
Hammondorgel *f* Hammond organ
Handapparat *m* handset, telephone handset
Hand-Arm-Schwingungen *fpl* hand-transmitted vibration, hand-arm vibration
Handaussteuerung *f* manual volume control
Handbuch *n* manual
Handharmonika *f* concertina
Handlautstärkeregler *m* manual volume control
Handmikrofon *n* hand microphone, hand-held microphone
hängend suspended
Hanningfenster *n* Hanning window
Harfe *f* harp
Harmonie *f* harmony
Harmonielehre *f* harmonics
Harmonik *f* harmonics
Harmonika *f* concertina
harmonisch harmonic; harmonious, consonant, concordant
Harmonische *f* harmonic component, harmonic
~/erste fundamental (basic) frequency, first harmonic, fundamental harmonic
~ höherer Ordnung higher harmonic, upper harmonic
~/subjektive aural harmonic
Harmonium *n* reed organ
harmonisieren to harmonize
hart hard
Hartfaserplatte *f* hardboard, chipboard, fibreboard
hartmagnetisch magnetically hard, hard-magnetic
Häufigkeit *f* frequency
~ der Wiederkehr frequency of recurrence
~/relative relative frequency
Häufigkeitsdichte *f* frequency density
Häufigkeitskurve *f* frequency curve
Häufigkeitsverteilung *f* probability distribution, frequency distribution
Häufigkeitswert *m* frequency value
Hauptachse *f* principal axis, reference axis
Hauptanzeigebereich *m* primary indicator range
Hauptkeule *f* main (principal, major) lobe *(Richtcharakteristik)*
Hauptmode *f* dominant mode
Hauptregler *m* master gain control
Hauptschwingungsmode *f* principal mode, dominant mode
Hauptschwingungstyp *m* principal mode, dominant mode
Hauptverstärker *m* main amplifier
Hauptverstärkungsregler *m* master gain control
Hauptzipfel *m* main (principal, major) lobe *(Richtcharakteristik)*

HdO-Hörgerät *n* behind-the ear hearing instrument, BTE, behind-the ear hearing aid
HdO-Hörhilfe *f* behind-the-ear hearing instrument, BTE, behind-the-ear hearing aid
Heimtonbandgerät *n* home recorder
Heizelement *n* heater
Heizer *m* heater
hell bright
Helmholtzresonantor *m* Helmholtz resonator
hemmen to inhibit
Hemmung *f* inhibition
Herabsetzung *f* **der Sprachverständlichkeit** articulation loss (reduction)
herausragend predominant
herausschneiden to splice out *(Signalausschnitt)*
herausziehen to unplug *(Stecker, Stöpsel)*
herstellen/Gleichlauf to synchronize
Hertz Hertz, Hz, cycles per second, cps
heruntertransformieren to step down
hervorheben to accentuate, to emphasize, to stress; to boost
Hervorhebung *f* emphasis, boost, accentuation, emphasizing
Herzkurve *f* cardioid, cardioid curve
Herzschall *m* cardiosound, cardiac sound, heart sound
heterogen heterogeneous, inhomogeneous
Heulboje *f* sounding (acoustic) buoy
heulen to howl
Heulen *n* howl
Heulfrequenz *f* wobble (wobbling, warble) frequency
Heulton *m* howl; warble tone
Heultonfrequenz *f* wobble audio frequency
Heultongenerator *m* wobbler, wobbulator, warbler
Heultonne *f* sounding (acoustic) buoy
HF *s.* Hochfrequenz
Hi-Fi high fidelity, hi-fi, HI-FI, HIFI
Hi-Fi-Anlage *f* hi-fi system, high-fidelity system (set, equipment)
Hi-Fi-Lautsprecher *m* high-fidelity loudspeaker, hi-fi loudspeaker
Hi-Fi-Liebhaber *m* audiophile
Hi-Fi-Mikrofon *n* high-fidelity microphone, hi-fi microphone
Hi-Fi-Verstärker *m* hi-fi amplifier, high fidelity-amplifier
Hi-Fi-Wiedergabe *f* hi-fi [sound] reproduction, high-fidelity [sound] reproduction
Hilfssignal *n*/**überlagertes** dither
Hilfsstudio *n* satellite studio
Hindernis *n* obstacle
hindurchgehen to pass through; to pass
Hintereinanderschaltung *f* cascade, cascade connection
Hintergrund *m* background
Hintergrundgeräusch *n* background noise
Hintergrundmusik *f* background music
Hinterohrgerät *n* behind-the-ear hearing instrument, BTE, behind-the-ear hearing aid
Hintransformation *f* forward (direct) transformation, forward transform
Hintransformierte *f* forward transform
hin- und herbewegen to reciprocate
hin- und hergehen to reciprocate
Histogramm *n* histogram
Hitzdrahtaufnehmer *m* hot-wire sensor
Hitzdrahtmikrofon *n* hot-wire microphone, thermal microphone
hoch high pitched *(Tonhöhe)*
~/unhörbar ultra-audible, ultra-acoustic
hochempfindlich high-sensitivity, highly sensitive
Hochfahren *n* start-up, run-up
Hochfrequenz *f* high frequency, HF, h.f., radio frequency, r.f., RF
Hochfrequenzverhalten *n* high-frequency response
Hochfrequenzvormagnetisierung *f* high-frequency biasing
Hochlaufen *n* start-up, run-up
Hochleistungslautsprecher *m* high-power loudspeaker
hochohmig high-resistance
Hochpaß *m* high-pass filter, HPF, high-pass; HP
~/akustischer high-pass acoustical filter
Hochpaßfilter *n* high-pass filter, HPF
~/akustisches high-pass acoustical filter
hochpaßgefiltert high-passed
Hochpaßwirkung *f* lower frequency band limitation
Hochspannung *f* high voltage, high tension
Höchstwert *m* maximum value
Hochtonbegrenzer *m* de-esser
Hochtonbereich *m* treble
hochtönend high-pitched
Hochtonkegel *m* tweeter dome, tweeter
Hochtonlautsprecher *m* treble [loud]speaker, tweeter [loudspeaker]
Hochtonregler *m* treble control
Hochtontrichterlautsprecher *m* horn tweeter
Hochtonwiedergabe *f* high-note response
hochtourig high-speed
hochtransformieren to step up
hochverstärkend high-gain
Höcker *m* hump *(einer Kurve)*
Höhen *fpl* treble
Höhenabsenkung *f* treble cut
Höhenanhebung *f* high-note accentuation (emphasis), high-frequency accentuation, treble boost[ing], treble emphasis; high-note (high-frequency) compensation
Höhenbeschneidung *f* treble cut
höhenbeschnitten low-passed
Höhenentzerrer *m* treble corrector
Höhenentzerrung *f* treble correction

Höhenkorrektur *f* treble correction
Höhenmesser *m*/**akustischer** altitude sonar
Höhenregler *m* treble control
Höhenschlucker *m* high-frequency absorber
Höhensonar *n* altitude sonar
Höhen- und Tiefenregelung *f* bass-treble control
Höhen- und Tiefenregler *m* bass-treble control
Höhenwiedergabe *f* high-note response, high-frequency response, treble response
hohl hollow; concave
Hohlraum *m* cavity
~/abgeschlossener closed cavity
Hohlraumresonanz *f* cavity resonance
Hohlraumresonator *m* cavity resonator, resonant cavity, resonance chamber
Hohlspiegel *m* concave mirror
Holographie *f*/**akustische** acoustical holography
Holzbläser *mpl* wood
Holzblasinstrument *n* woodwind instrument
Holzblasinstrumente *npl* wood, wood-wind
holzverkleidet wood-clad
Holzverkleidung *f* wainscot, wainscoting
homogen homogenous
homophon homophonic
hörbar audible • **~ machen** to render audible
Hörbarkeit *f* audibility
~/schlechte poor audibility
Hörbarkeitsbereich *m* zone of audibility
Hörbarkeitsgrenze *f* audibility limit, limit of audibility
Hörbarkeitsschwelle *f* threshold of audibility, audibility threshold
Hörbarkeitszone *f* zone auf audibility
Hörbedingungen *fpl* listening conditions
Hörbeeinträchtigung *f* hearing impairment, impairment of hearing, hearing handicap, auditory impairment
Hörbereich *m* range (area) of audibility, auditory area, audible (audio) range; listening area
Hörbrille *f* hearing-aid glasses (spectacles), hearing spectacles
Horchgerät n listening device, sound detector
Höreindruck *m* auditory impression
Hörempfindung *f* auditory sensation, sensation of hearing
hören to hear
~/auf etwas to listen to s.th.
Hören n hearing
~/beidohriges binaural hearing
~/einohriges monaural hearing
~ mit einem Ohr monaural hearing
~/räumliches stereophonic hearing
~/stereophones stereophonic hearing
~ von Sprache/verstehendes perception of speech
~/zweiohriges binaural hearing
Hörer *m* 1. head[phone] receiver, receiver, telephone receiver (earphone); 2. listener, auditor
~/elektrostatischer electrostatic earphone; capacitor receiver
~/geschlossener circumaural earphone
Höreranschluß *m* headphone connection
Hörerbuchse *f* phone jack
Hörergehäuse *n* receiver case
Hörerin *f* listener, auditor
Hörerkapsel *f* receiver capsule (inset, cartridge)
Hörerkissen *n* ear-pad
Hörerkuppler *m* earphone coupler
Hörermuschel *f* receiver ear-cap, receiver earpiece, ear-piece, receiver cap, ear cap
Hörerpaar *n* pair of earphones, earphones *pl*, headset
~/schalldämmendes noise-excluding headset
Hörerstecker *m* phone plug
Hörfehler *m* hearing defect
Hörfläche *f* range (area) of audibility, auditory area, audible range, audio range; listening area
hörfrequent audio
Hörfrequenz *f* audio (audible) frequency, AF, af, tonal frequency
Hörfrequenzbereich *m* audio-frequency range, audible frequency range
Hörfrequenzspektrum *n* audio (audible) spectrum
Hörfunk *m* audio (sound) broadcasting
Hörgerät *n* hearing instrument, hearing aid, deaf-aid
~/hinter dem Ohr zu tragendes behind-the-ear hearing instrument, BTE, behind-the-ear hearing aid
~/im Gehörgang zu tragendes canal hearing instrument, all-in-the-ear hearing instrument
Hörgeräteklinik *f* hearing-aid dispensary
Hörgeräteprüfkammer *f* hearing-aid test box
Hörgerätetechnik *f* audiology
Hörgerätetechniker *m* audiologist
Hörgrenze *f* limit of audibility
Hörhilfe *f* hearing instrument, hearing aid, deaf-aid
~ für richtungsgerechtes Hören directional hearing aid
~/richtungsgerechte directional hearing aid
Hörhilfebestimmung *f* hearing-aid evaluation, HAE
Hörhilfenaudiologe *m* hearing aid audiologist
Hörkapsel *f* receiver capsule (inset, cartidge)
Hörkissen *n* earphone cushion
Hörkomfort *m* listening comfort
Hörmechanismus *m* hearing mechanism
Hörmuschel *f* receiver ear-cap, receiver earpiece, ear-piece, receiver cap, ear cap
Horn *n* horn
Hörnerv *m* auditory (acoustic) nerve

Hörorgan *n* hearing (auditory) organ, organ of hearing
Hörpegel *m* sensation level, level above threshold
Hörprobe *f* audition
Hörprüfung *f* hearing test; listening test
~ **durch eine Beobachtergruppe** jury listening test
Hörrohr *n* hearing tube, ear trumpet; auscultation tube, stethoscope
Hörrundfunk *m* audio (sound) broadcasting
~**/digitaler** digital audio broadcasting, DAB
Hörsaal *m* auditorium
Hörsamkeit *f* **eines Raumes** acoustic properties of a room
Hörschaden *m* hearing damage, acoustic trauma
~**/lärmbedingter** noise-induced hearing damage, noise-induced damage to hearing (hearing impairment)
Hörschall *m* audible sound
Hörschallakustik *f* audio engineering
Hörschärfe *f* hearing acuity, audibility acuity, aural acuity
Hörschwelle *f* hearing threshold, threshold of hearing (audibility), audibility threshold
~ **im freien Schallfeld** minimum audible field
~ **unter Verdeckung** masked threshold
Hörschwellenmessung *f* audiometry, audiometric testing
Hörschwellenpegel *m***/altersbedingter** age-related threshold level, ARTL
Hörschwellenprüfung *f* audiometry, audiometric testing
Hörschwellenverschiebung *f* threshold shift
~**/bleibende (dauerhafte)** permanent threshold shift, PTS, hearing loss
~ **für Sprache** speech hearing loss, speech loss
~**/zeitweilige** temporary threshold shift, TTS
Hör-Sprech-Garnitur *f* headset, two-way communication headset
~**/schalldämmende** noise-excluding headset
Hör-Sprech-Schalter *m* talk-listen switch
Hörspule *f* listening coil, telecoil
Hörtest *m* listening test
Hörvergleich *m* **durch eine Beobachtergruppe** jury listening test
Hörverlust *m* hearing loss, hardness of hearing; hearing threshold level, permanent threshold shift, PTS
~**/altersbedingter** presbycusis
~**/bezogener** relative hearing loss
~**/bleibender** permanent hearing loss, permanent threshold shift, PTS
~ **für Sprache** speech hearing loss, speech loss
~ **für Sprachfrequenzen/mittlerer** speech average loss
~**/leichter** mild hearing loss
~ **mit steilem Abfall** ski-slope hearing loss
~**/prozentualer** percent hearing loss
~**/schwacher** mild hearing loss
~**/starker** severe hearing loss
Hörvermögen *n* hearing capability, hearing; hearing (audibility, aural) acuity
~**/prozentuales** percent hearing
Hörweite:
• **außer ~** out of earshot, out of hearing **in ~** within earshot
Hörzeichen *n* audible (audio, tone) signal, signalling tone
Hub *m* stroke
~**/unzulässig großer** overtravel
Hubbegrenzer *m* overtravel stop
Hüllflächenschalldruck *m* surface sound pressure
Hüllflächenschalldruckpegel *m* surface sound pressure level
Hüllintegral *n* area [surface] integral, surface integral
Hüllkurve *f* envelope, envelope curve
Hüllkurvenanalyse *f* envelope analysis
Hüllkurvenformer *m* envelope shaper
Hüllkurvengenerator *m* envelope generator
Hüllkurvenverzerrung *f* envelope distortion
Hüllkurvenzeitfunktion *f* time envelope function
Humanschwingungsmesser *m* human[-response] vibration meter
Hupe *f* electric hooter, electric horn
Hydraulik *f* hydraulics
hydraulisch hydraulic
Hydroakustik *f* hydroacoustics, underwater (submarine) acoustics
Hydrodynamik *f* hydrodynamics
hydrodynamisch hydrodynamic
Hydrophon *n* hydrophone
Hydroschall *m* underwater sound, hydrosound
Hysterese *f* hysteresis
~**/magnetische** magnetic hysteresis
Hysteresearbeit *f* magnetic hysteresis energy, hysteresis energy
Hystereseenergie *f* [magnetic] hysteresis energy
Hysteresefehler *m* hysteresis error
Hysteresekennlinie *f* hysteresis characteristic
Hysteresekurve *f* hysteresis curve, magnetic hysteresis loop, hysteresis cycle, magnetic cycle, hysteresis loop
Hystereseschleife *f* hysteresis curve, magnetic hysteresis loop, hysteresis cycle, magnetic cycle, hysteresis loop
Hystereseverlust *m* hysteresis loss
Hysteresis *f s.* Hysterese
Hz Hertz, Hz, cycles per second, cps *(Frequenzeinheit)*

I

I I, impulse *(Zeitbewertung)*
I-bewertet I-weighted
I-Bewertung *f* I-weighting
Idiophon *n* idiophone
IdO-Hörgerät *n* all-in-the-ear hearing instrument, ear insert
IEC International Electrotechnical Commission, IEC
imaginär imaginary
Imaginärteil *m* imaginary part
~ **der Admittanz** susceptance
~ **der Impedanz** reactance
~ **der mechanischen Impedanz** mechanical reactance
~ **des akustischen Mitgangs** acoustic susceptance
~ **des spezifischen Standwertes** unit-area acoustic reactance
Immittanz *f* immittance *(Verwendung wird abgelehnt)*
immun [gegen] immune [from]
Im-Ohr-Gerät *n* all-in-the-ear hearing instrument, ear insert
Impedanz *f* impedance
~/akustische acoustic impedance
~ **an der Anregungsstelle** driving-point impedance
~ **bei Belastung** loaded impedance
~ **des gedämpften Systems** damped impedance
~ **im festgebremsten Zustand** blocked impedance *(mechanical)*
~/mechanische mechanical impedance
~/spezifische akustische specific acoustic impedance
Impedanzanpassung *f* impedance match[ing]
Impedanzen *fpl*/**konjugiert komplexe** conjugate impedances
Impedanzmeßbrücke *f* impedance bridge
Impedanzmeßkopf *m* impedance [measuring] head
Impedanzpegel *m* impedance level
Impedanzrohr *n* standing wave tube (apparatus), Kundt's tube
Impedanzwandler *m* impedance converter (transformer)
Impedanzwandlung *f* impedance conversion (transformation)
Impuls *m* impulse, pulse; burst; impact; momentum; I, impulse *(Zeitbewertung)*
~ **an der Klebestelle** splice bump, splice pulse
~ **einer Polarität** single-polarity pulse
~/einseitiger single-polarity pulse
~/glockenförmiger bell-shaped pulse
~/rechteckiger rectangular [im]pulse
Impulsabfall *m* pulse decay
Impulsabfallzeit *f* pulse decay time
Impulsabklingzeit *f* pulse decay time
Impulsabstand *m* pulse spacing (interval, separation), impulse interval
Impulsamplitude *f* pulse amplitude, pulse height, impulse amplitude
Impulsanstieg *m* pulse rise, rise of pulse
Impulsanstiegszeit *f* pulse rise time
Impulsantwort *f* pulse response, impulse response
~/integrierte integrated impulse response
Impulsantwortfunktion *f* pulse response
impulsartig impulsive
Impulsauslösung *f* pulse triggering
Impulsbreite *f* pulse width
Impulsbreitenmodulation *f* pulse-duration modulation, PDM
Impulscharakter *m* impulsiveness
Impulsdauer *f* pulse duration, on-time, on-period [of a pulse], impulse duration
Impulsecho *n* pulse echo
Impulsechoverfahren *n* pulse echo technique
Impulserhaltungssatz *m* momentum conservation law
Impulserzeuger *m* pulse generator, pulser, impulse generator
Impulserzeugung *f* pulse generation
Impulsflanke *f* pulse slope
Impulsfolge *f* pulse train (sequence, repetition), succession of pulses (impulses)
Impulsfolgefrequenz *f* pulse repetition frequency (rate), pulse [recurrence] frequency, pulse rate
Impulsform *f* pulse form (shape)
Impulsfrequenz *f* pulse repetition frequency (rate), pulse [recurrence] frequency, pulse rate
Impulsgeber *m* pulse generator, pulser, impulse generator
Impulsgenerator *m* pulse generator, pulser, impulse generator
impulshaltig impulsive
Impulshaltigkeit *f* impulsiveness
Impulshammer *m* impact hammer
Impulshöhe *f* pulse amplitude (height), impulse amplitude
Impulskode *m* pulse code
Impulskodemodulation *f* pulse-code modulation, PCM
Impulslänge *f* pulse length
Impulslärm *m* impulsive (impulse, impact) noise
Impulspause *f* [im]pulse interval, off-time, off-period [of a pulse]
Impulsreflexionsverfahren *n* pingpong method
Impulsschallpegel *m* [im]pulse sound level
Impulsschallpegelmesser *m* [im]pulse sound level meter
Impulsspitzenwert *m* pulse peak value
Impulstastverhältnis *n* pulse duty factor, burst ratio
Impulsverfahren *n* impulse method

Impulsverformung *f* [im]pulse distortion
Impulsverzerrung *f* [im]pulse distortion
Impulszahl *f* pulse number, number of pulses
Index *m* **der Eigenreaktivität** residual pressure-intensity index, residual intensity index
~ der Sprachübertragung speech transmission index, STI
~ für die Übertragung fließender Sprache rapid speech transmission index, RASTI
~ für den verarbeiteten Dynamikbereich dynamic capability index
Indikator *m* indicator, indicating device
Induktion *f* magnetic flux density, magnetic induction, induction
~/elektromagnetische induction
~/magnetische magnetic flux density, magnetic induction
Induktionsfluß *m* magnetic flux
Induktionsgesetz *n* law of induction
~/Faradaysches law of induction
Induktionsschleife *f* induction loop, inductive loop
~ für Hörgeräte audio induction loop, induction audio loop
Induktionsspule *f* telecoil *(Hörgerät)*
induktiv inductive
Induktivität *f* inductance
Industrielärm *m* industrial noise
Informationsaustausch *m* communication
Informationsgehalt *m* information content
Informationsinhalt *m* information content
Informationsspeicherung *f* information storage
Informationsträger *m* information carrier *(Speichermedium)*
Informationsverarbeitung *f* information (data) processing
Informationsverlust *m* information loss, loss of information
infraakustisch infrasonic, subaudio, infraacoustic, subsonic
Infraschall *m* infrasound, infrasonic sound, subaudio sound; infrasonics *pl*
Infraschallbereich *m* infrasonic [frequency] range
Infraschallfrequenz *f* infrasonic (subaudio, infraacoustic, ultralow, subsonic) frequency
Infraschallfrequenzbereich *m* infrasonic frequency range
Infraschallquelle *f* infrasonic source
Infraschallwelle *f* infrasonic wave
Inhibition *f* inhibition
inhomogen non-uniform, inhomogeneous, heterogeneous
Inhomogenität *f* inhomogeneity
inkohärent incoherent
Inkohärenz *f* incoherence
inkompatibel incompatible
Inkompatibilität *f* incompatibility
Innengeräusch *n* interior noise, indoor noise
Innenlärm *m* interior noise, indoor noise
Innenohr *n* internal (inner) ear
in situ in situ
instabil instable, unstable; non-equilibrium
Instabilität *f* instability; imbalance *(equilibrium)*
instationär non-steady, unsteady
Instrumentalgruppe *f***/kleine** combo, combination
Instrumentalist *m* instrumentalist
Instrumentalmusik *f* instrumental music
Integral *n* integral
Integration *f* integration
~/einfache single integration
~/einmalige single integraton
~ mit rücklaufendem Zeitmaßstab time-reversed integration
Integrationsgrenze *f* limit of integration
Integrationsschaltung *f* integrating circuit (network)
Integrationszeit *f* integration period (time), integrating time
Integrator *m* integrator
integrieren to integrate
~/rückwärts to reverse-integrate
Integrierschaltung *f* integrating circuit (network)
integriert built-in, integral *(einbezogen)*
~/über der Zeit time-integrated
~/zeitlich time-integrated
Integrierverstärker *m* integrating amplifier
Intensität *f* intensity; strength
Intensitätsfluß *m* intensity flow
Intensitätskartierung *f* intensity mapping
Intensitätsmeßeinrichtung *f* intensity measurement system
Intensitätsmeßgerät *n* intensity measurement device
Intensitätsmeßsonde *f* intensity probe
~/dreidimensionale intensity vector probe
Intensitätsmeßsystem *n* intensity measurement system
Intensitätsmikrofon *n* intensity microphone
Intensitätspegel *m* intensity level
Intensitätsvektor *m* intensity vector
interaural interaural
Interface *n* interface
~/paralleles parallel interface
~/serielles serial interface
Interfacekabel *n* interface cable
Interferenz *f* interference
Interferometer *n* interferometer
intermittierend intermittent
Intermodulation *f* intermodulation, cross modulation
~/flüchtige transient intermodulation, TIM
Intermodulationsprodukt *n* intermodulation product
Intermodulationsverzerrung *f* intermodulation distortion, combination tone distortion
~/flüchtige transient intermodulation, TIM

Intervall *n* interval
~/chromatisches chromatic interval
Intonateur *m* voicer
Intonation *f* intonation
intonieren to intonate; to voice *(Orgelpfeifen)*
invertieren to invert
Ionenlautsprecher *m* ionic loudspeaker
Ionenmikrofon *n* ionic microphone
ipsilateral ipsilateral
irregulär irregular
Iso-Intensitätskarte *f* intensity map
Isolation *f* insulation, isolation
Isolationsmaterial *n* insulating material, insulant, insulator, insulating substance
Isolator *m*/**elektrischer** insulator
isolieren to insulate, to isolate; to lag
~/mechanisch to isolate
~/mit Dämmstoff to lag
~/Schwingungen to absorb shocks
Isolierplatte *f* structural insulation board
Isolierung *f* lagging *(mit Dämmstoff)*
isotherm isothermal
isotrop isotropic
Isotropie *f* isotropism, isotropy
Iterationsverfahren *n* iterative method, iteration method

J

Jaulen *n* 1. flutter *(schnelle Schwankungen)*; 2. wow *(langsame Schwankungen)*
Jazz-Band *f* band
Jazz-Schlagzeug *n* drums, drum set
Joch *n* yoke
Justage *f* adjustment, alignment
justieren to adjust, to align, to trim

K

Kabel *n*/**störspannungsarmes** low-noise cable
Kabelabfangschelle *f* cable clamp, cable clip
Kabelanschluß *m* cable connection (terminal)
Kabelbefestigungsschelle *f* cable clamp (clip)
Kabelendverstärker *m* line amplifier
Kabelkanal *m* duct
Kabelklemme *f* cable terminal
Kabelrohr *n*/**biegsames** flexible conduit
Kabelschelle *f* cable clamp (clip)
Kabelschuh *m* cable lug (terminal, socket)
Kabelstecker *m* cable plug
Kabelsteckverbinder *m* cable connector (plug)
Kabeltrommel *f* cable drum (reel)
Kabelverbinder *m* cable connector
Kabelverbindung *f* cable connection
Kabine *f* cabin, booth
~/schallisolierte soundproof cabin
Kadenz *f* close
kakophon cacophonic[al], cacophonous
Kakophonie *f* cacophony
Kalibrator *m* calibrator
~/akustischer acoustic (sound level) calibrator
~/elektrostatischer electrostatic actuator
~ für Beschleunigungsaufnehmer accelerometer calibrator
~ für Einsatz am Meßort field calibrator
~ für Einsatz unter Feldbedingungen field calibrator
~ für Schalldruck sound-pressure calibrator
~ für Schwingungsaufnehmer accelerometer calibrator
Kalibriereinrichtung *f* calibration facility, calibrator
kalibrieren to calibrate
Kalibrierfehler *m* calibration error
Kalibrierfrequenz *f* calibration frequency
Kalibriergenauigkeit *f* calibration accuracy
Kalibriergenerator *m* calibrating generator, calibration oscillator
Kalibrierkurvenblatt *n* calibration chart
Kalibriermarke *f* calibration mark
Kalibriermöglichkeit *f* calibration facility
Kalibrierpegel *m* calibration level
Kalibriersignal *n* calibrating signal
Kalibrierspannung *f* calibration voltage
Kalibriertabelle *f* calibration chart
Kalibrierung *f* calibration
~ am Meßort on-the-spot calibration, field calibration
~ nach dem Ersatzspannungsverfahren insert-voltage calibration
~ unter Einsatzbedingungen field calibration
Kalibrierwert *m* calibration factor
Kalottenlautsprecher *m* dome loudspeaker
Kamerarecorder *m* camcorder, camera-recorder
Kammer *f* chamber
Kammermusik *f* chamber music
Kammerton *m* concert pitch, standard tone
Kammertongenerator *m* standard tone generator
Kammfilter *n* comb filter
Kanal *m* channel; duct, conduit
~ für fortschreitende Wellen progressive wave tube
Kanalanfang *m* duct entrance
Kanalauskleidung *f* duct lining
Kanalführung *f* ducting *(Lüftung)*
Kanaltrennung *f* channel separation
Kanalwähler *m* tuner
Kapazitäts-Widerstands-Brücke *f* RC bridge, resistance-capacitance bridge
Kapelle *f* band, [light] orchestra *(Musik)*
Kapillare *f* capillary [tube], vent • **mit ~ auf der Rückseite** back-vented • **mit ~ nach der Seite** side-vented

Kapillarendämpfung *f* vent [pressure] attenuation
Kapillarröhrchen *n* capillary [tube], vent
Kapsel *f* 1. enclosure, case, box; 2. capsule, cartridge
Kapselgehäuse *n* cartridge housing
Kapselkapazität *f* cartridge capacitance
~ **bei anliegender Polarisationsspannung** polarized cartridge capacitance
kapseln to encapsulate, to enclose
Kapselrauschen *n*/**thermisches** cartridge thermal noise
Kapselung *f* case, casing, housing, enclosure; encapsulation, encasing
Kardioidcharakteristik *f* cardioid characteristic (diagram), apple-shaped diagram
Kardioide *f* cardioid [curve]
Karosseriedröhnen *n* body rumble
Karte *f* **mit Kurven gleicher Intensität** intensity map
Kaskade *f* cascade
Kaskadenschaltung *f* cascade connection
Kassette *f* cassette
Kassettenabspielgerät *n* cassette player
~/**tragbares** walkman
Kassettenausstoß *m*/**gedämpfter** soft eject, soft ejection
Kassettenband *n* cassette tape
Kassettendeck *n* cassette deck
Kassettenfach *n* cassette compartment
Kassettengerät *n*/**stapelbares** cassette deck
Kassettenrecorder *m* cassette (cassette-type) recorder
~ **für Datenaufzeichnung** cassette data recorder
Kassettentonband *n* cassette tape
Kassettentonbandgerät *n*/**stapelbares** cassette deck
Katodenfolger *m* cathode follower
Katodenstrahloszillograph *m* cathode-ray oscillograph, CRT oscillograph
Katodenstrahlröhre *f* cathode-ray tube, oscillograph tube, CRT
Katodenverstärker *m* cathode follower
Kavitation *f* cavitation
Kavitationsblase *f* cavitation bubble
Kavitationsgeräusch *n* cavitation noise
Kegel *m* cone
Kehle *f* throat
Kehlkopf *m* larynx
~/**künstlicher** artificial larynx
Kehlkopfmikrofon *n* larynx (throat) microphone, laryngophone, necklace microphone
Kehllaut *m* laryngeal, guttural
Kehrwert *m* **der relativen Bandweite** bandwidth quotient
Keil *m* wedge
Kenngröße *f* characteristic quantity, parameter; index, indicator
Kennimpedanz *f* characteristsic impedance
Kennlinie *f* characteristic
~ **des Aussteuerungsbereichs** volume range characteristic
~ **des dynamischen Verhaltens** dynamic characteristic
~/**dynamische** dynamic characteristic
~/**exponentielle** exponential characteristic
~/**lineare** linear characteristic
~/**nichtlineare** non-linear characteristic
~/**quadratische** square-law characteristic
Kennlinienschreiber *m* plotter, graph recorder, chart recorder
Kennwert *m* **der Lärmminderung** noise-reduction rating, NRR
~ **der Modulationsverringerung** modulation reduction factor
~ **der Pegelminderung** noise-reduction rating, NRR
~ **der Sprachübertragungsqualität** speech transmission index, STI
~ **für den Charakter des Schallfeldes** field indicator
~ **für den verarbeiteten Dynamikbereich** dynamic capability index
~ **für die Art des Feldes** field indicator
~ **für die Übertragung fließender Sprache** rapid speech transmission index, RASTI
~/**komplexer** complex parameter
Kern *m* core *(Transformator)*
Kernfluß *m* core flux
Kernmaterial *n* core material
Kernquerschnitt *m* core cross section
Kernwerkstoff *m* core material
Kesselpauke *f* kettledrum
Kettendämpfung *f* iterative attenuation
Kettenschaltung *f* cascade connection, cascade
Kettenwiderstand *m* iterative impedance
Keule *f* lobe
Keyboard *n* keyboard
~ **mit MIDI (MIDI-Interface)** MIDI keyboard
K-Faktor *m* gauge factor *(strain gauge)*
kinematisch kinematic
kinetisch kinetic
Kinetose *f* kinetosis, motion sickness
Kino *n* cinema, picture palace
Kinoorgel *f* cinema organ
Kipp *m* sweep
Kippfrequenz *f* sweep frequency
Kippgenerator *m* sweep generator
Kippschalter *m* toggle (tumbler, tilting) switch
Kissen *n* cushion
Klammer *f* clamp
Klang *m* sound; tone; voice *(Synthesizer)*
~/**heller** brilliant tone
~/**stereophoner** sterephonic (stereo) sound
~/**strahlender** brilliant tone
~/**zusammengesetzter** complex sound

Klangbild *n* sound impression
Klangdatenspeicher *m* voice memory
Klangeffekt *m* sound effect
Klangeindruck *m* sound impression
Klangeinsatz *m* sound attack
Klangfarbe *f* timbre, tone quality, tone colour, quality of sound (tone); tonality
Klangfarbenanalyse *f* timbre analysis
Klangfarbenkorrektur *f* tone correction, sound correction
Klangfarbenregelung *f* tone regulation
Klangfarbenregler *m* sound corrector, tone regulator, bass-treble control
Klangfärbung *f* colouration
~ **durch das Gehäuse** boxiness
Klangfiguren *fpl***[/Chladnische]** sound (acoustic) pattern, [Chladny's] acoustic figures
Klangfilter *n* sound filter; equalizer
Klangfülle *f* richness of tone, volume of tone (sound), tone (sound) volume; sonority
Klanggemisch *n* complex sound
Klanghölzer *npl* claves
Klangkulisse *f* background, background sound (noise); background music
Klangqualität *f* sound quality, fidelity [of sound], tonal quality, tone quality
~/hohe high fidelity, hi-fi, HI-FI, HIFI
Klangregler *m* sound corrector, bass-treble control, tone control, tone regulator
Klangregelung *f* tone control (regulation)
Klangreichtum *m* sonority
Klangsynthese *f* sound synthesis
klangtreu orthophonic
Klangtreue *f* fidelity of sound
~/hohe high fidelity, hi-fi, HI-FI, HIFI
Klangverschmelzung *f* tonal fusion, sound blend[ing]
Klangverzerrung *f* sound distortion
klangvoll sonorous
Klangwirkung *f* sound effect, tonal effect
Klappe *f* 1. stop; valve *(Musikinstrument)*; 2. clapper *(Film)*
Klapper *f* rattle
klappern to rattle, to chatter
Klappern *n* rattle, rattling, chattering
Klappsitz *m* tip-up seat
klar distinct, clear, clearly articulated; bright
Klarheit *f* 1. distinctness, clearness; clarity [of tone]; 2. definition *(Auflösung)*
~/mangelhafte lack of definition
Klarinette *f* clarinet
Klasse *f* class; grade *(Genauigkeit)*
~ **geringer Genauigkeit** survey grade
~ **hoher Genauigkeit** precision grade
~ **normaler Genauigkeit** engineering grade
Klassenbreite *f* class interval (width)
Klassenhäufigkeitsverteilung *f* probability distribution
klassieren/den Pegel to analyze the level distribution
~/den Schallpegel to analyze the sound level distribution
Klassiergerät *n* statistical distribution analyzer, statistical processor, noise level analyzer
klassifizieren to rank
Klaviatur *f* keyboard
Klavier *n* piano, pianoforte, upright piano
Klaviersaite *f* piano string
Klavierstimmer *m* piano tuner
Klebeband *n* splicing tape
Klebelehre *f* splicing gauge, splicer
Klebemittel *n* splicing (bonding) cement
kleben to splice *(Band, Film)*
Kleben *n* **des Bandes** tape splicing
Kleber *m* splicing (bonding) cement
~ **für Dehmeßstreifen** gauge cement
Klebestelle *f* tape joint *(Band)*
~/hörbare splice bump, splice pulse *(Tonband, Film)*
Kleinsignalverhalten *n* small-signal behaviour
Kleinsignalverstärkung *f* small-signal gain
Kleinspannung *f* low voltage, low tension, low potential
Kleinstmikrofon *n* midget microphone
Klemmanschluß *m* clamp terminal
Klemme *f* terminal; clamp, clip
Klemmschelle *f* clamp
Klick *m* click
klicken to click
Klimaanlage *f* air conditioner
Klimatisierung *f* air conditioning
Klingel *f***/elektrische** electric bell
klingeln to ring
Klingeln *n* ringing
klingen to sound; to chime; to ring
Klingen *n* ringing, microphonic effect, microphonics, microphony
Klirrfaktor *m* harmonic distortion [factor], distortion factor, total [harmonic] distortion, THD, percentage harmonic content
Klirrfaktormeßbrücke *f* distortion [measuring] bridge
Klirrfaktormeßgerät *n* distortion analyzer, distortion [factor] meter
Klirrfaktormessung *f* distortion factor measurement
Klirrkoeffizient *m* harmonic distortion factor, distortion coefficient, percentage harmonic content
Klinke *f* jack
Klinkenfeld *n* jack field, jack panel
Klinkenstecker *m* phone plug
Klöppel *m* clapper *(Glocke)*
klopfen to beat; to tap, to knock
Klopfgeräusch *n* tapping noise
Knack *m* click
~/lauter acoustic shock

knacken to click
Knackgeräusch *n* click
Knackschutz *m* acoustic shock reducer, click suppressor
Knall *m* bang
knallen to bang
~ **lassen** to bang
Knallkorridor *m*, **Knallteppich** [sonic] boom carpet
knattern to rattle, to clatter; to crackle, to sizzle *(Rundfunkempfang)*
Knattern *n* clatter, rattle; crackle, sizzle *(Rundfunkempfang)*
Knickfrequenz *f* corner frequency
knistern to crackle, to sizzle
Knistern *n* crackle, sizzle
Knochenleitung *f* bone conduction
Knochenleitungsaudiometrie *f* bone-conduction audiometry
Knochenleitungshörer *m* bone-conduction headphone (receiver), bone[-conduction] vibrator, osophone
Knochenleitungsmikrofon *n* bone-conduction microphone
Knopf *m* button, key
Knopfgriffharmonika *f* concertina
Knopflochmikrofon *n* lapel (button-hole) microphone
Knoten *m* node
~ **des Schalldrucks** sound pressure node
~ **mit teilweiser Auslöschung** partial node
~ **ohne vollständige Auslöschung** partial node
Knotenlinie *f* nodal line
Knotenpunkt *m* nodal point
koaxial coaxial
Kode *m* **mit linearer Vorhersage** linear predictive code, LPC
Koder *m* coding device, coder, encoder
Kodespreizung *f* interleaving
Kodiereinrichtung *f* coding device, coder, encoder
kodieren to code, to encode
Kodierer *m* coding device, coder, encoder
Kodierung *f* coding, encoding
~ **mit linearer Vorhersage** linear predictive coding, LPC
Koerzitivfeldstärke *f* coercive force (intensity), coercivity
Koerzitivkraft *f* coercive force (intensity), coercivity
Koffergerät *n* portable, portable set (device)
kohärent coherent
Kohärenz *f* coherence
~ **zwischen den Mikrofonen** inter-microphone coherence
Kohärenzgrad *m* degree of coherence
Kohlegrieß *m* granular carbon, granulated carbon *(Kohlemikrofon)*
Kohlekörner *npl* granualar carbon, granulated carbon *(Kohlemikrofon)*
Kohle[körner]mikrofon *n* carbon microphone, carbon transmitter, carbon granule (granular) microphone
Koinzidenz *f* coincidence
Koinzidenzmikrofon *n* coincidence microphone
Kolben *m* piston
Kolbenhub *m* piston stroke
Kolbenmembran *f* piston diaphragm
Kombinationsfrequenz *f* combination (intermodulation) frequency
Kombinationston *m* combination tone
Komfort *m* comfort
Kommando *n* command
~/gesprochenes vocal command
Kommandoleitung *f* talk-back circuit
Kommentar *m* **[/gesprochener]** voice notes *(Tonbandaufzeichnung)*
Kommentaraufzeichnung *f* voice logging
Kommentarspur *f* voice track
Kommunallärm *m* community noise
Kommunikation *f* communication
Kommunikationsbehinderung *f* communication interference
kommunizieren to communicate
Kompaktbox *f* closed box
Kompaktgehäuse *n* closed-box enclosure
Kompaktkassette *f* compact cassette
Kompaktkassettensystem *n* compact cassette system, CCS
Kompander *m* compandor
~ **mit gleitender Grenzfrequenz** sliding-band compandor
Komparator *m* comparator
kompatibel compatible
Kompatibilität *f* compatibility
Kompatibilitätsbedingung *f* compatibility condition
Kompensation *f* compensation, balancing
~ **der Phasendifferenz** phase difference compensation, phase compensation
~ **des Phasenunterschieds** phase difference compensation, phase compensation
~ **von Gleichlautschwankungen** flutter compensation
Kompensationsmethode *f* compensation method, balance (balancing) method, null method, null search method, zero-balancing method
Kompensationsschaltung *f* compensating network
Kompensationsschreiber *m* self-balancing recorder, compensating self-recording instrument, recording potentiometer, potentiometer recorder
Kompensationsverfahren *n* compensation method, balance (balancing) method, null

method, null search method, zero-balancing method
kompensieren to compensate, to balance
komplex complex; complex-valued *(Größe)*
~/konjugiert conjugate, complex-conjugate, conjugate complex
Komponente *f* component
~/harmonische harmonic component, harmonic
~/imaginäre reactive component, wattless component
~ mit hoher Frequenz high-frequency component
~ mit niedriger Frequenz low-frequency component
~/reelle active component, effective component, real component, in-phase component, watt component
~/subharmonische subharmonic component, subharmonic
Komponentenanlage *f* component system
kompressibel compressible
Kompression *f* compression
~/adiabatische adiabatic compression
Kompressionswelle *f* compression[al] wave
Kompressor *m* compressor
Kompressorschaltung *f* compressor circuit
komprimierbar compressible
komprimieren to compress
Kondensator *m* condenser, capacitor
Kondensatordielektrikum *n* capacitor dielectric
Kondensatorhörer *m* capacitor receiver
Kondensatorkopfhörer *m* capacitor receiver
Kondensatorlautsprecher *m* capacitor loudspeaker, electrostatic loudspeaker
Kondensatormikrofon *n* condenser (capacitor, electrostatic) microphone
konsonant consonant
Konsonant *m* consonant
~/stimmhafter vocal (voiced, sonant) consonant
~/stimmloser unvoiced (non-voiced) consonant
Konsonantenverständlichkeit *f* consonant articulation
Konsonanz *f* consonance
konstant constant; steady, continuous
Konstante *f* constant quantity, constant
Konstantreizverfahren *n* method of constant stimuli
Konstanzverfahren *n* method of constant stimuli
Konstruktion *f* construction; design, designing
Konstruktionselement *n* structural member (element)
Kontakt *m* contact
Kontaktbolzen *m* stud
Kontaktelement *n* contact element
Kontaktfeder *f* contact spring
Kontaktfläche *f* contact area, contact surface
Kontaktmikrofon *n* contact microphone
Kontaktstift *m* pin
Kontext *m* context
kontinuierlich continuous, steady, steady-state
Kontinuität *f* continuity
Kontinuitätsbedingung *f* continuity condition
Kontinuum *n* continuum, continuous system
Kontrabaß *m* double bass
Kontrafagott *n* double bassoon
kontrahieren to contract
Kontraktion *f* contraction
kontralateral contralateral
Kontrast *m* contrast
Kontrastwirkung *f* contrast effect
Kontrollabhören *n* audio monitoring
Kontrollautsprecher *m* monitor[ing] loudspeaker, control loudspeaker, pilot loudspeaker, listening loudspeaker
Kontrolle *f* check, monitoring; control
~ am Einsatzort field check
~ unter Betriebsbedingungen field check
Kontrolleichung *f* calibration check, sensitivity check
Kontrolleinrichtung *f* monitoring equipment
Kontrollgerät *n* monitor
Kontrollhörer *m* monitor earphone
kontrollieren to check, to monitor; to control
~/die Aussteuerung to monitor the transmission (recording) level, to check the transmission (recording) level
Kontrollkopfhörer *m* monitor earphone
Kontrollmessung *f***/audiometrische** monitoring audiometry
Kontrolloszilloskop *n* monitor oscilloscope
Kontrollpult *n* monitoring desk
Kontrollraum *m* monitor (monitoring) room
Kontrollspur *f* monitoring track
Kontrollstelle *f* monitoring point, monitoring terminal
Kontrollverstärker *m* monitor[ing] amplifier
Konus *m* cone
Konuslautsprecher *m* cone loudspeaker
Konusmembran *f* cone (conical) diaphragm
konvergent convergent
Konvergenz *f* convergence
Konvergenzzone *f* convergence zone
konvergieren to converge
Konverter *m* converter, convertor
konzentrisch concentric[al]
Konzertflügel *m* concert grand [piano], royal piano
Konzerthalle *f* concert hall, music hall
Konzertpodium *n* concert platform
Konzertsaal *m* concert hall, music hall
Koordinate *f* coordinate
Koordinaten *fpl***/kartesische (rechtwinklige)** Cartesian coordinates, rectangular coordinates

Koordinatenachse *f* coordinate axis, axis of coordinates
Koordinatenbeschriftung *f* annotation
Koordinatensystem *n* coordinate system, system of coordinates, set of axes
Koordinatenursprung *m* origin of coordinates
Kopf *m* head
Kopfbaugruppe *f* head assembly
Kopfbügel *m* headband
Kopfbügelmikrofon *n* headset microphone
Kopfgruppe *f* head stack
Kopfhörer *m* headphone, receiver, head receiver, earphone, phone
~/dynamischer dynamic headphone (earphone), moving-coil headphone
~/elektrostatischer capacitor receiver, electrostatic earphone
~/geschlossener circumaural earphone
~ mit ohrumschließendem Kissen circumaural earphone
~/ohraufliegender supra-aural earphone
~/ohrumschließender circumaural earphone
Kopfhöreranschluß *m* headphone connection
Kopfhörerbuchse *f* headphone (earphone) socket
Kopfhörerbügel *m* headphone bow (band)
Kopfhörergarnitur *f* head gear
Kopfhörerkissen *n* earphone cushion
Kopfhörerlautstärke *f* headphone level
Kopfhörerpaar *n* pair of earphones
Kopfhörerpegel *m* headphone level
Kopfspalt *m* head gap
Kopfspiegel *m* head mirror *(Magnetbandaufzeichnung)*
Kopfstimme *f* head voice
Kopfträger *m* head assembly
Kopf- und Rumpfnachbildung *f* head and torso simulator
Kopf- und Rumpfsimulator *m* head and torso simulator
Kopfverschmutzung *f* head contamination
Kopie *f* copy, duplicate, dub, rerecording
Kopieranlage *f* duplicator
Kopiereffekt *m* spurious (accidental, magnetic) printing, print through [effect], print effect
Kopiereinrichtung *f* duplicator
kopieren to duplicate, to copy; to dub, to rerecord; to print through
Kopieren *n* dubbing, rerecording
~/beschleunigtes high-speed (hi-speed) dubbing
~ einer Kassette tape dubbing
~ eines Bandes tape dubbing
~ mit erhöhter Geschwindigkeit high-speed (hi-speed) dubbing
~/schnelles high-speed (hi-speed) dubbing
~/unerwünschtes spurious (accidental, magnetic) printing, printing [through]
~ von Bändern tape duplication
Kopiergeschwindigkeit *f* dubbing speed
Koppelbreite *f***/kritische** critical bandwidth
Koppelimpedanz *f* coupling (mutual) impedance
~/elektroakustische electroacoustic coupling impedance
~/mechanische mechanical transfer impedance
koppeln to couple; to connect
Koppler *m* coupler
~/akustischer acoustic coupler
~/mechanischer mechanical coupler
Kopplerübertragungsfaktor *m* coupler sensitivity
Kopplung *f* coupling
~/feste close (strong, tight) coupling
~/lose loose (weak) coupling
~/parasitäre stray coupling
~/überkritische overcoupling, overcritical coupling
~/unterkritische undercoupling, undercritical coupling
Kopplungsfaktor *m* coupling factor (coefficient)
~/elektroakustischer electroacoustic coupling coefficient
Kopplungsflüssigkeit *f* couplant
Kopplungsgrad *m* degree of coupling, coupling degree
Kopplungsmittel *n* couplant
Kopplungsstecker *m* coupler (adapter) plug
Körperschall *m* solid-borne sound (noise), structure-borne sound, sound in solids; impact noise
Körperschallbekämpfung *f* solid-borne noise control
Körperschalldämmung *f* solid-borne noise isolation, structure-borne noise insulation; impact noise insulation
Körperschallisolation *f* solid-borne noise isolation, structure-borne noise insulation, impact noise insulation
Korrektur *f* correction
~/von der Dauer abhängige duration allowance
Korrekturfaktor *m* correction factor
Korrekturmaßnahme *f* corrective measure
Korrekturnetzwerk *n* correction circuit, compensating network
Korrekturschaltung *f* correction circuit, compensating network
Korrelation *f* correlation
Korrelationsfunktion *f* correlation function
Korrelationskoeffizient *m* correlation coefficient (factor)
Korrelationsverfahren *n* correlation method
Korrelator *m* correlator
korreliert correlated
Kosinusgesetz *n* cosine law
Kosinuswelle *f* cosine wave
krachen to crackle
Krachen *n* crackle

Krachtöter *m* noise gate, noise killer, noise suppressor
Kraft *f* force; power; thrust
~/abstoßende repulsive force [power]
~/antreibende (bewegende] motive (moving) force
~/elektromotorische electromotive force
~ in Achsrichtung axial force
~/statische static force
Kraftaufnehmer *m* force gauge, force transducer, load cell
Kraftfahrzeugbatteriekabel *n* auto power cable
Kraftfahrzeuggeräusch *n* motor vehicle noise
Kraftfahrzeuginnengeräusch *n* vehicle interiour noise
Kraftfahrzeuglärm *m* motor vehicle noise
Kraftfluß *m* flux of force
Kraftkomponente *f* force component
Kraftlinie *f* line of force, flux line
~/magnetische flux line
Kraftmeßdose *f* force gauge, force transducer, load cell
Kraftpegel *m* [alternating] force level
Kraftübertragungsfaktor *m*/**elektroakustischer** electroacoustic force factor
Kraftvektor *m* force vector
Kraftverstärker *m (veraltet) s.* Leistungsverstärker
Kratzen *n* scratch
Kratzer *m* scratch
Kratzgeräusch *n* scratching noise
Kreis *m* 1. circle; 2. circuit *(elektrisch)*; 3. loop *(Regelung)*
~/abgestimmter tuned circuit
~/elektrischer electric circuit
~/geschlossener closed circuit; closed loop
~/magnetischer magnetic circuit
~/offener open circuit; open loop, opened loop
Kreisbewegung *f* circular motion
Kreischen *n* squealing
kreisen to circulate
~ lassen to revolve
Kreisgüte *f* circuit quality, circuit magnification [factor]
Kreislauf *m* circulation
Kreisverstärkung *f* loop gain, closed-loop gain
~ in der geschlossenen Schleife closed-loop gain
Kreuzkorrelation *f* cross-correlation
Kreuzkorrelationsfunktion *f* cross-correlation function
Kreuzkorrelationsverfahren *n* cross-correlation method
Kreuzkorrelator *m* cross-correlator
Kreuzmodulation *f* intermodulation, cross modulation
Kreuzmodulationsfaktor *m* cross modulation factor
Kreuzprodukt *n* cross product
Kreuzspektraldichte *f* cross-spectral density
Kreuzspektrum *n* cross spectrum
Kriechdehnung *f* creep, creeping, creep strain
kriechen to creep; to leak
Kriechen *n* creep, creeping, creepage; leakage
Kriechgeschwindigkeit *f* creep rate
Kriechstrom *m* creep[ing] current, leakage current
Kristall *m* crystal
~/piezoelektrischer piezoelectric crystal
~/synthetischer synthetic crystal
Kristallachse *f* crystal (crystallographic) axis
Kristallaufnehmer *m* crystal pick-up
Kristallgitter *n* crystal lattice
Kristallautsprecher *m* crystal loudspeaker
Kristallmikrofon *n* crystal microphone
Kristallscheibe *f* crystal slice
Kristalltonabnehmer *m* crystal pick-up
Kriterium *n* criterion
Kugel *f* sphere; ball
Kugelcharakteristik *f* omnidirectivity, omnidirectional response, non-directional response
Kugelfallschallquelle *f* falling-ball [acoustic] calibrator
Kugelfläche *f* spherical surface
kugelförmig spheric, spherical
Kugelkalottenlautsprecher *m* dome loudspeaker
Kugellager *n* ball bearing
Kugellautsprecher *m* dome loudspeaker
Kugeloberfläche *f* spherical surface
Kugelschallquelle *f* omnidirectional (non-directional) sound source, isotropic (spherical) sound source
Kugelstrahler *m* omnidirectional (non-directional, simple, spherical) source, monopole, monopole source
Kugelwelle *f* spherical wave
Kühllüfter *m* cooling fan
Kunstkopf *m* dummy head
Kunstkopfaufnahme *f* dummy-head recording, artificial-head recording
Kunstkopfaufzeichnung *f* dummy-head recording, artificial-head recording
künstlich synthetic *(Kristall)*
Kunststoff *m* plastic, plastic material
Kuppler *m* coupler
~, der das verschlossene Ohr nachbildet occluded ear simulator
~ für Kopfhörer earphone coupler
~/mechanischer mechanical coupler
Kupplerübertragungsmaß *n* coupler sensitivity level
Kursor *m* cursor
Kurve *f* curve, contour, characteristic
~ gleichen Geräuschpegels noise contour
~ gleichen Lautstärkepegels equal loudness contour, loudness-level contour

~ **gleicher Lärmlästigkeit (Lästigkeit)** equal noisiness contour
~ **gleicher Lautstärke** equal loudness contour, loudness-level contour
~/**jungfräuliche** virgin curve *(Magnetisierung)*
~ **mit zwei Maxima** double-hump curve, double-peak curve
Kurvenblatt *n* chart
Kurvenform *f* curve shape; wave shape, waveform, wave-form
~ **der Schwingung** vibration waveform
Kurvenschar *f* family of curves
Kurvenschreiber *m* plotter, graph recorder, chart recorder
Kurvenverlauf *m* curve shape
kurzfristig short-term
Kurzton *m* brief tone; beep
~/**hoher** beep
kurzschließen to short, to short-circuit
Kurzschließen *n* shorting, short-circuiting
Kurzschluß *m* short circuit
~/**akustischer** acoustic short-circuit
Kurzschlußimpedanz *f*/**akustische** short-circuit acoustic impedance
Kurzschlußstrom *m* short-circuit current
Kurzschlußstecker *m* shorting plug
Kurzzeitdauerschallpegel *m* short-term L_{eq}
Kurzzeit-L_{eq} *m* short-term L_{eq}
Kurzzeitschwankung *f* short-term fluctuation

L

Labial *m* labial
Labialpfeife *f* labial pipe, flue pipe
Labilität *f* lability, instability, unstableness
Labium *n* labium
Labor *n*/**bauakustisches** transmission suite
Laborausrüstung *f* lab equipment, laboratory equipment
Laborgerät *n* laboratory instrument
Labormikrofonnormal *n* laboratory standard microphone
Labyrinth *n* labyrinth
Lackfolie *f* lacquer blank
Lackfolienaufzeichnung *f* lacquer recording
Lackmatrize *f* lacquer blank
Lackschallplatte *f* lacquer master
laden 1. to charge *(Batterie)*; 2. to load *(Programm)*
Ladung *f* charge
Ladungsempfindlichkeit *f* charge sensitivity (response)
Ladungsträger *m* charge carrier
Ladungstransport *m* charge transfer (transport)
Ladungsübertragungsfaktor *m* charge sensitivity (response)
Ladungsverstärker *m* charge amplifier
Ladungsvorverstärker *m* charge preamplifier
Lage *f* position
~ **der Bedienperson** operator position
Lager *n* bearing *(für Welle)*
Lagergeräusch *n* bearing noise
Lagerung *f* 1. support, mounting; 2. storage
~/**federnde** spring mounting
laminar laminar *(Strömung)*
Laminarströmung *f* laminar (stream-line) flow
Länge *f* **des Schallausbreitungsweges** sound-path length
längen to elongate
Längenänderung *f* linear deformation
Längenzunahme *f* elongation
langfristig long-term, long-time
Längsachse *f* longitudinal axis
langsam slow, low-speed
Langsam S, Slow *(Zeitbewertung)*
langsamlaufend low-speed, slow-running
Längsbewegung *f* longitudinal motion
Langspielband *n* long-play[ing] tape
Langspielplatte *f* long-play[ing] record, LP
Längsrichtung *f* longitudinal direction
Längsschwingung *f* longitudinal oscillation (vibration)
Längsspur-DAT stationäry head DAT, S-DAT, stationary head digital audio tape
Längswelle *f* longitudinal wave
Längung *f* elongation
Langzeitmessung *f* long-term measurement
Laplace-Bereich *m* Laplace domain
Laplace-Operator *m* Laplace operator, Laplacian
Laplace-Transformation *f* Laplace transformation
Laplace-Transformierte *f* Laplace transform
Lärm *m* noise; noisiness
~ **durch Nieten** riveting noise
~/**grenzüberschreitender** boundary noise
~ **im Bauwesen** construction noise
~ **im Flughafenbereich** airport noise
~ **im Wohnbereich** residential noise
~/**impulsartiger** impulsive (impulse, impact) noise
~ **in Flughafennähe** airport noise
~ **in Rohrleitungssystemen** piping-system noise
~/**kommunaler** community noise
~/**lästiger** annoying noise
~ **mit schwankendem Pegel** fluctuating noise
~/**wohnüblicher** residential noise
Lärmabstrahlung *f* noise radiation, noise emission
Lärmabwehr *f* noise reduction, noise control (prevention, abatement, suppression), suppression of noise
Lärmanteil *m* noise component
Lärmarbeit *f* occupational noise exposure, occupational exposure to noise
lärmarm noise-reduced, low-noise

lärmbedingt noise-induced
Lärmbegrenzer *m* noise limiter
Lärmbekämpfung *f* noise reduction, noise control (prevention, abatement, suppression), suppression of noise
Lärmbekämpfungsverfahren *n* noise reduction procedure
Lärmbeschwerde *f* noise complaint
Lärmbewertung *f* noise rating *(durch einen Zahlenwert)*; noise weighting *(z. B. spektrale Bewertung)*
Lärmbewertungsindex *m* noise-rating index, noise-exposure index
Lärmbewertungskurve *f* noise-rating curve, NR curve
Lärmbewertungszahl *f* noise-rating number, NR number, noise-rating index
lärmdämmend noise-excluding
Lärmdosimeter *n* noise dosemeter (dosimeter), noise (sound) exposure meter
Lärmdosis *f* noise dose, sound (noise) exposure
~/individuelle personal noise exposure
~/partielle relative partial noise exposure index
Lärmdosispegel *m* sound exposure level, single event noise exposure level, SEL
Lärmeinwirkung *f* noise exposure, exposure to noise; noise immission; noise pollution, noise intrusion, sound pollution
~/berufsbedingte occupational noise exposure, occupational exposure to noise
~/unerwünschte noise pollution (intrusion)
Lärmemission *f* noise emission
lärmempfindlich sensitive to noise
Lärmempfindlichkeit *f* sensitivity to noise
Lärmentstehung *f* noise generation
Lärmerzeugung *f* noise generation
Lärmexposimeter *n* noise exposure meter, sound exposure meter
Lärmexposition *f* noise exposure, exposure to noise, sound exposure
~/berufsbedingte occupational noise exposure, occupational exposure to noise
~ eines Einzelereignisses single event exposure, event exposure
~/individuelle personal noise exposure
~/partielle relative partial noise exposure index
Lärmgebiet *n* noise area, noise zone
Lärmgefährdung *f* noise hazard, noise damage risk
lärmgemindert noise-reduced
Lärmgesetzgebung *f* noise legislation
Lärmgrenzwert *m* noise limit, noise criterion
Lärmgrenzwertmelder *m* noise limit indicator
Lärmimmission *f* noise immission
Lärmimmissionsprognosewert *m* noise exposure forecast, NEF
Lärmintensität *f* noise[-exposure] intensity, exposure intensity
Lärmkarte *f* noise map
Lärmkartierung *f* noise mapping
Lärmkenngröße *f* noise descriptor
Lärmklima *n* noise climate
Lärmkomponente *f* noise component
Lärmkontrolle *f* noise monitoring, noise check
Lärmkontrollmessung *f* noise check
Lärmkriterium *n* noise criterion
Lärmlästigkeit *f* noise nuisance, [perceived] noisiness
~/effektive effective perceived noisiness
Lärmmeßausrüstung *f* noise-measuring equipment (instrumentation)
Lärmmeßgerät *n* noise-measuring instrument, noise meter
Lärmmeßstelle *f***/feste (fest installierte)** noise monitoring terminal
~/wetterfeste permanent outdoor microphone station
Lärmmessung *f* noise measurement
~/orientierende noise survey
Lärmmilieu *n* noise environment
Lärmminderung *f* noise (sound) reduction, noise abatement
Lärmminderungsfaktor *m* sound reduction factor
Lärmminderungsverfahren *n* noise reduction procedure
Lärmparameter *m* noise descriptor
Lärmpegel *m* noise level
~/einzuhaltender target noise level
Lärmpegelanzeiger *m* noise-survey meter
Lärmpegelbegrenzer *m* **für Diskotheken** disco noise limiter
Lärmpegelgrenzwert *m***/einzuhaltender** target noise level
Lärmpegel-Zeit-Struktur *f* noise profile
Lärmprofil *n* noise profile
Lärmquelle *f* noise source, source of noise
Lärmschaden *m* noise-induced hearing damage, noise-induced damage to hearing (hearing impairment), noise-induced hearing loss
Lärmschadensrisiko *n* noise hazard, noise damage risk
Lärmschirm *m* noise shield
Lärmschutz *m* protection against noise, noise control; noise barrier; noise insulation, sound insulation
Lärmschutzbestimmung *f* anti-noise ordinance (regulation), anti-noise code, noise code
Lärmschutzeinrichtung *f* **für den Warmlaufbetrieb** run-up noise suppressor
Lärmschutzforderung *f* noise-control requirement
Lärmschutzgebiet *n* noise area, noise zone
Lärmschutzhaube *f* acoustic enclosure, noise enclosure
Lärmschutzkabine *f* soundproof cabin
Lärmschutzkapsel *f* acoustic enclosure, noise enclosure

Lärmschutzmittel *n* noise guards
Lärmschutzschirm *m* noise shield
Lärmschutzverordnung *f* anti-noise ordinance (regulation), anti-noise code, noise code
Lärmschutzwand *f* noise-insulating wall, sound-insulating wall
Lärmschutzzone *f* noise area (zone), noise abatement zone
Lärmschwerhörigkeit *f* noise-induced hearing loss, noise-induced permanent threshold shift, NIPTS
~/berufsbedingte occupational hearing loss, occupational deafness, industrial hearing loss
Lärmsituation *f* noise situation; noise environment
Lärmspektrum *n* noise spectrum
Lärmspitze *f* noise peak
Lärmtaubheit *f* occupational hearing loss, occupational deafness, industrial hearing loss, noise-induced deafness
Lärmüberwachung *f* noise monitoring
~ im Freien outdoor noise monitoring
Lärmüberwachungsgerät *n* noise monitor (sentinel, guard)
Lärmumgebung *f* noise environment
Lärmwächter *m* noise monitor (sentinel, guard)
Lärm-Zeit-Struktur *f* noise profile
Lärmzone *f* noise zone
Laryngallaut *m* laryngeal
Larynx *m* larynx
Lasersender *m* laser transmitter
Laserstrahl *m* laser beam
Laserstrahler *m* laser transmitter
Last *f* load
Lastadmittanz *f* load admittance
lästig/akustisch noisy
Lästigkeit *f* annoyance, nuisance
~/effektive effective perceived noisiness
Lästigkeitsenergiepegel *m* effective perceived noise level
Lästigkeitsindex *m* perceived noisiness
Lästigkeitspegel *m* perceived noise level
~/effektiver effective perceived noise level
~/subjektiv empfundener judged perceived noise level
~/tonkorrigierter tone-corrected perceived noise level
Lästigkeitsschwelle *f* threshold of annoyance
Lastimpedanz *f* load impedance
Lastnachbildung *f* dummy load
Lastspitze *f* load peak, peak load
Lastwiderstand *m* load resistance (impedance)
~/künstlicher ballast resistance
LA-Synthese *f* LA synthesis, linear arithmetic synthesis
latent latent
Latenz *f* latency
Latenzzeit *f* latent interval (period), latency period
Lauf *m***/geräuscharmer** quiet run
~/unrunder wobble
Laufbild *n* motion picture, film
laufen/unrund to wobble
Laufgeräusch *n* motor rumble *(Plattenspieler)*
Laufmarke *f* cursor
Laufrichtungsumkehr *f***/automatische** auto reverse
Laufruhe *f* silence (quietness) in operation
Laufruhewächter *m* vibration sentinel (guard)
Laufwerk *n* drive; driving mechanism; tape transport; tape transport mechanism
Laufwerkplatte *f* motor board *(Magnetbandgerät)*
Laufzeit *f* travel time *(bei Ausbreitung)*
~ des Schalls sound travel time
Laufzeitausgleich *m* delay equalization
Laufzeitentzerrer *m* delay equalizer, delay correction network
Laufzeitentzerrung *f* delay distortion correction
Laufzeitentzerrungsschaltung *f* delay equalizer, delay correction network
Laufzeitkette *f* delay line, delay network, time-delay network
Laufzeit-Ort-Darstellung *f* B-scope representation
Laufzeitspeicher *m***/akustischer** acoustic delay-line memory, sonic delay-line memory
Laufzeitstereophonie *f* spaced-apart stereophony
Laufzeitstrecke *f* **mit Rückführung** sing-around loop
Laufzeitverzerrung *f* delay[-frequency] distortion, delay-time distortion, phase-delay distortion
lauschen to listen
~ an der Tür to eavesdrop at the door
~ auf to listen to
laut loud; noisy
Laut *m* sound, tone
~/stimmhafter sonant
Lautähnlichkeit *f* assonance
Lautbild *n* phonic image
Lautbildung *f* articulation; formation of sounds
läuten to ring
Läuten *n* ringing
lautgetreu orthophonic
Lautheit *f* loudness
~/subjektive perceived loudness, subjective loudness
Lautheitsaddition *f* loudness addition (summation)
Lautheitsanalysator *m* loudness analyzer
Lautheitsausgleich *m* recruitment
Lautheitsbeurteilung *f* loudness judgement
Lautheitsbewertung *f* loudness rating
Lautheitsempfindung *f* loudness perception (sensation)
Lautheitsindex *m* loudness index

Lautheitsmaßstab *m* sone scale
Lautheitsmesser *m* loudness meter
~/subjektiver subjective noise meter, subjective sound [level] meter
Lautheitsmessung *f* loudness measurement
Lautheitsmuster *n* loudness pattern
Lautheitsunterschiedsschwelle *f* difference limen for loudness
Lautheitsvergleich *m* loudness comparison
Lautheitsverteilung *f***[/spektrale]** loudness distribution
Lauthörgerät *n* speakerphone
Lautsprecher *m* loudspeaker, speaker *(sl)*; reproducer
~/dynamischer electrodynamic loudspeaker, dynamic (moving-coil, moving-conductor, coil-driven) loudspeaker
~/elektrodynamischer electrodynamic loudspeaker, dynamic (moving-coil, moving-conductor, coil-driven) loudspeaker
~/elektromagnetischer electromagnetic (magnetic) loudspeaker, induction (inductor, magnet-type) loudspeaker, moving-iron loudspeaker
~/elektrostatischer capacitor loudspeaker, electrostatic loudspeaker
~/fremderregter energized loudspeaker, excited-field loudspeaker
~/handelsüblicher standard loudspeaker
~ hoher Wiedergabequalität high-fidelity loudspeaker, hi-fi loudspeaker
~/magnetischer electromagnetic (magnetic) loudspeaker, induction (inductor, magnet-type) loudspeaker, moving-iron loudspeaker
~/magnetostriktiver magnetostriction loudspeaker
~ mit Richtwirkung directional loudspeaker
~/permanentdynamischer permanent-magnet dynamic loudspeaker, permanent-magnet loudspeaker
~/piezoelektrischer piezoelectric loudspeaker, crystal loudspeaker
Lautsprecheranlage *f* public address system, announce loudspeaker system, sound reinforcement system, PA system, Tannoy
~ für Sprache speech reinforcement system
Lautsprecheranordnung *f* loudspeaker system, loudspeaker array
Lautsprecheranschluß *m* loudspeaker connection; loudspeaker terminal, speaker terminal
Lautsprecherbespannung *f* loudspeaker cloth, grille cloth
Lautsprecherbox *f* loudspeaker enclosure, loudspeaker cabinet
Lautsprecherbuchse *f* loudspeaker terminal, speaker terminal
Lautsprecherfrequenzweiche *f* loudspeaker driving network
Lautsprechergehäuse *n* loudspeaker (speaker) enclosure, loudspeaker (speaker) cabinet, loudspeaker (speaker) housing
Lautsprechergruppe *f* loudspeaker (speaker) combination, loudspeaker assembly, loudspeaker array, composite loudspeaker, multiple loudspeaker
Lautsprecherimpedanz *f* loudspeaker impedance
Lautsprecherkabel *n* loudspeaker [drive]cable
Lautsprecherkegel *m* loudspeaker cone, speaker cone
Lautsprecherklemme *f* loudspeaker (speaker) terminal
Lautsprecherkombination *f* loudspeaker (speaker) combination, loudspeaker assembly (array), composite loudspeaker, multiple loudspeaker
Lautsprecherkonus *m* loudspeaker (speaker) cone
Lautsprechermembran *f* loudspeaker (speaker) diaphragm
Lautsprecheröffnung *f* louvre
Lautsprechersäule *f* sound column
Lautsprecherschwingspule *f* loudspeaker voice coil, voice coil
Lautsprecherspeisekabel *n* loudspeaker drive cable
Lautsprecherständer *m* speaker stand
Lautsprecherstativ *n* speaker stand (tripod)
Lautsprechersystem *n* loudspeaker system, loudspeaker unit
Lautsprechertrichter *m* loudspeaker horn, loudspeaker trumpet, speaker horn
Lautsprechertrichterhals *m* throat of loudspeaker
Lautsprecherwagen *m* loudspeaker car (van, truck), sound truck
Lautsprecherweiche *f* loudspeaker dividing network
Lautstärke *f* loudness level; sound volume, volume of sound, volume
~ im linken Kanal left-hand volume
~ im rechten Kanal right-hand volume
Lautstärkeabgleich *m* loudness balance (balancing)
Lautstärkebegrenzer *m* volume limiter
Lautstärkeberechnung *f* loudness computation
Lautstärkeberechnungsverfahren *n* loudness computation procedure
Lautstärkebereich *m* dynamic range, DR, volume range
Lautstärkebeurteilung *f* loudness judgement
Lautstärkebewertung *f* loudness rating
Lautstärkeeinheit *f***/technische** volume unit, VU
Lautstärkeempfindung *f* loudness perception (sensation)
Lautstärkegleichheit *f* loudness balance
Lautstärkekontrolle *f* loudness check

Lautstärkemaßstab *m* phon scale, loudness scale
Lautstärkemesser *m* loudness-level meter; phonometer; sonometer *(veraltet)*
~/subjektiver subjective sound [level] meter
Lautstärkemessung *f* loudness measurement
~/objektive objective loudness measurement
~/subjektive subjective loudness measurement
Lautstärkeminderung *f* volume reduction
Lautstärkepedal *n* volume pedal
Lautstärkepegel *m* loudness level
~/subjektiver perceived loudness, subjective loudness
Lautstärkepegelmesser *m* loudness-level meter; phonometer, sonometer *(veraltet)*
~/subjektiver subjective noise meter, subjective sound [level] meter
Lautstärkepegelmessung *f* loudness [level] measurement
~/objektive objective loudness measurement
~/subjektive subjective loudness measurement
Lautstärkeregelung *f* volume control, volume adjustment
~/gehörrichtige (physiologische) [tone-]compensated volume control, automatic bass compensation, ABC
~ von Hand manual volume control
Lautstärkeregler *m* attenuator, volume control; volume regulator
Lautstärkeumfang *m* dynamic range, DR, volume range
Lautstärkevergleich *m* loudness comparison
Lautverständlichkeit *f* sound articulation
Lautwechsel *m* sound shift
Lebensdauer *f* life; fatigue life
Leck *n* leak, leakage
~/akustisches acoustic leak
lecken to leak
Leckstelle *f* leakage
Leerband *n* raw tape
Leerlauf *m* open circuit, no-load [condition]; idle running, idling *(Maschine)*
leerlaufen to idle *(Maschine)*
leerlaufend open-ended
Leerlaufimpedanz *f* open-circuit impedance; free impedance
~/akustische open-circuit acoustic impedance
Leerlaufscheinwiderstand *m* open-circuit impedance; free impedance *(mechanisch)*
Leerlaufspannung *f* open-circuit voltage
Leerlaufübertragungsfaktor *m* open-circuit sensitivity
Leerlaufübertragungsmaß *n* open-circuit sensitivity level
Leerlaufverstärkung *f* open loop gain
Leerlaufwiderstand *m* free impedance *(mechanisch)*
Leerlaufzustand *m* open circuit
Leerstelle *f* gap
Lehre *f* **vom Schall** acoustics
Leichtbetonblock *m* breezeblock
leichtgängig soft-touch *(Taste)*
leise quiet, soft, faint
Leistung *f* power
~/abgegebene power output, output, output power
~/abgestrahlte radiated (radiant) power
~/maximal verfügbare available power
~/momentane abgegebene instantaneous power output
~/zugeführte applied power
Leistungsabgabe *f* power output
leistungsarm low-power
Leistungsaufnahme *f* power consumption
Leistungsbedarf *m* power demand • **mit geringem ~** low-power
Leistungsdichte *f* power density
~/spektrale power spectrum (spectral) density, spectral power density
Leistungsdichtespektrum *n* power-density spectrum
Leistungsendstufe *f* power output stage
Leistungsfähigkeit *f* capability; performance
Leistungsgewinn *m* power gain
Leistungsgrenze *f* power limit
Leistungsgröße *f* power descriptor
Leistungskenngröße *f* power descriptor
Leistungsmesser *m* [active] power meter, wattmeter
Leistungsmittelung *f* power averaging
Leistungspegel *m* power level
Leistungsspektrum *n* power spectrum
Leistungsübertragungsfaktor *m* response (sensitivity) to power
Leistungsübertragungsmaß *n* power-level gain
Leistungsverbrauch *m* power consumption
Leistungsverstärker *m* power amplifier, power amp, power booster, booster
~/zusätzlicher power booster, booster
Leistungsverstärkerstufe *f* power amplifier stage
Leistungsverstärkung *f* power amplification; power gain
~ im Pegelmaßstab power-level gain
leiten to conduct; to direct; to route *(Signalweg)*
Leiter *m* conductor; core
Leiterschleife *f* loop
Leitfähigkeit *f* conductivity; conductibility
~/magnetische magnetic conductivity
Leitschaufel *f* guide vane
Leitung *f* 1. conduction, 2. cable, line, transmission line
~/abgeschirmte screened (shielded) line
~ des Signals routing
~/provisorische kurze jumper
Leitungsdämpfung *f* line attenuation
Leitungsdraht *m* conductor

Leitungsentzerrer *m* line equalizer
Leitungsgeräusch *n* circuit noise
Leitungspegel *m* line level
Leitungsrauschen *n* line (circuit) noise
Leitungsverlust *m* line attenuation
Leitungsverstärker *m* line amplifier; telephone amplifier, line repeater
Leitungsverzerrung *f* line distortion
Leitwert *m* admittance
L_{eq} equivalent continuous sound level, L_{eq}, time-average sound level, time-period equivalent continuous sound level
Lichtspieltheater *n* cinema, picture palace
Lichtton *m* optical sound
Lichttonaufzeichnung *f* optical (photographic) sound recording; optical sound track
Lichttonaufzeichnungsgerät *n* optical (photographic) sound recorder
Lichttonspur *f* optical sound track
Lichttonverfahren *n* sound-on-film system
Lichttonwiedergabegerät *n* optical (photographic) sound reproducer
Lichtstrahloszillograph *m* galvanometer oscillograph
Lied *n* song; hymn
liegend/in einer Reihe in-line; sequential
linear linear; flat
Lineargleichrichter *m* linear rectifier
linearisieren to flatten *(Frequenzgang)*
Lineararithmetiksynthese *f* LA synthesis, linear arithmetic synthesis
Linearität *f* linearity
Linearitätsbereich *m* linear [operating] range, zone of linearity
Linearmotor *m* linear motor
Line-Drive-System *n* line-drive system
Lingual *m* lingual
Lingualregister *n* reed stop
Lingualpfeife *f* lingual (reed) pipe
linguistisch linguistic[al]
Linguistik *f* linguistics
Linie *f* line, contour
~ gleicher Dehnung strain contour
Linienabstand *m* line spacing
Linienmikrofon *n* line microphone *(Richtmikrofon)*
Linienquelle *f* line source
Linienschallquelle *f* line sound source
Linienspektrum *n* line spectrum, discrete spectrum
Lippe *f* lip
Lippenlaut *m* labial
Lippenmikrofon *n* lip microphone
Lippenpfeife *f* labial pipe, flue pipe
Lissajousfigur *f* Lissajous figure (pattern)
Lochplatte *f* perforated panel
Logatom *n* logatom, nonsense syllable (word)
Loge *f* box *(Theater)*
Logik *f* **zur Spurzuordnung** track logic
lokalisieren to localize, to locate
Lokalisierung *f* localization, location
longitudinal longitudinal
Longitudinalschwingung *f* longitudinal oscillation (vibration)
Longitudinalwelle *f* longitudinal wave
löschbar erasable
Löschbarkeit *f* erasability
Löschdrossel *f* eraser, tape eraser (degausser, demagnetizer), bulk eraser
Löscheinrichtung *f* eraser, tape eraser (degausser, demagnetizer); bulk eraser *(für komplette Kassetten, Bänder)*
löschen to erase *(Magnetband)*
Löschen *n* erasure
~/unbeabsichtigtes accidental erasure
Löschgenerator *m* bias generator (oscillator)
Löschkopf *m* erase (erasing) head
Löschsicherung *f* erasure prevention lug, protection tag
Löschung *f* erasure, erasing
lösen to disconnect; to release
loslassen to release
Lötanschluß *m* soldering (solder, solder-type) terminal; solder[ed] connection
loten to sound
löten to solder
Lotung *f* sounding
Lötverbindung *f* solder (soldered) connection
LPC *s.* Vorauskodierung/lineare
Lücke *f* space, gap
Luft *f* air
Luftabsorption *f* atmospheric absorption, air absorption
Luftansauggeräuschdämpfer *m* air intake silencer
Luftaufbereitung *f* air conditioning
Luftauslaß *m* air outlet
Luftaustritt *m* air outlet
Luftaustrittsöffnung *f* air outlet (nozzle)
Luftblase *f* air inclusion, air pocket
Luftdämpfung *f* air damping; atmospheric attenuation
luftdicht airtight
Luftdichte *f***[/spezifische]** air density
Luftdruck *m* atmospheric (air, barometric) pressure
~/auf Meereshöhe bezogener sea-level pressure
Luftdruckschwankung *f* barometric fluctuation
Luftdurchgang *m* air passage
Lufteinlaß *m* air inlet, air intake
Lufteinschluß *m* air inclusion, air pocket
Lufteintritt *m* air inlet, air intake
Lufteintrittsöffnung *f* air inlet, air intake
Lüfter *m* fan, blower, ventilator, ventilating fan, air blower
Lüfterabdeckung *f* fan cover
Lüfterflügel *m* fan blade, fan vane

Lüftergehäuse *n* fan housing, fan casing
Lüftergeräusch *n* fan noise
Lüfterlärm *m* fan (blower, ventilating) noise
Lüfterschaufel *f* fan blade, fan vane
Luftfeder *f* air spring
Luftfeuchte *f* air humidity, air moisture
~/absolute absolute humidity
~/relative relative humidity, relative air humidity
Luftfeuchtigkeit *f s.* Luftfeuchte
Lufthülle *f* atmosphere
Luftkammer *f* air chamber, plenum
Luftkanal *m* air duct, air vent, ventilating duct, ventilation duct
Luftkissen *n* air cushion, air pad
Luftklinger *m* aerophone
Luftkondensatormikrofon *n* air-condenser microphone
Luftleitblech *n* air baffle
Luftleitung *f* air conduction
Luftleitungsaudiometrie *f* air-conduction audiometry
Luftleitungshörer *m* air-conduction earphone
Luftpolster *n* air cushion, air pad
Luftraum *m* air space
Luftreibung *f* air friction, windage
Luftreservoir *n* plenum
Luftröhre *f* trachea
Luftsäule *f* air column
Luftschall *m* airborne sound, airborne [acoustical] noise
Luftschallärm *m* acoustic noise, airborne noise, airborne acoustical noise
Luftschall-Ausbreitungsdämpfung *f* airborne transmsision loss
Luftschalldämmung *f* airborne transmission loss, airborne sound insulation
Luftschalldämpfung *f* airborne sound attenuation
Luftschallisolation *f* airborne-noise insulation
Luftschallquelle *f* airborne sound source
Luftschallschutzklasse *f* noise insulation class, NIC
Luftschallschutzmaß *n* airborne insulation margin, airborne sound-insulation margin
Luftschlitz *m* air slit, air port, louvre
Luftschutzsirene *f* air-raid siren
Luftspalt *m* air gap, gap; head gap *(Tonbandgerät)*
Luftspaltbreite *f* gap clearance
Luftspaltfluß *m* gap flux
Luftspaltinduktion *f* air-gap flux density
Luftstrahl *m* air jet
Luftstrecke *f* air gap
Luftstrom *m*, **Luftströmung** *f* air flow, airflow
Lüftungsanlage *f* ventilating system
Lüftungskanal *m* air duct, air vent, ventilating duct, ventilation duct, ventilation conduit
Lüftungsöffnung *f* louvre; vent
Lüftungsschacht *m* ventilating duct
Luftwiderstand *m* air friction, windage
Luftzutritt *m* air inlet, air intake
Luftzwischenraum *m* air space, air gap
Lupenwirkung *f* zoom, zoom expansion; trace expansion
Lustspiel *n*/**musikalisches** musical

M

Machzahl *f* Mach number
Magazin *n* store *(Vorratslager)*
Magnetband *n* magnetic [recording] tape; audio tape
~ auf Kunststoffbasis plastic-based magnetic tape
~/beschichtetes coated magnetic tape
~ für Digitalaufzeichnung digital magnetic tape
~ für Meßzwecke instrumentation tape
~ für Schallaufzeichnung audio tape
Magnetbandanlage *f* magnetic tape system
Magnetbandaufnahme *f* magnetic tape recording
Magnetbandaufnahmegerät *n* magnetic tape recorder
Magnetbandaufnahme- und -wiedergabeeinrichtung *f* magnetic tape record-reproduce system
Magnetbandaufzeichnung *f* magnetic [tape] recording
Magnetbandaufzeichnungsgerät *n* magnetic [tape] recorder
Magnetbandeinheit *f* magnetic tape unit
Magnetbandgerät *n* magnetic tape unit, magnetic tape recorder, tape recorder
~ für FM-Aufzeichnung frequency-modulation tape recorder, FM tape recorder
~ für frequenzmodulierte Aufzeichnung frequency-modulation tape recorder, FM tape recorder
~ für meßtechnische Anwendung instrumentation [magnetic] tape recorder
~ mit Bandschleife tape-loop recorder
~ mit Endlosband tape-loop recorder
Magnetbandkassette *f* magnetic tape cassette
Magnetbandspeicher *m* magnetic tape memory (store)
Magnetbandspeicherung *f* magnetic tape storage
Magnetbandspur *f* magnetic tape track
Magnetdraht *m* magnetic wire
Magnetfeld *n* magnetic field
~ im Luftspalt magnetic air-gap field
Magnetfilm *m* magnetic film
Magnetfluß *m* magnetic flux
Magnetflußdichte *f* magnetic flux density, magnetic induction
Magnetflußlinie *f* magnetic flux line
magnetisieren to magnetize

Magnetisierung *f* magnetization
~/bleibende (remanente) remanent (residual) magnetization, remanence
Magnetisierungsarbeit *f* magnetization power (work)
Magnetisierungskennlinie *f*, **Magnetisierungskurve** *f* magnetization characteristic (curve)
Magnetisierungsrichtung *f* direction of magnetization
Magnetisierungsschleife *f* hysteresis curve, magnetic hysteresis loop, hysteresis cycle, magnetic cycle, hysteresis loop
Magnetisierungsvektor *m* magnetization vector
Magnetismus *m* magnetism
~/bleibender (remanenter) remanent magnetism, residual magnetism
Magnetkern *m* magnetic core, magnet core, core
Magnetkopf *m* magnetic head
Magnetkreis *m* magnetic circuit
magnetoakustisch magnetoacoustic
Magnetophon *n* magnetophone
Magnetostriktion *f* magnetostriction
magnetostriktiv magnetostrictive
Magnetpol *m* magnetic pole
Magnetpulver *n* ferromagnetic powder
Magnetschicht *f* magnetic film
Magnetspur *f* magnetic track
Magnetton *m* magnetic sound
Magnettonaufzeichnung *f* magnetic sound recording
Magnettonbandgerät *n* magnetic sound recorder
Mantel *m* jacket *(Umhüllung)*
Manual *n* manual *(Tasteninstrument)*
manuell manual
Marke *f* mark; cursor
Markengeber *m* marker, event marker
Markierspur *f* cue track
Markierung *f* mark, marking
Masche *f* loop; mesh *(in Netzwerken)*
Maschenschaltung *f* mesh *(in Netzwerken)*
Maschinenzustandsüberwachung *f* machine-health monitoring
Maskenmikrofon *n* mask microphone *(unter Schutzmaske)*
Maß *n* measure; dimension; gauge
Masse *f* 1. mass; 2. earth, ground
~/akustische acoustic mass, acoustic inertia, inertance
~/dynamische dynamic mass
~ je Volumen mass density
~/punktförmige konzentrierte point mass, lumped mass
~/scheinbare apparent mass
~/spezifische mass density
~/träge inertial mass
Masseanschluß *m* earth connection, ground connection
Masseband *n* homogeneous tape, dispersed magnetic powder tape *(Magnetband)*
Masse-Feder-System *n* mass-and-spring system
massegehemmt mass-controlled
Massenausgleich *m* balancing of masses
Massenbeschleunigung *f* mass acceleration
Massengesetz *n* mass law [of sound insulation] *(Schalldämmung)*
Masseverbindung *f* earth connection, ground connection
Maßnahme *f* **zur Verbesserung** corrective measure
Maßstab *m* scale • **im ~ 1:1** full-sized
~/verkleinerter reduced scale
Maßstabsdehnung *f* zoom, zoom expansion
Maßstabsfaktor *m* scale factor, scaling factor
maßstabsgerecht scaled, to scale, true to scale
Maßstabstransformationsregel *f* scaling law
Maßstabwahl *f***/automatische** autoscale
Mast *m* mast, pole
Masterband *n* master [tape]
Masterplatte *f* master
Mastoid *n* mastoid
~/künstliches artificial mastoid, mastoid simulator
Matchedfilter *n* matched filter
Material *n***/schalldämmendes** soundproofing material
Materialdämpfung *f* material damping
Materialfehler *m* material defect, flaw
Materialfehlerprüfung *f* defectoscopy
Materialkonstante *f* material constant, matter constant
Materialprüfung *f* defectoscopy *(zerstörungsfrei)*
Materialwanderung *f* creep of material
Materialwelle *f* matter wave
Matrize *f* stamper
Matte *f* blanket
Mauerwerk *n* brickwork, masonry
Maximalleistung *f* maximum available power, maximum power, maximum output
Maximalverstärkung *f* maximum gain, full-on gain
Maximalwert *m* maximum value
Maximalwert-Halten *n* maximum hold, maximum capture
Maximum *n* **des Schalldrucks** sound pressure anti-node *(stehende Welle)*
Maximumanzeige *f* maximum reading, peak reading
MD-System *n* mini disk system, MD system
Mechanik *f* 1. mechanics; 2. action *(Klavier, Orgel)*
Mechanismus *m* mechanism; action *(Klavier, Orgel)*

Medianwert *m* median, median value
Medium *n* medium
~ **für die Schallausbreitung** sound-propagating medium
~/**fließendes** fluid
Megaphon *n* megaphone, speaking trumpet
Mehrfachausbreitung *f* multipath propagation
Mehrfachecho *n* multiple echo
Mehrfachlautsprecher *m* composite loudspeaker, multiple loudspeaker
Mehrfachmikrofon *n* multiple microphone
Mehrfachplayback *n* multi-playback
Mehrfachreflexion *f* multiple reflection, multireflection, zigzag reflection
Mehrfachsinus *m* multisine
Mehrfachtonspur *f* multiple sound track
Mehrfachverzögerungsgerät *n* multi-delay equipment
mehrkanalig multichannel
Mehrkanalmagnetbandgerät *n* multichannel tape recorder
Mehrkanalübertragung *f* multichannel transmission
Mehrkanalverstärker *m* multichannel amplifier
Mehrschichtenkonstruktion *f* sandwich construction
Mehrschichtenplatte *f* sandwich panel (board)
Mehrspuraufzeichnung *f* multitrack recording
mehrspurig multiple-track, multitrack
Mehrspurmagnetkopf *m* multitrack (multiple, multiple magnetic) head, head stack
Mehrspurtonkopf *m* multitrack (multiple, multiple magnetic) head, head stack
mehrstimmig polyphonic
Mehrstimmigkeit *f* polyphony
mehrstufig multistage, multiple-stage, multistep
mehrtönig polyphonic
Mehrwegeausbreitung *f* multipath propagation
Mehrwegelautsprecher *m* composite loudspeaker, multiple loudspeaker, multichannel loudspeaker
Mehrwegelautsprecheranordnung *f* multiway loudspeaker system
Mehrwegereflexion *f* multipath reflection
Mehrzwecksaal *m* multipurpose auditorium (hall)
Mehrzweckstudio *n* multipurpose studio
Mehrzweckverstärker *m* general-purpose amplifier
mel mel *(Einheit der Tonhöhe)*
Mel-Skala *f* mel-scale
melden to signal, to signalize; to report; to announce
Meldesignal *n* return signal, response signal, reply [signal]
Meldung *f* message
Melodie *f* melody; tune
Melodiegruppe *f* melody section
Melodielehre *f* melodics
Melodielinienspeicher *m* melody memory
Melodik *f* melodics
melodisch melodic; tuneful
Membran *f* diaphragm, membrane
Membranauslenkung *f* diaphragm displacement
Membrandämpfung *f* diaphragm damping
Membranophon *n* membranophone
Membranschwingung *f* diaphragm oscillation (vibration)
Membransteifigkeit *f* diaphragm stiffness
Membranzentrierspinne *f* inside spider
Mensur *f* bore
Menü *n* menu
~ **mit Bedienerführung** user-interactive menu
Meßablauf *m* measurement sequence
Meßanlage *f* measuring equipment
Meßanordnung *f* measuring (measurement) device, measuring set-up
Meßapparatur *f* instrumentation
Meßart *f* measurement mode
Meßausrüstung *f* instrumentation, measuring, equipment, measurement kit
Meßbereich *m* measuring range, range of measurement
Meßbereichsendwert *m* full-scale reading
Meßbereichsschalter *m* range switch; level range switch; sensitivity switch
Meßbereichsumfang *m* indicator range
Meßbrücke *f* measuring bridge
Meßdatenverarbeitung *f* information (data) processing
Meßdauer *f* measurement period
Meßeinrichtung *f* measuring (measurement) device, measuring set-up (equipment)
~/**akustische** sound-measuring instrumentation
Meßelement *n* sensor, pick-up, gauge
messen to measure
Meßergebnis *n* measuring result, measurement result, result of measurement, test result
Meßfahrzeug *n* instrument car, testing van, test van
Meßfehler *m* measuring error, error of measurement
Meßfläche *f* measurement surface
Meßfolge *f* measurement sequence
Meßfrequenz *f* measuring frequency, test frequency
Meßfühler *m* measuring element, sensing element, sensor, pick-up, gauge
Meßgenauigkeit *f* measuring (measurement) accuracy, measurement precision
Meßgerät *n* measuring instrument (apparatus), meter, measuring device, instrument
~ **für die Qualität der Sprachübertragung** speech transmission meter
~ **für Orientierungsmessungen** survey meter
~/**schreibendes** recording instrument, graphic recorder

Meßgeräte *npl* measuring equipment, instrumentation
Meßgeräteanzeige *f* meter indication
Meßgeräteskale *f* meter scale
Meßgitter *f* measurement grid, grid
Meßgrenze *f* **der Differenz von Druck- und Intensitätspegel** residual pressure-intensity index, residual intensity index
~ **der Intensität/untere** residual intensity
Meßgröße *f* quantity being measured, measured quantity
Meßgrößenaufnehmer *m* measuring element, sensing element, sensor, pick-up
Meßinstrument *n* measuring instrument (apparatus), meter
Meßkammer *f* test chamber
Meßkette *f* measurement chain
Meßkoffer *m* measurement kit
Meßkopf *m* probe
Meßkopfhörer *m* audiometer earphone *(Audiometer)*
Meßkreis *m* measuring circuit, test circuit
Meßlehre *f* gauge
Meßmagnetband *n* instrumentation tape
Meßmagnetbandgerät *n* instrumentation [magnetic] tape recorder
Meßmarke *f* strobe
Meßmethode *f* measurement method (procedure), measuring technique
Meßmikrofon *n* measuring microphone, measurement microphone
Meßort *m* measuring position, test location, measurement location, measurement site
Meßparametersatz *m* measurement set-up
Meßpegel *m* test level
Meßperson *f* test subject
Meßplatz *m* measuring set-up, set-up, measuring equipment
~**/rechnergesteuerter** workstation
Meßpotentiometer *n* range potentiometer, potentiometer *(Pegelschreiber)*
Meßpunkt *m* test point, measuring point, measuring position, point of measurement
Meßraum *m* test room, test chamber
~**/halliger** reverberation test room
~**/reflexionsfreier** anechoic chamber
~**/schalltoter** anechoic chamber
Meßreihe *f* measurement series, series of measurements
Meßschallplatte *f* test record
~ **mit gleitender Frequenz** gliding-frequency [test] record
Meßschaltung *f* measuring circuit
Meßsequenz *f* measurement sequence
Meßserie *f* measurement series, series of measurement
Meßsignal *n* measuring signal, test signal
Meßsonde *f* measuring (sensing, test) probe
~ **für den Intensitätsvektor** intensity vector probe
Meßstelle *f* measuring point, measuring position, point of measurement; measurement site, measurement location, test location; monitoring point, monitoring terminal
Meßstellenumschalter *m* multipoint selector
Meßtechnik *f* measuring technique, measurement technique
~**/elektronische** electronic measurement technique
Meßton *m* test tone
Meßumgebung *f* test environment (surrounding)
Messung *f* measurement
~**/akustische** acoustical measurement
~ **am maßstabsgerechten Modell** scale-model measurement (test)
~ **an festen Punkten** discrete point sampling
~**/berührungslose** non-contacting measurement
~ **der Knochenleitungsschwelle** bone-conduction audiometry
~ **der Luftleitungsschwelle** air-conduction audiometry
~ **der objektiven Bezugsdämpfung** objective reference equivalent measurement, OREM
~ **im Freien** outdoor measurement
~ **in Gebäuden (Räumen)** indoor measurement
~ **mit bewegtem Mikrofon** scan measurement
~ **mit einer Beobachtergruppe/akustische** sound jury measurement
~ **mit gleitender Frequenz** sweep measurement
~ **mit vorheriger Signalspeicherung** time capture measurement
~**/punktweise** point measurement
~ **unter Betriebsbedingungen** field measurement
~ **unter Einsatzbedingungen** field measurement
~ **von Kurven gleichen Lärmpegels** noise mapping
~ **von Kurven gleicher Intensität** intensity mapping
~**/vorbereitende** preliminary measurement, initial measurement
Meßunsicherheit *f* measurement uncertainty, uncertainty of measurement
Meßverfahren *n* measuring technique, measurement technique, measurement method, measurement procedure
~ **für beliebige Schallfeldformen** semireverberant method *(Schalleistungsmessung)*
Meßverstärker *m* measuring amplifier
Meßvorschrift *f* test code
Meßwagen *m* instrument car, test van, testing van
Meßwert *m* measuring value, measured value
~**/vorgetäuschter** artifact

Meßwerte *mpl* measured data
Meßwerterfassung *f* data acquisition
Meßwertfernübertragung *f* telemetry, telemetering
Meßwertspeicherung *f* data storage
Meßwertverarbeitung *f* data processing
Meßzeitraum *m* measurement period
Metallband *n* metal tape, metal-alloy tape
Metallfolie *f* metal foil
Metalloriginal *n* metal master
Metallschnittechnik *f*/**direkte** direct metal mastering, DMM
Methode *f* **der finiten Elemente** finite-element method
Metronom *n* metronome
MIDI *n* musical instrument digital interface, MIDI
Mikrobar *n* microbar *(Druckeinheit)*
Mikrofon *n* microphone, mike *(sl)*; transmitter *(Telefon)*
~/auf Schalldruck ansprechendes sound pressure-actuated microphone, pressure-sensing microphone, pressure-sensitive microphone, pressure microphone
~/auf Schallschnelle ansprechendes velocity microphone
~/bewegliches following microphone
~/druckempfindliches pressure-sensitive microphone, pressure microphone
~/drucklineares pressure-sensitive microphone, pressure-sensing microphone, pressure microphone
~/dynamisches dynamic microphone, electrodynamic microphone, moving-conductor microphone, moving-coil microphone
~/elektrodynamisches dynamic microphone, electrodynamic microphone, moving-conductor microphone, moving-coil microphone
~/elektromagnetisches electromagnetic microphone, moving-iron microphone
~/elektrostatisches condenser microphone, capacitor microphone, electrostatic microphone
~/freifeldentzerrtes free-field microphone
~/freifeldlineares free-field microphone
~ für diffusen Schalleinfall random incidence microphone
~ für Einsatz im Freien outdoor microphone, weatherproof microphone, all-weather microphone
~/hallfeldentzerrtes random incidence microphone
~/hallfeldlineares random incidence microphone
~ hoher Übertragungsqualität high-fidelity microphone, hi-fi microphone
~ im Regelkreis control microphone, regulation microphone
~/ionisches ionic microphone
~/keramisches ceramic microphone
~/magnetisches electromagnetic microphone, moving-iron microphone
~/magnetostriktives magnetostriction microphone
~ mit Achtercharakteristik bidirectional microphone, bilateral microphone
~ mit Kugelcharakteristik omnidirectional microphone, non-directional microphone
~ mit Nierencharakteristik cardioid microphone
~ mit Störschallunterdrückung noise-cancelling microphone, anti-noise microphone
~ mit Supernierencharakteristik supercardioid microphone
~ mit ungedämpfter Druckausgleichskapillare two-port microphone
~/ortsveränderliches following microphone, travelling microphone
~/piezoelektrisches piezoelectric microphone
~/schalldruckempfindliches pressure-sensitive microphone, pressure-sensing microphone, pressure microphone
~/schnelleempfindliches velocity microphone
~/störschallunterdrückendes noise-cancelling microphone, anti-noise microphone
~/thermisches hot-wire microphone, thermal microphone
~/ungerichtetes omnidirectional microphone, non-directional microphone
~/wetterfestes (wettergeschütztes) outdoor (weatherproof, all-weather) microphone
Mikrofonabstand *m* microphone spacing (separation)
Mikrofonanlage *f* microphone system, sound pick-up outfit
~ für Betrieb im Freien outdoor microphone system, weatherproof microphone system (station)
Mikrofonanordnung *f* microphone configuration; microphone array
Mikrofonanschluß *m* microphone connection
Mikrofonaufhängung *f* microphone suspension
Mikrofonaufnahme *f* microphone recording
Mikrofonausrüstung *f*/**wetterfeste** outdoor microphone system, weatherproof microphone system (station)
Mikrofonbuchse *f* microphone jack (socket)
Mikrofondrehgalgen *m* rotating microphone boom
Mikrofoneichgerät *n* microphone calibration apparatus, microphone calibrator
Mikrofoneichung *f* microphone calibration
Mikrofoneinheit *f* microphone assembly, microphone unit
Mikrofonersatz *m* dummy microphone
Mikrofonersatzvolumen *n* microphone equivalent volume
Mikrofonflachkabel *n* tape microphone cable
Mikrofongalgen *m* microphone boom, boom,

microphone gallows
Mikrofongehäuse *n* microphone housing
~/wetterfestes outdoor microphone enclosure
Mikrofongeräusch *n* microphone noise; transmitter noise *(Telefon)*
Mikrofongitter *n* microphone grid (grille)
Mikrofongruppierung *f* microphone array
Mikrofonhalter *m* microphone clip
Mikrofonhalterung *f* microphone support
Mikrofonie *f* microphonic effect, microphonics *pl*, microphony
Mikrofoniestörung *f* microphonic trouble
Mikrofonkabel *n* microphone cable, microphone cord
Mikrofonkalibrator *m* microphone calibration apparatus, microphone calibrator
~ nach dem Reziprozitätsverfahren microphone reciprocity calibrator
Mikrofonkalibriergerät *n* microphone calibration apparatus, microphone calibrator
Mikrofonkalibrierung *f* microphone calibration
Mikrofonkapsel *f* microphone capsule, microphone cartridge; microphone inset; transmitter capsule (inset), capsule *(Telefon)*
Mikrofonklemme *f* microphone clip
Mikrofonkohle *f* microphonic carbon
Mikrofonkreis *m* microphone circuit
Mikrofonmembran *f* microphone diaphragm
Mikrofonmischpult *n* microphone control console (desk)
Mikrofonnachbildung *f* dummy microphone
Mikrofonnetzgerät *n* microphone power supply
Mikrofonnormal *n* reference microphone, standard microphone
~ für den Laboreinsatz laboratory standard microphone
Mikrofonort *m* microphone location, microphone position
Mikrofonpaar *n* microphone pair
~/abgeglichenes matched microphone pair (set)
~/ausgesuchtes matched microphone pair (set)
Mikrofonrauschen *n* microphone noise; transmitter noise *(Telefon)*
Mikrofonregelpult *m* microphone control console (desk)
Mikrofonspeisung *f* microphone feed, microphone supply, microphone power supply
Mikrofonstativ *n* microphone tripod, microphone stand
Mikrofonstromkreis *m* microphone circuit
Mikrofonstromversorgung *f* microphone feed (supply, power supply)
Mikrofonsystem *n***/trägerfrequentes** microphone carrier system
Mikrofontaste *f* microphone button (key)
Mikrofontrichter *m* microphone mouthpiece
Mikrofonübertrager *m* microphone transformer
Mikrofonverstärker *m* microphone amplifier
Mikrofonvorverstärker *m* microphone preamplifier
Mikrorille *f* microgroove, fine groove
Mikrorillenplatte *f* microgroove record
Mikrorillenschallplatte *f* microgroove record
Minderung *f* **der Sprachverständlichkeit** articulation loss (reduction)
~ der Übertragungsgüte (Übertragungsqualität) transmission impairment
Mineralwolle *f* mineral wool, mineral fibre
Mineralwolleplatte *f* mineral fibre board
Minimum *n* **des Schalldrucks** sound pressure node *(stehende Welle)*
Minimumpeilung *f* minimum direction finding, zero-signal direction finding
Mischanlage *f* rerecording system *(Ton)*
Mischatelier *n* rerecording room
Mischeinrichtung *f* rerecording system
mischen to mix; to rerecord, to dub
Mischpult *n* audio mixer, mixer, mixer console (desk), control desk, monitoring desk
~/zentrales master control desk
Mischraum *m* rerecording room
Mischregler *m* mixing control
Mißklang *m* disharmony, discord, cacophony
mißklingend disharmonious, inharmonious
Mißton *m* discord
mißtönend discordant, cacophonic[al], cacophonous
Mitgang *m***/akustischer** specific (unit-area) acoustic mobility, acoustic admittance
~/mechanischer mobility
~/reeller akustischer acoustic conductance
~/spezifischer specific acoustic admittance, unit-area acoustic mobility
Mithöreinrichtung *f* monitor equipment, monitoring equipment, monitor
mithören to listen in, to monitor; to overhear
~/kontrollierend to monitor aurally
Mithören *n* listening-in, monitoring
~ beim schnellen Rücklauf review
~ beim schnellen Vorlauf cueing, cue
~ beim schnellen Vor- oder Rücklauf cue review
~ beim Umspulen review
Mithörklinke *f* monitor[ing] jack
Mithörregler *m* monitoring control
Mithörschaltung *f* monitoring circuit
Mithörschwelle *f* masked threshold
Mithörschwellenaudiogramm *n* masking audiogram; noise audiogram *(Verdeckung durch Rauschen)*
Mithörspule *f* telecoil
Mithörtaste *f* monitoring key, monitoring button
Mitkopplung *f* positive (regenerative) feedback, feedforward
Mitlauffilter *n* slave filter, tracking filter
Mitlaufgenerator *m* slave generator
Mitlaut *m* consonant

Mitnahmebereich *m* pull-in range, pulling-in range
mitschwingen to resonante, to covibrate
Mitschwingen *n* covibration, resonant vibration, resonance
mitschwingend resonant
Mitschwingung *f* covibration, resonant vibration
Mitsehen *n* **beim schnellen Rücklauf** review *(Video)*
~ **beim schnellen Vorlauf** cueing, cue
~ **beim schnellen Vor- oder Rücklauf** cue review
~ **beim Umspulen** review
Mitte *f* midpoint
Mitteilung *f* message
~**/auf Band aufgezeichnete** taped message
mittel medium, mean
Mittel *n***/arithmetisches** arithmetic mean
~**/geometrisches** geometric mean
Mittelanzapfung *f* **des Transformators** transformer centre-tap
mitteln to average
Mittelohr *n* middle ear, tympanum
Mittelohrmuskeleffekt *m* acoustical reflex, middle-ear muscle reflex
~**/akustisch ausgelöster** acoustical reflex
Mittelohrvereiterung *f* otitis media
Mittelohrverknöcherung *f* otosclerosis
Mittelung *f* averaging
~**/energetische** power averaging
~**/exponentielle** exponential averaging
~**/exponentielle zeitliche** exponentially weighted time-averaging
~**/gleitende** exponential averaging
~**/lineare** linear averaging
~**/mitlaufende** scan averaging
~**/synchrone** scan averaging, synchronous time averaging, time-history ensemble averaging
~ **von Signalen** signal averaging
Mittelungspegel *m* average level, time-average sound [pressure] level, equivalent continuous sound [pressure] level, time-period equivalent continuous sound level
~**/energetischer** power average level
Mittelungszeit *f* averaging time, averaging [time] period
Mittelwert *m* mean, mean value; average
~**/arithmetrischer** arithmetic mean
~ **der Quadrate** mean square [value]
~**/quadratischer** root-mean-square [value], rms value
~**/räumlicher** space average, spatial average
~**/zeitlicher** time average, temporal average, time-average[d] value
Mittelwertbildner *m* averager
~ **für die Signalmittelung** signal averager
Mittelwertbildung *f* averaging
~**/exponentielle** exponential averaging
~**/lineare** linear averaging
~**/synchrone** synchronous time averaging
Mittelwertbildungszeit *f* averaging time, averaging [time] period
Mittenbereich *m* midrange
Mittenfrequenz *f* centre (central, mean, midband) frequency, mid-frequency
~ **des Durchlaßbereichs** pass-band centre frequency
~**/geometrische** geometric-mean frequency
Mittenwert *m* median, median value
mittig gelegen bei centred on *(z.B. Frequenzband)*
modal modal
Modalanalyse *f* modal analysis
Mode *f* mode
~**/transversale** transverse mode
Modell *n* model
~**/anatomisches** manikin
~ **im Originalmaßstab** full-scale model
~**/maßstabsgerechtes** scale model
Modellierung *f* simulation, modeling
Modellmessung *f* scale-model measurement (test)
Modelluntersuchung *f* scale-model study
Modellverfahren *n* scale-model technique *(mit maßstabsgerechtem Modell)*
Modendichte *f* mode density, modal density
Modenumwandlung *f* mode conversion
Modul *m* module, modulus
Modulation *f* 1. modulation; 2. inflection *(Musik)*
Modulationsgrad *m* modulation factor, degree of modulation
Modulationsleitung *f* program line
Modulationsrauschen *n* modulation noise
Modulationsreduktion *f* modulation reduction [factor]
Modulationssteller *m* modulation wheel
Modulationsübertragungsfunktion *f* modulation transfer function
Modulationsverzerrung *f* modulation distortion, envelope distortion
Modulator *m* modulator
Modulbauweise *f* modular design
modulieren to modulate
Modus *m* mode
Molekularakustik *f* molecular acoustics
Molekularbewegung *f* molecular motion (movement)
Molltonart *f* minor key
Molltonleiter *f* minor scale
Moment *m* instant, moment; momentum
momentan instantaneous
Momentanleistung *f* instantaneous power
Momentanschalldruck *m* instantaneous sound pressure
Momentanspektrum *n* instantaneous spectrum
Momentanwert *m* instantaneous value
~ **der Schallintensität** instantaneous sound intensity

~ **der Sprechleistung** instantaneous speech power
monaural monaural
Monitor *m* monitor
monophon monophonic, mono
Monoplatte *f* mono record, mono
Monoplattenspieler *m* mono record player
Monoschallplatte *f* mono record, mono
Mono-Stereo-Übergang *m*/**gleitender** stereo blend
Monosystem *n* mono system
monoton monotonous, monotonic
Monotonie *f* monotony, monotonousness
Monowiedergabe *f* mono reproduction, mono
Montage *f* editing, cutting *(Band, Film)*
~ **auf Federn** spring mounting
~/**erschütterungsfreie** shock-absorbing mounting
~/**schwingungsisolierende** shock-absorbing mounting
Montageteilesatz *m* mounting kit
montieren to edit, to cut *(Band, Film)*
Motordrehzahl *f* motor speed
Motorriemenscheibe *f* motor pulley
MPX-Filter *n* mpx filter
MPX-Signal *n* mpx signal, multiplex signal
MTF *s.* Modulationsübertragungsfunktion
Multiplayback *n* multi-playback
Multispektrum *n* multispectrum
Mund *m*/**künstlicher** mouth simulator, artificial mouth
Mundharmonika *f* mouth organ
Mundhöhle *f* mouth cavity
mündlich oral
Mundnachbildung *f* mouth simulator, artificial mouth
Mundsimulator *m* mouth simulator, artificial mouth
Mundstück *n* mouthpiece
~ **des Mikrofons** microphone mouthpiece
murmeln to babble
Murmeln *n* babbling
Musical *n* musical comedy, musical
Musik *f* music
~/**aufgezeichnete** canned music *(sl)*
~/**elektronische** electronic music
musikalisch musical
Musikautomat *m* music box, jukebox
musikbespielt music-loaded *(Tonband)*
Musiker *m* musician
Musikinstrument *n* musical instrument
Musikkassette *f* musicassette
Musikleistung *f* music power
Musikstimme *f* musical part
Musikstück *n* piece of music
Musiksuchlauf *m* music search
Musiktruhe *f* radiogramophone
Muster *n* 1. specimen, 2. pattern
Mustervergleich *m* template comparison
Mutter *f* mother
Mutterband *n* master [tape]
Mutterplatte *f* mother

N

N newton, *n (SI-Einheit der Kraft)*
nachahmen to simulate
Nachbarfilter *n* contiguous filter
Nachbarkanal *m* flanking channel
Nachbarschaftslärm *m* neighbourhood noise; community noise
Nachbearbeitung *f* **einer Bandaufnahme** tape scrubbing *(sl.)*
nachbilden to simulate
Nachbildung *f* 1. simulation; 2. dummy, model
Nachecho *n* post-groove echo *(Schallplatte)*
nacheichen to recalibrate, to check the calibration
Nacheichung *f* recalibration, check (checking) of the calibration
nacheilen to lag
Nacheilen *n* retardation, lag, time lag
Nachentzerren *n* de-emphasis, deemphasis, de-emphasizing, post-emphasis; post-equalization
Nachfilter *n* post filter
Nachführfehler *m* tracking error
Nachführung *f* tracking
~/**automatische** automatic tracking
nachgiebig resilient, springy
Nachgiebigkeit *f* compliance
~/**akustische** acoustic compliance
~/**dynamische** dynamic compliance
Nachhall *m* reverberation, reverberant sound, reverb; echo
~/**künstlicher** artificial echo
nachhallarm dead, acoustically dead (inert, inactive)
Nachhalldauer *f*/**subjektive** liveness
nachhallen to reverberate, to echo
~ **lassen** to reverberate
nachhallend reverberant
Nachhallfeld *n* reverberant [sound] field
Nachhallgerät *n* reverberator
Nachhallkurve *f* reverberation decay curve
Nachhallpegel *m* reverberant sound level
~/**relativer** relative reverberation level *(Sonar)*
Nachhallschallfeld *n* reverberant sound field
Nachhallverlängerung *f* **[/elektroakustische]** assisted resonance
Nachhallzeit *f* reverberation time, decay time
Nachhallzeitmesser *m* reverberation-time meter, reverberation processor (calculator)
~/**rechnender** reverberation processor (calculator)
Nachhallzeitmeßgerät *n* reverberation-time meter, reverberation processor (calculator)

~/rechnendes reverberation processor (calculator)
Nachhallzeitmessung *f* reverberation [time] measurement
Nachhallzeitschablone *f* protractor
Nachhallzeitverlängerung *f* **[/elektroakustische]** assisted resonance
nachjustieren to readjust
Nachjustierung *f* readjustment
nachkalibrieren to recalibrate, to check the calibration
Nachkalibrierung *f* sensitivity check, calibration check, recalibration
Nachklingen *n* ringing
nachlaufen to track
Nachlaufen *n* tracking
Nachlauffehler *m* tracking error
Nachlauffilter *n* tracking filter, slave filter
Nachlaufsteuergenerator *m* tracking frequency multiplier
nachprüfen to check
Nachprüfung *f* check
nachregeln to readjust
Nachricht *f* information, message, communication
~/auf Band aufgezeichnete taped message
Nachrichten *fpl* newscast *(Rundfunk)*
Nachrichtenelektronik *f* communications electronics
Nachrichtenkanal *m* communication channel
Nachrichtenmedien *npl* newsmedia
Nachrichtennetz *n* communication net (network), telecommunication network (system)
Nachrichtensendung *f* newscast
Nachrichtensprecher *m* newsreader, newscaster
Nachrichtentechnik *f* communication engineering
Nachrichtenverarbeitung *f* information processing, data processing
Nachrichtenverkehr *m* communication
nachrüstbar updatable
nachstellen to readjust
Nachstellung *f* readjustment
nachstimmen to retune
nachsynchronisieren to dub
Nachverarbeitung *f* post-processing
Nachverstärker *m* power booster, booster *(z.B. für Autoradio)*
Nachweis *m* 1. detection *(Erkennung)*; 2. verification *(Überprüfung, Beglaubigung)*
Nachweisbarkeit *f* detectability
Nachweisgerät *n* detector
~ für Strahlung radiation detector
~ für Ultraschall ultrasonic detector
~ für Wasserschall underwater sound detector
Nachweisgrenze *f* detection limit
Nachwirkung *f***/elastische** residual elasticity, elastic lag
Nadel *f* needle, stylus *(Schallplattentechnik)*
Nadelabdeckung *f* stylus cover
Nadelabnutzung *f* needle wear, stylus wear
Nadelauslenkung *f* stylus excursion, excursion of the stylus
Nadelbremskraft *f* stylus drag
Nadelgeräusch *n* needle scratch, record noise, surface noise, scratch
Nadelgeräuschfilter *n* scratch filter
Nadelhalter *m* needle holder, stylus holder
Nadelimpuls *m* needle pulse, Dirac pulse (impulse); spike
Nadellager *n* needle bearing
Nadelrückstellkraft *f* stylus drag
Nadelschnelle *f* stylus velocity
Nadelschutz *m* stylus cover
Nadelspitze *f* stylus tip
Nadeltonaufzeichnung *f* disk recording
Nadeltonaufzeichnungsgerät *n***/mechanisches** mechanical recorder
Nadeltonschneidgerät *n* disk recorder
Nadeltonverfahren *n* disk-recording method, sound-on-disk method (system)
Nadelträger *m* needle (stylus) holder, stylus assembly
Nadelverschleiß *m* needle wear, stylus wear
Nahbesprechung *f* close talking; close-up miking *(sl.) (Mikrofon)*
Nahbesprechungsmikrofon *n* close-talking microphone
Nahfeld *n* near [sound] field, primary [sound] field
Nahfeldholographie *f***/akustische** near field acoustic holography, NAH
Nahstreuung *f* short-distance scatter
Nasallaut *m* nasal, nasal sound
Nasenkonus *m* nose cone
Nasen-Rachen-Raum *m* nasopharynx
N-bewertet N-weighted
N-Bewertung *f* N-weighting
Nebengeräusch *n* background noise, ambient noise; room noise; sidetone
Nebenhöhle *f* sinus
Nebenkeule *f* side lobe, secondary lobe, minor lobe *(Richtcharakteristik)*
Nebenregister *n* additional stop *(Orgel)*
Nebenresonanz *f* subordinate resonance
Nebenschluß *m* bypass, shunt
~/magnetischer magnetic shunt
Nebensprechabstand *m* signal-to-cross-talk ratio
Nebensprechdämpfung *f* cross-talk attenuation
Nebensprechen *n* cross-talk, crosstalk, breakthrough
nebensprechfrei cross-talk-proof
Nebensprechstörung *f* cross-talk trouble, cross-talk interference
Nebenstudio *n* satellite studio

Nebenweg *m* flanking path
Nebenwegübertragung *f* flanking transmission, indirect [sound] transmission, bypass transmission
Nebenzipfel *m* secondary lobe *(Richtcharakteristik)*
Neigung *f* 1. slope, tilt; 2. tendency, trend
~ **des Spektrums** spectrum [level] slope
~**/systematische** bias
Nennbelastbarkeit *f* load rating
Nenndurchlaßdämpfung *f* nominal pass-band attenuation
Nennimpedanz *f* nominal impedance
Nennlast *f* load rating
Nennleistung *f* rated power [output], rated output, nominal power, rating
Nennpegel *m* nominal level
Nennwert *m* rated (nominal) value, rating
~ **der Bandbreite** nominal bandwidth
Neper neper, Np *(Pegeleinheit)*
Nervenimpuls *m* nerve impulse
Netz *n* electrical network, network; mains, power supply system
~**/speisendes** supply circuit
Netzanschluß *m* power supply, mains connection • **mit** ~ mains-operated, mains-powered, mains-energized • **ohne** ~ cordless, mains-independent
Netzanschlußgerät *n* mains unit, mains pack, power pack, power supply [unit], power unit
Netzanschlußkabel *n* mains cable
Netzanschlußleitung *f*, **Netzanschlußschnur** *f* line (power, supply) cord
Netzbetrieb *m* mains operation
netzbetrieben mains-operated, mains-powered, mains-energized
Netzbrummen *n* mains hum, hum, power-line hum (noise), a.c. hum
Netzfrequenz *f* mains (power, power-line, line) frequency
Netzgerät *n* mains unit, mains (power) pack, power supply [unit], power unit
netzgespeist mains-operated, mains-powered, mains-energized
Netzkabel *n* mains cable
Netzschalter *m* mains switch, power switch
Netzschnur *f* line (power, supply) cord
Netzspannung *f* mains (supply, line) voltage
Netzstecker *m* mains plug, power plug
Netzteil *n* mains unit, mains (power) pack, power supply [unit], power unit
netzunabhängig mains-independent
Netzwerk *n* network
~ **mit diskreten (konzentrierten) Elementen** lumped network
Netzwerkanalyse *f* network analysis
Netzwerknachbildung *f* network analogue
Netzwerktheorie *f* network theory
Neuabgleich *m* readjustment
Neukurve *f* virgin curve *(Magnetisierung)*
Newton *n* newton, N *(SI-Einheit der Kraft)*
NF *s.* Niederfrequenz
NF... *s. a.* Niederfrequenz...
NF-Bereich *m* audio-frequency range, audible frequency range, low-frequency range
NF-Filter *n* low-frequency filter
NF-Frequenzgang *m* audio-frequency response, low-frequency characteristic
NF-Generator *m* audio-frequency oscillator, low-frequency generator, audio generator
~ **nach dem Überlagerungsprinzip** low-frequency beat oscillator, audio-frequency heterodyne generator
N-Filter *n* N network
NF-Kabel *n* audio cable, low-frequency cable
NF-Kurve *f* audio response [curve], low-frequency characteristic
NF-Leistung *f* audio-frequency power
NF-Leistungsverstärker *m* power audio amplifier
NF-Prüfgerät *n* audio test station
NF-Rauschminderung *f* audio noise reduction, ANR
NF-Signal *n* audio signal, tone signal; signalling tone
NF-Signalkabel *n* audio cable
NF-Spektrum *n* audio spectrum, audible spectrum
NF-Sperre *f* low-frequency filter
NF-Technik *f* audio-frequency engineering, low-frequency engineering, audio engineering
NF-Transformator *m* audio-frequency transformer, low-frequency transformer
NF-Verstärker *m* audio-frequency amplifier, low-frequency amplifier, LF amplifier
~**/gegengekoppelter** audio-frequency feedback amplifier
NF-Verstärkung *f* audio-frequency amplification, low-frequency amplification
Nicholsdiagramm *n* Nichols plot *(Pegel über Phase)*
nichtabgeglichen out-of-balance
nichtabgeschlossen unterminated
nichtabgestimmt untuned
nichtangepaßt unmatched
nichtbedämpft undamped, non-damped
nichtharmonisch anharmonic, unharmonious
nichtleitend non-conducting, non-conductive, insulating, dielectric[al]
Nichtleiter *m* insulator, dielectric, dielectric material
nichtlinear non-linear, nonlinear
Nichtlinearität *f* non-linearity
nichtmagnetisch non-magnetic
nichtperiodisch aperiodic, non-periodic
nichtredundant irredundant
nichtreflektierend non-reflecting

nichtstationär non-steady, unsteady, non-stationary, transient
nichtstetig non-steady, unsteady
nichtumkehrbar non-reciprocal
nichtverträglich [/miteinander] incompatible
nichtvormagnetisiert unbiased
nichtvorzeichenbehaftet unsigned
niederdrücken 1. to depress, to press[down]; 2. to stop *(Saite)*
niederfrequent audio, low-frequency
Niederfrequenz *f* audio (audible) frequency, AF, af, tonal frequency, low frequency, LF, lf
Niederfrequenz... *s. a.* NF-...
Niederfrequenzanalysator *m* audio-frequency spectrometer
Niederfrequenzband *n* audio-frequency band
Niederfrequenzbereich *m* audio-frequency range, audible frequency range
Niederfrequenzeingangsverstärker *m* audio-frequency input amplifier
Niederfrequenzfilter *n* audio-frequency filter, low-frequency filter
Niederfrequenzgenerator *m* audio-frequency oscillator, low-frequency generator, audio generator
~ **nach dem Schwebungsprinzip** low-frequency beat oscillator, audio-frequency heterodyne generator
Niederfrequenzkabel *n* low-frequency cable
Niederfrequenzkurve *f* audio response [curve], low-frequency characteristic
Niederfrequenzspektrometer *n* audio-frequency spectrometer
Niederfrequenzspektrum *n* audio (audible) spectrum
Niederfrequenzsperre *f* low-frequency rejection filter
Niederfrequenztechnik *f* audio-frequency engineering, low-frequency engineering, audio engineering
Niederfrequenztransformator *m* audio-frequency transformer, low-frequency transformer
Niederfrequenzverstärker *m* audio-frequency amplifier, low-frequency amplifier, LF amplifier, audio amplifier
~**/gegengekoppelter** audio-frequency feedback amplifier
Niederfrequenzverstärkung *f* audio-frequency amplification, low-frequency amplification
Niederfrequenzvorverstärker *m* audio-frequency preamplifier
niederohmig low-resistance
Niederschlag *m* down-beat *(Dirigieren)*
Niederspannung *f* low voltage, low tension, low potential
niedertourig low-speed
niedrigverstärkend low-gain
Nierencharakteristik *f* cardioid characteristic, cardioid diagram, apple-shaped diagram
Nierenkurve *f* cardioid, cardioid curve
Nierenmikrofon *n* cardioid microphone
Nietgeräusch *n* riveting noise
Niveau *n* level
Nockenschalter *m* cam switch
Nockenscheibe *f* cam disk
Noisiness *f* noisiness
Norm *f* standard; standard specifications
Normal *n* standard, reference standard
~**/abgeleitetes** secondary (transfer) standard
Normalaufnehmer *m* reference pick-up
Normalband *n* normal tape
Normaldruck *m* standard (normal) pressure
Normalfrequenz *f* standard (normal) frequency
Normalhörfläche *f* normal auditory sensation area
Normalkomponente *f* normal component
~ **der Schallintensität** normal sound intensity
Normalmikrofon *n* reference (standard) microphone
~ **für den Laboreinsatz** laboratory standard microphone
Normalton *m* reference tone
Normalverteilung *f* Gaussian (normal) distribution
Normalverteilungskurve *f* Gauss[ian] curve, bell-shaped curve, curve of normal distribution
Normhammerwerk *n* standardized impact sound source, standard impact generator
Normhörschwelle *f* standard threshold of hearing, normal threshold of hearing (audibility); zero hearing loss
normieren to normalize
Normpegeldifferenz *f* normalized level difference
Normschall[druck]pegeldifferenz *f* normalized sound level difference
Normschmerzschwelle *f* normal threshold of pain
Normstimmton *m* standard tone, standard pitch
Normstimmtonfrequenz *f* standard tuning frequency, standard musical pitch, standard pitch
Normstimmung *f* standard [musical] pitch
Normtrittschall *m* normalized (standardized) impact sound
Normtrittschallpegel *m* standardized impact [sound] level, standardized impact sound pressure level, normalized impact [sound] level, adjusted impact sound level
~**/bauüblicher** field standardized impact sound [pressure] level
~**/bewerteter** impact-sound index
~ **unter Laborbedingungen** laboratory standardized impact sound [pressure] level
Note *f* note

~/ganze semibreve, whole note
~/halbe minim, half note
Noten *fpl* music
Notenlinie *f* line [of the staff]
Notenliniensystem *n* staff
Notenpult *n* music rest, music stand
Notenständer *m* music rest, music-stand
Notenschlüssel *m* clef
Notensystem *n* staff
Notrufanlage *f* emergency public address system
noy noy *(Einheit der Lärmlästigkeit)*
Np neper, Np *(Pegeleinheit)*
NR-Kurve *f* noise-rating curve, NR curve
NR-Zahl *f* noise-rating number, NR number, noise-rating index
Null *f* zero, null
Nullabgleich *m* zero (null) balance, zero balancing
Nullabgleichmethode *f*, **Nullabgleichverfahren** *n* zero-balancing method, null method, null search method
Nulldurchgang *m* zero crossing (passage, transition) • **im ~** passing through zero
Nulldurchgangsdetektor *m* zero-crossing detector
Nullindikator *m* null indicator (detector), balance[-point] indicator
Nullinie *f* axis of zero
Nullmethode *f* null method, null search method, zero-balancing method
Nullpunkt *m* zero, zero point, zero mark
~/unterdrückter suppressed zero
Nullpunktdrift *f* zero drift, null drift, zero shift
Nullpunkteinstellung *f* zero adjustment, zero setting
Nullpunktwanderung *f* zero drift, null drift, zero shift
Nullstelle *f* zero
Nutzschall *m* useful sound
Nutzsignal *n* useful signal
Nutzspalt *m* front gap *(Tonkopf)*
Nutz-Störschallverhältnis *n* sound-noise ratio, SNR
N-Welle *f* N wave *(Überschallknall)*
Nyquistdiagramm *n* Nyquist plot *(Imaginär- über Realteil)*
Nyquistrate *f* Nyquist rate

O

OBDM objective reference equivalent measurement, OREM
OBDM-Meßplatz *m* objective reference equivalent meter
Oberfläche *f* surface
~/diffus reflektierende diffusing surface
~/streuende diffusing surface
Oberflächenintegral *n* surface integral
Oberflächenrückstreumaß *n* surface backscattering differential
Oberflächenschwingung *f* surface oscillation
Oberflächenstreukoeffizient *m* surface scattering coefficient
Oberflächenstreuung *f* surface scattering
Oberflächenwelle *f* surface wave
~/akustische surface acoustic wave, SAW, acoustic surface wave
Oberflächenwellenfilter *n* **[/akustisches]** surface acoustic wave filter, SAW filter
Oberschwingung *f* harmonic; overtone *(nicht mehr zu verwenden)*
~/harmonische harmonic
Oberschwingungsgehalt *m* harmonic content
Oberton *m* harmonic; overtone *(nicht mehr zu verwenden)*
Oberwelle *f* harmonic wave, harmonic
Oberwellengehalt *m* harmonic content
oberwellenreich rich in harmonics
Objekt *n*/**künstliches** artifact *(Ortung)*
Objekt-Rückstreumaß *n* object backscattering differential
Oboe *f* oboe
offen open-ended *(Rohr, Pfeife)*
Off-line-Betrieb *m* off-line operation
Off-line-Verarbeitung *f* off-line processing
öffnen to break *(Kontakte)*
~/einen Stromkreis to break a circuit
Öffnung *f* opening, hole; port; vent
~ für Mikrofon microphone port
~ im Kalibrator calibrator port
Ohm *n*/**akustisches** acoustical ohm *(nicht mehr zu verwenden)*
Ohr *n* ear
~/äußeres external ear
~/inneres internal (inner) ear
~/künstliches artificial ear, ear simulator
Ohradmittanz *f* aural acoustic admittance, aural admittance
Ohrbügel *m* ear clip
Ohreingangsimpedanz *f*/**akustische** ear acoustical impedance
Ohrempfindlichkeitskurve *f* ear-response characteristic
Ohrenarzt *m* otologist, aurist
ohrenärztlich otologic[al]
ohrenbetäubend deafening, ear-piercing
Ohrenheilkunde *f* otology
Ohrenklingen *n* tinnitus, ringing in the ears
Ohrensausen *n* ear noises
Ohrenschmalz *n* ear wax
Ohrenschmalzpfropfen *m* impacted wax
Ohrerkrankung *f* ear disease
Ohrgeräusch *n* ear noise
Ohrhörer *m* earphone
Ohrimpedanz *f* aural [acoustic] impedance
Ohrimpedanzkurve *f* tympanogram

Ohrimpedanzmessung *f* tympanometry
Ohrleiden *n* ear disease
Ohrmuschel *f* concha, auricle, pinna
Ohrnachbildung *f* artificial ear, ear simulator
ohrschädigend ototoxic, ear-damaging
Ohrsimulator *m* ear simulator
Ohrtrichter *m* concha
Ohrtrompete *f* Eustachain tube
ohrumfassend circumaural
ohrumschließend circumaural
Oktavanalysator *m* octave-band analyzer
Oktavband *n* octave band, one octave band
Oktavbandanalysator *m* octave-band analyzer
Oktavbandschalldruck *m* octave-band [sound] pressure
Oktavbandschalldruckpegel *m* octave-band [sound] pressure level
Oktavbereich *m* octave band, one octave band
Oktave *f* octave; octave band, one octave band
Oktavfilter *n* octave-band filter, octave filter
Oktavieren *n* octave shift
Oktavpegel *m* octave-band [sound] pressure level
Oktavschalldruck *m* octave-band [sound] pressure
Oktavschalldruckpegel *m* octave-band [sound] pressure level
On-line-Betrieb *m* on-line operation
On-line-Verarbeitung *f* on-line processing
Operationsverstärker *m* operational amplifier
Operator *m* operator *(Mathematik)*
Option *f* option
Orchester *n* orchestra; band
Orchestergraben *m* orchestra pit, pit
Orchestermusik *f* orchestral music
orchestral orchestral
orchestrieren to orchestrate
Orchestrierung *f* orchestration
Ordinate *f* ordinate
Ordnungsanalyse *f* order analysis, order tracking, tracking analysis
Ordnungszahl *f* order number
~ **der Eigenfrequenz** modal number
~ **der Harmonischen** harmonic number, order of harmonic
Organ *n* organ
Orgel *f* organ, pipe organ
Orgelgebläse *n* organ blowing gear
Orgelpfeife *f* organ pipe
Orgelregister *n* organ stop, stop; diapason
Orgelzug *m* organ stop
orientieren to orient, to orientate
Orientierung *f* orientation
Orientierungsmessung *f* survey-grade measurement, survey
~ **vor Ort** field survey
Orientierungsverfahren *n* survey method
Originalaufnahme *f* direct pick-up *(Schallplatte)*
Originalgröße/in full-sized
Originalsendung *f* live broadcast, live transmission, live programme
Ort *m* position, location; locus *(Mathematik)* • **an ~ und Stelle** in situ
~ **aller Punkte** locus of points
~ **des Materialfehlers** flaw location
orten to locate, to localize
orthogonal orthogonal
Ortsbestimmung *f* localization, location
ortsfest stationary
Ortskurve *f* locus, locus diagram
~ **des Leitwertes** conductance locus
~ **des Widerstandes** resistance locus
Ortskurvendiagramm *n* locus diagram
Ortung *f* localization, location finding, location
~**/akustische** sound direction finding
~ **nach Gehör** auditory localization
Ortungsgerät *n* locator, location (position, direction) finder
~**/akustisches** acoustic (aural) detector, acoustic (auditory) location finder
Oszillation *f* oscillation
Oszillator *m* oscillator
~**/durchstimmbarer** variable-frequency oscillator
~**/spannungsgesteuerter** voltage-controlled oscillator, VCO
oszillieren to oscillate
Oszillogramm *n* oscillogram
Oszillograph *m* oscillograph
Oszillographenröhre *f* cathode-ray tube, oscillograph tube, CRT
Oszilloskop *n* oscilloscope
Otologe *m* otologist, aurist
Otologie *f* otology
otologisch otologic[al]
Otosklerose *f* otosclerosis

P

Paarvergleich *m* pair comparison test
Paneel *n* panel
Panoramapotentiometer *n* panoramic potentiometer, panpot
Panoramasteller *m* panoramic potentiometer, panpot
Papier *n***/wachsbeschichtetes** waxed paper, wax-coated paper *(Pegelschreiber)*
Papierantrieb *m* paper drive
Papierbreite *f* chart [paper] width
Papiergeschwindigkeit *f* paper [feed] speed, chart speed
Papierstreifen *m* paper strip, chart
Papiertransport *m* paper transport
Papiertransportgeschwindigkeit *f* paper [feed] speed, chart speed
Papiervorschub *m* paper transport, paper feed
Parabel *f* parabola, parabolic curve

Parabolspiegel *m* parabolic reflector, paraboloid mirror (reflector)
Parallelbewegung *f* parallel motion
Parallelfilter *n* parallel filter
Parallelfilterverfahren *n* parallel-filter method
parallelgeschaltet parallel-connected
Parallelinterface *n* parallel interface
Parallelresonanz *f* parallel resonance, antiresonance, anti-resonance
parallelschalten to connect in parallel, to parallel, to shunt
Parallelschaltung *f* parallel (shunt) connection, shunting, parallel[l]ing
Parallelschnittstelle *f* parallel interface
Parameter *m*/**komplexer** complex parameter
~/**konzentrierter** lumped parameter
Parametersatz *m* parameter set-up
Parkett *n* stalls *pl (Theater)*
Partialdruck *m* partial pressure
Partialschwingung *f* partial oscillation, partial vibration
Partialton *m* partial tone, partial
Partie *f* part *(Rolle)*
partiell partial
Partikel *n* particle
passen an to interface with, to communicate with
passend compatible
passieren to pass
Passivsonar *n* passive sonar
Pauke *f* kettledrum
Paukenhöhle *f* tympanic cavity
Paukenschlegel *m* drumstick, stick
Pause *f* off time, off period, pause; rest *(Musik)*
~/**ganze** semibreve rest
~/**halbe** minim rest
Pausendauer *f* off time, off period
Pausensetzen *n*/**automatisches** auto space
~/**nachträgliches** post-fading
Pausentaste *f* pause button
Pausenzeichen *n* interval signal, station break signal, station identification
PDM *s.* Pulsdauermodulation
Pedal *n* pedal; pedals *pl (Orgel)*
~ **für die Verschiebung** soft pedal *(Klavier)*
~/**linkes** soft pedal *(Klavier)*
Pedalklaviatur *f* pedal keyboard, pedalboard
Pegel *m* level
~ **am Ausgang** output level
~ **bei abgeschlossenem Ausgang** terminated level
~ **der Lärmexposition** noise exposure level
~ **der Spektraldichte** spectrum level, density level
~ **der Wechselkraft** alternating force level, force level
~ **des Dauersignals** sustain level *(Synthesizer)*
~ **des Hallfeldes** reverberant sound level
~ **des Hintergrundlärms** background noise level
~ **des Impedanzverhältnisses** impedance level
~ **des Mittelwertes** average level
~/**energetisch gemittelter** power average level
~ **im eingeschwungenen Zustand** sustain level *(Synthesizer)*
~ **im Frequenzband** band level
~ **im gesamten Frequenzbereich** all-pass level, overall level
~ **im linken Kanal** left-hand volume
~ **im rechten Kanal** right-hand volume
~/**mittlerer** average level
~/**räumlich gemittelter** space average level
~/**relativer** relative level
~ **über der Normhörschwelle** hearing level
~ **über Hörschwelle** sensation level, level above threshold
~/**überschwelliger** sensation level, level above threshold
Pegelabnahme *f* **je Zeiteinheit** rate of decay
Pegelanalysator *m*/**statistischer** noise level analyzer
Pegeländerung *f* level change
Pegelanzeige *f* level indication
Pegelaufzeichnung *f* level record[ing], graphic level record[ing]
Pegelbereich *m* level range
~/**verarbeiteter** dynamic capability, dynamic span
Pegelbereichsschalter *m* level range switch
Pegelbildgerät *n* frequency-response tracer
Pegeldämpfung *f* volume loss
Pegeldiagramm *n* level diagram
Pegeldifferenz *f* level difference
~/**interaurale** interaural level difference
~ **zwischen beiden Ohren** interaural level difference, binaural level difference
Pegeleinstellung *f* level setting, level control, volume adjustment
Pegelhäufigkeitsanalyse *f* level distribution analysis, statistical [level] distribution analysis
Pegelklassiergerät *n* statistical distribution analyzer, statistical processor, noise level analyzer
Pegelklassierung *f* statistical [level] distribution analysis, level distribution analysis
Pegelkontrolle *f* level monitoring
Pegellinearität *f* level linearity
Pegelmesser *m*, **Pegelmeßgerät** *n* level indicator, level meter
Pegelmessung *f* level measurement
Pegelminderung *f* level reduction
~ **bei der Ausbreitung** propagation (transmission) loss
Pegelnennwert *m* nominal level
Pegelregelung *f* level control
~/**automatische** automatic level control
Pegelschreiber *m* [graphic] level recorder

Pegelschrieb *m* level record, [graphic] level record; record chart
Pegelspitzenwert *m* peak level
Pegelstatistikgerät *n* statistical distribution analyzer, statistical processor, noise level analyzer
Pegelüberwachung *f* level monitoring
Pegelumfang *m* dynamic range, DR
Pegelunterschied *m* **zwischen beiden Ohren** interaural level difference
Peilgerät *n* direction finder
~/akustisches acoustic direction finder
Peilrichtung *f* bearing
Peilung *f* direction finding
~/akustische acoustic direction finding
~ mit Horchgerät auditory direction finding
Peilwinkel *m* bearing
Pendelbeschleunigungsmesser *m* pendulous accelerometer
pendeln to swing [to and fro]; to oscillate
Pendelschwingung *f* pendulum motion (movement)
Pendelung *f* oscillation
Perceived Noise Level perceived noise level
Periode *f* period; cycle
~ der Grundwelle fundamental period
~/volle complete cycle
Periodendauer *f* period, cycle duration
~ der Grundwelle fundamental period
Periodendauermessung *f* period-duration measurement, period measurement
Perioden *fpl* **pro Minute** cycles per minute, cpm
periodisch periodic[al], recurrent; cyclic, cyclical
peripher peripheral
Peripherie *f* periphery
Permalloy *n* permalloy *(Magnetwerkstoff)*
permanentdynamisch permanent dynamic
Permanentmagnet *m* permanent magnet
Permeabilität *f* permeability
~/relative relative permeability
Permeabilitätszahl *f* relative permeability
Personenlärmdosimeter *n* personal sound exposure meter, personal noise dosimeter (dosemeter, exposure meter)
Personenlärmexposimeter *n* personal sound exposuremeter, personal noise dosimeter (dosemeter, exposure meter)
Personenrufanlage *f* paging system
Pfad *m* path
Pfeifabstand *m* singing margin, stability margin
Pfeife *f* pipe; whistle
pfeifen to whistle; to sing *(durch Rückkopplung)*; to pipe; to squeal *(Maus)*
Pfeifen *n* singing *(durch Rückkopplung)*
Pfeifenorgel *f* pipe organ
pfeiffrei free of singing
Pfeifgrenze *f* singing limit; stability limit
Pfeifneigung *f* tendency to sing, near-singing condition
Pfeifpunkt *m* singing limit, stability limit
Pfeifpunkteichung *f* feedback-type calibration
Pfeifsicherheit *f* singing stability
Pfeifsperre *f* singing suppressor
Pfeifton *m* singing tone, whistle; squealing
Phantomschaltung *f* phantom connection
Phantomspeisung *f* phantom powering
Phase *f* phase • **außer ~** out-of-phase, outphased, dephased, deplaced (shifted) in phase • **gleiche ~ haben** to be in phase • **ungleiche ~ haben** to differ in phase
phasenabgeglichen phase-matched
Phasenabgleich *m* phase matching
~/fehlerhafter phase mismatch
Phasenanzeiger *m* phase indicator
Phasendifferenz *f* phase difference
~ zwischen beiden Ohren interaural phase difference
phasenempfindlich phase-sensitive
Phasenfehler *m* phase error
Phasen[frequenz]gang *m* phase[-frequency] response
Phasengeschwindigkeit *f* phase speed, phase velocity, wave velocity
phasengleich in-phase, equiphase, equalphase, cophasal; phase-matched • **~ sein** to be in phase
Phasengleichheit *f* phase coincidence, synchronism of phase; phase match
Phasenindikator *m* phase indicator
Phasenkoeffizient *m* phase coefficient (constant)
Phasenkorrektur *f* phase correction
Phasenmodulation *f* phase modulation, PM
Phasenmodulator *m* **für Klangeffekte** phaser
phasenrein free from phase shift
phasenrichtig in-phase, equiphase, equalphase, cophasal
Phasenschieber *m* phase shifter (advancer, modifier)
Phasenspektrum *n* phase spectrum
Phasensprung *m* phase jump, sudden phase shift
phasenstarr phase-locked
Phasenumkehr *f* phase inversion, reversal of phase
Phasenumtastung *f* phase-shift keying, PSK
Phasenungleichheit *f* phase mismatch
Phasenunterschied *m* phase difference
~/interauraler interaural phase difference
~ zwischen beiden Ohren interaural phase difference
Phasenverschiebung *f* phase shift (displacement, difference), shift in phase; lag
~ um 90° phase quadrature, quadrature
90°-Phasenverschiebung *f s.* Phasenverschiebung um 90°

phasenverschoben out-of-phase, out-phased, dephased, deplaced (shifted) in phase
~/um 90° in quadrature, in quadrature phase
Phasenverzerrung *f* phase distortion
Phasenverzögerung *f* phase retardation (delay, lag)
Phasenvibratogenerator *m* phaser
Phasenvoreilung *f* phase advance, phase lead, leading of phase
Phasenwinkel *m* phase angle
phon phon *(Einheit des Lautstärkepegels)*
Phonem *n* phoneme
Phonetik *f* phonetics
phonetisch phonetic[al]
Phonmesser *m* phonometer *(veraltet)*
Phonoanlage *f* audio set-up
Phonobuchse *f* phono jack
Phonokardiogramm *n* phonocardiogram
Phonon *n* phonon, sound quantum
Phononwelle *f* phonon wave
Photozelle *f* photocell, photoelectric cell, photoemissive cell
Phrase *f* phrase
Piezoaufnehmer *m* piezoelectric pick-up; piezoelectric accelerometer
Piezoeffekt *m* piezoelectric effect
piezoelektrisch piezoelectric, piezo
Piezokeramik *f* piezoelectric ceramics, piezoceramics
Piezokristall *m* piezoelectric crystal
Piezomikrofon *n* piezoelectric microphone
piezoresistiv piezoresistive
Pikkoloflöte *f* piccolo
Pistolengriff *m* pistol grip
Pistonphon *n* pistonphone
plan plane, flat; smooth
planar planar
plärren to blare
plastisch plastic
Plastizität *f* plasticity
Platte *f* board, planel; slab; plate, sheet; record, platter *(sl)*, disk
~/schallabsorbierende (schallschluckende) acoustical tile, acoustical board
Plattenalbum *n* record album
Plattendrehzahl *f* disk speed
Plattengeräusch *n* record noise
Plattenrauschen *n* record noise
Plattenresonanz *f* panel resonance
Plattenrille *f* record groove
Plattenschwinger *m* **[/absorbierend wirkender]** panel absorber
Plattenspieler *m* record player, disk player, gramophone, phonograph
~ für Digitalschallplatten compact disk player, CD player
~ mit automatischer Endabschaltung auto-return turntable
~ ohne Verstärker turntable
Plattenspielermotor *m* phonograph (gramophone, turntable) motor
Plattenspielerzusatz *m* gramophone attachment
Plattenteller *m* record turntable, phonograph turntable, turntable
Plattentellerauflage *f* record support mat (pad), platter mat
Plattenwechsler *m* record changer, autochanger, auto-changer
Playback *n* playback
Playback-Verfahren *n* playback method
Plektrum *n* plectrum
Plenum *n* plenum
PN-Verteilung *f* pole-zero configuration
Podium *n* stand
Pol *m* pole
~ der Übertragungsfunktion transfer function pole
Polardiagramm *n* polar diagram, polar plotting, circular-chart diagram
Polardiagrammdarstellung *f* polar display
Polardiagrammpapier *n* polar paper
Polardiagrammschreiber *m* polar recorder, polar plotter, circular-chart recorder
Polarisation *f* polarization
Polarisierung *f* polarization
Polarität *f* polarity
Polaritätsprüfung *f* polarity check
Polarkoordinaten *fpl* polar coordinates
Polarkoordinatendarstellung *f* polar display
Polarkoordinatenpapier *n* polar paper
Pole *mpl***/ungleichnamige** opposite poles
Pol-Nullstellen-Verteilung *f* pole-zero configuration, location of poles and zeros
Polpaar *n* pole pair, pair of poles
Polschuh *m* pole piece, pole shoe
Polster *n* pad, cushion
polstern to cushion
Polung *f* polarity
Polwechsel *m* alternation
polyphon polyphonic
Polyphonie *f* polyphony
Pore *f* pore, void
porenfrei pore-free, non-porous
Porengröße *f* pore size
porig pored
porös porous
Porosität *f* porosity
Posaune *f* trombone
Position *f* position
Positionsmarke *f* cursor
Postprocessing *n* post-processing
Potential *n* potential
~/evoziertes evoked potential
Potentialdifferenz *f* potential difference
Potentialfeld *n* potential field, scalar potential field
potentiell potential *(Energie)*

Potentiometer *n* potentiometer
~/logarithmisches logarithmically wound potentiometer
Potentiometereinstellung *f* potentiometer setting
Potenz *f* power *(Mathematik)*
Potenzfilter *n* Butterworth filter
Potenzgesetz *n* power law
potenzieren to raise to a power
Prasselgeräusch *n* crackle; granular noise
prasseln to crackle
Prasseln *n* crackle
Präzision *f* precision
Präzisionsimpulsschallpegelmesser *m* precision impulse (pulse) sound level meter
Präzisionsklasse *f* precision grade, grade of precision
Präzisionsschallpegelmesser *m* precision sound level meter
Präzisionsverfahren *n* precision method
Preemphasis *f* pre-emphasis
Prellbock *m* bumper
prellen to chatter *(Kontakte)*
pressen to press
Preßlufthammer *m* pneumatic hammer
Preßluftwerkzeug *n* pneumatic tool
Preßmatrize *f* pressing matrix
Pressung-Dehnung *f* companding
Primärkreis *m* primary circuit
Primärnormal *n* primary standard
Primärstandard *m* primary standard
Primärwicklung *f* **des Transformators** transformer primary, transformer primary winding
Prinzip *n*/**Huygenssches** Huygens principle
Prinzipal *n* principal *(Orgelregister)*
Probe *f* 1. sample; 2. rehearsal *(Theater)*; 3. test *(Versuch)*
Probelauf *m* test run
proben to rehearse
Produkt *n*/**inneres (skalares)** scalar product
~/vektorielles cross product, vector product
Programmablauf *m* continuity *(Rundfunk)*
Programmaterial *n* programme material
programmierbar programmable
Programmpaket *n* software package
Programmschaltzentrale *f* programme switching centre
Projektionswand *f* projection screen
Projektor *m* projector
projizieren to project
Proszenium *n* proscenium
Proszeniumsbogen *m* proscenium arch
Prozeß *m*/**stochastischer** stochastic process, random process
Prozessor *m* processing unit, processor
~ für die Nachverarbeitung secondary processor
Prüfablauf *m* test procedure
Prüfadapter *m* test adapter
Prüfattest *n* test certificate
Prüfbuchse *f* test jack
Prüfeinrichtung *f* testing equipment
prüfen to test, to check; to inspect; to screen
Prüfergebnis *n* test result
Prüffrequenz *f* test frequency
Prüfgenerator *m* test generator
Prüfhammer *m* **[für die Impulsanregung]** impact hammer
Prüfimpuls *m* test pulse
Prüfkabel *n* patch cord
Prüfkammer *f* test chamber
~/reflexionsfreie anechoic test chamber
~/schalltote anechoic test chamber
Prüfklinke *f* test jack
Prüfling test specimen (sample, item, object), specimen under test
Prüfmethode *f* test (testing) method, method of testing, testing technique
Prüfobjekt *n* test object (item, sample, specimen)
Prüfpegel *m* test level
Prüfprogramm *n* test routine
Prüfreiz *m* test stimulus
Prüfschallplatte *f* test record
Prüfschallquelle *f* reference noise generator, acoustic calibrator, sound level calibrator
~/geeichte reference noise generator
~/kalibrierte reference noise generator
Prüfschaltung *f* test circuit
Prüfschärfe *f* severity
Prüfschein *m* test certificate
Prüfschnur *f* patch cord
Prüfsignal *n* test signal
Prüfsonde *f* test probe
Prüfton *m* test tone
Prüfumgebung *f* test environment, test surrounding[s]
Prüfung *f* test; verification
~ auf Umgebungseinflüsse environmental test
~ der Einhaltung der Leistungsparameter performance test
~ der Festigkeit gegen äußere Einflüsse endurance test
~ der Geräuschentwicklung noise test, noise emission test
~ der Lärmemission noise test, noise emission test
~ der Widerstandsfähigkeit gegen äußere Einflüsse endurance test
~/zeitgeraffte accelerated testing
Prüfverfahren *n* test (testing) method, method of testing, testing technique, test procedure
Prüfvorrichtung *f* testing equipment
Prüfvorschrift *f* test code (instruction, specification)
Pseudostereophonie *f* pseudo stereo
pseudozufällig pseudorandom
Pseudozufallsrauschen *n* pseudorandom noise

Psophometer *n* psophometer
psophometrisch psophometric
Psychoakustik *f* psychoacoustics, psychological acoustics
Publikum *n* audience, auditory
Puffer *n* 1. pad, cushion; bumper; 2. buffer *(Speicher)*
puffern to buffer
Pufferspeicher *m* temporary store (memory)
Puls *m* pulse; pulse train, pulse sequence, pulse repetition, succession of pulses (impulses)
Pulsbreitenmodulation *f*, **Pulsdauermodulation** *f* pulse-duration modulation, PDM
Pulsfolge *f* pulse train, pulse sequence, pulse repetition, succession of pulses (impulses)
Puls[folge]frequenz *f* pulse repetition frequency (rate), pulse [recurrence] frequency, pulse rate
Pulskodemodulation *f* pulse-code modulation, PCM
Pulslängenmodulation *f* pulse-duration modulation, PDM
Pumpventil *n* piston valve
Punktmasse *f* point mass, lumped mass
Punktmessung *f* point measurement
Punktquelle *f* point source (emitter), monopole source
Punktschallquelle *f* simple sound source, point sound source
Punktstrahler *m* point source (emitter), monopole source
Puppe *f*/**menschliche** manikin, dummy
Putz *m*/**schallabsorbierender** acoustic plaster

Q

Quadratur *f* quadrature
Quadratwurzel *f* square root
quadrieren to square
Quadrierer *m* squarer
Quadrierschaltung *f* squaring circuit
Quadrierung *f* squaring
quadrophon quadrophonic, quadraphonic
Quadrophonie *f* quadrophony, quadraphony
Qualitätsverbesserung *f* **einer Bandaufzeichnung/nachträgliche** tape scrubbing *(sl)*
quanteln to quantize
Quantelung *f* quantization
quantisieren to quantize
Quantisierung *f* quantization
~ **des Zeitmaßstabs** time quantization
Quantisierungsfehler *m* quantizing error
Quantisierungsrauschen *n* quantization noise
Quantisierungsverzerrung *f* quantization distortion
Quarz *m* quartz, quartz crystal, crystal
quarzbeschichtet quartz-coated
Quarzfilter *n* quartz filter, crystal filter
Quarzfrequenz *f* crystal frequency
quarzgesteuert crystal-controlled
quasianalog quasi-analogue
Quasianaloganzeige *f* incremental display, dot indicator
Quasieffektivwertgleichrichter *m* quasi-r.m.s detector (rectifier)
Quasispitzenwert *m* quasi-peak value
Quelldichte *f* source density, density of source distribution
Quelle *f* source
~ **erster Ordnung** dipole source
~ **mit Dipolcharakter** dipole source
~ **nullter Ordnung** monopole source
~ **zweiter Ordnung** quadrupole source
Quellenart *f* type of source
Quellendichte *f* source density, density of source distribution
quellenfrei source-free
Quellenimpedanz *f* source impedance
Quellenkodierung *f* source coding; vocal tract simulation
Quellenort *m* source location
Quellenortung *f* source location
Quellenwiderstand *m* source impedance
Queraufzeichnung *f*/**magnetische** perpendicular magnetization, transverse magnetization
Querempfindlichkeit *f* transverse[-axis] sensitivity, cross[-axis] sensitivity
Querfeld *n* transverse field, cross field
Querflöte *f* transverse flute, German flute
Querglied *n* shunt arm
Querkomponente *f* transverse component, cross-component
Quermagnetisierung *f* perpendicular magnetization, transverse magnetization
Querresonanz *f* transverse resonance
Querrichtungsfaktor *m* transverse sensitivity ratio
Querschnittsänderung *f* cross-sectonal variation
Querschwingung *f* transverse vibration, transversal vibration
Querspur *f* transverse track
Querspuraufzeichnung *f* transverse track recording
Querwelle *f* transverse wave, transveral wave
Querzweig *m* shunt arm
quietschen to squeal
Quietschen *n* squealing

R

Rachenhöhle *f* pharynx
Rachenraum *m* pharynx
Radialbeschleunigung *f* radial acceleration
Radialgebläse *n* centrifugal blower (fan)
Radiallüfter *m* centrifugal blower (fan)

Radio *n* radio
Radiohörer *m* listener-in
Radiohörerin *f* listener-in
Radiokassettenrecorder *m* casseiver
Radio-Phono-Gerät *n* radiogramophone
RAM-Karte *f* RAM card
Rampe *f* ramp
Rampenfunktion *f* ramp function
Rand *m* edge, border; margin; boundary
Randbedingung *f* boundary condition
Randdämpfung *f* edge damping
Randfeld *n* boundary field, fringing field
Randschicht *f* boundary layer
Randspur *f* marginal track, edge track
Rang *m* circle, balcony *(Theater)*; rank *(Stufe)*
rangieren to rank *(Reihenfolge)*
rasseln to rattle
Raster *m* grid, graticule
rauh rough
Rauheit *f*, **Rauhigkeit** *f* roughness
Raum *m* space; room, chamber
~/akustisch trockener [acoustically] dead room, anechoic room
~/halliger [acoustically] live room
~/reflexionsarmer [acoustically] dead room, anechoic room
~/reflexionsfreier anechoic room (chamber), free-field room
~/schallisolierter soundproof chamber
~/schalltoter anechoic room (chamber), free-field room
~/trockener [acoustically] dead room, anechoic room
Raumabsorptionsfläche *f* **[/äquivalente]** room absorption, Sabine absorption (area, absorption area), Sabine equivalent absorption [area]
Raumakustik *f* architectural acoustics, room acoustics
~/geometrische geometric acoustics
Raumeigenschaften *fpl***/akustische** acoustic properties [of a room]; acoustics
Raumeindruck *m* spatial (space) impression; envelopment
Raumempfindung *f* space perception
Raumgeräusch *n* room noise
Raumkoordinate *f* space (spatial) coordinate
Räumlichkeit *f***/akustische** auditory perspective, auditory ambiance, ambiance, apparent sound width
~/empfundene apparent sound width, spaciousness
Räumlichkeitsempfindung *f* spaciousness
Raumresonanz *f* room resonance
Raumrichtung/in einer monoaxial
Raumrichtungen/in drei triaxial
Raumschall *m* surround sound
Raumton *m* stereo[phonic] sound
Raumtoneffekt *m* stereophonic sound effect; binaural effect
Raumtonwirkung *f* stereophonic sound effect; binaural effect
Raumwirkung *f***[/akustische]** auditory perspective, auditory ambiance, ambiance; stereo effect; binaural effect; spatial effect
Rauschabstand *m* signal-to-noise ratio, SNR
Rauschamplitude *f* noise amplitude
Rauschanregung *f* random noise excitation
Rauschanteil *m* noise component
rauscharm low-noise, LN
~ mit hohem Ausgangspegel low noise high output, LH
~ mit hoher Aussteuerbarkeit low noise high output, LH
Rauschbandbreite *f* noise bandwidth
Rauschbegrenzer *m***/dynamischer** dynamic noise limiter, DNL
Rauschen *n* random noise, noise
~ durch Abbruchfehler truncation noise
~ durch Rundungsfehler round-off noise
~/Gaußsches Gaussian noise
~ mit kontinuierlichem Spektrum continuous spectrum noise
~/rosa pink noise
~/stochastisches random noise
~/thermisches resistance noise, thermal noise (agitation noise)
~/weißes white noise
Rauscherzeugung *f* noise generation
Rauschfaktor *m* noise factor, noise figure
Rauschfilter *n* noise filter
rauschfrei noiseless, noise-free
Rauschfreiheit *f* absence of noise, freedom from noise
Rauschgenerator *m* [random] noise generator
rauschgemindert noise-reduced
Rauschhintergrund *m* noise background, noise floor
Rauschimpuls *m* noise pulse, noise burst
rauschkompensiert noise-compensated
Rauschkomponente *f* noise component
Rauschleistung *f* noise output (power)
Rauschmessung *f* noise measurement
Rauschminderung *f* noise reduction
~/dynamische dynamic noise reduction, DNR
~ im Hörfrequenzbereich audio noise reduction, ANR
Rauschminderungssystem *n***/automatisches** automatic noise reduction system, ANRS
Rauschminimum *n* noise minimum
Rauschpegel *m* noise level
Rauschquelle *f* source of noise, noise source
Rauschsignal *n* noise signal
Rauschspannung *f* noise-level voltage, noise voltage
Rauschspektrum *n* noise spectrum
rauschunterdrückend anti-noise
Rauschunterdrückung *f* noise cancellation (suppression, rejection)

~/dynamische dynamic noise suppression, DNS
Rauschzahl *f* noise factor, noise figure
Räuspertaste *f* mute switch, muting switch
Rayl *n* rayl *(Einheit der spezifischen Schallimpedanz)*
Rayleigh-Scheibe *f* Rayleigh disk
Rayleigh-Welle *f* Rayleigh wave
RC-Brücke *f* RC bridge, resistance-capacitance bridge
RC-Filter *n* RC filter, resistance-capacitance filter
~/aktives RC active filter
RC-gekoppelt RC-coupled, resistance-capacitance coupled
RC-Glied *n* RC element, resistance-capacitance element
RC-Oszillator *m* RC oscillator, resistance-capacitance oscillator
RC-Schaltung *f* RC circuit, resistance-capacitance circuit, RC network
RC-Verstärker *m* RC amplifier, resistance-capacitance coupled amplifier
R-DAT rotary head DAT, R-DAT, rotary head digital audio tape
reagieren to react, to respond
Reaktanz *f* reactance
~/akustische acoustic reactance
~/spezifische akustische specific acoustic reactance
Reaktion *f* reaction, response
~ **der Bevölkerung** community response, community reaction
~ **des Menschen** human response
Reaktionszeit *f* response time
reaktiv reactive
Reaktivität *f* reactivity
Reaktivitätsindex *m* pressure-intensity index, reactivity index, phase index
Realteil *m* real part
~ **der Admittanz** conductance
~ **der Impedanz** resistance
~ **der mechanischen Impedanz** mechanical resistance
~ **des akustischen Mitgangs** acoustic conductance
~ **des spezifischen Standwertes** unit-area acoustic resistance
Rechner *m* **für die Nachverarbeitung** secondary processor
Rechteckfenster *n* rectangular window
Rechteckimpuls *m* square pulse, rectangular pulse, rectangular impulse
Rechtecksignal *n* square signal
Rechteckwelle *f* square wave, rectangular wave
rechtwinklig orthogonal, right-angled
Recorder *m* recorder
reden to speak, to talk
Redewendung *f* phrase
Redner *m* talker, speaker
redundant redundant
Redundanz *f* redundancy, redundance
Referenzaufnehmer *m* reference pick-up; reference accelerometer
Referenzbeschleunigungsaufnehmer *m* reference accelerometer
Referenzsignal *n* reference signal
reflektieren to reflect, to reverberate
reflektierend reflecting, reverberatory
reflektiert/mehrfach multiply reflected
~ **werden** to reverberate
Reflektogramm *n* reflectogram, echo pattern
Reflektor *m* reflector, reverberator
Reflex *m*/**akustischer** acoustical (aural, intra-aural) reflex, middle-ear muscle reflex
Reflexion *f* reflection
~/diffuse diffuse reflection
~/frühe early reflection
~/gerichtete regular reflection
~/spiegelnde regular reflection
~/zeitige early reflection
reflexionsarm anechoic, dead, acoustically dead (inert, inactive) *(für Schall)*
Reflexionsfaktor *m* reflection (reflecting) factor
Reflexionsfläche *f* reflecting surface
reflexionsfrei non-reflecting; anechoic, dead, acoustically dead (inert, inactive) *(für Schall)*
~ **mit reflektierender Grundfläche** semi-anechoic, semianechoic
Reflexionsgrad *m* reflection factor, reflecting factor, reflection coefficient
Reflexionskoeffizient *m* reflection factor, reflecting factor
Reflexionsschallfeld *n* secondary sound field
Reflexionsverfahren *n* reflection technique, double traverse technique, signal bounce technique
Reflexionsvermögen *n* reflectivity, reflecting (reflective) power
Reflexionswinkel *m* angle of reflection
Reflexionswirkung *f* reflecting effect
Refraktion *f* refraction
Regallautsprecher *m* bookshelf loudspeaker
Regelabweichung *f* control deviation, control (controlling) error, regulation error
regelbar controllable; adjustable, settable
Regelbereich *m* control range, range of control
Regeleingang *m* compressor input
Regeleinrichtung *f* regulator, control device
Regelgenerator *m* **für Schwingtischansteuerung** exciter control, vibration exciter control
~ **für Schwingungsprüfung** exciter control, vibration exciter control
Regelgerät *n* controller
Regelgeschwindigkeit *f* control rate; compressor speed
Regelkennlinie *f* control characteristic

Regelkreis *m* [closed-loop] control system, control loop, feedback control system, loop, feedback loop
~/geschlossener closed loop
~/offener open loop, opened loop
Regellosigkeit *f* irregularity
Regelmikrofon *n* control (regulation) microphone
regeln to control; to regulate
Regelschaltung *f* control circuit; compressor circuit
Regelschleife *f* control loop; compressor loop
~ zur Pegelregelung compressor loop
Regelsignal *n* control signal
Regelspannung *f* control voltage
Regelung *f* control; regulation
Regelungssystem *n* control system
Regelverstärker *m* automatic gain-control amplifier, AGC amplifier, regulating amplifier, regulation amplifier, compressor
Regelvorgang *m* control action
Regenkappe *f* rain cover
Regenschutz *m* rain guard (shield)
Regieeinrichtung *f* cueing device
Regiefenster *n* control-room window
Regiepult *n* control desk, studio control desk, monitoring desk
Regieraum *m* control room
Regiesignal *n* cue
Regiespur *f* cue track
Regiezentrale *f* master (central) control room
Register *n* 1. stop *(Orgel)*; 2. register *(Tonbereich)*
~/gedacktes covered stop
Registerzug *m* stop
registrieren 1. to record *(aufzeichnen)*; 2. to stop *(Orgel)*
Registriereinrichtung *f* recording device
Registriergerät *n* recorder, recording device, recording instrument
~/graphisches graphic recorder
Registrierpapier *n* recording paper, [recording] chart paper
Registrierstift *m* recording pen, pen, plotting pen
Registrierstreifen *m* chart, record chart, strip chart
Registrierung *f* recording; record
Regler *m* controller, regulator; control; fader
Reglereinstellung *f* control setting
regulieren to regulate, to control
Regulierung *f* regulation, control
Reibkupplung *f* friction clutch
Reibradantrieb *m* friction drive
Reibung *f* friction
~/gleitende sliding friction, slip friction
~/hydraulische hydraulic friction, fluid friction
~/statische static friction, resting friction, friction at rest
~/trockene dry friction, solid friction
Reibungsbeiwert *m* friction coefficient, friction factor
Reibungskoeffizient *m* friction coefficient (factor)
Reibungskraft *f* friction[al] force
Reibungsverlust *m* friction loss
Reichweite *f***/kritische** cross-over range *(Sonar)*
Reifenquietschen *n* tire squeal
Reihe *f* series; progression *(Mathematik)*; sequence; row • **in einer ~ liegend** in-line; sequential • **in ~** in series
~/harmonische harmonic series
reihengeschaltet series-connected, serially connected
Reihenresonanz *f* series resonance
Reihenschaltung *f* series connection; cascade connection, cascade
Reineisenband *n* metal[-alloy] tape
Reinheit *f***/spektrale** spectral purity
Reinigungskassette *f* head cleaner (cleaning) cassette
Reintonaudiogramm *n* pure-ton audiogram
Reintonaudiometer *n* pure-tone audiometer
Reiz *m* stimulus
~/akustischer sound (acoustic) stimulus
~/impulsartiger pulsed stimulus
Reizdarbietung *f* stimulus presentation
Reizpegel *m* stimulus level
Reizung *f* stimulation
Rekorder *m s.* Recorder
Rekruitment *n* recruitment
Relativgeschwindigkeit *f* relative velocity
remanent remanent
Remanenz *f* remanence
~/magnetische magnetic remanence
Repetierbetrieb *m* repeat chart mode [of operation] *(Pegelschreiber)*
Reproduktion *f* reproduction
Reproduzierbarkeit *f* reproducibility, repeatability
reproduzieren to reproduce
Reserve/in at standby, standing by
Reservegerät *n* standby [unit]
Resistanz *f***/akustische** acoustic resistance
~/spezifische akustische specific acoustic resistance
Resonanz *f* resonance • **außerhalb der ~** off-resonance • **bei ~** at resonance • **in ~ befindlich** resonant • **in ~ geraten [sein]** to resonate
~ der Grundstruktur structural resonance
~ des Baukörpers structural resonance
~ im eingebauten Zustand mounted resonance
~/unerwünschte spurious resonance
Resonanzabsorber *m* resonance absorber, resonance-type absorber
Resonanzansauggeräuschdämpfer *m* resonator intake silencer

Resonanzbedingung *f* resonance condition, resonant condition
Resonanzboden *m* sound board, sounding board
Resonanzeinbruch *m* anti-resonance
Resonanzfrequenz *f* resonance (resonant) frequency
~ **im eingebauten Zustand** mounted resonance frequency
Resonanzgüte *f* bandwidth quotient, figure of merit, quality factor, q factor, resonance ratio
Resonanzkörper *m* sound box
Resonanzkreis *m* resonance (resonant, resonating, tuned) circuit
Resonanzkreisfrequenz *f* angular resonance frequency
Resonanzkurve *f* resonance curve, resonant curve
Resonanzmaximum *n* resonance peak
Resonanznähe *f* vicinity of resonance
Resonanzpunkt *m* resonance point, point of resonance
Resonanzschalldämpfer *m* reactive silencer, resonant-absorption silencer
Resonanzschärfe *f* sharpness of resonance
Resonanzschwingung *f* resonance (resonant) vibration, covibration
Resonanzschwingungsmode *f* resonance mode, resonant mode
Resonanzschwingungstyp *m* resonance mode, resonant mode
Resonanzspitze *f* resonance peak
Resonanzstelle *f* resonance point, point of resonance
Resonanzüberhöhung *f* resonant rise, resonant magnification; quality factor, q factor, figure of merit, resonance ratio
Resonanzverfahren *n* resonance technique
Resonanzverweilzusatz *m* resonance dwell unit
Resonanzwandler *m* resonance transducer
Resonator *m* resonator
~/**schwach gedämpfter** persistent resonator
Resonatorhohlraum *m* resonator (resonant) cavity, resonance chamber
Restbrumm *m* residual hum
Resthörvermögen *n* residual hearing
Restintensität *f* residual intensity
Restwelligkeit *f* residual ripple
Reziprozitätseichgerät *n* reciprocity calibrator
~ **für Mikrofone** microphone reciprocity calibrator
Reziprozitätseichung *f* reciprocity calibration
Reziprozitätseichverfahren *n* reciprocity calibration method, reciprocity method of calibration
Reziprozitätsgesetz *n* reciprocity principle
Reziprozitätskalibrator *m* **für Mikrofone** microphone reciprocity calibrator
Reziprozitätskalibriergerät *n* reciprocity calibrator
Reziprozitätskalibrierung *f* reciprocity calibration
Reziprozitätskalibrierverfahren *n* reciprocity calibration method, reciprocity method of calibration
Reziprozitätsparameter *m* reciprocity coefficient
Reziprozitätsprinzip *n* reciprocity principle
Reziprozitätssatz *m* reciprocity (reciprocal) theorem
Reziprozitätsverfahren *n* reciprocity method
Rhino-Laryngostroboskop *n* rhino-larynx stroboscope
rhythmisch rhythmic, rhythmical
Rhythmus *m* rhythm
Rhythmuscomputer *m* drum computer
Rhythmusgruppe *f* rhythm section *(Band)*
Richtcharakteristik *f* directional pattern, directional (directivity) characteristic, directional (directivity) diagram, polar response (pattern), radiation pattern (diagram)
~/**achtförmige** bidirectional (bilateral) characteristic
~ **der Sonardomdämmung** sonar dome loss directivity pattern
Richtdiagramm *n s.* Richtcharakteristik
~ **in polarer Darstellung** polar pattern, polar radiation pattern
richten to direct
Richtentfernung *f* diffuse-field distance *(gerichteter Strahler)*
Richtfaktor *m* angular deviation loss
Richtfunkstrecke *f* radio link
Richtfunkverbindung *f* radio link
Richtmikrofon *n* directional (unidirectional) microphone
~/**scharf bündelndes** narrow acceptance-angle microphone
Richtung *f*:
• **in negativer** ~ negative-going • **in positiver** ~ positive-going
Richtungseindruck *m* directional impression
Richtungsfaktor *m* angular deviation loss
richtungsgetreu truely directional
Richtungshören *n* directional hearing
richtungsunabhängig omnidirectional, non-directional, undirectional; isotropic
Richtungswahrnehmung *f* directional perception
Richtungswinkel *m* **in der Horizontalebene** azimuth angle
Richtwirkung *f* directivity, directional effect
Riemen *m* belt, strap
Riemenantrieb *m* belt drive, strap drive
Riemenscheibe *f* pulley
Riementrieb *m* belt drive, strap drive
Rille *f* groove

Rillenabstand *m* groove spacing
Rillenbreite *f* groove width
Rillenform *f* groove shape
Rillenoberfläche *f* groove face
Rillenquerschnittsform *f* groove shape
Rillenwand *f* groove wall
Ringkern *m* ring core
Ringkopf *m* ring head
Ringmagnet *m* ring magnet
Ringmessung *f* round-robin test
~ **zwischen Laboratorien** interlaboratory comparison
Riß *m* crack; flaw
Rochellesalz *n* Rochelle salt
Rohband *n* raw tape, virgin tape, virginal tape
Rohdaten *pl* raw data
Rohr *n* 1. pipe, tube; conduit; duct; 2. reed
~ **für fortschreitende Wellen** progressive wave tube
~/Kundtsches standing wave tube (apparatus), Kundt's tube
Rohranfang *m* duct entrance
Rohrblatt *n* reed
Rohrblattinstrument *n* reed instrument
Röhre *f* duct, conduit; tube; valve
~/Eustachische Eustachian tube
Rohrleitung *f* conduit
Rolle *f* reel, pulley
rollen to roll
Rollenlager *n* roller bearing
Rollgeräusch *n* **auf der Straße** road noise
ROM-Karte *f* ROM card
Rosa-Filter *n* pink-noise filter
Rosa-Rauschen *n* pink noise
Rotation *f* rotation, revolution; curl *(Vektor)*
Rotationsachse *f* rotation axis
Rotationsebene *f* plane of rotation
Rotations-Richtungssendungssonar *n* RDT sonar, rotational directional transmission sonar
Rotationszentrum *n* centre of rotation (revolution)
rotatorisch rotational
rotieren to rotate, to revolve
~ **lassen** to revolve
rotierend rotary, rotating
Routine *f* routine
Ruck *m* jerk
ruckartig jerky
Rückbildung *f* recovery
Rückbildungsdauer *f* recovery period
Rückbildungsgeschwindigkeit *f* recovery rate
Rückbildungsvorgang *m* recovery process
Rückbildungszeit *f* recovery time
Rücken-an-Rücken-Kalibrierung *f* back-to-back calibration
Rückfaltung *f* aliasing
Rückflanke *f* trailing edge, tail *(Impuls)*
ruckfrei jerk-free
Rückführung *f* feedback
Rückholfeder *f* return spring
Rückhören *n* sidetone *(Telefon)*
Rückkehrzeit *f* return time
rückkoppeln to feeback
Rückkopplung *f* feedback
~/akustische acoustic feedback, acoustic breakthrough, audio feedback
~ **durch Mikrofonie/akustische** acoustic breakthrough
~/negative negative feedback, degenerative feedback, inverse (reversed) feedback
~/positive positive (regenerative) feedback, feedforward
~/verzögerte akustische delayed auditory feedback, DAF
Rückkopplungsschleife *f* feedback loop
Rückkopplungssicherheit *f* singing stability
Rückkopplungssperre *f* singing suppressor
Rückkopplungsweg *m* singing path
Rücklauf *m* return of motion; rewind, rewinding, reverse run, reverse running, run-back *(Band)*
~/schneller fast reverse, fast rewind
Rücklaufgeschwindigkeit *f* rewind speed
rückläufig backward-travelling
Rücklauftaste *f* fast reverse (rewind) button, rewind button, rewind[ing] key
Rücklaufzeit *f* 1. return time, 2. rewind time *(Band)*
Rückmeldung *f* reply, response; feedback
Rückprall *m* bounce, rebound
Rückschluß *m***/magnetischer** yoke
Rückspiegelung *f* aliasing
Rückspielautomatik *f* auto replay
Rücksprechmikrofon *n* interference microphone
rückspulen to rewind
Rückspulen *n* rewind, rewinding
~/automatisches auto rewind
Rückspulgeschwindigkeit *f* rewind speed
Rückspulmotor *m* rewind motor
Rückspultaste *f* fast reverse (rewind) button, rewind[ing] key, rewind button
Rückspulzeit *f* rewind time
rückstellen to reset
Rückstellkraft *f* restoring force
Rückstellung *f* reset, resetting
Rückstoß *m* repulsion, rebound
Rückstrahlfläche *f* reflecting surface
Rückstrahlung *f* reflection; reradiation
rückstreuen to scatter back, to backscatter
Rückstreufaktor *m* backscattering coefficient
Rückstreumaß *n* backscattering differential, backscattering strength
Rückstreuobjekt *n* backscatterer
Rückstreuquerschnitt *m* backscattering cross section
Rückstreustärke *f* backscattering strength

Rückstreuung *f* backscattering
Rücktransformation *f* inverse transform[ation], retransformation
rücktransformieren to retransform
Rücktransformierte *f* inverse transform
Rückverdeckung *f* backward masking
Rückwand *f* rear panel *(Gerät)*
Rückwandecho *n* back-face reflection
ruckweise jerky
Rückwickeln *n* rewind, rewinding
Rückwickelspule *f* rewind spool
Rückwurf *m* reflection
~ **von der Wand** wall reflection
Rufanlage *f* personnel calling system, paging system, Tannoy
Rufzeichen *n* call sign
Ruhe *f* rest; silence; quietness, noiselessness • **in** ~ at rest
Ruhehörschwelle *f* resting threshold
ruhend at rest
Ruhereibung *f* static (resting) friction, friction at rest
Ruhezustand *m* state of rest
ruhig silent, quiet, noiseless
Rumpelfilter *n* rumble filter, subsonic filter
Rumpelgeräusch *n* rumble noise
rumpeln to rumble
Rumpeln *n* rumble
Rumpf *m* torso, human trunk
Rundfunk *m* radio; [radio] broadcasting
Rundfunkeingang *m* broadcast[-frequency] input *(Tonbandgerät)*
Rundfunkempfänger *m* radio receiver, radio set, receiving set, broadcast receiver, radio
Rundfunkgerät *n* radio receiver, radio set, broadcast receiver, radio
~ **mit Kassettenteil** casseiver
Rundfunkhörer *m* radio (broadcast) listener, listener
Rundfunkhörerin *f* radio (broadcast) listener, listener-in
Rundfunkleitung *f* broadcasting wire, programme line, programme circuit, music circuit, radio (broadcast) transmission cable
Rundfunkprogramm *n* radio programme
Rundfunksender *m* radio station; radio (broadcasting) transmitter, sender
Rundfunksendung *f* broadcasting, radio broadcasting, radio transmission; broadcast, radio program
Runfunkstation *f* radio station, broadcasting station
Rundfunkschaltstelle *f* programme switching centre
Rundfunkstudio *n* broadcast (radio) studio
Rundfunkübertragung *f* broadcasting, radio broadcasting, radio transmission
Rundfunkübertragungsleitung *f* broadcasting wire, programme line, programme circuit, music circuit, radio (broadcast) transmission cable
Rundumschall *m* surround sound
Rundungsfehler *m* round-off error, rounding error
Rutschen *n* slip
Rutschkupplung *f* slip-friction clutch, slipping clutch
Rüttelbewegung *f* shaking motion
rüttelfest vibration resistant
Rütteltisch *m* vibration (vibratory) table

S

S S, slow *(Zeitbewertung)*
Saal *m* hall, auditorium
Saalgeräusch *n* hall (auditorium, crowd, room) noise
Sabin sabin *(Einheit der äquivalenten Schallabsortionfläche)*
Sägezahn *m* sawtooth
sägezahnförmig saw-toothed, sawtooth-shaped
Sägezahngenerator *m* sawtooth generator; ramp generator
Sägezahnimpuls *m* sawtooth pulse
~ **mit abfallender Flanke** initial peak sawtooth pulse
~ **mit ansteigender Flanke** terminal (final) peak sawtooth pulse
Sägezahnschwingung *f* sawtooth oscillation, sawtooth wave
Sägezahnsignal *n* sawtooth signal
Sägezahnspannung *f* sawtooth voltage; ramp voltage
Saite *f* string, cord
~/leere open string
~/mitschwingende sympathetic chord
Saitenhalter *m* tailpiece
Saiteninstrument *n* stringed instrument, chordophone
~/resonanzkörperloses solidbody
Saitenzugkraft *f* pull of the string
Sammelleitung *f*, **Sammelschiene** *f* bus
Sammlung *f* **gespeicherter Klänge** sound bank
Sampling *n* sampling
Sandwichkonstruktion *f* sandwich construction
Sandwichplatte *f* sandwich panel (board)
sanft soft, gentle
Sänger *m* singer; vocalist *(Jazz)*
Sängerin *f* singer; vocalist *(Jazz)*
Saphir *m* sapphire
Sättigung *f***/magnetische** magnetic saturation
Sättigungsfeldstärke *f* saturation field strength (intensity)
Sättigungsflußdichte *f* saturation flux density
Sättigungskennlinie *f* saturation curve (characteristic)

Sättigungsknick *m* saturation bend *(Magnetisierungskennlinie)*
Sättigungskurve *f* saturation curve (characteristic)
Sättigungszustand *m* saturation state, saturation
Satz *m* 1. sentence, 2. movement *(Musikstück)*, 3. set; kit
~ **an Befestigungselementen** mounting kit
~ **von Einstellwerten** set-up
Satzverständlichkeit *f* sentence articulation (intelligibility), phrase intelligibility, intelligibility of phrases
Sauglüfter *m* exhauster, exhaust fan, exhausting fan, exhaust blower
Säulendiagramm *n* histogram, bar graph
Savart *n* savart *(Frequenzintervall)*
Saxophon *n* saxophone
Saxophongruppe *f* saxes, red section *(Band)*
S-bewertet S-weighted
S-Bewertung *f* S-weighting
SC-Filter *n* switched-capacitor filter, SC filter
Schacht *m* duct, conduit
Schall *m* sound
~ **in Festkörpern** solid-borne sound, structure-borne sound
~ **in Flüssigkeit** liquid-borne sound, fluid-borne sound
~ **in Luft** airborne sound
~ **von Vorgängen im Bildausschnitt** on-screen sound
Schallabsorber *m* sound (acoustic) absorber
schallabsorbierend sound-absorptive, sound-absorbing, sound-absorbent
Schallabsorption *f* sound (acoustic) absorption
~/**molekulare** molecular sound (acoustic) absorption
Schallabsorptionsgrad *m* sound (sound power, acoustic) absorption coefficient, sound (acoustic) absorption factor, sound (acoustical) absorptivity
~ **für diffusen Schalleinfall** reverberant absorption coefficient, reverberant (reverberation) absorptivity
~ **für senkrechten Schalleinfall** normal-incidence acoustic absorptivity, normal-incidence absorption coefficient
~ **für statistischen Schalleinfall** statistical [sound] absorption coefficient
~/**statistischer** statistical [sound] absorption coefficient
Schallabsorptionsmaterial *n* sound-absorbing material, sound absorber, sound absorbant, sound-deadening material, acoustic-absorbing material
Schallabstrahlung *f* sound radiation, sound (acoustic) emission, AE, emission of sound; sound projection
Schalladmittanz *f* acoustic admittance
~/**spezifische** specific acoustic admittance
Schallanalysator *m* sound analyzer
Schallanregung *f* acoustic excitation
Schallaufnahme *f* record of sound, sound recording; sound reception
Schallaufnehmer *m* acoustic sensor, sound receiver
~/**magnetostriktiver** magnetostriction sound receiver
Schallaufzeichnung *f* record of sound, sound recording; sound record
~ **mit konstanter Amplitude** constant-amplitude recording
~ **mit konstanter Schnelle** constant velocity recording
~/**optische** optical (photographic) sound recording
Schallaufzeichnungsgerät *n* sound recorder
Schallausbreitung *f* sound propagation, propagation of sound
Schallausbreitungskoeffizient *m* sound propagation coefficient, [linear] exponent of sound propagation
Schallausbreitungskonstante *f* acoustical propagation constant
Schallauslöschung *f* sound cancellation
Schallausschlag *m* sound particle displacement
Schallbake *f* sound beacon
Schallbecher *m* bell
Schallbereich *m* sound range
schallbetätigt sound-operated, sound-actuated
Schallbeugung *f* sound (acoustic) diffraction
Schallbrechung *f* sound (acoustic) refraction
Schallbündel *n* sound (acoustic) beam
Schallbündelung *f* sound (acoustic) focussing, sound concentration
Schallbündelungsgrad *m* sound (acoustic) power concentration
Schalldämmaß *n* [sound] transmission loss, sound (acoustical) insulation
~/**bauübliches** sound reduction index, transmission loss
~/**bewertetes** airborne sound-insulation index
~ **einer Teilfläche** partial sound-reduction index
~ **eines Teilübertragungsweges** partial sound-reduction index
~/**mittleres** average transmission loss
Schalldämmaterial *n* acoustical insulation material, sound-insulation material, sound-deadening material
schalldämmend sound-insulating, soundproof, sound-proof, sound proofed, noise-excluding, anti-noise
Schalldämmklasse *f* sound transmission class, STC
Schalldämmstoff *m* acoustical insulation material, sound-insulation material, sound-deadening material

Schalldämmung *f* [sound] transmission loss, sound insulation, acoustical insulation; sound reduction factor
~/bauübliche sound reduction index, transmission loss
Schalldämmzahl *f* sound insulation factor
schalldämpfend silencing, noise-deadening, sound-damping, anti-noise
Schalldämpfer *m* muffler, mute, silencer, deadener
Schalldämpfung *f* sound attenuation, sound (acoustic) damping, [sound] deadening, muffling, muting
schalldicht sound-insulating, soundproof, sound-proof, sound proofed
Schalldiffusor *m* sound diffuser
Schalldissipationsgrad *m* sound dissipation factor
Schalldose *f* sound box
Schalldruck *m* sound (acoustic, sonic) pressure
~ auf einer Fläche surface sound pressure
~ des Lärms noise pressure
~/freifeldäquivalenter equivalent free-field sound pressure, free-field equivalent sound pressure
~ in einem Frequenzband band pressure
Schalldruck-Bandpegel *m* band sound pressure level
Schalldruckdämpfung *f* **durch die Kapillare** vent [pressure] attenuation
Schalldruckdichtepegel *m*/**spektraler** pressure spectrum level
Schalldruckgradient *m* sound pressure gradient
Schalldruckkalibrator *m* sound-pressure calibrator
Schalldruckpegel *m* sound pressure level, SPL
~ auf einer Fläche surface sound pressure level
~/bewerteter sound level, weighted sound pressure level
~/freifeldäquivalenter equivalent free-field sound pressure level, free-field equivalent sound pressure level
~/unbewerteter sound pressure level, SPL
Schalldruckpegelmessung *f* sound level measurement
Schalldruck-Schallschnelle-Sonde *f* pressure-velocity probe, p-u probe
Schalldurchgang *m* sound transmission, transmission of sound
schalldurchlässig sound-transparent, acoustically transparent
Schalldurchlässigkeit *f* sound permeability, sound conductivity
Schalldurchtrittsstelle *f*/**unerwünschte** acoustic leak
Schallehre *f* theory of sound
Schalleinfall *m* sound incidence
~/diffuser random [sound] incidence
~/senkrechter normal [sound] incidence
~/statistischer random [sound] incidence
~/streifender grazing [sound] incidence
Schalleinfallsrichtung *f* sound-incidence direction
Schalleinlaß *m* sound inlet, sound-inlet port
Schalleintrittsöffnung *f* sound inlet, sound-inlet port
Schalleinwirkung *f* sound exposure, exposure to sound, acoustical irradiation
Schalleistung *f* sound power, acoustic power
~/abgestrahlte radiated sound power, radiation acoustic power
~ der Quelle source [sound] power
~ durch eine Fläche sound energy flux
~/erzeugte acoustic output
Schalleistungsanteil *m* partial sound power
Schalleistungsdichtepegel *m*/**spektraler** power spectrum level
Schalleistungsmesser *m*/**rechnender** sound power calculator
Schalleistungsmessung *f* sound power measurement, acoustic-power measurement, sound emission measurement
Schalleistungspegel *m* sound power level
Schalleistungspegelmessung *f* sound power measurement, acoustic-power measurement, sound emission measurement
Schalleistungsquelle *f* sound power source
Schalleistungsrechner *m* sound power calculator
Schalleistungsspektrum *n* sound power spectrum
schalleitend sound-conducting
Schalleiter *m* sound conductor
Schalleitfähigkeit *f* sound conductivity
Schalleitung *f* sound conduction; noise conduction, noise transmission
~/unerwünschte noise conduction, noise transmission
Schalleitungsschwerhörigkeit *f* conductive hearing loss
Schalleitungstaubheit *f* conductive deafness
Schalleitungsvermögen *n* sound permeability (conductivity)
Schallemission *f* sound emission, emission of sound, acoustic emission, AE
Schallemissionsaktivität *f* acoustic emission activity, AE activity
Schallemissionsanalyse *f* acoustic emission analysis, AE analysis
Schallemissionsimpulsrate *f* acoustic emission count rate, AE count rate
Schallempfang *m* sound reception
Schallempfänger *m* sound receiver
~/magnetostriktiver magnetostriction sound receiver
Schallempfindlichkeit *f* acoustic sensitivity

schallen to sound, to resound; to echo; to boom, to bang
schallend resounding, vibrant
Schallenergie *f* sound energy, acoustic energy
Schallenergiedichte *f* energy density of sound
Schallenergiefluß *m* sound energy flux
Schallereignis *n* sound event, acoustic action, noise event
Schallerregung *f* sound excitation
schallerzeugend sound-generative
Schallerzeuger *m* sound generator, acoustic generator
~/elektropneumatischer electro-pneumatic transducer
~/hydraulisch-pneumatischer hydraulic-pneumatic transducer
~/magnetostriktiver magnetostriction sound generator
Schallerzeugung *f* sound generation
Schallexposition *f* sound exposure, noise exposure
Schallexpositionspegel *m* **[eines Einzelereignisses]** sound exposure level, single event noise exposure level, SEL
Schallfeld *n* sound field
~ des Nachhalls reverberant sound field
~/diffuses diffuse sound field
~/freies free sound field
~/frontal einfallendes frontal (frontally incident) sound field
~ mit statistischem Schalleinfall random incidence sound field
~/synthetisches synthetic sound field
~/ungestörtes undisturbed sound field
Schallfeldgröße *f* sound field quantity; sound field descriptor
Schallfeldverzerrung *f* distortion of sound field
Schallfluß *m* [acoustical] volume velocity, [acoustical] volume current
schallgedämmt soundproof, sound-proof, soundproofed, sound-insulating, noise-excluding, anti-noise
Schallgeber *m* sounder
Schallgeschwindigkeit *f* speed (velocity) of sound, sound (sonic) speed, sound (sonic) velocity
schallgesteuert sound-operated, sound-actuated
Schallgrenze *f* sonic barrier, sound barrier
schallhart sound-reflecting, acoustically hard
Schallholographie *f* acoustical holography
Schallimpedanz *f* acoustic impedance
~ bei elektrischem Kurzschluß short-circuit acoustic impedance
~ bei elektrischem Leerlauf open-circuit acoustic impedance
~ bei Last loaded acoustic impedance
~/spezifische specific (unit-area) acoustic impedance
Schallimpuls *m* sound pulse (impulse, burst), acoustic pulse
Schallintensität *f* sound intensity, sound power density, sound energy flux density, acoustic intensity, acoustic intensity per unit area, acoustic power per unit area
~/momentane instantaneous sound intensity, instantaneous acoustic intensity [per unit area]
Schallintensitätsanalysator *m* sound intensity analyzer
Schallintensitätskalibrator *m* sound-intensity calibrator
Schallintensitätsmeßgerät *n* sound (acoustic) intensity meter
~ ohne Sonde sound-intensity processor
Schallintensitätspegel *m* sound intensity level, sound-energy flux density level
~ der Normalkomponente normal sound intensity level
Schallintensitätsprozessor *m* sound-intensity processor
Schallisolation *f* sound insulation, acoustical insulation; soundproofing
Schallisolationsmaß *n* sound transmission loss, transmission loss, sound insulation, acoustical insulation
Schallisolationsmaterial *n* acoustical insulation material, sound-insulation material
schallisolierend sound-insulating, soundproof, sound-proof, soundproofed, noise-excluding, anti-noise
schallisoliert sound-insulating, soundproof, sound-proof, soundproofed, noise excluding, anti-noise
Schallkanal *m* sound channel, SOFAR *(Unterwasserschall)*
Schallkennimpedanz *f* characteristic acoustic impedance
Schallkörper *m* sound box
Schallmauer *f* sonic barrier, sound barrier
Schallmeßmikrofon *n* sound ranging microphone *(für Schallortung)*
Schallmeßstation *f* sound ranging station *(für Schallortung)*
Schallmessung *f* acoustical (sound) measurement
~ mit einer Beobachtergruppe/subjektive sound jury measurement
~/orientierende acoustic survey
Schalloch *n*, **Schallöffnung** *f* sound hole, sound aperture, louvre
Schallortung *f* sound location, sound direction finding, sound (acoustic, sonic) ranging, phonotelemetry
Schallortungsgerät *n* sound locator, sound (acoustic) direction finder, acoustic location finder, acoustic detector
Schallpegel *m* sound pressure level, SPL

~/A-bewerteter sound level A, A-weighted sound level, A level
~/angezeigter sound level indication (reading, read-out)
~/bewerteter sound level, weighted sound pressure level
~/freifeldäquivalenter equivalent free-field sound pressure level, free-field equivalent sound pressure level
Schallpegelanalysator *m* sound level analyzer
~/statistischer statistical distribution analyzer, statistical processor
Schallpegelanzeige *f* sound level indication (reading, read-out)
Schallpegelanzeiger *m* sound level indicator
~ **geringer Genauigkeit** sound survey meter, noise survey meter
Schallpegelbegrenzer *m* **für die Unterhaltungselektronik** entertainment noise controller
Schallpegeldifferenz *f* level difference, sound level difference
~/auf 10 m^2 bezogene normalized level difference
~/nachhallreduzierte standardized level difference, normalized level difference
~/normierte normalized level difference
~ **zwischen beiden Ohren** binaural level difference
~ **zwischen zwei Räumen** sound reduction factor
Schallpegelkalibrator *m* acoustic calibrator, sound level calibrator
Schallpegelmeßeinrichtung *f* sound-measuring device
Schallpegelmesser *m* sound level meter, SLM
~ **geringer Genauigkeit** sound survey meter, noise survey meter
~ **hoher Genauigkeit** precision sound level meter
~/integrierender integrating sound level meter, noise average meter, integrating-averaging sound level meter, averaging sound level meter
~/intelligenter computing sound level meter
~/modularer modular sound level meter
~ **normaler Genauigkeit** ordinary sound level meter
~/rechnender computing sound level meter
Schallpegelmeßgerät *n* sound-measuring device
Schallpegelmessung *f* sound [level] measurement
~/kontrollierende noise check
Schallpegelverteilung *f* sound level distribution
Schallpegelwächter *m* **für die Unterhaltungselektronik** entertainment noise controller
Schallplatte *f* record, disk record, gramophone record, phonograph record, platter *(sl)*
~/kleine *(für 45 min^{-1})* single
~/große super single
Schallplattenabspielgerät *n* record player, record reproducer
Schallplattenabtaster *m* gramophone (phonograph, sound, record reproducer) pick-up
Schallplattenaufnahme *f* disk recording
Schallplattenaufnahmegerät *n* disk recorder, phonograph recorder
Schallplattenaufzeichnungsverfahren *n* sound-on-disk method (system), disk-recording method
Schallplattendrehzahl *f* disk speed
Schallplattenmatrize *f* record blank
Schallplattenmotor *m* phonograph motor, gramophone motor, turntable motor
Schallplattenoriginal *n* lacquer original
Schallplattenreiniger *m* disk cleaner
Schallplattenschneidgerät *n* phonograph recorder, disk recorder
Schallplattensystem *n* **mit kapazitiver Abtastung/digitales** audio high density, AHD
~ **mit piezoelektrischer Abtastung/digitales** mini disk system, MD system
Schallplattenunterhalter *m* disk jockey
Schallplattenverstärker *m* gramophone (phonograph, pick-up) amplifier
Schallquant *n* phonon, sound quantum
Schallquelle *f* sound (acoustic) source, source of sound, sound (acoustic) generator
~ **erster Ordnung** dipole sound source
~ **mit Dipolcharakter** dipole sound source
~ **mit Kugelcharakteristik** omnidirectional (non-directional) sound source, isotropic sound source, spherical sound source
~ **nullter Ordnung** monopole sound source
~ **zweiter Ordnung** quadrupole sound source
Schallreaktanz *f*/**spezifische** specific (unit-area) acoustic reactance
schallreflektierend sound-reflecting, acoustically hard
Schallreflexion *f* sound reflection, acoustic reflection
Schallreflexionsfaktor *m* sound reflection factor (coefficient)
Schallreiz *m* sound stimulus, acoustic stimulus
Schallresistanz *f*/**spezifische** specific acoustic resistance, unit-area acoustic resistance
Schallrille *f* sound groove
Schallrückführung *f*/**verzögerte** delayed auditory feedback, DAF
Schallrückwurf *m* sound (acoustic) reflection
Schallschatten *m* sound (acoustic) shadow
Schallschirm *m* acoustic screen (shield); gobo *(Mikrofon)*
schallschluckend sound-absorptive, sound-absorbing, sound-absorbent
Schallschlucker *m* sound absorber, acoustic absorber

Schallschluckgrad *m* sound (sound power, acoustic) absorption coefficient, sound (acoustic) absorption factor, sound (acoustical) absorptivity
~ **für diffusen Schalleinfall** reverberant absorption coefficient, reverberant (reverberation) absorptivity
~ **für senkrechten Schalleinfall** normal-incidence acoustic absorptivity, normal-incidence absorption coefficient
Schallschluckmaterial *n* sound-absorbing material, sound absorber, sound absorbant, sound-deadening material, acoustic-absorbing material, sound-deadening material
Schallschluckplatte *f* sound-absorbing panel
Schallschluckstoff *m* sound-absorbing material, sound absorber, sound absorbant, sound-deadening material, acoustic-absorbing material, sound-deadening material
Schallschluckung *f* sound (acoustic) absorption
Schallschluckwand *f* absorbing wall
Schallschnelle *f* particle velocity, sound particle velocity, acoustic velocity
Schallschnellepotential *n* sound velocity potential
Schallschnellpegel *m* particle velocity level
Schallschutz *m* noise control, soundproofing, sound conditioning, noise prevention
Schallschutzkabine *f* acoustic booth, acoustic cabin
Schallschutzklasse *f* noise insulation class, NIC
Schallschutzschirm *m* acoustic shield
Schallschutzverfahren *n* soundproofing method
Schallschwingung *f* sound oscillation, sound vibration, acoustic oscillation, acoustic vibration, sonic vibration
Schallsender *m* sound projector
Schallsignal *n* acoustic signal, sound signal, aural signal
Schallsonde *f* sound (sonic, acoustic) probe
Schallspektrogramm *n* sound (acoustic) spectrogram; visible speech
Schallspektroskopie *f* sound spectroscopy
Schallspektrum *n* acoustic (sound) spectrum
Schallspektrumsanalysator *m* sound spectrum analyzer
Schallspiegel *m* sound mirror
Schallstärke *f* sound volume
Schallstrahl *m* sound ray, acoustic ray, sound beam, acoustic beam
Schallstrahlenbündel *n* sound beam, acoustic beam
Schallstrahler *m* sound source, acoustic source, sound generator, sound emitter
~ **nullter Ordnung** simple sound source
Schallstrahlung *f* sound radiation
Schallstrahlungsdruck *m* acoustic (sound) radiation pressure
Schallstrahlungsdruckmesser *m* acoustic radiometer
Schallstrahlungsimpedanz *f* sound radiation impedance
Schallstreuung *f* sound (acoustic) scattering, scattering of sound
Schalltechnik *f* acoustic engineering, audio engineering; sonics
Schalltheorie *f* theory of sound
Schalltilgung *f* sound suppression
schalltot dead, acoustically dead, acoustically inert, acoustically inactive, anechoic
~ **mit reflektierender Grundfläche** semi-anechoic, semianechoic
Schalltransmissionsgrad *m* sound transmission coefficient
Schalltrichter *m* 1. acoustic horn, loudspeaker horn, horn, sound funnel, acoustic trumpet, trumpet; 2. bell *(Musikinstrument)*
~**/gewundener** coiled horn, twisted horn
Schallübertragung *f* sound transmission, transmission of sound; noise transmission, noise conduction
~**/unerwünschte** noise conduction, noise transmission
Schallumfang *m* sound range
Schallunterdrückung *f* sound suppression
Schallverstärkung *f* sound reinforcement
Schallverteilung *f* sound distribution
Schallvolumen *n* volume
Schallwahrnehmung *f* sound detection, sound perception
Schallwand *f* acoustic baffle, baffle [board], sound panel
~ **für Lautsprecher** loudspeaker baffle
Schallwandler *m* electroacoustic[al] transducer
~ **für Hörschall** audio transducer
~**/gerichteter** shaded transducer *(Wasserschall)*
Schallweg *m* sound path
Schallweglänge *f* sound-path length
Schallwelle *f* acoustic (sound) wave
~**/fortschreitende ebene** plane-progressive sound wave
Schallwiedergabe *f* audio (sound, acoustic) reproduction, reproduction of sound
Schallzeichen *n* acoustic (sound, aural) signal
Schallzerstreuung *f* sound diffusion
Schaden *m* damage
schädigen to damage, to impair
Schädigung *f* impairment
schädlich für das Ohr ototoxic
Schädlichkeitskriterium *n* damage-risk criterion *(Gehörschaden)*
Schaffung *f* **guter akustischer Bedingungen** sound conditioning
schaltbar switchable
Schaltbild *n* [schematic] circuit diagram, wiring diagram

schalten/hintereinander to connect in series (tandem), to connect in cascade
~/in Brücke to bridge
~/in Reihe to connect in series (tandem), to connect in cascade, to connect
~/parallel to connect in parallel, to parallel, to shunt
Schalter *m* switch; circuit breaker
~ zur Signalunterbrechung interrupter switch
Schalter[ein]stellung *f* switch setting
Schaltfeld *n* switchboard
Schaltgeräusch *n* switch click, switching noise
Schaltkreis *m* **zur Klangerzeugung** sound chip
Schaltpult *n* control console, control desk
Schalttafel *f* switchboard
Schaltung *f* circuit; network
~ zur Deemphasis de-emphasis network, de-emphasizing network
~ zur Geräuschunterdrückung noise-suppression circuit
~ zur Nachentzerrung de-emphasis network, de-emphasizing network
~ zur Preemphasis pre-emphasis network, pre-emphasizing network
~ zur Signalaufbereitung signal conditioner
~ zur Vorverzerrung pre-emphasis network, pre-emphasizing network
Schaltungsrauschen *n* circuit noise
Schaltwarte *f* control room
Scharfabstimmung *f* fine tuning, sharp tuning
Schärfe acuity *(z.B. Hörschärfe)*; severity
Schärfegrad *m* severity
Schatten *m* shadow, shade
Schattenwirkung *f* shadow effect
Schattenzone *f* shadow zone
Schaufel *f* blade, vane *(Turbine, Lüfter)*
Schaufelfrequenz *f* blade-passing frequency, blower-blade frequency
Schaukelbewegung *f* rocking motion
schaukeln to swing, to rock
Schaumgummi *m* foam rubber, froth rubber, sponge rubber, rubber sponge
Schaumstoff *m* foam
Schaumstoffblock *m* foam block
Schauorchester *n* big band
Scheibe *f* disk, disc
~/stroboskopische stroboscopic disk
scheinbar apparent, virtual
Scheinleitwert *m* admittance
~/akustischer acoustic admittance
Scheinwiderstand *m* impedance
~/akustischer acoustic impedance
~ des gedämpften Systems damped impedance
~ im festgebremsten Zustand blocked impedance *(mechanisch)*
~ unter Last loaded impedance
Scheitelfaktor *m* crest (peak, amplitude) factor
Scheitelfaktormeßbrücke *f* crest (peak) factor bridge
Scheitelwert *m* peak, peak value, crest value
Schellack *m* shellac
Scherbeanspruchung *f* shear strain
scheren to shear
Scherfestigkeit *f* shear strength, shearing strength
Scherkraft *f* shear force, shearing force
Schermodul *m* shear modulus
Scherschwinger *m* shear vibrator, shear resonator, shear-design vibrator
Scherschwingung *f* shear vibration
Scherschwingungsaufnehmer *m* shear pick-up, shear-design pick-up
~ mit ringförmigem Wandlerelement annular shear pick-up
Scherspannung *f* shear stress, shearing stress
Scherung *f* shear, shearing
Scherwelle *f* shear wave
Schicht *f* layer, coat, coating
~/dünne film
Schichtseite *f* coated side
Schieberegler *m* sliding control[ler]
Schiebeschalter *m* slide switch, slider switch
schief oblique
Schienenfahrzeuglärm *m* rail vehicle noise
Schirm *m* screen, shield; shade
~/magnetischer magnetic screen, magnetic shield
Schirmwirkung *f* screening (shielding) effect
Schlackenwolle *f* mineral wool (fibre), slag wool (fibre)
Schlag *m* 1. shock *(Stromstoß)*; 2. impact, stroke, blow, bump; beat; swing *(Pendel)*; 3. excentricity, wobble *(exzentrischer Lauf)*
~/dumpfer thump
schlagen 1. to beat; to strike *(Uhr)*; to ring *(Glocke)*; 2. to wobble
~/den Takt to beat the time
~/dröhnend to bang
~/dumpf to thump
Schlaginstrument *n* percussion instrument
Schlaginstrumente *npl* percussion
Schlagzeug *n* drums, drum set, percussion
Schlagzeugcomputer *m* drum computer
Schlegel *m* 1. drumstick, stick; beater *(große Trommel)*; 2. mallet *(Klopfer)*
Schleife *f* loop
~/geschlossene closed loop
~/offene open loop, opened loop
Schleifenbetrieb *m* looping, loop repeat
Schleifenoszillograph *m* galvanometer oscillograph
Schleifenverstärkung *f* loop gain
Schlingern *n* roll
Schlitz *m* slot, slit
schlucken to absorb *(Schwingungen, Stöße, Schall)*

Schluckgrad *m* absorption coefficient
Schlupfreibung *f* slip friction
Schlußstück *n* close
Schmalbandanalysator *m* narrow-band analyzer
~ **mit konstanter [absoluter] Bandbreite** constant-bandwith narrow-band analyzer
~ **mit konstanter relativer Bandbreite** constant-percentage bandwidth narrow-band analyzer
Schmalbandfilter *n* narrow-band filter
schmalbandig narrow-band
Schmalbandkodierung *f* subband coding
Schmalbandrauschen *n* narrow-band noise
Schmalbandspektrum *n* narrow-band spectrum
Schmerzschwelle *f* threshold of pain
Schmettern *n* blare *(Trompete)*
schmieren to lubricate; to grease
Schmierfähigkeit *f* lubricating power
Schmierfilm *m* lubricant film, lubricating film
Schmiermittel *n* lubricant, lubricating agent
Schmierung *f* lubrication
Schnarre *f* rattle
Schnecke *f* 1. cochlea *(Innenohr)*; 2. scroll *(Saiteninstrument)*
Schneiddose *f* cutter
Schneide *f* cutting edge
Schneideeinrichtung *f* cutter
Schneidekante *f* cutting edge
schneiden to cut; to edit *(Film, Band)*
Schneiden *n* cutting
Schneidetisch *m* sound-editing machine, editing table
Schneidgerät *n* editing [tape] recorder
Schneidkante *f* lip *(Luftstrom)*
Schneidnadel *f* recording cutter, sound-recording cutter, cutting stylus, sound-recording stylus
Schneidstichel *m* [sound-]recording cutter, [sound-]recording stylus
Schnell F, fast *(Zeitbewertung)*
schnellaufend high-speed
Schnelle *f* velocity, particle velocity
Schnelleaufnehmer *m* velocity transducer (pick-up)
Schnellefeld *n* velocity field
Schnellemikrofon *n* velocity microphone
Schnellepegel *m* particle velocity level, velocity level
Schnellepotential *n* velocity potential
Schnellstopptaste *f* stop button
Schnellvorlauftaste *f* fast-forward button
Schnitt *m* cut, cutting; editing *(Film, Band)*
Schnittfrequenz *f* cut-off frequency, corner frequency, edge frequency, cross-over (crossover) frequency
Schnittgeschwindigkeit *f* cutting speed
Schnittstelle *f* interface
~/elektrische interface
~/parallele parallel interface
~/serielle serial interface
Schnur *f* cord
schnurlos cordless
schräg oblique
Schrägspurabtastung *f* helical scan
Schrägspuraufzeichnung *f* helical recording
Schrägspur-DAT rotary head DAT, R-DAT, rotary head digital audio tape
Schraubenfeder *f* helical spring
~/auf Druck beanspruchte helical-compression spring
schraubenförmig helical, spiral-shaped
Schreiber *m* recording instrument, plotter, graphic recorder, chart recorder, recorder
~/mechanischer mechanical recorder
Schreiberanschluß *m* recorder connection
Schreibgeschwindigkeit *f* recording, (pen response, pen, writing) speed
Schreibspur *f* recording track, trace
Schreibstift *m* recording pen, pen, plotting pen; stylus
Schreibweise *f***/digitale** digial notation (representation)
schreien to cry; to shout; to yell, to scream
Schrieb *m* graphic record, record
schrill shrill
Schritt *m* step; increment
Schrittmotor *m* stepping motor
Schröder-Verfahren *n* integrated impulse response method, Schroeder method
Schub *m* 1. thrust; 2. shear, shearing
Schubbeanspruchung *f* shear strain
Schubfestigkeit *f* shear strength, shearing strength
Schubkraft *f* thrust, thrust force; shear force, shearing force
Schubmodul *m* shear modulus
Schubspannung *f* shear stress, shearing stress
Schubwelle *f* shear wave
Schuß *m* gunshot
Schüttelbewegung *f* shaking motion
schütteln to shake
Schüttelprüfung *f* vibration test, vibration testing
Schüttelresonanz *f* vibration resonance
Schutz *m* **des Gehörs** hearing conservation
Schutzabdeckung *f* dust cover
Schutzeinrichtung *f* protector, protective device, guard
schützen to protect, to guard
schützend protective
Schutzfilter *n* guard filter
Schutzhaube *f* dust cover
Schutzmaßnahme *f* protective measure
Schutzraum *m***/unterer** footroom *(Verstärker)*
Schutzschaltung *f* protection circuit
Schutzschirm *m***/geerdeter** ground shield

Schutztasche *f* protective wallet, carrying pouch
Schutzvorrichtung *f* protector, protective device, guard
Schwachstelle ***f*/akustische** acoustic leak
Schwanenhals *m* flexible conduit, goose neck *(Mikrofon)*
schwanken to fluctuate; to sway, to rock, to roll, to swing, to shake
Schwankung *f* fluctuation; variation; jitter *(Signal)*
~/kurzzeitige short-term fluctuation
~/schnelle jitter
~/statistische statistical fluctuation
~/stochastische random fluctuation
~/zeitliche fluctuation
~/zufällige random fluctuation
Schwankungsbreite *f* spread
schweben 1. to float; to hover; 2. to beat
Schwebung *f* beat, beat vibration, beating
Schwebungsamplitude *f* beat amplitude
Schwebungsdauer *f* beat cycle (period)
Schwebungserscheinung *f* beat[ing] effect
Schwebungsfrequenz *f* combination frequency, beat frequency
Schwebungsgenerator *m* beat frequency oscillator, heterodyne oscillator
Schwebungslücke *f*, **Schwebungsnull** *f* zero beat, beat note zero
Schwebungsperiode *f* beat cycle (period)
Schwebungssignal *n* beat note signal
Schwebungssummer *m* beat frequency oscillator, heterodyne oscillator (generator), beat oscillator
Schwebungston *m* beat note
Schwebungsverfahren *n* beat method
Schwebungsvorgang *m* beat[ing] effect
Schwelle *f* threshold, threshold value; limen
Schwellenaudiogramm *n* threshold audiogram
Schwellendosis *f* threshold dose
Schwellenpegel *m* threshold level
~/altersbedingter age-related threshold level, ARTL
Schwellenschalldruck *m* **im freien Feld** minimum audible field
Schwellenüberschreitung *f* threshold exceedance
Schwellenverschiebung *f* [hearing] threshold shift
~/dauerhafte permanent threshold shift, PTS
~ gegenüber der Normalhörschwelle hearing threshold level
~/zeitweilige temporary threshold shift, TTS
Schwellenwert *m* threshold value
Schweller *m* volume pedal
Schwellwert *m* threshold value, threshold; limen *(Psychologie)*
Schwellwertdosis *f* threshold dose
Schwellwertüberschreitung *f* threshold exceedance
Schwenkmikrofon *n* scanning microphone; boom microphone, travelling mircrophone
Schwere *f* gravity
Schwerefeld *n* gravitational field
schwerhörig deaf, hard of hearing
Schwerhörigenfernsprecher *m* impaired hearing telephone
Schwerhörigkeit *f* hearing loss, hardness of hearing, deafness, partial deafness
~/berufsbedingte occupational deafness, occupational hearing loss
~ durch Industrielärm industrial hearing loss
~/geringgradige mild hearing loss
~/hochgradige severe hearing loss
Schwerkraft *f* gravitiy, gravity force, force of (due to) gravity, gravitational force
Schwerpunkt *m* centre of gravity
schwimmend floating
Schwingamplitude *f* vibration amplitude; displacement
~/doppelte excursion
Schwingbeschleunigung *f* vibration[al] acceleration, vibratory acceleration
Schwingbeschleunigungspegel *m* vibratory (vibration) acceleration level
Schwingbewegung *f* vibratory motion
schwingen to oscillate, to vibrate; to swing, to rock
schwingend oscillatory, vibrant
Schwinger *m* oscillator, vibrator; resonator
Schwingfrequenz *f* vibrational frequency; frequency of vibration (oscillation), vibration frequency
Schwinggeschwindigkeit *f* vibration[al] velocity
Schwingkraft *f* vibrating (vibratory) force
Schwingkraftpegel *m* vibratory force level
Schwingkreis *m* resonance (resonant, resonating, tuned) circuit
Schwingspule *f* moving coil; voice coil, speech coil *(Lautsprecher)*
Schwingstärke *f* vibration severity
Schwingstärkemesser *m* vibration severity meter
Schwingtisch *m* vibration exciter, vibration table, shaker, shake table, vibratory table
~/elektrodynamischer moving-coil vibration table (shaker, exciter), electrodynamic vibration table (shaker, exciter)
~/elektromagnetischer electromagnetic vibration exciter (shaker)
~/kleiner mini-shaker
~ mit austauschbaren Köpfen interchangeable head vibration exciter
Schwingtischsteuerung *f* vibration exciter control, shaker control
Schwingung *f* oscillation, vibration

~/abklingende dying-out oscillation (vibration), decaying oscillation (vibration)
~/anklingende increasing oscillation (vibration)
~/aperiodische dead-beat oscillation
~/aufgeprägte forced oscillation (vibration), constrained oscillation (vibration)
~ bei Resonanz covibration, resonant vibration
~/erzwungene forced oscillation (vibration), contrained oscillation (vibration)
~/freie free oscillation
~/gedämpfte damped oscillation (vibration)
~/harmonische harmonic oscillation (vibration)
~ im eingeschwungenen Zustand steady-state oscillation
~/mechanische mechanical vibration
~/rotatorische rotational vibration
~/selbsterregte self-excited oscillation, self-sustained oscillation, self-oscillation, self-induced oscillation
~/sinusförmige sine oscillation (vibration), sinusoidal oscillation (vibration), sine-wave oscillation, simple harmonic oscillation
~/stationäre steady-state oscillation
~/subharmonische subharmonic oscillation
~/transversale transverse vibration (vibration)
~/ungedämpfte undamped (continuous, sustained) oscillation
~/wilde spurious (free) oscillation
~/zusammengesetzte complex oscillation (vibration)
Schwingungen *fpl* vibration
~ in mehreren Achsrichtungen multidirectional vibration, multi-axis vibration
~/mechanische mechanical vibration
Schwingungsachse *f* vibration axis
Schwingungsamplitude *f* vibration amplitude
Schwingungsanreger *m* vibration driver
Schwingungsanregung *f* vibration[al] excitation
Schwingungsaufnehmer *m* vibration transducer (pick-up); accelerometer
~/berührungsloser non-contacting vibration pick-up
~/dynamischer electrodynamic (moving-coil) vibration pick-up
~/induktiver variable-inductance vibration pick-up
~/magnetischer magnetic (variable-reluctance) vibration pick-up
~/piezoelektrischer piezoelectric vibration pick-up
Schwingungsbauch *m* vibration loop, loop, crest, vibration antinode, antinode
Schwingungsbekämpfung *f* vibration control
Schwingungsdämpfer *m* vibration absorber (damper, isolator), buffer, snubber, deadener, dashpot, cushion
Schwingungsdämpfung *f* vibration damping, damping of oscillation (vibration), absorption of vibration
Schwingungsdauer *f* vibration (oscillation) period, period of oscillation (vibration)
Schwingungsdosis *f* vibration dose
Schwingungsebene *f* plane of oscillation (vibration)
Schwingungseinwirkung *f* vibration exposure
Schwingungsenergie *f* vibrational energy
schwingungserregend vibration-exciting, vibromotive
Schwingungserreger *m* vibration exciter (table), shaker, vibrator, shake table
~/elektrodynamischer moving-coil vibration table (shaker, exciter), electrodynamic vibration table (shaker, exciter)
~/exzentererregter direct-drive vibration generator
~/kleiner mini-shaker
~ mit austauschbaren Köpfen interchangeable head vibration exciter
~/unwuchterregter unbalanced mass vibration generator, reaction-type vibration generator
Schwingungserregeranlage *f* vibration-exciting equipment
Schwingungserregung *f* vibration[al] excitation
Schwingungserzeuger *m* oscillator; vibration generator
~/exzentererregter direct-drive vibration generator
~/unwuchterregter unbalanced mass vibration generator, reaction-type vibration generator
Schwingungsexposition *f* vibration exposure
schwingungsfähig oscillatory
schwingungsfest vibration resistant, vibration-proof, shock-proof
Schwingungsfestigkeit *f* vibration resistance
Schwingungsfiguren *fpl* acoustic figures
Schwingungsform *f* mode of oscillation (vibration), vibrational mode, modal shape
Schwingungsformen *fpl*/**gekoppelte** coupled modes
schwingungsfrei vibrationless, anti-vibration, vibration-free
Schwingungsfreiheit *f* absence of vibration
Schwingungsfrequenz *f* vibrational frequency, frequency of vibration (oscillation), vibration frequency
Schwingungsgeber *m* vibration pick-up
Schwingungsgenerator *m* oscillator; vibration generator
Schwingungsisolation *f* vibration isolation
Schwingungsisolator *m* vibration isolator
schwingungsisoliert vibration-isolated; vibrationless, anti-vibration, vibration-free
Schwingungskalibrator *m* vibration calibrator
Schwingungsknoten *m* vibration node, node, nodal point
~ mit teilweiser Auslöschung partial node
Schwingungskontrolle *f* vibration monitoring
Schwingungskurvenform *f* vibration waveform

Schwingungslehre *f* theory of vibrations
Schwingungsmaximum *n* peak (crest) of oscillation
Schwingungsmesser *m* vibration meter, vibrometer
~ **für die Einwirkung auf den Menschen** human[-response] vibration meter
~ **für sitzende Personen** ride meter
~**/integrierender** integrating vibration meter
~**/schreibender** vibrograph
Schwingungsmeßgerät *n* vibration meter, vibrometer
~ **für die Einwirkung auf den Menschen** human[-response] vibration meter
~ **für sitzende Personen** ride meter
~**/integrierendes** integrating vibration meter
Schwingungsmessung *f* vibration measurement
Schwingungsmode *f* mode of oscillation (vibration), vibration[al] mode, modal shape
Schwingungsmoden *fpl***/gekoppelte** coupled modes
Schwingungsperiode *f* period of oscillation (vibration), cycle
Schwingungsprüfung *f* vibration test, vibration testing
~ **mit gleitender Frequenz** sweep-sine vibration test
Schwingungsquelle *f* source of vibration, vibration driver
Schwingungsschreiber *m* vibrograph
Schwingungsschutz *m* vibration control, vibration protection; vibration isolation
Schwingungstechnik *f* vibration engineering
Schwingungstheorie *f* theory of vibration
Schwingungstilger *m* dynamic vibration absorber
Schwingungstyp *m* mode of vibration (oscillation)
~**/vorherrschender** dominant mode [of vibration]
Schwingungsüberwachung *f* vibration monitoring
Schwingungswächter *m* vibration sentinel, vibration guard
~ **mit Abschaltwirkung** vibration switch
Schwingungswandler *m* vibration transducer
Schwingungszustand *m* vibrational state
Schwingweg *m* vibration[al] displacement, displacement
~ **Spitze-Spitze** excursion
Schwingzunge *f* vibrating reed
Schwung *m* momentum
Schwungrad *n* flywheel
Schwungscheibe *f* flywheel
Screening-Audiometer *n* screening audiometer
S-DAT stationary head DAT, S-DAT, stationary head digital audio tape
SE *s.* Schallemission
SEA *s.* 1. Schallemissionsanalyse; 2. Energieanalyse/statistische
SE-Aktivität *f* acoustic emission activity, AE activity
SE-Impulsrate *f* acoustic emission count rate, AE count rate
Sechzehntelnote *f* semiquaver, sixteenth note
Sechzehntelpause *f* semiquaver rest
Seegeräusch *n* sea noise *(Sonar)*
Seele *f* 1. sound post *(Musikinstrument)*; 2. core *(Kabel)*
Sehne *f* chord *(Mathematik)*
Seignettesalz *n* Seignette salt
Seignettesalzkristall *m* Seignette electric crystal
seismisch seismic
Seite *f*:
• **auf der entgegengesetzten** ~ contralateral • **auf der gleichen** ~ ipsilateral
~ **der Signalquelle** sending end
~ **des Empfängers** receiving end
Seitenband *n* sideband, side band
Seitenbandfrequenz *f* sideband [component] frequency, side frequency
Seitendruck *m* side thrust
Seitenecho *n* side echo
Seitenkraft *f* skating force *(Plattenspieler)*
Seitenschallgrad *m* lateral efficiency
Seitenschrift *f* lateral recording
Seitensichtsonar *n* side scan (looking) sonar, transit sonar
seitlich lateral
Sekundärecho *n* second-trace echo
Sekundärkreis *m* secondary circuit
Sekundärnormal *n* secondary standard, transfer standard
Sekundärprozessor *m* secondary processor
Sekundärwicklung *f* secondary winding, secondary
~ **des Transformators** transformer secondary
Selbsteichung *f* autocalibration, self-check
selbsterregt self-excited
Selbsterregung *f* self-excitation
selbsthaltend latching *(z.B. Anzeige)*
Selbstkalibrierung *f* autocalibration, self-check
Selbstklinger *m* idiophone
Selbsttest *m* self-test
selektiv selective
Selektivität *f* selectivity
~ **eines Filters** filter selectivity
Selektivitätskurve *f* selectivity characteristic
senden to transmit, to broadcast; to emit, to radiate
~**/erneut** to rebroadcast
Sendepegel *m* transmission (transmitting) level; send level *(Schalldämmungsmessung)*
Sender *m* transmitter; projector; emitter
Senderaum *m* source room *(Schalldämmungsmessung)*

Senderegieraum *m* continuity apparatus room
Sender-Empfänger-Kombination *f* transceiver
Senderseite *f* sending (transmitting, transmitter) end
sendeseitig at the transmitting (sending) end
Sendezeit *f* broadcasting time
Sendung *f* broadcast, transmission
Senke *f* sink; notch, dip *(Kurvenverlauf)*
senkrecht/zueinander orthogonal
Sensor *m* measuring (sensing) element, sensor, pick-up, pickup, detecting element
~/akustischer acoustic sensor
~/berührender tactile sensor, contacting sensor
~/berührungsloser proximity pick-up, proximity sensor, non-contacting sensor
Sequencer *m* sequencer
sequentiell sequential
Sequenz *f* sequence
Serieninterface *n* serial interface; serial data stream
Serienresonanz *f* series resonance
setzen/mehrstimmig to harmonize
Sicherheit *f* **gegen Abhören** safety from interception
~/statistische confidence level
Sicherheitsspielraum *m* margin of safety
Sicherheitszuschlag *m* margin of safety
Siebaudiometer *n* screening audiometer
Siebdrossel *f* filter choke
sieben to filter
Siebschaltung *f* filter circuit, filtering circuit
Siebung *f* filtering, filtration
Signal *n* signal
~/deterministisches deterministic signal
~/diskretes discrete signal
~/dreieckförmiges triangular signal
~/externes external signal
~/gequanteltes sampled-data signal
~/gestörtes contaminated signal
~ mit diskreten Funktionswerten sampled data signal
~/quantisiertes sampled-data signal
~/rechteckförmiges square signal
~/regelloses random signal
~/sägezahnförmiges sawtooth signal
~/sinusförmiges sinusoidal signal
~/zeitkontinuierliches continuous-time signal
~/zeitlich quadratisch gemitteltes time-mean-square signal
~/zeitlich quantisiertes discrete-time signal
~/zufälliges random signal
~/zurückkommendes return signal
Signalamplitude *f* signal amplitude
Signalanalysator *m* signal analyzer
Signalanteil *m* signal component, component
~/hochfrequenter high-frequency component
~/niederfrequenter low-frequency component
Signalaufbereitung *f* signal conditioning
Signalaufzeichnung *f* signal recording
Signalausgabe *f* signal output
Signalausgang *m* signal output
Signalbegrenzer *m* limiter, peak chopper, clipper
Signalbegrenzung *f* clipping, limiting
Signaleingabe *f* signal input
Signaleingang *m* signal input
Signalfolge *f* signal sequence, signal train
~/charakteristische signature
Signalform *f* waveform, wave-form, wave shape
Signalformextraktor *m* waveform retriever
Signalformkodierung *f* waveform coding
Signalformung *f* signal shaping
Signalgenerator *m* signal generator, signal oscillator
~/freiprogrammierbarer arbitrary waveform generator
Signalgleichrichter *m* demodulator, signal detector, detector
Signalgleichrichterstufe *f* demodulator stage, detector stage
Signalgleichrichtung *f* demodulation, signal detection
Signalhorn *n* horn
Signalimpuls *m* signal pulse
Signalintensität *f* signal strength
signalisieren to signal, to signalize
Signallaufzeit *f* propagation delay
Signalleistung *f* signal power
Signalleitung *f* signal line
Signalpegel *m* signal level
Signalprobe *f* sample, wave sample
Signalprozessor *m* signal processor
Signalquelle *f* signal source
Signal-Rausch-Verhältnis *n* signal-to-noise ratio, SNR
Signalspannung *f* signal voltage
Signalspeicher *m* transient recorder
Signalspeicherung *f* signal storage
Signalstärke *f* signal strength
Signalübertragung *f* signal transmission
Signalumformer *m* signal converter
Signalumformung *f* signal conversion
Signalumwandlung *f* signal conversion
Signalverarbeitung *f* signal processing, signal conditioning
Signalverformung *f* signal shaping
Signalverlauf *m*/**charakteristischer** signature
Signalverzögerung *f* signal delay
Signalwandler *m* signal converter
Signalweg *m* signal path
Signalwiedergabe *f* signal reproduction
Signalzeitverlauf *m* waveform, wave-form, wave shape
Signatur *f* signature
Silbe *f* syllable
Silbenbetonung *f* tonic accent
Silbenverständlichkeit *f* syllable articulation (intelligibility)

Silentblock *m* silent block
Simulation *f* simulation
simulieren to simulate
simuliert apparent
simultan simultaneous, concurrent
singen to sing
~/mehrstimmig to harmonize
Single *f* single
Singstimme *f* singing voice, voice; melody
Sinnesorgan *n* sensory organ
Sinus *m* sine
~/quadrierter haversine
sinusförmig sinusoidal
Sinusfunktion *f* sine (sinusoidal) function
Sinusgenerator *m* sine generator
Sinusgröße *f* sinusoid [quantity]
Sinusimpuls *m* sine burst
Sinusquadrat *n* haversine
Sinus-Quadrat-Impuls *m* haversine pulse
Sinusschwingung *f* sine oscillation (vibration), sinusoidal oscillation (vibration), sine-wave oscillation, simple harmonic oscillation
Sinussignal *n* sinusoidal signal
~/[schnell zeitlinear] frequenzmoduliertes chirp
Sinuswelle *f* sine (sinusoidal) wave
Sirene *f* siren
Sirenenwirkung *f* siren effect
Sitzkissen *n* **mit Beschleunigungsaufnehmer** seat accelerometer
Sitzkissenaufnehmer *m* seat accelerometer
Skala *f* scale
Skalar *m* scalar quantity, scalar
skalar scalar
Skale *f* scale
~ des Meßinstruments meter scale
Skalenanfang *m* bottom scale
Skalenendwert *m* full-scale value
Skalenfaktor *m* scale factor
Skalenmarke *f* scale mark, graduation mark
Skalenmitte *f* midscale
Skalenstrich *m* scale mark, graduation mark
Skalenteilung *f* scale division, graduation
Skatingkraft *f* skating force
Slew-Rate *f* slew rate limit
Slow S, Slow *(Zeitbewertung)*
SOFAR-Kanal *m* sound channel, SOFAR *(Unterwasserschall)*
Softewarepaket *n* software package
Sog *m* suction
Sohn *m* stamper *(Schallplattenherstellung)*
Solist *m* soloist
Solistenmikrofon *n* soloist's microphone
Solistin *f* soloist
Solo *n* solo
Sonagramm *n* sonagram *(Sprachanalyse)*
Sonar *n* sonar, sound navigating and ranging
~/passives listening sonar
Sonarausrüstung *f* sonar equipment, sonar detection equipment
Sonarbereich *m* sonar region
Sonardom *m* sonar dome
Sonardomdämmung *f* sonar dome insertion loss
Sonardom-Dämmungscharakteristik *f* sonar dome loss directivity pattern
Sonareigengeräusch *n*, **Sonareigenrauschen** *n* sonar self-noise
Sonargrundgeräusch *n*, **Sonargrundrauschen** *n* sonar background noise
Sonarimpuls *m* ping
Sonarkuppel *f* sonar dome
Sonarschreiber *m* sonar recorder
Sonarsendepegel *m* sonar source level
~ in Hauptachsrichtung axial source level
Sonde *f* probe
~/akustische sound probe, sonic probe, acoustic probe
Sondenabstand *m* probe spacing
Sondenachse *f* probe axis
Sondenausführung *f* probe configuration
Sondenform *f* probe configuration
Sondenmikrofon *n* probe microphone
sone sone *(Einheit der Lautheit)*
Sonik *f* sonics
sonor sonorous
Sopran *m* soprano
Sopranistin *f* soprano
Sopranstimme *f* soprano, soprano voice
Sordine *f* sordine, sordino
Spalt *m* slot, slit; gap
Spaltausfluchtung *f* gap alignment
Spaltbreite *f* gap width, gap clearance, gap spacing
Spaltfeld *n* gap field
Spalttiefe *f* gap depth *(Magnetkopf)*
Spaltweite *f* gap width, gap clearance, gap spacing
Spannarm *m* tape-tensioning arm *(Bandgerät)*
Spanne *f* span; period
spannen to strain, to stress, to tension; to stretch
Spannrolle *f* idle pulley, idler pulley, idler
Spanplatte *f* chipboard
Spannung *f* 1. voltage, potential difference; 2. stress, strain; tension • **unter [elektrischer] ~** live, alive, voltage-carrying
~/innere internal stress
~/mechanische stress
spannungführend active; live, alive; voltage-carrying
Spannungs-Dehnungs-Kurve *f* stress-strain curve
Spannungsempfindlichkeit *f* voltage sensitivity
Spannungsentlastung *f* strain relief
Spannungs-Frequenz-Wandler *m* voltage-to-frequency converter

Spannungsgegenkopplung *f* negative voltage feedback, inverse voltage feedback
spannungsgesteuert voltage-controlled
Spannungskomparator *m* voltage comparator
Spannungspegel *m* voltage level
Spannungsteiler *m* voltage divider, potential divider; attenuator; potentiometer
Spannungsübertragungsfaktor *m* sensitivity (response) to voltage, voltage sensitivity
Spannungsübertragungsmaß *n* voltage sensitivity level
Spannungsverlauf *m* voltage waveform
Spannungsverstärker *m* voltage amplifier
Spannungsverstärkung *f* voltage amplification, voltage gain
Spannungsverstärkungsfaktor *m* voltage gain
Spannungsvorverstärker *m* voltage preamplifier
Spannungswelle *f* stress wave
Spannungszustand *m***/mechanischer** state of stress
Spannvorrichtung *f* jig; frog *(Bogen)*
Spannweite *f* span, span length
Speicher *m***/les- und beschreibbarer** RAM, random-access memory
~/nichtflüchtiger non-volatile memory, non-volatile store
~/nur lesbarer ROM, read-only memory
Speicherdichte *f* recording density
Speichereinrichtung *f* storage facility
Speicherkapazität *f* memory space, storage space, memory (storage) capacity
Speicherkarte *f* memory card
~/les- und beschreibbare RAM card
~/nur lesbare ROM card
Speichermedium *n* storage medium
Speichermöglichkeit *f* storage facility
speichern to store; to record
~/auf Band to store on tape, to record on tape, to tape-record
~/Information to store information
Speicherstützbatterie *f* [memory] back-up battery
Speicherung *f* storage; recording
~ **auf Magnetband** magnetic tape storage, recording on tape
~ **von Transienten** transient capture (recording)
Speiseleitung *f* feeder, feeder line, feed line, supply line
speisen to feed; to supply; to power; to energize
Speisequelle *f* supply
Speiseschaltung *f* feed circuit
Speisespannung *f* supply voltage
Speisestromkreis *m* supply circuit
Speisung *f* feeding, supply; energization, power supply
~ **der Sonde** probe power supply
~ **des Sensors** sensor excitation
~ **über die Meßleitung** line drive
spektral spectral
Spektralanalysator *m* spectrum analyzer
Spektralanalyse *f* spectral analysis, spectrum analysis
Spektralanteil *m* spectral component, spectrum component
Spektraldichtepegel *m* spectrum [density] level
Spektralkomponente *f* spectral component, spectrum component
Spektrallinie *f* spectral line, spectrum line
Spektrenfolge *f* multispectrum
Spektrenvergleich *m* spectrum comparison
Spektrogramm *n* spectrogram
Spektrograph *m* spectrograph
Spektrometrie *f* spectrometry
~/laufzeitgesteuerte time-delay spectrometry
Spektrum *n* spectrum
~ **eines begrenzten (mit einem Rechteckfenster herausgeschnittenen) Zeitabschnitts** gated spectrum
~/harmonisches harmonic spectrum
~/kontinuierliches continuous spectrum
~ **mit verbessertem Störabstand** enhanced spectrum
Spektrumsanalysator *m* spectrum analyzer
Spektrumsanalyse *f* spectral analysis, spectrum analysis
Spektrumsaufzeichnung *f* spectogram
Spektrumsformer *m* spectrum shaper; equalizer
~/graphischer graphic equalizer
Spektrumsformung *f* spectrum shaping
Spektrumsverformung *f* spectrum shaping
Sperrbereich *m* stop band, stopband, suppress band, suppressed band, suppressed frequency band
~ **eines Filters** filter stop band, filter attenuation band
Sperrdämpfung *f* stop band attenuation, attenuation in suppress band, out-of-band rejection
Sperre *f* barrier
sperren to stop, to block; to reject
Sperrfilter *n* band-stop filter, rejection filter, band-rejection filter, suppression filter, band-elimination filter
~/schmalbandiges notch filter
Sperrfrequenz *f* stop frequency
Sperrkreis *m* rejection (rejector) circuit, antiresonance (antiresonant) circuit
Sperrsitz *m* stall
Sperrung *f* rejection
Sperrverhalten *n* rejection characteristic
Sperrwirkung *f* stop band effect *(eines Filters)*
Sphäre *f* sphere
Spiegel *m* mirror, reflector
Spiegelbild *n* image
spiegeln to reflect
Spiegelquelle *f* image source
Spiegelung *f* reflection
Spiegelwirkung *f* reflecting effect

Spielblättchen *n* plectrum
Spieldose *f* musical box
Spieleinrichtung *f* action
spielen to play; to touch *(Ton)*
Spieler *m* player
~ **eines Instrumentes** instrumentalist
Spieluhr *f* musical clock
Spin *m* spin, angular momentum
Spinett *n* harpsichord
Spinne *f* spider
Spiralfeder *f* helical spring
~/auf Druck beanspruchte helical-compression spring
spiralförmig helical, spiral-shaped
Spitze *f* 1. peak, maximum, crest *(Signalverlauf)*; 2. spike *(Impuls)*; 3. peak time weighting, peak *(Zeitbewertung)*; 4. tip, point, top *(eines Gegenstandes)* • **mit abgeflachter ~** flat-topped *(Durchlaßkurve)*
Spitzenausgangsleistung *f* peak output power, maximum power output
Spitzenbegrenzer *m* peak clipper, peak limiter
Spitzenbegrenzung *f* peak clipping
spitzenbeschnitten peak-clipped
Spitzenbewertung *f* peak time weighting
Spitzendetektor *m*, **Spitzengleichrichter** *m* peak detector, peak rectifier, peak-type rectifier
Spitzenklasse *f* top class, high end
Spitzenlautheit *f* peak loudness
Spitzenleistung *f* peak power
Spitzenpegelanzeiger *m* peak level indicator
Spitzenschalldruck *m* peak sound pressure
Spitzenwert *m* peak value, crest value, peak
~ **der Sprechleistung** peak speech power
~ **des bewerteten Schallpegels** peak sound level, peak frequency-weighted sound pressure level
~ **des Pegels** peak level
Spitzenwertanzeige *f* peak indication, peak reading
Spitzenwertanzeiger *m* peak indicator
Spitzenwertdetektor *m*, **Spitzenwertgleichrichter** *m* peak detector, peak rectifier, peak-type rectifier
Spitzenwert-Halten *n* peak hold
Spitzenwertmesser *m* peak meter
Spitzenwertüberschreitung *f* peak excess
Spitze-[zu-]Spitze-Wert *m* peak-to-peak value, peak-to-valley value
Sprachanalysator *m* speech analyzer
Sprachanalyse *f* speech analysis
Sprachaudiogramm *n* speech audiogram
Sprachaudiometer *n* speech audiometer
Sprachaudiometrie *f* speech audiometry, recorded voice audiometry
Sprachaufnahme *f* speech recording, voice recording
Sprachaufzeichnung *f* speech recording, voice recording; voice logging
Sprachausgabe *f* voice output
Sprachausgabegerät *n* speech synthesizer, voice synthesizer
Sprachbefehl *m* vocal command
Sprachbereich *m* voice band
Sprachbeschneidung *f* speech clipping
sprachbetätigt voice-actuated
Sprache *f* 1. speech; voice; 2. language
~/deutliche clear voice
~/künstliche vocoderized speech
~/leise faint speech
~/original gesprochene live voice
~/stark tiefenbetonte boomy speech
~/undeutliche blurred voice
~/verschlüsselte scrambled speech
~/verzerrte blurred voice
Spracheingabe *f* speech input, voice input
~ **für Rechner** speech computer input
Spracheingabeeinheit *f* audio-response unit
Spracherkennung *f* speech recognition, voice recognition
Spracherzeugung *f* **[/synthetische]** speech synthesis, voice synthesis
Sprachfehler *m* speaking disorder, speech defect
Sprachfrequenz *f* voice frequency, speech frequency
Sprachfrequenzbereich *m* speech band, speech-frequency range, voice band, voice-frequency range
sprachgesteuert voice-operated, voice-controlled
Sprachgüte *f* quality of speech, voice quality
Sprachheilkunde *f* speech therapy
Sprachkanal *m* speech channel, voice channel
Sprachkodierung *f* speech coding
Sprachkommando *n* vocal command
Sprachlabor *n* language laboratory
Sprachlaut *m* phoneme, speech sound, voice sound
Sprachleitung *f* voice line
sprachmoduliert speech-modulated, voice-modulated
Sprachpegel *m* speech level, voice level
Sprachqualität *f* voice quality, voice grade
Sprachrohr *n* megaphone, speaking trumpet, speaking tube, trumpet
Sprachschwingung *f* speech oscillation (vibration, wave)
Sprachsichtgerät *n* visible speech analyzer (apparatus)
Sprachsignal *n* speech signal
Sprachsignalverarbeitung *f* speech processing, speech signal processing
Sprachspektrum *n* speech spectrum
Sprachstörpegel *m* speech interference level, SIL

Sprachstörung *f* speaking disorder, speech defect, speech impairment
Sprachsynthese *f* speech synthesis, voice synthesis
~ **aus Phonemen** phoneme linking
Sprachsynthesegerät *n* speech synthesizer, voice synthesizer
Sprachtherapie *f* speech therapy
Sprachübertragung *f* speech transmission, voice transmission
Sprachverschlüsseler *m* speech scrambler, scrambler; vocoder, voice encoder, voice coder
Sprachverschlüsselung *f* scrambling, voice inscription
Sprachverständigung *f* vocal communication, verbal communication
Sprachverständlichkeit *f* speech intelligibility (articulation, discrimination)
~/prozentuale percentage [speech] intelligibility, percent articulation
Sprachverständlichkeitsprüfung *f* **[mit Einzelsilben]** articulation test
~ **mit Sätzen (Wörtern)** intelligibility test
Sprachverständlichkeitsschwelle *f* threshold of speech intelligibility, threshold of intelligibility
Sprachwahrnehmung *f* perception of speech
Sprachwiedergabe *f* voice reproduction
Sprachwissenschaft *f* linguistics
Sprachzentrum *n* speech centre
Sprechader *f* speaking wire
Sprechanlage *f* speech communication system, Tannoy
Sprechapparat *m* vocal tract, vocal organs
Sprechbereich *m* speaking range
sprechen to speak, to talk
~/unartikuliert to babble
Sprechen *n* speech, speaking
~/deutliches clear speech
~/leises faint speech
~/unzusammenhängendes inarticulate speech
Sprechender *m* talker, speaker
Sprecher *m* talker, speaker; announcer; newscaster, news-reader; narrator
Sprechererkennung *f* speaker recognition
Sprecheridentifizierung *f* speaker identification
Sprechgarnitur *f* headgear
Sprechgeschwindigkeit *f* speech velocity
Sprech-Hör-Garnitur *f* communication headgear
Sprech-Hör-Vergleichsprüfung *f* voice-ear test
Sprechkanal *m* speech channel, voice channel
Sprechkapsel *f* telephone transmitter capsule, transmitter inset
Sprechlaut *m* speech sound
Sprechlautstärke *f* speech volume, volume of speech
Sprechleistung *f* speech power
~/maximale peak speech power
~/momentane instantaneous speech power
Sprechleitung *f* speaking wire
Sprechöffnung *f* acoustic inlet, microphone inlet (mouthpiece), transmitter inlet
Sprechorgane *npl* vocal tract, vocal organs
Sprechpegel *m* speech level, voice level
Sprechprobe *f* voice test, talking test
Sprechreichweite *f* speaking range
Sprechschalter *m* press-to-talk button, press-to-talk-switch, microphone switch, speaking key
Sprechstromkreis *m* speaking circuit
Sprechtaste *f* microphone button, microphone key, microphone switch, speaking key, press-to-talk button (switch)
Sprechtrichter *m* mouthpiece
Sprech- und Hörgarnitur *f* two-way communication headset
Sprechverbindung *f* speech communication, voice communication
Sprechweite *f* speaking range
Sprechwerkzeuge *npl* organs of speech
Springen *n* **der Nadel** stylus jump
Sprossenschrift *f* variable density track
Sprung *m* 1. step, jump; discontinuity; 2. crack; flaw *(Material)*
~ **an der Anschlußstelle** junction discontinuity
Sprungantwort *f* step-function response, step response
Sprungfunktion *f* step function, jump-function, discontinuous function
Sprungfunktionsantwort *f* step-function response
sprunghaft discontinuous
Sprungübertragungsfunktion *f* step response
Spule *f* coil; reel, spool
spulen to spool, to reel
Spulenabgriff *m* coil tap
Spulenanzapfung *f* coil tap
Spulenbandgerät *n* open-reel recorder, open-reel tape recorder, reel-to-reel recorder
Spulengröße *f* reel size
Spulentonbandgerät *n* open-reel recorder, open-reel tape recorder, reel-to-reel recorder
Spur *f* trace; track
~ **in Amplitudenschrift** variable area track
~ **in Sprossenschrift** variable density track
~ **in Zackenschrift** variable area track
Spurabstand *m* track spacing
Spuranpassung *f* coincidence effect, coincidence, wave coincidence
Spurbreite *f* track width
Spurendichte *f* track density
Spurfehler *m* tracking error
Spurfolgesystem *n***/dynamisches** dynamic track following [system], DFT
Spurfolgevermögen *n* tracking ability
Spürgerät *n* detector

Spurhaltung *f* tracking
Spurlogik *f* track logic
Spurmischung *f* overdubbing
Spurverzerrung *f* tracking distortion
Spurzwischenraum *m* track gap
Stab *m* 1. rod, bar; 2. staff
stabil stable; steady; rigid
Stabilität *f* stability; rigidity
Stabilitätsgrenze *f* stability limit; singing limit
Stabilitätsreserve *f* stability margin
Stabilitätsspielraum *m* stability margin
Stabinstrument *n* bar instrument
Stachel *m* spike *(z.B. Cello)*
Stadium *n* stage
Städtebauakustik *f* urban acoustics
staffeln to stagger, to arrange in a stagger, to space
stammeln to babble
Standardabweichung *f* standard deviation
Standardhammerwerk *n* standardized impact sound source, standard impact generator
Standardhörschwelle *f* standard threshold of hearing, normal threshold of hearing (audibility), zero hearing loss
Standardinterface *n* standard interface
Standardschallpegeldifferenz *f* standardized level difference, normalized level difference
Standardschnittstelle *n* standard interface
Standardtrittschallpegel *m* impact-sound index
Ständer *m* 1. stand; 2. stator
standfest steady, stable
Standort *m* **der Bedienperson** operator position
Standwert *m* mechanical impedance
~/akustischer acoustic impedance
~ bei Kurzschluß/akustischer short-circuit acoustic impedance
~ bei Last/akustischer loaded acoustic impedance
~ bei Leerlauf/akustischer open-circuit acoustic impedance
~ der akustischen Masse acoustic inertance
~/mechanischer mechanical impedance, velocity impedance
~/spezifischer specific acoustic impedance, unit-area acoustic impedance
Stärke *f* strength; intensity
~ der Geräuscheinwirkung noise-exposure intensity, exposure intensity
~ einer Schallquelle strength of a sound source
starr rigid, stiff
Starrheit *f* rigidity, stiffness
Starttaste *f* start button
stationär stationary; steady-state
Stationszeichen *n* signature tune
Stativ *n* stand, tripod, floor stand
Staudruck *m* back pressure
Steckbaugruppe *f* plug-in module (unit)
Steckdose *f* socket, receptacle
Steckeinheit *f* plug-in module (unit)
stecken to plug
Stecker *m* plug; connector; male plug
Steckergegenstück *n* female plug
Steckerkabel *n* patch cord
Steckerloch *n* connector receptacle, plug hole
Steckerpaar *n* connector pair
Steckerstift *m* connector pin, contact pin, plug pin, pin
Steckverbinder *m* connector
Steckverbinderpaar *n* connector pair, plug and socket
Steckverbindung *f* plug connection, plug-and-socket connection; connector assembly, connector pair
Steg *m* 1. land *(Schallplatte)*; 2. bridge *(Saiteninstrument)*
Stehwelle *f* standing wave
Stehwellenfeld *n* standing wave field
Stehwellenverhältnis *n* standing wave ratio
steif stiff, rigid
Steife *f* stiffness, rigidity
~/akustische acoustic stiffness
Steifigkeit *f* stiffness, rigidity
~/akustische acoustic stiffness
~/dynamische dynamic stiffness
Steifigkeitsreaktanz *f* stiffness reactance
Steigbügel *m* stapes *(Gehörknöchel)*
steigern to increase, to step up, to intensify; to boost
Steigung *f* gradient
Steinwolle *f* mineral wool, mineral fibre, rock wool
Stellbereich *m* control range
Stelle *f***/undichte** leak
stellen/lauter to increase the volume
~/leiser to reduce the volume
Stellrad *n* control wheel
Stellung *f* position
~ der Bedienperson operator position
Stereoanlage *f* stereophonic sound system
Stereoaufnahme *f* stereo recording, stereophonic recording
Stereoaufnahmegerät *n* stereophonic recorder, stereo recorder
Stereoaufzeichnung *f* stereo recording, stereophonic recording
Stereodekoder *m* stereo decoder
Stereoeffekt *m* stereo[phonic] effect, binaural effect
Stereo-Kompaktanlage *f* stereo cassette receiver; hi-fi set
Stereomikrofon *n* stereo microphone
~ für Intensitätsstereophonie coincidence microphone

Stereomischpult *n* stereophonic mixer, stereo mixer
stereophon stereophonic, stereo; binaural
Stereophonie *f* stereophonics *s/pl*, stereophony
Stereophoniesystem *n* stereophonic sound system
Stereoplatte *f* stereo record
Stereoplattenspieler *m* stereo record player
Stereoplattenwechsler *m* stereo record changer
Stereorecorder *m* stereo recorder
Stereoschallplatte *f* stereo record
Stereoseitenbandfilter *n* mpx filter
Stereosignal *n* stereo[phonic] signal
~/kodiertes mpx signal, multiplex signal
Stereoton *m* stereo[phonic] sound
Stereoverstärker *m* stereo amplifier
Stereowiedergabe *f* stereophonic reproduction
Stethoskop *n* auscultation tube, stethoscope
stetig continuous, steady
Stetigkeit *f* continuity, steadiness
Stetigkeitsbedingung *f* continuity condition
Steuereinrichtung *f* control device
Steuergerät *n* controller
Steuerkennlinie *f* control characteristic
steuern to control
Steuerpult *n* control console, control desk
Steuerschalter *m* controller
Steuerschaltung *f* control circuit
Steuersignal *n* control signal; control command
~/frequenzbestimmendes tuning signal
Steuerspur *f* control track
Steuerung *f* control
~ des gleitenden Durchlaufs sweep control
Stichwort *n* cue
Stift *m* pin; stylus; stud
Stiftbelegung *f* pin connection
Stiftspitze *f* stylus tip
still silent, quiet, noiseless
Stille *f* silence, quietness, noiselessness
Stillstand *m* rest
Stimmapparat *m* vocal tract, vocal organs
Stimmaufwand *m* vocal effort
Stimmaufzeichnung *f***/sichtbare** voice printing
Stimmbänder *npl* vocal chords, vocal cords
Stimmbereich *m* vocal range
Stimmbogen *m* crook
Stimme *f* 1. voice; 2. musical part, part; 3. sound post *(Saiteninstrumente)*
~/künstliche artificial voice, voice simulator
stimmen to tune, to put in tune, to key *(Instrument)*
~/höher to raise the pitch
~/temperiert to temper
~/tiefer to lower the pitch
Stimmer *m* tuner *(Musik)*
Stimmgabel *f* tuning fork
stimmhaft sonant, vibrant, vocal; voiced
Stimmhaftigkeit *f* sonance, sonancy
Stimmhammer *m* wrest, tuning hammer
Stimmlage *f* register
stimmlich vocal
stimmlos voiceless; aphonic
Stimmlosigkeit *f* aphonia, aphony
Stimmpfeife *f* tuning pipe
Stimmregister *n* register
Stimmritze *f* glottis
Stimmschlüssel *m* wrest, tuning hammer
Stimmstock *m* sound post, wrest-block, wrest-plank
Stimmton *m* concert pitch
Stimmtonfrequenz *f* standard tuning frequency, standard musical pitch, standard pitch
Stimmtongenerator *m* standard tone generator
Stimmumfang *m* diapason, compass, vocal range
Stimmung *f* musical pitch, pitch, tune
~/gleichschwebende equal temperament
~/musikalische musical scale, scale
~/natürliche natural temperament, just temperament
~/pythagoräische Pythagorean scale
~/reine natural (just) temperament
~/temperierte temperament, equal temperament
Stimmverlust *m* aphonia, aphony
Stimmwirbel *m* tuning peg
Stimulation *f* stimulation
stimulieren to stimulate
Stimulus *m* stimulus
stochastisch stochastic, random, erratic
Stoff *m* 1. fabric, cloth; 2. substance; medium, material, matter
Stoffbespannung *f* cloth covering, fabric covering
Stoffkonstante *f* material (matter) constant
Stofftransport *m* matter transport
stopfen to stop
Stopptaste *f* stop button
Stöpsel *m* plug
stöpseln to plug
Störabstand *m* signal-to-noise ratio, SNR
Störabstandsverbesserung *f* signal enhancement
Störaustaster *m* noise silencer
Störbegrenzer *m* noise limiter
Störbegrenzung *f* noise limitation
Störecho *n* unwanted echo
Störeinwirkung *f* **von Streufeldern** stray-pick-up
stören to disturb, to interfere [with]; to jam *(Rundfunk)*
Störer *m* jammer
Störfilter *n* noise filter
Störgeräusch *n* disturbing noise, undesired (extraneous, parasitic) noise
~ durch Wind wind noise, aerodynamically induced noise

~/zwitscherndes bird singing, birdies
Störgeräuschunterdrückung *f* noise suppression
Störlärm *m* disturbing noise, undesired noise; background noise
~/von außen kommender extraneous noise
Störlärmquelle *f* extraneous noise source
Störmodulation *f* unwanted modulation, spurious modulation
Störpegel *m* background noise level, background level, disturbance level
Störquelle *f* disturbing source, extraneous source, noise source
~/äußere extraneous source
Störrauschen *n* spurious noise
Störreflexion *f* undesired reflection
Störschallunterdrückung *f* noise cancellation
Störschutzfilter *n* noise filter, noise killer
Störschwingung *f* undesired oscillation, parasitic oscillation
Störsender *m* jammer
Störsignal *n* disturbance (unwanted, parasitic, interfering, spurious) signal
Störsignalentstehung *f* **durch Reibungselektrizität** triboelectric effect
Störspannung *f* noise-level voltage, noise voltage
Störsperre *f* noise gate, noise killer
Störung *f* interference, disturbance; interruption
~ der Sprachverständigung speech interference, communication interference
~ der Verständigung communication interference
~ des Sprechens und des Sprachverständnisses aphasia
~ durch Nebensprechen cross-talk trouble, cross-talk interference
~ durch Übersprechen cross-talk trouble, cross-talk interference
~/gegenseitige mutual interference
Störungssuche *f* trouble-shooting, troubleshooting
Stoß *m* impetus, impact; shock; bump; impulse; burst (radiation)
~ an der Klebestelle splice bump, splice pulse
Stoßanalysator *m* shock spectrum analyzer
Stoßanregung *f* shock (impulse, impact) excitation
stoßartig jerky
Stoßbeschleunigung *f* impact acceleration
Stoßbeschleunigungsaufnehmer *m* shock accelerometer
Stoßbewegung *f* shock motion
stoßdämpfend shock-absorbing
Stoßdämpfer *m* dashpot, snubber, buffer, shock-absorber
Stoßdämpfung *f* shock absorption
Stoßdauer *f* shock duration
stoßen [auf] to impinge [upon]
stoßfest shock-resistant, impact-resistant
Stoßfestigkeit *f* shock resistance, impact resistance, shock strength
Stoßfolgefrequenz *f* impact rate
Stoßfolgeprüfung *f* bump test, bump testing
stoßfrei shock-free
Stoßfrequenz *f* impact rate
stoßgeschützt shockproof, shakeproof, shock-proof
Stoßimpuls *m* shock pulse
Stoßprüfung *f* shock test, shock testing
Stoßspektrum *n* shock [response] spectrum
~/maximales maximum (overall) shock spectrum
~/residuelles residual shock spectrum
Stoßstange *f* bumper
Stoßstärke *f* shock strength
Stoßwelle *f* shock wave
Stoßwellenfront *f* Mach line
Stoßwellenkegel *m* Mach cone
Strahl *m* beam, ray • **einen ~ zurückverfolgen** to trace a ray
~/abgelenkter deflected beam
~/auftreffender impinging beam
~/austretender emergent ray, issuing ray
~/einfallender impinging beam
~/schräger skew ray
Strahlbreite *f* beam width
strahlen to radiate
Strahlenbündel *n* beam, beam of rays, bundle of rays, pencil of rays, cone of rays
Strahlenbündelung *f* beam focussing
strahlend radiant, bright
Strahlendurchgang *m* radiation passage
strahlendurchlässig radiation-transparent
Strahlenfokussierung *f* beam focussing
Strahlengang *m* ray path, beam path, path of rays
Strahlenteiler *m* beam splitter
Strahlenverlauf *m* ray path, beam path, path of rays
Strahlenweg *m* beam path
Strahler *m* radiator; projector
~ nullter Ordnung omnidirectional (non-directional, simple, spherical) source, monopole
Strahlformung *f* beam forming
Strahllärm *m* jet noise
Strahlung *f* radiation
~/gestreute backscattered radiation
Strahlungscharakteristik *f* radiation pattern, radiation diagram
Strahlungsdetektor *m* radiation detector
Strahlungsdiagramm *n* radiation pattern, radiation diagram, field pattern
~ in polarer Darstellung polar radiation pattern
Strahlungsdruck *m* radiation pressure
strahlungsdurchlässig radiation-transparent
Strahlungsempfänger *m* radiation detector
Strahlungsfeld *n* radiation field

Strahlungsfläche *f* radiating surface, radiation surface
Strahlungsimpedanz *f* radiation impedance
Strahlungsintensität *f* radiation intensity, intensity of radiation
Strahlungskeule *f* radiation lobe
Strahlungsleistung *f* radiated power, radiant power
Strahlungsquelle *f* source of radiation, radiation source
Strahlungsrichtung *f* direction of radiation
Strahlungsstärke *f* radiation intensity, intensity of radiation
Straßenverkehrslärm *m* road traffic noise
strecken[/sich] to stretch, to extend, to expand; to elongate
Streckmetall *n* expanded metal
Streckung *f* stretch, extension, expansion; elongation
Streicher *m* string player
Streicher *mpl*, **Streichergruppe** *f* strings
Streichinstrument *n* stringed instrument
Streichorchester *n* string orchestra
streifen to graze
Streifenbreite *f* chart width, chart paper width
Streifengeschwindigkeit *f* chart speed
Streifenschreiber *m* chart recorder
Streubereich *m* 1. spread; 2. zone of dispersion
~ **zwischen 25% und 75% der Werte** interquartile range
Streuecho *n* scatter echo
streuen to scatter, to disperse; to leak, to stray
Streufeld *n* stray field, leakage field
~/magnetisches magnetic stray field
Streufluß *m* stray flux, leakage flux
~/magnetischer magnetic leakage flux
Streukopplung *f* stray coupling
Streukörper *m* diffuser, diffusor; scatterer
Streuobjekt *n* scatterer
Streuquerschnitt *m* scattering cross section
Streureflexion *f* scattered reflection
Streuschicht *f* scattering layer
Streustärke *f* scattering strength
Streustrahlung *f* scattered (backscattered) radiation
Streuung *f* scattering, divergence, divergency, spreading; leakage; variance
~/magnetische magnetic leakage
~ **von Schallwellen** acoustic dispersion
Streuverlust *m* scattering loss
Streuwinkel *m* angle of scattering
Strichgatter *n* graticule
Stroboskop *n* stroboscope, motion analyzer
~ **für den Nasen-Rachenraum und den Kehlkopf** rhino-larynx stroboscope
Stroboskopie *f* stroboscopy, motion analysis
Stroboskopimpuls *m* strobe pulse
stroboskopisch stroboscopic
Stroboskopscheibe *f* stroboscopic disk
Strom *m* 1. current; 2. flow, flux; stream, streaming
~ **am Arbeitspunkt** bias current
Strombegrenzer *m* current-limiter, current-limiting device
Strombelastbarkeit *f* current-carrying capacity
Strombelastung *f* **der Batterie** battery drain
Stromempfindlichkeit *f* current sensitivity
strömen to flow
stromführend active, current-carrying
Stromgegenkopplung *f* negative current feedback, inverse current feedback
Stromklinger *m* electrophone
Stromkreis *m* electric circuit, circuit
~/elektrischer electric circuit
~/geschlossener closed circuit
~/offener open circuit
Stromlaufplan *m* circuit (schematic circuit wiring) diagram
Stromlinie *f* streamline, stream line
Stromquelle *f* current source, source of current
Stromübertragungsfaktor *m* current sensitivity, sensitivity to current, response to current
Stromübertragungsmaß *n* current sensitivity level
Strömung *f* flow; stream, streaming
~/laminare laminar flow, stream-line flow
~/turbulente turbulent flow
~/verwirbelte turbulent flow
Strömungsakustik *f* flow acoustics
Strömungsart *f* flow regime
Strömungsfeldwiderstand *m* specific flow resistance
Strömungsgeräusch *n* **[durch Wind]** flow noise; aerodynamically induced noise
Strömungsgeschwindigkeit *f* flowrate, velocity of flow
Strömungsleiteinrichtung *f* spoiler
Strömungslinie *f* streamline, stream line, flow line
Strömungsmesser *m* flow meter, current meter
~ **nach dem Dopplerprinzip** Doppler flowmeter
Strömungswiderstand *m* flow resistance
~/längenbezogener flow resistivity
~/spezifischer specific flow resistance
Stromversorgung *f* power supply
Stromversorgungsgerät *n* power supply unit
Stromversorgungsteil *n* power pack
Stromwechsel *m* alternation
Strudel *m* eddy
Struktur *f* structure
Strukturresonanz *f* structural resonance
Studio *n* studio
~/halliges [acoustically] live studio
~ **mit kurzer Nachhallzeit** [acoustically] dead studio
~ **mit langer Nachhallzeit** [acoustically] live studio
~ **mit veränderlicher Nachhallzeit** variable-acoustic studio

~ **ohne Nachhall** [acoustically] dead studio
~/**schalltotes** [acoustically] dead studio
Studioabhöreinrichtung *f* monitoring studio station
Studioaufnahme *f* studio recording, studio pick-up
Studioausrüstung *f* studio equipment
Studiobetrieb *m* studio operation
Studioeinrichtung *f* studio equipment
Studiomikrofon *n* studio microphone
Studiosendung *f* studio broadcast
Studiotechnik *f* studio equipment; studio engineering
Stufe *f* stage, step; increment
Stufenfunktion *f* step function
Stufenverstärkung *f* stage gain
stumm dumb, mute
Stummfilm *m* silent film
stummgetastet mute
Stummschaltung *f* muting
~ **bei der Aufnahme** record muting
~ **bei Trägerausfall** squelch
~ **zum Pausensetzen** record muting
Stummtaste *f* mute (muting) switch
Stummtastung *f* **zum Pausensetzen** record muting
Stützbatterie *f* back-up battery
Stutzflügel *m* baby grand
subharmonisch subharmonic
Subharmonische *f* subharmonic, subharmonic component
substituieren to substitute
Substitution *f* substitution
Substitutionseichung *f*, **Substitutionskalibrierung** *f* calibration by substitution, substitution method of calibration
Substitutionsverfahren *n* substitution method, substitution technique
Suche *f* search
Suchgerät *n* detector
Suchlauf *m* search; cue; cueing; review
Suchspule *f* pick-up coil
Suchton *m* search tone
Summe *f*/**vektorielle** vector sum
summen to hum, to buzz
Summen *n* hum, buzzing
Summenfrequenz *f* sum frequency
Summenhäufigkeit *f* [absolute] cumulative frequency
Summenhäufigkeitsverteilung *f* cumulative distribution
Summenlautheit *f* summation loudness
Summenton *m* summation tone
Summer *m* buzzer, sounder
Supernierencharakteristik *f* hyper-cardiodid characteristic, supercardiodid characteristic
Superpositionsprinzip *n* superposition principle
Super-Single *f* super single
Symmetrie *f* symmetry; balance
symmetrieren to balance
symmetriert balanced
~/**fehlerhaft** ill-balanced
Symmetrieübertrager *m* balance-to unbalance transformer, balun
synchron synchronous
Synchronisation *f* 1. synchronization; 2. dubbing *(Film)*
Synchronisationsbereich *m* pull-in range, pulling-in range
synchronisieren 1. to synchronize; 2. to dub *(Film)*
Synchronismus *m* synchronism, synchronous operation
Synchronstudio *n* dubbing studio
Synthese *f* synthesis
Synthesizer *m* synthesizer
synthetisch synthetic
synthetisieren to synthesize
System *n* **mit diskreten Abtastwerten** sampled data system
~ **mit diskreten Elementen** lumped-parameter system, discrete parameter system
~ **mit diskreten Funktionswerten** sampled data system
~ **mit diskreten Parametern** lumped-parameter system, discrete parameter system
~ **mit einem Freiheitsgrad** single-degree-of-freedom system, one-degree-of-freedom system
~ **mit konzentrierten Elementen** lumped-parameter system, discrete parameter system
~ **mit mehreren Freiheitsgraden** multiple-degree-of-freedom system
~ **mit Speisung über die Signalleitungen** line-drive system
~ **mit verteilten Elementen (Parametern)** distributed-parameter system, system with distributed parameters, continuous system
~ **mit vielen Freiheitsgraden** multiple-degree-of-freedom system
~ **unbekannter Struktur** black box
~ **zur automatischen Bandeinmessung** automatic tape-response system, ATRS
~ **zur einmaligen Aufzeichnung** write once, WO, write once read mostly, WORM
~ **zur Nachhallerzeugung (Nachhallverlängerung, Verhallung)** reverberation system
Systemanalyse *f* system analysis
Systemtheorie *f* system theory

T

Tabelle *f* table; list; chart
Tafel *f* 1. panel, board; plate; slab; sheet; 2. chart, table

Täfelung *f* panelling, panel lining, panel, wainscot, wainscoting
Tageslärmdosis *f* daily noise exposure
Tageslärmexposition *f* daily noise exposure
Takt *m* 1. clock [cycle]; 2. time; measure, rhythm *(Musik)* • **aus dem ~ kommen** to lose the beat • **den ~ schlagen** to beat the time • **gegen den** ~ out of rhythm • **im** ~ in rhythm • **im ~ bleiben** to stay in time, to keep the rhythm
Taktfrequenz *f* clock frequency (rate), clock (timing) pulse rate
Taktgeber *m*, **Taktgenerator** *m* clock (timing, timing pulse) generator, timer, clock
Taktimpuls *m* clock pulse
Taktimpulsgenerator *m* clock (timing, timing pulse) generator, timer, clock
Taktmaximalpegel *m* maximum level in consecutive time intervals
Taktmaximalpegelmessung *f* takt-maximal measurement
Taktschlag *m* beat
Taktstock *m* stick, baton
Taktstrich *m* bar, bar-line
Taktteil *m*/**betonter** down-beat
~/unbetonter up-beat
Taktzeit *f* cycle time
tangential tangential
Tangentialbeschleunigung *f* tangential acceleration
Tangentialgeschwindigkeit *f* tangential velocity
Tangential[schub]kraft *f* tangential force
Tangentialvektor *m* tangential vector
Tanzkapelle *f* dance band, band, combo, combination
Tanzorchester *n*/**großes** big band
Tastatur *f* keyboard
~/[auf]geteilte split keyboard
Tastatureingabe *f* keyboard entry
Tastaufnehmer *m* tactile sensor
Taste *f* key; button • **eine ~ anschlagen** to strike a key
~ **für den schnellen Rücklauf** fast reverse button, fast rewind button
~ **für den schnellen Vorlauf** fast forward button
~ **„Halten“** capture button, hold button
Tastenanschlag *m* key stroke, touch
Tastenbetätigung *f* key stroke, touch
Tastenfeld *n* keyboard
Tasteninstrument *n* keyboard (keyed) instrument, keyboard
~ **mit MIDI (MIDI-Interface)** MIDI keyboard
Tastensatz *m* key set
Tastkopf *m* probe
Tastverhältnis *n* [pulse] duty factor; burst ratio
taub deaf
~ **machen** to deafen
Taubheit *f* deafness
~/berufsbedingte occupational deafness (hearing loss)
~/partielle partial deafness
~/völlige anacusia, anacusis, total deafness
taubblind deaf and blind
taubstumm deaf and dumb, deaf mute
Taubstummensprache *f* deaf-and-dumb language, dactyl speech
Taubstummer *m* deaf-mute
Taubstummheit *f* deaf-mutism
Tauchspule *f* moving coil
Tauchspulmikrofon *n* moving-coil microphone
TDS *s.* Time-Delay-Spectrometry
Teil *m* **einer Oktave** fractional octave band
Teilbereich *m* subrange
Teilchenauslenkung *f* particle displacement
~/akustische sound particle displacement
Teilchengeschwindigkeit *f* particle velocity
Teildruck *m* partial pressure
Teilfläche *f* sub-area
Teilfrequenz *f* component frequency
Teilkörperschwingung *f* local (segmental) vibration; hand-arm vibration
Teillärmexposition *f* partial noise exposure
~/relative partial noise exposure index
Teillautheit *f* partial loudness
Teilnehmer *m* subscriber, telephone subscriber *(Telefon)*
Teilnehmerapparat *m* subset
Teiloktavband *n* fractional octave band
Teiloktave *f* fractional octave
Teiloktavfilter *n* fractional-octave band filter
Teilschalleistung *f* partial sound power
Teilschwingung *f* partial oscillation, partial vibration
Teilstrich *m* scale mark, scale marking
Teilton *m* partial tone, partial
Teiltonreihe *f*/**harmonische** harmonic series of sounds
Teilung *f* **der Tastatur** keyboard split, key split *(auf unterschiedliche Register)*
Teilverdeckung *f* partial masking
teilweise partial
Telefon *n* telephone, phone
~ **mit Tastenwahl** touch-tone telephone
~ **mit Wählscheibe** rotary telephone
Telefonapparat *m* telephone set
Telefonbuchse *f* phone jack
Telefoneinsteckhörer *m* telephone olive
Telefonhörer *m* handset, telephone handset, receiver, telephone receiver; telephone earphone
telefonieren to telephone, to phone
Telefonkabel *n* telephone cable, telecommunication cable
Telefonkabine *f* telephone cabin (box, booth)
Telefonleitung *f* telephone line
Telefonstecker *m* phone plug
Telefonzelle *f* telephone cabin (box, booth)

Telemetrie *f* telemetry, telemetering
temperaturabhängig temperature-dependent
Temperaturabhängigkeit *f* temperature dependence
Temperaturänderung *f*/**plötzliche** thermal shock
Temperaturausgleich *m* temperature compensation
Temperaturbeiwert *m* temperature coefficient
Temperaturbereich *m* temperature range
Temperatureinfluß *m* temperature effect, temperature influence
Temperaturgefälle *n* temperature gradient
Temperaturgradient *m* temperature gradient
Temperaturkoeffizient *m* temperature coefficient
Temperaturkompensation *f* temperature compensation
temperaturkompensiert temperature-compensated
Temperaturschock *m* thermal shock
temperaturunabhängig temperature-independent
temperiert tempered *(musikalische Stimmung)*
~/gleichschwebend equally tempered
Tendenz *f* trend, tendency
~/systematische bias
Tenor *m* tenor
Tenorstimme *f* tenor [voice]
Teppich *m* carpet; rug
Teppichboden *m* fitted carpet
Terz *f* third, third octave, one-third octave *(Intervall)*; third-octave band, one-third octave band
~/große major third
~/kleine minor third
Terzanalysator *m* third-octave band analyzer
Terzband *n* third octave band
Terzbandanalysator *m* third-octave band analyzer
Terzbandschalldruck *m* third-octave band pressure
Terzbandschalldruckpegel *m* third-octave band pressure level
Terzbereich *m* third octave band
Terzfilter *n* third-octave filter
Terzpegel *m* third-octave band pressure level
Terzschalldruck *m* third-octave band pressure
Terzschalldruckpegel *m* third-octave band pressure level
Test *m* test
Testpersonengruppe *f* test jury, jury
Testprogramm *n* test routine
Testreiz *m* test stimulus
Theater *n* theatre
thermisch thermal
Thermophon *n* thermophone
ticken to tick; to click
tief low-pitched
~/unhörbar ultralow
Tiefenabschneidung *f* low cut
Tiefenabsenkung *f* low cut
Tiefenabtastung *f* depth scan
Tiefenanhebung *f* bass emphasis, bass boost[ing], low-note accentuation, low-note emphasis, low-frequency accentuation; low-note (low-frequency) compensation
tiefenbeschnitten high-passed
Tiefenbetonung *f*/**unerwünschte** boominess
Tiefenentzerrung *f* bass compensation, low-note compensation
Tiefenmesser *m*/**akustischer** depth sonar
Tiefenregler *m* bass control
Tiefenschlucker *m* low-frequency absorber
Tiefenschrift *f* hill-and-dale recording, depth recording, vertical recording
Tiefensonar *n* depth sonar
Tiefenstreuschicht *f* deep scattering layer
Tiefenwiedergabe *f* bass response, low-note response, low-frequency response
Tiefpaß *m* low-pass filter, LPF, low-pass, LP
~/akustischer low-pass acoustic filter
~ gegen Aliasing (Rückfaltung) anti-alias (anti-aliasing) filter
~ hinter Umsetzer-Analog-Digital reconstruction filter
Tiefpaßfilter *n* low-pass filter, LPF
~/akustisches low-pass acoustic filter
~ gegen Aliasing (Rückfaltung) anti-alias (anti-aliasing) filter
~ hinter Umsetzer-Analog-Digital reconstruction filter
tiefpaßgefiltert low-passed
Tiefpaßwirkung *f* upper frequency band limitation
Tiefsttonlautsprecher *m* subwoofer
tieftönend low-pitched
Tieftonlautsprecher *m* bass loudspeaker, low-frequency loudspeaker, boomer, woofer
Tieftonregler *m* bass control
Tieftonwiedergabe *f* bass response, low-note response, low-frequency response
Time-Delay-Spectrometry *f* time-delay spectrometry, TDS
Time-Sharing *n* time sharing
Tinnitus *m* tinnitus
Titelanspielen *n*/**kurzes** auto scan, intro check
Titelsucheinrichtung *f*/**automatische** automatic program[me] search system, APSS
Ton *m* tone, note; sound
~/aufgezeichneter recorded sound, sound record
~/reiner pure sound, pure tone, simple tone
Tonabnehmer *m* gramophone (phonograph, sound) pick-up, pick-up, pickup
~/[elektro]dynamischer dynamic (electrodynamic, moving-coil) pick-up
~/elektromagnetischer magnetic pick-up,

electromagnetic pick-up, moving-iron pick-up, variable-reluctance pick-up
~/kapazitiver capacitor pick-up
~/magnetischer magnetic pick-up, electromagnetic pick-up, moving-iron pick-up, variable-reluctance pick-up
Tonabnehmereinsatz *m* pick-up cartridge, pick-up inset
Tonabstand *m* interval
Tonabtastspalt *m* sound-scanning slit
tonal tonal
Tonalität *f* tonality
Tonarchiv *n* sound archive
Tonarm *m* pick-up arm, tone arm, tonearm
Tonarmanhebevorrichtung *f* tone arm elevator
Tonarmlager *n* tone arm bearing
Tonarmresonanz *f* arm resonance
Tonarmsicherung *f* tone arm clamp
Tonart *f* key, tonality
Tonartbezeichnung *f* key signature, signature
Tonassistent *m* boom operator *(für den Mikrofongalgen)*
Tonatelier *n* sound studio
Tonaudiogram *n* pure-tone audiogram
Tonaufnahme *f* record of sound, sound recording
Tonaufnahmeanlage *f* sound-recording system
Tonaufnahmegerät *n* sound recorder
Tonaufnahmesystem *n* sound-recording system
Tonaufnahmeverstärker *m* sound-recording amplifier
Tonaufzeichnung *f* record of sound; sound recording
Tonaufzeichnungsgerät *n* sound recorder
Tonband *n* audio tape, magnetic tape, tape
~/bespieltes prerecorded tape
Tonbandarchiv *n* tape archive
Tonbandgerät *n* magnetic tape recorder, tape recorder
~ für Amateurzwecke consumer tape unit (recorder)
~ für Meßzwecke instrumentation tape recorder
~/stapelbares tape deck
Tonbandkopie *f* dub, rerecording
Tonbandkopieranlage *f* magnetic sound-record copying machine
Tonbandspule *f* spool, tape spool
Tonbandtechnik *f* **mit feststehenden Tonköpfen/digitale** digital audio stationary head, DASH, stationary head DAT, S-DAT, stationary head digital audio tape
~ mit rotierenden Tonköpfen/digitale rotary head DAT, R-DAT, rotary head digital audio tape, digital audio rotary head
~ mit stationären Tonköpfen/digitale digital audio stationary head, DASH, stationary head DAT, S-DAT
Tonblende *f* tone control, sound corrector
Toneinsatz *m* attack
tönen to sound, to emit sound; to resound
tönend sounding; sonorous
tonerzeugend sound-generative
Tonerzeugung *f* sound generation
Tonfall *m* intonation; accent
Tonfenster *n* sound gate
Tonfilm *m* sound film, talking film, talking movies
Tonfilmprojektor *m* sound picture projector, sound projector
Tonfolgespeicher *m* sequencer
tonfrequent audio
Tonfrequenz *f* audio frequency, audible frequency, AF, af, tonal frequency, acoustic frequency, sonic frequency; voice frequency, speech frequency
Tonfrequenzbereich *m* audio-frequency band; voice-frequency range
Tonfrequenzgang *m* audio-frequency response
Tonfrequenzgenerator *m* audio-frequency oscillator, low-frequency generator, audio generator
Tonfrequenzleistung *f* audio-frequency power
Tonfrequenzspektrometer *n* audio-frequency spectrometer
Tonfrequenzspektrum *n* audio spectrum, audible spectrum
Tonfrequenzübertrager *m* audio-frequency transformer
Tonfrequenzverstärker *m* audio amplifier
Tongemisch *n* multiple tones, complex sound
Tongenerator *m* audio-frequency oscillator, low-frequency generator, audio generator
Tonhaltepedal *n* sostenuto pedal, sustaining pedal
Tonhöhe *f* pitch, musical pitch, tone pitch
~/absolute absolute pitch
~ des Kammertons standard pitch, standard musical pitch
~ des Normstimmtons standard pitch, standard musical pitch
~/hohe high pitch
~/musikalische musical pitch
~/niedrige low pitch
Tonhöhenänderung *f*/**gleitende** pitch bend
Tonhöhenbestimmung *f* pitch determination, pitch extraction
Tonhöhenempfindung *f* pitch perception
Tonhöhenerkennung *f* pitch determination, pitch extraction
Tonhöhenmaßstab *m* pitch scale, mel scale
Tonhöhenschwankung *f* pitch fluctuation; wow and flutter
~/langsame wow
~/schnelle flutter
Tonhöhenschwankungsmesser *m* wow-and-flutter meter, pitch variation indicator

Tonhöhen-Unterschiedsschwelle *f* difference limen for pitch
Tonhöhenverhältnis *n* pitch interval
Tonhöhenverschiebung f/gleitende pitch bend
~/subjektive diplacusis
Tonhöhenvibrato *n* pitch modulation
Tonhöhenwahrnehmung *f* pitch perception
Tonika *f* tonic
Tonimpuls *m* tone burst
Tonimpulsfolge *f* repeated tone burst, train of [tone] bursts, sequence of [tone] bursts
Toningenieur *m* audio-control engineer, sound engineer, sound technician, audio engineer; recordist
Tonkamera *f* sound camera, sound-recording camera
Tonkanal *m* audio channel, sound channel
Tonkardiogramm *n* phonocardiogram
Tonkonserve *f* sound record, canned music *(sl)*
Tonkopf *m* sound head, tape head
Tonkopfgruppe *f* head stack
Tonkopfreiniger *m* cassette head cleaner
Tonkopfreinigungskassette *f* head cleaner cassette, head cleaning cassette
Tonkopfverschmutzung *f* head contamination
Tonleiter *f* musical scale, scale
~/chromatische chromatic scale
~/diatonische diatonic scale
Tonleitung *f* programme line
tonlich tonic
Tonloch *n* stop
tonlos soundless, toneloss; tuneless
Tonmeister *m* sound supervisor; monitoring operator, sound-monitoring operator, recordist
Tonmischeinrichtung *f* sound mixer, audio mixer, mixer, mixer console (desk), mixing console, control desk
Tonmischpult *n* sound mixer, mixer console, mixing console, mixing desk, control desk
Tonmischung *f* sound mixing
Tonmodulation *f* sound modulation
tonmoduliert sound-modulated, tone-modulated
Tonmontagegerät *n* editing recorder, editing tape recorder
Tonmotor *m* capstan motor, tape drive motor
Tonoptik *f* sound-head lens
Tonpuls *m* repeated tone burst, train of [tone] bursts, sequence of [tone] bursts
Tonqualität *f* sound quality, tone quality
Tonregieraum *m* audio control room, sound control room
Tonreinheit *f* purity of tone
Tonrille *f* record groove, sound groove
Tonrolle *f* capstan
Tonrollenantrieb *m* capstan drive, pinch-roller drive
Tonsäule *f* loudspeaker column, sound column, public-address pillar, multiple loudspeaker
Tonschrift *f* tone print
Tonschwingung *f* acoustic vibration, sound vibration, sonic vibration
Tonsignal *n* sound signal, aural signal
Tonsperrkreis *m* sound trap, audio trap
Tonspur *f* sound track
~ in Amplitudenschrift variable area sound track
~ in Doppelzackenschrift duplex variable-area track, bilateral [area] track, double-edged variable width sound track
~ in Sprossenschrift variable density sound track
~ in Zackenschrift variable area sound track
Tonspurabtastung *f* sound track scanning
Tonstärke *f* loudness, volume, volume of sound
Tonstudio *n* sound studio
Tontechnik *f* audio engineering, sound engineering, audio
~/digital gesteuerte digitally controlled audio, DCA
Tontechniker *m* audio-control engineer, sound engineer, sound technician, audio engineer, sound-monitoring operator, monitor man; recordist
Tonträger *m* audio carrier, sound carrier
Tontraube *f* cluster
Tonüberblendung *f* sound fading, sound change-over
Tonumfang *m* tone (tonal) range
Tonunterbrecherschalter *m* tone interrupter switch
Tonunterdrückung *f* sound rejection (suppression)
Tonverstärker *m* audio amplifier, sound amplifier
Tonwiedergabe *f* sound (acoustic) reproduction, reproduction of sound
Tonwiedergabeoptik *f* sound-head lens
Tonwiedergabesystem *n* sound reproducing system
Tor *n* gate *(elektrisch)*; port *(mechanisch)*
toren to gate
Torschaltung *f* gate circuit, gate
Torschaltungssystem *n* gating system
Torsion *f* torsion, twist
Torsionsfeder torsion spring
Torsionskraft *f* torsional force
Torsionsmodul *m* torsion modulus, torsional modulus
Torsionsmoment *n* torsion[al] moment, torsion[al] torque
Torsionsschwinger *m* torsional resonator, torsional vibrator
Torsionsschwingung *f* rotational (torsional, angular) vibration
Torsionsspannung *f* torsion[al] stress
Torsionsstab *m* torsion rod
Torsionswelle *f* torsion[al] wave, rotational wave

Torso *m* torso
Torungssystem *n* gating system
Totaldurchgang *m* total transmission *(Welle)*
Totalreflexion *f* total reflection
Totzeit *f* latent interval, latent period, latency period, dead time
~ **nach der Rückflanke** terminal latency
~ **nach der Vorderflanke** initial latency
~ **nach Ereignisbeginn** initial latency
~ **nach Ereignisende** terminal latency
toxisch für das Ohr ototoxic
Trachea *f* trachea
Trafo *m s.* transformator
tragbar portable
Tragebügel *m* headband *(Kopfhörer)*
Tragekoffer *m* carrying case
tragen to wear *(Hörgerät, Dosimeter)*
Trageperson *f* wearer *(Lärmexposimeter)*
Träger *m* 1. carrier; 2. wearer *(Hörhilfe)*
Trägerfrequenz *f* carrier frequency
Trägerfrequenzverstärker *m* carrier amplifier
Trägheit *f* inertia
~/thermische thermal inertia
Trägheitsachse *f* axis of inertia
trägheitslos inertialess
Trägheitsmoment *n* moment of inertia
~/polares polar moment of inertia
Traktur *f* action
Transformation *f* transformation, transform
~ **von Schallfeldern/räumliche** spatial transformation of sound fields, STSF
Transformator *m* transformer
Transformatoranzapfung *f* transformer tap
transformieren to transform
Transformierte *f* transform
Transientenrecorder *m* transient recorder
Transientenspeicher *m* transient memory
transistorisiert transistorized
Translation *f* translation
Translationsbewegung *f* translatory motion
translatorisch translatory
Transmissionsgrad *m* transmission efficiency, transmission factor, transmittance
transparent transparent
Transparenz *f* 1. transparency; 2. clarity [of tone]
Transponder *m* transponder
transponieren to transpose
transportabel portable; transportable, mobile
transversal transverse, transversal
Transversalaufzeichnung *f***/magnetische** perpendicular magnetization, transverse magnetization
Transversalbewegung *f* transverse motion
Transversalschwingung *f* transverse vibration, transversal vibration
Transversalwelle *f* transverse wave, transversal wave
Trapezbewertung *f* flat top weighting
Trauma *n***/akustisches** acoustic trauma
treffen [auf] to impinge [upon]
Treiber *m* driver
Tremolo *n* tremolo
Trenddarstellung *f* trend plot
Trendverfolgung *f* trending
trennen to disconnect, to dismate; to interrupt; to cut *(Verbindung)*
Trennfläche *f* interface
Trennklinke *f* interruption jack
Trennschärfe *f* selectivity
~ **eines Filters** filter selectivity
Trennung *f* disconnection, interruption; cut-off
Trennvermögen *n* selectivity
Trennverstärker *m* buffer amplifier
Trennwand *f* separating wall, partition, partition wall, party wall
~/halbhohe partial-heigth partition
~/versetzbare demountable partition
~/zweischalige double partition
Treppenfunktion *f* step (staircase) function
Treppensignal *n* staircase signal
triaxial triaxial
Triaxialaufnehmer *m* triaxial sensor, triaxial pick-up
Triaxial-Beschleunigungsaufnehmer *m* triaxial accelerometer
Tribüne *f* stand, grandstand
Trichter *m* horn, acoustic horn
~/gewundener coiled horn, twisted horn
Trichterlautsprecher *m* horn loudspeaker, horn-type loudspeaker
Trichteröffnung *f* mouth of horn
Tricktaste *f* trick button, trick key
Triebwerksgeräusch *n*, **Triebwerkslärm** *m* propulsion noise
Trigger *m* trigger
Triggereingang *m* trigger input
Triggerimpuls *m* trigger pulse
triggern to trigger
Triggerpegel *m* trigger level
Triggerung *f* triggering
~ **durch Auf- und Abwärtsflanke** bislope triggering
~ **durch den Vorgang** event riggering
Trittschall *m* impact sound, impact noise, footfall (footstep) sound
Trittschalldämmung *f* impact-sound insulation, footfall sound insulation, footstep sound insulation, impact noise insulation
Trittschallhammerwerk *n* tapping machine
Trittschallisolationsmaterial *n* impact-sound insulation material, impact-sound reducing material
Trittschallminderung *f* impact-sound reduction
Trittschallpegel *m* impact-sound level, impact-sound pressure level
~/auf 10 m² bezogener normalized impact level, normalized impact sound [pressure] level, ad-

justed impact-sound level
~/[auf 0,5 s] nachhallreduzierter standardized impact level, standardized impact sound level, standardized impact sound pressure level
~/normierter normalized impact level, normalized impact sound [pressure] level, adjusted impact-sound level
Trittschallquelle *f* impact-sound source, impact noise generator
Trittschallschutz *m* impact-sound insulation, footfall sound insulation, footstep sound insulation
Trittschallschutzklasse *f* impact insulation class, IIC
Trittschallschutzmaß *n* impact protection margin
Trittschallschutzmaterial *n* impact-sound insulation material, impact-sound reducing material
trocken[/akustisch] [acoustically] dead, acoustically inert (inactive), anechoic
Trockenadapter *m* dehumidifier
Trocknungsmittel *n* desiccant
Trommel *f* drum
~/große bass drum, big drum
~/kleine snare, snare drum, side drum
Trommelfell *n* 1. ear-drum, tympanic membrane, tympanum; 2. drumhead
Trommelschlegel *m* drumstick
Trompete *f* trumpet
Trompetenstoß *m* blast [of the trumpet]
T-Schaltung *f* T network, tee network
Tschebyschew-Filter *n* Chebycheff (Chebishev) filter
T-Stück *n* T connector
TTS *f* temporary threshold shift, TTS
Tuba *f* tuba
Tuner *m* tuner
~ mit [NF-]Vorverstärker preceiver
turbulent turbulent
Turbulenz *f* turbulence
turbulenzfrei non-turbulent
Turbulenzgeräusch *n* self noise, self-generated noise
Turbulenzschirm *m* turbulence screen
Türfüllung *f* panel
T-Verzweigung *f* T junction, tee junction
Tympanogramm *n* tympanogram
Tympanometrie *f* tympanometry
Typprüfung *f* pattern evaluation

U

U-Bewertung *f* U weighting
Überabtastung *f* oversampling
überbeanspruchen to overload
Überbeanspruchung *f* overload
überblasen to overblow *(Blasinstrument)*
überblenden to fade over, to change over, to fade out and in, to fade up and down, to cross-fade
Überblenden *n***[/weiches]** fade-over, cross-fading
~/hartes cutting
Überblendregler *m* fader, fader control[er], fading regulator, mixing control
Überblendung *f***[/weiche]** fade-over, cross-fading
~/harte cut
überbrücken to bridge, to bypass; to shunt
Überbrückung *f* bypass
Überbrückungsdraht *m* jumper
überdecken/sich to overlap
Überdeckung *f* overlap, overlapping
Überdruck *m* overpressure
übereinstimmen to coincide
Überfliegen *n* aircraft flyover, flyover
Überfluglärm *m* flyover noise
überführen to convert, to transform, to transfer *(umwandeln)*
Überführung *f* conversion, transformation
Übergang *m* transition
Übergangsbereich *m* transition band
Übergangsbewegung *f* transient motion
Übergangserscheinung *f* transient effect
Übergangsfrequenz *f* cross-over frequency, crossover frequency
Übergangsstecker *m* plug adapter
Übergangsstück *n* adapter
Übergangsverhalten *n* transient behaviour, transient response
Übergangsverzerrung *f* transient distortion, transient intermodulation, TIM
Übergangsvorgang *m* transient
Übergangszustand *m* transient condition, transient state, transient regime
übergehen/gleitend portamento
überlagern to superimpose, to superpose; to heterodyne, to superheterodyne
~/sich to interfere
Überlagerung *f* superposition, superimposition; interference, heterodyning, superheterodyning
Überlagerungsanalysator *m* heterodyne analyzer
Überlagerungseffekt *m* beat effect, beating effect
Überlagerungsfrequenz *f* heterodyne frequency, beat frequency
Überlagerungsprinzip *n* heterodyne principle, superheterodyne principle
Überlagerungsverfahren *n* method of heterodyning (superheterodyning); beat method
überlappen[/sich] to overlap
Überlappung *f* overlap, overlapping
Überlast *f* overload
Überlastbarkeit *f* overload capability (capacity)

überlasten to overload; to overdrive *(Lautsprecher)*
Überlastschutz *m* overload protection
Überlastung *f* **des Lautsprechers** loudspeaker overdriving
Überlastungsfähigkeit *f* overload capability, overload capacity
Überlastungsschutz *m* overload protection
überprüfen to check
Überprüfung *f* check
~ **am Einsatzort** field check
~ **unter Betriebsbedingungen** field check
Überschallgeschwindigkeit *f* supersonic speed, hypersonic speed, supersonic velocity
Überschallknall *m* sonic bang, sonic boom
Überschallknallfront *f* Mach line
Überschallknallkegel *m* Mach cone
Überschallknallteppich *m* boom carpet, sonic boom carpet
Überschneidung *f* overlap, overlapping
überschreiten to exceed
Überschreitung *f* exceeding; overrange; overtravel
Überschreitungspegel *m* exceedance level, percentile level
überschüssig redundant *(Information)*
überschwingen to overshoot
Überschwingen *n* overshoot, overshooting
~**/maximales** peak overshoot
Übersetzungsverhältnis *n* turn ratio, turns ratio, transformation ratio, transformer ratio
Übersichtsmessung *f***/akustische** acoustic survey, survey-grade measurement
~ **des Lärmpegels** noise survey
Übersichtsverfahren *n* survey method
Überspieladapter *m* dubbing adapter
überspielen to play over, to dub, to rerecord
Überspielen *n* dubbing, rerecording, playing over
~**/beschleunigtes** high-speed dubbing, hi-speed dubbing
~ **einer Kassette** tape dubbing
~ **eines Bandes** tape dubbing
~**/schnelles** high-speed dubbing, hi-speed dubbing
Übersprechdämpfung *f* cross-talk attenuation
Übersprechen *n* cross-talk, crosstalk, breakthrough
~**/akustisches** acoustic breakthrough
übersprechsicher cross-talk-proof
Übersprechstörung *f* cross-talk trouble, cross-talk interference
überspringen to skip
Überspringen *n* skip
~ **von Rillen** groove skipping *(Schallplatte)*
übersteigen to exceed
übersteuern to overload, to overmodulate, to overdrive
übersteuert overdriven
Übersteuerung *f* overload, overmodulation, overdriving
~ **des Lautsprechers** loudspeaker overdriving
Übersteuerungsanzeige *f* overload indicator; clipping indicator
Übersteuerungsanzeiger *m* overload indicator
Übersteuerungsfestigkeit *f* overload capability (capacity)
Übersteuerungsreserve *f* overload margin, power-handling capacity, crest-factor capability, impulse capability, pulse range
Übersteuerungsschutzraum *m* headroom, peak-handling capacity, pulse range
überstreichen to scan
~**/einen Bereich** to cover a range
übertragen to transfer, to transmit, to communicate
~**/durch den Rundfunk** to broadcast
~**/im Fernsehen** to televise, to telecast
~**/durch Festkörper** solid-borne, structure-borne
~**/durch Luft** airborne
~**/durch Wasser** waterborne
~**/im Fernsehen** to televise, to telecast
Übertrager *m* transformer
Übertragung *f* transmission, broadcast; communication; transfer
~**/sprachgesteuerte** voice-operated transmission, VOX
~ **vom Band** recorded broadcast
Übertragungsanlage *f***/elektroakustische** sound system, sound-transmission system, sound reinforcement system
~**/stereophone** stereophonic sound system
Übertragungsbereich *m* transmission range
Übertragungscharakteristik *f* transfer characteristic
Übertragungsdämpfung *f* transmission loss
Übertragungseigenschaft *f* transmission property
Übertragungsfaktor *m* sensitivity factor, sensitivity; gain *(Verstärker)*; transmission factor
~ **am Kuppler** coupler sensitivity
~ **bei hohen Frequenzen** high-frequency response, high-note response, treble response
~ **bei Nahbesprechung** close-talking sensitivity, close-talking response
~ **bei tiefen Frequenzen** bass response, low-note response, low-frequency response
~**/bezogener** relative response, relative sensitivity
~ **des Wandlers** transducer sensitivity
~**/elektroakustischer** electroacoustical response
~ **für das diffuse Schallfeld** diffuse-field sensitivity (response), random[-incidence] sensitivity, reverberant-field sensitivity
~ **für das freie Schallfeld** free-field sensitivity (response)

~ **für Schallschnelle (Schnelle)** particle velocity response
~ **für Spannung** sensitivity to voltage, response to voltage, voltage response
~ **für Strom** sensitivity to current, response to current, current response
~ **im Durchlaßbereich** pass-band gain, in-band gain
~ **in Achsrichtung** axial sensitivity, axial response, on-axis response
~ **in Bandmitte** mid-band gain
~ **in Querrichtung** transverse sensitivity, transverse response, transverse axis sensitivity, cross-axis sensitivity, cross sensitivity
~**/relativer** relative response, relative sensitivity
~ **über alles** overall sensitivity
Übertragungsfrequenzband *n* transmission band
Übertragungsfunktion *f* transfer function
Übertragungsgüte *f* sound transmission quality, transfer quality, transmission performance
~ **für Sprache** quality of speech, voice quality
Übertragungsimpedanz *f* transfer impedance
Übertragungskanal *m* channel, transmission channel
Übertragungskennlinie *f* transfer characteristic
Übertragungskonstante *f* transmission constant, transfer constant
Übertragungskurve *f* response curve, fidelity curve
Übertragungsleitung *f* transmission line
Übertragungsmaß *n* sensitivity level
~ **am Kuppler** coupler sensitivity level
~ **für freies Schallfeld** free-field sensitivity level
~ **für freies Schallfeld/relatives** free-field frequency response level
~ **für diffusen Schalleinfall** diffuse-field sensitivity level, random-incidence sensitivity level
~ **für diffusen Schalleinfall/relatives** diffuse-field frequency response level
~ **für statistisch verteilten Schalleinfall** random-incidence sensitivity level
~ **für statistisch verteilten Schalleinfall/relatives** random-incidence frequency response level
~ **in Achsrichtung** axial sensitivity level
~**/relatives** frequency response level
Übertragungspegel *m* transmission level
Übertragungsqualität *f* sound transmission quality, transmission performance, transfer quality
Übertragungsweg *m* transmission path, path; transmission channel, channel
überwachen to monitor, to supervise, to observe, to control
~**/die Austeuerung** to monitor the transmission (recording) level, to check the transmission (recording) level
~**/nach Gehör** to monitor aurally
Überwachung *f* monitoring, supervision, control
~**/audiometrische** monitoring audiometry
Überwachungseinrichtung *f* monitor[ing] equipment; sentinel, guard
Überwachungsgerät *n* monitor; sentinel, guard
~**/stationäres** area monitor
Überzug *m* coat[ing]
Uhr *f* **für Einschlafbetrieb** sleep timer
Ultraschall *m* ultrasound, ultrasonic sound, supersonic sound
Ultraschallakustik *f* ultrasonics
Ultraschallbereich *m* ultrasonic range
Ultraschallbestrahlung *f* exposure to ultrasound (ultrasonic waves)
Ultraschallbonden *n* ultrasonic bonding
Ultraschalldämpfung *f* ultrasonic attenuation
Ultraschalldefektoskop *n* ultrasonic flaw detector
Ultraschalldefektoskopie *f* ultrasonic flaw detection
Ultraschalldetektor *m* ultrasonic detector, supersonic detector
Ultraschalldickenmeßgerät *n* ultrasonic thicknes gauge
Ultraschalldurchflußmesser *m* sonic flowmeter
Ultraschallecholot *n* supersonic [echo] sounder, ultrasonic [echo] sounder, ultrasonic echosounding device
Ultraschallecholotgerät *n* supersonic sounder, supersonic echo sounder, ultrasonic sounder
Ultraschallecholotung *f* supersonic [echo] sounding, ultrasonic [echo] sounding
Ultraschallehre *f* ultrasonics
Ultraschalleinwirkung *f* exposure to ultrasound (ultrasonic waves)
Ultraschalleistung *f* ultrasonic power
Ultraschallempfänger *m* ultrasonic receiver
Ultraschallentfettung *f* ultrasonic degreasing
Ultraschallerzeuger *m* ultrasonic generator
Ultraschallfrequenz *f* ultrasonic frequency
Ultraschallgenerator *m* ultrasonic generator
Ultraschallintensität *f* ultrasonic intensity
Ultraschallkreuzgitter *n* ultrasonic cross grating
Ultraschallnachweis *m* ultrasonic detection
Ultraschallöten *n* supersonic soldering
Ultraschallotung *f* supersonic sounding, supersonic echo sounding, ultrasonic sounding, ultrasonic echo sounding
Ultraschallprüfgerät *n* ultrasonic flaw detector; sonic analyzer
Ultraschallprüfung *f* supersonic testing, ultrasonic testing
Ultraschallquarzwandler *m* ultrasonic quartz transducer
Ultraschallquelle *f* ultrasonic source
Ultraschallreinigung *f* ultrasonic cleaning
Ultraschallreinigungsgerät *n* ultrasonic cleaner
Ultraschallschwinger *m* ultrasonic vibrator

Ultraschallsender *m* ultrasonic transmitter
Ultraschallsignal *n* ultrasonic signal
Ultraschallsonde *f* ultrasonic probe
Ultraschallstrahl *m* ultrasonic beam, supersonic beam, ultrasonic ray
Ultraschallverzögerungsleitung *f* ultrasonic delay line
Ultraschallwandler *m* **mit Schwingquarz** ultrasonic quartz transducer
Ultraschallwelle *f* ultrasonic wave, supersonic wave, supersonic sound wave
Umdrehung *f* revolution, turn, rotation
Umdrehungen *fpl* **pro Minute** revolutions per minute, rpm, cycles per minute, cpm
Umdrehungsgeschwindigkeit *f* rotational speed
Umdrehungszahl *f* speed of rotation, speed, number of revolutions, number of revolutions per unit time
Umfang *m* **des Anzeigebereichs** indicator range
~ **des Dynamikbereichs** volume range ratio
Umfangsgeschwindigkeit *f* circumferential (peripheral) velocity, peripheral speed
Umfangsschwingung *f* circumferential oscillation
umfassen/einen Bereich to cover a range
Umfeld *n* environment, surrounding[s]
umformen to transform, to convert
Umformer *m* converter, convertor
Umformung *f* conversion, transformation
Umgangssprache *f* conversational speech
umgeben to surround
umgebend ambient, surrounding
Umgebung *f* environment; vicinity, surrounding; ambience
Umgebungsbedingungen *fpl* ambient conditions, environmental conditions
Umgebungsdruck *m* ambient pressure
Umgebungsgeräusch *n* ambient noise, environmental noise
Umgebungslärm *m* ambient noise, environmental noise
Umgebungslärmpegel *m* ambient level, ambient noise level
Umgebungsluft *f* ambient air, surrounding air
Umgebungsschutz *m* environmental protection
umgehen to bypass
umhüllen to envelop
Umhüllung *f* covering, coat, coating; case, casing, enclosure, jacket, jacketing
U/min cycles per minute, cpm, revolutions per minute
Umkehr *f* reversal
umkehrbar reversible; reciprocal *(transducer)*
~/gyratorisch gyroscopic, antireciprocal
~/transformatorisch reciprocal
Umkehrbarkeit *f* reversibility, inversibility
Umkehrbetrieb *m* auto reverse
umkehren to invert
~/die Polarität to reverse the polarity
Umkehrung *f* reversal, reversion, inversion
Umkodierung *f* code conversion
Umkopieren *n* dubbing, rerecording
Umkopiergeschwindigkeit *f* dubbing speed
Umlauf *m* rotation, revolution; circulation; cycle
Umlaufbahn *f* trajectory, orbit
Umlaufdauer *f* time of rotation
umlaufen to rotate, to revolve, to circulate
umlaufend rotary, rotating; revolving; circulating, circulatory
Umlaufgeschwindigkeit *f* rotational speed; speed of circulation
Umlaufrichtung *f* direction of rotation
umleiten to divert; to bypass
Umleitung *f* bypass, by-pass; alternative routing
Umlenkrolle *f* idle pulley, idler pulley, idler, guide roller
ummagnetisieren to remagnetize
Ummagnetisierung *f* remagnetization
Ummagnetisierungsarbeit *f* magnetic hysteresis energy, hysteresis energy
Ummagnetisierungsverlust *m* hysteresis loss
ummanteln to jacket, to sheath; to coat
Ummantelung *f* coat, coating, jacket, jacketing, sheathing
umpolen to reverse the polarity
Umpolung *f* reversal [of poles]
umrechnen to convert
Umrechnung *f* conversion
Umrechnungsfaktor *m* conversion factor, conversion coefficient
Umrechnungstabelle *f* conversion table
Umrechnungstafel *f* conversion table
umschaltbar switchable
umschalten to switch over, to change over
~/automatisch to autoscan
~/zwischen verschiedenen Signalen to multiplex
Umschalter *m* multiplexer
umschließen to surround; to enclose, to encase
umschneiden to dub, to rerecord
Umschnitt *m* dub, rerecording
umsetzen to convert; to transform; to translate; to transduce *(umwandeln)*
~/digital to digitize
Umsetzer *m* converter, convertor
Umsetzung *f* conversion
Umspuleinrichtung *f* rewinder
umspulen to rewind
Umspulen *n* rewind, rewinding
Umspuler *m* rewinder
Umspulgeschwindigkeit *f* rewind speed
Umspulzeit *f* rewind time
umsteuern to reverse
Umsteuerung *f* reversal
umströmen to circumflow

umwandeln to convert, to transform; to transduce
~/in Wärme to dissipate
Umwandlung *f* conversion, transformation, transduction
Umwandlungsgeschwindigkeit *f* conversion speed, conversion rate
Umwelt *f* environment
Umweltbedingungen *fpl* ambient (environmental) conditions
Umwelteinfluß *m* environmental (ambient) influence
Umwelteinflußprüfung *f* environmental test
Umweltschutz *m* environmental protection; conservation of the environment
unabgeglichen out-of-balance
unabgestimmt untuned
unbehaglich uncomfortable
Unbehaglichkeit *f* discomfort
Unbehaglichkeitsschwelle *f* threshold of discomfort
unbeschichtet uncoated
unbeschleunigt non-accelerated
unbetont atonic
unbeweglich motionless, immobile
unbewertet unweighted
undeutlich unclear, indistinct; unintelligible, inarticulate
undicht leaky, leaking • **~ sein** to leak
Undichtigkeit *f* leakage, leakiness, leak
undurchdringlich impermeable, impervious
Undurchdringlichkeit *f* impermeability, imperviousness
undurchlässig impermeable, impervious; tight
Undurchlässigkeit *f* impermeability, imperviousness, tightness
unelastisch inelastic
unempfindlich [gegen] insensitive [to], immune [from]
Unempfindlichkeit *f* **[gegen]** immunity [from]
unerwünscht unwanted, undesired, undesirable
ungedämpft undamped, non-damped; non-attenuated
ungeerdet floating
ungefiltert unfiltered
ungeordnet irregular, random
ungerichtet omnidirectional, non-directional, undirectional, isotropic
ungesättigt unsaturated
ungestört undisturbed
ungleichförmig non-uniform, discontinuous, non-steady, unsteady; heterogeneous, inhomogeneous
Ungleichförmigkeit *f* inhomogeneity, discontinuity, non-uniformity
Ungleichgewicht *n* unbalance
ungleichmäßig non-uniform, discontinuous, non-steady, unsteady; heterogeneous, inhomogeneous
Ungleichmäßigkeit *f* non-uniformity, inhomogeneity, discontinuity
unharmonisch disharmonious, inharmonious, unharmonious, anharmonic
unhörbar inaudible
Unhörbarkeit *f* inaudibility
unisono unisonant, unisonous
unmagnetisch non-magnetic
unmelodisch tuneless
unregelmäßig irregular, erratic
Unregelmäßigkeit *f* irregularity
unrein out of tune, off-tune *(Spiel, Gesang)*
unstetig discontinuous, non-steady, unsteady
Unstetigkeit *f* discontinuity
~ an der Verbindungsstelle junction discontinuity
Unterabtastung *f* undersampling
Unterbetriebsart *f* submode
unterbrechen to interrupt, to break; to disconnect
~/einen Stromkreis to break a circuit
Unterbrecherschalter *m* interrupter switch
Unterbrechung *f* interruption, break; disconnection; pause
Unterdruck *m* diminished pressure, partial vacuum, suction
unterdrücken to reject, to suppress, to eliminate
Unterdrückung *f* rejection, suppression, elimination
~ des Störgeräuschs noise elimination
~ von Differenztönen beat cancel
~ von Störschwebungen beat cancel
Unterlage *f***/federnde** elastic foundation
Unterhaltung *f* conversation
Unterhaltungselektronik *f* home electronics, entertainment electronics
Unterhaltungsmusik *f* entertainment music, light music
Unterhaltungssendung *f* entertainment programme
Unterschallgeschwindigkeit *f* subsonic speed, subsonic velocity
Unterscheidbarkeitsschwelle *f* difference limen, differential limen (threshold), recognition differential, detection differential
unterscheiden to discriminate, to differentiate, to distinguish
Unterscheidung *f* differentiation, discrimination
Unterscheidungsvermögen *n* discrimination
Unterschiedsschwelle *f* discrimination (difference, differential) threshold, detection differential, recognition differential, difference limen, just noticeable difference
~ für relative Frequenzänderungen relative differential limen of frequency
Unterschwingen *n* undershoot
Unterschwingung *f***/harmonische** subharmonic

Untersteuerung *f* underload, underrange
Untersteuerungsanzeige *f* underrange indicator
Untersteuerungsreserve *f* footroom
untersuchen to study, to investigate, to examine; to analyze; to test
Untersuchung *f* study, investigation, examination; inspection; analysis; test
~ **am [maßstabsgerechten] Modell** scale-model study
Unterwasserakustik *f* underwater acoustics, submarine acoustics
Unterwassergrundgeräusch *n* underwater background noise
Unterwassergrundrauschen *n* underwater background noise
Unterwasserortung *f* sound navigation and ranging (sonar)
Unterwasserortungsgerät *n* sonar
Unterwasserschall *m* underwater sound, waterborne sound, hydrosound
Unterwasserschallempfänger *m* underwater sound detector, hydrophone
Unterwasserschallsignal *n* submarine sound signal
Unterwasserschallstrahler *m* underwater sound projector
Unterwasserschallzeichen *n* submarine sound signal
Unterwasserumgebungsgeräusch *n*, **Unterwasserumgebungsrauschen** *n* underwater ambient noise
ununterbrochen steady, continuous, stationary
unvereinbar incompatible
Unvereinbarkeit *f* incompatibility
unverständlich incomprehensible; unclear, inarticulate, unintelligible
Unverträglichkeit *f* incompatibility
unverzerrt distortion-free, distortionless, non-distorting, undistorted
Unwucht *f* unbalance, imbalance
Urband *n* master tape, master
Urnormal *n* primary standard
Urplatte *f* master

V

Vakuum *n* vacuum
Variable *f* variable, variable quantity
Varianz *f* variance
Varieté *n* music hall
Vater *m*, **Vaterplatte** *f* original master, metal master, master
VCA *s.* Verstärker/spannungsgesteuerter
VCF *s.* Filter/spannungsgesteuertes
VCO s Oszillator/spannungsgesteuerter
Vektor *m* vector
Vektordarstellung *f* vector representation, vectorial representation
Vektordiagramm *n* vector diagram
Vektorfeld *n* vector field, vectorial field
vektoriell vectorial
Vektoroperator *m* vector operator
Vektorprodukt *n* vector product, cross product, outer product
Vektorschreibweise *f* vector notation
Ventil *n* valve; pallet
Ventilator *m* blower, fan, ventilator, air blower, ventilating fan
Ventilatorgehäuse *n* fan housing, fan casing
Ventilposaune *f* valve trombone
veränderlich variable; adjustable, settable
~/zeitlich time-varying
Veränderliche *f* variable, variable quantity
~/abhängige dependent variable
~/unabhängige independent variable, argument
verarbeiten to process *(z.B. Daten)*
Verarbeitung *f* processing
~/getrennte off-line processing
~/mitlaufende on-line processing
~/schritthaltende on-line processing
~/unabhängige off-line processing
~ **von Signalspitzen** crest-factor handling
Verarbeitungseinheit *f* processing unit, processor
Verästelung *f* ramification, branching
verbinden to connect, to interconnect, to link, to interlink, to couple, to join
~/mit Masse to connect to earth, to earth, to ground
Verbindung *f* connection, interconnection, contact; communication; junction, link, linkage, joint; coupling • **in ~ treten** to contact
~/gegenseitige intercommunication
Verbindungsdraht *m* jumper
Verbindungskabel *n* connecting (connection) cable
Verbindungsstecker *m* connecting plug
Verbindungsstelle *f* joint
Verbindungsstöpsel *m* connecting plug
Verbindungsstück *n* connecting piece, coupling
verbrauchen/Leistung to consume power
verbraucht low *(Batterie)*
Verbreiterung *f***/spektrale** leakage
Verbundplatte *f* sandwich panel, sandwich board
verdecken to mask *(Schall)*
Verdeckung *f* masking, auditory masking
Verdeckungseffekt *m* masking effect
Verdeckungsgeräusch *n* masker, masking noise (sound)
Verdeckungswirkung *f* masking effect
verdichten to compress
Verdichter *m* compressor
Verdichtung *f* compression

verdrehen to twist
Verdrehung *f* torsion, twist; angular displacement
verdrillen to twist
Vereinbarkeit *f* compatibility
Verfahren *n* technique, method; process, procedure
~ **der finiten Elemente** finite-element method
~ **der integrierten Impulsantwort** integrated impulse response method, Schroeder method
~ **des gleichzeitigen Betreibens von Prüfling und Bezugsschallquelle** juxtaposition method
~**/genaues** precision method
~ **geringer Genauigkeit** survey method
~ **mit hin- und rücklaufendem Strahl** double traverse technique, single bounce technique
~ **mittlerer Genauigkeit** engineering method
~**/orientierendes** survey method
~**/technisches** engineering method
verfälschen to colour *(Klangfarbe)*
~**/durch Unterabtastung** to alias
verfärben to colour
Verfehlen *n* **der Rille (Spur)** mistracking
verfilmen to film, to make a film [of], to screen
verfolgen to track, to trace
Verfolgen *n* **der Grundfrequenz** fundamental frequency tracing
verformbar deformable, plastic
Verformbarkeit *f* deformability, plasticity
verformen to deform; to strain
Verformung *f* deformation; strain
Verfügung *f* **zur Einteilung in Lärmzonen (Zonen)** zoning ordinance
Vergleich *m* comparsion
~ **zwischen Laboratorien** interlaboratory comparison
vergleichen[/miteinander] to compare
Vergleicher *m* comparator
Vergleichseichung *f* comparison calibration, comparison method of calibration
~**/indirekte** transfer calibration
Vergleichseinrichtung *f* comparator
Vergleichsfrequenz *f* reference frequency
Vergleichskalibrierung *f* comparison calibration, comparison method of calibration
~**/indirekte** transfer calibration
Vergleichsmessung *f* **zwischen Laboratorien** interlaboratory comparison
Vergleichsmethode *f* comparison method, comparitative method
Vergleichspegel *m* reference level
Vergleichsschallquelle *f* sound-power source, reference sound source, reference sound generator
~**/geeichte (kalibrierte)** reference noise generator
Vergleichsschaltung *f* comparator circuit
Vergleichsuntersuchung *f* **zwischen verschiedenen Laboratorien** round-robin test
Vergleichsverfahren *n* comparison method, comparative method
verhallen to die away (out)
Verhalten *n* behaviour; response; performance
~ **bei hohen Frequenzen** high-frequency response
~ **bei Signalspitzen** crest-factor handling
~ **bei tiefen Frequenzen** low-frequency response
~**/dynamisches** dynamic behaviour, dynamic response
~ **im Sperrbereich** rejection characteristic
~**/richtungsunabhängiges** isotropism, isotropy
~**/scheinbares** artifactual response
~**/stationäres** stationarity
~**/vorgetäuschtes** artifactual response
Verhältnistonhöhe *f* pitch
Verkehr *m***/gegenseitiger** intercommunication
verkehren to communicate, to intercommunicate
Verkehrslärm *m* traffic noise, transportation noise
verkleiden to case, to cover, to sheath; to lag, to line
Verkleidung *f* case, casing, housing; lagging, lining, jacketing
~**/schallabsorbierende (schallschluckende)** acoustic lining, acoustic panelling
verklemmen to jam
verklingen to die out, to die away
verlängern to extend; to elongate
Verlängerung *f* extension
Verlängerungskabel *n* extension cable
verlangsamen to decelerate, to slow down
Verlärmung *f* noise pollution, noise intrusion, sound pollution
Verlassen *n* **der Rille (Spur)** mistracking
Verlauf *m* process, course, behaviour; curve, characteristic; trace
~**/ansteigender** ramp
~ **der Feldlinie** field pattern
~ **der Grundfrequenz** fundamental frequency trace
~**/graphisch dargestellter** trace
~**/zeitlicher** time history, variation with time
verlaufen/periodisch to cycle
Verlust *m* loss; dissipation *(Energie)*
verlustarm low-loss
verlustbehaftet lossy; dissipative
Verlustfaktor *m* loss factor, loss index, dissipation factor
~**/dielektrischer** dielectric dissipation factor, dielectric loss factor (index)
verlustfrei loss-free, lossless, no-loss
verlustlos loss-free, lossless, no-loss
vermindern to decrease, to reduce, to diminish, to lower, to attenuate, to damp

~/die Aussteuerung to reduce the volume
Verminderung *f* decrease, reduction; diminuation, lowering; attenuation, damping
~ der Aussteuerung volume reduction
~ des Pegels level reduction; volume reduction
Vermittlungsschrank *m* switchboard
Vermittlungsstelle *f* telephone exchange
Verordnung *f* **zur Einteilung in Zonen** zoning ordinance
verrauscht noisy, contaminated with noise
Versagen *n* failure, breakdown; outage; malfunction
Verschachtelung *f* interleaving
verschieben to shift, to displace, to move
Verschieben *n* **um eine Oktave** octave shift
~ um mehrere Oktaven octave shift
Verschiebung *f* shift, shifting, displacement; delay, lag; translation *(ohne Rotation)*
~/dielektrische dielectric displacement
~/elektrische electric flux
~/zeitliche time shift
Verschiebungsfluß *m* electric flux
Verschiebungsstrom *m* **[/dielektrischer]** dielectric current, dielectric displacement current
verschiedenartig heterogeneous, inhomogeneous
Verschleiß *m* wear; abrasion
verschleißen to wear
Verschleißschicht *f* floor finish
verschließen to close, to seal, to occlude
verschlossen/luftdicht hermetically closed (sealed)
verschlucken to absorb
Verschluß *m* occlusion
verschlüsseln to code, to encode
Verschlüsselung *f* coding, encoding
Verschlußlaut *m* stop
verschmelzen to blend
versehen/mit einer Skala to annotate *(Koordinatenachse)*
~/mit Frequenzmaßstab frequency-calibrated *(Diagrammpapier)*
versetzen/in Schwingungen to set into vibration, to vibrate
versorgen to supply; to feed
~/mit Energie (Leistung, Spannung, Strom) to power, to energize
Versorgung *f* supply
Versorgungsleitung *f* supply line
Versorgungsnetz *n* supply circuit
Versorgungsspannung *f* supply voltage
Verständigung *f* **durch Sprache** vocal communication, verbal communication
~/mündliche verbal communication
verständlich intelligible; clear
Verständlichkeit *f* clearness; intelligibility *(Worte, Satzteile oder Sätze)*; articulation [index] *(Logatome)*
~ phonetisch ausgewogener Logatome phonetically balanced word score, PB word score
~/schlechte poor audibility
Verständlichkeitsindex *m* articulation index
Verständlichkeitsminderung *f* articulation loss (reduction), discrimination loss
Verständlichkeitsprüfung *f* **mit Einzelsilben** articulation test
~ mit Sätzen intelligibility test
~ mit Wörtern intelligibility test
Verständlichkeitsschwelle *f* threshold of speech intelligibility, threshold of intelligibility
Verständlichkeitsverlust *m* articulation loss, articulation reduction, discrimination loss
Verständlichkeitswert *m* articulation index
verstärken 1. to amplify; to boost; 2. to reinforce, to strengthen
~/durch Resonanz to resonate
~/mechanisch to strengthen, to reinforce
Verstärker *m* amplifier, amp *(sl.)*; repeater; booster
~/gegengekoppelter negative feedback amplifier
~/hochwertiger hi-fi amplifier, high-fidelity amplifier
~ in Anodenbasisschaltung cathode follower
~/logarithmischer logarithmic gain amplifier, logarithmic amplifier
~/spannungsgesteuerter voltage-controlled amplifier, VCA
~ zur Signalaufbereitung conditioning amplifier
Verstärkeramt *n* repeater station
Verstärkerausgang *m* amplifier output
Verstärkereingang *m* amplifier input
Verstärkerfrequenzgang *m* amplifier response, amplifier frequency response
Verstärkergestell *n* repeater bay, repeater rack
Verstärkerkette *f* amplifier chain
Verstärkerrauschen *n* amplifier noise
Verstärkerschaltung *f* amplifier circuit
Verstärkerstufe *f* amplifier (amplifying) stage, stage of amplification, stage
Verstärkung *f* 1. gain, amplification, amplifier gain; boost, repeater gain; 2. reinforcement, strengthening
~ bei Gegenkopplung closed-loop gain
~ bei voll geöffnetem Regler full-on gain
~ des offenen Regelkreises open-loop gain
~ durch Resonanz resonant magnification
~ Eins unity gain
~ im Durchlaßbereich pass-band gain, in-band gain
~ im Übertragungsbereich transfer gain
~ in Bandmitte mid-band gain
~ mit Gegenkopplung closed-loop gain
Verstärkungsfaktor *m* amplifier gain, amplification factor, amplification coefficient, gain factor, gain

~ **bei Gegenkopplung** closed-loop gain
~ **des offenen Regelkreises** open-loop gain
~ **Eins** unity gain
~ **im Durchlaßbereich** in-band gain, pass-band gain
~ **im Übertragungsbereich** transfer gain
~ **mit Gegenkopplung** closed-loop gain
Verstärkungsgrad *m* amplifier gain, amplification factor, amplification coefficient, gain factor, gain
Verstärkungsregelung *f*/**automatische** automatic gain control, AGC
versteifen to stiffen, to strengthen; to reinforce
Versteifung *f* stiffening, strengthening, reinforcement; stiffening rib; stiffening web
Versteifungsrippe *f* stiffening rib
Versteifungsrippen *fpl* stiffening web
verstimmen to detune; to mistune
verstimmt detuned; mistuned, off-tune, out of tune
Verstimmung *f* detuning; mistuning
verstopfen to block; to occlude
Verstopfung *f* occlusion
verstummen to fall silent, to die away, to fade away
verstümmeln to mutilate, to garble *(Nachricht)*
Versuchsperson *f* subject, test subject
Versuchsschaltung *f* breadboard, patchpanel
vertäuben to deafen
Vertäubung *f* temporary threshold shift, TTS
Verteilerschiene *f* bus, distributing bus bar
Verteilung *f* **der Wahrscheinlichkeitsdichte** probability density distribution
~/**gleichförmige** uniform distribution
~/**homogene** uniform distribution
~/**punktförmige** distribution in lumps
~/**räumliche** spatial distribution
~/**spektrale** spectral distribution
~/**statistische** statistical distribution
~/**stetige** continuous distribution
~/**zeitliche** temporal distribution, time distribution
~/**zufällige** random distribution
Verteilungsdichte *f* probability density
Verteilungsfunktion *f* distribution function
Verteilungsgesetz *n* law of distribution
Vertiefung *f* depression; pit
vertonen to set to music; to add sound [to], to add a sound track [to]
verträglich[/miteinander] compatible
Verträglichkeit *f* compatibility
Vertrauensbereich *m* confidence interval
verursacht/durch Lärm noise-induced
vervielfältigen to duplicate, to copy
Vervielfältigen *n* **von Bändern** tape duplication
Vervielfältigung *f* duplication, duplicating, copying
Verweilen *n* **auf der Resonanzfrequenz** resonance dwell, resonance dwelling
Verwerfung *f* warp
verwirbelt turbulent
Verwirbelung *f* turbulence
verwischen to blur
verzerren to distort; to blur
Verzerrung *f* distortion
~ **durch Begrenzung** clipping distortion
~ **durch Ein- und Ausschwingen** transient distortion
~ **durch Übergangsvorgänge** transient distortion
~/**kubische** cubic (third-harmonic) distortion, distortion of third order
~/**lineare** linear distortion
~/**nichtlineare** non-linear distortion, harmonic distortion
~/**quadratische** quadratic (second-harmonic) distortion, distortion of second order
verzerrungsarm low-distortion
verzerrungsfrei distortion-free, distortionless, non-distorting, undistorted
Verzerrungsfreiheit *f* freedom from distortion, absence of distortion
~ **des Signals** signal fidelity
Verzerrungsmesser *m*, **Verzerrungsmeßgerät** *n* distortion analyzer (meter, factor meter)
Verzerrungsprodukt *n* distortion product
verziehen/sich to warp
verzögern 1. to delay; to retard; 2. to decelerate; to slow down
Verzögerung *f* 1. delay, delaying; lag, lagging, time lag; retardation; 2. deceleration, slowing down
~/**laufzeitbedingte** propagation delay
Verzögerungsleitung *f* delay line, delay network, time-delay network
~/**akustische** acoustic delay line, sonic delay line
Verzögerungszeit *f* time delay
Verzug *m* time lag
Verzweigung *f* branch, branching; ramification; T-connector
Vibraphon *n* vibraphone, vibes *pl (sl)*
Vibration *f* vibration
Vibrationsfreiheit *f* absence of vibration
Vibrationsschutz *m* vibration protection, vibration control
Vibrato *n* vibrato
Vibrator *m* vibrator
Vibratoregler *m* modulation wheel
vibrieren to vibrate
vibrierend vibrant
Videokamera *f* **mit [eingebautem] Recorder** camcorder, camera-recorder
Vielfachecho *n* multiple echo
Vielfachreflexion *f* multiple reflection, multireflection
Vielfachtonspur *f* multiple sound track
vielkanalig multichannel

vielspurig multiple-track, multitrack
Vielzellenlautsprecher *m* multicellular loudspeaker
vierkanalig quadrophonic, quadraphonic
Vierkanalstereophonie *f* four-channel stereophonic sound
Vierpol *m* four-terminal network (circuit), quadripole [network], two-port network
~/leistungssymmetrischer reciprocal two-port network
~/passiver passive four-terminal network
~/symmetrischer balanced quadripole
~/umkehrbarer reciprocal two-port network
Vierpolersatzschaltung *f* four-pole equivalent circuit
Vierpolschaltung *f* four-terminal network (circuit), quadripole [network], two-port network
Vierpoltheorie *f* network theory
Vierspuraufzeichnung *f* four-track recording
vierspurig four-track
Viertelnote *f* crotchet, quarter note
Viertelpause *f* crotchet rest
Viertelspuraufzeichnung *f* four-track recording
Viertelwelle *f* quarter-wave
Viertelzollmikrofon *n* quarter-inch microphone
Viola *f* viola
Violine *f* violin
Violinschlüssel *m* treble clef
Violoncello *n* violoncello, cello
virtuell virtual
visible Speech *f* visible speech
viskos viscous
Viskosität *f* viscosity
Vogelabweiser *m* anti-bird spikes, bird spikes *(z. B. auf Freiluftlärmmeßstelle)*
Vokal *m* vowel
vokalisch vocal
vokalisieren to vocalize
Vokalmusik *f* vocal music
Vokalverständlichkeit *f* vowel articulation
Vokoder *m* vocoder, voice encoder, voice coder
Vokodersprache *f* vocoderized speech
voll rich, vibrant *(Klang)*
Vollausschlag *m* full-scale deflection, FSD, full scale
Vollbrücke *f* four-arm bridge
Vollspur *f* single track, full track
Vollspuraufzeichnung *f* single-track recording
volltönend rich in tone, vibrant
Vollwelle *f* full wave
Volumen *n* volume
Volumenabnahme *f*, **Volumenkontraktion** *f* contraction in volume
Volumenrückstreumaß *n* volume backscattering differential
Volumenstreukoeffizient *m* volume scattering coefficient
Volumenstreustärke *f* volume scattering strength
Vorabgleich *m* preliminary adjustment (alignment)
voranheben to pre-emphasize
Voranhebung *f* pre-emphasis
Vorauskodierung *f***/lineare** linear predictive coding, LPC
vorbehandeln to condition, to precondition
Vorbeifahrgeräusch *n* by-pass noise, vehicle by-pass noise
vorbespielt prerecorded
vorbewerten to preweight
Vorderbühne *f* proscenium
Vorderflanke *f* leading edge *(Impuls)*
Vorderwand *f* front panel
Vorecho *n* pre-groove echo *(Schallplatte)*
voreinstellbar/vom Anwender user-presettable
voreinstellen to preset
Vorentzerrung *f* pre-equalization
Vorfilter *n* prefilter
Vorfilterung *f* prefiltering
Vorführraum *m* showroom
Vorgang *m* process; action, operation; event
~/aperiodischer aperiodic process, acyclic process
~/exponentiell verlaufender exponential process
~/impulsartiger burst
~/nichtumkehrbarer irreversible process
~/periodischer periodic process, cyclic process
~/regelloser random process; event
~/umkehrbarer reversible process
~/unumkehrbarer irreversible process
vorgespannt/durch Feder[kraft] spring-loaded
vorgetäuscht apparent
Vorhang *m* curtain
vorherbestimmen to predict
vorherrschen to predominate, to prevail
vorherrschend dominant, predominant, prevailing, overriding
Vorlauf *m* forward run
~/schneller fast forward
Vorlauftaste *f* fast forward button
vormagnetisieren to bias
Vormagnetisierung *f* magnetic bias[ing], bias magnetization, bias
Vormagnetisierungsfrequenz *f* bias frequency
Vormagnetisierungsstrom *m* bias current
vorpolarisieren to prepolarize
vorpolarisiert prepolarized, perma-charged
Vorregler *m* pre-fader
Vorrichtung *f* **zur Kompensation der Skatingkraft** anti-skating device
Vorschrift *f* instruction, order; regulation
Vorschubeinrichtung *f* feeder
Vorschubgeschwindigkeit *f* chart speed *(Registrierstreifen)*

Vorspannband *n* leader tape, tape leader
vorspannen to bias
Vorspannung *f* bias, bias[ing] voltage, biasing potential
Vortäuschen *n* **von Spektralanteilen durch Rückfaltung** aliasing
Vortragsraum *m* auditorium
Vortriebskraft *f* thrust
vorübergehend transient; temporary
voruntersuchen to screen *(Siebtest)*
vorverstärken to preamplify
Vorverstärker *m* preamplifier
~ **für Schwingungsaufnehmer** vibration pick-up amplifier
~**/ladungsempfindlicher** charge preamplifier
~**/spannungsempfindlicher** voltage preamplifier
Vorverstärkung *f* preamplification
Vorverzerrung *f* pre-emphasis; predistortion
vorwählen to preset
Vorzeichen *n* 1. sharp/flat sign, key signature, signature; 2. sign, algebraic sign • **ohne** ~ unsigned
vorzeichenbehaftet signed
Vorzeichnung *f* key signature, signature
Vorzugsfrequenz *f* preferred frequency
Vorzugswert *m* preferred value

W

Wabe[nstruktur] *f* honeycomb
Wachspapier *n* waxed paper, wax-coated paper *(Pegelschreiber)*
Wachswalze *f*, **Wachszylinder** *m* wax cylinder
Wächter *m* sentinel, guard
Wackeln *n* jitter
wählbar/vom Anwender (Benutzer) user-selected, user selectable
wählen/automatisch den Bereich to autorange
Wähler *m* selector, selector switch
Wahlmöglichkeit *f* option
Wahlschalter *m* selector, selector switch
wahrnehmbar perceptible
Wahrnehmbarkeit *f* perceptibility, detectability
Wahrnehmbarkeitsgrenze *f* limit of perceptibility, detection threshold
Wahrnehmbarkeitsschwelle *f* sensory threshold, threshold of sensation (perception)
~ **für Unterschiede** just noticable difference
wahrnehmen to perceive; to sense
Wahrnehmung *f* sensation, perception
~**/sinnliche** sensory perception
~**/subjektive** subjective perception
Wahrnehmungsvermögen *n* perceptivity
Wahrscheinlichkeit *f* probability
Wahrscheinlichkeitsdichte *f* probability density
Wahrscheinlichkeitsdichteverteilung *f* probability density distribution
Walkman *m* walkman
Walzenlager *n* roller bearing
Wälzlager *n* antifriction bearing, rolling-contact bearing
Wand *f***/einschalige** single wall
~**/gemauerte** masonry wall
~**/mehrschalige** compound wall
~**/zweischalige** double wall
Wandabsorption *f* wall absorption
Wandadmittanz *f* wall admittance
~**/spezifische** wall specific admittance
wandeln to convert, to transduce, to transform
wandern to travel, to migrate; to drift; to creep
Wandimpedanz *f* wall impedance
~**/spezifische** wall specific impedance
Wandler *m* transducer, Xducer; converter, convertor; transformer
~**/aktiver** active transducer
~**/dynamischer** dynamic (moving-coil) transducer
~**/elektroakustischer** electroacoustic[al] transducer
~**/elektrodynamischer** electrodynamic transducer
~**/elektromechanischer** electromechanical transducer
~**/elektropneumatischer** electro-pneumatic transducer
~**/hydraulisch-pneumatischer** hydraulic-pneumatic transducer
~**/induktiver** induction transducer, inductive (inductance) pick-up, variable-inductance transducer
~**/in Resonanz betriebener** resonance transducer
~ **in Viertelbrückenschaltung** single-arm sensor
~**/kapazitiver** capacitive transducer, variable-capacitance transducer
~**/magnetischer** magnetic transducer, variable-reluctance transducer
~**/nichtumkehrbarer** irreversible transducer, unilateral transducer
~**/ohmscher** variable-resistance transducer
~**/passiver** passive transducer
~**/piezoelektrischer** piezoelectric transducer
~**/piezoresistiver** piezoresistive transducer
~**/transformatorischer** reciprocal transducer
~**/transformatorisch umkehrbarer** reciprocal transducer
~**/umkehrbarer** reversible transducer, bilateral transducer
Wandlerelement *n* sensing element, detecting element
~ **in Halbbrückenschaltung** two-active arm sensing element, two arm sensing element
~ **in Viertelbrückenschaltung** single-active arm sensing element, single arm sensing element

~ **in Vollbrückenschaltung** four arm sensing element, four-active arm sensing element
Wandlerempfindlichkeit *f* transducer sensitivity
Wandlerkapsel *f* transducer cartridge
Wandlerübertragungsfaktor *m* transducer sensitivity
Wandlerübertragungsmaß *n* transducer sensitivity level
Wandlung *f* transduction
Wandmeßlabor *n* transmission suite
Wandreflexion *f* wall reflection
Wandverkleidung *f* wall covering, wall lining
~ **mit Platten** panelling, panel lining, wainscot, wainscoting
~/schallabsorbierende (schallschluckende) sound-absorbing wall draping (lining), sound-absorbent draping
Wärmeabfuhr *f* heat (thermal) dissipation
Wärmeableitung *f* heat dissipation, thermal dissipation
Wärmebewegung *f* thermal agitation
Wärmedämmung *f* heat (thermal) insulation
Wärmeenergie *f* thermal energy
Wärmeisolation *f* heat (thermal) insulation
wärmeisolierend thermal-insulating
Wärmeisolierung *f* thermal insulation
Wärmekapazität *f* thermal capacity, heat capacity
~/spezifische specific heat (thermal) capacity
Wärmeleitfähigkeit *f* thermal conductivity, heat conductivity
Wärmeleitung *f* thermal conduction, heat conduction
Wärmerauschen *n* thermal noise, thermal agitation noise
Wärmespannung *f* thermal stress, thermal strain
Wärmestoß *m* thermal shock
Wärmeträgheit *f* thermal inertia
Warte *f* control room
~/lärmgeschützte soundproof cabin
~/schallgedämmte soundproof cabin
warten to stand by
Warteposition/in at standby
Wartestellung *f* standby, stand-by, standing-by
Wartung *f***/zustandsabhängige** on-condition maintenance
Warzenfortsatz *m* mastoid *(Vorsprung des Schläfenbeins hinter dem Ohr)*
Wasserfalldarstellung *f* waterfall display, 3D-display
Wasserschall *m* underwater sound, waterborne sound, hydrosound
Wasserschallaufnehmer *m* hydrophone; underwater sound detector, sonar receiver
Wasserschallempfänger *m* hydrophone; underwater sound detector; sonar receiver
Wasserschallmikrofon *n* hydrophone
Wasserschallortung *f* sound navigation and ranging
Wasserschallortungsgerät *n* sonar
Wasserschallsender *m* sonar transmitter; underwater sound projector
Wa-wa-Dämpfer *m* wa-wa mute
Wechsel *m* **zwischen Haft- und Gleitreibung [/ständiger]** slip-stick effect, violin-bow effect
Wechselanteil *m* alternating component, oscillating component
Wechselbeziehung *f* interrelation; correlation
Wechselgröße *f* alternating quantity, oscillating quantity
Wechselkomponente *f* alternating component, oscillating component
Wechselkraft *f* alternating force, vibrating force, vibratory force
wechselnd alternating
wechselseitig mutual; reciprocal
Wechselspannung *f* alternating voltage, alternating potential, a.c. voltage
Wechselspannungsanteil *m* a.c. component, a.c. voltage component
wechselspannungsbetrieben alternating-current operated, a.c.-operated
Wechselspannungskomponente *f* a.c. component, a.c. voltage component
Wechselspannungsquelle *f* alternating-current source, a.c. source (supply), alternating-current supply
Wechselsprechanlage *f* intercommunication system, intercom, interphone system, talk-back circuit
Wechselstrom *m* alternating current, a.c., A.C.
Wechselstromanteil *m* a.c. component
wechselstrombetrieben a.c.-operated
wechselstromgespeist alternating-current powered, a.c.-powered
Wechselstromkomponente *f* a.c. component
Wechselstromquelle *f* alternating-current source, a.c. source, a.c. supply, alternating-current supply
Wechselverkehr *m* intercommunication
Wechselwirkung *f* interaction • **in ~ treten** to interact
wechselwirkungsfrei non-interacting
Weg *m* path; course; route; displacement *(Schwingung)*
Wegaufnehmer *m* displacement pick-up, displacement gauge
~/induktiver inductive displacement pick-up
Weglänge *f* path length
~/freie free path
~/mittlere freie mean free path
weglaufen to drift *(z. B. Frequenz)*
Weglaufen *n* drift
~ **der Frequenz** frequency drift
Wegunterschied *m* pat difference
Weg-Zeit-Diagramm *n* path-time diagram

weich soft; mellow *(Klang, Stimme)*
~ **machen** to soften
~ **werden** to soften
Weiche f/elektrische cross-over network, separating filter; cross-over unit, dividing network
weichmagnetisch soft-magnetic
Weise *f* melody, tune
Weitabdämpfung *f* out-of-band rejection, ultimate attenuation
weitergeben an to download to *(Daten)*
Weiterleitung *f* **von Geräuschen (Lärm)** noise conduction, noise transmission
weitschweifig redundant
Weitschweifigkeit *f* redundancy, redundance
Wellblech *n* corrugated iron, corrugated metal
Welle *f* 1. wave; 2. shaft
~/abgehende outgoing wave
~/austretende outgoing wave
~/biegsame flexible shaft
~/durchgelassene transmitted wave
~/ebene plane wave
~/einfallende incident wave, incoming wave
~/elastische stress wave
~/fortschreitende progressive wave, travelling wave, propagating wave
~/freie fortschreitende free progressive wave
~/gedämpfte damped wave
~/hinlaufende forward wave
~/reflektierte echo wave, reflected wave
~/rücklaufende regressive (backward, back) wave
~/rückwärtsschreitende backward wave
~/stehende standing wave
~/ungedämpfte undamped wave, sustained wave
~/vorwärtsschreitende forward wave
wellen/sich to cup *(Tonband, Film)*
Wellenausbreitung *f* wave propagation, propagation of waves
Wellenausbreitungsgeschwindigkeit *f* wave velocity
Wellenbauch *m* antinode, anti-node, loop, wave loop
~ **des Schalldrucks** sound pressure anti-node
Wellenberg *m* peak of wave, wave crest, crest
Wellenbeugung wave diffraction
Wellenbewegung *f* wave motion
Wellenbildung *f* wave generation
Wellenfilter *n* wave filter
Wellenfolge *f* wave train, train of waves
Wellenform *f* waveform, wave-form, wave shape
Wellenfront *f* wavefront, surface wavefront, wave front, wave surface
Wellengleichung *f* wave equation
Wellengruppe *f* wave train, train of waves
Wellenknoten *m* node, wave node
Wellenlänge *f* wavelength
Wellenlängenregelschleife *f* lambda locked loop
Wellenleiter *m* waveguide
Wellenmode *f* wave mode
Wellenreflexion *f* wave reflection
Wellenschwingung *f* shaft vibration
Wellental *n* wave trough
Wellentyp *m* wave mode, mode
Wellenwiderstand *m* wave impedance, characteristic impedance; iterative impedance
Wellenzug *m* wave train, train of waves
wellig sein to ripple *(Spannung)*
Welligkeit *f* 1. ripple *(Spannung)*; 2. warp *(Schallplatte)* • **mit konstanter ~** equiripple
~ **außerhalb des Durchlaßbereichs** out-of-band ripple
~ **einer Schallplatte** record warp
~ **im Durchlaßbereich** pass-band ripple, in-band ripple
~ **im Sperrbereich** stop-band ripple
~/relative percent ripple, percent[age] ripple
~ **von Maximum zu Minimum** peak-to-valley ripple
Welligkeitsgrad *m* percent[age] ripple, ripple percentage
Wendel *f* spiral, coil, helix
wendelförmig helical, spiral-shaped, coiled
Wendelkabel *n* coiled cable
Wendelpotentiometer *n* helical potentiometer
Wendelschnur *f* coiled cable
Werk *n***/volles** plenum *(Orgel)*
Werkstoffprüfung *f* **mit Ultraschall/zerstörungsfreie** ultrasonic flaw detection, supersonic flaw detection, ultrasonic material testing
~/zerstörungsfreie non-destructive material testing
Werkzeug *n* **zum Abgleichen** trim tool
Wert im eingeschwungenen Zustand steady-state value
50%-Wert *m* median, median value
Werte *mpl***/abgetastete** sampled data
wetterfest, wettergeschützt weatherproof
Wetterschutz *m* rain guard, rain shield
wichten to weight
~/vorher to preweight
Wickel *m* reel
~/loser slack
Wickelgut *n* wound component
Wickelkern *m* bobbin core, bobbin, winding bobbin
Wickelmotor *m* reel motor, tape-tensioning motor
wickeln to spool, to reel
Widerhall *m* echo, reverberation
widerhallen to echo, to resound, to reverberate
Widerstand *m* resistance; impedance; resistor
~ **bei Belastung** loaded impedance

~ **im festgebremsten Zustand** blocked impedance)
~/**induktiver** inductive reactance
~/**kapazitiver** capacitance
~/**komplexer** impedance
~/**magnetischer** reluctance
~/**negativer** negative resistance
~/**ohmscher** ohmic resistance, active resistance, resistance
~ **unter Last** loaded impedance
Widerstandsdehn[ungs]meßstreifen *m* resistance strain gauge
Widerstands-Kapazitäts-Filter *n* RC filter, resistance-capacitance filter
Widerstandsrauschen *n* resistance noise
Wiederausstrahlung *f* reradiation
wiedererkennen to recognize
Wiedererkennen *n* recognition
wiedererlangen to retrieve
Wiedergabe *f* reproduction; replay, play, playback
~/**akustische** audio reproduction
~/**hochwertige** hi-fi [sound] reproduction, high-fidelity [sound] reproduction
~/**originalgetreue** faithful reproduction
~/**ständig wiederholte** looping, loop repeat
~/**stereophone** stereophonic reproduction
Wiedergabecharakteristik *f* playback (reproducing) characteristic, playback frequency response, fidelity curve
Wiedergabeeinrichtung *f* playback unit, replay unit
Wiedergabeentzerrer *m* reproduction equilizer
Wiedergabefrequenzgang *m* playback (reproducing) characteristic, playback frequency response, fidelity curve
Wiedergabegerät *n* player, replay device, replaying device, playback unit, replay unit; reproducer
Wiedergabegeschwindigkeit *f* playback (replay, reproducing) speed
Wiedergabekopf *m* playback (replay, reproducing) head
Wiedergabepegel *m* playback level
Wiedergabequalität *f*/**hohe** high fidelity, hi-fi, HI-FI, HIFI
Wiedergabetaste *f* replay button, play-back (playback) button, play button
Wiedergabetreue *f* fidelity of reproduction, faithfulness of reproduction, fidelity
Wiedergabeverstärker *m* playback (replay, reproducing) amplifier
wiedergeben to reproduce, to play back, to replay
wiedergewinnen to recover, to retrieve
wiederherstellen to restore, to recover
Wiederherstellung *f* recovery, restoration
~ **von Signalen** signal restoration
Wiederholbarkeit *f* reproducibility, repeatability
Wiederholbetrieb *m* repeat [mode]
Wiederholdauer *f* repetition time
wiederholen to repeat
~/**sich periodisch** to cycle
wiederholend/sich repetitive
Wiederholfrequenz *f* repetition frequency, repetition rate; frequency of recurrence
Wiederholung *f* repetition, repeat
Wiederholzeit *f* repetition time
wiederkehrend/regelmäßig periodic[al], recurrent
Wind *m* wind
Windgeräusch *n* wind noise, aerodynamically induced noise
Windgeschwindigkeit *f* wind speed, air speed
Windkessel *m* air chamber
Windleiteinrichtung *f* spoiler
Windungsverhältnis *n* turn ratio, turns ratio
Winkeländerung *f* angular displacement
Winkelbeschleunigung *f* angular acceleration, circular acceleration
Winkelbeschleunigungsmesser *m* angular accelerometer
Winkelfrequenz *f* angular frequency, radian frequency, pulsatance
Winkelgeschwindigkeit *f* angular velocity, angular speed, angular rate
Winkelmesser *m* protractor
Wirbel *m* 1. eddy, vortex; curl; 2. peg *(Saiteninstrument)* 3. drum roll, roll
Wirbelablösung *f* vortex shedding
Wirbelbildung *f* eddying, formation of eddies
Wirbelfeld *n* curl (rotational, vortex, vortical) field
wirbelförmig vortical
wirbelfrei non-vortical • ~ **sein** to have zero curl
Wirbellärm *m* vortex (turbulence, turbulence-induced) noise
wirbelnd vortical
Wirbelstrom *m* eddy current
Wirbelstromaufnehmer *m* eddy-current transducer
Wirbelstromdämpfung *f* eddy-current damping
Wirbelströme *mpl* eddies
Wirkanteil *m* active (effective, real, in-phase, watt) component
wirken to operate, to act; to have an effect
~/**als Resonator** to resonate
~/**aufeinander** to interact
~/**stärker** to override
Wirkenergie *f* active energy
Wirkimpedanz *m* resistance
Wirkkomponente *f* active (effective, real, in-phase, watt) component
Wirkleistung *f* active power
Wirkleitwert *m* conductance
~/**akustischer** acoustic conductance
Wirkpegel *m* effective level
wirksam active

Wirkschallfeld *n* active sound field
Wirkstandwert *m*/**akustischer** acoustic resistance
~/**mechanischer** mechanical resistance
~/**spezifischer** specific acoustic resistance
Wirkung *f* action; effect
Wirkungsbereich *m* sphere [of action]; range of effectiveness
Wirkungsgrad *m* efficiency, efficiency factor
~/**akustischer** acoustic efficiency
~ **der Umwandlung** conversion efficiency
~/**energetischer** energy efficiency
Wirkungsweise *f* mode of operation
Wirkwiderstand *m* resistance
~/**akustischer** acoustic resistance
~/**mechanischer** mechanical resistance
Witterungsbedingungen *fpl* atmospheric conditions
Wobbelbereich *m* sweep range, sweep width, wobbling range
Wobbelfrequenz *f* wobble frequency, wobbling frequency, warble frequency, sweep frequency
Wobbelgenerator *m* sweep generator, sweep oscillator, swept-frequency oscillator, wobbulator, warbler, wobbler
Wobbelhub *m* sweep range, sweep width, wobbling range
wobbeln to wobble, to warble, to sweep
Wobbeln *n* wobbling, warbling, sweeping
Wobbelton *m* warble tone
Wobbelverfahren *n* sweep frequency method, swept frequency method
Wobbler *m* wobbler, wobbulator, warbler
Wöhlerkurve *f* strain-cycle fatigue curve, stress-number curve, stress-number fatigue curve
Wohlklang *m* sonority; harmony
wohlklingend sonorous
Wohngebiet *n* residential area
wölben/sich to warp
Workstation *f* workstation
Wort *n* word
wörtlich verbal
Wortschatz *m* vocabulary
Wortverbindung *f* phrase
Wortverständlichkeit *f* word intelligibility, discrete word intelligibility, word score (articulation)
~/**phonetisch ausgewogene** phonetically balanced word score, PB word score
Wucht *f* momentum

X

x-Achse *f* X axis, abscissa [axis]
XY-Aufnahmeverfahren *n* X-Y technique
Xylophon *n* xylophone

Y

y-Achse *f* Y axis, ordinate [axis]

Z

Zacke *f* peak; spike; tooth
Zackenschrift *f* variable area track
zäh viscous
zähelastisch visco-elastic
Zähigkeit *f* viscosity
Zahl *f*/**binäre** binary number
~/**duale** binary number
~/**komplexe** complex number
Zahlenebene *f*/**komplexe** complex plane
Zahlenwert *m* numerical value
~/**ohne Vorzeichen** modulus
Zähler *m* counter
~/**binärer** binary counter
Zählung *f* **der Zyklen** sweep count
Zählwerk *n* counter
~/**rückstellbares** reset counter, resettable counter
Zahn[eingriffs]frequenz *f* tooth [pulsation] frequency, tooth contact frequency
Zeichengabe *f* signalling
Zeichengeber *m*/**akustischer** sounder
Zeichensystem *n* languade
Zeiger *m* needle, [meter] pointer *(Instrument)*; phasor *(komplexe Größe)*
Zeigerausschlag *m* pointer deflection, deflection
~/**voller** full-scale deflection, FSD
Zeigerdarstellung *f* vector representation, vectorial representation
Zeigerdiagramm *n* phasor diagram, vector diagram
Zeigergröße *f* complex quantity
Zeigerinstrument *n* pointer instrument, pointer-type meter
Zeigermeßgerät *n* pointer instrument, pointer-type meter
Zeigerschreibweise *f* vector notation
Zeile *f* line
Zeilenfrequenz *f* line frequency
Zeit *f* time; period [of time]
~/**laufende** running time
zeitabhängig time-dependent
Zeitabhängigkeit *f* temporal characteristic, time dependence
Zeitabschnitt *m* time interval, time frame
Zeitachse *f*/**gedehnte** expanded time base
Zeitausschnitt *m* time frame
Zeitbereich *m* time range; time domain
Zeitbereichs-Strahlformung *f* delay-sum beamforming
zeitbewertet time-weighted

Zeitbewertung *f* time weighting; speed of response, speed of indication *(Anzeige)*
~ **F** F-weighting
~ **"Fast"** fast response
~ **I** I-weighting
~ **„Impuls"** impulse response
~ **„Langsam"** slow response
~ **S** S-weighting
~ **„Schnell"** fast response
~ **"slow"** slow response
~ **„Spitze"** peak time weighting
Zeitdauer *f* **zwischen zwei Abtastungen** sampling interval, sampling period, sample spacing
Zeitdehnung *f* time expansion
Zeitebene *f* time domain
Zeitfenster *n* time window, window
~/Gaußsches Gaussian window
Zeitfensterung *f* time windowing
Zeitfunktion *f* time function, time waveform, wave form
~ **der Hüllkurve** time envelope function
~ **der Welle** time waveform
Zeitfunktionsdatei *f* history file
Zeitgeber *m* timer, clock
~ **für Einschlafbetrieb** sleep timer
Zeitgeberfrequenz *f* clock frequency, clock rate, clock pulse rate, timing pulse rate
zeitgedehnt time-extended
zeitgesteuert timed
Zeitimpuls *m* clock pulse
Zeitintegral *n* time integral
Zeitintegration *f***/rücklaufende** time-reversed integration
zeitintegriert time-integrated
Zeitintervall *n* time interval; period, time period
Zeitkonstante *f* time constant
zeitlich temporal
Zeitlupe *f* slow motion, time expansion
Zeitlupenanalyse *f* slow-motion analysis
Zeitmarke *f* event mark, timing mark, time mark
Zeitmarkenerzeugung *f* time marking, event marking
Zeitmarkengeber *m* time-mark generator, timing marker, event marker
Zeitmaß *n* measure
Zeitmaßstab *m* time scale; time base
~/gedehnter expanded time base
Zeitpunkt *m* instant, moment
~ **der Abtastung** sampling instant, sampled instant
Zeitquantisierung *f* time quantization
Zeitraffung *f* time compression
Zeitrahmen *m* frame
Zeitraum *m* time period, period [of time]
Zeitschachtelung *f* time sharing
Zeitscheibe *f* time slice
Zeitverhalten *n* dynamic behaviour (response), time behaviour, temporal characteristic
~ **der Antwortfunktion** time response
~ **des Gleichrichters/dynamischer** detector response
Zeitverlauf *m* time history, time behaviour, time waveform
~/aufgezeichneter waveform plot
~ **der Antwortfunktion** time response
Zeitverschiebung *f* time shift
Zeitverzögerung *f* time delay, time lag
Zeitverzug *m* time delay
zeitweilig temporary, temporal
Zeitzuschlag *m* duration allowance
Zentrale *f* control centre
Zentriermembran *f* spider
Zentrifugalkraft *f* centrifugal power, centrifugal force
Zentrum *n***/akustisches** acoustic[al] centre, effective (virtual) acoustic centre
Zerfall *m* decomposition
zerfallen to decompose
zerlegen to demount, to disassemble; to decompose; to disperse
Zerlegung *f* disassembling; decomposition; dispersion
zerstreuen to disperse, to scatter; to dissipate
Zerstreuung *f* dispersion, scattering; dissipation
Zickzackreflexion *f* zigzag reflection
Ziegelwand *f* masonry wall
Ziehharmonika *f* piano accordeon, concertina
Zielansteuerung *f***/akustische** acoustic homing, acoustical homing
ziellos erratic
Zielrückstreumaß *n* target strength
Zielstärke *f* target strength
Zielsuche *f***/akustische** acoustic[al] homing
Zielsuchgerät *n***/akustisches** acoustic homing device
Ziffernanzeige *f* digital display (read-out), digital (numerical) indication
Zifferndarstellung *f* digital notation, digital representation
Zinke *f* tine *(Stimmgabel)*
Zipfel *m* lobe *(Richtdiagramm)*
Zirkulation *f* circulation
zirkulieren to circulate
zischen to hiss
Zischen *n* hiss
Zischlaut *m* hiss
Zischlautbegrenzer *m* de-esser
Zither *f* zither
zittern to shake; to tremble
Zoll je Sekunde inch per second, ips *(Einheit der Bandgeschwindigkeit)*
Zollmikrofon *n* one-inch microphone
Z-Transformation *f* Z-transformation, Z-transform
Z-Transformierte *f* Z-transform
Zufallsbewegung *f* random motion
Zufallsfolge *f* stochastic sequence

Zufallsfunktion *f* random function
Zufallsprozeß *m* stochastic process
Zufallsrauschen *n* random noise
Zufallssignal *n* random signal
Zufallsverteilung *f* random distribution
Zufallsvorgang *m* random process
zuführen to supply
Zuführung *f* supply
Zug *m* 1. tension; tractive force; 2. slide *(Blechblasinstrument)*
zugeordnet/einander conjugate
Zugfestigkeit *f* tensile strength
Zugkraft *f* tractive force
Zugspannung *f* tension
zuhören to listen
Zuhörer *m* listener, auditor
Zuhörer *mpl* audience, auditory
Zuhörerin *f* listener, auditor
Zuhörerschaft *f* audience, auditory
zulässig tolerable
Zuleitung *f* connecting lead
Zunge *f* reed *(Musik)*
Zungenfrequenz *f* reed frequency
Zungenlaut *m* lingual
Zungenpfeife *f* lingual pipe, reed pipe
Zungenregister *n* reed stop
zuordnen/funktionell to assign
zupfen to pluck
Zupfinstrument *n* plucked instrument
Zurückbleiben to lag, to be behind
zurückbleibend remanent, residual
zurückführen to feedback *(Signal)*
zurückgewinnen to recover
zurückgeworfen werden to reverberate
zurücklaufen lassen to rewind *(Band)*
zurücklaufend backward-travelling
zurücknehmen/die Aussteuerung to reduce the volume
zurückprallen to rebound
Zurückprallen *n* rebound
zurücksetzen to reset
zurückspulen to rewind
zurückstellen to reset
zurückstoßen to repulse
zurückstrahlen to reradiate
zurückstreuen to backscatter, to scatter back
zurückverfolgen/einen Strahl to trace a ray
zurückweisen to reject
Zurückweisung *f* rejection
zurückwerfen to reflect, to reverberate
zusammenarbeiten mit to interface with, to communicate with
Zusammenbacken *n* **von Kohlekörnern** cohering of granules, packing of granules
zusammendrücken to press
zusammenfallen to coincide *(zeitlich)*
zusammenfügen to splice *(Band, Film)*
zusammengesetzt composite, complex
Zusammenhang *m*/**sprachlicher** context
Zusammenklang *m* harmony, concord
zusammenklingend harmonious, concordant
zusammenpassen to harmonize
Zusammensetzung *f*/**spektrale** spectral composition
Zusammenstoß *m* collision, clash; impact; crash
zusammenstoßen to collide, to clash; to crash
zusammentreffen to coincide *(zeitlich)*
Zusammentreffen *n* coincidence *(zeitliches)*
zusammenziehen/sich to contract
Zusammenziehung *f* contraction
Zusatzbaustein *m*/**anwendungsspezifischer** application module
Zusatzeingang *m* auxiliary input, aux, AUX
Zusatzeinheit *f* accessory [unit]
Zusatzfilter *n* extension filter
Zusatzgerät *n* accessory [unit]
~ **für den Bandschleifenbetrieb** tape-loop adapter
Zusatzmodul *m*/**anwendungsspezifischer** application module
Zuschauer *mpl* audience, auditory
Zustand *m*/**abgeglichener** balance (balanced) condition
~/**ausgewuchteter** balance
~/**eingeschwungener** steady state
~/**instationärer** non-steady state
~/**nichtstationärer** non-steady state
~/**stationärer** steady state
~/**turbulenter** turbulent regime
~/**unbelasteter** no-load condition
Zuwachs *m* increment; increase
Zweierkomplement *n* two's complement
Zweig *m* branch; leg; arm
zweikanalig dual channel
Zweimikrofonsonde *f* two-microphone probe, p-p probe
~ **mit einander gegenüberstehenden Mikrofonen** two microphones face-to face probe
~ **mit nebeneinander angeordneten Mikrofonen** two microphones side-by-side probe
Zweimikrofonverfahren *n* two-microphones technique
zweiohrig binaural
Zweipol *m* two-pole network, two-pole circuit, two-terminal network
Zweipolimpedanz *f* driving-point impedance
Zweipolschaltung *f* two-pole network, two-pole circuit, two-terminal network
Zweischichtband *n* coated magnetic tape
Zweisondenverfahren *n* double probe technique
Zweispuraufzeichnung *f* half-track recording, two-track recording, twin-track recording
Zweispurgerät *n* dual-track [tape] recorder, half-track recorder, two-track recorder
zweispurig half-track, two-track, twin-track

Zweispurtonbandgerät *n* dual-track [tape] recorder, half-track recorder, two-track recorder
Zweitor *n* four-terminal network (circuit), quadripole [network], two-port network
~/symmetrisches balanced quadripole
~/umkehrbares reciprocal two-port network
Zweiunddreißigstelnote *f* demisemiquaver [note]
Zweiunddreißigstelpause *f* demisemiquaver rest
Zweiwegelautsprecher *m* two-way loudspeaker, two-way speaker
Zweiweggleichrichter *m* full-wave rectifier, double-way rectifier
Zwergmikrofon *n* midget microphone
Zwischenansage *f* continuity
Zwischendecke *f* **mit eigener Tragekonstruktion** false ceiling
Zwischenlage *f* intermediate layer, interlayer
Zwischenraum *m* space, spacing; gap, interval
zwischenschalten to interconnect; to insert
Zwischenschaltung *f* interconnection, insertion
Zwischenschicht *f* intermediate layer, interlayer
Zwischenspeicher *m* buffer [store], temporary store, temporary memory
Zwischenstecker *m* plug adapter, adapter
Zwischenstück *n* adapter; spacer
Zwischenverstärker *m* repeater
Zwischenverstärkergestell *n* repeater bay, repeater rack
Zwischenwand *f* separating wall, partition wall, partition, party wall
Zwischenzeit *f* interval
Zwitschern *n* bird singing, birdies
Zyklenzahl *f* sweep count *(Frequenzdurchläufe)*
zyklisch cyclic[al]
Zyklus *m* cycle
Zykluszeit *f* cycle time; repetition time
Zylinderwelle *f* cylindrical wave